AF895097

Das Tierreich

Eine Zusammenstellung und Kennzeichnung der rezenten Tierformen

Gegründet von der Deutschen Zoologischen Gesellschaft

Im Auftrage der

Preußischen Akademie der Wissenschaften zu Berlin

herausgegeben von

F. E. Schulze (†), W. Kükenthal (†)

fortgesetzt von **K. Heider,** seit 1927 von **R. Hesse**

Schriftleiter: **C. Apstein**

„Πάντα ῥεῖ“ *„Sine systemate chaos“*

58. Lieferung

Pseudoscorpionidea II

Subord. C. Cheliferinea

bearbeitet von

Dr. Max Beier
Wien

Mit 300 Abbildungen

Berlin und Leipzig 1932

Walter de Gruyter & Co.

vormals G. J. Göschen'sche Verlagshandlung — J. Guttentag, Verlagsbuchhandlung
Georg Reimer — Karl J. Trübner — Veit & Comp.

Ausgegeben August 1932

Das Tierreich

Im Auftrage der

Preußischen Akademie der Wissenschaften zu Berlin

herausgegeben von

F. E. Schulze (†), W. Kükenthal (†)

fortgesetzt von K. Heider, seit 1927 von R. Hesse

Schriftleiter: C. Apstein

58. Lieferung

Pseudoscorpionidea II

Subord. C. Cheliferinea

bearbeitet von

Dr. Max Beier
Wien

Mit 300 Abbildungen

Berlin und Leipzig 1932

Walter de Gruyter & Co.

vormals G. J. Göschen'sche Verlagshandlung — J. Guttentag, Verlagsbuchhandlung
Georg Reimer — Karl J. Trübner — Veit & Comp.

Ausgegeben August 1932

Alle Rechte vorbehalten

Archiv-Nr. 435228

Meiner Frau gewidmet

Inhalt

Die Literatur wurde bis Mitte 1932 berücksichtigt.

Druckfehler

S. 147 Fig. 150b lies *vicinus* Beier statt *wideri* (L. Koch).

Druck: August Hopfer, Burg b. M.

Literatur-Kürzungen

Abh. Ver. Bremen — Abhandlungen, herausgegeben vom naturwissenschaftlichen Vereine zu Bremen. Bremen. 8.

An. Agric. Argent. — Anales del Ministerio de Agricultura, Republica Argentina. — Seccion de Zootecnia, Bacteriologia, Veterinaria y Zoologia. Buenos Aires. 8.

Andrews, Monogr. Christmas Isl. — A Monograph of Christmas Island (Indian Ocean): physical Features and Geology by Charles W. Andrews. With Descriptions of the Fauna and Flora by numerous Contributors. London. 1900. 8.

Ann. Mus. Belgique — Annales du Musée Royal d'Histoire naturelle de Belgique. Bruxelles. 4.

Ann. Mus. Genova — Annali del Museo civico di Storia naturale di Genova. Genova. 8.

Ann. Natal Mus. — Annals of the Natal Museum. London. 8.

Ann. nat. Hist. — The Annals and Magazine of natural History, including Zoology, Botany, and Geology. London. 8.

Ann. S. Afr. Mus. — Annals of the South African Museum. Cape Town. 8.

Ann. Sci. nat. — Annales des Sciences naturelles. — [Sér. 2—4:] Zoologie ([Sér. 5 & sequ.:] Zoologie et Paléontologie). Paris. 8.

Ann. Soc. ent. Belgique — Annales de la Société entomologique de Belgique. Bruxelles. 8.

Ann. Soc. ent. France — Annales de la Société entomologique de France. Paris. 8.

Annuaire Mus. St.-Pétersb. (Petrograd) — Annuaire du Musée zoologique de l'Académie Impériale des Sciences de St.-Pétersbourg. St.-Pétersbourg (Petrograd). 8.

Ann. Wien. Mus. — Annalen des Wiener Museums der Naturgeschichte und Annalen des Naturhistorischen Museums in Wien. Wien. 4.

Arch. Zool. expér. — Archives de Zoologie expérimentale et générale. Paris. 8.

Atti Soc. Veneto-Trent. — Atti della Società Veneto-Trentina di Scienze naturali, residente in Padova. Padova. 8.

Balzan, Chernet. S.-Amer. — Chernetidae nonnullae Sud-Americanae delineavit ac descripsit Aloysius Balzan (Italus). Fasc. [Pugillus] 1—3. Asuncion-Paraguay. 1887—88. 4.

Berlese, A. M. S. — Antonii Berlesii, Acari, Myriopoda et Scorpiones hucusque in Italia reperta. Fasc. 1—101. Patavii, Portici. 1882—1903. 8.

Berlin. ent. Z. — Berliner entomologische Zeitschrift. Berlin. 8.

Boll. Laborat. Zool. Portici — Bollettino del Laboratorio di Zoologia generale e agraria della R. Scuola superiore d'Agricoltura in Portici. Portici. 8.

Boll. Mus. Torino — Bollettino dei Musei di Zoologia ed Anatomia comparata della Reale Università di Torino. Torino. 8.

Boll. Soc. ent. Ital. — Bollettino della Società entomologica Italiana. Firenze. 8.

Bol. Soc. ent. España — Boletin de la Sociedad entomologica de España. Madrid. 8.

Bonelli, Observ. ent. — Observations entomologiques par Franc-André Bonelli. Partie 1, 2. [Turin]. [1809, 13]. 4. [& 1811 in: *Mém. Ac. Turin*, 1809/10 [sine Tabula syn.!] & 1813 ibid., 1811/12].

Broteria — Broteria. Revista de Sciencias naturaes do Collegio de S. Fiel. Lisboa. 8.

Bull. Mus. Géorgie — Bulletin du Musée de Géorgie. Tiflis. 8.

Bull. Soc. ent. France — Bulletin des Séances et Bulletin bibliographique de la Société entomologique de France. Paris. 8.

Bull. Soc. Maroc — Bulletin de la Société des Sciences naturelles du Maroc. Rabat-Paris. 8.

Bull. Soc. Moscou — Bulletin de la Société Impériale des Naturalistes de Moscou. Moscou. 8.

Bull. Soc. zool. France — Bulletin de la Société zoologique de France. Paris. 8.

Bull. Wisconsin Soc. — Bulletin of the Wisconsin natural History Society. Milwaukee. Wisconsin. 8.

Canad. Ent. — The Canadian Entomologist. Toronto (London). 8.

Canestrini, Chernet. Ital. — Chernetides Italici. Auctore Joh.*) Canestrini. Pars 1 fasc. 7, 10. Padova. 1885. 8.
(Siehe auch Ant. Berlese, A. M. S., fasc. 19. 1885).
*) zit. G. Canestrini.

Cat. Invert. Suisse — Catalogue des Invertébrés de la Suisse. Genève. 8.

Danske Selsk. Skr. — Det Kongelige Danske Videnskabernes Selskabs Skrifter. — [Raekke 5 & sequ.:] Naturvidenskabelig og mathematisk Afdeling. Kjöbenhavn. 4.

Denk. Ges. Jena — Denkschriften der medicinisch-naturwissenschaftlichen Gesellschaft zu Jena. Jena. 4.

D. ent. Z. — Deutsche entomologische Zeitschrift herausgegeben von dem entomologischen Verein in Berlin (von der Deutschen entomologischen Gesellschaft). Berlin, London, Paris. 8.

Descr. Égypte, éd. 2 — Description de l'Égypte ou Recueil des Observations et des Recherches qui ont été faites en Égypte pendant l'Expédition de l'Armée Française. 2. Édition, dédiée au Roi, publiée par C. L. F. Panckoucke. — Tom. 21—24; Planches. Histoire naturelle. Paris. 1826, 27, 28, 29. 8 & 2.

Ent. Meddel. — Entomologiske Meddelelser udgivne af entomologisk Forening. Kjöbenhavn. 8.

Ent. News Philad. — Entomological News |and Proceedings of the entomological Section of the Academy of natural Sciences of Philadelphia|. Philadelphia. 8.

Ent. Tidskr. — Entomologisk Tidskrift. På Föranstaltande af entomologiska Föreningen i Stockholm. Stockholm. 8.

Ergeb. Hamburg. Magalh. Sammelr. — Ergebnisse der Hamburger Magalhaensischen Sammelreise 1892/93. Herausgegeben vom Naturhistorischen Museum zu Hamburg. *v.* 1—8. Hamburg. 1896—1907. 8.

Ergeb. Schwed. Exp. Kilimandjaro — Wissenschaftliche Ergebnisse der Schwedischen zoologischen Expedition nach dem Kilimandjaro, dem Meru und den umgebenden Massaisteppen Deutsch-Ostafrikas 1905—1906, unter Leitung von Yngve Sjöstedt. Herausgegeben mit Unterstützung von der Königl. Schwedischen Akademie der Wissenschaften. Stockholm. 4.

Expl. Algérie — Exploration scientifique de l'Algérie pendant les Années 1840, 41, 42. Publiée par Ordre du Gouvernement et avec le Concours d'une Commission académique. — Sciences physiques. Zoologie. I—IV. Histoire naturelle des Animaux articulés par H. Lucas. Partie 1—3; Atlas. Paris. 1849 [1845—49]. 4.

Expl. Tunisie — Exploration scientifique de la Tunisie, publiée sous les Auspices du Ministère de l'Instruction publique. — Zoologie. Études sur les Arachnides recueillis en Tunisie, en 1883 et 1884, par A. Letourneux, M. Sédillot, et Valéry Mayet. Par Eugène Simon. Paris. 1885. 8.

Fabricius, Ent. syst. — Joh. Christ. Fabricii Entomologia systematica emendata et aucta. Secundum Classes, Ordines, Genera, Species adjectis Synonimis, Locis, Observationibus, Descriptionibus. Tom. 1—4. [Cum Ind.:] Index alphabeticus in J. C. Fabricii Entomologiam systematicam, emendatam et auctam, Ordines, Genera et Species continens. [Cum Suppl.:] Joh. Christ. Fabricii Supplementum Entomologiae systematicae. [Cum Ind. Suppl.:] Index alphabeticus in J. C. Fabricii Supplementum Entomologiae systematicae, Ordines, Genera et Species continens. Hafniae. 1792, 93, 93/94, 94; 96; 98; 99. 8.

Falcoz, Contr. Faune Microcav. — Contribution a l'Étude de la Faune des Microcavernes, Faune des Terriers et des Nids par Louis Falcoz. Lyon. 1914. 8.

Fauna Haw. — Fauna Hawaiiensis or the Zoology of the Sandwich (Hawaiian) Isles: Being Results of the Explorations instituted by the Joint Committee appointed by the Royal Society of London for promoting natural Knowledge and the British Association for the Advancement of Science and carried on with the Assistance of those Bodies and of the Trustees of the Bernice Pauahi Bishop Museum at Honolulu. Edited by David Sharp. Vol. 1—3. Cambridge. 1899—1913. 4.

Fauna S. W. Austral. — Die Fauna Südwest-Australiens. Ergebnisse der Hamburger Südwestaustralischen Forschungsreise 1905, herausgegeben von W. Michaelsen und R. Hartmeyer. Jena. 8.

Fischer-Waldheim, Entomogr. Russ. — Entomographie de la Russie. Publiée au Nom de la Société Impériale des Naturalistes par Gotthelf Fischer de Waldheim. — Entomographia Imperii Russici (Rossici). Auctoritate Societatis Caesareae Mosquensis Naturae Scrutatorum collecta et in Lucem edita Auctore Gotthelf Fischer, Waldheimensi. *v.* 1—5. Mosquae. 1820—51. 4.

Forh. Selsk. Christian. — Forhandlinger i Videnskabs-Selskabet i Christiania. Christiania. 8.

Fourcroy, Ent. Paris. — Entomologia Parisiensis; sive Catalogus Insectorum, quae in Agro Parisiensi reperiuntur; secundum Methodum Geoffraeanam in Sectiones, Genera et Species distributus: Cui addita sunt Nomina trivialia et fere trecentae novae Species. Edente A. F. de Fourcroy. Pars I, II. Parisiis. 1785. 12.

Gay, Hist. Chile — Historia fisica y politica de Chile segun Documentos adquiridos... y publicada bajo los Auspicios del supremo Gobierno por Claudio Gay. — Zoologia. Tom. 1—8; Atlas. Paris. 1847—54. 8 & 2.

Geer, Mém. Hist. Ins. — Mémoires pour servir à l'Histoire des Insectes. Par Charles de Geer. Tom. 1—7. Stockholm. 1752, 71, 73, 74, 75, 76, 78. 4.

Geoffroy, Hist. Ins. — Histoire abrégée des Insectes, qui se trouvent aux Environs de Paris; dans laquelle ces Animaux sont rangés suivant un Ordre méthodique. [Auctor: Etienne Louis Geoffroy.] Tome 1, 2. Paris. 1762. 4.

Hahn (Koch) Arach. — Die Arachniden. Getreu nach der Natur abgebildet und beschrieben von Carl Wilhelm Hahn ([Band 3—16:] von C. L. Koch). Band 1—16. Nürnberg. 1831—49. 8.

Hermann, Mém. apt. — Mémoire aptérologique, par Jean-Fréderic Hermann. Ouvrage couronné en 1790 par la Société d'Histoire naturelle de Paris. Publié par Fréderic-Louis Hammer. Strasbourg. 1804. 2.

Illiger, Verz. Käf. Preuss. — Verzeichniss der Käfer Preussens. Entworfen von Johann Gottlieb Kugelann. Ausgearbeitet von Johann Karl Wilhelm Illiger. Mit einer Vorrede ... und dem angehängten Versuche einer natürlichen Ordnungs- und Gattungs-Folge der Insekten. Halle. 1798. 8.

Ins. Life — Insect Life. Devoted to the Economy and Life-Habits of Insects especially in their Relations to Agriculture. Siehe: *Period. Bull. Dep. Agric. Ent.* Washington. 8.

Ins. Samoa — Insects of Samoa and other Samoan terrestrial Arthropoda. London. 8.

J. Ac. Philad. — Journal of the Academy of natural Sciences of Philadelphia. Philadelphia. 8 (4).

Jahrb. Ver. Nassau — Jahrbücher des Vereins für Naturkunde im Herzogthum Nassau ([Jahrgang 19 & sequ.:] Jahrbücher des Nassauischen Vereins für Naturkunde). Wiesbaden. 8.

J. Ent. Zool. — Journal of Entomology and Zoology. Claremont. 8.

J. Linn. Soc. London — The Journal of the Linnean Society. — Zoology. London. 8.

J. nat. Hist. Pretoria — South Afrikan Journal of Natural History. Pretoria. 8.

J. N. York ent. Soc. — Journal of the New York entomological Society. New York. 8.

J. Quekett Club — The Journal of the Quekett microscopical Club. London. 8.

Koch, C. M. A. — Deutschlands Crustaceen, Myriapoden und Arachniden. Ein Beitrag zur Deutschen Fauna von C. L. Koch. Heft 1—40. Regensburg. [1835—44]. 16. [= C. L. Koch in: Panzer (Herrich-Schäffer), Faun. Ins. Germ., Heft 132 etc.]

Koch (Keyserling), Arach. Austral. — L. Koch, Die Arachniden Australiens nach der Natur beschrieben und abgebildet. Fortgesetzt von Graf E. Keyserling. *v.* 1, 2. Nürnberg. 1871—83, 84—89. 4.

Koch, Übers. Arach. — Übersicht des Arachnidensystems von C. L. Koch. Heft 1—5. Nürnberg. 1837, 39, 42, 47, 50. 8.

Koch, Übers. Darst. Eur. Chernet. — Übersichtliche Darstellung der Europäischen Chernetiden (Pseudoscorpione) von Ludwig Koch. Nürnberg. 1873. 8.

Latreille, Gen. Crust. Ins. — P. A. Latreille Genera Crustaceorum et Insectorum secundum Ordinem naturalem in Familias disposita, Iconibus Exemplisque plurimis explicata. *v.* 1—4. Parisiis et Argentorati. 1806, 07, 07, 09. 8.

Latreille, Hist. Crust. Ins. — Histoire naturelle, générale et particulière, des Crustacés et des Insectes. Ouvrage faisant Suite aux Oeuvres de Leclerc de Buffon, et Partie du Cours complet d'Histoire naturelle rédigé par C. S. Sonnini. Par P. A. Latreille. Tom. 1—14. Paris. X—XIII [1802—1805]. 8.

Leach, Zool. Misc. — The zoological Miscellany; being Descriptions of new, or interesting Animals, by William Elford Leach. Illustrated with coloured Figures, drawn from Nature, by R. P. Nodder. Vol. 1—3. London. 1814, 15, 17. 8.

Lesson, Traité Orn. — Traité d'Ornithologie, ou Tableau méthodique des Ordres, Sous-Ordres, Familles, Tribus, Genres, Sous-Genres et Races d'Oiseaux. Par R. P. Lesson. Cum Atlas. Paris. 1830, 31. 8.

Linné, Fauna Svec., ed. 2 — Caroli Linnaei Fauna Svecica sistens Animalia Sveciae Regni: Mammalia, Aves, Amphibia, Pisces, Insecta, Vermes. Distributa per Classes & Ordines, Genera & Species, cum Differentiis Specierum, Synonymis Auctorum, Nominibus Incolarum, Locis Natalium, Descriptionibus Insectorum. Editio altera, auctior. Stockholmiae. 1761. 8.

Linné, Syst. Nat., ed. 10 — Caroli Linnaei Systema Naturae per Regna tria Naturae, secundum Classes, Ordines, Genera, Species, cum Characteribus, Differentiis, Synonymis, Locis. Editio X, reformata. — Tomus I. Holmiae. 1758. 8.

Linné, Syst. Nat., ed. 12 — Caroli a Linné Systema Naturae per Regna tria Naturae, secundum Classes, Ordines, Genera, Species, cum Characteribus, Differentiis, Synonymis, Locis. Editio XII, reformata. — Tomus I. Pars 1, 2. Holmiae. 1766, 67. 8.

Math. termész. Közlem. — Mathematikai és természettudományi Közlemények vonatkozólag a hazai viszonyokra. Kiadja a Magyar Tudományos Akadémia mathematikai és természettudományi állandó bizottsága. [Mathematische und naturwissenschaftliche Mitteilungen über vaterländische Themata. Veröffentlicht von der Magyarischen Akademie der Naturwissenschaften.] Pesten (Budapest). 8.

Mém. Soc. Natural. Nouv. Russie = Sapiski Nowoross. Obschtsch. — Mémoires de la Société des Naturalistes de la Nouvelle Russie. [Denkschriften der Neurussischen Gesellschaft der Naturforscher]. Odessa. 8.

Mém. Soc. zool. France — Mémoires de la Société zoologique de France. Paris. 8.

Montfort, Conch. syst. — Conchyliologie systématique, et Classification méthodique des Coquilles; offrant leurs Figures, ... Coquilles univalves, cloisonnées (Tome 2: Coquilles univalves, non cloisonnées). Par Denys de Montfort. Tome 1, 2. Paris. 1808, 10. 8.

Mt. Inst. Sofia — Mitteilungen aus den Königl. Naturwissenschaftlichen Instituten in Sofia-Bulgarien. Sofia. 8.

Mt. Münch. ent. Ver. — Mittheilungen des Münchener entomologischen Vereins. München. 8.

Mt. Mus. Berlin — Mitteilungen aus der zoologischen Sammlung des Museums für Naturkunde in Berlin. Berlin. 4.

Mt. Mus. Hamburg — Mitteilungen aus dem naturhistorischen Museum in Hamburg. Aus dem (Beiheft zum) Jahrbuch der Hamburgischen wissenschaftlichen Anstalten. Hamburg. 8.

Naturh. Tidsskr. — Naturhistorisk Tidsskrift. Kjøbenhavn. 8.

N. Mag. Naturv. — Nyt Magazin for Naturvidenskaberne. Christiania. 8.

Not. Leyden Mus. — Notes from the Leyden Museum. Leyden. 8.

N. Schr. Ges. Danzig — Neueste Schriften der naturforschenden Gesellschaft in Danzig. Halle (Danzig). 4.

Orv.-Termész. Értes. Erdél. Muz. — Orvos-Természettudományi Értesitö a Kolozsvári orvos-természettudományi Társulat és az Erdélyi Muzeum-Egylet természettudományi Szakosztályának az ... szaküléseiröl és népszerü természettudományi Estélyeiröl. Kiadja a két Társulat. Koloszvár (Klausenburg). 8.

P. Ac. Philad. — Proceedings of the Academy of natural Sciences of Philadelphia. Philadelphia. 8.

Pan-Pacif. Ent. San Francisco — The Pan-Pacific Entomologist. Published by the Pacific Coast Entomological Society in Cooperation with the California Academy of Sciences. San Francisco. 8.

P. Calif. Ac. — Proceedings of the California Academy of [natural] Sciences. — [Ser. 3:] Zoology. San Francisco. 8.

P. Dorset Club — Proceedings of the Dorset natural History and antiquarian Field Club. Sherborne. 8.

Period. Bull. Dep. Agric. Ent. — U. S. Department of Agriculture. Division of Entomology. Periodical Bulletin. Washington. 8.
(Untertitel: Insect Life von E. V. Riley).

Period. zool. — Periódico zoológico. Organo de la Sociedad entomologica zoológica. Buenos Aires y Córdoba. 8.

P. Irish Ac. — Proceedings of the Royal Irish Academy — [Ser. 2:] Science. Dublin. 8.

Poda, Ins. Mus. Graec. — Insecta Musei Graecensis, quae in Ordines, Genera et Species juxta Systema Naturae Caroli Linnaei digessit Nicolaus Poda. Graecii. 1761. 8.

Pomona — Pomona College Journal of Entomology. Published by the Department of Biology of Pomona College. Claremont, California.

Prirod. Istraživ. Kraljev. Jugoslav. — Prirodoslovna Istraživanja Kraljevine Jugoslavije. Zagreb (Agram). 8.

P. U. S. Mus. — Proceedings of the United States national Museum. Washington. 8.

P. zool. Soc. London — Proceedings of the zoological Society of London. London. 8.

Rec. Amer. Ent. — Record of American Entomology for the Year 1868(—1873). 1874. Salem. 8.

Rec. Ind. Mus. — Records of the Indian Museum (A Journal of Indian Zoology). Calcutta. 8.

Results Swed. Exp. Egypt — Results of the Swedish zoological Expedition to Egypt and the White Nile 1901. Under the Direction of L. A. Jägerskiöld. *v.* 1—4. Upsala. 1904—1911. 8.

Revista Chilena — Revista Chilena de Historia natural. Valparaiso. 8.

Rev. Russe Ent. — Revue Russe d'Entomologie. St. Pétersbourg. 8.

S. Afr. Outlook — South Afrikan Outlook. Cape Town. 8.

SB. Ak. Wien — Sitzungsberichte der Kaiserlichen Akademie der Wissenschaften. — Mathematisch-naturwissenschaftliche Classe. Wien. 8.

SB. Böhm. Ges. — Sitzungsberichte der Königl. Böhmischen Gesellschaft der Wissenschaften [in Prag]. — [ann. 1885 & sequ.:] Mathematisch-naturwissenschaftliche Classe. Prag. 8.

SB. Ver. Rheinl.-Westfal. — Sitzungsberichte herausgegeben vom Naturhistorischen Verein der Preussischen Rheinlande und Westfalens. Bonn. 8.

Schiødte & H. J. Hansen, Zool. Dan. — Zoologia Danica. Afbildninger af Danske Dyr med populaer Text. Lief. 1—3 von J. C. Schiødte, 1879—1882. Lief. 4—12 von H. J. Hansen, 1885—1907. Kjøbenhavn. 4.

Schrank, Fauna Boica — Fauna Boica. Durchgedachte Geschichte der in Baiern einheimischen und zahmen Thiere von Franz von Paula Schrank. Band 1, 2I, 2II, 3I, 3II. Nürnberg (Ingolstadt) (Landshut). 1798, 1801, 02, 03, 03. 8.

Simon, Arach. France — Les Arachnides de France par Eugène Simon. v. 1–5, 6, 7. Paris. 1874, 75, 76, 78, 81, 84, 1914, 26, 29, 1879. 8.

Stanford Univ. Publ. — Stanford University Publications. University series. Biological Sciences. Stanford University. California. 8.

Termész. Füzetek — Természetrajzi Füzetek [az Állat-, Növény-, Ásvány-, és Földtan Köréböl]. Kiadja a Magyar nemzeti Múzeum. Budapest. 8.

Tierreich — Das Tierreich. Gegründet von der Deutschen Zoologischen Gesellschaft. Herausgegeben von der Preußischen Akademie der Wissenschaften zu Berlin. Berlin. 8.

Tierw. Deutschl. — Die Tierwelt Deutschlands und der angrenzenden Meeresteile nach ihren Merkmalen und nach ihrer Lebensweise. Begründet von Friedrich Dahl. Herausgegeben von Maria Dahl und Hans Bischoff. Jena. 8.

Tierw. Mitteleur. — Die Tierwelt Mitteleuropas. Herausgegeben von P. Brohmer, P. Ehrmann, G. Ulmer. Leipzig. 8.

Tijdschr. Ent. — Tijdschrift voor Entomologie. Uitgegeven door de Nederlandsche entomologische Vereeniging. Leiden, ... 8.

Trab. Mus. Madrid — Trabajos del Museo de Ciencias naturales de Madrid. — Junta para Ampliación de Estudios é Investigaciones cientificas. — Instituto nacional de Ciencias fisico-naturales. Madrid. 8.

Tr. Linn. Soc. London — The Transactions of the Linnean Society of London. — [Ser. 2:] Zoology. London. 4.

Tr. zool. Soc. London — Transactions of the zoological Society of London. London. 4.

Univ. Calif. Publ. Techn. Bull. Ent. — University of California Publications. Technical Bulletins. Entomology. Berkeley. 8.

Verh. Ges. Wien — Verhandlungen der kaiserlich-königlichen zoologisch-botanischen Gesellschaft in Wien. Wien. 8.

Věstnik Klubu přir. Prostěj — Věstnik Klubu přirodovědeckého v Prostějově. Prostěj. 8. [= Jahresbericht des naturwissenschaftlichen Klubs in Prossnitz [in Mähren]. Prossnitz]. 8.

Vidensk. Meddel. — Videnskabelige Meddelelser fra den naturhistoriske Forening i Kjøbenhavn for Aarene .... Kjøbenhavn. 8.

Walckenaer (& Gervais), Hist. Apt. — Histoire naturelle des Insectes. Aptères. Par [Charles Athanasie de] Walckenaer. [Tome 3:] Par Paul Gervais. [Tome 4:] Par Walckenaer et Paul Gervais. Tome 1–4; Atlas. Paris. 1837, 37, 44, 47. 8.

Zool. Anz. — Zoologischer Anzeiger. Leipzig. 8.

Zool. Jahrb., Syst. — Zoologische Jahrbücher. — Abtheilung für Systematik, Geographie und Biologie der Thiere. Jena. 8.

Zool. Stud. tillägn. Tullberg — Zoologiska Studier tillägnade Tullberg. Uppsala. 1907. 4.

Systematischer Index

C. Subord. **Cheliferinea** nom. nov.

1875 *Cheliferinae* (part.), Stecker in: SB. Böhm. Ges., *v.* 6 p. 160 | 1879 *Cheliferidae*, H. A. Hagen in: Zool. Anz., *v.* 2 p. 400 | 1879 *C.* (part.), E. Simon, Arach. France, *v.* 7 p. 18 | 1882 *C.* (part.), Tömösvary in: Math. termész. Közlem., *v.* 18 p. 182 | 1884 *Cheliferinae*, H. J. Hansen in: Naturh. Tidsskr., ser. 3 *v.* 14 p. 531 | 1888 *Cheliferidae* (part.), Daday in: Termész. Füzetek, *v.* 11 p. 113, 167 | 1890 *C.* (part.), Balzan in: Ann. Mus. Genova, ser. 2 *v.* 9 p. 409 | 1891 *Panctenodactyli* (part.), Balzan in: Ann. Soc. ent. France, *v.* 60 p. 504 | 1894 *P.* (part.), H. J. Hansen in: Ent. Meddel., *v.* 4 p. 230 | 1895 *Cheliferidae*, N. Banks in: J. N. York ent. Soc., *v.* 3 p. 2 | 1897 *C.*, Ellingsen in: Forh. Selsk. Christian., nr. 5 p. 3 | 1904 *C.*, Ellingsen in: Boll. Mus. Torino, *v.* 19 nr. 480 p. 1 | 1906 *Panctenodactyli* (part.) + *Cheliferidae*, With in: Danske Selsk. Skr., *v.* 7 nr. 3 p. 88, 115 | 1907 *C.*, Tullgren in: Zool. Stud. tillägn. Tullberg, p. 218 | 1911 *Panctenodactyli* (part.), Lessert in: Cat. Invert. Suisse, *v.* 5 p. 9 | 1917 *P.* (part.), Nonidez in: Trab. Mus. Madrid, nr. 32 p. 9 | 1927 *P.* (part.), Kästner in: Ins. Samoa, *v.* 8 p. 15 | 1928 *P.* (part.), Schenkel in: Tierw. Deutschl., *v.* 8 fasc. 3 p. 55 | 1929 *P.* (part.), Kästner in: Tierw. Mitteleur., *v.* 3 p. IV 3 | 1929 *P.* (part.), Beier in: Ann. Wien. Mus., *v.* 43 p. 341 | 1929 *Monosphyronida* (part.), Chamberlin in: Ann. nat. Hist., ser. 10 *v.* 4 p. 56, 78 | 1931 *M.* (part.), Chamberlin in: Stanford Univ. Publ., *v.* 7 p. 228.

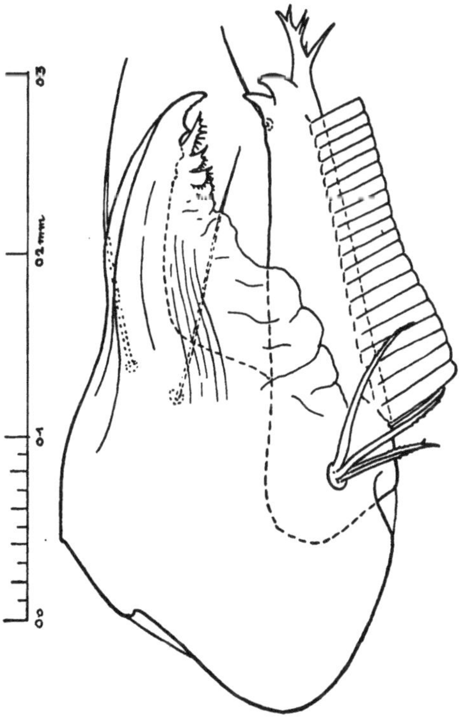

Fig. 1.
Hesperochernes tamiae Beier. Chelicere von unten.

Cephalothorax vorn meist regelmäßig abgerundet, selten etwas stärker verengt, augenlos oder mit 2 mehr oder weniger deutlichen, nie aber mit 4 Augen. Integument glatt oder fein bis grob granuliert, mit meist gezähnten oder gekeulten, selten einfachen Borsten. Scheibe des Cephalothorax meist mit 1 oder 2 deutlichen Querfurchen. Tergite und Sternite in der Medianlinie geteilt. Cheliceren (Fig. 1) klein, der bewegliche Finger mit einem Subapical-Lobus und einer mehr oder weniger verzweigten Galea. Serrula exterior in ihrer ganzen Länge mit dem beweglichen Finger verwachsen. Die basalen Lamellen der Serrula interior zu einem einheitlichen Velum verschmolzen, die terminalen stark modifiziert. Meist beide Palpenfinger mit Giftapparat. Tarsen sämtlicher Laufbeine eingliedrig.

Die umfangreichste Unterordnung der Pseudoscorpione. In sehr großer Artenzahl über alle Regionen mit Ausnahme der Arktis und Antarktis verbreitet, jedoch vorwiegend tropisch und subtropisch. — Die Arten leben unter Rinde, Fallaub und pflanzlichem Detritus, einige auch in Ameisen- und Termitenbauten, in Nestern von Vögeln und Kleinsäugetieren sowie in menschlichen Behausungen. Letztere sind teilweise kosmopolitisch.

2 Superfamilien, 6 Familien, 91 Genera, 399 Arten.

Übersicht über die Superfamilien:

1 { Gelenk zwischen Femur und Patella des 1. und 2. Beinpaares von gleicher Bildung wie das des 3. und 4. Paares und wie hier oft undeutlich oder fehlend; die Femora aller Laufbeinpaare daher gleichartig gestaltet; meist sehr kleine Formen . 1. Superfam. **Cheiridiides**

Gelenk zwischen Femur und Patella des 1. und 2. Beinpaares von deutlich verschiedener Bildung als das des 3. und 4. Paares und stets breit; die Femora der Laufbeine daher ungleichartig gestaltet; meist mittelgroße bis große Formen . . 2. Superfam. **Cheliferides**

1. Superfam. **Cheiridiides** nom. nov.

1879 *Garypinae* (part.), E. Simon, Arach. France, *v.* 7 p. 42 | 1882 *Garypina* (part.), Tömösvary in: Math. termész. Közlem., *v.* 18 p. 208 | 1888 *Garypinae* (part.), Daday in: Termész. Füzetek, *v.* 11 p. 125, 181 | 1890 *Cheliferidae* (part.), Balzan in: Ann. Mus. Genova, ser. 2 *v.* 9 p. 409 | 1891 *Garypinae* (part.), Balzan in: Ann. Soc. ent. France, *v.* 60 p. 504 | 1894 *Chiridiinae,* H. J. Hansen in: Ent. Meddel., *v.* 4 p. 232 | 1906 *C.*, With in: Danske Selsk. Skr., *v.* 7 nr. 3 p. 116 | 1911 *C.*, Lessert in: Cat. Invert. Suisse, *v.* 5 p. 24 | 1924 *Cheiridiinae*, Chamberlin in: Pan-Pacif. Ent. San Francisco, *v.* 1 p. 32 | 1928 *Cheliferidae* (part.), Schenkel in: Tierw. Deutschl., *v.* 8 fasc. 3 p. 55 | 1929 *C.* (part.), Kästner in: Tierw. Mitteleur., *v.* 3 p. IV 4 | 1929 *Cheiridiinae,* Beier in: Ann. Wien. Mus., *v.* 43 p. 358 | 1931 *Cheiridioidea,* Chamberlin in: Stanford Univ. Publ., *v.* 7 p. 234 | 1932 *C*, Chamberlin in: Pan-Pacif. Ent. San Francisco, *v.* 8 p. 137.

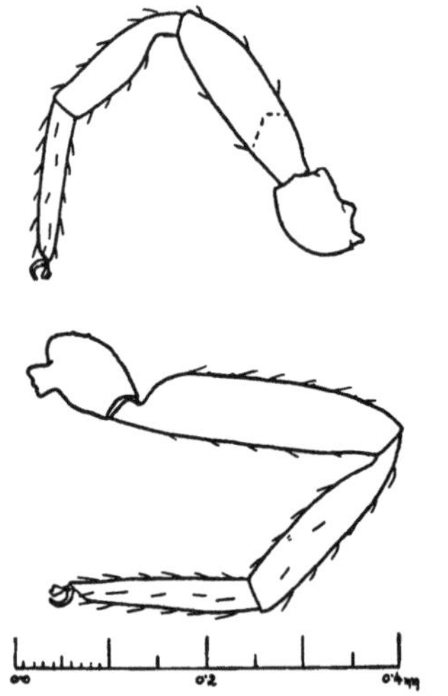

Fig. 2.
Bein I und IV von **Cheiridium museorum** (Leach).

Cephalothorax meist mit vorragendem Cucullus, garypoid, die Scheibe mit deutlichen Querfurchen. Augen in Zweizahl vorhanden oder fehlend. Integument oft außerordentlich grob granuliert. Carapaxflügel oder abdominale Pleuralplatten fehlend. Tergite und Sternite geteilt. Cheliceren mit gut entwickelter Lamina exterior. Giftapparat wenigstens im festen Palpenfinger vorhanden. Femora sämtlicher Laufbeinpaare (Fig. 2) morphologisch gleichartig gebildet, auch die Gelenke zwischen Femur und Patella der beiden ersten Paare schmal, wenig beweglich oder überhaupt fehlend. Tarsen aller Beinpaare eingliedrig. Fast durchweg sehr kleine Formen.

Über alle Regionen verbreitet, jedoch vorwiegend tropisch und subtropisch. Bevorzugen trockene Örtlichkeiten.

2 Familien, 2 Subfamilien, 8 Genera, 18 Arten.

Übersicht über die Familien:

1 { Cephalothorax ohne Pseudosternum zwischen den Beincoxen; Cucullus vorhanden, garypoid; Beine 5- oder 6gliedrig, in letzterem Falle die Trennungslinie zwischen Femur und Patella schräg zur Längsachse des Gliedes gerichtet; nur der feste Palpenfinger mit Giftapparat . . . . I. Fam. **Cheiridiidae**

Cephalothorax mit einem deutlichen, ovalen, von den Beincoxen eingeschlossenen Pseudosternum; Cucullus fehlend, der Cephalothorax vorn breit abgerundet; Beine 6gliedrig, Trennungslinie zwischen Femur und Patella senkrecht zur Längsachse des Gliedes stehend; beide Palpenfinger mit Giftapparat . . . . II. Fam. **Sternophoridae**

I. Fam. **Cheiridiidae** Chamb.

1894 *Chiridiinae*, H. J. Hansen in: Ent. Meddel., *v.* 4 p. 232 | 1906 *C.*, With in: Danske Selsk. Skr., *v.* 7 nr. 3 p. 116 | 1911 *C.*, Lessert in: Cat. Invert. Suisse, *v.* 5 p. 24 | 1924 *Cheiridiinae*, Chamberlin in: Pan-Pacif. Ent. San Francisco, *v.* 1 p. 33 | 1929 *C.*, Beier in: Ann. Wien. Mus., *v.* 43 p. 358 | 1931 *Cheiridiidae*+*Pseudocheiridiidae*, Chamberlin in: Stanford Univ. Publ., *v.* 7 p. 236, 235 | 1932 *C.*+*P.*, Chamberlin in: Pan-Pacif. Ent. San Francisco, *v.* 8 p. 137.

Cephalothorax mit vorragendem Cucullus, garypoid, die Scheibe mit deutlichen Querfurchen. Augen klein oder fehlend. Integument fein bis grob, aber immer deutlich granuliert. Borsten bisweilen gekeult. Lamina exterior der Cheliceren gut entwickelt. Flagellum mit 2—3 Borsten. Fester Palpenfinger mit Giftapparat. Beine 5- oder 6gliedrig, d. h. die Femora sind in Femur und Patella geteilt oder nicht; in letzterem Falle steht die Trennungslinie zwischen Femur und Patella schräg zur Längsachse des Gliedes. Ein Pseudosternum ist nicht entwickelt, die Beincoxen einander in der Mittellinie fast berührend.

In allen Regionen mit Ausnahme der australischen (?), jedoch vorwiegend tropisch und subtropisch.

2 Subfamilien, 6 Genera, 13 Arten.

Übersicht über die Subfamilien:

1 { Femora der Laufbeine deutlich in Femur und Patella geteilt, die Beine daher 6gliedrig erscheinend; Coxen des 4. Beinpaares wenigstens beim Weibchen nach hinten plattenartig verbreitert . . . . a) Subfam. **Pseudocheiridiinae**

Femora der Laufbeine einheitlich, nicht in Femur und Patella geteilt, oder diese Teilung ganz undeutlich, die Beine daher nur 5gliedrig erscheinend; Coxen des 4. Beinpaares einfach . . . b) Subfam. **Cheiridiinae**

a) Subfam. **Pseudocheiridiinae** Chamb.

1923 *P.*, Chamberlin in: P. Calif. Ac., ser. 4 *v.* 12 p. 370 | 1931 *Pseudocheiridiidae*, Chamberlin in: Stanford Univ. Publ., *v.* 7 p. 235 | 1932 *P.*, Chamberlin in: Pan-Pacif. Ent. San Francisco, *v.* 8 p. 137.

Cephalothorax mit vorragendem Cucullus, garypoid, ohne Augen. Integument runzelig granuliert. Borsten gekeult. Tergite geteilt. Anus ventral, in einem durch das unvollkommen verschmolzene 10. Tergit und Sternit gebildeten Schildchen gelegen. Flagellum mit 2 Borsten. Sämtliche Femora der Laufbeine durch eine etwas schräg zur Längsachse des Gliedes stehende Trennungslinie deutlich in Femur und Patella geteilt, die Beine daher 6gliedrig erscheinend. Tarsen aller Beine länger als die Tibien. Coxen des 4. Beinpaares wenigstens beim Weibchen nach hinten plattenartig verbreitert, diese Platte meist die Genitalöffnung deckend.

Südasien, Südafrika.

2 Genera, 3 Arten.

Übersicht über die Genera:

1 { Abdomen dorsal in der Mittellinie gekielt, die Tergite median schräg abgestutzt und nach hinten gezogen; nur 10 Tergite von oben sichtbar; Coxen des 4. Beinpaares beim ♀ sehr stark plattig verbreitert, einander in der Medianlinie berührend und die Genitalöffnung verdeckend . . . . 1. Gen. **Pseudochiridium**

{ Abdomen dorsal in der Mittellinie nicht gekielt, die Tergite median gerade abgestutzt und nach hinten nicht vorgezogen; 11 Tergite von oben sichtbar; Coxen des 4. Beinpaares beim ♀ schwächer plattig verbreitert, divergierend und die Genitalöffnung nicht verdeckend . . . . 2. Gen. **Afrocheiridium**

1. Gen. **Pseudochiridium** With

1906 *P.*, With in: Danske Selsk. Skr., *v.* 7 nr. 3 p. 199 | 1923 *Pseudocheiridium*, Chamberlin in: P. Calif. Ac., ser. 4 *v.* 12 p. 370 | 1931 *P.*, Chamberlin in: Stanford Univ. Publ., *v.* 7 p. 236 | 1932 *P.*, Chamberlin in: Pan-Pacif. Ent. San Francisco, *v.* 8 p. 137.

Typus: *P. thorelli* With (durch ursprüngliche Bestimmung).

Cephalothorax mit deutlich vorgezogenem Cucullus, ohne Augen, die Scheibe mit 2 Querfurchen. Integument runzelig granuliert. Borsten gekeult. Abdomen dorsal in der Mittellinie gekielt. Tergite geteilt, median schräg abgestutzt und nach hinten gezogen, so daß die beiden Hälften miteinander einen Winkel bilden. Nur 10 Tergite von oben sichtbar. Flagellum mit 2 Borsten. Galea in 2 getrennte, auch an der Basis nicht vereinigte Stämme geteilt, von welchen der eine einfach, der andere terminal verästelt ist. Palpen gedrungen. Sämtliche Femora in Femur und Patella geteilt. Tarsen länger als die Tibien. Coxen des 4. Beinpaares beim Weibchen sehr stark plattenartig verbreitert, die Platten einander in der Medianlinie berührend und die Genitalöffnung verdeckend (Fig. 3).

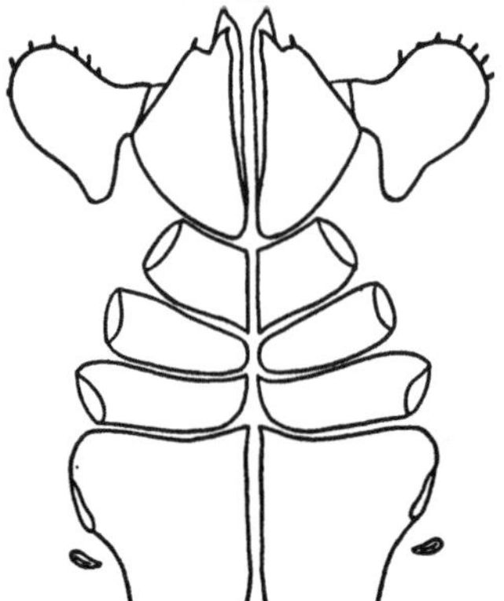

Fig. 3.
Coxen von **Pseudochiridium thorelli** With (nach With, verändert).

Hinterindien.

2 Arten.

Übersicht über die Arten:

1 { Mediane Querfurche des Cephalothorax in der Mitte nach hinten gebogen; hinterer Fortsatz des Palpentrochanter gerundet; Hand 1,6mal so lang wie breit . . . . 1. **P. thorelli**

{ Mediane Querfurche des Cephalothorax in der Mitte gerade; hinterer Fortsatz des Palpentrochanter konisch, spitz; Hand 1,9mal so lang wie breit . . . . 2. **P. clavigerum**

1. **P. thorelli** With 1906 *P. T.*, With in: Danske Selsk. Skr., *v.* 7 nr. 3 p. 200 f. 6a—b, t. 4 f. 12a—g | 1914 *P. t.*, Ellingsen in: Rec. Ind. Mus., *v.* 10 p. 1 | 1931 *Pseudocheiridium t.*, Chamberlin in: Stanford Univ. Publ., *v.* 7 p. 236 | 1932 *P. t.*, Chamberlin in: Pan-Pacif. Ent. San Francisco, *v.* 8 p. 137.

Cephalothorax etwas breiter als lang, mit ziemlich stark vorragendem Cucullus, ohne Augen; Scheibe mit 2 breiten, deutlichen Querfurchen, die vordere in der Mitte nach hinten gebogen. Integument runzelig granuliert. Borsten kurz, gekeult. Abdomen dorsal in der Mittellinie gekielt, die Tergite breit geteilt, median schräg abgestutzt und nach hinten gezogen, so daß die beiden Hälften miteinander einen Winkel bilden; jedes Tergit mit einer Reihe gekeulter Borsten. Flagellum mit 2 Borsten. Galea in 2 getrennte, auch an der Basis nicht miteinander verschmolzene Stämme geteilt; der terminale Stamm am Ende mit 2 haarförmigen Fortsätzen, sonst einfach, der proximale Stamm verästelt. Palpen etwa so lang wie der Körper, deutlich granuliert. Trochanter hinten mit einem ziemlich langen, am Ende gerundeten Fortsatz. Femur 2,6 mal so lang wie breit, deutlich und scharf abgesetzt gestielt. Tibia 2,1 mal so lang wie breit, breiter als das Femur. Schere 2,6 mal so lang wie breit. Hand 1,6 mal so lang wie breit und 1,4 mal so lang wie die Finger. Femora der Laufbeine deutlich in Femur und Patella geteilt, die Trennungslinie etwas schräg zur Längsachse des Gliedes stehend. Tarsen aller Beine 1,2—1,3 mal länger als die Tibien. Coxen des 4. Beinpaares beim Weibchen sehr stark plattenartig nach hinten verbreitert, die Platten einander in der Medianlinie berührend und die Genitalöffnung verdeckend. — Körper L. 2,1 mm; Palpen: Femur L. 0,504 mm, B. 0,196 mm, Tibia L. 0,490 mm, B. 0,238 mm, Hand L. 0,462 mm, B. 0,290 mm, Finger L. 0,322 mm.

Hinterindien: Nikobaren, Insel Nankovry.

2. **P. clavigerum** (Thorell) 1889 *Chelifer claviger*, Thorell in: Ann. Mus. Genova, ser. 2 *v.* 7 p. 591 t. 5 f. 5 | 1900 *Trachychernes c.*, Pocock in: Andrews, Monogr. Christmas Isl., Arach. p. 156 | 1906 *Pseudochiridium clavigerum*, With in: Danske Selsk. Skr., *v.* 7 nr. 3 p. 204 t. 4 f. 13a | 1914 *P. c.*, Ellingsen in: Rec. Ind. Mus., *v.* 10 p. 1 | 1931 *Pseudocheiridium c.*, Chamberlin in: Stanford Univ. Publ., *v.* 7 p. 236 | 1932 *P. c.*, Chamberlin in: Pan-Pacif. Ent. San Francisco, *v.* 8 p. 137.

Der vorigen Art sehr nahestehend. Cephalothorax nicht breiter als lang, ohne Augen; die Scheibe mit 2 breiten, geraden, in der Mitte nicht nach hinten gebogenen Querfurchen. Integument runzelig granuliert. Borsten gekeult. Abdomen wie bei der vorigen Art, nur breiter. Palpen etwas länger als der Körper, granuliert. Trochanter etwas länger als breit, breiter als das Femur, hinten mit einem langen, konischen, spitzen Fortsatz. Femur 2,6 mal so lang wie breit, scharf abgesetzt gestielt. Tibia breiter als das Femur. Hand 1,9 mal so lang wie breit und 1,5 mal so lang wie die Finger. Tarsus des 1. Beinpaares 1,4 mal so lang wie die Tibia. Coxen wie bei der vorigen Art. — Körper L. 1,3 mm.

Hinterindien: Birma, Christmas Island.

2. Gen. **Afrocheiridium** nov. gen.

Typus: *Pseudochiridium Trägardhi* Tullg. (durch ursprüngliche Bestimmung und Monotypie).

Mit der vorigen Gattung nahe verwandt. Querfurchen des Cephalothorax jedoch schwächer ausgeprägt. Abdomen dorsal in der Mittellinie nicht gekielt; alle 11 Abdominaltergite von oben sichtbar; Tergite median gerade abgestutzt und nicht nach hinten gezogen, die Hälften daher miteinander keinen Winkel bildend. Coxen des 4. Beinpaares beim Weibchen schwächer plattig verbreitert, die Platten divergierend und einander in der Medianlinie nicht berührend, die Genitalöffnung freilassend.

Südafrika.

1 Art.

1. **A. trägardhi** (Tullg.) 1907 *Pseudochiridium T.*, Tullgren in: Zool. Stud. tillägn. Tullberg, p. 225 f. 4a—d | 1912 *P. T.*, Ellingsen in: Ann. S. Afr. Mus., *v.* 10 p. 86 | 1931 *Pseudocheiridium träghardhi*, Chamberlin in: Stanford Univ. Publ., *v.* 7 p. 236 | 1932 *P. träghårdi*, Chamberlin in: Pan-Pacif. Ent. San Francisco, *v.* 8 p. 137.

Cephalothorax etwas breiter als lang, mit deutlichem Cucullus, ohne Augen; die Scheibe mit 2 ziemlich schwachen, geraden Querfurchen. Abdomen dorsal in der Mittellinie nicht gekielt, jedoch gegen die Seiten schwach abgedacht; alle 11 Abdominaltergite von oben sichtbar. Tergite schmal geteilt, median nicht nach hinten gezogen, die Hälften miteinander keinen Winkel bildend; Beborstung der Tergite: 6–6–8–8–8–8–8—8. Integument granuliert, mit keulenförmigen Borsten. Galea der Cheliceren ziemlich kurz und an der Basis dick, tief dreigespalten, aber nicht in 2 gesonderte Stämme geteilt. Palpen (Fig. 4) ein wenig länger als der Körper, ziemlich grob granuliert, mit dicken, keulenförmigen Borsten. Trochanter mit ziemlich langem, dicken Stiel und schwach blasig aufgetriebenem Körper, dieser hinten ohne stark vorragenden Fortsatz. Femur 3mal so lang wie breit, deutlich und scharf abgesetzt gestielt. Tibia 2,2mal so lang wie breit, breiter als das Femur. Schere 3,1 mal so lang wie breit. Hand doppelt so lang wie breit. Finger kürzer als die Hand ohne Stiel, der feste mit 6, der bewegliche mit 3 Tasthaaren, die Zähne breit und stumpf. Femora aller Beinpaare in Femur und Patella geteilt. Tarsen länger als die Tibien. Coxen des 4. Beinpaares beim Weibchen plattig verbreitert, die Platten divergierend und einander in der Medianlinie nicht berührend. — Körper L. 1,1 mm; Palpen: Trochanter L. 0,18 mm, B. 0,11 mm, Femur L. 0,30 mm, B. 0,10 mm, Tibia L. 0,27 mm, B. 0,12 mm, Hand L. 0,27 mm, B. 0,15 mm, Finger L. 0,21 mm.

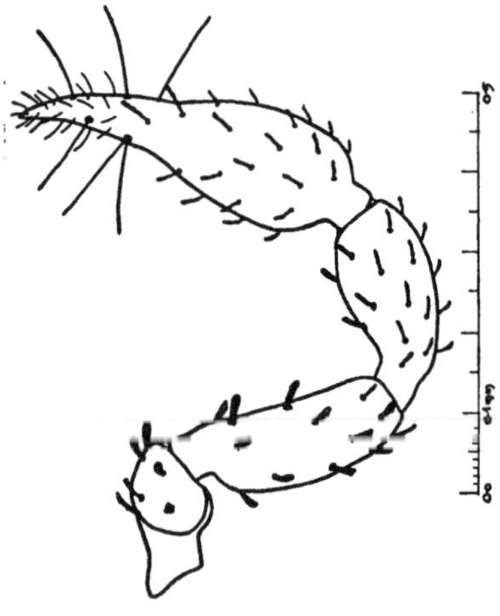

Fig. 4.
Afrocheiridium trägardhi (Tullg.).
Rechte Palpe.

Südafrika: Natal.

b) Subfam. **Cheiridiinae** Chamb.

1894 *Chiridiinae*, H. J. Hansen in: Ent. Meddel., *v.* 4 p. 232 | 1906 *C.*, With in: Danske Selsk. Skr., *v.* 7 nr. 3 p. 116 | 1911 *C.*, Lessert in: Cat. Invert. Suisse, *v.* 5 p. 24 | 1924 *Cheiridiinae*, Chamberlin in: Pan-Pacif. Ent. San Francisco, *v.* 1 p. 33 | 1929 *C.*, Beier in: Ann. Wien. Mus., *v.* 43 p. 358 | 1931 *Cheiridiidae*, Chamberlin in: Stanford Univ. Publ., *v.* 7 p. 236 | 1932 *C.*, Chamberlin in: Pan-Pacif. Ent. San Francisco, *v.* 8 p. 137.

Cephalothorax mit vorragendem Cucullus, garypoid, mit oder ohne Augen. Integument granuliert. Borsten klein, gezähnt oder größer und gekeult, immer gebogen. Tergite geteilt. Anus ventral. Flagellum mit 3 Borsten. Sämtliche Femora der Laufbeine einheitlich, nicht in Femur und Patella geteilt oder diese Teilung ganz undeutlich, die Beine daher 5gliedrig erscheinend. Tarsen so lang oder etwas kürzer als die Tibien. Coxen des 4. Beinpaares auch beim Weibchen einfach.

In allen Regionen mit Ausnahme der australischen (?), jedoch vorwiegend tropisch und subtropisch.

4 Genera, 10 Arten.

Übersicht über die Genera:

1	Nur 10 Abdominaltergite von oben sichtbar; Cephalothorax mit deutlicher Schulterbeule — **2**	
	Alle 11 Abdominaltergite von oben sichtbar; Cephalothorax ohne Schulterbeule — **3**	
2	Borsten des Cephalothorax und der Palpen klein, fast einfach; Palpenfemur aus dem Stielchen allmählich verdickt; beweglicher Finger mit 2 Tasthaaren	3. Gen. **Cheiridium**
	Borsten des Cephalothorax und der Palpen groß, stark keulenförmig; Palpenfemur aus dem Stielchen plötzlich verdickt; beweglicher Finger nur mit einem Tasthaar	4. Gen. **Neocheiridium**
3	Hinterrand des Cephalothorax und der Tergite einfach; beweglicher Palpenfinger mit einem Tasthaar	5. Gen. **Apocheiridium**
	Hinterrand des Cephalothorax und der ersten 5 bis 6 Tergite mit einer Reihe großer, zahnförmiger, nach hinten gerichteter Vorragungen; beweglicher Palpenfinger mit 2 Tasthaaren	6. Gen. **Cryptocheiridium**

3. Gen. **Cheiridium** Menge

1855 *C.*, Menge in: N. Schr. Ges. Danzig, *v.* 5 fasc. 2 nr. 2 p. 36 | 1873 *C.*, L. Koch, Übers. Darst. Eur. Chernet., p. 2 | 1874 *C.*, Stecker in: SB. Böhm. Ges., p. 235 | 1878 *C.*, Pavesi in: Ann. Mus. Genova, *v.* 11 p. 362 | 1879 *Chiridium*, E. Simon, Arach. France, *v.* 7 p. 43 | 1882 *Cheiridium*, Tömösvary in: Math. termész. Közlem., *v.* 18 p. 209 | 1888 *C.*, Daday in: Termész. Füzetek, *v.* 11 p. 125, 181 | 1896 *Chiridium*, L. Becker in: Ann. Mus. Belgique, *v.* 12 pars 3 p. 331 | 1899 *Cheiridium*, Tullgren in: Ent. Tidskr., *v.* 20 p. 177 | 1901 *C.*, Nosek in: Věstnik Klubu přir. Prostěj, *v.* 4 p. 70 | 1911 *C.*, Kew in: P. Irish Ac., *v.* 29 B nr. 2 p. 50 | 1911 *Chiridium*, Lessert in: Cat. Invert. Suisse, *v.* 5 p. 24 | 1917 *C.*, Nonidez in: Trab. Mus. Madrid, nr. 32 p. 26 | 1924 *Cheiridium*, Chamberlin in: Pan-Pacif. Ent. San Francisco, *v.* 1 p. 37 | 1928 *C.*, Schenkel in: Tierw. Deutschl., *v.* 8 fasc. 3 p. 56 | 1929 *C.*, Kästner in: Tierw. Mitteleur., *v.* 3 p. IV 4 | 1929 *C.*, Beier in: Ann. Wien. Mus., *v.* 43 p. 358 | 1931 *C.*, Chamberlin in: Stanford Univ. Publ., *v.* 7 p. 237 | 1932 *C.*, Chamberlin in: Pan-Pacif. Ent. San Francisco, *v.* 8 p. 137.

Typus: *Chelifer museorum* Leach (durch nachträgliche Bestimmung und Monotypie).

Cephalothorax mit vorragendem Cucullus und deutlichen Schulterbeulen, die Scheibe mit Querfurchen; 2 kleine Augen. Integument mäßig grob granuliert. Borsten klein, nur sehr fein gezähnt. Nur 10 Abdominaltergite von oben sichtbar, diese geteilt. Galea klein, einfach, nicht verzweigt. Flagellum mit 3 Borsten, von welchen die vordere gut ebenso breit ist wie die beiden hinteren zusammen; Ränder der Flagellumborsten einfach, ungezähnt. Palpentrochanter hinten mit ziemlich stark vorragenden Höckern.

Femur aus dem Stielchen allmählich und nicht winklig verdickt. Beweglicher Palpenfinger mit 2 Tasthaaren. Femora der Laufbeine ungeteilt. Tarsen ungefähr so lang oder etwas kürzer als die Tibien.

Paläarktische Region und durch Verschleppung nahezu kosmopolitisch. — An trockenen Örtlichkeiten.

1 Art.

1. **C. museorum** (Leach) 1817 *Chelifer m.*, Leach, Zool. Misc., *v.* 3 p. 51 t. 142 f. 4 | 1832 *C. nepoides*, Théis in: Ann. Sci. nat., ser. 1 *v.* 27 p. 75 | 1843 *C. museorum*, C. L. Koch in: C. W. Hahn & C. L. Koch, Arach., *v.* 10 p. 43 t. 338 f. 781 | 1855 *Cheiridium m.*, Menge in: N. Schr. Ges. Danzig, *v.* 5 fasc. 2 nr. 2 p. 36 t. 5 f. 11 | 1873 *C. m.*, L. Koch, Übers. Darst. Eur. Chernet., p. 2 | 1874 *C. m.*, Stecker in: SB. Böhm. Ges., p. 235 | 1878 *C. m.*, Pavesi in: Ann. Mus. Genova, *v.* 11 p. 362 | 1879 *Chiridium m.*, E. Simon, Arach. France, *v.* 7 p. 43 t. 18 f. 19, 20 | 1882 *Cheiridium m.*, Tömösvary in: Math. termész. Közlem., *v.* 18 p. 210 t. 2 f. 16—18 | 1885 *C. m.*, G. Canestrini, Chernet. Ital., *v.* 1 fasc. 10 nr. 7 f. 7 | 1888 *C. m.*, Daday in: Termész. Füzetek, *v.* 11 p. 125, 181 | 1896 *Chiridium m.*, L. Becker in: Ann. Mus. Belgique, *v.* 12 pars 3 p. 331 | 1899 *Cheiridium m.*, Tullgren in: Ent. Tidskr., *v.* 20 p. 178 t. 7 f. 1—3 | 1901 *C. m.*, Nosek in: Věstnik Klubu přir. Prostěj, *v.* 4 p. 70 | 1907 *C. m.*, Ellingsen in: J. Quekett Club, ser. 2 *v.* 10 p. 167 | 1911 *C. m.*, Kew in: P. Irish Ac., *v.* 29 B p. 51 f. 13 | 1911 *Chiridium m.*, Lessert in: Cat. Invert. Suisse, *v.* 5 p. 24 f. 19 | 1912 *Cheiridium m.*, Ellingsen in: Ann. S. Afr. Mus., *v.* 10 p. 86, 104 | 1912 *C. m.*, Ellingsen in: SB. Ver. Rheinl.-Westfal., 1911 p. 174 | 1914 *C. m.*, Ellingsen in: Rec. Ind. Mus., *v.* 10 p. 11 | 1917 *Chiridium m.*, Nonidez in: Trab. Mus. Madrid, nr. 32 p. 26 | 1924 *Cheiridium m.*, Chamberlin in: Pan-Pacif. Ent. San Francisco, *v.* 1 p. 38 f. A, I, T, U, W, BB | 1928 *C. m.*, Schenkel in: Tierw. Deutschl., *v.* 8 fasc. 3 p. 56 f. 2 | 1929 *C. m.*, Kästner in: Tierw. Mitteleur., *v.* 3 p. IV 4 f. 7, 9, 10 | 1929 *C. m.*, Beier in: Ann. Wien. Mus., *v.* 43 p. 358 | 1931 *C. m.*, Chamberlin in: Stanford Univ. Publ., *v.* 7 p. 237 | 1932 *C. m.*, Chamberlin in: Pan-Pacif. Ent. San Francisco, *v.* 8 p. 137.

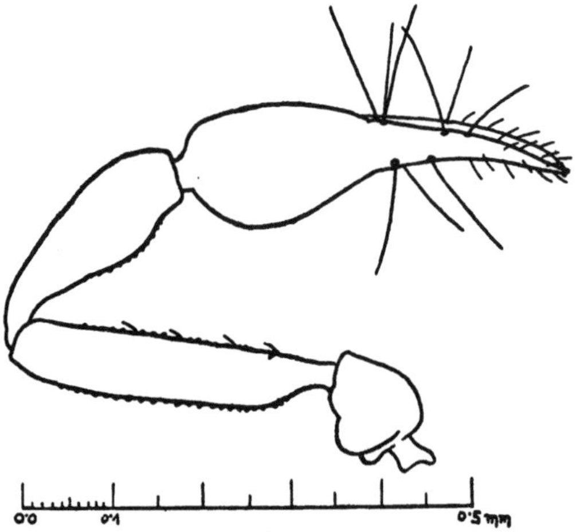

Fig. 5.
Cheiridium museorum (Leach). Linke Palpe.

Cephalothorax breiter als lang, nach vorn stark verschmälert, mit vorragendem Cucullus und deutlichen Schulterbeulen; vordere Querfurche tief; 2 kleine Augen; Scheibe mäßig kräftig granuliert. Nur 10 Abdominaltergite von oben sichtbar, diese geteilt. Cheliceren mit kleiner, einfacher Galea. Flagellum mit 3 nicht gezähnten Borsten, die vordere Borste so breit wie die beiden hinteren zusammen. Palpen (Fig. 5) ziemlich schlank, mäßig grob granuliert. Trochanter hinten mit stark vorragenden Tuberkeln. Femur etwa 5,2 mal so lang wie breit, basal nicht breiter als distal, aus dem Stielchen allmählich und nicht winkelig verbreitert. Tibia 3 mal so lang wie breit, deutlich breiter als das Femur. Schere 3,3 mal so lang wie breit. Hand oval, mit Stiel 1,8 mal so lang wie breit. Finger etwa so lang wie die Hand mit Stiel, der bewegliche mit 2 Tasthaaren. Coxen des 4. Beinpaares beim Männchen schmal und gebogen. Tarsus des 1. Beinpaares etwas länger, der des 4. etwas kürzer als die Tibia. — Körper L. 1,3—1,4 mm; Palpen: Trochanter L. 0,15 mm, B. 0,10 mm, Femur L. 0,37 mm, B. 0,07 mm, Tibia L. 0,28 mm, B. 0,10 mm, Hand L. 0,23 mm, B. 0,13 mm, Finger L. 0,23 mm.

Europa und Nordafrika; auch von Indien und Südafrika (verschleppt) gemeldet. — An trockenen Örtlichkeiten, unter Steinen und Brettern, unter der Rinde von Baumstrünken, in Vogelnestern (Star, Sperling) und alten Vogelkäfigen, in Scheunen und Mühlen. Häutungsnester klein und flach, etwa 2 mm im Durchmesser, mitunter kolonienweise nebeneinander. In der äußeren Hülle derselben manchmal Holzsplitter eingewebt.

Eine weitere Art (*C. hartmanni* Menge) wurde aus dem Baltischen Bernstein bekannt.

4. Gen. **Neocheiridium** nov. gen.

Typus: *Cheiridium corticum* Balzan (durch ursprüngliche Bestimmung und Monotypie).

Cephalothorax mit deutlichen Schulterhöckern und einer tiefen, gebogenen, hinter der Mitte gelegenen Querfurche; Cucullus vorragend; die Scheibe grob granuliert, mit keulenförmigen Borsten. Augen undeutlich. Nur 10 Abdominaltergite von oben sichtbar, diese geteilt, grob granuliert, am Hinterrande mit gekeulten Borsten. Hinterrand des Cephalothorax und der Tergite einfach. Galea des Männchens einfach, die des Weibchens mit kleinen Zähnchen. Flagellum mit 4 Borsten, die distale Borste länger und etwas breiter als die übrigen, sämtliche einfach, ungezähnt. Palpen grob granuliert, mit langen, gebogenen und stark gekeulten Borsten. Femur aus dem dünnen Stielchen plötzlich und scharf abgesetzt winkelig verdickt, nahe der Basis am breitesten. Finger kürzer als die Hand, der bewegliche nur mit einem Tasthaar. Femora der Laufbeine einheitlich, die Trennung in Femur und Patella kaum angedeutet.

Südamerika.

1 Art.

1. **N. corticum** (Balzan) 1890 *Cheiridium c.*, Balzan in: Ann. Mus. Genova, ser. 2 *v.* 9 p. 410 t. 13 f. 1 | 1891 *C. c.*, Balzan in: Ann. Soc. ent. France, *v.* 60 p. 549.

Cephalothorax breiter als lang, mit deutlichen Schulterbeulen und einer tiefen, gebogenen, hinter der Mitte gelegenen Querfurche; die Scheibe grob granuliert, mit keulenförmigen Borsten. Augen undeutlich. Tergite geteilt, mit je 10—12 keulenförmigen Borsten am Hinterrand. Flagellum mit 4 Borsten, die vordere länger und etwas breiter als die hinteren. Galea des Männchens einfach, kurz, die des Weibchens etwas länger, im distalen Teil mit 3 Zähnchen. Palpen (Fig. 6) ziemlich gedrungen, grob granuliert, mit gebogenen, stark gekeulten Borsten. Trochanter hinten mit breit gerundetem Tuberkel. Femur 3,9 mal so lang wie breit, nahe der Basis am breitesten, distal allmählich und schwach verjüngt, basal aus dem dünnen Stielchen plötzlich und scharf abgesetzt verdickt. Tibia 2,7 mal so lang wie breit.

Schere 2,7mal so lang wie breit. Hand 1,6mal so lang wie breit, aus breiter Basis distal allmählich und ziemlich geradlinig verjüngt. Finger bedeutend kürzer als die Hand, der bewegliche nur mit einem Tasthaar. —

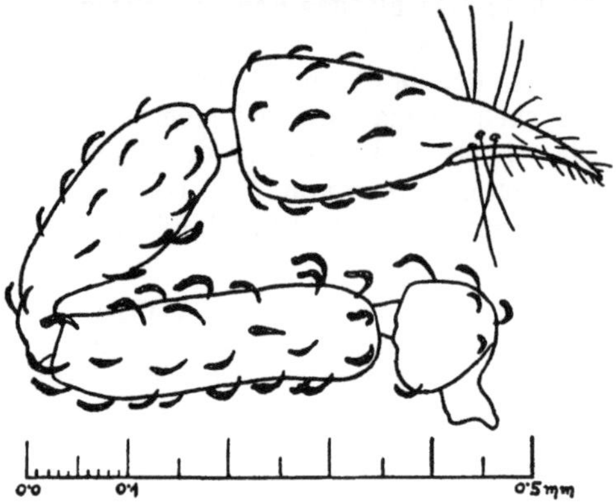

Fig. 6.
Neocheiridium corticum (Balzan). Linke Palpe.

Körper L. 1,2 mm; Palpen: Femur L. 0,35 mm, B. 0,09 mm, Tibia L. 0,30 mm, B. 0,11 mm, Hand L. 0,29 mm, B. 0,14 mm, Finger L. 0,16 mm.

Südamerika: Argentinien, Paraguay.

5. Gen. **Apocheiridium** Chamb.

1924 *A.*, Chamberlin in: Pan-Pacif. Ent. San Francisco, *v.* 1 p. 34 | 1931 *A.*, Chamberlin in: Stanford Univ. Publ., *v.* 7 p. 238 | 1932 *A.*, Chamberlin in: Pan-Pacif. Ent. San Francisco, *v.* 8 p. 138.

Typus: *A. ferumoides* Chamb. (durch ursprüngliche Bestimmung).

Cephalothorax ohne Schulterbeulen, mit vorragendem Cucullus; Scheibe mit einer Querfurche. 2 kleine Augen. Integument grob granuliert, Borsten klein, je mit einem feinen Zähnchen. Alle 11 Tergite von oben sichtbar; Tergite 1—9 geteilt, die ersten 4 schmäler als die übrigen, das 3. am schmälsten. Galea beim Männchen aus 1—2, beim Weibchen aus 3 getrennten, einfachen Stämmchen bestehend. Flagellum mit 3 Borsten, die vordere Borste so breit wie die beiden hinteren zusammen und wenigstens ein wenig gezähnt. Palpen ziemlich schlank. Trochanter hinten gleichmäßig gerundet, ohne vorragenden Fortsatz. Femur aus dem Stielchen plötzlich und winkelig verdickt, nahe der Basis am breitesten. Beweglicher Palpenfinger nur mit einem Tasthaar. Integument der Palpen sehr grob granuliert, Borsten dünn, gebogen, je mit einem Zähnchen. Mediales seitliches Chitinfeld der Coxen des 1. Beinpaares deutlich. Hinterrand des Cephalothorax und der Tergite einfach. Femora aller Beine einheitlich, nicht in Femur und Patella geteilt.

Paläarktische, nearktische, äthiopische und orientalische Region. — An trockenen Örtlichkeiten.

6 Arten.

Übersicht über die Arten:

1 { Schere höchstens 5mal so lang wie die Breite der Tibia, meist jedoch schmäler; Tibia 3,2—3,3mal so lang wie breit — **2**
Schere etwa 5,5mal so lang wie die Breite der Tibia; Tibia 3,6mal so lang wie breit . . . . 3. **A. mormon**

2 { Schere wenigstens 4,5 mal so lang wie die Breite der Tibia; Palpen wenigstens mit einigen gröberen Körnern neben der normalen Granulation, abgesehen von denjenigen an der lateralen Femurbasis; Tibia 2,7 mal so lang wie breit oder länger — **3**
Schere etwa 3,6—3,7 mal so lang wie die Breite der Tibia; Palpen gleichmäßig granuliert, ohne gröbere Körner abgesehen von 2—3 solchen an der lateralen Femurbasis; Tibia 2,5 mal so lang wie breit . . . . 5. **A. eruditum**

3 { Tibia 2,7—3,1 mal so lang wie breit; Trochanter 1,4—1,5 mal so lang wie breit; Palpen dicht mit großen zahnförmigen Körnchen besetzt — **4**
Tibia 3,1—3,2 mal so lang wie breit; Trochanter etwa 1,7 mal so lang wie breit; Palpen feiner granuliert oder mit mehr zerstreut stehenden gröberen Körnchen — **5**

4 { Femur 3,7—3,8 mal, Tibia 2,9—3,1 mal, Schere 2,9—3,3 mal so lang wie breit; Körper 1,4—1,6 mm . . . . 2. **A. ferumoides**
Femur 3,8—4,1 mal, Tibia 2,7—3,0 mal, Schere 3,5—3,6 mal so lang wie breit; Körper 1—1,1 mm . . . . 1. **A. ferum**

5 { Femur 3,8—3,9 mal so lang wie breit; Schere 4,5—4,6 mal so lang wie die Breite der Tibia . . . . 6. **A. chamberlini**
Femur 4,3—4,4 mal so lang wie breit; Schere 4,8—4,9 mal so lang wie die Breite der Tibia . . . . 4. **A. inexpectum**

1. **A. ferum** (E. Sim.) 1879 *Chiridium f.*, E. Simon, Arach. France, *v.* 7 p. 44 t. 18 f. 21 | 1907 *C. f.*, With in: J. Linn. Soc. London, *v.* 30 p. 80 t. 10 f. 54—57 | 1907 *Cheiridium f.*, Ellingsen in: J. Quekett Club, ser. 2 *v.* 10 p. 166 | 1911 *Chiridium f.*, Lessert in: Cat. Invert. Suisse, *v.* 5 p. 25 f. 20 | 1924 *Apocheiridium f.*, Chamberlin in: Pan-Pacif. Ent. San Francisco, *v.* 1 p. 37 | 1929 *Cheiridium f.*, Kästner in: Tierw. Mitteleur., *v.* 3 p. 144 f. 11 | 1929 *Apocheiridium f.*, Beier in: Ann. Wien. Mus., *v.* 43 p. 358 | 1932 *A. f.*, Chamberlin in: Pan-Pacif. Ent. San Francisco, *v.* 8 p. 138.

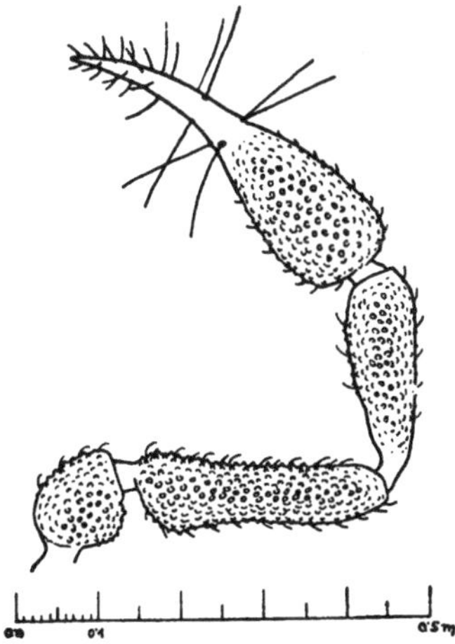

Fig. 7.
Apocheiridium ferum (E. Sim.).
Rechte Palpe.

Cephalothorax etwas breiter als lang, ohne Schulterbeulen, mit vorragendem Cucullus; die Scheibe grob granuliert, mit einer deutlichen Querfurche vor der Mitte. 2 kleine Augen. Alle 11 Tergite von oben sichtbar, die 4 vorderen schmäler als die übrigen, das 3. am schmalsten. Galea beim Männchen aus 1—2, beim Weibchen aus 3 getrennten, einfachen Stämmchen bestehend. Flagellum mit 3 Borsten, die vordere Borste so breit wie die beiden hinteren zusammen und fein gezähnt. Palpen (Fig. 7) ziemlich schlank, dicht mit großen, zahnförmigen Körnchen besetzt. Trochanter 1,4—1,5 mal so lang wie breit, hinten gleichmäßig gerundet, ohne vorragende Höcker. Femur 3,8—4,1 mal so lang wie breit, nahe der Basis am breitesten, aus dem Stielchen plötzlich, scharf abgesetzt und winkelig verdickt. Tibia 2,7—3,0 mal so lang wie breit, nicht breiter als das Femur an seiner breitesten Stelle. Schere 3,5—3,6 mal so lang wie breit. Hand länglich oval, die Seiten nur sehr schwach konvex. Finger ungefähr so lang wie die Hand ohne Stiel, gebogen, der bewegliche nur mit 1 Tasthaar. Femora sämtlicher Laufbeine einheitlich, nicht in Femur und Patella geteilt. —

Körper L. 1—1,1 mm; Palpen: Femur L. 0,34 mm, B. 0,08 mm, Tibia L. 0,27 mm, B. 0,08 mm, Hand L. 0,25 mm, B. 0,12 mm, Finger L. 0,23 mm.

Südeuropa: Südfrankreich, Schweiz, Italien, Sardinien. — Unter Rinde. Nester klein und flach, weiß, ohne eingewebte Fremdkörper.

2. **A. ferumoides** Chamb. 1924 *A. f.*, Chamberlin in: Pan-Pacif. Ent. San Francisco, *v.* 1 p. 34 f. B—F, H, K—P, R—S, V, X—Y, AA | 1930 *A. f.*, Beier in: Ann. Wien. Mus., *v.* 44 p. 207 | 1931 *A. f.*, Chamberlin in: Stanford Univ. Publ., *v.* 7 p. 238 f. 56 | 1932 *A. f.*, Chamberlin in: Pan-Pacif. Ent. San Francisco, *v.* 8 p. 139.

Der vorigen Art sehr ähnlich. Querfurche des Cephalothorax verhältnismäßig tief. Integument grob und dicht granuliert, Cephalothorax und Tergite mit sternförmigen Rugositäten. Galea bei beiden Geschlechtern aus 2 getrennten Stämmchen bestehend, das distale bedeutend kleiner als das proximale. Palpen (Fig. 8, 9) ziemlich schlank, grob und dicht granuliert. Trochanter 1,4—1,5 mal so lang wie breit, hinten regelmäßig gerundet, ohne vorragenden Höcker. Femur 3,7—3,8 mal so lang wie breit, basal am

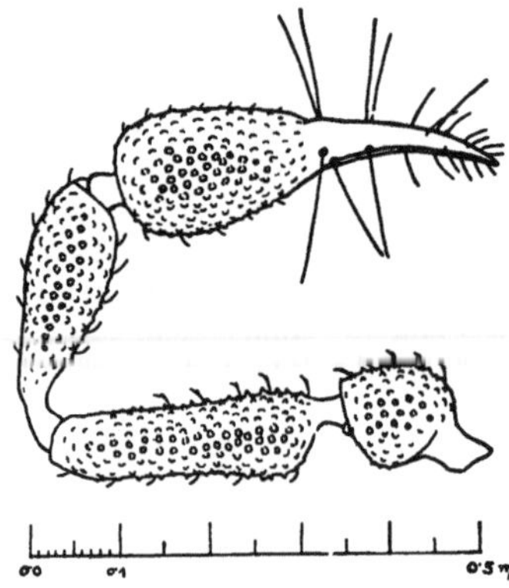

Fig. 8.
Apocheiridium ferumoides Chamb.
Linke Palpe, ♂.

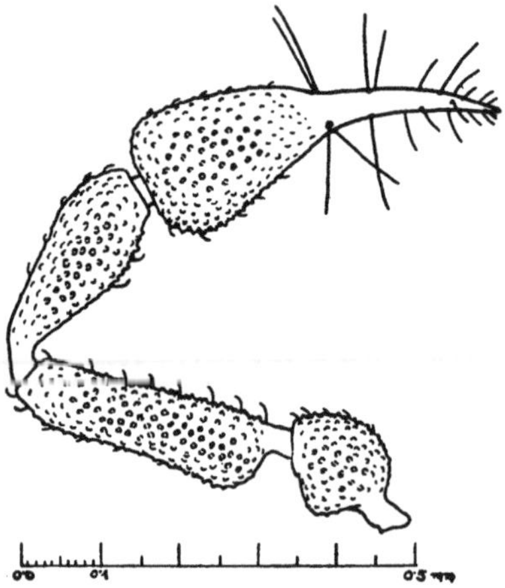

Fig. 9.
Apocheiridium ferumoides Chamb.
Linke Palpe, ♀.

breitesten, aus dem Stielchen plötzlich verdickt. Tibia 2,9—3,1 mal so lang wie breit, etwas breiter als das Femur an der breitesten Stelle. Schere 2,9—3,3 mal so lang wie breit. Hand beim Männchen schmäler, beim Weibchen breiter oval, die Seiten wenig konvex. Finger beim Männchen so lang wie, beim Weibchen etwas länger als die Hand ohne Stiel, der bewegliche nur mit einem Tasthaar. — Körper L. 1,4—1,6 mm; Palpen: ♂ Trochanter L. 0,18 mm, B. 0,12 mm, Femur L. 0,34 mm, B. 0,09 mm, Tibia L. 0,29 mm, B. 0,10 mm, Hand L. 0,25 mm, B. 0,13 mm, Finger L. 0,22 mm; ♀ Trochanter L. 0,20 mm, B. 0,13 mm, Femur L. 0,36 mm, B. 0,10 mm, Tibia L. 0,30 mm, B. 0,11 mm, Hand L. 0,27 mm, B. 0,16 mm, Finger L. 0,25 mm.

Nordamerika: Kalifornien. — Unter Rinde.

3. **A. mormon** Chamb. 1924 *A. m.*, Chamberlin in: Pan-Pacif. Ent. San Francisco, *v.* 1 p. 36 f. J, JJ, P—Q, Z | 1932 *A. m.*, Chamberlin in: ibid., *v.* 8 p. 138.

Den beiden vorigen Arten sehr nahe stehend. Cephalothorax und Tergite ohne ausgesprochen sternförmige Rugositäten. Palpen schlank, schlanker als bei den beiden vorhergehenden Arten, die Granulation schwächer als bei *ferumoides*. Femur 4,3 mal so lang wie breit, nahe der Basis am breitesten, aus dem Stielchen plötzlich verdickt. Tibia 3,6 mal so lang wie breit, nur wenig kürzer als das Femur, schlanker als bei den beiden vorhergehenden Arten. Schere 3,7 mal so lang wie breit. Hand ziemlich schmal. Finger ungefähr so lang wie die Hand ohne Stiel. — Körper L. 1,35 mm.

Nordamerika: Utah, Idaho.

4. **A. inexpectum** Chamb. 1932 *A. i.*, Chamberlin in: Pan-Pacif. Ent. San Francisco, *v.* 8 p. 139.

Den beiden vorigen nordamerikanischen Arten ähnlich, jedoch bedeutend kleiner. Palpen schlanker als bei *ferumoides*, aber gedrungener als bei *mormon*, mit ziemlich zahlreichen, aber verhältnismäßig weniger auffälligen größeren Körnern als bei diesen beiden Arten. Trochanter 1,7 mal so lang wie breit. Femur 3,8—3,9 mal so lang wie breit. Tibia 3,2 mal so lang wie breit, 2,7—2,8 mal so lang wie die größte Breite des Trochanter. Schere 3,5 mal so lang wie breit und 4,8—4,9 mal so lang wie die größte Breite der Tibia. Hand medial stärker konvex als lateral. Finger ungefähr so lang wie die Hand ohne Stiel. — Körper L. 0,9—1,1 mm.

Nordamerika: Kalifornien.

5. **A. eruditum** Chamb. 1932 *A. e.*, Chamberlin in: Pan-Pacif. Ent. San Francisco, *v.* 8 p. 139.

Habituell dem *ferumoides* ähnlich, jedoch robuster. Palpen verhältnismäßig gedrungen, kräftiger als bei *ferumoides*, gleichmäßig granuliert, ohne größere zahnförmige Körner, abgesehen von 2 oder 3 solchen an der lateralen Femurbasis. Femur 3,5—3,6 mal so lang wie breit und 1,15 mal so lang wie die Tibia, medial mit je einer leichten, jedoch erkennbaren Konkavität distal und proximal, die laterale basale Verdickung etwas weniger stark entwickelt als bei *ferumoides*. Tibia 2,6 mal so lang wie breit und fast 1,4 mal so lang wie die Hand ohne Stiel. Schere 2,9 mal so lang wie breit. Hand medial stärker konvex als lateral. Finger kaum länger als die Hand ohne Stiel. Die kleinste Art der Gattung. — Körper L. 0,95 mm.

Philippinen: Insel Luzon.

6. **A. chamberlini** Godfrey 1912 *Cheiridium ferum*, Ellingsen in: Ann. S. Afr. Mus., *v.* 10 p. 86, 104 | 1924 *Apocheiridium* sp., Chamberlin in: Pan-Pacif. Ent. San Francisco, *v.* 1 p. 37 | 1927 *A. chamberlini*, R. Godfrey in: S. Afr. Outlook, p. 17 | 1932 *A. c.*, Chamberlin in: Pan-Pacif. Ent. San Francisco, *v.* 8 p. 139.

Habituell dem *A. ferum* nahestehend, von diesem jedoch vor allem durch die feiner granulierten Palpen verschieden. Palpen ziemlich schlank, gleichmäßig granuliert, ohne auffällige größere zahnförmige Körnchen, abgesehen von einigen wenigen solchen an der lateralen Basis des Femur. Trochanter etwa 1,7 mal so lang wie breit. Femur 3,8—3,9 mal so lang wie breit. Tibia 3,1—3,2 mal so lang wie breit. Schere 4,5—4,6 mal so lang wie die Breite der Tibia. Hand medial etwas stärker konvex als lateral. Finger ungefähr so lang wie die Hand ohne Stiel. — Körper L. 1 mm.

Süd-Afrika.

6. Gen. **Cryptocheiridium** Chamb.

1931 *C.*, Chamberlin in: Stanford Univ. Publ., *v.* 7 p. 238 | 1932 *C.*, Chamberlin in: Pan-Pacif. Ent. San Francisco, *v.* 8 p. 138.

Typus: *Chiridium subtropicum* Tullg. (durch ursprüngliche Bestimmung).

Cephalothorax ohne Schulterbeulen, mit vorragendem Cucullus; Scheibe mit einer Querfurche. 2 kleine Augen. Integument sehr grob granuliert, Borsten klein. Hinterrand des Cephalothorax und der ersten 5—6 Tergite mit einer Reihe von großen, zahnförmigen Vorragungen. Alle 11 Tergite von oben sichtbar und mit Ausnahme des letzten geteilt. Galea ziemlich kurz, nicht in 2 Stämme geteilt. Flagellum mit 3 Borsten, die vordere stark verbreitert, ungezähnt. Palpen ziemlich gedrungen. Trochanter hinten gerundet. Femur aus dem Stielchen plötzlich und winkelig verdickt, nahe der Basis am breitesten. Beweglicher Finger mit 2 nahe der Basis befindlichen Tasthaaren. Integument der Palpen sehr grob granuliert, Borsten dünn, gebogen. Femora der Laufbeine mit undeutlicher Trennungslinie zwischen Femur und Patella.

Südafrika, Ostasien.

2 Arten.

Übersicht über die Arten:

1 { Coxen des 4. Beinpaares beim ♂ am Hinterrand distal mit einem Zähnchen; die ersten 6 Tergite am Hinterrand mit einer Reihe von zahnförmigen Vorragungen . . . . 1. **C. subtropicum**
Coxen des 4. Beinpaares beim ♂ am Hinterrand distal ohne Zähnchen; die ersten 5 Tergite am Hinterrand mit einer Reihe von zahnförmigen Vorragungen . . . . 2. **C. formosanum**

1. **C. subtropicum** (Tullg.) 1907 *Chiridium s.*, Tullgren in: Zool. Stud. tillägn. Tullberg, p. 218 f. 5a—b, d—f | 1912 *Cheiridium s.*, Ellingsen in: Ann. S. Afr. Mus., *v.* 10 p. 86, 104 | 1931 *Cryptocheiridium s.*, Chamberlin in: Stanford Univ. Publ., *v.* 7 p. 238 | 1932 *C. s.*, Chamberlin in: Pan-Pacif. Ent. San Francisco, *v.* 8 p. 138.

Cephalothorax etwas breiter als lang, dreieckig, mit vorragendem Cucullus; die Scheibe mit einer tiefen vorderen und einer ganz undeutlichen hinteren Querfurche. 2 kleine Augen. Integument dicht und sehr grob granuliert. Hinterrand des Cephalothorax und der ersten 6 Abdominaltergite mit je einer Reihe großer, zahnförmiger, nach hinten gerichteter Vorragungen. 11 Abdominaltergite von oben sichtbar, die ersten 10 geteilt. Galea kurz, beim Männchen einfach, beim Weibchen distal mit 3 kleinen Zähnchen. Flagellum mit 3 ungezähnten Borsten, die distale stark verbreitert. Palpen (Fig. 10) ziemlich gedrungen, dicht und grob granuliert. Trochanter hinten gleichmäßig gerundet. Femur 2,9 mal so lang wie breit, nahe der Basis am breitesten, aus dem Stielchen plötzlich und winkelig verdickt. Tibia 2,2 mal so lang wie breit, medial ziemlich stark konvex. Schere 3 mal so lang wie breit. Hand ziemlich regelmäßig oval. Finger etwa so lang wie die Hand mit Stiel, der bewegliche mit 2 nahe der Basis befindlichen

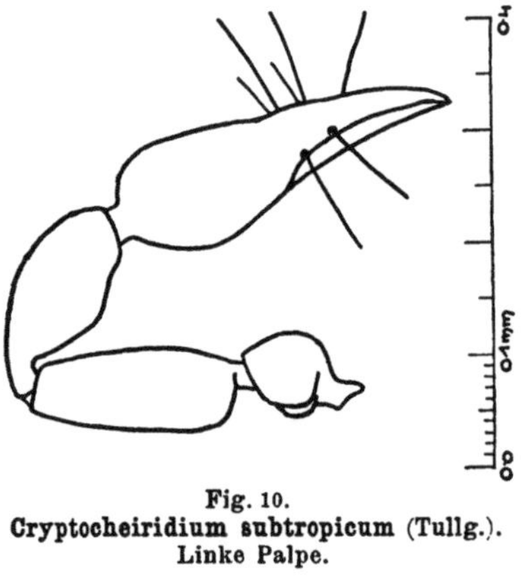

Fig. 10.
Cryptocheiridium subtropicum (Tullg.).
Linke Palpe.

Tasthaaren. Coxen des 4. Beinpaares beim Männchen am Hinterrand distal mit einem Zähnchen. Femora mit undeutlichen Trennungslinien zwischen Femur und Patella. Tarsus des 1. Paares länger als der des 2. Paares, so lang wie die Tibia. — Körper L. 0,85 mm; Palpen: Trochanter L. 0,11 mm, B. 0,075 mm, Femur L. 0,21 mm, B. 0,075 mm, Tibia L. 0,185 mm, B. 0,09 mm, Hand L. 0,17 mm, B. 0,11 mm, Finger L. 0,17 mm.

Südafrika: Zululand, Kapland.

2. C. **formosanum** (Ellingsen) 1912 *Cheiridium f.*, Ellingsen in: N. Mag. Naturv., *v.* 50 p. 123 | 1931 *Cryptocheiridium f.*, Chamberlin in: Stanford Univ. Publ., *v.* 7 p. 238 | 1932 *C. f.*, Chamberlin in: Pan-Pacif. Ent. San Francisco, *v.* 8 p. 138.

Der vorigen Art sehr ähnlich. Cephalothorax ein wenig breiter als lang, die Scheibe mit einer etwas hinter der Mitte gelegenen tiefen Querfurche, ohne basale Querfurche, der Cucullus vorragend. 2 kleine Augen. Integument grob granuliert. Hinterrand des Cephalothorax mit 12 spitzen, zahnförmigen, nach hinten gerichteten Vorragungen. Alle 11 Tergite von oben sichtbar, mit Ausnahme des letzten geteilt. Die ersten 5 Tergite am Hinterrand mit je 6—7 spitzen, zahnförmigen, nach hinten gerichteten Vorragungen. Palpen etwa so lang wie der Körper, zart, kräftig granuliert, mit breiten Haaren. Trochanter hinten unregelmäßig gerundet. Femur 3,2mal so lang wie breit, nahe der Basis am breitesten, aus dem Stielchen plötzlich verdickt. Tibia 1,8mal so lang wie breit, breiter als das Femur. Schere etwa 2,4mal so lang wie breit. Hand beiderseits schwach konvex, gegen die Finger verjüngt. Finger so lang wie die Hand. Coxa des 4. Beinpaares beim Männchen ohne Zähnchen im distalen Teil des Hinterrandes. — Körper L. 1,1 mm; Palpen: Femur L. 0,29 mm, B. 0,09 mm, Tibia L. 0,20 mm, B. 0,11 mm, Hand L. 0,18 mm, B. 0,15 mm, Finger L. 0,18 mm.

Ostasien: Formosa.

II. Fam. **Sternophoridae** Chamb.

1923 *Sternophorinae*, Chamberlin in: P. Calif. Ac., ser. 4 *v.* 12 p. 370 | 1931 *Sternophoridae*, Chamberlin in: Stanford Univ. Publ., *v.* 7 p. 238 | 1932 *S.*, Chamberlin in: Pan-Pacif. Ent. San Francisco, *v.* 8 p. 140.

Cephalothorax vorn gerundet, ohne Cucullus, nicht garypoid, augenlos, die Scheibe ohne Querfurchen, glatt. Borsten dünn, spitz. Lamina exterior der Cheliceren vorhanden. Flagellum mit 4 Borsten. Beide Palpenfinger mit Giftapparat. Palpen glatt oder nur sehr schwach granuliert. Beine 6-gliedrig, alle Femora deutlich in Femur und Patella geteilt, die Trennungslinie senkrecht zur Längsachse des Gliedes stehend. Beincoxen einander in der Medianlinie nicht berührend, sondern ein ovales Pseudosternum zwischen sich einschließend. Coxalarea nicht dreieckig, nahe der Mitte am breitesten. Tarsen kurz und gedrungen, viel kürzer als die Tibien. Anus terminal.

Nearktische und australische Region.

2 Genera, 5 Arten.

Übersicht über die Genera:

1	Cephalothorax vorn breit abgerundet, nicht verengt; ohne Augenhöcker	1. Gen. **Sternophorus**
	Cephalothorax nach vorn verengt; mit 2 kleinen, deutlich vom Vorderrande getrennten Augenhöckern, jedoch ohne Augen	2. Gen. **Garyops**

1. Gen. **Sternophorus** Chamb.

1923 *S.*, Chamberlin in: P. Calif. Ac., ser. 4 *v.* 12 p. 371 | 1931 *S.*, Chamberlin in: Stanford Univ. Publ., *v.* 7 p. 238 | 1932 *S.*, Chamberlin in: Pan-Pacif. Ent. San Francisco, *v.* 8 p. 140.

Typus: *S. sini* Chamb. (durch ursprüngliche Bestimmung).

Cephalothorax vorn breit gerundet, nicht verengt, ohne Cucullus, augenlos; die Scheibe schwach chitinisiert, glatt; ohne Augenhöcker. Borsten dünn, spitz. Flagellum mit 4 Borsten. Galea ziemlich kurz, einfach oder mit kleinen Zähnchen. Abdominaltergite geteilt. Anus terminal. Palpen glatt oder fast glatt, mäßig kräftig. Trochanter hinten mit langem, am Hinterrand fast geradem Höcker (die Länge wird vom Stielansatz bis zum Trochanter-Femur-Gelenk gemessen). Femur mit deutlich abgesetztem Stiel, nahe der Basis am breitesten, distal verjüngt. Beide Palpenfinger mit Giftapparat. Beincoxen einander in der Medianlinie nicht berührend, sondern ein ovales Sternum zwischen sich einschließend (Fig. 11). Beine 6-gliedrig, Femora in Femur und Patella geteilt, die Trennungslinie senkrecht zur Längsachse des Gliedes stehend. Tarsen kurz und gedrungen, viel kürzer als die Tibien.

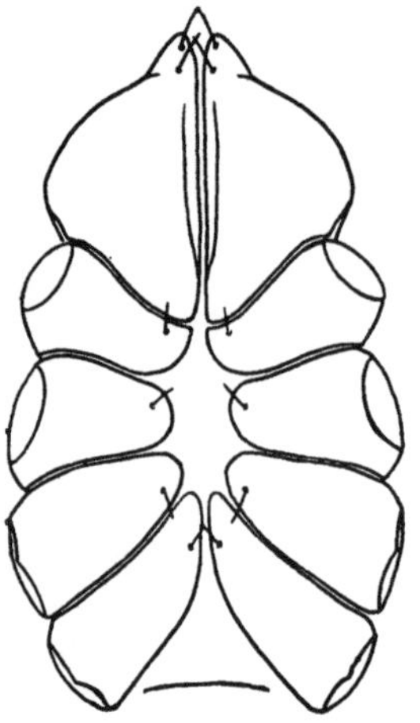

Fig. 11.
Coxen mit dem von ihnen eingeschlossenen Pseudosternum von **Sternophorus sini** (Chamb.).

Nordamerika, Australien.

4 Arten.

Übersicht über die Arten:

1 { Hand ohne Stiel höchstens 2,0mal so lang wie die Breite der Tibia; Femur höchstens 2,8mal, Tibia höchstens 2,3mal so lang wie breit; Trochanterhöcker ungefähr so lang wie die Breite der Hand oder kürzer; Tibia des 4. Beinpaares höchstens 3,2mal so lang wie breit; kleinere Arten, Körper kaum mehr als 2,5 mm — 2

Hand ohne Stiel 2,8mal so lang wie die Breite der Tibia; Femur 3mal, Tibia 2,8mal so lang wie breit; Trochanterhöcker fast doppelt so lang wie die Breite der Hand; Tibia des 4. Beinpaares 3,5mal so lang wie breit; größere Art, Körper 3,7 mm . 3. **S. ferrisi**

2 { Schere deutlich mehr als 3mal, gewöhnlich 3,4—3,6mal so lang wie breit; Femur 2,5—2,8mal so lang wie breit; Tibia höchstens doppelt so lang wie der Trochanterhöcker, dieser ungefähr so lang wie die Breite der Hand oder nur wenig länger oder kürzer — 3

Schere etwa 3mal so lang wie breit; Femur 2,3mal so lang wie breit; Tibia 2,5mal so lang wie der Trochanterhöcker, dieser bedeutend kürzer als die Breite der Hand . . . . 4. **S. hirsti**

3 { Trochanterhöcker 1,3mal so lang wie die Breite des Femur; Femur ungefähr so breit wie die Tibia, basal mäßig stark verdickt, deutlich schmäler als die Hand; Schere 3,5—3,6mal so lang wie breit; Tibia des 4. Beinpaares 3—3,2mal so lang wie breit; mittlere Siebplatte des Weibchens groß, größer als das Schutzschild des vorderen Stigmas, am Ende der Längsachse mit einem vorragenden Dorn; Körper 2,5—3,5 mm . . . . 1. **S. sini**

Trochanterhöcker höchstens 1,1mal so lang wie die Breite des Femur; Femur deutlich etwas breiter als die Tibia, basal stark verdickt, ungefähr so breit wie die Hand; Schere etwa 4mal so lang wie breit; Tibia des 4. Beinpaares 2,6mal so lang wie breit; mittlere Siebplatte des Weibchens leicht oval, nicht größer als das vordere Stigmenschutzschild; Körper 1,7—2 mm . . . . 2. **S. paludis**

1. **S. sini** Chamb. 1923 *S. s.*, Chamberlin in: P. Calif. Ac., ser. 4 *v.* 12 p. 371 t. 1 f. 6, t. 2 f. 21, t. 3 f. 6, 15, 22—25 | 1931 *S. s.*, Chamberlin in: Stanford Univ. Publ., *v.* 7 p. 239 | 1932 *S. s.*, Chamberlin in: Pan-Pacif. Ent. San Francisco, *v.* 8 p. 142.

Cephalothorax vorn breit gerundet, augenlos, die Scheibe schwach chitinisiert, glatt. Abdominaltergite geteilt, jede Hälfte am Hinterrand mit 2—3 kleinen, einfachen Borsten. Anus terminal. Mittlere Siebplatten des Weibchens groß, größer als das vordere Stigmenschutzschild, am Ende der Längsachse mit einem vorragenden Dorn. Serrula exterior der Cheliceren mit 12 Lamellen. Flagellum mit 4 Borsten, die vordere Borste verbreitert, so breit wie die 3 hinteren zusammen und am Vorderrand gezähnt. Galea kurz, beim Männchen einfach, beim Weibchen distal mit 3 kurzen Ästchen. Palpen (Fig. 12) mäßig kräftig, glatt. Trochanter hinten mit langem, am Hinterrande fast geradem Höcker, dieser ungefähr so lang wie die Breite der Hand und 1,3 mal so lang wie die Breite des Femur. Femur 2,7—2,8 mal so lang wie breit, basal mäßig stark verdickt, distal deutlich verjüngt, so breit wie die Tibia und schmäler als die Hand. Tibia 2,3 mal so lang wie breit, etwa doppelt so lang wie der Trochanterhöcker, der Stiel kurz. Schere 3,5—3,6 mal so lang wie breit. Hand schmal und fast parallelseitig, distal schwach verjüngt, ohne Stiel etwa 2,2 mal so lang wie die Breite der Tibia. Finger kürzer als die Hand ohne Stiel. Beincoxen einander in der Medianlinie nicht berührend, sondern ein ovales Pseudosternum zwischen sich einschließend. Tibia des 4. Beinpaares 3–3,2 mal so lang wie breit. Tarsen kürzer als die Tibien. — Körper L. 2,5—3,5 mm; Palpen: ♂ Trochanter L. 0,37 mm, B. 0,20 mm, Femur L. 0,57 mm, B. 0,20 mm, Tibia L. 0,47 mm, B. 0,20 mm, Hand L. 0,52 mm, B. 0,23 mm, Finger L. 0,42 mm; ♀ Trochanter L. 0,38 mm, B. 0,22 mm, Femur L. 0,58 mm, B. 0,21 mm, Tibia L. 0,48 mm, B. 0,21 mm, Hand L. 0,53 mm, B. 0,25 mm, Finger L. 0,43 mm.

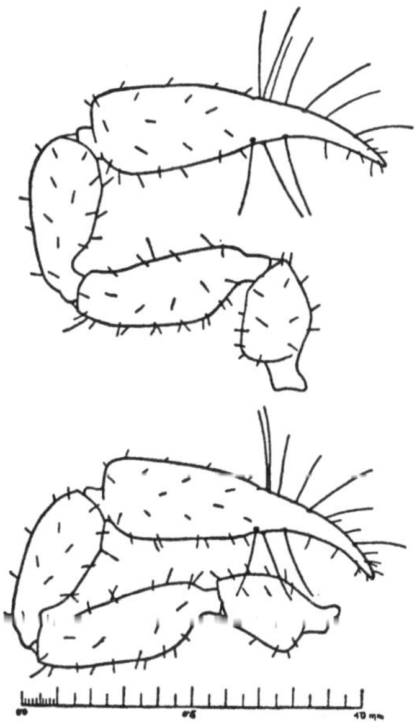

Fig. 12.
Sternophorus sini Chamb. Linke Palpe von ♂ (unten) und ♀ (oben).

Nordamerika: Nieder-Kalifornien, Inseln des Golfes von Kalifornien, Sonora.

2. **S. paludis** Chamb. 1932 *S. p.*, Chamberlin in: Pan-Pacif. Ent. San Francisco, *v.* 8 p. 142.

Der vorigen Art sehr ähnlich, die Palpen jedoch robuster. Trochanter doppelt so lang wie breit, der Höcker höchstens 1,1 mal so lang wie die Breite des Femur und ungefähr gleich breit mit der Hand. Femur 2,7 mal so lang wie breit, basal stärker verdickt als bei *sini*, deutlich etwas breiter als die Tibia und etwa so breit wie die Hand, der Medialrand mit einigen gröberen, jedoch nicht besonders deutlichen Körnern, die bei *sini* vollständig fehlen. Tibia 2,4 mal so lang wie breit, höchstens doppelt so lang wie der Trochanterhöcker. Schere 4 mal so lang wie breit. Hand etwa so lang wie die Tibia. Finger etwas kürzer als die Hand ohne Stiel. Tibia des

4. Beinpaares 2,6 mal so lang wie breit. Mittlere Siebplatten des Weibchens oval, nicht größer als das vordere Stigmenschutzschild, ohne Dorn. — Körper L. ♂ 1,7 mm, ♀ 2 mm.

Nordamerika: Florida, Georgia.

3. **S. ferrisi** Chamb. 1932 *S. f.*, Chamberlin in: Pan-Pacif. Ent. San Francisco, *v.* 8 p. 143.

Ebenfalls mit *sini* nahe verwandt, aber größer. Trochanter 2,1 mal so lang wie breit, sein Höcker nahezu doppelt so lang wie die Breite der Hand. Femur 3 mal so lang wie breit, schlanker als bei *sini*. Tibia 2,8 mal so lang wie breit. Schere 4 mal so lang wie breit. Hand nur wenig kürzer als die Tibia, 2,8 mal so lang wie die Breite der Tibia. Finger deutlich kürzer als die Hand ohne Stiel. Tibia des 4. Beinpaares 3,5 mal so lang wie breit. Große Art. — Körper L. ♂ 3,7 mm.

Nordamerika: Mexico.

4. **S. hirsti** Chamb. 1932 *S. h.*, Chamberlin in: Pan-Pacif. Ent. San Francisco, *v.* 8 p. 143.

Habituell mit den vorigen Arten übereinstimmend, die Palpen jedoch gedrungener. Trochanter 1,8 mal so lang wie breit, sein Höcker viel kürzer (etwa 0,7 mal) als die Breite der Hand. Femur 2,3 mal so lang wie breit. Tibia 1,9—2,0 mal so lang wie breit, 2,5 mal so lang wie der Trochanterhöcker. Schere 3 mal so lang wie breit. Hand kürzer als die Tibia. Finger ungefähr so lang wie die Hand. Kleine Art. — Körper L. ♂ 1,9 mm.

Australien: Neu-Süd-Wales, Queensland.

2. Gen. **Garyops** Banks

1909 *G.*, N. Banks in: Canad. Ent., *v.* 41 p. 305 | 1931 *G.*, Chamberlin in: Stanford Univ. Publ., *v.* 7 p. 238.

Typus: *G. depressa* Banks (durch Monotypie).

Cephalothorax nach vorn verengt, mit 2 kleinen, deutlich vom Vorderrande getrennten Augenhöckern, jedoch ohne Augen. Die Scheibe ohne Querfurchen. Abdominaltergite geteilt. Galea gegabelt. Coxen des 1. und 2. Beinpaares einander in der Mittellinie nicht berührend, sondern ein Pseudosternum zwischen sich einschließend. Femora aller Beinpaare deutlich in Femur und Patella geteilt.

Nordamerika.

1 Art.

1. **G. depressa** Banks 1909 *G. d.*, N. Banks in: Canad. Ent., *v.* 41 p. 305 | 1931 *G. d.*, Chamberlin in: Stanford Univ. Publ., *v.* 7 p. 238.

Cephalothorax vorn etwa $^1/_3$ schmäler als hinten, der Hinterrand in der Mitte mit einer kleinen Spitze; die Scheibe ohne Querfurchen, vorn jederseits mit einem kleinen Augenhöcker, jedoch ohne Augen. Abdominaltergite geteilt. Cheliceren klein, die Galea gegabelt. Palpen etwa so lang wie der Körper, mäßig kräftig. Trochanter mit deutlichem Höcker hinten. Femur etwa so lang wie der Cephalothorax, nahe der Basis am breitesten. Tibia kürzer als das Femur. Schere länger als das Femur. Hand etwa so lang wie die Tibia und etwas breiter als diese. Finger kürzer als die Hand. Coxen des 1. und 2. Beinpaares einander in der Medianlinie nicht berührend, sondern ein Pseudosternum zwischen sich einschließend. — Körper L. 2,5 mm.

Nordamerika: Florida.

2. Superfam. **Cheliferides** nom. nov.

1875 ***Cheliferinae*** **(part.), Stecker in: SB. Böhm. Ges., *v.* 6 p. 160 | 1879 *Cheliferidae*, H. A. Hagen in: Zool. Anz., *v.* 2 p. 400 | 1879 *C.* (part.), E. Simon, Arach. France, *v.* 7 p. 18 | 1882 *C.* (part.), Tömösvary in: Math. termész. Közlem., *v.* 18 p. 182 | 1884 *Cheliferinae*, H. J. Hansen in: Naturh. Tidsskr., ser. 3 *v.* 14 p. 531 | 1888 *Cheliferidae* (part.), Daday in: Termész. Füzetek, *v.* 11 p. 113, 167 | 1890 *C.* (part.), Balzan in: Ann. Mus. Genova, ser. 2 *v.* 9 p. 409 | 1895 *C.*, N. Banks in: J. N. York ent. Soc., *v.* 3 p. 2 | 1897 *C.*, Ellingsen in: Forh. Selsk. Christian., nr. 5 p. 3 | 1904 *C.*, Ellingsen in: Boll. Mus. Torino, *v.* 19 nr. 480 p. 1 | 1906 *C.*, With in: Danske Selsk. Skr., *v.* 7 nr. 3 p. 115 | 1907 *C.*, Tullgren in: Zool. Stud. tillägn. Tullberg, p. 218 | 1908 *Cheliferinae*, With in: Tr. zool. Soc. London, *v.* 18 p. 217 | 1917 *Cheliferidae* (part.), Nonidez in: Trab. Mus. Madrid, nr. 32 p. 9 | 1928 *C.* (part.), Schenkel in: Tierw. Deutschl., *v.* 8 fasc. 3 p. 55 | 1929 *C.*, Kästner in: Tierw. Mitteleur., *v.* 3 p. IV 4 | 1929 *Cheliferinae*, Beier in: Ann. Wien. Mus., *v.* 43 p. 342 | 1931 *Cheliferoidea*, Chamberlin in: Stanford Univ. Publ., *v.* 7 p. 239.**

Cephalothorax verschieden gebildet, doch nicht ausgesprochen garypoid, Cucullus schwach differenziert; mit zwei mehr oder weniger gut entwickelten Augen oder vollständig augenlos. Pleuralplatten an Cephalothorax und Abdomen fehlend. Integument glatt oder mehr oder weniger granuliert. Borsten einfach bis keulenförmig. Tergite meist deutlich, seltener unvollkommen geteilt. Cheliceren mit Galea; Lamina exterior vorhanden. Palpen verschieden gebildet. Giftapparat wenigstens in einem Palpenfinger vorhanden. 1. und 2. Laufbeinpaar morphologisch stark vom 3. und 4. verschieden, was sich besonders in der Femur-Patella-Gelenkung ausdrückt (Fig. 13).

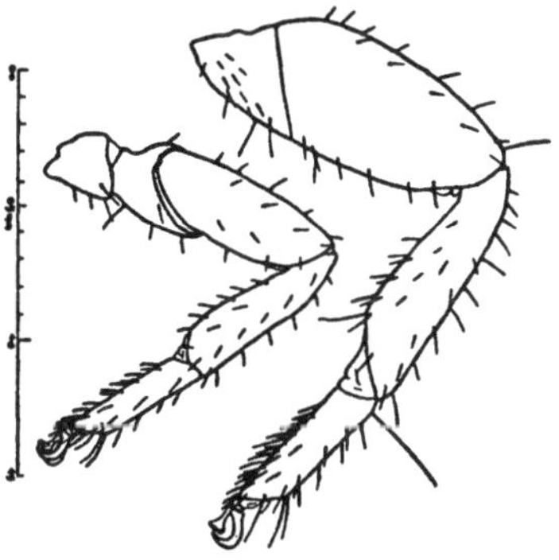

Fig. 13.
1. und 4. Bein von **Titanatemnus sjöstedti** (Tullg.).

Über alle Regionen verbreitet, jedoch vorwiegend tropisch und subtropisch. — Meist an trockeneren Örtlichkeiten, unter Rinde und Fallaub. Auch in menschlichen Behausungen und diese Arten dann fast kosmopolitisch. — Die Tiere spinnen Häutungs- und Überwinterungsnester.

4 Familien, 7 Subfamilien, 83 sichere, 2 unsichere Genera, 375 sichere, 41 unsichere Arten.

Übersicht über die Familien:

1 { Basale und subbasale Borste der Cheliceren, wenn vorhanden, deutlich kürzer als die mediale oder die Laminalborste und nicht keulenförmig, die subbasale jedoch häufig fehlend; 3 oder 4, sehr selten nur 2 Flagellumborsten — **2**
Basale und subbasale Borste der Cheliceren wenigstens so lang wie die mediale oder die Laminalborste und breit keulenförmig; 2 Flagellumborsten . . . III. Fam. **Myrmochernetidae**

2 { Beide Palpenfinger oder nur der bewegliche mit Giftapparat und Giftzahn; akzessorische Zähne in ersterem Falle nicht, im zweiten immer vorhanden; Tasthaar des Tarsus IV nie basal gelegen — **3**
Nur der feste Palpenfinger mit Giftapparat und Giftzahn; akzessorische Zähne fehlen; Tasthaar des Tarsus IV meist basal gelegen, sehr selten mehr gegen die Mitte gerückt . . . . I. Fam. **Atemnidae**

3 { Akzessorische Zähne wenigstens in geringer Anzahl vorhanden; nur der bewegliche Palpenfinger mit Giftapparat und Giftzahn, sehr selten auch der unbewegliche mit rudimentärem Giftzahn, dann aber akzessorische Zähne sehr deutlich . . . . . II. Fam. **Chernetidae**
Akzessorische Zähne fehlend; beide Palpenfinger mit gleichartig entwickeltem Giftapparat und Giftzahn . . . . IV. Fam. **Cheliferidae**

I. Fam. **Atemnidae** Chamb.

1884 *Atemnus*, G. Canestrini in: Ant. Berlese, A. M. S., fasc. 10 nr. 1 | 1931 *Atemnidae*, Chamberlin in: Stanford Univ. Publ., *v.* 7 p. 243 | 1932 *A.*, Beier in: Zool. Jahrb., Syst. *v.* 62 p. 548.

Cephalothorax länger als breit, meist glatt und glänzend, seltener mehr oder weniger granuliert, meist ohne Querfurche, seltener mit einer solchen in der Nähe der Mitte. Augen fehlend oder nur Augenflecke vorhanden. Tergite gewöhnlich unvollkommen geteilt. Galea der Cheliceren distal mit Seitenästen. Flagellum mit 4 Borsten, die distale Borste die längste und breiteste, einseitig gefiedert, sehr selten alle 4 Flagellumborsten einseitig gefiedert. Lamina exterior vorhanden. Basale und subbasale Borste der Cheliceren, wenn vorhanden, deutlich kürzer als die mediale oder die Laminalborste und nicht keulenförmig. Palpen meist ziemlich kräftig und gedrungen, gewöhnlich nur zum Teil mehr oder weniger deutlich granuliert, mitunter ganz glatt. Femur, Tibia und Hand mit einigen pseudotaktilen Borsten. Palpenfinger ohne akzessorische Zähne. Nur der feste Palpenfinger mit Giftapparat und Giftzahn, der bewegliche ohne solchen. Fester Finger mit 8, beweglicher mit 4 Tasthaaren. Borsten des Körpers und der Palpen einfach, spitz oder nur fein gezähnt, nie keulenförmig. Genitalfeld des ♂ einfach und nicht stark chitinisiert, Coxen einfach, ohne Coxalsack. Trennungslinie zwischen Femur und Patella des 1. Beinpaares breit, deutlich. Tarsen eingliedrig. Tarsus des 4. Paares mit einem Tasthaar an der Basis, sehr selten dieses weiter median gerückt (Fig. 13). Klauen einfach.

Vorwiegend in der äthiopischen und orientalischen Region verbreitet und nur mit wenigen Arten auch in die paläarktische, australische und neotropische Region vordringend.

2 Subfamilien, 12 Genera, 88 sichere, 4 unsichere Arten.

Übersicht über die Subfamilien:

1 { Tasthaar des Tarsus IV an der Basis gelegen; Cephalothorax glatt oder nur vorn fein granuliert . . a) Subfam. **Atemninae**
Tasthaar des Tarsus IV nicht basal, sondern proximal der Mitte gelegen; Cephalothorax dicht granuliert . b) Subfam. **Miratemninae**

a) Subfam. **Atemninae** Beier

1932 *A.*, Beier in: Zool. Jahrb., Syst. *v.* 62 p. 549.

Cephalothorax glatt oder nur vorn fein granuliert, meist ohne Querfurche, seltener mit einer solchen in der Nähe der Mitte. Tergite meist unvollkommen geteilt. Flagellum mit 4 Borsten, die distale am längsten und einseitig gefiedert, selten alle 4 Flagellumborsten einseitig gefiedert. Palpen nur teilweise granuliert oder vollkommen glatt. Schere meist nicht klaffend. Nur der feste Finger mit Giftapparat und Giftzahn. Akzessorische

Zähne fehlen. Borsten des Körpers und der Palpen spitz, mitunter fein gezähnt. Tasthaar des Tarsus IV an der Basis des Gliedes gelegen.

Vorwiegend in der äthiopischen und orientalischen Region verbreitet und nur mit wenigen Arten auch in die paläarktische, australische und neotropische Region vordringend.

11 Genera, 84 sichere, 4 unsichere Arten.

Übersicht über die Genera:

1	Cephalothorax gänzlich ohne Querfurche — **2**	
	Cephalothorax mit einer mehr oder weniger tiefen und breiten, jedoch stets deutlich erkennbaren Querfurche nahe der Mitte — **8**	
2	Das Tasthaar *it* des festen Palpenfingers in oder proximal der Fingermitte gelegen und stets deutlich weiter von der Fingerspitze entfernt als die Entfernung zwischen den Tasthaaren *ist* und *isb* beträgt — **3**	
	Das Tasthaar *it* distal der Fingermitte gelegen und höchstens so weit von der Fingerspitze entfernt wie die Entfernung der Tasthaare *ist* und *isb* voneinander beträgt — **5**	
3	Kleinere Formen mit einer Länge des Palpenfemur von höchstens 1,1 mm, meist jedoch unter 1 mm — **4**	
	Große, kräftige Formen mit einer Länge des Palpenfemur von wenigstens 1,3 mm, meist jedoch mehr . .	1. Gen. **Titanatemnus**
4	Tibialstiel schlank und dünn, von der nahezu kugelig aufgetriebenen Keule scharf abgesetzt	2. Gen. **Cyclatemnus**
	Tibialstiel kurz und gedrungen, nicht länger als breit, hinten von der Keule undeutlich abgesetzt	3. Gen. **Paratemnus**
5	Tibialstiel mäßig schlank bis ziemlich gedrungen, hinten von der länglich-ovalen Keule undeutlich abgesetzt — **6**	
	Tibialstiel dünn und schlank, von der nahezu kugelig aufgetriebenen Keule allseits deutlich abgesetzt	7. Gen. **Oratemnus**
6	Die Tasthaare *esb* und *est* des festen Palpenfingers deutlich etwas weiter voneinander entfernt als *isb* von *ist*; Genitalfeld des ♂ meist mit vollständig chitinisiertem innerem Bogen — **7**	
	Die Tasthaare *esb* und *est* des festen Palpenfingers so weit voneinander entfernt wie *isb* von *ist*; Genitalfeld des ♂ mit unvollständig chitinisiertem innerem Bogen, sodaß nur dessen Seitenteile dunkel erscheinen	4. Gen. **Atemnus**
7	Größere Formen mit einer Femurlänge von wenigstens 0,8 mm; das Tasthaar *st* in der Mitte zwischen *sb* und *t* gelegen, selten ganz wenig näher bei *t* als bei *sb*	5. Gen. **Anatemnus**
	Kleine Formen mit einer Femurlänge von 0,5 mm; das Tasthaar *st* deutlich näher bei *t* als bei *sb* gelegen .	6. Gen. **Micratemnus**
8	Palpenschere nicht klaffend; nur die distale Flagellumborste einseitig gefiedert — **9**	
	Palpenschere klaffend; alle 4 Flagellumborsten einseitig gefiedert	11. Gen. **Metatemnus**
9	Klauen der Laufbeine normal, ziemlich kräftig; Palpentrochanter mit deutlichem dorsalem Höcker — **10**	
	Klauen der Laufbeine sehr lang und schlank; dorsaler Höcker des Palpentrochanter fehlend oder ganz flach und undeutlich	10. Gen. **Stenatemnus**

10 Laufbeine kräftig, Tibia derselben weniger als 4mal, Tarsus weniger als 5mal so lang wie breit . . . . 8. Gen. **Catatemnus**
Laufbeine schlank, Tibia derselben mehr als 4mal, Tarsus mehr als 5mal so lang wie breit . . . . 9. Gen. **Tamenus**

1. Gen. **Titanatemnus** Beier

1932 *T.*, Beier in: Zool. Jahrb., Syst. *v.* 62 p. 550.

Typus: *T. gigas* Beier (durch ursprüngliche Bestimmung).

Cephalothorax glatt und glänzend, nicht granuliert, jedoch stellenweise sehr fein rissig skulpturiert; Scheibe ohne Querfurche. Augen fehlen, mitunter jedoch weißliche Augenflecke vorhanden. Palpen sehr kräftig, chagriniert und teilweise fein granuliert. Das Tasthaar *it* des festen Palpenfingers in oder proximal der Fingermitte gelegen und stets deutlich weiter von der Fingerspitze entfernt als die Entfernung zwischen den Tasthaaren

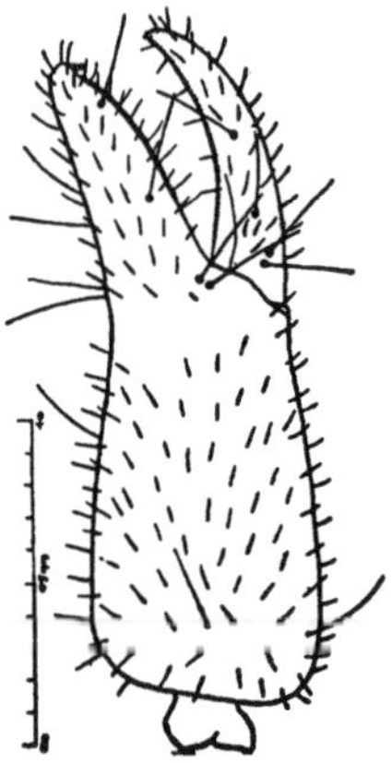

Fig. 14.
Palpenschere von **Titanatemnus sjöstedti** (Tullg.) von außen.

Fig. 15.
Genitalfeld des ♂ von **Titanatemnus sjöstedti** (Tullg.).

ist und *isb* beträgt. Tasthaar *st* des beweglichen Palpenfingers deutlich näher bei *sb* als bei *t* (Fig. 14). Nebenzähne fehlen. Serrula der Cheliceren mit meist über 30 Lamellen. Vordere Abdominaltergite nicht, die übrigen zum Teil unvollständig geteilt. Beine ziemlich kräftig. Das Tasthaar des Tarsus IV an der Basis des Gliedes gelegen. Genitalfeld des ♂ siehe (Fig. 15). — Sehr große, kräftige Formen mit einer Körperlänge von 4,5—9 mm.

Tropisches und südliches Afrika. — Die Arten bevorzugen anscheinend feuchtere Örtlichkeiten, da sie größtenteils aus den Waldgebieten des tropischen Afrika bekannt geworden sind.

13 sichere, 1 unsichere Art.

Übersicht über die Arten:

1 Tibia des 4. Laufbeinpaares schlanker, wenigstens 4,2mal so lang wie breit — **2**
Tibia des 4. Laufbeinpaares gedrungener, höchstens 4mal so lang wie breit — **6**

2 Serrula externa mit 32—35, höchstens 36 Lamellen — **3**
Serrula externa mit 38 Lamellen . . . . 5. **T. serrulatus**

3 Hinterer und dorsaler Trochanterhöcker des ♂ mit zapfenförmiger Verlängerung; Femur des ♂ 2,6mal so lang wie breit — **4**

Hinterer Trochanterhöcker des ♂ ohne zapfenförmige Verlängerung, sondern nur der dorsale mit solcher; Femur des ♂ 2,8mal so lang wie breit . . . . 4. **T. tessmanni**

4 Serrula mit mehr als 32 Lamellen; Tibia des 4. Beinpaares 4,5—4,6mal so lang wie breit; Palpenschere des ♂ 2,6mal so lang wie breit — **5**

Serrula mit 32 Lamellen; Tibia des 4. Beinpaares 4,2mal so lang wie breit; Palpenschere des ♂ 2,8mal so lang wie breit 3. **T. congicus**

5 Palpen fast schwarz; Serrula mit 34—35 Lamellen; Schere des ♀ 2,35mal so lang wie breit . . . . 1. **T. gigas**

Palpen heller rotbraun; Serrula mit 33 Lamellen; Schere des ♀ 2,5mal so lang wie breit . . . . 2. **T. similis**

6 Tibia des 4. Beinpaares 3,4—3,5mal so lang wie breit — **7**

Tibia des 4. Beinpaares wenigstens 3,7mal so lang wie breit — **8**

7 Palpentibia des ♂ 2,6mal so lang wie breit, die Keule länglich oval . . . . 6. **T. conradti**

Palpentibia des ♂ 1,9mal so lang wie breit, die Keule innen stark bauchig aufgetrieben . . . . 7. **T. natalensis**

8 Kleinere Formen mit einer Länge des Palpenfemur von höchstens 1,34 mm — **9**

Größere Formen mit einer Länge des Palpenfemur von wenigstens 1,5 mm — **10**

9 Serrula mit 30—31 Lamellen . . . . 8. **T. sjöstedti**

Serrula mit 34 Lamellen . . . . 9. **T. regneri**

10 Palpenfemur 2,4—2,6mal so lang wie breit und 1,5—1,75 mm lang; Serrula mit 26—35 Lamellen — **11**

Palpenfemur 1,94 (♂) bis 2,33 (♀) mal so lang wie breit und 1,96 (♀) bis 2,38 (♂) mm lang; Serrula mit 37—40 Lamellen . . . . 12. **T. equester**

11 Wenigstens der dorsale Trochanterhöcker mit deutlich abgesetzter zapfenförmiger Verlängerung; Serrula mit 35 Lamellen — **12**

Trochanterhöcker wohl konisch, doch auch beim ♂ ohne zapfenförmige, abgesetzte Verlängerung; Serrula mit 26 Lamellen . . . . 13. **T. kibwezianus**

12 Palpenfemur des ♂ 2,4mal so lang wie breit; Tibia des 4. Beinpaares 3,7mal, Tarsus 3,8mal so lang wie breit . . 10. **T. orientalis**

Palpenfemur des ♂ 2,6mal so lang wie breit; Tibia des 4. Beinpaares 4mal, Tarsus 4,4mal so lang wie breit . . 11. **T. ugandanus**

1. **T. gigas** Beier 1932 *T. g.*, Beier in: Zool. Jahrb., Syst. *v.* 62 p. 553.

Cephalothorax glatt und glänzend, ohne Querfurche, die Scheibe teilweise sehr fein rissig skulpturiert, der Hinterrand mit 12 Borsten. Die ersten 5 Tergite nicht oder unvollständig geteilt. 7—8 Marginalborsten auf jedem Halbtergit. Serrula externa der Cheliceren mit 34—35, selten mit 36 Lamellen. Flagellum mit 4 Borsten, die distale spärlich einseitig gefiedert. Galea distal mit 6, beim ♀ etwas krallenförmig nach hinten gekrümmten Seitenästen. Palpen (Fig. 16, 17) sehr kräftig, fast schwarz,

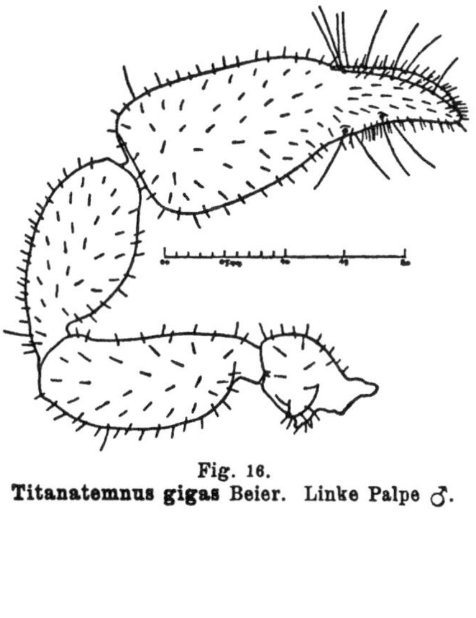

Fig. 16.
Titanatemnus gigas Beier. Linke Palpe ♂.

gleichmäßig chagriniert, Femur und Tibia medial fein granuliert. Dorsaler Trochanterhöcker des ♂ mit langer, hinterer mit kurzer zapfenförmiger Verlängerung, beim ♀ nur der dorsale mit solcher. Femur des ♂ 2,6, des ♀ 2,7 mal so lang wie breit; Tibia des ♂ 2,2, des ♀ 2,4 mal so lang wie breit; Schere des ♂ 2,6 mal, des ♀ 2,35 mal so lang wie breit. Femur des 4. Beinpaares (Fig. 18) 3 mal, Tibia 4,6 mal, Tarsus 4,2 mal so lang wie breit. —

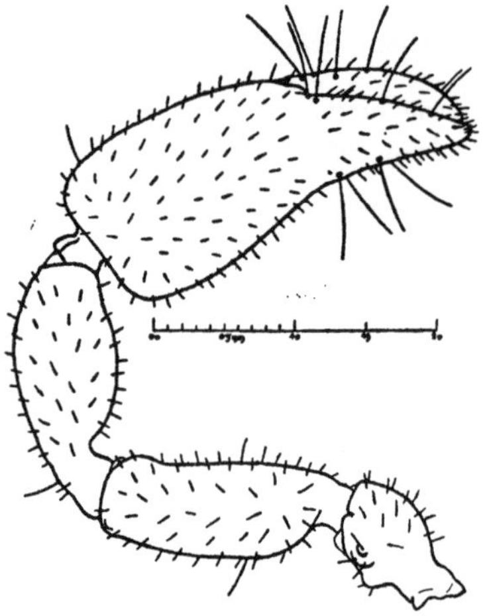

Fig. 17.
Titanatemnus gigas Beier. Linke Palpe ♀.

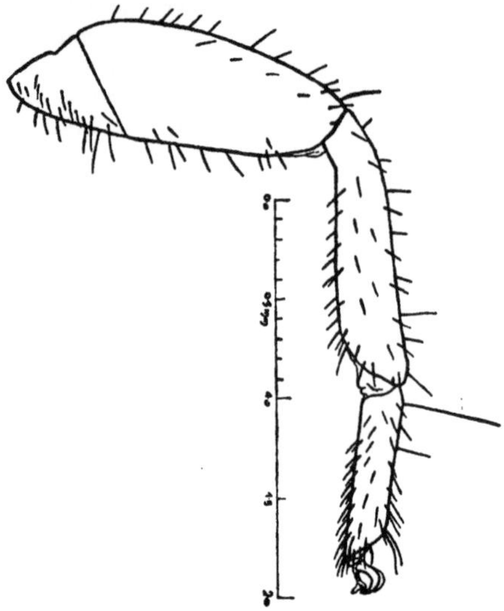

Fig. 18.
4. Bein von **Titanatemnus gigas** Beier.

Körper L. ♂ 6—7 mm, ♀ 7—9 mm; Palpen: ♂ Femur L. 1,87 mm, B. 0,75 mm, Tibia L. 1,82 mm, B. 0,83 mm, Hand L. 1,92 mm, B. 1,08 mm, Finger L. 1,15 mm; ♀ Femur L. 1,87 mm, B. 0,65 mm, Tibia L. 1,89 mm, B. 0,74 mm, Hand L. 2,10 mm, B. 1,17 mm, Finger L. 1,35 mm.

Tropisches Westafrika: Belgisch-Kongo, Kamerun.

2. **T. similis** Beier 1910 *Chelifer Sjöstedti*, Ellingsen in: Mt. Mus. Berlin, *v.* 4 p. 359 (Fehlbestimmung) | 1932 *Titanatemnus similis*, Beier in: Zool. Jahrb., Syst. *v.* 62 p. 554.

Der vorigen Art sehr ähnlich, die Palpen jedoch heller, dunkel-rotbraun. Serrula mit nur 33 Lamellen. Distale Flagellumborste spärlich einseitig

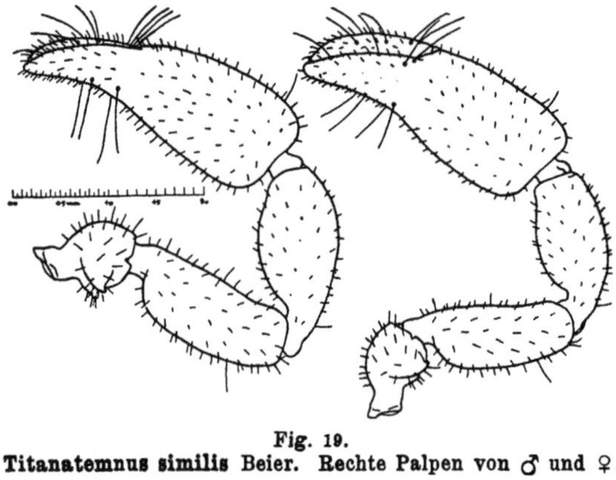

Fig. 19.
Titanatemnus similis Beier. Rechte Palpen von ♂ und ♀.

gefiedert. Galea des ♀ distal mit 5 geraden Seitenästen. Die ersten 5 Tergite unvollständig geteilt. 9 Marginalborsten auf jedem Halbtergit. Palpen (Fig. 19) kräftig. Palpenfemur des ♂ 2,6 mal, des ♀ 2,7 mal, Tibia des ♂ und ♀ 2,3 mal, Schere des ♂ 2,6 mal, des ♀ 2,5 mal so lang wie breit. Femur des 4. Beinpaares 2,85 mal, Tibia 4,5 mal, Tarsus 4,2 mal so lang wie breit. — Körper L. ♂ 5 mm, ♀ 6 mm; Palpen: ♂ Femur L. 1,88 mm, B. 0,73 mm, Tibia L. 1,92 mm, B. 0,84 mm, Hand L. 2,08 mm, B. 1,07 mm, Finger L. 1,20 mm; ♀ Femur L. 1,73 mm, B. 0,64 mm, Tibia L. 1,64 mm, B. 0,71 mm, Hand L. 1,88 mm, B. 1,05 mm, Finger L. 1,33 mm.

Tropisches Westafrika: Belgisch-Kongo.

3. **T. congicus** Beier 1932 *T. c.*, Beier in: Zool. Jahrb., Syst. *v.* 62 p. 554.

Ebenfalls der vorigen Art sehr ähnlich, jedoch etwas graziler. Serrula mit nur 32 Lamellen. Distale Flagellumborste ziemlich stark einseitig gefiedert. Galea des ♀ mit 6 Seitenästen. 5–6, höchstens 7 Marginalborsten auf jedem Halbtergit. Dorsaler und hinterer Trochanterhöcker des ♂ mit ziemlich langen, jedoch stumpfen Zapfen (Fig. 20). Palpenfemur des ♂ 2,6 mal, des

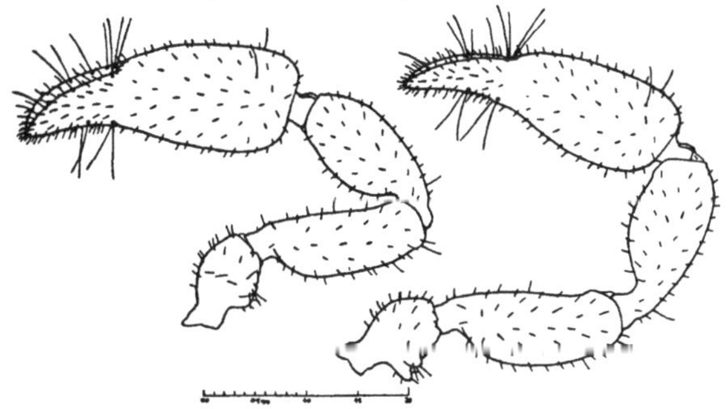

Fig. 20.
Titanatemnus congicus Beier. Rechte Palpen von ♀ und ♂.

♀ 2,85 mal, Tibia des ♂ 2,5 mal, des ♀ 2,3 mal, Schere des ♂ 2,8 mal, des ♀ 2,6 mal so lang wie breit. Femur des 4. Beinpaares 2,8 mal, Tibia 4,2 mal, Tarsus 4,1 mal so lang wie breit. — Körper L. ♂ ♀ 7—8 mm; Palpen: ♂ Femur L. 1,82 mm, B. 0,70 mm, Tibia L. 1,80 mm, B. 0,73 mm, Hand L. 1,98 mm, B. 0,90 mm, Finger L. 1,10 mm; ♀ Femur L. 1,70 mm, B. 0,60 mm, Tibia L. 1,65 mm, B. 0,72 mm, Hand L. 1,92 mm, B. 1,00 mm, Finger L. 1,17 mm.

Tropisches Westafrika: Belgisch-Kongo.

4. **T. tessmanni** Beier 1932 *T. t.*, Beier in: Zool. Jahrb., Syst. *v.* 62 p. 555 f. 4.

Von den vorhergehenden Arten leicht dadurch zu unterscheiden, daß der hintere Trochanterhöcker des ♂ keinen zapfenförmigen Fortsatz trägt. Serrula mit 32 Lamellen. Distale Flagellumborste spärlich gefiedert. 7 Marginalborsten auf jedem Halbtergit. Palpenfemur (Fig. 21) des ♂ 2,8 mal, Tibia 2,4 mal, Schere 2,6 mal so lang wie breit. Femur des 4. Beinpaares 2,8 mal, Tibia 4,4 mal, Tarsus 4,2 mal so

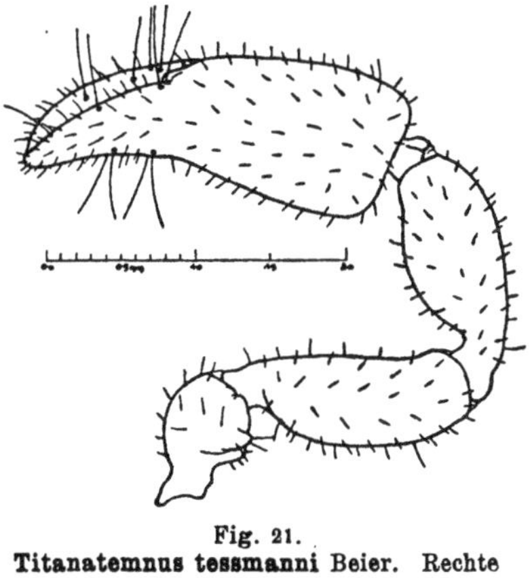

Fig. 21.
Titanatemnus tessmanni Beier. Rechte Palpe ♂.

lang wie breit. — Körper L. ♂ 6 mm; Palpen: Femur L. 1,67 mm, B. 0,59 mm, Tibia L. 1,65 mm, B. 0,67 mm, Hand L. 1,74 mm, B. 0,96 mm, Finger L. 1,25 mm.

Westafrika: Span.-Guinea.

5. **T. serrulatus** Beier 1932 *T. s.*, Beier in: Zool. Jahrb., Syst. *v.* 62 p. 555.

Von den vorigen Arten vor allem durch die zahlreichen Serrulalamellen zu unterscheiden. Die Serrula externa besitzt nämlich 38 Lamellen. Distale Flagellumborste spärlich gefiedert. Galea des ♀ distal mit 6 rekurven Seitenästen. 8 Marginalborsten auf jedem Halbtergit. Palpenfemur (Fig. 22) des

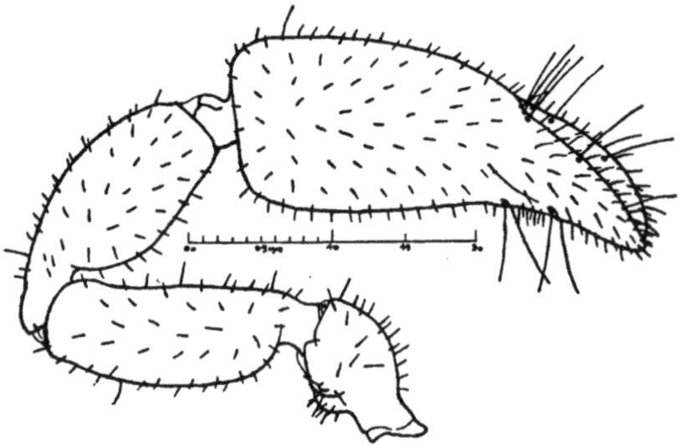

Fig. 22.
Titanatemnus serrulatus Beier. Linke Palpe ♀.

♀ 2,8 mal, Tibia 2,4 mal, Schere 2,5 mal so lang wie breit. Femur des 4. Beinpaares 3 mal, Tibia 4,4 mal, Tarsus 4,2 mal so lang wie breit. — Körper L. ♀ 7 mm, Palpen: Femur L. 1,95 mm, B. 0,70 mm, Tibia L. 1,90 mm, B. 0,80 mm, Hand L. 2,25 mm, B. 1,21 mm, Finger L. 1,40 mm.

Tropisches Westafrika: Belgisch-Kongo.

6. **T. conradti** (Tullg.) 1908 *Chelifer C.*, Tullgren in: Ent. Tidskr., *v.* 29 p. 57 f. 1—3 | 1912 *C. C.*, Ellingsen in: Ann. S. Afr. Mus., *v.* 10 p. 79 | 1932 *Titanatemnus c.*, Beier in: Zool. Jahrb., Syst. *v.* 62 p. 556.

Dem *T. congicus* nahestehend, von diesem aber durch andere Verhältnismaße der Palpen und besonders durch viel kürzere Tibia des 4. Beinpaares unterschieden. Serrula externa mit 32 Lamellen. Distale Flagellumborste stark gefiedert. Palpenfemur des ♂ 2,5 mal, Tibia 2,6 mal, Schere 2,6 mal so lang wie breit. Femur des 4. Beinpaares 2,7 mal, Tibia 3,5 mal, Tarsus 4,2 mal so lang wie breit. Beide Trochanterhöcker des ♂ mit zapfenförmigem Fortsatz. — Körper L. ♂ ♀ 6—7 mm; Palpen: ♂ Femur L. 1,7 mm, Tibia L. 1,67 mm, Hand L. 1,80 mm, Finger L. 1,10 mm; ♀ Femur L. 1,6 mm, Tibia L. 1,6 mm, Hand L. 1,8 mm, Finger L. 1,3 mm.

Tropisches Westafrika: Kamerun.

7. **T. natalensis** Beier 1910 *Chelifer equester*, Ellingsen in: Mt. Mus. Berlin, *v.* 4 p. 358 (Fehlbestimmung) | 1932 *Titanatemnus natalensis*, Beier in: Zool. Jahrb., Syst. *v.* 62 p. 556.

Eine durch die medial stark bauchig aufgetriebene Palpentibia leicht kenntliche Art und diesbezüglich nur mit *equester* zu verwechseln, jedoch bedeutend kleiner als dieser. Serrula externa mit 33 Lamellen. Distale

Flagellumborste mit sehr langen Fiedern. Palpen (Fig. 23) sehr kräftig. Beide Trochanterhöcker des ♂ mit kleinem, dünnem, nach aufwärts gebogenem Fortsatz. Palpenfemur des ♂ 2,5 mal, Tibia 1,9 mal, Schere 2,5 mal so lang wie breit. Tibia medial stark bauchig aufgetrieben und bedeutend breiter als das Femur. Femur des 4. Beinpaares 2,7 mal, Tibia 3,4 mal, Tarsus 3,9—4 mal so lang wie breit. — Körper L. ♂ 6 mm; Palpen: Femur L. 1,64 mm, B. 0,68 mm, Tibia L. 1,60 mm, B. 0,83 mm, Hand L. 1,68 mm, B. 1,00 mm, Finger L. 1,11 mm.

Südafrika: Natal.

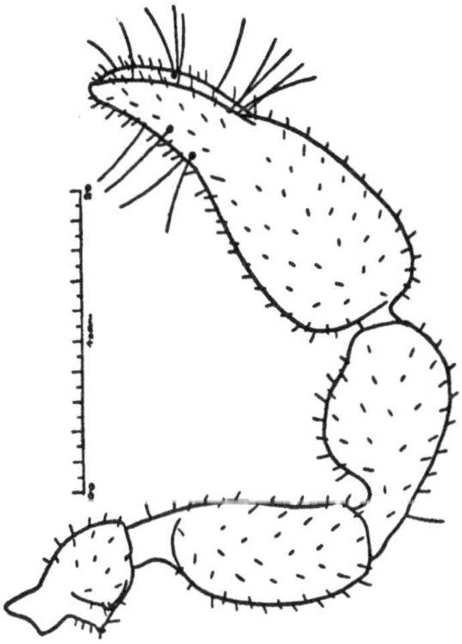

Fig. 23. **Titanatemnus natalensis** Beier. Rechte Palpe ♂.

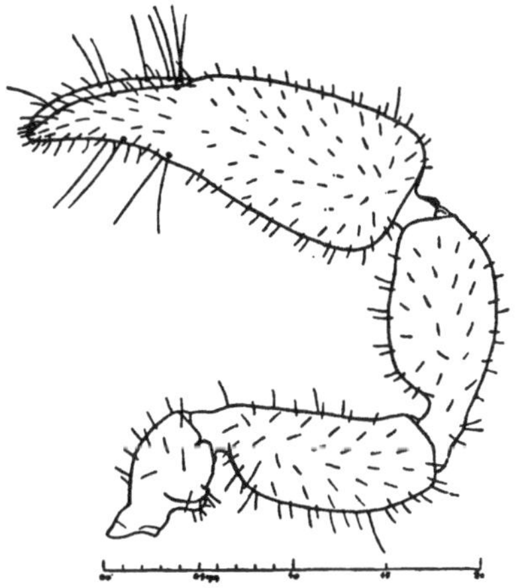

Fig. 24. **Titanatemnus sjöstedti** (Tullg.). Rechte Palpe ♂.

8. **T. sjöstedti** (Tullg.) 1901 *Chelifer* (*Atemnus*) *S.*, Tullgren in: Ent. Tidskr., *v.* 22 p. 97 f. 1 | ? 1905 *C. S.*, Ellingsen in: Boll. Mus. Torino, *v.* 20 nr. 496 p. 2 | ? 1906 *C. S.*, Ellingsen in: Ann. Mus. Genova, ser. 3 *v.* 2 p. 245 | 1912 *C. S.*, Ellingsen in: Ann. S. Afr. Mus., *v.* 10 p. 80 | 1932 *Titanatemnus s.*, Beier in: Zool. Jahrb., Syst. *v.* 62 p. 556.

Eine ziemlich kleine Art. Cephalothorax wie bei den vorigen Arten. Die vorderen Tergite ungeteilt. 6 Marginalborsten auf jedem Halbtergit. Serrula externa mit 30—31 Lamellen. Distale Flagellumborste mit 6 ziemlich dicht stehenden Fiedern. Galea distal mit 6 geraden Seitenästchen. Palpen siehe (Fig. 24). Nur der dorsale Trochanterhöcker des ♂ mit zapfenförmigem Fortsatz, der hintere wohl verlängert, aber stumpf endigend und ohne Fortsatz. Palpenfemur des ♂ 2,6 mal, Tibia 2,3 mal, Schere 2,7 mal so lang wie breit. Fester Palpenfinger mit 38, beweglicher mit 48 Zähnen. Femur des 4. Beinpaares 2,7 mal, Tibia 3,9 mal, Tarsus 4 mal so lang wie breit. — Körper L. ♂ 4,5—5 mm, ♀ 5—7 mm; Palpen: ♂ Femur L. 1,33 mm, B. 0,50 mm, Tibia L. 1,34 mm, B. 0,59 mm, Hand L. 1,49 mm, B. 0,75 mm, Finger L. 0,90 mm.

Tropisches Westafrika: Kamerun.

9. **T. regneri** Beier 1932 *T. r.*, Beier in: Zool. Jahrb., Syst. *v.* 62 p. 557.

Durch den verhältnismäßig kleinen Körperbau mit *sjöstedti* übereinstimmend, die Palpenhand jedoch plumper. Tergit 1 und 2 nicht, 3—5 unvoll-

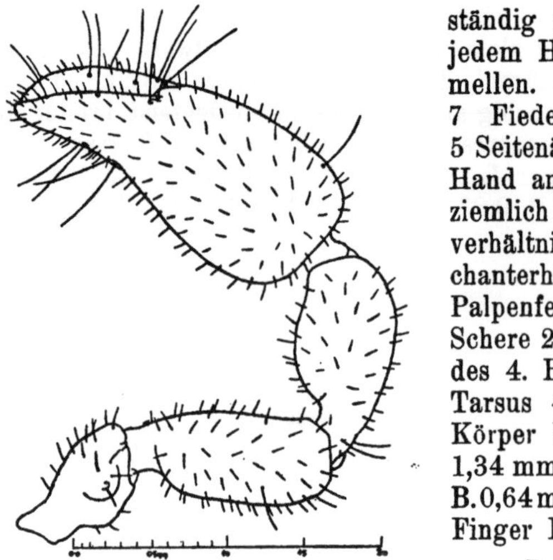
Fig. 25.
Titanatemnus regneri Beier. Rechte Palpe ♀.

ständig geteilt. 6 Marginalborsten auf jedem Halbtergit. Serrula mit 34 Lamellen. Distale Flagellumborste mit 7 Fiedern. Galea lang, distal mit 5 Seitenästen. Femur und Tibia medial, Hand an der Fingerbasis deutlich, aber ziemlich fein granuliert. Palpen (Fig. 25) verhältnismäßig plump. Dorsaler Trochanterhöcker des ♀ mit kurzem Zapfen. Palpenfemur des ♀ 2,4 mal, Tibia 2,1 mal, Schere 2,2 mal so lang wie breit. Femur des 4. Beinpaares 2,7 mal, Tibia 4 mal, Tarsus 4,1 mal so lang wie breit. — Körper L. ♀ 7 mm; Palpen: Femur L. 1,34 mm, B. 0,55 mm, Tibia L. 1,30 mm, B. 0,64 mm, Hand L. 1,52 mm, B. 0,95 mm, Finger L. 1,05 mm.

Deutsch-Ostafrika: Daressalaam.

10. **T. orientalis** Beier 1907 *Chelifer equester*, Tullgren in: Ergeb. Schwed. Exp. Kilimandjaro, *v.* 3 nr. 20 p. 8 t. 1 f. 6 (Fehlbestimmung) | 1932 *Titanatemnus orientalis*, Beier in: Zool. Jahrb., Syst. *v.* 62 p. 557 f. 5.

Hinterrand des Cephalothorax mit 12 Borsten. Tergit 1 nicht, 2—5 unvollständig geteilt. 6,7 oder 8 Borsten auf jedem Halbtergit. Serrula mit 35 Lamellen. Distale Flagellumborste spärlich gefiedert. Galea des ♂ distal mit 4 Seitenästchen. Palpen (Fig. 26) chagriniert, Femur und Tibia medial, Hand an der Fingerbasis fein granuliert, die Beborstung der Palpen länger und dichter als bei den übrigen Arten. Beide Trochanterhöcker des ♂ mit zapfenförmigem Fortsatz. Femur des ♂ 2,4 mal, Tibia 2,3 mal, Schere 2,7 mal so lang wie breit. Femur des 4. Beinpaares (Fig. 27) 2,8 mal, Tibia 3,7 mal, Tarsus 3,8 mal so lang wie breit. — Körper L. ♂ 5,3 mm; Palpen: Femur L. 1,50 mm, B. 0,63 mm, Tibia L. 1,53 mm, B. 0,67 mm, Hand L. 1,72 mm, B. 0,88 mm, Finger L. 1,10 mm.

Ostafrika: Massaisteppe.

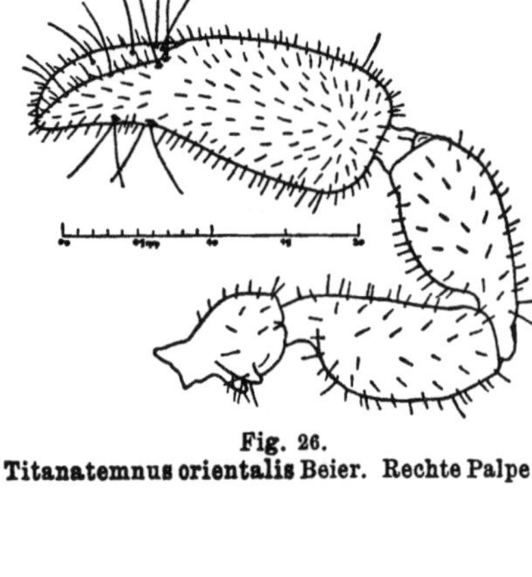
Fig. 26.
Titanatemnus orientalis Beier. Rechte Palpe ♂.

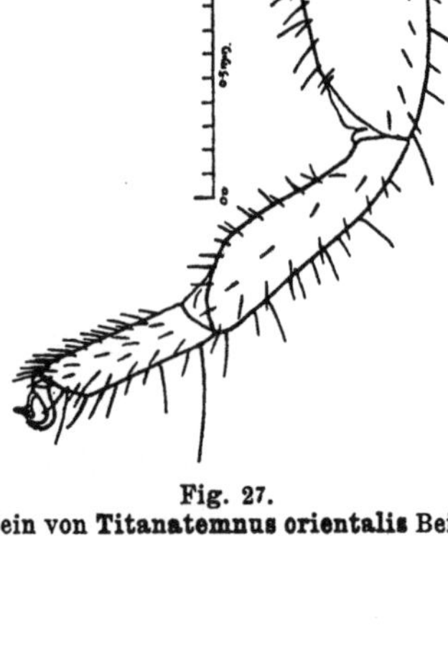
Fig. 27.
4. Bein von **Titanatemnus orientalis** Beier.

11. **T. ugandanus** Beier 1932 *T. u.*, Beier in: Zool. Jahrb., Syst. *v.* 62 p. 558.

Der vorigen Art sehr nahe stehend, jedoch durch die Palpenmaße, die medial stärker bauchig aufgetriebene Tibia, die mehr konvexe Hand und schließlich die kürzeren zapfenförmigen Fortsätze der Trochanterhöcker des ♂ von ihr unterschieden. Cephalothorax vorn fein lederartig chagriniert, der Hinterrand mit 10 Borsten. Tergite 1—3 nicht, die übrigen unvollständig geteilt. 7 Borsten auf jedem Halbtergit. Serrula in beiden Geschlechtern mit 35 Lamellen. Distale Flagellumborste spärlich und in Abständen gefiedert. Galea des ♀ sehr lang, distal mit 6 rekurven Seitenästen, die des ♂ kürzer, mit kurzen Ästchen. Palpen (Fig. 28) chagriniert, Femur und Tibia medial, Hand an der Fingerbasis ziemlich fein granuliert. Palpenfemur

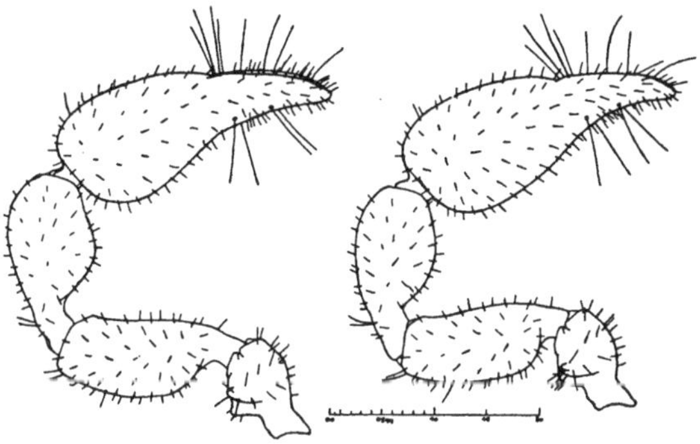

Fig. 28.
Titanatemnus ugandanus Beier. Linke Palpen von ♂ und ♀.

des ♂ 2,6mal, des ♀ 2,4mal, Tibia des ♂ und ♀ 2,1mal, Schere des ♂ 2,5mal, des ♀ 2,4mal so lang wie breit. Femur des 4. Beinpaares 3mal, Tibia 4mal, Tarsus 4,4mal so lang wie breit. — Körper L. ♂ 5,5 mm, ♀ 7,5 mm; Palpen: ♂ Femur L. 1,75 mm, B. 0,72 mm, Tibia L. 1,70 mm, B. 0,83 mm, Hand L. 1,68 mm, B. 1,05 mm, Finger L. 1,15 mm; ♀ Femur L. 1,60 mm, B. 0,68 mm, Tibia L. 1,62 mm, B. 0,77 mm, Hand L. 1,73 mm, B. 1,10 mm, Finger L. 1,13 mm.

Tropisches Afrika: Uganda.

12. **T. equester** (With) 1905 *Chelifer e.*, With in: Ann. nat. Hist., ser. 7 *v.* 15 p. 123 t. 8 f. 3a—d, t. 9 f. 1a—f | 1912 *C. e.*, Ellingsen in: Ann. S. Afr. Mus., *v.* 10 p. 79, 90 | 1932 *Titanatemnus e.*, Beier in: Zool. Jahrb., Syst. *v.* 62 p. 559.

Die größte Art der Gattung mit außerordentlich robusten Palpen. Cephalothorax mit deutlichen Augenflecken. Tergite 1 und 2 ungeteilt. 6 Marginalborsten auf jedem Halbtergit. Serrula des ♂ mit 37, die des ♀ mit etwa 40 Lamellen. 4. Flagellumborste in der distalen Hälfte ziemlich dicht gefiedert. Palpen chagriniert, die Glieder medial flach granuliert. Beide Trochanterhöcker des ♂ mit zapfenförmigem Fortsatz. Femur des ♂ sehr breit, die Tibia medial stark bauchig aufgetrieben. Femur des ♂ 1,94mal, des ♀ 2,33mal so lang wie breit; Tibia des ♂ 1,84mal, des ♀ 2,03mal so lang wie breit. Femur des 4. Beinpaares 2,35mal, Tibia 3,8mal so lang wie breit, das Femur daher abnorm breit. — Körper L. ♂ 5,5 mm, ♀ 5 mm; Palpen: ♂ Femur L. 2,38 mm, B. 1,224 mm, Tibia L. 2,42 mm, B. 1,316 mm, Hand L. 2,38 mm, B. 1,42 mm, Finger L. 1,596 mm;

♀ Femur L. 1,96 mm, B. 0,84 mm, Tibia L. 1,932 mm, B. 0,952 mm, Hand L. 1,876 mm, B. 1,316 mm, Finger L. 1,35 mm.

Ostafrika: Kilimandjaro.

13. **T. kibwezianus** Beier 1932 *T. k.*, Beier in: Zool. Jahrb., Syst. *v.* 62 p. 559.

Von allen bisher angeführten Arten durch die geringe Zahl der Serrulalamellen unterschieden. Die Serrula externa besteht nämlich nur aus 26 Lamellen. Hinterrand des Cephalothorax mit 6 Borsten. Tergite 1—3 nicht, 4—6 unvollständig geteilt. 5—6 Marginalborsten auf jedem Halbtergit.

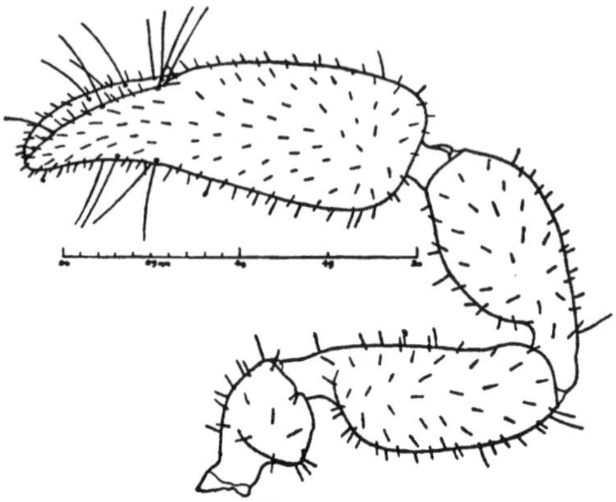

Fig. 29.
Titanatemnus kibwezianus Beier. Rechte Palpe ♂.

4. Flagellumborste distal nur sehr fein gefiedert. Sämtliche Palpenglieder (Fig. 29) flach granuliert, Femur und Tibia medial, Hand an der Fingerbasis deutlich, aber nicht grob granuliert. Trochanterhöcker des ♂ konisch, aber nicht besonders lang, stumpf und ohne zapfenförmigen Fortsatz. Palpenfemur des ♂ 2,6 mal, Tibia 2,2 mal, Schere 2,8 mal so lang wie breit. Femur des 4. Beinpaares 2,8 mal, Tibia 3,8 mal, Tarsus 3,8 mal so lang wie breit. — Körper L. ♂ 6 mm; Palpen: Femur L. 1,48 mm, B. 0,59 mm, Tibia L. 1,44 mm, B. 0,68 mm, Hand L. 1,62 mm, B. 0,79 mm, Finger L. 0,99 mm.

Brit.-Ostafrika: Kibwezi.

Unsichere Art:

T. thoméensis (Ellingsen) 1906 *Chelifer sjöstedti* var. *T.*, Ellingsen in: Ann. Mus. Genova, ser. 3 *v.* 2 p. 245 | 1932 *Titanatemnus t.*, Beier in: Zool. Jahrb., Syst. *v.* 62 p. 560.

Soll sich von *sjöstedti* durch die medial stärker bauchig aufgetriebene Palpentibia unterscheiden und dadurch eine gewisse Ähnlichkeit mit *equester* erlangen. Stimmen diese Angaben, so handelt es sich zweifellos um eine eigene Art.

Tropisches Westafrika: Insel St. Thomé.

2. Gen. **Cyclatemnus** Beier

1932 *C.*, Beier in: Zool. Jahrb., Syst. *v.* 62 p. 560.

Typus: *C. centralis* Beier (durch ursprüngliche Bestimmung).

Cephalothorax glatt, ohne Querfurche, mit schwachen Augenflecken. Tergite nicht oder unvollständig geteilt. Flagellum mit 4 Borsten, die distale gefiedert. Palpen mehr oder weniger fein granuliert. Tasthaare der

Palpenfinger ähnlich wie bei *Titanatemnus* gestellt. Nebenzähne fehlen. Palpentibia mit dünnem, von der nahezu kugelig aufgetriebenen Keule scharf abgesetztem Stiel. Palpenfemur medial basal an der Ansatzstelle des Stielchens mit einem mehr oder weniger deutlichen Höcker. Genitalfeld des ♂ siehe (Fig. 30). Laufbeine ziemlich gedrungen. Tasthaar des Tarsus IV basal gelegen.

Fig. 30. Genitalfeld des ♂ von **Cyclatemnus centralis** Beier.

Tropisches Afrika.

2 sichere, 1 unsichere Art.

Übersicht über die Arten:

1 Palpen sehr fein granuliert; Femur des ♂ medial basal an der Ansatzstelle des Stielchens mit deutlichem Höckerchen; das Tasthaar *st* näher bei *t* als bei *sb* . . . . 1. **C. centralis**
— Palpen deutlich granuliert; Femur des ♂ medial basal an der Ansatzstelle des Stielchens ohne deutliches Höckerchen; das Tasthaar *st* näher bei *sb* als bei *t* . . . . 2. **C. granulatus**

1. **C. centralis** Beier 1932 *C. c.*, Beier in: Zool. Jahrb., Syst. *v.* 62 p. 561 f. 6.

Cephalothorax glatt, ohne Querfurchen, mit schwachen Augenflecken, der Hinterrand mit 10 Borsten. Tergite 1—4 nicht, 5—10 unvollständig, 11 nicht geteilt. Gewöhnlich 6, selten 5 Marginalborsten auf jedem Halbtergit.

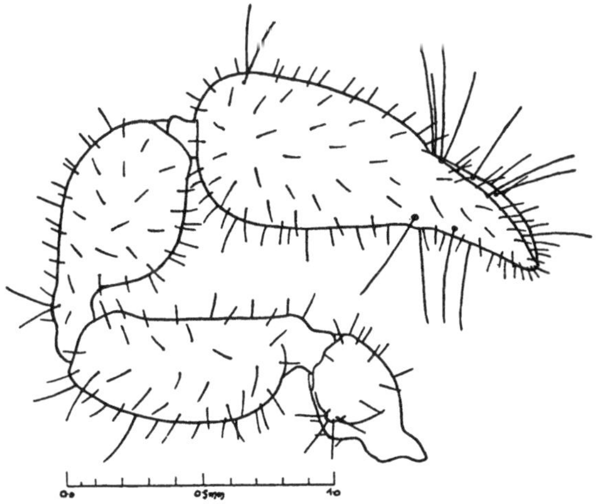

Fig. 31. **Cyclatemnus centralis** Beier. Linke Palpe ♂.

Serrula externa mit 25 Lamellen. Distale Flagellumborste einseitig gefiedert. Galea des ♂ ziemlich kurz, distal nur mit 3 sehr kleinen Zähnchen. Palpen (Fig. 31) ziemlich kräftig, Femur und Tibia medial, Hand an der Fingerbasis sehr fein und flach, etwas runzelig granuliert, bei flüchtiger Betrachtung fast glatt erscheinend. Dorsaler Trochanterhöcker des ♂ mit zapfenförmigem Fortsatz. Femur medial basal an der Ansatzstelle des Stielchens mit einem deutlichen Höcker. Tibia mit ziemlich langem, von der nahezu kugelig aufgetriebenen Keule scharf abgesetztem Stiel. Palpenfemur 2,6 mal, Tibia 2 mal, Schere 2,5 mal so lang wie breit. Femur des 4. Beinpaares 2,7 mal, Tibia 3,4 mal, Tarsus 3,5 mal so lang wie breit. — Körper L. ♂ 3,8 mm; Palpen: Femur L. 0,97 mm, B. 0,38 mm, Tibia L. 0,94 mm, B. 0,46 mm, Hand L. 0,98 mm, B. 0,54 mm, Finger L. 0,58 mm.

Tropisches Ostafrika: Ruanda.

2. **C. granulatus** Beier 1932 *C. g.*, Beier in: Zool. Jahrb., Syst. *v.* 62 p. 561.

Cephalothorax glatt, ohne Querfurche. Tergite zum Teil unvollständig geteilt. Serrula externa mit 24 Lamellen. Galea des ♂ terminal mit 3, subterminal mit 1 kurzen Seitenästchen. Palpen (Fig. 32) ziemlich kräftig, Femur und Tibia medial, Hand an der Fingerbasis deutlich granuliert, die Granulae der Tibia ziemlich flach, stumpf. Dorsaler Trochanterhöcker des ♂ mit kurzem Zäpfchen. Femur medial basal ohne deutliches Höckerchen.

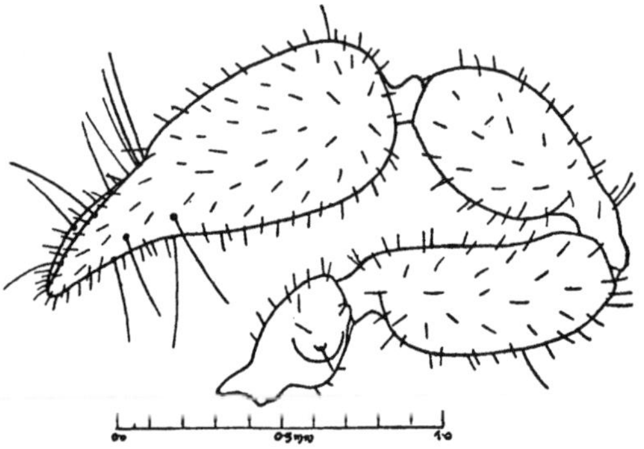

Fig. 32.
Cyclatemnus granulatus Beier. Rechte Palpe ♂.

Tibialstiel dünn, gebogen, von der stark bauchig aufgetriebenen Keule allseits deutlich abgesetzt. Palpenfemur 2,6 mal, Tibia kaum 2,2 mal, Schere 2,5 mal so lang wie breit. Das Tasthaar *st* des beweglichen Fingers etwas näher bei *sb* als bei *t*. Femur des 4. Beinpaares 2,5 mal, Tibia 3,6 mal, Tarsus 4,7 mal so lang wie breit. – Körper L. ♂ 3,2 mm; Palpen: Femur L. 0,84 mm, B. 0,33 mm, Tibia L. 0,83 mm, B. 0,37 mm, Hand L. 0,88 mm, B. 0,48 mm, Finger L. 0,51 mm.

Tropisches Westafrika: Kamerun.

Unsichere Art:

C. indivisus (Tullg.) 1907 *Chelifer i.*, Tullgren in: Ergeb. Schwed. Exp. Kilimandjaro, *v.* 3 nr. 20 p. 7 t. 1 f. 5a—c | 1932 *Cyclatemnus i.*, Beier in: Zool. Jahrb., Syst. *v.* 62 p. 562.

Cephalothorax glatt, ohne Querfurchen, mit 2 deutlichen Augenflecken. Tergite 5—10 unvollständig geteilt, die übrigen nicht geteilt. Serrula mit 25 Lamellen. Palpen medial ziemlich grob granuliert. Femur 2,4 mal, Tibia kaum 2 mal so lang wie breit. — Körper L. ♂ 4 mm, ♀ 5,5 mm; Palpen: ♂ Femur L. 1,06 mm, Tibia L. 0,94 mm, Hand L. 1,03 mm, Finger L. 0,68 mm; ♀ Femur L. 0,98 mm, Tibia L. 0,98 mm, Hand L. 1,1 mm, Finger L. 0,68 mm.

Tropisches Ostafrika: Usambara.

3. Gen. **Paratemnus** Beier

1932 *P.*, Beier in: Zool. Jahrb., Syst. *v.* 62 p. 562.

Typus: *Chelifer guineensis* Ellingsen (-*pallidus* Balzan), (durch ursprüngliche Bestimmung).

Cephalothorax glatt und glänzend, ohne Querfurchen, die basale Hälfte meist bedeutend schwächer chitinisiert und daher heller als die distale. Tergite zum Teil unvollständig geteilt. Palpen ziemlich gedrungen, glatt oder an der Medialseite der Glieder mehr oder weniger granuliert, Femur und Trochanter meist bedeutend heller als die übrigen Glieder. Tibialstiel kurz und gedrungen. Das Tasthaar *it* des festen Palpenfingers in oder proximal der Fingermitte gelegen und stets deutlich weiter von der Fingerspitze entfernt als die Entfernung zwischen den Tasthaaren *ist* und *isb* beträgt. Das Tasthaar *st* des beweglichen Palpenfingers näher bei *sb* als bei *t*. Nebenzähne fehlen. Genitalfeld des ♂ siehe (Fig. 33). Beine gedrungen. Das Tasthaar des Tarsus IV basal gelegen.

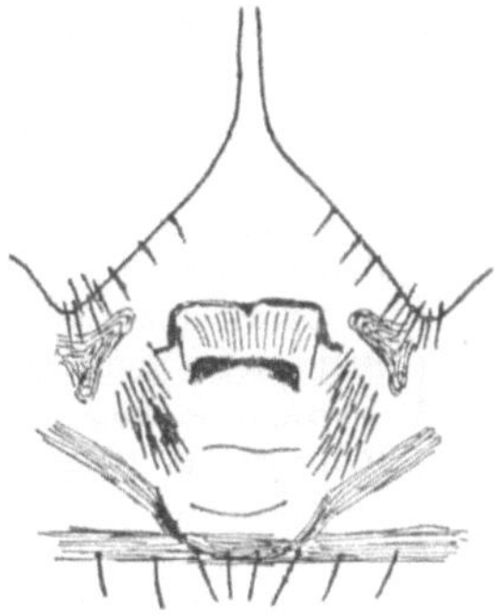

Fig. 33.
Genitalfeld des ♂ von **Paratemnus feae** (Ellingsen).

Vorwiegend in der äthiopischen und orientalischen Region und nur mit wenigen Arten auch in die australische und neotropische vordringend.

20 sichere Arten:

Übersicht über die Arten:

1 { Integument schwach chitinisiert, so daß die basale Hälfte des Cephalothorax sowie Trochanter und Femur der Palpen hell rötlichbraun bis gelbbraun erscheinen — **2**
Integument normal chitinisiert, sodaß die basale Hälfte des Cephalothorax sowie Trochanter und Femur der Palpen nicht oder nicht wesentlich heller erscheinen als die übrigen Partien — **14**

2 { Palpenfinger nicht länger als die Breite der Hand — **3**
Palpenfinger deutlich länger als die Breite der Hand — **5**

3 { Laufbeine weniger gedrungen, Tibia des 4. Paares 2,8 bis 3,1mal, Tarsus 3—3,2mal so lang wie breit — **4**
Laufbeine sehr gedrungen; Tibia des 4. Paares 2,5mal, Tarsus 2,8mal so lang wie breit . . . . 3. **P. insubidus**

4 { Palpenschere 2,2mal (♀) so lang wie breit . . . . 1. **P. guineensis**
Palpenschere 2,4mal (♀) bis 2,6mal (♂) so lang wie breit . 2. **P. aequatorialis**

5 { Femur und Tibia der Palpen medial deutlich und ziemlich dicht granuliert — **6**
Femur und Tibia der Palpen glatt oder nur das Femur medial sehr fein und zerstreut, kaum sichtbar granuliert — **11**

6 { Körpergröße geringer, Palpenfemur höchstens 0,90 mm lang, meist jedoch kürzer — **7**
Körpergröße bedeutend, Palpenfemur 1,1 mm lang . . . 9. **P. magnificus**

7 { Palpenfemur gedrungener, 2,1—2,2mal so lang wie breit — **8**
Palpenfemur schlanker, 2,3mal (♂) bis 2,5mal (♀) so lang wie breit . . . . 8. **P. insularis**

8 Tarsus des 4. Beinpaares schlanker, 3,8—4,2mal so lang wie breit — 9
Tarsus des 4. Beinpaares gedrungener, 3,2—3,3mal so lang wie breit . . . . 4. **P. congicus**

9 Serrula mit 23 Lamellen; 6 Marginalborsten auf jedem Halbtergit; Tarsus des 4. Beinpaares 4,2mal so lang wie breit (südamerikanische Arten) — 10
Serrula mit 24 Lamellen; 5 Marginalborsten auf jedem Halbtergit; Tarsus des 4. Beinpaares 3,8mal so lang wie breit (afrikanische Art) . . . . 5 **P. persimilis**

10 Kleinere Art, Palpenfemur 0,70—0,77 mm lang; Schere 2,6—2,7mal so lang wie breit . . . . 7. **P. minor**
Größere Art, Palpenfemur 0,90 mm lang; Schere 2,4mal so lang wie breit . . . . 6. **P. nidificator**

11 Beine weniger gedrungen, Tibia des 4. Paares 3—3,1mal, Tarsus 3,1—3,3mal so lang wie breit — 12
Beine sehr gedrungen, Tibia des 4. Paares 2,6mal, Tarsus 3mal so lang wie breit . . . . 10. **P. ceylonicus**

12 Palpenfemur vollständig glatt — 13
Palpenfemur sehr fein und zerstreut, nur bei stärkerer Vergrößerung erkennbar granuliert . . . . 11. **P. assimilis**

13 Größere Art, Palpenfemur 0,89 mm lang; Femur des 4. Beinpaares 2,3mal so lang wie breit . . . . 12. **P. plebejus**
Kleinere Art, Palpenfemur 0,68 mm lang; Femur des 4. Beinpaares 2,6mal so lang wie breit . . . . 13. **P. borneoensis**

14 Die pseudotaktile Borste auf der Dorsalseite des Palpenfemur mehr distal gestellt und von der hinteren weit entfernt (afrikanische Arten) — 15
Die pseudotaktile Borste auf der Dorsalseite des Palpenfemur nahe der Mitte und in gleicher Höhe mit der hinteren (asiatische Arten) — 17

15 Serrula externa mit 24—26 Lamellen; Femur des 4. Beinpaares 2,7mal, Tarsus 3,8mal so lang wie breit — 16
Serrula mit 21 Lamellen; Femur des 4. Beinpaares 2,4mal, Tarsus 4,3mal so lang wie breit . . . . 14. **P. burgeoni**

16 Palpenfinger des ♀ kürzer als die Breite der Hand; Tibia lateral distal regelmäßig gerundet . . . . 15. **P. feae**
Palpenfinger des ♀ länger als die Breite der Hand; Tibia lateral distal mit einem deutlichen Eck in der Rundung 16. **P. ellingseni**

17 Femur des 4. Beinpaares 2,3—2,4mal so lang wie breit — 18
Femur des 4. Beinpaares 2,5—2,6mal so lang wie breit . . 19. **P. sinensis**

18 Palpen medial ziemlich grob und sehr deutlich granuliert; größere Arten, Femur 0,80—0,91 mm lang — 19
Palpen medial ziemlich fein granuliert; kleinere Art, Femur 0,62 mm lang . . . . 20. **P. pococki**

19 Femur schlanker, 2,3mal so lang wie breit; hinterer Trochanterhöcker des ♂ vollständig abgerundet . . . . 17. **P. robustus**
Femur gedrungener, 2,1mal so lang wie breit; hinterer Trochanterhöcker des ♂ stumpf-spitzig . . . . 18. **P. philippinus**

1. **P. guineensis** (Ellingsen) 1891 *Chelifer* (*Atemnus*) *pallidus* (non *C. p.*, Banks 1890), Balzan in: Ann. Soc. ent. France, *v.* 60 p. 511 t. 9 f. 2 | 1906 *C. guineensis* (part.), Ellingsen in: Ann. Mus. Genova, ser. 3 *v.* 2 p. 246 | 1912 *C. g.* (part.), Ellingsen in: Ann. S. Afr. Mus., *v.* 10 p. 79 | 1932 *Paratemnus g.*, Beier in: Zool. Jahrb., Syst. *v.* 62 p. 565.

Cephalothorax glatt, ohne Querfurchen, die Scheibe ziemlich schwach chitinisiert, so daß die basale Hälfte bedeutend heller ist als die distale. Die vorderen Tergite nicht oder unvollständig geteilt. 6 Marginalborsten auf jedem Halbtergit. Hinterrand des Cephalothorax mit 6 Borsten. Serrula externa mit 25 Lamellen. Flagellum mit 4 Borsten, die distale einseitig gefiedert. Galea distal mit Seitenästen. Palpen (Fig. 34) gedrungen, Femur und Tibia medial deutlich granuliert, Trochanter und Femur hell rötlichgelb, bedeutend heller als die Hand. Palpenfemur 2,2mal, Tibia 1,9mal, Schere 2,2mal so lang wie breit. Tibialstiel kurz und gedrungen, kaum länger als breit. Finger nicht länger als die Breite der Hand, der feste mit etwa 36, der bewegliche mit etwa 45 Marginalzähnen. Nebenzähne fehlen. Das Tasthaar *st* des beweglichen Fingers viel näher bei *sb* als bei *t*. Tibia des 4. Beinpaares 3,1mal, Tarsus 3mal so lang wie breit. Tasthaar des Tarsus IV basal gelegen. — Körper L. ♀ 4,3 mm; Palpen: Femur L. 0,75 mm, B. 0,36 mm, Tibia L. 0,75 mm, B. 0,40 mm, Hand L. 1,0 mm, B. 0,58 mm, Finger L. 0,58 mm.

Tropisches Westafrika: Sierra Leone.

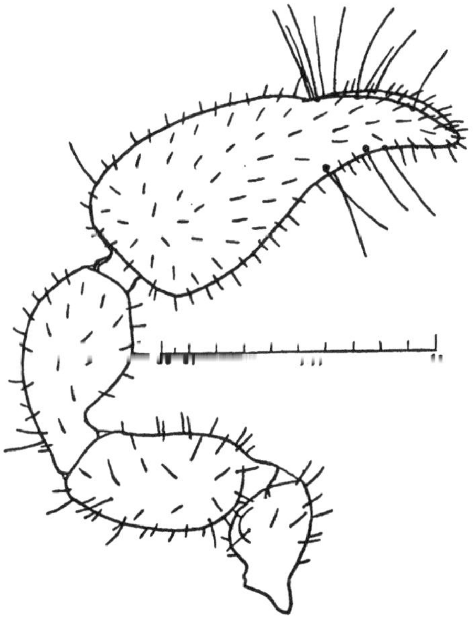

Fig. 34.
Paratemnus guineensis (Ellingsen). Linke Palpe ♀.

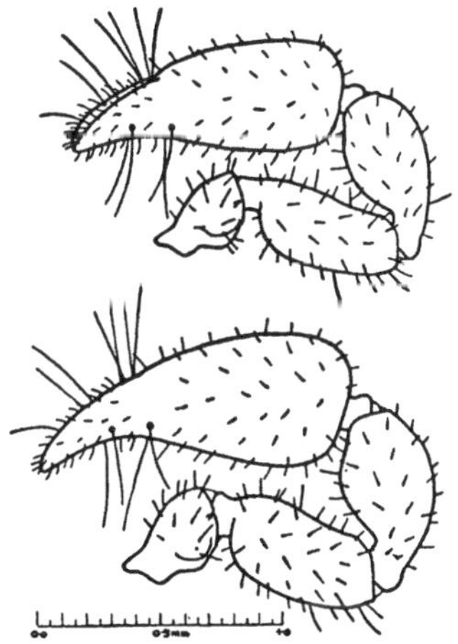

Fig. 35.
Paratemnus aequatorialis Beier.
Rechte Palpe von ♂ (oben) und ♀ (unten).

2. **P. aequatorialis** Beier 1906 *Chelifer guineensis* (part.), Ellingsen in: Ann. Mus. Genova, ser. 3 *v.* 2 p. 246 | 1932 *Paratemnus aequatorialis*, Beier in: Zool. Jahrb., Syst. *v.* 62 p. 565.

Der vorigen Art sehr ähnlich, die Palpenschere jedoch schlanker (Fig. 35). Serrula mit 23 Lamellen. Palpenfemur medial ziemlich deutlich granuliert. Femur des ♂ 2,3mal, des ♀ 2,2mal, Tibia des ♂ 2mal, des ♀ 1,9mal, Schere des ♂ 2,6mal, des ♀ 2,4mal so lang wie breit. Tibia des 4. Beinpaares 2,8mal, Tarsus 3,3mal so lang wie breit. — Körper L. ♂ ♀ 4—4,3 mm; Palpen: ♂ Femur L. 0,68 mm, B. 0,27 mm, Tibia L. 0,67 mm, B. 0,32 mm, Hand L. 0,85 mm, B. 0,43 mm, Finger L. 0,43 mm; ♀ Femur L. 0,75 mm, B. 0,33 mm, Tibia L. 0,72 mm, B. 0,38 mm, Hand L. 0,95 mm, B. 0,53 mm, Finger L. 0,55 mm.

Tropisches Westafrika: Portugiesisch-Guinea.

3. **P. insubidus** (Tullg.) 1907 *Chelifer i.*, Tullgren in: Mt. Mus. Hamburg, *v.* 24 p. 58 f. 17a, b | 1908 *C. i.*, Tullgren in: Denk. Ges. Jena, *v.* 13 p. 285 f. 3 | 1912 *C. i.*, Ellingsen in: Ann. S. Afr. Mus., *v.* 10 p. 79, 91 | 1932 *Paratemnus i.*, Beier in: Zool. Jahrb., Syst. *v.* 62 p. 566.

Durch die ebenfalls ziemlich schwache Chitinisierung des Integumentes und die kurzen Palpenfinger den beiden vorigen Arten ähnlich. Cephalothorax glatt, ohne Querfurchen, mit 2 deutlichen Augenflecken. Die ersten 4 Abdominaltergite ungeteilt. Serrula externa mit 23 Lamellen. Palpen (Fig. 36) bedeutend kürzer als der Körper, sehr gedrungen, Femur und

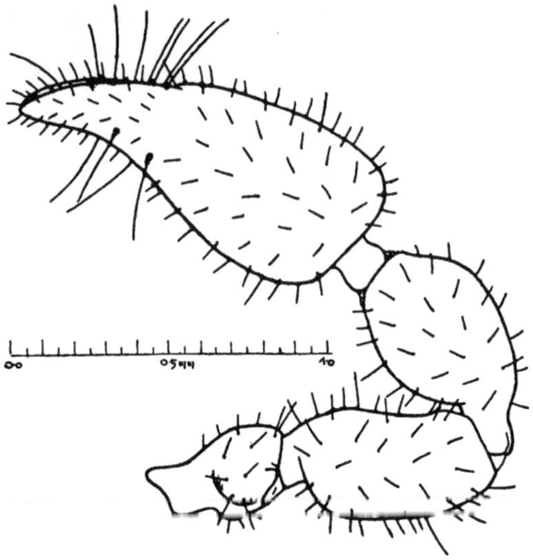

Fig. 36.
Paratemnus insubidus (Tullg.). Rechte Palpe ♀.

Tibia medial sehr fein granuliert. Femur kaum mehr als 2 mal, Tibia 1,8 mal, Schere 2,2 mal so lang wie breit. Finger des ♀ nicht länger als die Breite der Hand. Tibia des 4. Beinpaares 2,5 mal, Tarsus 2,8 mal so lang wie breit. — Körper L. ♀ 4,5 mm; Palpen: Femur L. 0,68 mm, B. 0,33 mm, Tibia L. 0,72 mm, B. 0,39 mm, Hand L. 0,86 mm, B. 0,52 mm, Finger L. 0,48 mm.

Südafrika: Kapland, Hereroland.

4. **P. congicus** Beier 1932 *P. c.*, Beier in: Zool. Jahrb., Syst. *v.* 62 p. 566 f. 7.

Mit *pallidus* nahe verwandt und wie bei diesem die hintere Hälfte des Cephalothorax sowie Trochanter und Femur der Palpen hell gelbbraun. Cephalothorax glatt, ohne Querfurche, der Hinterrand mit 6 Borsten. 5—6 Marginalborsten auf jedem Halbtergit. Serrula externa beim ♂ mit 24, beim ♀ mit 25 Lamellen. 4. Flagellumborste distal mit 7—9 Fiedern. Galea des ♀ distal mit 6 Seitenästen, diese beim ♂ nur als kleine Zähnchen entwickelt. Palpen (Fig. 37) gedrungen, Femur und Tibia medial deutlich, aber nicht besonders grob granuliert. Palpenfemur 2,2 mal, Tibia 1,9 mal, Schere 2,4 mal so lang wie breit. Finger deutlich länger als die Breite der Hand. Femur des 4. Beinpaares (Fig. 38) 2,7 mal, Tibia 3,1 mal, Tarsus 3,2—3,3 mal so lang wie breit. — Körper L. ♂ 3,8 mm, ♀ 4,2 mm; Palpen: Femur L. 0,77 mm, B. 0,35 mm, Tibia L. 0,77 mm, B. 0,40 mm, Hand L. 0,95 mm, B. 0.55 mm, Finger L. 0,60 mm.

Tropisches Westafrika: Belgisch-Kongo.

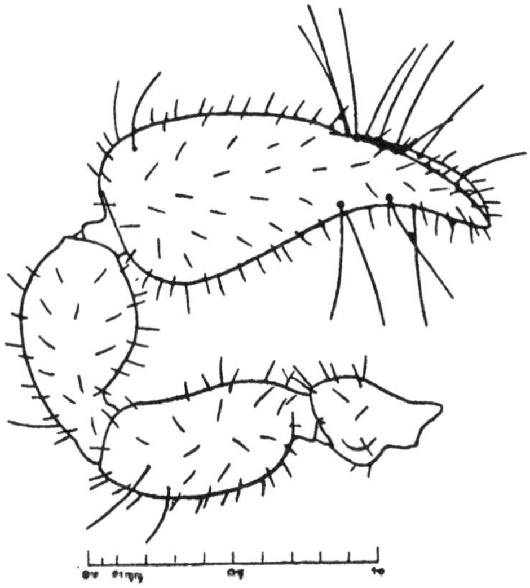

Fig. 37.
Paratemnus congicus Beier. Linke Palpe.

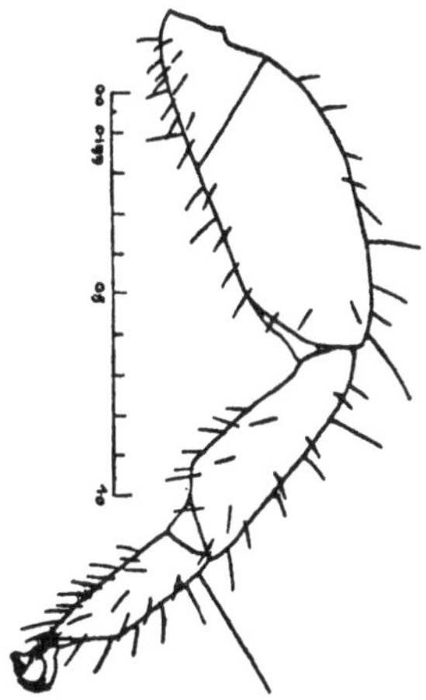

Fig. 38.
Paratemnus congicus Beier.
Rechtes Hinterbein.

5. **P. persimilis** Beier 1932 *P. p.*, Beier in: Zool. Jahrb., Syst. *v.* 62 p. 567.

Mit *congicus* sehr nahe verwandt und ihm außerordentlich ähnlich. Cephalothorax glatt, der Hinterrand mit 8 Borsten. 5 Borsten auf jedem Halbtergit. Serrula mit 24 Lamellen. Palpen gedrungen, Femur und Tibia medial, Hand an der Fingerbasis granuliert, Trochanter und Femur hell gelblichbraun. Palpenfemur 2,2 mal, Tibia 1,9 mal, Schere 2,4 mal so lang wie breit. Finger an der Basis breiter als der Abstand zwischen den Tasthaaren *ib* und *it* beträgt. Tibia des 4. Beinpaares 2,9 mal, Tarsus 3,8 mal so lang wie breit. — Körper L. ♀ 3,6 mm; Palpen: Femur L. 0,76 mm, B. 0,35 mm, Tibia L. 0,73 mm, B. 0,40 mm, Hand L. 0,94 mm, B. 0,55 mm, Finger L. 0,62 mm.

Tropisches Westafrika: Kamerun.

6. **P. nidificator** (Balzan) 1890 *Chelifer n.*, Balzan in: Ann. Mus. Genova, ser. 2 *v.* 9 p. 417 t. 13 f. 5 | 1891 *C. (Atemnus) n.*, Balzan in: Ann. Soc. ent. France, *v.* 60 p. 510, 547 t. 9 f. 1 | 1902 *C. n.*, Ellingsen in: Mém. Soc. zool. France, *v.* 15 p. 146 | 1905 *C. (Atemnus) n.*, Ellingsen in: Boll. Mus. Torino, *v.* 20 nr. 500 p. 2 | 1907 *C. n.*, Tullgren in: Mt. Mus. Hamburg, *v.* 24 p. 56 | 1908 *C. n.*, With in: Tr. zool. Soc. London, *v.* 18 p. 321 f. 83 t. 31 f. 36a—c | 1930 *Lamprochernes n.*, Beier in: Ann. Wien. Mus., *v.* 44 p. 211 | 1932 *Paratemnus n.*, Beier in: Zool. Jahrb., Syst. *v.* 62 p. 567.

Cephalothorax glatt, ohne Querfurchen, mit Augenflecken, der Hinterrand mit 8 Borsten. Tergite 1 und 2 nicht, die übrigen schmal oder unvollkommen geteilt. 6 Marginalborsten auf jedem Halbtergit. Serrula mit 23 Lamellen. 4 Flagellumborsten, die distale einseitig gefiedert. Palpen (Fig. 39) gedrungen, Femur und Tibia medial deutlich granuliert, die Hand fast glatt, sämtliche Glieder mit Ausnahme der Hand hell bräunlichgelb. Palpenfemur 2,1 mal, Tibia 1,9 mal, Schere 2,4 mal so lang wie breit. Tasthaar des Tarsus IV basal gelegen. — Körper L. ♀ 3,7 mm; Palpen: Femur L. 0,90 mm, B. 0,42 mm, Tibia L. 0,89 mm, B. 0,46 mm, Hand L. 1,11 mm, B. 0,62 mm, Finger L. 0,70 mm.

Südamerika: Paraguay, Argentinien, Brasilien.

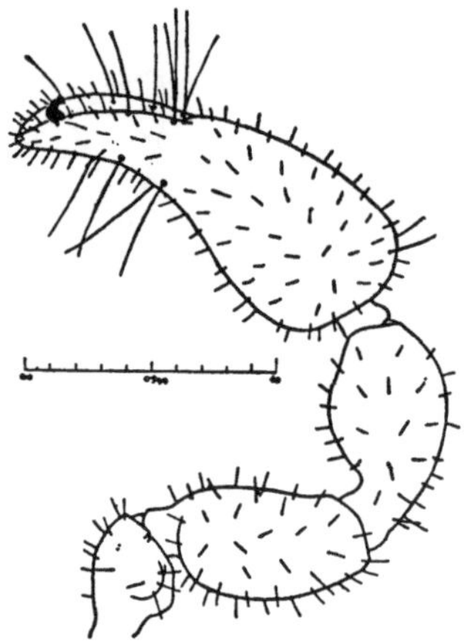

Fig. 39.
Paratemnus nidificator (Balzan).
Rechte Palpe ♀.

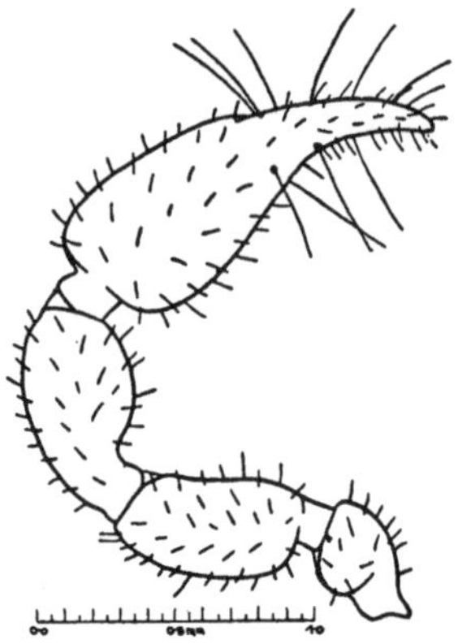

Fig. 40.
Paratemnus minor (Balzan).
Linke Palpe.

7. **P. minor** (Balzan) 1891 *Chelifer (Atemnus) nidificator* var. *m.*, Balzan in: Ann. Soc. ent. France, *v.* 60 p. 510 | 1905 *C. (A.) n.* var. *m.*, Ellingsen in: Zool. Anz., *v.* 29 p. 323 | 1932 *Paratemnus minor*, Beier in: Zool. Jahrb., Syst. *v.* 62 p. 568.

Der vorigen Art sehr ähnlich, jedoch kleiner. Die ersten 4 Abdominaltergite ungeteilt. Palpen (Fig. 40) etwas schlanker als bei *nidificator*, Femur und Tibia medial granuliert. Palpenfemur 2,2 mal, Tibia 2,1 mal, Schere 2,6 mal so lang wie breit. Femur des 4. Beinpaares 2,5 mal, Tibia 3,2 mal, Tarsus 4,2 mal so lang wie breit. — Körper L. ♀ 3 mm; Palpen: Femur L. 0,75 mm, B. 0,35 mm, Tibia L. 0,80 mm, B. 0,39 mm, Hand L. 0,90 mm, B. 0,51 mm, Finger L. 0,67 mm.

Südamerika: Venezuela, Ecuador, Brasilien.

8. **P. insularis** Beier 1910 *Chelifer javanus* (part.), Ellingsen in: Mt. Mus. Berlin, *v.* 4 p. 358 | 1932 *Paratemnus insularis*, Beier in: Zool. Jahrb., Syst. *v.* 62 p. 568.

Cephalothorax glatt, ohne Querfurchen. Palpen (Fig. 41) mäßig gedrungen, teilweise granuliert. Femur des ♂ 2,3 mal, des ♀ 2,5 mal, Tibia des ♂ 2,1 mal, des ♀ 2 mal, Schere des ♂ und ♀ 2,5 mal so lang wie breit. Beine gedrungen. — Körper L. ♂ ♀ 3 mm; Palpen: ♂ Femur L. 0,66 mm, B. 0,29 mm, Tibia L. 0,69 mm, B. 0,33 mm, Hand L. 0,72 mm, B. 0,42 mm, Finger L. 0,51 mm; ♀ Femur L. 0,78 mm, B. 0,32 mm, Tibia L. 0,75 mm, B. 0,38 mm, Hand L. 0,90 mm, B. 0,51 mm, Finger L. 0,54 mm.

Bismarck-Archipel.

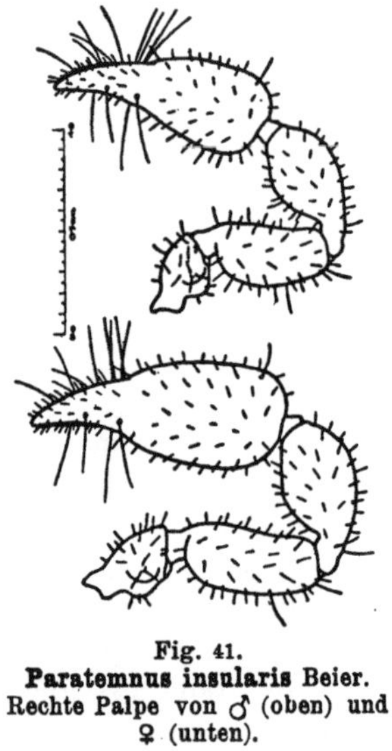

Fig. 41.
Paratemnus insularis Beier.
Rechte Palpe von ♂ (oben) und ♀ (unten).

9. **P. magnificus** Beier 1930 *Atemnus rotundus*, Beier in: Ann. Wien. Mus., *v.* 44 p. 207 f. 5 | 1932 *Paratemnus magnificus*, Beier in: Zool. Jahrb., Syst. *v.* 62 p. 568.

Eine durch ihre Größe auffallende Art. Cephalothorax glatt, ohne Furche, der Hinterrand mit 8 Borsten. Basale Hälfte des Cephalothorax hell gelblichbraun. 4—5 Marginalborsten auf jedem Halbtergit. Serrula mit 25 Lamellen. Palpen (Fig. 42) kräftig, Femur und Tibia medial sehr deutlich, Hand an der Fingerbasis fein granuliert, Trochanter und Femur etwas heller als die übrigen Glieder. Palpenfemur 2,1 mal, Tibia 1,8 mal, Schere 2,4 mal so lang wie breit. Femur des 4. Beinpaares 2,5 mal, Tibia 2,9 mal, Tarsus 3,9 mal so lang wie breit. Tasthaar des Tarsus IV basal gelegen. — Körper L. ♀ 5,5 mm; Palpen: Femur L. 1,10 mm, B. 0,50 mm, Tibia L. 1,05 mm, B. 0,61 mm, Hand L. 1,35 mm, B. 0,76 mm, Finger L. 0,82 mm.

Neu-Guinea.

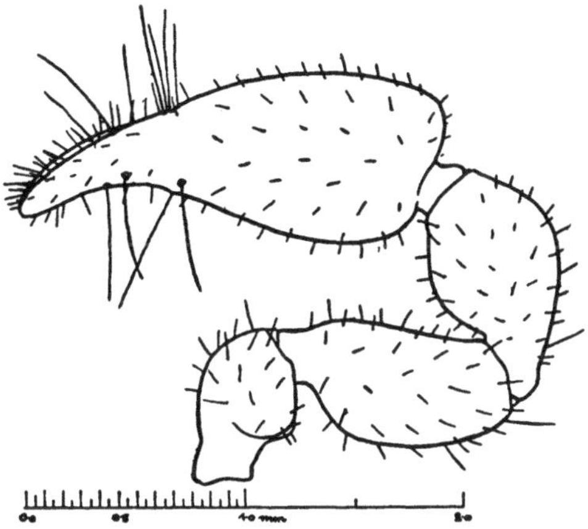

Fig. 42.
Paratemnus magnificus Beier. Rechte Palpe ♀.

10. **P. ceylonicus** Beier 1907 *Chelifer plebejus*, Tullgren in: Mt. Mus. Hamburg, *v.* 24 p. 55 f. 15 (Fehlbestimmung) | 1914 *C. p.* (part.), Ellingsen in: Rec. Ind. Mus., *v.* 10 p. 4 (Fehlbestimmung) | 1930 *Atemnus p.*, Beier in: Ann. Wien. Mus., *v.* 44 p. 206 | (Fehlbestimmung) | 1932 *Paratemnus ceylonicus*, Beier in: Zool. Jahrb., Syst. *v.* 62 p. 569 f. 8.

Integument sehr schwach chitinisiert und daher hell. Cephalothorax glatt, ohne Furche. Serrula mit 23 Lamellen. 4. Flagellumborste einseitig gefiedert. Palpen (Fig. 43) gedrungen, Femur medial sehr fein und zerstreut

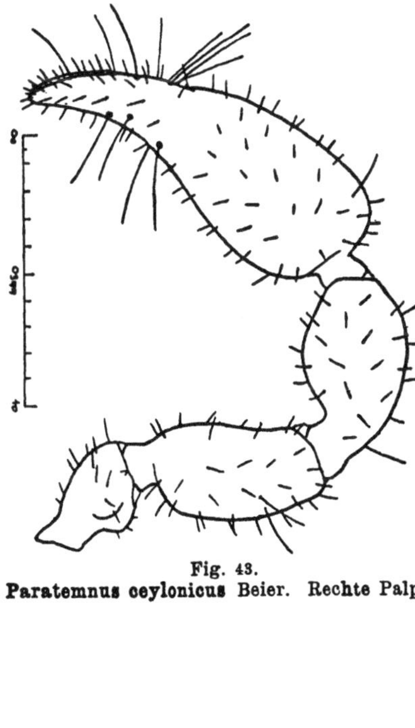

Fig. 43.
Paratemnus ceylonicus Beier. Rechte Palpe.

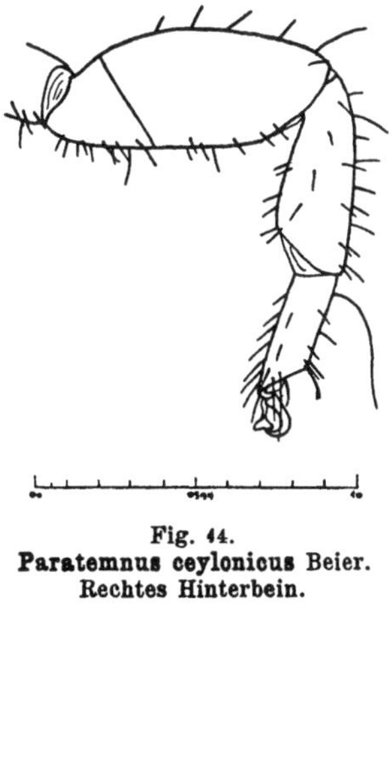

Fig. 44.
Paratemnus ceylonicus Beier.
Rechtes Hinterbein.

punktiert, Tibia glatt. Palpenfemur 2,1 mal, Tibia kaum 2 mal, Schere 2,5 mal so lang wie breit. 5 Marginalborsten auf jedem Halbtergit. Femur des 4. Beinpaares (Fig. 44) 2,5 mal, Tibia 2,6 mal, Tarsus 3 mal so lang wie breit. — Körper L. 3 mm; Palpen: Femur L. 0,77 mm, B. 0,36 mm, Tibia L. 0,76 mm, B. 0,39 mm, Hand L. 0,96 mm, B. 0,52 mm, Finger L. 0,62 mm.

Ceylon.

11. **P. assimilis** Beier 1932 *P. a.*, Beier in: Zool. Jahrb., Syst. *v.* 62 p. 569 f. 9.

Der vorigen Art sehr ähnlich. Cephalothorax glatt, ohne Furchen, der Hinterrand mit 6 Borsten. Tergite sämtlich nicht oder unvollständig geteilt, nur Tergit 7, 8 und 9 am Hinterrande tief eingeschnitten. 5 (♂) oder 6 (♀) Marginalborsten auf jedem Halbtergit. Serrula des ♂ mit 21, des ♀ mit 24 Lamellen. Galea des ♀ distal mit 6 ziemlich langen Ästen, die des ♂ kurz, distal mit 3 kurzen Zähnchen. 4. Flagellumborste in der distalen

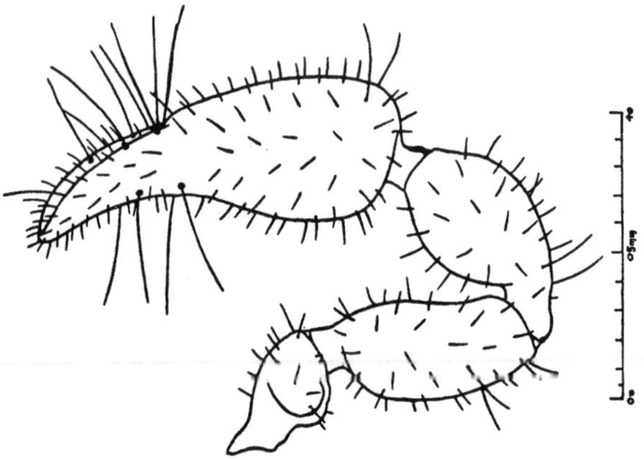

Fig. 45.
Paratemnus assimilis Beier. Rechte Palpe ♂.

Hälfte gefiedert. Palpen (Fig. 45) gedrungen, Femur medial sehr fein granuliert, fast glatt, die übrigen Glieder glatt. Palpenfemur 2,2 mal, Tibia kaum 2 mal, Schere 2,6 mal so lang wie breit. Femur des 4. Beinpaares 2,5—2,6 mal, Tibia 3 mal, Tarsus 3,3 mal so lang wie breit. — Körper L. ♂ ♀ 3,3—3,7 mm; Palpen: Femur L. 0,77 mm, B. 0,33 mm, Tibia L. 0,77 mm, B. 0,40 mm, Hand L. 0,94 mm, B. 0,50 mm, Finger L. 0,61 mm.

Philippinen: Insel Mindanao, Insel Basilan.

12. **P. plebejus** (With) 1906 *Chelifer p.*, With in: Danske Selsk. Skr., *v.* 7 nr. 3 p. 185 f. 18—20 t. 4 f. 7a—b | 1914 *C. p.* (part.), Ellingsen in: Rec. Ind. Mus., *v.* 10 p. 4 | 1932 *Paratemnus p.*, Beier in: Zool. Jahrb., Syst. *v.* 62 p. 570.

Cephalothorax glatt, ohne Querfurche, mit deutlichen Augenflecken. Die ersten 3 Tergite nicht, die übrigen mehr oder weniger vollständig geteilt. 5—6 Marginalborsten auf jedem Halbtergit. Palpen vollständig glatt, nicht granuliert, kürzer als der Körper. Femur 2,2 mal, Tibia 2 mal, Schere mit Stiel 2,6 mal so lang wie breit. Femur des 4. Beinpaares 2,3 mal, Tibia 3 mal, Tarsus 3,2 mal so lang wie breit. — Körper L. ♀ 4,2 mm; Palpen: Femur L. 0,89 mm, B. 0,405 mm, Tibia L. 0,938 mm, B. 0,448 mm, Hand L. 1,008 mm, B. 0,644 mm, Finger L. 0,70 mm.

Nikobaren, Birma, Kelantan.

13. **P. borneoensis** Beier 1932 *P. b.*, Beier in: Zool. Jahrb., Syst. *v.* 62 p. 571.

Der vorigen Art sehr ähnlich. Cephalothorax glatt, ohne Querfurche, in der basalen Hälfte schwach chitinisiert und rötlich gelbbraun, der Hinterrand mit 8 Borsten. Tergite 1—4 nicht, die übrigen meist unvollständig geteilt. 6—8 Marginalborsten auf jedem Halbtergit. Augenflecke vorhanden. Serrula mit 24 Lamellen. Galea des ♀ mit 5 rekurven Seitenästen distal. Palpen (Fig. 46) vollständig glatt, auch das Femur nicht granuliert, Trochanter und Femur hell, gelblich. Palpenfemur 2,2 mal, Tibia 2,1 mal, Schere 2,6 mal so lang wie breit. Femur des 4. Beinpaares 2,6 mal, Tibia 3 mal, Tarsus 3,1 mal so lang wie breit. — Körper L. ♀ 3,5 mm; Palpen: Femur L. 0,68 mm, B. 0,30 mm, Tibia L. 0,68 mm, B. 0,32 mm, Hand L. 0,87 mm, B. 0,46 mm, Finger L. 0,58 mm.

Sundainseln: Borneo.

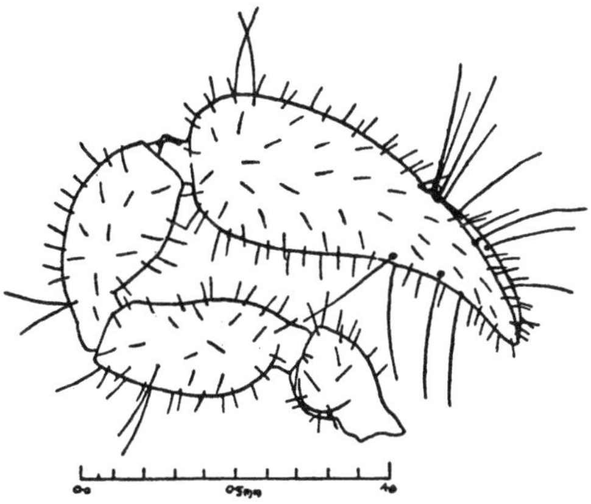

Fig. 46.
Paratemnus borneoensis Beier. Linke Palpe ♀.

14. **P. burgeoni** Beier 1932 *P. b.*, Beier in: Zool. Jahrb., Syst. *v.* 62 p. 571.

Integument kräftig chitinisiert, so daß die hintere Hälfte des Cephalothorax und das Femur der Palpen nicht oder nicht wesentlich heller erscheinen als die übrigen Partien. Cephalothorax glatt, ohne Querfurche, der Hinterrand mit 8 Borsten. Tergite mit Ausnahme der 4 ersten geteilt. 5 Marginalborsten auf jedem Halbtergit. Serrula mit 21 Lamellen. Galea des ♀ distal mit 6 Seitenästen. Palpen (Fig. 47) mäßig

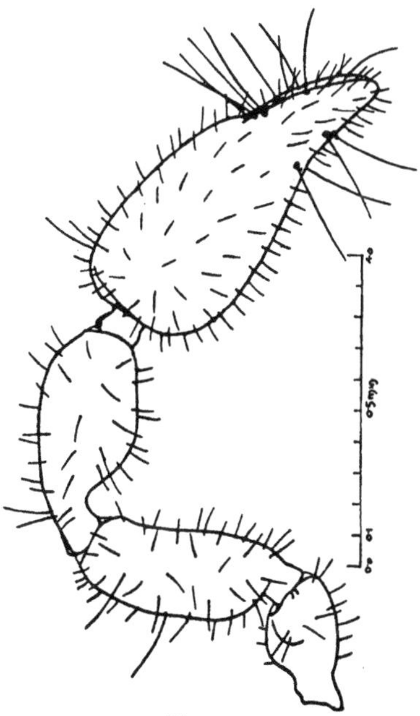

Fig. 47.
Paratemnus burgeoni Beier. Linke Palpe ♀.

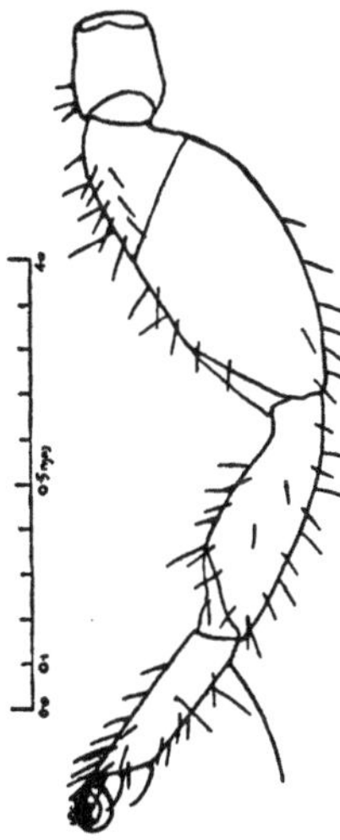

Fig. 48.
Paratemnus burgeoni Beier.
Rechtes Hinterbein.

kräftig, Femur und Tibia medial sehr kräftig, aber weitläufig punktiert. Femur 2,6mal, Tibia 2,2mal, Schere 2,2mal so lang wie breit. Palpenfinger des ♀ nicht ganz so lang wie die Breite der Hand. Femur des 4. Beinpaares (Fig. 48) 2,4mal, Tibia 3,1mal, Tarsus 4,3mal so lang wie breit. — Körper L., ♀ 4 mm; Palpen: Femur L. 0,70 mm, B. 0,28 mm, Tibia L. 0,72 mm, B. 0,33 mm, Hand L. 0,82 mm, B. 0,48 mm, Finger L. 0,46 mm.

Tropisches Westafrika; Belgisch-Kongo.

15. **P. feae** (Ellingsen) 1906 *Chelifer (Atemnus) f.*, Ellingsen in: Ann. Mus. Genova, ser. 3 *v.* 2 p. 246 | 1912 *C. (A.) f.* (part.), Ellingsen in: Ann. S. Afr. Mus., *v.* 10 p. 79, 90 | 1932 *Paratemnus f.*, Beier in: Zool. Jahrb., Syst. *v.* 62 p. 571.

Integument ziemlich stark chitinisiert und dunkel. Cephalothorax glatt, ohne Querfurche, der Hinterrand mit 8 Borsten. Die ersten 6 Abdominaltergite nicht, die übrigen unvollständig geteilt. 5 Marginalborsten auf jedem Halbtergit. Serrula des ♂ mit 24, des ♀ mit 26 Lamellen. Galea des ♀ distal mit 5 rekurven Seitenästen, die des ♂ mit 5 kleinen Höckerchen. Palpen (Fig. 49) ziemlich kräftig, Femur und Tibia medial grob, aber flach granuliert. Femur

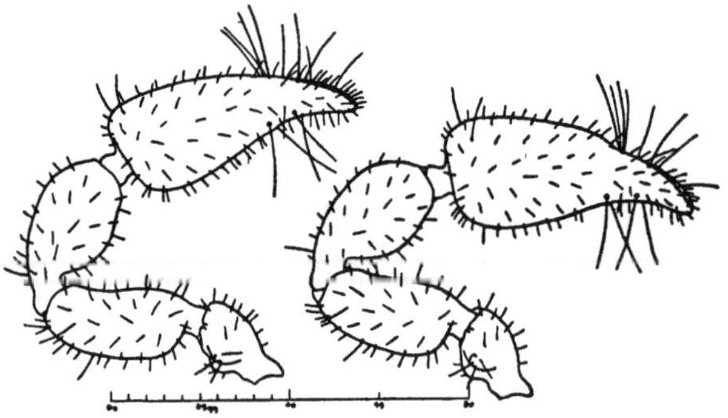

Fig. 49.
Paratemnus feae (Ellingsen). Linke Palpen ♂ ♀.

des ♂ 2,3mal, des ♀ 2,1mal, Tibia des ♂ 2mal, des ♀ kaum 2mal, Schere des ♂ 2,4mal, des ♀ 2,2mal so lang wie breit. Palpenfinger des ♀ kürzer als die Breite der Hand. Fester Finger mit etwa 35, beweglicher mit etwa 53 Zähnen. Femur des 4. Beinpaares 2,7mal, Tibia 3,2mal, Tarsus 3,8mal so lang wie breit. — Körper L. ♂ 3,4 mm, ♀ 4—5 mm; Palpen; ♂ Femur L. 0,90 mm, B. 0,39 mm, Tibia L. 0,90 mm, B. 0,45 mm, Hand L. 0,98 mm, B. 0,55 mm, Finger L. 0,60 mm; ♀ Femur L. 0,84 mm, B. 0,40 mm, Tibia L. 0,88 mm, B. 0,46 mm, Hand L. 1,06 mm, B. 0,60 mm, Finger L. 0,56 mm.

Kap-Verde-Inseln.

16. **P. ellingseni** Beier 1910 *Chelifer (Atemnus) Feae* (part.), Ellingsen in: Mt. Mus. Berlin, *v.* 4 p. 357 | 1912 *C. (A.) F.* (part.), Ellingsen in: Ann. S. Afr. Mus., *v.* 10 p. 79, 90 | 1932 *Paratemnus ellingseni*, Beier in: Zool. Jahrb., Syst. *v.* 62 p. 572.

Der vorigen Art sehr ähnlich. Cephalothorax glatt, ohne Querfurchen. 5—6 Marginalborsten auf jedem Halbtergit. Serrula des ♀ mit 26 Lamellen. Palpen (Fig. 50) stark chitinisiert, das Femur nicht heller als die übrigen Glieder, Femur und Tibia medial grob granuliert. Tibia lateral distal mit einem deutlichen Eck in der Rundung. Palpenfemur 2,2 mal, Tibia 1,9 mal, Schere 2,2 mal so lang wie breit. Finger des ♀ etwas länger als die Breite der Hand. — Körper L. ♀ 4 mm; Palpen: Femur L. 0,73 mm, B. 0,33 mm, Tibia L. 0,73 mm, B. 0,39 mm, Hand L. 0,83 mm, B. 0,50 mm, Finger L. 0,56 mm.

Ostafrika: Delagoa-Bai.

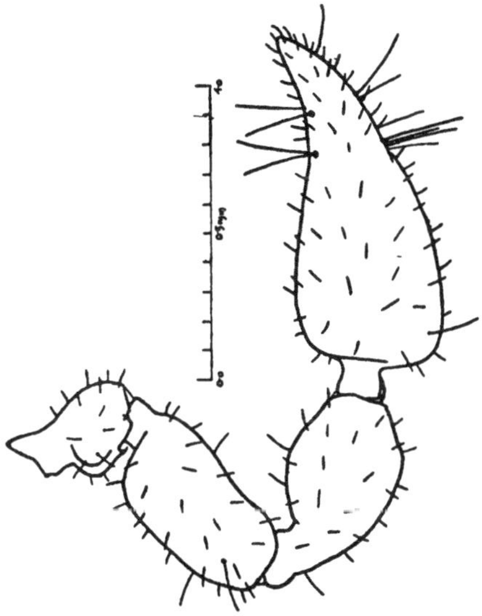

Fig. 50. **Paratemnus ellingseni** Beier. Rechte Palpe ♀.

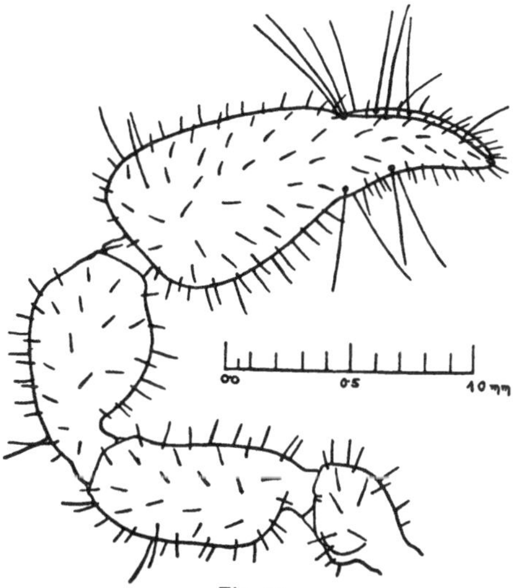

Fig. 51. **Paratemnus robustus** Beier. Linke Palpe ♂.

17. **P. robustus** Beier 1932 *P. r.*, Beier in: Zool. Jahrb., Syst. *v.* 62 p. 572.

Cephalothorax glatt, ohne Querfurche, die Scheibe in der basalen Hälfte kaum heller als in der distalen, der Hinterrand mit 8 Borsten. Tergite 1—5 nicht, die übrigen schmal oder unvollkommen geteilt. 6 Marginalborsten auf jedem Halbtergit. Serrula mit 26 Lamellen. Palpen (Fig. 51) ziemlich kräftig, das Femur medial deutlich, aber nicht besonders dicht, Tibia und Hand an der Fingerbasis feiner granuliert. Hinterer Trochanterhöcker des ♂ vollkommen abgerundet. Palpenfemur 2,3 mal, Tibia 1,9 mal, Schere 2,2 mal so lang wie breit. Finger etwas länger als die Breite der Hand. Femur des 4. Beinpaares 2,4 mal, Tibia 3,3 mal, Tarsus 3,3 mal so lang wie breit. — Körper L. ♂ 3,8 mm, ♀ 4,6 mm; Palpen: Femur L. 0,91 mm, B. 0,40 mm, Tibia L. 0,92 mm, B. 0,49 mm, Hand L. 1,09 mm, B. 0,64 mm, Finger L. 0,66 mm.

Philippinen: Manila.

18. **P. philippinus** Beier 1932 *P. p.*, Beier in: Zool. Jahrb., Syst. *v.* 62 p. 573 f. 10.

Der vorigen Art sehr ähnlich, jedoch etwas zarter und mit gedrungenerem Palpenfemur. Cephalothorax glatt, ohne Querfurche, ohne Augenflecke, der Hinterrand mit 6 Borsten. Tergite 1—5 nicht, die übrigen schmal und undeutlich geteilt. 5 Marginalborsten auf jedem Halbtergit. Integument ziemlich stark chitinisiert, der Cephalothorax basal nur wenig heller, das

Femur nicht heller als die übrigen Glieder. Serrula mit 26 Lamellen. Palpen (Fig. 52) ziemlich gedrungen, Trochanter hinten, Femur und Tibia medial ziemlich grob und sehr deutlich, Hand an der Fingerbasis fein und flach granuliert. Hinterer Trochanterhöcker des ♂ stumpfspitzig.

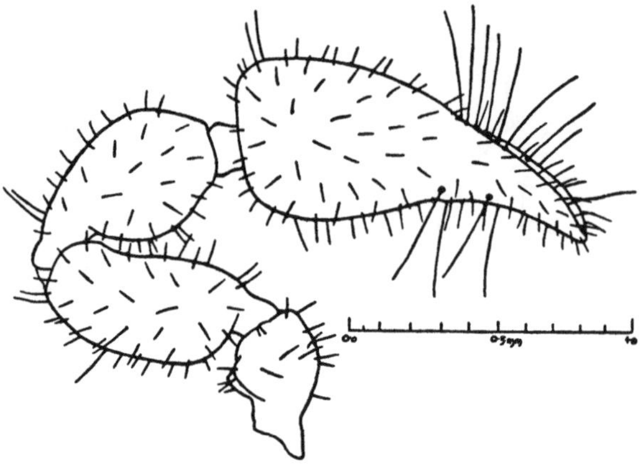

Fig. 52.
Paratemnus philippinus Beier. Linke Palpe ♂.

Palpenfemur 2,1 mal, Tibia 1,9 mal, Schere 2,2 mal so lang wie breit. Femur des 4. Beinpaares 2,3 mal, Tibia 3,2 mal, Tarsus 3,3 mal so lang wie breit. — Körper L. ♂ 3,5 mm; Palpen: Femur L. 0,78 mm, B. 0,35 mm, Tibia L. 0,78 mm, B. 0,43 mm, Hand L. 0,90 mm, B. 0,55 mm, Finger L. 0,60 mm.

Philippinen: Insel Vinac.

19. **P. sinensis** Beier 1932 *P. s.*, Beier in: Zool. Jahrb., Syst. *v.* 62 p. 573 f. 11.

Cephalothorax glatt, ohne Querfurche, mit deutlichen Augenflecken, die basale Hälfte etwas heller als die distale. Tergite 1—4 nicht, die übrigen teils unvollkommen geteilt. 6 Marginalborsten auf jedem Halbtergit. Serrula mit 22 Lamellen. Palpen (Fig. 53) mäßig kräftig, das Femur nicht heller als die übrigen Glieder, Femur und Tibia medial, Hand an der Fingerbasis deutlich, aber nicht besonders grob granuliert. Palpenfemur 2,3 mal, Tibia 1,9 mal, Schere 2,4—2,5 mal so lang wie breit. Femur des 4. Beinpaares 2,6 mal, Tibia 3,2 mal, Tarsus 3,3 mal so lang wie breit. — Körper L. ♂ ♀ 3,2—4,3 mm; Palpen: Femur L. 0,74—0,82 mm, B. 0,32—0,35 mm, Tibia L. 0,74—0,80 mm, B. 0,40—0,44 mm, Hand L. 0,86—0,95 mm, B. 0,48—0,53 mm, Finger L. 0,57—0,59 mm.

China: Kanton.

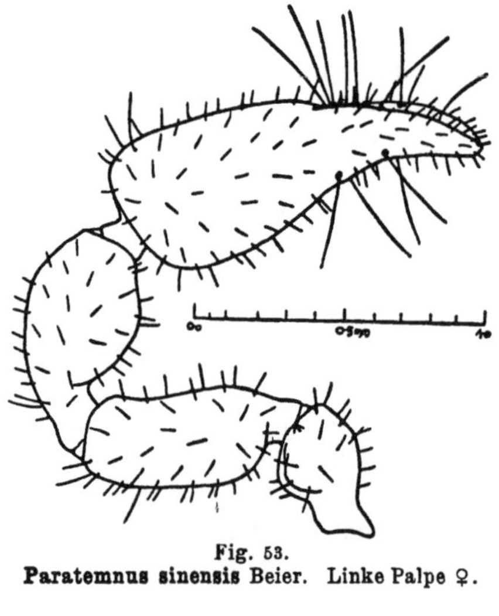

Fig. 53.
Paratemnus sinensis Beier. Linke Palpe ♀.

20. **P. pococki** (With) 1900 *Chelifer javanus*, Pocock in: Andrews, Monogr. Christmas Isl., Arach. p. 156 | 1907 *C. Pococki*, With in: J. Linn. Soc. London, *v.* 30 p. 63 t. 8 f. 17—19 | 1932 *Paratemnus p.*, Beier in: Zool. Jahrb., Syst. *v.* 62 p. 574.

Cephalothorax glatt, ohne Querfurchen, mit undeutlichen Augenflecken. Die ersten drei Tergite unvollständig, die übrigen vollständig geteilt. 5—6 Marginalborsten auf jedem Halbtergit. Palpen glatt, nur medial fein granuliert. Femur 2,2mal, Tibia kaum 2mal, Schere mit Stiel 2,8mal so lang wie breit. Finger länger als die Breite der Hand. Femur des 4. Beinpaares kaum 2,3 mal, Tibia 3,3 mal, Tarsus 3,6 mal so lang wie breit. — Körper L. ♀ 3,9 mm; Palpen: Femur L. 0,62 mm, B. 0,28 mm, Tibia L. 0,647 mm, B. 0,335 mm, Hand L. 0,713 mm, B. 0,414 mm, Finger L. 0,46 mm.

Indischer Ozean: Christmas Island.

4. Gen. **Atemnus** Can.

1884 *A.*, G. Canestrini in: Ant. Berlese, A. M. S., fasc. 10 nr. 1 | 1885 *Acis*, G. Canestrini, Chernet. Ital., *v.* 1 fasc. 10 nr. 1 | 1925 *Pessigus*, Navas in: Broteria, *v.* 22 p. 109 | 1930 *Atemnus*, Beier in: Ann. Wien. Mus., *v.* 44 p. 200 | 1932 *A.*, Beier in: Zool. Jahrb., Syst. *v.* 62 p 574. (Von den meisten Autoren zwischen 1885 und 1930 als Subgenus der Gattung *Chelifer* gewertet).

Typus: *Chelifer politus* E. Sim. (durch ursprüngliche Bestimmung und Monotypie).

Cephalothorax glatt, ohne Querfurchen, meist mit mehr oder weniger deutlichen Augenflecken. Tergite zum Teil nicht oder unvollständig geteilt. Serrula mit 21—22 Lamellen. Galea distal geästet. Flagellum mit 4 Borsten, davon die distale einseitig gefiedert, mitunter auch einige der vorhergehenden mit einigen Fiedern. Palpen mäßig gedrungen, zum Teil granuliert. Palpenschere (Fig. 54) ziemlich schlank. Das Tasthaar *it* des festen Palpenfingers distal der Fingermitte gelegen und höchstens so weit von der Fingerspitze entfernt wie die Entfernung der Tasthaare *ist* und *isb* voneinander beträgt. Die Tasthaare *esb* und *est* so weit voneinander entfernt wie *isb* von *ist*. Das Tasthaar *et* des beweglichen Fingers in der Mitte zwischen *sb* und *t* gelegen. Nebenzähne fehlen. Genitalfeld des ♂ mit unvollständig chitinisiertem innerem Bogen, so daß nur dessen Seitenteile dunkel erscheinen. Beine mäßig schlank. Das Tasthaar des Tarsus IV nahe der Basis des Gliedes gelegen.

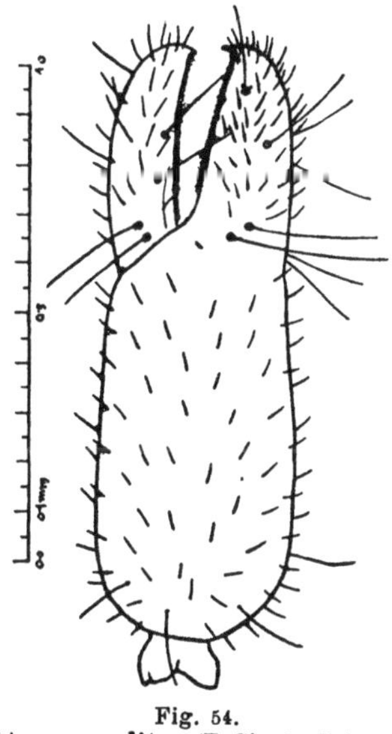

Fig. 54. **Atemnus politus** (E. Sim.). Palpenschere von außen.

In den südlichen Teilen der paläarktischen Region.

4 sichere Arten.

Übersicht über die Arten:

1 { Palpenfinger distal ohne kleine kegelförmige Erhebungen; Femur 0,70—0,72 mm lang — **2**
Palpenfinger distal mit kleinen kegelförmigen Erhebungen; Femur 0,80 mm lang . . . . 4. **A. ariasi**

2 Serrula externa mit 22 Lamellen; Palpenfemur 2,4—2,6mal so lang wie breit — 3
Serrula exterior mit 21 Lamellen; Palpenfemur 2,8mal so lang wie breit . . . . 1. **A. politus**

3 Palpenfemur 2,6mal, Tibia 2,3mal so lang wie breit; Femur des 4. Beinpaares 2,5mal so lang wie breit . . 2. **A. turkestanicus**
Palpenfemur 2,4mal, Tibia kaum mehr als 2mal so lang wie breit; Femur des 4. Beinpaares 3,2mal so lang wie breit . . . . 3. **A. letourneuxi**

1. **A. politus** (E. Sim.) 1878 *Chelifer p.*, E. Simon in: Ann. Soc. ent. France, ser. 5 *v.* 8 p. 149 | 1879 *C. p.*, E. Simon, Arach. France, *v.* 7 p. 35 t. 18 f. 10 | 1884 *Atemnus p.*, G. Canestrini in: Ant. Berlese, A. M. S., fasc. 10 nr. 1 | 1885 *A. p.*, E. Simon in: Expl. Tunisie, Arach. p. 49 | 1885 *Acis brevimanus*, G. Canestrini, Chernet. Ital., *v.* 1 fasc. 10 nr. 1 | 1898 *Chelifer politus*, E. Simon in: Ann. Mus. Genova, ser. 2 *v.* 19 p. 20 | 1909 *C. p.*, Ellingsen in: Ann. Mus. Genova, ser. 3 *v.* 4 p. 205 | 1910 *C. (Atemnus) p.*, Ellingsen in: Mt. Mus. Berlin, *v.* 4 p. 358 | 1911 *C. (A.) p.*, Lessert in: Cat. Invert. Suisse, *v.* 5 p. 10 f. 9 | 1925 *C. p.*, Navas in: Broteria, *v.* 22 p. 106 | 1925 *Pessigus cabacerolus*, Navas in: Broteria, *v.* 22 p. 109 f. 8 | 1929 *Chelifer (Atemnus) politus*, Kästner in: Tierw. Mitteleur., *v.* 3 p. IV 5 | 1929 *C. (A.) p.*, Beier in: SB. Ak. Wien, *v.* 138 p. 445 | 1929 *C. (A.) p.*, Beier in: Ann. Wien. Mus., *v.* 43 p. 342 | 1929 *C. (A.) p.*, Beier in: Boll. Laborat. Zool. Portici, *v.* 24 p. 78 | 1932 *Atemnus p.*, Beier in: Zool. Jahrb., Syst. *v.* 62 p. 576.

Cephalothorax glatt, ohne Querfurchen, in der basalen Hälfte etwas heller als in der distalen. Die vorderen Tergite unvollständig geteilt. Serrula mit 21 Lamellen. 4 Flagellumborsten, die distale mit 4, zum Teil wieder gegabelten Fiedern und auch die 3. mit einer Seitenfieder. Galea des ♀ distal mit 6 ziemlich langen, gebogenen Seitenästen. Palpen (Fig. 55) mäßig kräftig, der Trochanter hinten, das Femur medial deutlich granuliert.

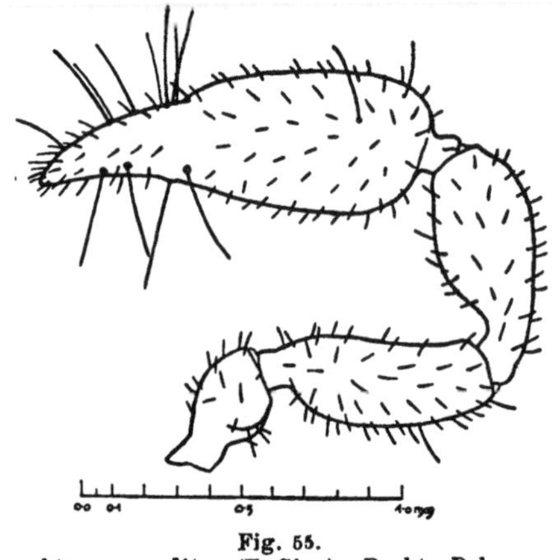

Fig. 55.
Atemnus politus (E. Sim.). Rechte Palpe.

Femur 2,8mal, Tibia 2,4mal, Schere 2,8mal so lang wie breit. Das Tasthaar *st* des beweglichen Fingers in der Mitte zwischen *sb* und *t* gelegen. Fester Finger mit 25, beweglicher mit 32 Zähnen. Nebenzähne fehlen. Femur des 4. Beinpaares 2,9mal, Tibia 3,2mal, Tarsus 3,8mal so lang wie breit. — Körper L. ♂ ♀ 2,7—3 mm; Palpen: Femur L. 0,73 mm, B. 0,27 mm, Tibia L. 0,72 mm, B. 0,30 mm, Hand L. 0,88 mm, B. 0,42 mm, Finger L. 0,51 mm.

Mediterrangebiet: Südeuropa von Spanien bis Griechenland; Nordafrika: Marokko, Algerien, Tunis. — Meist unter Baumrinde, doch auch unter Moos und pflanzlichem Detritus.

2. **A. turkestanicus** (Redikorzev) 1922 *Chelifer (A) t.*, Redikorzev in: Annuaire Mus. St.-Pétersb., *v.* 23 p. 257 f. 1,2 | 1932 *A. t.*, Beier in: Zool. Jahrb., Syst. *v.* 62 p. 576.

Cephalothorax länger als breit, glatt, ohne Querfurchen, mit deutlichen Augenflecken, der Hinterrand mit 8 Borsten. Tergite 1—6 unvollständig, 7—10 vollständig, 11 nicht geteilt. 4 Marginalborsten auf jedem Halbtergit. Serrula mit 22 Lamellen. Galea des ♀ distal mit 6 ziemlich langen und gebogenen Ästen. Palpen (Fig. 56) mäßig kräftig, länger als der Körper, fein chagriniert. Femur 2,6mal, Tibia 2,3mal, Schere 2,5mal so lang wie breit. Femur des 4. Beinpaares 2,5mal, Tibia 3,3mal, Tarsus 4,3mal so lang wie breit. — Körper L. ♀ 2,3 mm; Palpen: Femur L. 0,71 mm, B. 0,28 mm, Tibia L. 0,72 mm, B. 0,32 mm, Hand L. 0,79 mm, B. 0,46 mm, Finger L. 0,50 mm.

Zentralasien: Turkestan.

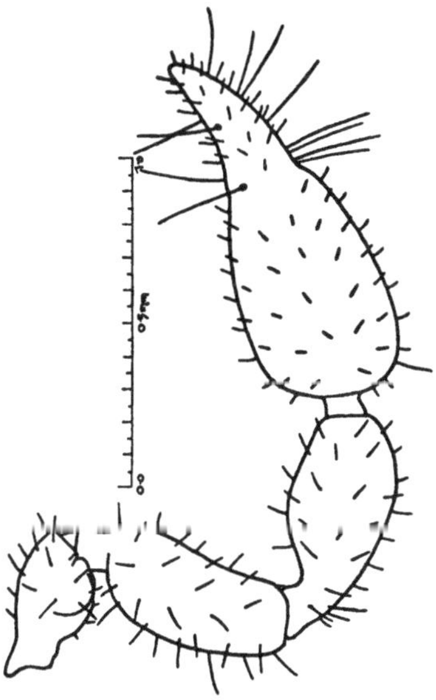

Fig. 56.
Atemnus turkestanicus (Redikorzev).
Rechte Palpe ♀.

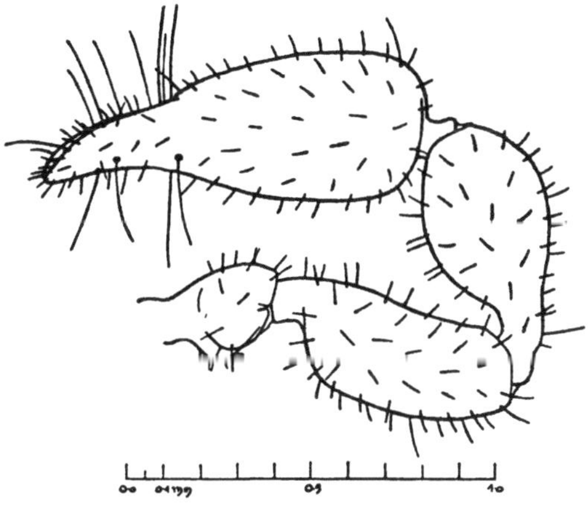

Fig. 57.
Atemnus letourneuxi (E. Sim.). Rechte Palpe ♀.

3. **A. letourneuxi** (E. Sim.) 1881 *Chelifer L.*, E. Simon in: Bull. Soc. zool. France, *v.* 6 p. 12 | 1885 *Atemnus L.*, E. Simon in: Expl. Tunisie, Arach. p. 49 | 1897 *A. L*, Simon in: Ann. Mus. Genova, ser. 2 *v.* 18 p. 158 | 1909 *Chelifer L.*, Tullgren in: Results Swed. Exp. Egypt, *v.* 3 nr. 21a p 3 f. 1 | 1912 *C.* (*Atemnus*) *L.*, Ellingsen in: Ann. S. Afr. Mus., *v.* 10 p. 80 | 1932 *A. l*, Beier in: Zool. Jahrb., Syst. *v.*. 62 p. 577.

Cephalothorax glatt, ohne Querfurchen, der Hinterrand mit 8 Borsten. Tergite zum Teil unvollständig geteilt. 6 Marginalborsten auf jedem Halbtergit. Serrula mit 22 Lamellen. Galea des ♀ mit 6 ziemlich langen Seitenästen in der distalen Hälfte. Palpen (Fig. 57) kräftiger als bei *politus*, das Femur medial granuliert. Palpenfemur 2,4mal, Tibia etwas mehr als 2mal, Schere 2,6—2,7mal so lang wie breit. Stamm der Tibia ziemlich stark blasenförmig aufgetrieben. Femur des 4. Beinpaares 3,2mal, Tibia 3,9mal, Tarsus 4mal so lang wie breit. — Körper L. ♀ 3,7 mm; Palpen: Femur L. 0,70 mm, B. 0,28 mm, Tibia L. 0,70 mm, B. 0,34 mm, Hand L. 0,76 mm, B. 0,40 mm, Finger L. 0,41 mm.

Nordafrika: Ägypten, Tunis, Somali; Arabien (?)

4. **A. ariasi** (Nonidez) 1917 *Chelifer (Atemnus) A.*, Nonidez in: Trab. Mus. Madrid, nr. 32 p 9 f. 1, 2 | 1918 *C. A.*, Navas in: Bol. Soe. ent. España, p 133 | 1925 *Pessigus A*, Navas in: Broteria, *v.* 22 p. 109 | 1932 *Atemnus a.*, Beier in: Zool. Jahrb., Syst. *v.* 62 p. 577.

Cephalothorax glatt, nur vorn fein chagriniert, ohne Querfurchen, mit deutlichen Augenflecken. Tergite 1—4 nicht, 5—10 vollständig, 11 nicht geteilt. 4 Marginalborsten auf jedem Halbtergit. Palpen kräftig, Femur und Tibia medial deutlich granuliert, sonst fein chagriniert. Palpenfemur 2,4 mal, Tibia 2,1 mal, Schere 3 mal so lang wie breit. Finger distal mit kleinen kegelförmigen Höckerchen, auf welchen die Borsten aufsitzen. — Körper L. 2,66 mm; Palpen: Femur L. 0,80 mm, B. 0,33 mm, Tibia L. 0,73 mm, B. 0,35 mm, Hand L. 0,83 mm, B. 0,42 mm, Finger L. 0,42 mm.

Südwesteuropa: Spanien.

5. Gen. **Anatemnus** Beier

1932 *A.*, Beier in: Zool. Jahrb., Syst. *v.* 62 p 578.

Typus: *Chelifer javanus* Thorell (durch ursprüngliche Bestimmung).

Mit *Atemnus* sehr nahe verwandt. Cephalothorax glatt, ohne Querfurchen, bisweilen mit Augenflecken. Tergite zum Teil unvollständig geteilt. Serrula durchschnittlich mit 24—26 Lamellen. Galea distal geästet. Flagellum mit 4 Borsten, die distale Borste einseitig gefiedert. Palpen ziemlich kräftig, meist an der Medialseite von Femur und Tibia mehr oder weniger deutlich granuliert. Finger ohne Nebenzähne. Stellung der Tasthaare wie bei *Atemnus*. Genitalfeld des ♂ mit meist vollständig oder doch in größerem Umfange chitinisiertem innerem Bogen. Beine mäßig schlank. Das Tasthaar des Tarsus IV nahe der Basis des Gliedes.

Vorwiegend in der orientalischen Region und auf Madagaskar und nur mit wenigen Arten auch in die australische und neotropische Region vordringend.

16 sichere Arten.

Übersicht über die Arten:

1	Beine schlanker, Tibia des 4. Paares wenigstens 3,1 mal so lang wie breit — **2**	
	Beine gedrungener, Tibia des 4. Paares 2,6 mal so lang wie breit	16. **A. brevidigitatus**
2	Robustere Arten; Palpenfemur 1,10—1,44 mm lang — **3**	
	Grazilere Arten; Palpenfemur 0,64—1,00 mm lang — **5**	
3	Serrula mit 25—26 Lamellen; Femur 1,10—1,17 mm lang — **4**	
	Serrula mit 28 Lamellen; Femur 1,44 mm lang	5. **A. subindicus**
4	Palpenschere 2,6 mal so lang wie breit; Femur des 4. Beinpaares 3 mal, Tibia 3,7 mal so lang wie breit	1. **A. javanus**
	Palpenschere 2,2 mal so lang wie breit; Femur des 4. Beinpaares 2,8 mal, Tibia 3,3 mal so lang wie breit . . .	2. **A. orites**
5	Schere 2,2—2,6 mal so lang wie breit; Trochanterhöcker meist halbkreisförmig gerundet — **6**	
	Schere 2,8 mal so lang wie breit oder etwas länger; Trochanterhöcker kegelförmig — **13**	
6	Palpenfemur 2—2,2 mal so lang wie breit — **7**	
	Palpenfemur 2,4—2,6 mal, selten nur 2,3 mal so lang wie breit — **8**	
7	Schere 2,4 mal, mit Stiel 2,8 mal so lang wie breit . . .	3. **A. rotundus**
	Schere 2,2 mal, mit Stiel 2,5 mal so lang wie breit . . .	4. **A. madecassus**

8 { Länge des Palpenfemur 0,91—1,00 mm — **9**
  Länge des Palpenfemur 0,64—0,74 mm — **11**

9 { Tarsus des 4. Beinpaares 4,5—5 mal, Tibia 3,6 mal so lang wie breit — **10**
  Tarsus des 4. Beinpaares 3,9 mal, Tibia 3,7 mal so lang wie breit . . . . 6. **A. luzonicus**

10 { Das Tasthaar *est* des festen Palpenfingers näher bei *esb* als bei der Fingerspitze . . . . 7. **A. nilgiricus**
  Das Tasthaar *est* des festen Palpenfingers näher bei der Fingerspitze als bei *esb* . . . . 8. **A. o'swaldi**

11 { Palpenschere des ♀ 2,2—2,4 mal, des ♂ 2,5 mal so lang wie breit — **12**
  Palpenschere des ♀ 2,5 mal, des ♂ 2,6 mal so lang wie breit . . . . 11. **A. elongatus**

12 { Femur des ♀ 0,69 mm lang (Indien) . . . . 9. **A. saigonensis**
  Femur des ♀ 0,75 mm lang (Neu-Guinea) . . . . . . 10. **A. nova-guineensis**

13 { Abdomen von normaler Länge, die Tergite deutlich chitinisiert, heller oder dunkler braun — **14**
  Abdomen stark verlängert, die Tergite sehr schwach chitinisiert und undeutlich, weißlich . . . . 12. **A. vermiformis**

14 { Hand höchstens 1,23 mal so breit wie die Tibia — **15**
  Hand 1,4 mal so breit wie die Tibia . . . . 15. **A. palmquisti**

15 { Palpentibia etwas kürzer, Hand 1,20—1,23 mal so breit wie die Tibia . . . . 13. **A. voeltzkowi**
  Palpentibia etwas länger, Hand nur sehr wenig breiter als die Tibia . . . . 14. **A. longus**

1. **A. javanus** (Thorell) 1882 *Chelifer j.*, Thorell in: Ann. Mus. Genova, *v.* 18 p 37 t. 5 f. 20—22 | 1900 *C. j*, Pocock in: Andrews, Monogr. Christmas Isl., Arach. p 156 | 1901 *C. j.*, E. Simon in: P. zool. Soc. London, pars 2 p. 79 | 1906 *C. j.*, With in: Danske Selsk. Skr., *v.* 7 nr. 3 p. 184 | 1907 *C. j.*, With in: J. Linn. Soc. London, *v.* 30 p. 59 t. 8 f. 13, 14 | 1913 *C. j.*, Ellingsen in: Rec. Ind. Mus., *v.* 8 p. 127 | 1914 *C. j.*, Ellingsen in: Rec. Ind. Mus., *v.* 10 p. 3 | 1932 *Anatemnus j.*, Beier in: Zool. Jahrb., Syst. *v.* 62 p. 579.

Cephalothorax glatt, ohne Querfurchen, mit undeutlichen Augenflecken, der Hinterrand mit 10 Borsten. Tergite mit Ausnahme des 1., 2. und 11. geteilt. 5 Marginalborsten auf jedem Halbtergit. Genitalfeld des ♂ mit vollständig chitinisiertem innerem Bogen. Serrula mit 26 Lamellen. 4 Flagellumborsten, die distale weitläufig gefiedert. Galea in beiden Geschlechtern ziemlich lang, beim ♂ jedoch nur mit kleinen Seitenzähnchen. Palpen (Fig. 58) kräftig, Femur und Tibia medial, Hand medial und an der Fingerbasis sehr deutlich granuliert. Trochanterhöcker halbkugelförmig, vollständig abgerundet. Palpenfemur 2,6 mal, Tibia 2,1 mal, Schere 2,6 mal so lang wie breit. Das Tasthaar *st* des beweglichen Fingers etwas näher bei *t* als bei *sb*. Femur des 4. Beinpaares 3 mal, Tibia 3,7 mal, Tarsus 4,2 mal so lang wie breit. — Körper L. ♂ 4 mm, ♀ 5 mm; Palpen: Femur L. 1,10 mm, B. 0,42 mm, Tibia L. 1,12 mm, B. 0,52 mm, Hand L. 1,25 mm, B. 0,67 mm, Finger L. 0,71 mm.

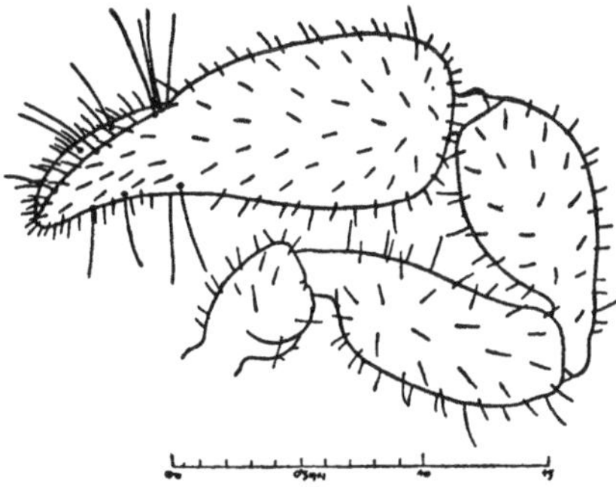

Fig. 58.
Anatemnus javanus (Thorell). Rechte Palpe ♂.

Sundainseln: Java; Hinterindien: Birma.

2. **A. orites** (Thorell) 1889 *Chelifer o.*, Thorell in: Ann. Mus. Genova, ser. 2 *v.* 7 p. 597 t. 5 f. 7 | ? 1901 *C. o.*, Ellingsen in: Bull. Soc. zool. France, *v.* 26 p. 208 | 1906 *C. o.*, With in: Danske Selsk. Skr., *v.* 7 nr. 3 p. 188 | 1907 *C. o.*, Tullgren in: Mt. Mus. Hamburg, *v.* 24 p. 55 | ? 1911 *C. o.*, Ellingsen in: Ann. Mus. Genova, ser. 3 *v.* 5 p. 36 | 1914 *C. o.*, Ellingsen in: Rec. Ind. Mus., *v.* 10 p. 4 | 1932 *Anatemnus o.*, Beier in: Zool. Jahrb., Syst. *v.* 62 p. 580.

Der vorigen Art sehr ähnlich. Cephalothorax glatt, ohne Querfurchen, mit undeutlichen Augenflecken. Tergite undeutlich geteilt. Serrula mit 25 Lamellen. Palpen (Fig. 59) ähnlich wie bei *javanus*, Femur und Tibia medial nur sehr fein granuliert. Palpenfemur 2,7 mal, Tibia 2,2 mal, Schere

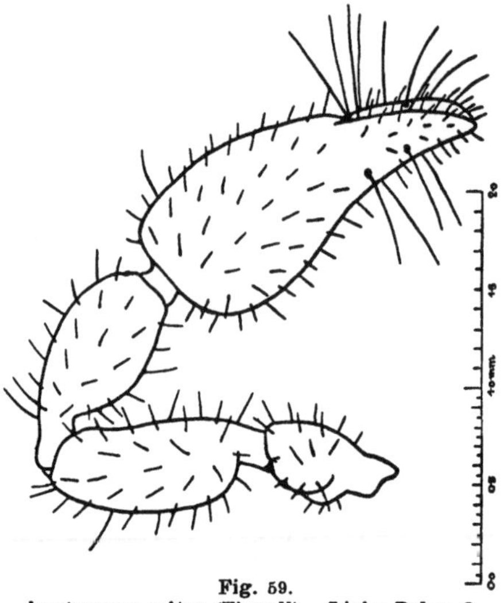

Fig. 59.
Anatemnus orites (Thorell). Linke Palpe ♀.

2,2 mal so lang wie breit. Femur des 4. Beinpaares 2,8 mal, Tibia 3,3 mal, Tarsus 4,2 mal so lang wie breit. — Körper L. 4—5 mm; Palpen: Femur L. 1,17 mm, B. 0,45 mm, Tibia L. 1,12 mm, B. 0,50 mm, Hand L. 1,33 mm, B. 0,79 mm, Finger L. 0,70 mm.

Indien: Birma; Sundainseln: Sumatra, Java.

3. **A. rotundus** (With) 1906 *Chelifer r.*, With in: Danske Selsk. Skr., *v.* 7 nr. 3 p. 196 f. 24, t. 4 f. 11a—c | 1932 *Anatemnus r.*, Beier in: Zool. Jahrb., Syst. *v.* 62 p. 580.

Cephalothorax länger als breit, glatt, ohne Querfurchen, mit undeutlichen Augenflecken. Die mittleren Abdominaltergite geteilt. Palpen etwas länger als der Körper, die Medialseite der Glieder fein und nicht besonders dicht granuliert. Palpenfemur 2 mal, Tibia 1,9 mal, Schere mit Stiel 2,8 mal so lang wie breit. Trochanterhöcker annähernd halbkugelförmig. Femur des 4. Beinpaares etwa 2,3 mal, Tibia 3,2 mal, Tarsus 4 mal so lang wie breit. — Körper L. ♂ 3,5 mm; Palpen: Femur L. 0,87 mm, B. 0,42 mm, Tibia L. 0,896 mm, B. 0.476 mm, Hand L. 0,924 mm, B. 0,56 mm, Finger L. 0,616 mm.

Hinterindien: Nikobaren.

4. **A. madecassus** Beier 1910 *Chelifer rotundus*, Ellingsen in: Mt. Mus. Berlin, *v.* 4 p. 359 (Fehlbestimmung) | 1912 *C. r.*, Ellingsen in: Ann. S. Afr. Mus., *v.* 10 p. 80 (Fehlbestimmung) | 1932 *Anatemnus madecassus*, Beier in: Zool. Jahrb., Syst. *v.* 62 p. 581.

Der vorigen Art sehr ähnlich. Cephalothorax glatt, ohne Querfurche, mit Augenflecken. Tergite kräftig chitinisiert, die mittleren geteilt, die basalen und terminalen nicht. Serrula mit 26 Lamellen. 4. Flagellumborste distal mit 5 langen Fiedern. Palpen (Fig. 60) ähnlich wie bei *rotundus*, Femur und Tibia medial granuliert. Palpenfemur 2,2 mal, Tibia 1,9 mal, Schere 2,2 mal so lang wie breit. Trochanterhöcker halbkugelförmig. Beine ähnlich wie bei *rotundus*. — Körper L. ♂ 3 mm; Palpen: Femur L. 0,81 mm, B. 0,36 mm, Tibia L. 0,80 mm, B. 0,43 mm, Hand L. 0,87 mm, B. 0,53 mm, Finger L. 0,55 mm.

Madagaskar.

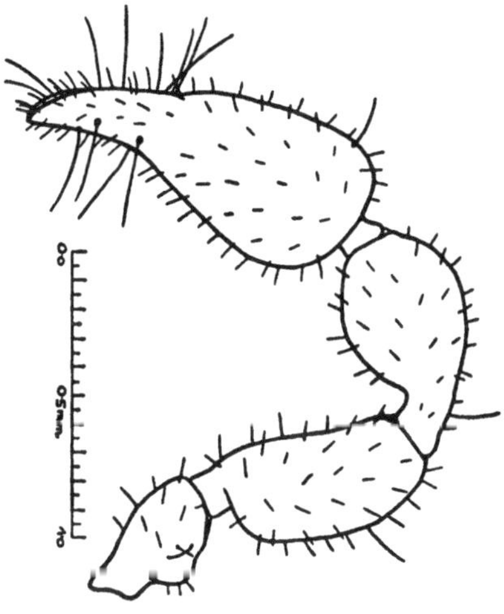

Fig. 60.
Anatemnus madecassus Beier. Rechte Palpe ♂.

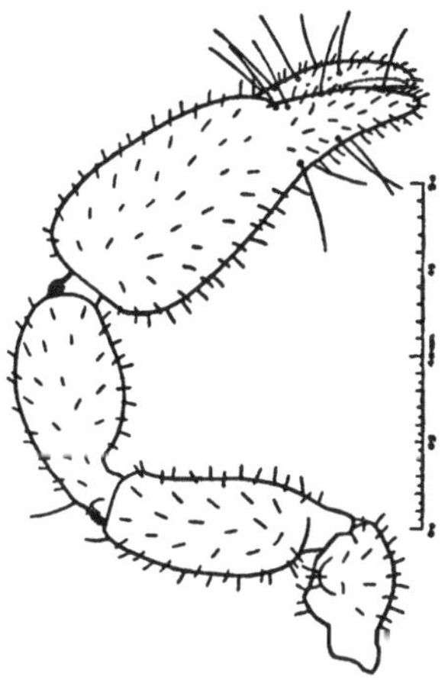

Fig. 61.
Anatemnus subindicus (Ellingsen). Linke Palpe ♀.

5. **A. subindicus** (Ellingsen) 1910 *Chelifer (Atemnus) s.*, Ellingsen in: Mt. Mus. Berlin, *v.* 4 p. 359 | 1912 *C. (A) s.*, Ellingsen in: Ann. S. Afr. Mus., *v.* 10 p. 80 | 1932 *Anatemnus s.*, Beier in: Zool. Jahrb., Syst. *v.* 62 p. 581.

Cephalothorax glatt, ohne Querfurchen, mit Augenflecken. Tergite mehr oder weniger deutlich geteilt. Serrula mit 28 Lamellen. Palpen (Fig. 61) etwa so lang wie der Körper, fein chagriniert, Femur, Tibia und Hand medial deutlich granuliert. Hinterer Trochanterhöcker stumpf spitzig. Palpenfemur 2,7 mal, Tibia gut 2,1 mal, Schere kaum 2,5 mal so lang wie breit. Femur des 4. Beinpaares 2,7 mal, Tibia 3,5 mal, Tarsus 3,7 mal so lang wie breit. — Körper L. ♀ 4,6 mm; Palpen: Femur L. 1,44 mm, B. 0,56 mm, Tibia L. 1,33 mm, B. 0,63 mm, Hand L. 1,66 mm, B. 0,92 mm, Finger L. 0,94 mm.

Madagaskar.

6. **A. luzonicus** Beier 1932 *A. l.*, Beier in: Zool. Jahrb., Syst. *v.* 62 p. 582 f. 13.

Cephalothorax glatt, ohne Querfurchen, der Hinterrand mit 6 Borsten. Die ersten 3 oder 4 Tergite nicht, die übrigen mit Ausnahme des letzten schmal geteilt. 5 Marginalborsten auf jedem Halbtergit. Serrula mit 24 Lamellen. 4 Flagellumborsten, die distale mit 5 Fiedern, jedoch auch die übrigen mit 1—3 feinen Fiedern. Galea des ♀ distal mit 5 ge-

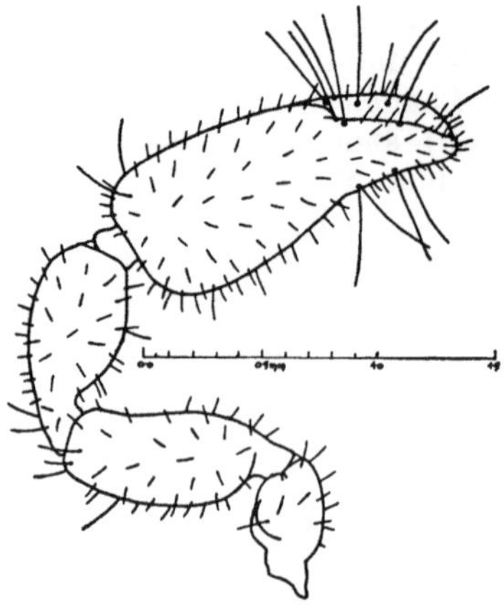

Fig. 62.
Anatemnus luzonicus Beier.
Linke Palpe ♀.

bogenen Ästen. Palpen (Fig. 62) kräftig. Das Femur medial, die Hand an der Fingerbasis fein granuliert, die Tibia fast glatt. Palpenfemur kaum 2.5 mal, Tibia 2,2 mal, Schere gut 2,3 mal so lang wie breit. Schere nicht klaffend. Fester Palpenfinger mit etwa 26, beweglicher mit etwa 33 Zähnen. Nebenzähne fehlen. Femur des 4. Beinpaares 2,8 mal, Tibia 3,7 mal, Tarsus 3,9 mal so lang wie breit. — Körper L. ♂ ♀ 4,5—5 mm; Palpen: Femur L. 0,95 mm, B. 0,39 mm, Tibia L. 0,89 mm, B. 0,42 mm, Hand L. 1,10 mm, B. 0,62 mm, Finger L. 0,66 mm.

Philippinen: Insel Luzon.

7. **A. nilgiricus** Beier 1930 *Atemnus indicus* (non *Chelifer i.*, With 1906), Beier in: Zool. Anz., *v.* 91 p. 297 | 1932 *Anatemnus nilgiricus*, Beier in: Zool. Jahrb., Syst. *v.* 62 p. 582.

Cephalothorax glatt, ohne Querfurchen, nur beim ♂ auf der Mitte der Scheibe eine leichte Vertiefung. Tergite zum Teil unvollständig geteilt. Serrula mit 24 Lamellen. Palpen (Fig. 63) an der Medialseite der Glieder granuliert. Trochanterhöcker gerundet. Palpenfemur des ♂ und ♀ 2,6 mal,

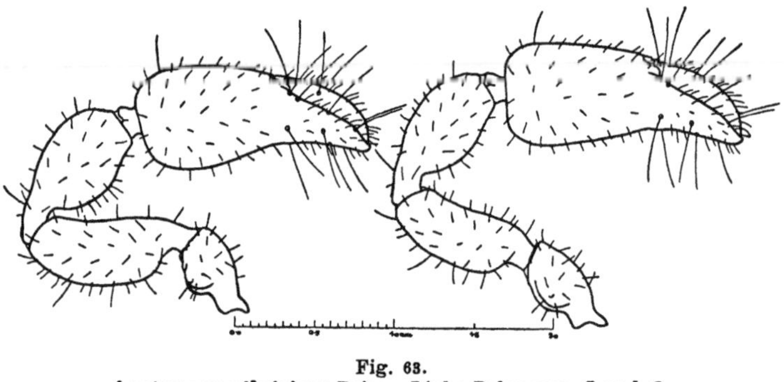

Fig. 63.
Anatemnus nilgiricus Beier. Linke Palpe von ♂ und ♀.

Tibia des ♂ kaum 2,1 mal, des ♀ 2,2 mal, Schere des ♂ 2,3 mal, des ♀ 2,3—2,4 mal so lang wie breit. Femur des 4. Beinpaares 2,6 mal, Tibia 3,6 mal, Tarsus 5 mal so lang wie breit. — Körper L. ♂ ♀ 4—4,5 mm; Palpen: ♂ Femur L. 1,10 mm, B. 0,39 mm, Tibia L. 0,98 mm, B. 0,47 mm, Hand L. 1,00 mm, B. 0,63 mm, Finger L. 0,71 mm; ♀ Femur L. 0,90 mm, B. 0,35 mm, Tibia L. 0,95 mm, B. 0,41 mm, Hand L. 1,05 mm, B. 0,62 mm, Finger L. 0,74 mm.

Vorderindien: Nilgiris.

8. **A. o'swaldi** (Tullg.) 1907 *Chelifer O'S.*, Tullgren in: Mt. Mus. Hamburg, *v.* 24 p 53 f. 14a—c | 1912 *C. (Atemnus) O'S.*, Ellingsen in: Ann. S. Afr. Mus., *v.* 10 p. 80 | 1932 *Anatemnus o's.*, Beier in: Zool. Jahrb., Syst. *v.* 62 p. 583.

Cephalothorax etwas länger als breit, glatt, ohne Querfurchen, mit sehr undeutlichen Augenflecken. Tergite 1—5 nicht oder unvollständig, 6—10 vollständig geteilt. Serrula mit 26 Lamellen. 4. Flagellumborste in der distalen Hälfte gefiedert. Palpen (Fig. 64) etwas länger als der Körper, Femur, Tibia und Hand an der Fingerbasis fein, aber deutlich granuliert. Trochanterhöcker gerundet, der dorsale mit niedrigem, kegelförmigem Fortsatz. Palpenfemur des ♂ 2,6 mal, des ♀ 2,4 mal, Tibia des ♂ 2 mal, des ♀ 2,1 mal, Schere des ♂ 2,3 mal, des ♀ 2,5 mal so lang wie breit. Tibia des 4. Beinpaares 3,6 mal, Tarsus 4,5 mal so lang wie breit. — Körper L. ♂ 3,1 mm, ♀ 3,2 mm; Palpen: ♂ Femur L. 0,95 mm, B. 0,38 mm, Tibia L. 0,90 mm, B. 0,45 mm, Hand L. 0,93 mm, B. 0,61 mm, Finger L. 0,79 mm; ♀ Femur L. 0,73 mm, B. 0,30 mm, Tibia L. 0,72 mm, B. 0,33 mm, Hand L. 0,86 mm, B. 0,46 mm, Finger L. 0,46 mm.

Madagaskar.

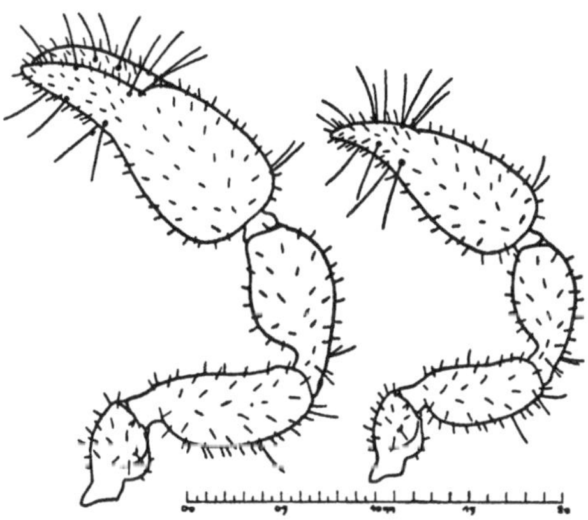

Fig. 64.
Anatemnus o'swaldi (Tullg.). Rechte Palpe von ♂ und ♀.

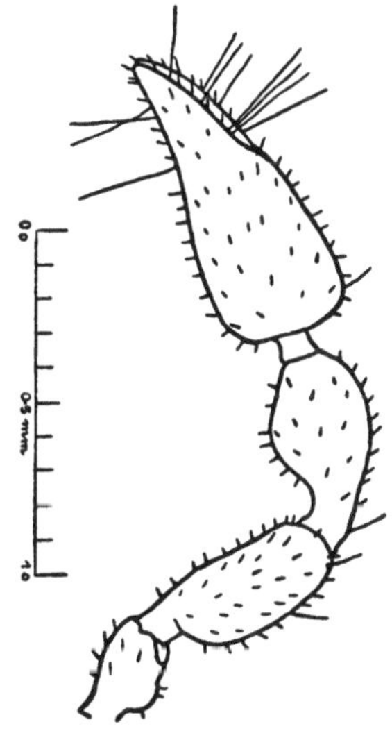

Fig 65.
Anatemnus saigonensis (Beier). Rechte Palpe ♀.

9. **A. saigonensis** (Beier) 1930 *Chelifer (Atemnus) s.*, Beier in: Boll. Laborat. Zool. Portici, *v.* 23 p. 197 f. 1 A, B | 1932 *Anatemnus s.*, Beier in: Zool. Jahrb., Syst. *v.* 62 p. 583.

Cephalothorax länger als breit, glatt, ohne Querfurchen, mit weißlichen Augenflecken. Galea distal mit 5 ziemlich kurzen Seitenästen. Palpen (Fig. 65) kürzer als der Körper, die Glieder medial deutlich granuliert. Palpenfemur gut 3 mal, Tibia 2 mal, Schere 2,4 mal so lang wie breit. — Körper L. 3,5 mm; Palpen: Femur L. 0,69 mm, B. 0,24 mm, Tibia L. 0,60 mm, B. 0,30 mm, Hand L. 0,64 mm, B. 0,38 mm, Finger L. 0,42 mm.

Indochina: Saigon.

10. **A. nova-guineensis** (With) 1908 *Chelifer n*, With in: Vidensk. Meddel., *v.* 60 p. 19 t. 2 f. 9—12, f. 5—6 | 1932 *Anatemnus n.*, Beier in: Zool. Jahrb., Syst. *v.* 62 p. 584.

Cephalothorax deutlich länger als breit, glatt, ohne Querfurchen, ohne deutliche Augenflecke. Abdomen lang, die Tergite nicht oder undeutlich geteilt. 5—6 Marginalborsten auf jedem Halbtergit. Serrula beim ♂ mit 25, beim ♀ mit 20 Lamellen. Galea des ♀ distal mit 6 Seitenästen, die des ♂ fast einfach. Palpen an der Medialseite der Glieder fein, aber deutlich granuliert. Trochanterhöcker leicht kegelförmig. Palpenfemur des ♂ 2,3 mal, des ♀ 2,4 mal, Tibia des ♂ 2 mal, des ♀ gut 2 mal, Schere mit Stiel des ♂ 2,7 mal, des ♀ 2,4 mal so lang wie breit. Femur des 4. Beinpaares 2,2 mal, Tibia 3,5 mal, Tarsus 4,3 mal so lang wie breit. — Körper L. ♂ 2,9 mm, ♀ 3,3 mm, Palpen: ♂ Femur L. 0,726 mm, B. 0,318 mm, Tibia L. 0,726 mm, B. 0,36 mm, Hand L. 0,726 mm, B. 0,43 mm, Finger L. 0,461 mm; ♀ Femur L. 0,748 mm, B. 0,308 mm, Tibia L. 0,748 mm, B. 0,360 mm, Hand L. 0,77 mm, B. 0,515 mm, Finger L. 0,461 mm.

Neu-Guinea.

11. **A. elongatus** (Ellingsen) 1902 *Chelifer (Atemnus) e.*, Ellingsen in: Mém Soc. zool. France, *v.* 15 p. 149 | 1908 *C. e.*, With in: Tr. zool. Soc. London, *v.* 18 p 324 f. 84 t. 31 f. 37a—g | 1932 *Anatemnus e.*, Beier in: Zool. Jahrb., Syst. *v.* 62 p. 584.

Cephalothorax etwas länger als breit, glatt, ohne Querfurchen, mit Augenflecken. Die vorderen Abdominaltergite nicht, die hinteren mit Ausnahme des letzten geteilt. Galea des ♀ distal mit 6 Seitenästen. Palpen an der Medialseite des Femur und der Tibia sowie die Hand an der Fingerbasis mehr oder weniger deutlich granuliert. Palpenfemur des ♂ 2,3 mal, des ♀ 2,2 mal, Tibia des ♂ 1,9 mal, des ♀ 2 mal, Schere mit Stiel 2,7 mal so lang wie breit. Finger länger als die Breite der Hand. Femur des 4. Beinpaares 2,3 mal, Tibia 3,55 mal, Tarsus kaum 3 mal so lang wie breit. — Körper L. ♂ 2,7 mm, ♀ 4,3 mm; Palpen: ♂ Femur L. 0,69 mm, B. 0,30 mm, Tibia L. 0,69 mm, B. 0,355 mm, Hand L. 0,69 mm, B. 0,405 mm, Finger L. 0,455 mm; ♀ Femur L. 0,64 mm, B. 0,285 mm, Tibia L. 0,667 mm, B. 0,335 mm, Hand L. 0,713 mm, B. 0,425 mm, Finger L. 0,45 mm.

Südamerika: Ekuador.

12. **A. vermiformis** (With) 1906 *Chelifer v.*, With in: Danske Selsk. Skr., *v.* 7 nr. 3 p. 188 f. 21 t. 4 f. 8a—b | 1932 *Anatemnus v.*, Beier in: Zool. Jahrb., Syst. *v.* 62 p. 585.

Cephalothorax bedeutend länger als breit, glatt, ohne Querfurchen, mit undeutlichen Augenflecken. Abdomen stark verlängert, bleich, mit undeutlichen Tergiten. Serrula mit etwa 20 Lamellen. Galea des ♂ distal mit feinen Zähnchen. Palpen kürzer als der Körper, Trochanter hinten, Femur und Tibia medial, Hand an der Fingerbasis fein granuliert. Trochanterhöcker ziemlich lang, gerundet. Palpenfemur 2,5 mal, Tibia 2,3 mal, Schere 2,8 mal so lang wie breit. Femur des 4. Beinpaares 2,2 mal, Tibia 2,7 mal, Tarsus 3,7 mal so lang wie breit. — Körper L. ♂ 3,8 mm; Palpen: Femur L. 0,90 mm, B. 0,364 mm, Tibia L. 0,925 mm, B. 0,392 mm, Hand L. 0,97 mm, B. 0,448 mm, Finger L. 0,532 mm.

Nikobaren: Nankovry Insel.

13. **A. voeltzkowi** (Ellingsen) 1908 *Chelifer (Atemnus) v.*, Ellingsen in: Zool. Jahrb., Syst. *v.* 26 p. 487 | 1910 *C. (A.) V*, Ellingsen in: Mt. Mus. Berlin, *v.* 4 p. 362 | 1912 *C. (A.) V.*, Ellingsen in: Ann. S. Afr. Mus., *v.* 10 p. 81 | 1932 *Anatemnus v.*, Beier in: Zool. Jahrb., Syst. *v.* 62 p. 585.

Cephalothorax beträchtlich länger als breit, glatt, ohne Querfurchen, mit Augenflecken, in der basalen Hälfte heller als in der distalen. Tergite 1—3 und 11 nicht, die übrigen geteilt. Galea beim ♂ klein und einfach, beim ♀ kräftig und distal mit kurzen Seitenästchen. Palpen (Fig. 66) kräftig, kürzer als der Körper. Das Femur medial und die Hand an der

Fingerbasis kräftig, die Tibia medial fein granuliert. Trochanterhöcker ziemlich lang, stumpf kegelförmig. Palpenfemur des ♂ 2,3 mal, des ♀ 2,7 mal, Tibia des ♂ 2,2 mal, des ♀ 2,1 mal, Schere des ♂ und ♀ 2,8 mal so lang wie breit. Femur des 4. Beinpaares 2,8 mal, Tibia 3,1 mal, Tarsus 3,8 mal so lang wie breit. — Körper L. ♂ 3,1 mm, ♀ 4,9 mm; Palpen: ♂ Femur L. 0,91 mm, B. 0,40 mm, Tibia L. 0,93 mm, B. 0,42 mm, Hand L. 1,00 mm, B. 0,51 mm, Finger L. 0,61 mm; ♀ Femur L. 0,92 mm, B. 0,35 mm, Tibia L. 0,89 mm, B. 0,41 mm, Hand L. 1,05 mm, B. 0,52 mm, Finger L. 0,58 mm.

Madagaskar.

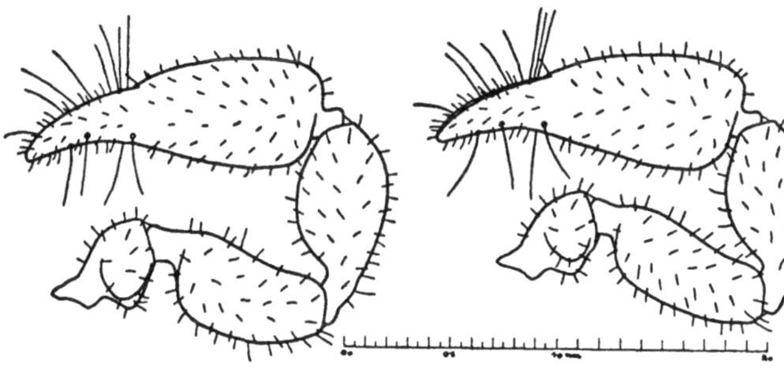

Fig. 66.
Anatemnus voeltzkowi (Ellingsen). Rechte Palpe von ♂ und ♀.

14. **A. longus** Beier 1908 *Chelifer (Atemnus) voeltzkowi* var. *elongata* (non *C. elongatus*, Ellingsen 1902), Ellingsen in: Zool. Jahrb., Syst. *v.* 26 p. 488 | 1932 *Anatemnus longus*, Beier in: Zool. Jahrb., Syst. *v.* 62 p. 586.

Mit der vorigen Art sehr nahe verwandt, von ihr jedoch durch die etwas längere Palpentibia und vor allem durch die schmale Hand, welche nur wenig breiter ist als die Tibia unterschieden. Trochanterhöcker stark kegelförmig. — Körper L. 4 mm; Palpen: Femur L. 0,94 mm, B. 0,43 mm, Tibia L. 0,86 mm, B. 0,43 mm, Hand L. 0,86 mm, B. 0,47 mm, Finger L. 0,64 mm.

Madagaskar.

15. **A. palmquisti** (Tullg.) 1907 *Chelifer P.*, Tullgren in: Ergeb. Schwed Exp. Kilimandjaro, *v.* 3 nr. 20 p. 10 t. 1 f. 7a—c | 1912 *C. (Atemnus) P.*, Ellingsen in: Ann. S. Afr. Mus., *v.* 10 p. 80 | 1932 *Anatemnus p.*, Beier in: Zool. Jahrb., Syst. *v.* 62 p. 586.

Cephalothorax deutlich länger als breit, glatt, ohne Querfurchen, mit deutlichen Augenflecken. Tergite 1—3 nicht, 4—7 schmal geteilt. 5 Marginalborsten auf jedem Halbtergit. Serrula mit 26 Lamellen. Galea des ♂ kurz und robust, distal mit einigen sehr kleinen Zähnchen, die des ♀ mit längeren Ästchen. Alle 4 Flagellumborsten mehr oder weniger gefiedert. Palpen wenig länger als der Körper, an der Medialseite der Glieder grob granuliert. Palpenfemur fast 3 mal so lang wie breit. — Körper L. ♂ 3,4 mm, ♀ 4,9 mm; Palpen: ♂ Femur L. 0,94 mm, Tibia L. 0,87 mm, Hand L. 0,86 mm, Finger L. 0,68 mm; ♀ Femur L. 0,94 mm, Tibia L. 0,86 mm, Hand L. 0,98 mm, Finger L. 0,72 mm.

Ostafrika: Meru, Kilimandjaro; in der Waldregion von 3—4000 m unter Moos, Rinde und Steinen.

16. **A. brevidigitatus** (L. Koch) 1885 *Chelifer b.*, L. Koch in: L. Koch & E. Keyserling, Arach. Austral., pars 2 p. 48 t. 4 f. 6a—c | 1905 *C. b.*, With in: Ann. nat. Hist., ser. 7 *v.* 15 p. 112 | 1932 *Anatemnus b.*, Beier in: Zool. Jahrb., Syst. *v.* 62 p. 586.

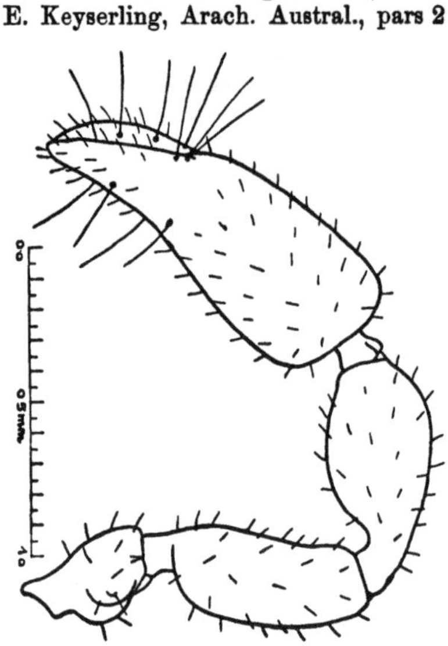

Fig. 67.
Anatemnus brevidigitatus (L. Koch).
Rechte Palpe ♀.

Cephalothorax wenig länger als breit, glatt, ohne Querfurchen. Tergite undeutlich geteilt. Serrula mit 20 Lamellen. Galea des ♀ distal mit nur sehr kleinen, krallenförmigen Zähnchen. Palpen (Fig. 67) mäßig kräftig, Femur und Tibia medial granuliert. Trochanterhöcker abgerundet. Palpenfemur 2,8 mal, Tibia 2,2 mal, Schere 2,6—2,7 mal so lang wie breit. Beine gedrungen. Femur des 4. Paares 2,6 mal, Tibia 2,6 mal, Tarsus 3,6 mal so lang wie breit. — Körper L. ♀ 4,3 mm; Palpen: Femur L. 0,77 mm, B. 0,29 mm, Tibia L. 0,77 mm, B. 0,34 mm, Hand L. 0,88 mm, B. 0,46 mm, Finger L. 0,52 mm.

Australien: Ost- und Südaustralien.

Unsichere Art:

A. punctatus (L. Koch) 1885 *Chelifer p.*, L. Koch in: L. Koch & E. Keyserling, Arach. Austral., pars 2 p. 45 t. 4 f. 3a—c.

Cephalothorax und Palpen glatt. — Körper L. 2,7—5 mm; Palpen: Femur L. 0,7 mm, Tibia L. 0,6 mm, Schere L. 1,3 mm.

Australien: Queensland.

6. Gen. **Micratemnus** Beier

1932 *M.*, Beier in: Zool. Jahrb., Syst. *v.* 62 p. 587.

Typus: *Chelifer (Atemnus) pusillus* Ellingsen (durch ursprüngliche Bestimmung und Monotypie).

Mit *Atemnus* sehr nahe verwandt. Cephalothorax glatt, ohne Querfurchen, ohne Augenflecke. Tergite nur zum Teil geteilt. Flagellum mit 4 Borsten, nur die distale einseitig gefiedert. Palpen mäßig kräftig, an der Medialseite der Glieder granuliert. Finger ohne Nebenzähne. Das Tasthaar *st* des beweglichen Fingers bedeutend näher bei *t* als bei *sb*. Anordnung der Tasthaare am festen Finger wie bei *Atemnus*. Beine mäßig schlank. Das Tasthaar des Tarsus IV nahe der Basis des Gliedes gelegen. Genitalfeld des ♂ wie bei *Atemnus*. Kleine Formen mit einer Körperlänge von unter oder wenig über 2 mm.

Tropisches Westafrika.

1 sichere Art.

1. **M. pusillus** (Ellingsen) 1906 *Chelifer (Atemnus) p.*, Ellingsen in: Ann. Mus. Genova, ser. 3 *v.* 2 p. 248 | 1912 *C. (A.) p.*, Ellingsen in: Ann. S. Afr. Mus., *v.* 10 p. 80 | 1932 *Micratemnus p*, Beier in: Zool. Jahrb., Syst. *v.* 62 p. 587.

Cephalothorax glatt, ohne Querfurchen, ohne Augenflecke. Tergite 1—4 und 11 nicht, die übrigen geteilt. 4 oder 5 Marginalborsten auf jedem Halbtergit. Serrula des ♂ mit 19, des ♀ mit 20 Lamellen. 4 Flagellumborsten, die distale mit 7 Fiedern. Galea des ♂ mit kurzen, des ♀ mit 5 langen Seitenästen distal, von diesen der proximale (etwas basal der Mitte) gegabelt. Palpen (Fig. 68) ungefähr so lang wie der Körper, mäßig kräftig, Femur und Tibia medial, Hand an der Fingerbasis granuliert. Trochanterhöcker halbkugelförmig, vollständig abgerundet. Palpenfemur in beiden Geschlechtern 2,5 mal, Tibia des ♂ 2 mal, des ♀ 2,1 mal, Schere des ♂ 2,4 mal, des ♀ 2,5 mal so lang wie breit. Das Tasthaar *st* des beweglichen Fingers bedeutend näher bei *t* als bei *sb*. Femur des 4. Beinpaares 2,7 mal, Tibia 3,4 mal, Tarsus 4 mal so lang wie breit. — Körper L. ♂ 1,8 mm, ♀ 2,3 mm; Palpen: ♂ Femur L. 0,51 mm, B. 0,21 mm, Tibia L. 0,50 mm, B. 0,25 mm, Hand L. 0,53 mm, B. 0,30 mm, Finger L. 0,32 mm; ♀ Femur L. 0,48 mm, B. 0,20 mm, Tibia L. 0,47 mm, B. 0,22 mm, Hand L. 0,49 mm, B. 0,28 mm, Finger L. 0,32 mm.

Tropisches Westafrika: Insel S. Thomé, Goldküste (?).

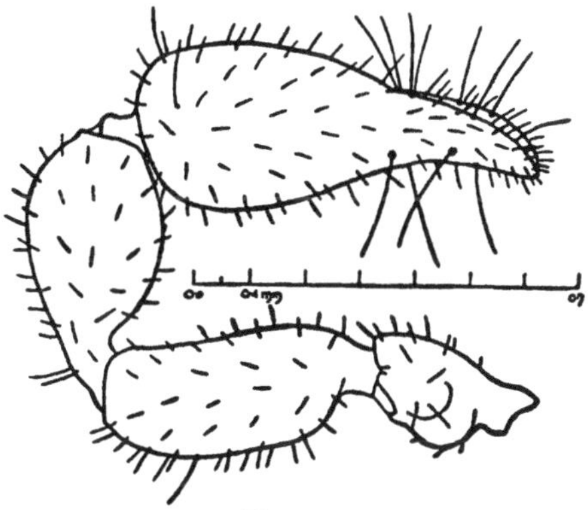

Fig. 68.
Micratemnus pusillus (Ellingsen). Linke Palpe ♂.

7. Gen. **Oratemnus** Beier

1932 *O.*, Beier in: Zool. Jahrb., Syst. *v.* 62 p. 588.

Typus: *Chelifer articulosus* E. Sim. (durch ursprüngliche Bestimmung).

Cephalothorax länger als breit, glatt, ohne Querfurchen, mit oder ohne Augenflecke. Tergite nur zum Teil geteilt. Genitalfeld des ♂ mit einfachem, vollständig chitinisiertem, innerem Bogen. Flagellum 4 Borsten, die distale gefiedert, die Fiedern mitunter gegabelt. Palpen mäßig kräftig, Femur und Tibia mit langem, dünnem Stiel, die Keule der letzteren nahezu kugelförmig aufgetrieben und vom Stiel scharf abgesetzt. Die Glieder teilweise granuliert. Das Tasthaar *st* des beweglichen Fingers in der Mitte zwischen *sb* und *t* gelegen. Das Tasthaar *it* des festen Fingers von der Fingerspitze weniger weit entfernt als die Entfernung der Tasthaare *ist* und *isb* voneinander beträgt. Nebenzähne fehlen. Beine mäßig schlank. Das Tasthaar des Tarsus IV nahe der Basis des Gliedes gelegen.

Tropisches Asien und Samoa.

9 sichere Arten.

Übersicht über die Arten:

1 { Femoral- und Tibialstiel lang und dünn, ersterer deutlich länger als breit — **2**
Femoral- und Tibialstiel kürzer und kräftiger, ersterer nicht länger als breit — **6**

2 { Größere Arten mit einer Femurlänge von 0,82—0,87 mm — **3**
Kleinere Arten mit einer Femurlänge von 0,67—0,72 mm — **5**

3 { Serrula externa mit 20 Lamellen — **4**
Serrula externa mit 19 Lamellen . . . . 3. **O. manilanus**

4 { Schere 2,6mal, Tibia kaum 2mal so lang wie breit . . . 1. **O. articulosus**
  { Schere 3mal, Tibia 2,1mal so lang wie breit . . . . . . 2. **O. navigator**

5 { Palpenfemur 2,6mal, Tibia 2,2mal, Schere 2,8mal so lang wie breit . . . . 4. **O. proximus**
  { Palpenfemur 2,5mal, Tibia 2mal, Schere 2,4mal so lang wie breit . . . . 5. **O. timorensis**

6 { Serrula mit 19—20 Lamellen — 7
  { Serrula mit 24 Lamellen . . . . 6. **O. indicus**

7 { Palpenschere 2,2—2,4mal so lang wie breit; Serrula mit 19 Lamellen — 8
  { Palpenschere 2,6mal so lang wie breit; Serrula mit 20 Lamellen . . . . 7. **O. böttcheri**

8 { Finger etwas länger als die Breite der Hand und fast so lang wie das Femur ohne Stielchen; Schere 2,2mal so lang wie breit . . . . 8. **O. philippinensis**
  { Finger so lang wie die Breite der Hand und bedeutend kürzer als das Femur ohne Stielchen; Schere 2,4mal so lang wie breit . . . . 9. **O. samoanus**

1. **O. articulosus** (E. Sim.) 1899 *Chelifer a.*, E. Simon in: Ann. Soc. ent. Belgique, *v.* 43 p. 120 | 1906 *C. a.*, With in: Danske Selsk. Skr., *v.* 7 nr. 3 p. 196 | 1932 *Oratemnus a.*, Beier in: Zool. Jahrb., Syst. *v.* 62 p. 589.

Cephalothorax länger als breit, glatt, ohne Querfurchen, der Hinterrand mit 8 Borsten. Die vorderen Tergite nicht oder unvollständig geteilt. 5—6 Marginalborsten auf jedem Halbtergit. Serrula mit 20 Lamellen. 4 Flagellumborsten, die distale mit 8 ziemlich starken Fiedern. Galea des ♂ kurz, gedrungen, distal mit sehr kleinen Zähnchen. Palpen (Fig. 69) mäßig kräftig, das Femur medial granuliert. Trochanterhöcker ziemlich lang, kegelförmig. Femoral- und Tibialstiel lang und dünn, ersterer bedeutend länger als breit, letzterer leicht gebogen, von der nahezu kugelig aufgetriebenen Keule scharf abgesetzt. Palpenfemur 2,6mal, Tibia kaum 2mal, Schere 2,6mal so lang wie breit. Das Tasthaar *st* des beweglichen Fingers in der Mitte zwischen *sb* und *t* gelegen. Tibia des 4. Beinpaares 3,4mal, Tarsus 4mal so lang wie breit. — Körper L. ♂ 3 mm; Palpen: Femur L. 0,86 mm, B. 0,33 mm, Tibia L. 0,84 mm, B. 0,42 mm, Hand L. 0,82 mm, B. 0,46 mm, Finger L. 0,55 mm.

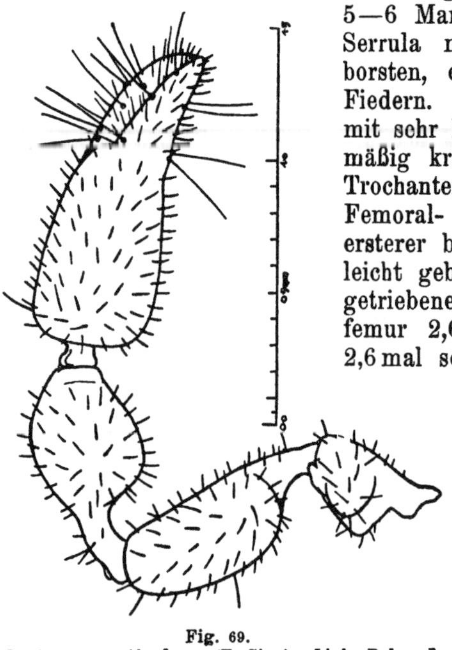

Fig. 69.
Oratemnus articulosus (E. Sim.). Linke Palpe ♂.

Sundainseln: Sumatra.

2. **O. navigator** (With) 1906 *Chelifer n.*, With in: Danske Selsk. Skr., *v.* 7 nr. 3 p. 191 f. 22 t. 4 f. 9a | 1907 *C. n.*, With in: J. Linn. Soc. London, *v.* 30 p. 62 t. 8 f. 15—16 | ? 1914 *C. n*, Ellingsen in: Rec. Ind. Mus., *v.* 10 p. 3 | 1932 *Oratemnus n.*, Beier in: Zool. Jahrb., Syst. *v.* 62 p. 589.

Cephalothorax deutlich länger als breit, glatt, ohne Querfurchen, mit kleinen, aber deutlichen Augenflecken. Tergite mit Ausnahme des 1., 2.

und 11. geteilt. Serrula mit 20 Lamellen. 4. Flagellumborste distal mit 7 Fiedern. Palpen ungefähr so lang wie der Körper, Trochanter hinten, Femur und Tibia medial, Hand an der Fingerbasis fein granuliert. Trochanterhöcker ziemlich lang, kegelförmig. Femoral- und Tibialstiel lang, ersterer bedeutend länger als breit. Palpenfemur 2,6 mal, Tibia 2,1 mal, Schere 3 mal so lang wie breit. Femur des 4. Beinpaares 2,2 mal, Tibia 3,3 mal, Tarsus 4,3 mal so lang wie breit. — Körper L. ♂ 3,1 mm; Palpen: Femur L. 0,84 mm, B. 0,336 mm, Tibia L. 0,812 mm, B. 0,392 mm, Hand L. 0,84 mm, B. 0,448 mm, Finger L. 0,54 mm.

Hinterindien.

3. **O. manilanus** Beier 1932 *O. m.*, Beier in: Zool. Jahrb., Syst. *v.* 62 p. 590 f. 14.

Cephalothorax länger als breit, glatt, ohne Querfurchen, Hinterrand mit 8 Borsten. Tergite 1—3 nicht, die übrigen mit Ausnahme des 11. schmal geteilt. 5 Marginalborsten auf jedem Halbtergit. Palpen (Fig. 70) mäßig kräftig, Trochanter hinten, Femur und Tibia medial, Hand an der Fingerbasis deutlich granuliert. Trochanterhöcker ziemlich lang, kegelförmig. Femoral- und Tibialstiel lang, ersterer bedeutend länger als breit. Palpenfemur 2,6 mal, Tibia 2,2 mal, Schere 2,9 mal so lang wie breit. Serrula mit 19 Lamellen. 4. Flagellumborste mit gegabelten Fiedern. Femur des 4. Beinpaares 2,5 mal, Tibia 3,5 mal, Tarsus 4 mal so lang wie breit. — Körper L. ♂ 2,5 mm; Palpen: Femur L. 0,82 mm, B. 0,31 mm, Tibia L. 0,80 mm, B. 0,35 mm, Hand L. 0,80 mm, B. 0,38 mm, Finger L. 0,49 mm.

Philippinen: Manila.

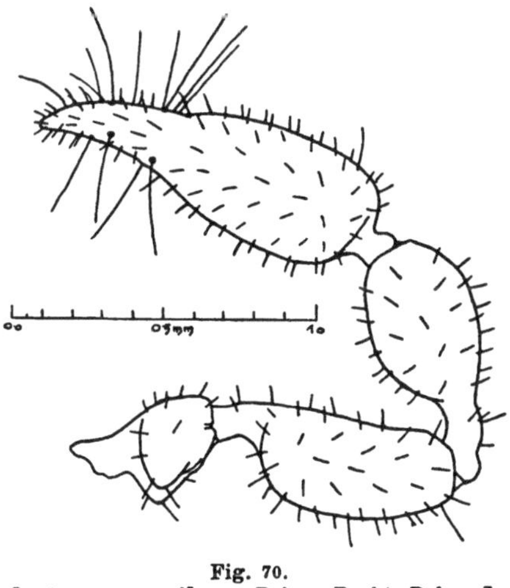

Fig. 70.
Oratemnus manilanus Beier. Rechte Palpe ♂.

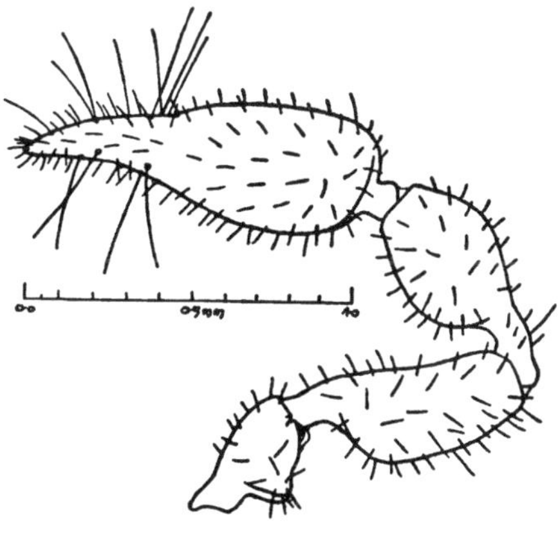

Fig. 71.
Oratemnus proximus Beier. Rechte Palpe ♂.

4. **O. proximus** Beier 1932 *O. p.*, Beier in: Zool. Jahrb., Syst. *v.* 62 p. 590.

Cephalothorax länger als breit, glatt, ohne Querfurchen. Tergite mit Ausnahme der vordersten und letzten geteilt. 4 oder 5 Marginalborsten auf jedem Halbtergit. Serrula mit 17 Lamellen. Palpen (Fig. 71) ähnlich wie bei den vorigen Arten, die Glieder medial fein granuliert, das Femoralstielchen deutlich länger als breit, die Trochanterhöcker lang, kegelförmig. Palpenfemur 2,6 mal, Tibia 2,2 mal, Schere 2,8 mal so lang wie breit. Beine ähnlich wie bei *articulosus*. — Körper L. ♂ 3 mm; Palpen: Femur L. 0,71 mm, B. 0,28 mm, Tibia L. 0,70 mm, B. 0,32 mm, Hand L. 0,72 mm, B. 0,38 mm, Finger L. 0,46 mm.

Sundainseln: Sumatra.

5. **O. timorensis** Beier 1910 *Chelifer navigator* (non *C. n.*, With 1906), Ellingsen in: Mt. Mus. Berlin, *v.* 4 p. 358 | 1932 *Oratemnus timorensis*, Beier in: Zool. Jahrb., Syst. *v.* 62 p. 591.

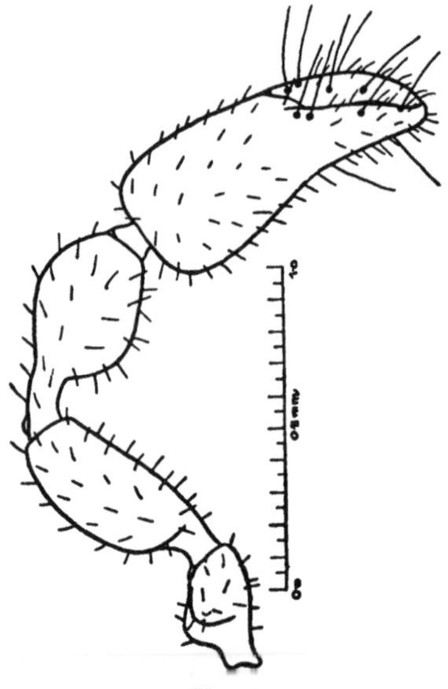

Fig. 72.
Oratemnus timorensis Beier.
Linke Palpe ♂.

Cephalothorax länger als breit, glatt, ohne Querfurchen. Tergite mit Ausnahme der vordersten und des letzten geteilt. Palpen (Fig. 72) mäßig kräftig, die Glieder medial fein granuliert. Trochanterhöcker mäßig lang, kegelförmig. Femoralstiel deutlich länger als breit. Palpenfemur 2,5 mal, Tibia 2 mal, Schere 2,4 mal so lang wie breit. Beine ähnlich wie bei den vorigen Arten. — Körper L. ♂ 2,5 mm; Palpen: Femur L. 0,68 mm, B. 0,27 mm, Tibia L. 0,68 mm, B. 0,33 mm, Hand L. 0,66 mm, B. 0,41 mm, Finger L. 0,50 mm.

Sundainseln: Timor.

6. **O. indicus** (With) 1906 *Chelifer i.*, With in: Danske Selsk. Skr., *v.* 7 nr. 3 p. 194 f. 23 t. 4 f. 10 a—d | 1914 *C. i.*, Ellingsen in: Rec. Ind. Mus., *v.* 10 p. 3 | 1932 *Oratemnus i.*, Beier in: Zool. Jahrb., Syst. *v.* 62 p. 591.

Cephalothorax bedeutend länger als breit, glatt, ohne Querfurchen, mit ziemlich großen und deutlichen Augenflecken. Tergite 1—4 nicht, 5—10 undeutlich geteilt. Serrula mit 24 Lamellen. 4. Flagellumborste gefiedert, die Fiedern gegabelt. Palpen ungefähr so lang wie der Körper, Femur und Tibia medial, Hand an der Fingerbasis fein und flach granuliert. Trochanterhöcker ziemlich lang, kegelförmig. Femoral- und Tibialstiel nicht besonders lang und ziemlich kräftig, ersterer nicht länger als breit. Palpenfemur 2,5 mal, Tibia 2,1 mal, Schere 2,8 mal so lang wie breit. Femur des 4. Beinpaares 2,3 mal, Tibia 3,5 mal, Tarsus 4 mal so lang wie breit. — Körper L. ♀ 4,2 mm; Palpen: Femur L. 1,148 mm, B. 0,46 mm, Tibia L. 1,176 mm, B. 0,56 mm, Hand L. 1,232 mm, B. 0,70 mm, Finger L. 0,82 mm.

Vorderindien: Madras.

7. **O. böttcheri** Beier 1932 *O. b.*, Beier in: Zool. Jahrb., Syst. *v.* 62 p. 592 f. 15.

Cephalothorax länger als breit, glatt, ohne Querfurchen, der Hinterrand mit 6 Borsten. Tergite 1—5 nicht, die übrigen unvollständig geteilt. 5 Marginalborsten auf jedem Halbtergit. Serrula mit 20 Lamellen. 4. Flagellumborste mit 5 ziemlich langen Fiedern. Galea des ♂ ziemlich kurz, distal nur mit sehr kleinen Zähnchen. Palpen (Fig. 73) mäßig kräftig, Trochanter hinten, Femur und Tibia medial deutlich, Hand an der Fingerbasis fein granuliert. Trochanterhöcker kegelförmig, die distale Partie von der basalen abgesetzt. Femoral- und Tibialstielchen ziemlich kräftig, ersteres nicht länger als breit. Palpenfemur 2,4 mal, Tibia 2 mal, Schere 2,6 mal so lang wie breit. Femur des 4. Beinpaares 2,5 mal, Tibia 3 mal, Tarsus 3,6 mal so lang wie breit. — Körper L. ♂ 3,3 mm; Palpen: Femur L. 0,85 mm, B. 0,34 mm, Tibia L. 0,83 mm, B. 0,40 mm, Hand L. 0,86 mm, B. 0,44 mm, Finger L. 0,49 mm.

Philippinen: Insel Vinac.

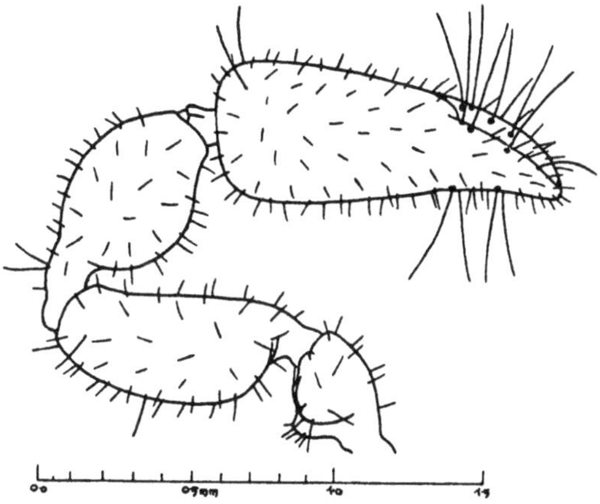

Fig. 73.
Oratemnus böttcheri Beier. Linke Palpe.

8. **O. philippinensis** Beier 1932 *O. p.*, Beier in: Zool. Jahrb., Syst. *v.* 62 p. 592.

Cephalothorax glatt, ohne Querfurchen, der Hinterrand mit 8 Borsten. Die vorderen Tergite unvollständig geteilt. 5 Marginalborsten auf jedem Halbtergit. Serrula mit 19 Lamellen. 4. Flagellumborste mit 4 Fiedern, die beiden distalen Fiedern breit und gegabelt. Galea des ♀ distal mit 6 Ästen. Palpen (Fig. 74) kaum so lang wie der Körper, Femur und Tibia medial grob und weitläufig granuliert. Trochanterhöcker ziemlich kurz, leicht kegelförmig. Femoral- und Tibialstielchen ziemlich kurz und kräftig, ersteres nicht länger als breit. Palpenfemur 2,3 mal, Tibia 1,8 mal, Schere 2,2 mal so lang wie breit. Femur des 4. Beinpaares 2,8 mal, Tibia 3,3 mal, Tarsus 4,1—4,2 mal so lang wie breit. — Körper L. ♀ 3,2 mm; Palpen: Femur L. 0,62 mm, B. 0,27 mm, Tibia L. 0,65 mm, B. 0,33 mm, Hand L. 0,70 mm, B. 0,43 mm, Finger L. 0,48 mm.

Philippinen: Insel Luzon.

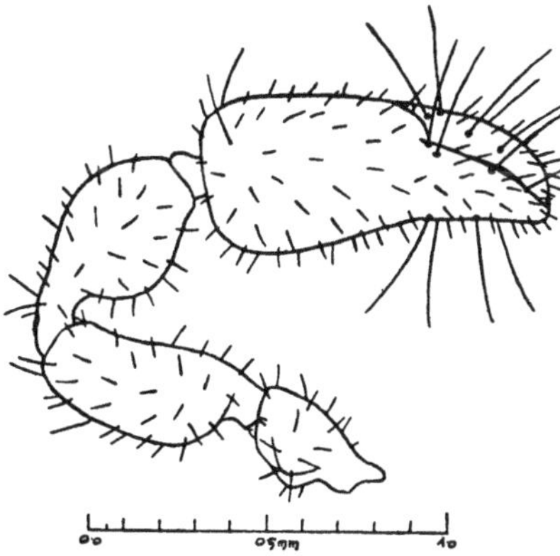

Fig. 74.
Oratemnus philippinensis Beier.
Linke Palpe ♀.

9. **O. samoanus** Beier 1932 *O. s.*, Beier in: Zool. Jahrb., Syst. *v.* 62 p. 593 f. 16.

Cephalothorax etwas länger als breit, glatt, ohne Querfurchen. Tergite ziemlich schwach chitinisiert, zum Teil unvollständig geteilt. Serrula mit 19 Lamellen. 4. Flagellumborste stark gefiedert. Galea des ♀ distal mit

6 ziemlich langen, in zwei Gruppen stehenden Seitenästen. Palpen (Fig. 75) ziemlich gedrungen, Trochanter hinten, Femur und Tibia medial deutlich, Hand an der Fingerbasis fein granuliert. Hinterer Trochanterhöcker gerundet, dorsaler ziemlich kurz kegelförmig, die distale Partie von der basalen abgesetzt. Femoral- und Tibialstielchen ziemlich kurz und kräftig, ersteres

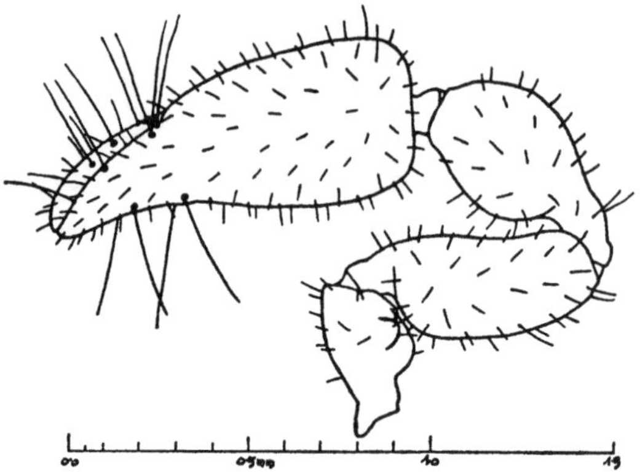

Fig. 75.
Oratemnus samoanus Beier. Rechte Palpe ♀.

nicht länger als breit. Palpenfemur 2,3 mal, Tibia kaum 2 mal, Schere 2,4 mal so lang wie breit. Femur des 4. Beinpaares 2,8 mal, Tibia 3,3 mal, Tarsus 3,9 mal so lang wie breit. — Körper L. ♀ 3,7 mm; Palpen: Femur L. 0,65 mm, B. 0,27 mm, Tibia L. 0,64 mm, B. 0,33 mm, Hand L. 0,75 mm, B. 0,43 mm, Finger L. 0,44 mm.

Insel Samoa.

8. Gen. **Catatemnus** Beier

1932 *C.*, Beier in: Zool. Jahrb., Syst. *v.* 62 p. 593.

Typus: *Chelifer birmanicus* Thorell (durch ursprüngliche Bestimmung).

Cephalothorax länger als breit, glatt, die Scheibe mit einer Querfurche etwas proximal der Mitte, die Querfurche meist breit und tief. Die vordersten Tergite nicht, die übrigen mit Ausnahme des letzten mehr oder weniger vollständig geteilt. Flagellumborsten in Vierzahl, die 4. einseitig gefiedert. Palpen mäßig kräftig, vollständig glatt oder an der Medialseite der Glieder

Fig. 76.
Catatemnus thorelli (Balzan). Genitalfeld des ♂.

mehr oder weniger fein granuliert. Trochanterhöcker rundlich bis kegelförmig. Keule der Tibia länglich-oval. Das Tasthaar *st* des beweglichen Fingers meist etwas näher bei *sb* als bei *t*. Das Tasthaar *it* des festen Palpenfingers ziemlich weit gegen die Fingerspitze gerückt und von dieser weniger weit entfernt als die Entfernung der Tasthaare *ist* und *isb* voneinander beträgt. Nebenzähne fehlen. Beine mäßig schlank, das Tasthaar des Tarsus IV nahe der Basis des Gliedes gelegen. Genitalfeld des ♂ siehe Fig. 76.

Tropisches Afrika und tropisches Asien.

9 sichere, 1 unsichere Art.

Übersicht über die Arten:

1 { Serrula exterior mit wenigstens 21 Lamellen — **2**
{ Serrula exterior mit 18 Lamellen . . . . 9. **C. braunsi**

2 { Serrula mit 24—25 Lamellen (asiatische Arten) — **3**
{ Serrula mit 21—22 Lamellen (afrikanische Arten) — **6**

3 { Palpen an der Medialseite der Glieder fein, aber deutlich granuliert; Querfurche des Cephalothorax in der Mitte deutlich nach hinten gekrümmt; Augenflecke undeutlich — **4**
{ Palpen vollständig glatt; Querfurche des Cephalothorax fast gerade; Augenflecke deutlich . . . . 4. **C. thorelli**

4 { Finger länger als die Dicke der Hand; Cephalothorax in der Mitte schmäler als am Hinterrand und schmäler als das Abdomen; Tergite mit Ausnahme der vordersten und des letzten geteilt — **5**
{ Finger etwas kürzer als die Dicke der Hand; Cephalothorax in der Mitte so breit wie am Hinterrand und so breit wie das Abdomen; Tergite ungeteilt . . . . 3. **C. nicobarensis**

5 { Hand mit Stiel 1,7mal (♂) oder 1,5mal (♀) so lang wie dick und 1,4mal länger als die Finger; Dorsalhöcker des Trochanter ziemlich spitz; Tibia gleichmäßig konvex . 1. **C. birmanicus**
{ Hand mit Stiel 1,4mal so lang wie dick und 1.3mal so lang wie die Finger; Dorsalhöcker des Trochanter stumpf; Tibia medial stark konvex und plötzlich verengt . . . . 2. **C. monitor**

6 { Tibia des 4. Beinpaares 3,5—3,6mal so lang wie breit; Serrula mit 21 Lamellen — **7**
{ Tibia des 4. Beinpaares 3—3,3mal so lang wie breit; Serrula mit 22 Lamellen — **8**

7 { Palpenfemur 2,6mal so lang wie breit; Femur des 4. Beinpaares 3mal, Tibia 3,6mal, Tarsus 4,2mal so lang wie breit . . . . 5. **C. comorensis**
{ Palpenfemur 2,3mal so lang wie breit; Femur des 4. Beinpaares 2,7mal, Tibia 3,5mal, Tarsus 4,2mal so lang wie breit . . . . 6. **C. congicus**

8 { Femurlänge 0,92 mm; Femur des 4. Beinpaares 2,5mal, Tibia 3mal so lang wie breit . . . . 7. **C. togoensis**
{ Femurlänge 0,80—0,82 mm; Femur des 4. Beinpaares 2,7mal, Tibia 3,3mal so lang wie breit . . . . 8. **C. sommerfeldi**

1. **C. birmanicus** (Thorell) 1889 *Chelifer b.*, Thorell in: Ann. Mus. Genova, ser. 2 *v.* 7 p. 594 t. 5 f. 6 | 1906 *C. B.*, With in: Danske Selsk. Skr., *v.* 7 nr. 3 p. 176 t. 3 f. 10a, t. 4 f. 4a—f | 1911 *C. b.*, Ellingsen in: Ann. Mus. Genova, ser. 3 *v.* 5 p. 35 | 1932 *Catatemnus b.*, Beier in: Zool. Jahrb., Syst. *v.* 62 p. 595.

Cephalothorax deutlich länger als breit, in der Mitte so breit wie hinten, der Hinterrand mit 8 Borsten; die Scheibe glatt, etwas proximal der Mitte mit einer deutlichen, in der Mitte stark nach hinten gebogenen Querfurche; Augenflecke fehlend oder fast fehlend. Tergite 1—3 nicht, 4—10 undeutlich geteilt. 6—7 Marginalborsten auf jedem Halbtergit. Serrula mit 25 Lamellen. 4. Flagellumborste mit 5 Fiedern. Galea des ♀ mit 5—6 Seitenästen, von diesen der längste nahe der Mitte gelegen. Palpen kürzer als der Körper, an der Medialseite der Glieder fein und flach granuliert. Hinterer Trochanterhöcker gerundet, dorsaler leicht kegelförmig. Femur 2,4mal, Tibia 2,1 mal, Schere 2,8mal so lang wie breit. Hand mit Stiel 1,7mal (♂) oder 1,5mal (♀) so lang wie dick und 1,4mal länger als die Finger. Finger ohne Nebenzähne. Femur des 4. Beinpaares 2,8mal, Tibia 3,8mal, Tarsus 4,4mal so lang wie breit. — Körper L. ♂ 4,3 mm, ♀ 4,6 mm; Palpen: ♂ Femur L. 1,092 mm, B. 0,448 mm, Tibia L. 1,12 mm, B. 0,532 mm, Hand L. 1,148 mm, B. 0,616 mm, Finger L. 0,784 mm; ♀ Femur L. 0,924 mm, B. 0,392 mm, Tibia L. 0,952 mm, B. 0,448 mm, Hand L. 1,008 mm, B. 0,616 mm, Finger L. 0,728 mm.

Hinterindien: Birma; Sundainseln: Sumatra.

2. C. **monitor** (With) 1906 *Chelifer m*, With in: Danske Selsk. Skr., *v.* 7 nr. 3 p. 180 t. 4 f. 5a—b | 1908 *C. m.*, With in: Vidensk. Meddel., *v.* 60 p. 15 | 1932 *Catatemnus m.*, Beier in: Zool. Jahrb., Syst. *v.* 62 p. 596.

Cephalothorax bedeutend länger als breit, glatt, die Scheibe beim ♂ mit einer sehr deutlichen, in der Mitte nach hinten gekrümmten, beim ♀ mit einer undeutlichen Querfurche proximal der Mitte. Augenflecke fehlen. Tergite undeutlich geteilt, mit 6 Marginalborsten. 4. Flagellumborste distal gefiedert. Galea des ♀ mit 5 Seitenästen, von diesen die beiden längeren nahe der Mitte. Palpen an der Medialseite der Glieder fein, beim ♂ deutlicher als beim ♀ granuliert, länger als der Körper. Hinterer Trochanterhöcker gerundet, dorsaler stumpf kegelförmig. Palpenfemur 2,3 mal, Tibia 1,8 bis 2 mal, Schere 2,6—2,7 mal so lang wie breit. Hand mit Stiel 1,4mal so lang wie dick und 1,3mal so lang wie die Finger. Tibia medial stark konvex und plötzlich verengt. Femur des 4. Beinpaares 2,3 mal, Tibia 3,9 mal, Tarsus 5mal so lang wie breit. — Körper L. ♂ 3,3 mm, ♀ 4,7 mm; Palpen: ♂ Femur L. 1,008 mm, B. 0,448 mm, Tibia L. 1,036 mm, B. 0,560 mm, Hand L. 1,036 mm, B. 0,626 mm, Finger L. 0,784 mm; ♀ Femur L. 0,952 mm, B. 0,420 mm, Tibia L. 0,970 mm, B. 0,476 mm, Hand L. 1,008 mm, B. 0,644 mm, Finger L. 0,784 mm.

Sundainseln.

3. C. **nicobarensis** (With) 1906 *Chelifer n.*, With in: Danske Selsk. Skr., *v.* 7 nr. 3 p. 182 f. 17 t. 4 f. 6a–b | 1932 *Catatemnus n*, Beier in: Zool. Jahrb., Syst. *v.* 62 p. 596.

Cephalothorax deutlich länger als breit, in der Mitte breiter als hinten, glatt, die Scheibe etwas proximal der Mitte mit einer deutlichen, in der Mitte nach hinten gebogenen Querfurche. Augenflecke undeutlich. Tergite ungeteilt. Serrula mit 24 Lamellen. Palpen länger als der Körper, die Medialseite der Glieder deutlich granuliert. Hinterer Trochanterhöcker gerundet, dorsaler kegelförmig, stumpf-spitzig. Femur 2,1 mal, Tibia 1,8mal, Schere 2,6mal so lang wie breit. Hand nur 1,1 mal breiter als die Tibia, 1,6mal so lang wie breit, 1,4mal so lang wie dick und 1,5mal so lang wie die Finger. Femur des 4. Beinpaares 2,5 mal, Tibia 3,5mal, Tarsus 5mal so lang wie breit. — Körper L. ♂ 3 mm; Palpen: Femur L. 0,972 mm, B. 0,455 mm, Tibia L. 0,952 mm, B. 0,532 mm, Hand L. 0,970 mm, B. 0,588 mm, Finger L. 0,644 mm.

Nikobaren: Insel Pulu-Mulu.

4. **C. thorelli** (Balzan) 1891 *Chelifer (Lamprochernes) T.*, Balzan in: Ann. Soc. ent. France, *v.* 60 p. 519 t. 10 f. 11 | 1905 *C. birmanicus,* Tullgren in: Mt. Mus. Hamburg, *v.* 22 p 39 f. 1a—f | 1906 *C. Thorelli,* With in: Danske Selsk. Skr., *v.* 7 nr. 3 p. 176 | 1909 *C. T.*, Ellingsén in: Ann. Mus. Genova, ser. 3 *v.* 4 p. 219 | 1911 *C. T.*, Ellingsen in: Ann. Mus. Genova, ser. 3 *v.* 5 p. 35 | 1932 *Catatemnus t.,* Beier in: Zool. Jahrb., Syst. *v.* 62 p. 597.

Cephalothorax ungefähr so lang wie breit, glatt, proximal der Mitte mit einer deutlichen, nahezu geraden Querfurche. Augenflecke deutlich. Abdominaltergite zum Teil unvollständig geteilt. Galea ziemlich lang und dünn, distal mit Seitenästchen. Serrula mit 25 Lamellen. 4. Flagellumborste distal mit 3 großen Fiedern. Palpen (Fig. 77) kaum länger als der Körper,

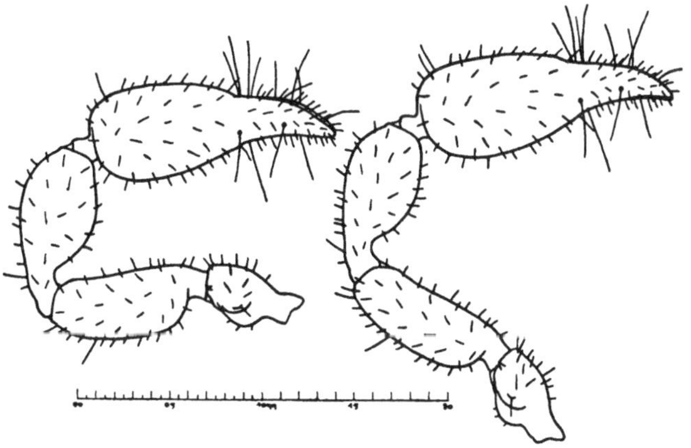

Fig. 77.
Catatemnus thorelli (Balzan). Linke Palpe von ♂ und ♀.

vollständig glatt, auch die Medialseite der Glieder nicht granuliert. Hinterer Trochanterhöcker gerundet, dorsaler leicht kegelförmig. Femur des ♂ 2,5 mal, des ♀ 2,8 mal so lang wie breit. Tibia in beiden Geschlechtern 2,2 mal, Schere 2,7 mal so lang wie breit. Femur des 4. Beinpaares 3 mal, Tibia 3,6 mal, Tarsus 4,8 mal so lang wie breit. — Körper L. ♂ ♀ 3,5—4,5 mm; Palpen: ♂ Femur L. 0,96 mm, B. 0,34 mm, Tibia L. 0,89 mm, B. 0,40 mm, Hand L. 0,92 mm, B. 0,49 mm, Finger L. 0,57 mm; ♀ Femur L. 0,87 mm, B. 0,32 mm, Tibia L. 0,86 mm, B. 0,38 mm, Hand L. 0,95 mm, B. 0,52 mm, Finger L. 0,61 mm.

Sundainseln: Sumatra, Borneo.

5. **C. comorensis** (Ellingsen) 1910 *Chelifer (Lamprochernes) C.*, Ellingsen in: Mt. Mus. Berlin, *v.* 4 p. 366 | 1912 *C. c.*, Ellingsen in: Ann. S. Afr. Mus., *v.* 10 p. 81 | 1932 *Catatemnus c.*, Beier in: Zool. Jahrb., Syst. *v.* 62 p. 597.

Cephalothorax deutlich länger als breit, chagriniert, jedoch nicht granuliert, die Scheibe etwas proximal der Mitte mit einer deutlichen und breiten, aber nicht besonders tiefen, nahezu geraden Querfurche. Augenflecke undeutlich. Tergite 1—4 nicht, die übrigen undeutlich geteilt. Serrula mit 21 Lamellen. Galea sehr stark verzweigt, schon nahe der Basis in zwei Hauptstämme geteilt. 4. Flagellumborste einseitig gefiedert. Palpen (Fig. 78) kürzer als der Körper. Femur und Tibia medial grob granuliert. Trochanterhöcker rundlich, der dorsale etwas länger als der hintere. Palpenfemur

2,6mal, Tibia 2,1mal, Schere 2,6mal so lang wie breit. Femur des 4. Beinpaares 3mal, Tibia 3,6mal, Tarsus 4,2mal so lang wie breit. — Körper L. ♀ 2,8 mm; Palpen: Femur L. 0,63 mm, B. 0,25 mm, Tibia L. 0,62 mm, B. 0,31 mm, Hand L. 0,70 mm, B. 0,40 mm, Finger L. 0,45 mm.

Komoren-Archipel: Mayotte.

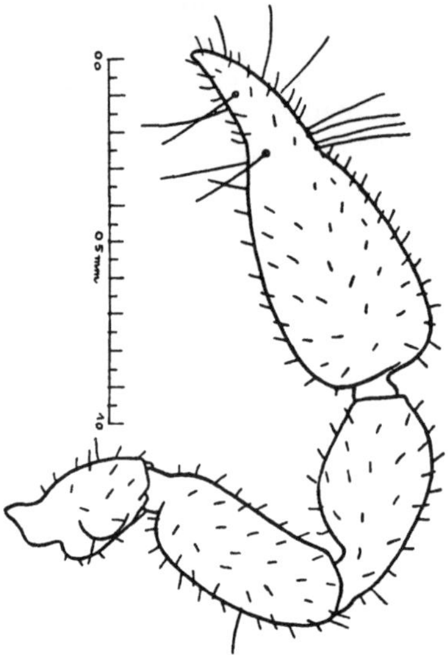

Fig. 78.
Catatemnus comorensis (Ellingsen).
Rechte Palpe ♀.

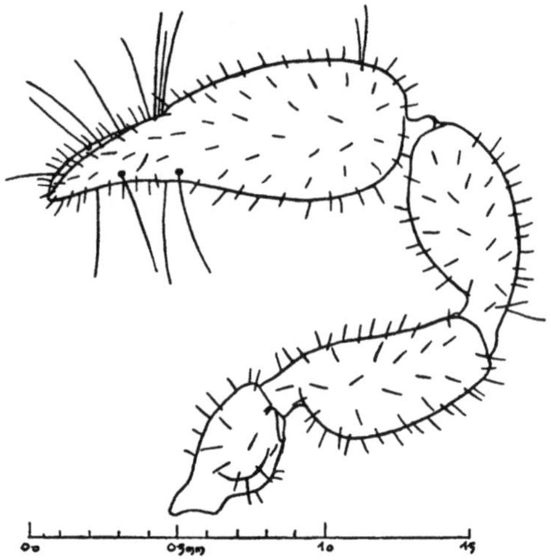

Fig. 79.
Catatemnus congicus Beier. Rechte Palpe ♀.

6. **C. congicus** Beier 1932 *C. c.*, Beier in: Zool. Jahrb., Syst. *v.* 62 p. 598 f. 17.

Cephalothorax länger als breit, glatt, nur vorn ganz flach granuliert, die Scheibe etwas proximal der Mitte mit einer breiten und tiefen Querfurche, der Hinterrand mit 10 Borsten. Die beiden ersten Tergite nicht, die übrigen schmal geteilt. 5—6 Marginalborsten auf jedem Halbtergit. Serrula mit 21 Lamellen. 4. Flagellumborste mit 6 Fiedern. Galea des ♀ lang, mit 6 Seitenästen. Palpen (Fig. 79) kaum so lang wie der Körper, glatt, nur das Femur medial sehr fein granuliert. Trochanterhöcker vollständig abgerundet. Femur 2,3mal, Tibia 2,3mal, Schere 2,7mal so lang wie breit. Femur des 4. Beinpaares 2,7mal, Tibia 3,5mal, Tarsus 4mal so lang wie breit. — Körper L. ♂ ♀ 2,8 mm; Palpen: Femur L. 0,76 mm, B. 0,32 mm, Tibia L. 0,79 mm, B. 0,34 mm, Hand L. 0,91 mm, B. 0,46 mm, Finger L. 0,49 mm.

Tropisches Westafrika: Belgisch-Kongo.

7. **C. togoensis** (Ellingsen) 1910 *Chelifer (Lamprochernes) t.*, Ellingsen in: Mt. Mus. Berlin, *v.* 4 p. 368 | 1912 *C. t.*, Ellingsen in: Ann. S. Afr. Mus., *v.* 10 p. 81 | 1932 *Catatemnus t.*. Beier in: Zool. Jahrb., Syst. *v.* 62 p. 598.

Cephalothorax beträchtlich länger als breit, glatt, die Scheibe etwas proximal der Mitte mit einer breiten und deutlichen, fast geraden Querfurche. Augenflecke erkennbar. Tergite undeutlich geteilt. Serrula mit 22 Lamellen. 4. Flagellumborste mit 3 Fiedern. Galea des ♂ fast einfach. Palpen

(Fig. 80) ungefähr so lang wie der Körper, Femur und Tibia medial, Hand an der Fingerbasis sehr fein, aber deutlich granuliert. Hinterer Trochanterhöcker gerundet, dorsaler kegelförmig. Palpenfemur 2,4mal, Tibia 2,3mal, Schere 2,8mal so lang wie breit. Femur des 4. Beinpaares 2,5mal, Tibia 3mal, Tarsus 4,1mal so lang wie breit. — Körper L. ♂ 2,9 mm; Palpen: Femur L. 0,91 mm, B. 0,38 mm, Tibia L. 0,90 mm, B. 0,39 mm, Hand L. 0,95 mm, B. 0,45 mm, Finger L. 0,53 mm.

Tropisches Westafrika: Togo, Kamerun.

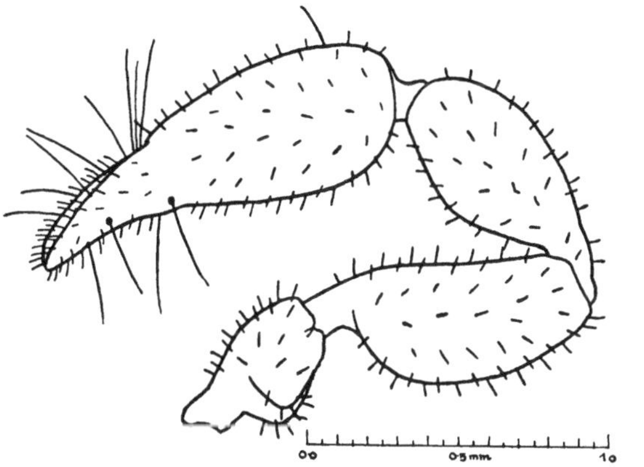

Fig. 80.
Catatemnus togoensis (Ellingsen). Rechte Palpe ♂.

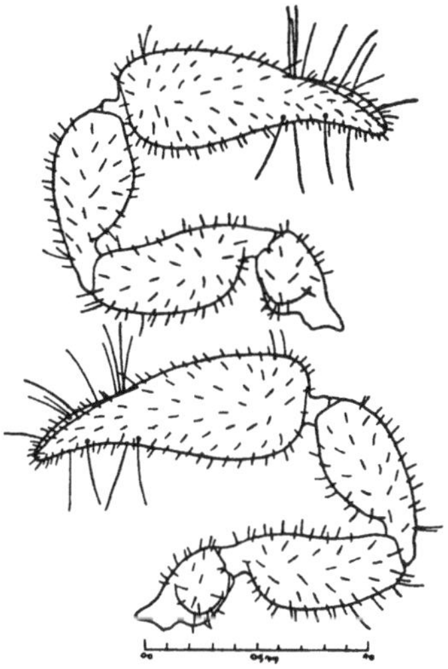

Fig. 81.
Catatemnus sommerfeldi Beier.
Linke Palpe des ♂, rechte des ♀.

8. **C. sommerfeldi** Beier 1932 *C. s*, Beier in: Zool. Jahrb., Syst. *v.* 62 p. 599.

Cephalothorax länger als breit, glatt, mit deutlicher, breiter, etwas proximal der Mitte gelegener Querfurche, Hinterrand mit 10 Borsten. Die beiden ersten Tergite nicht, die übrigen mehr oder weniger vollständig geteilt. 6 Marginalborsten auf jedem Halbtergit. Serrula mit 22 Lamellen. 4. Flagellumborste mit 3—4 feinen Fiedern. Galea des ♀ sehr lang, distal mit 5 Ästen, die des ♂ kürzer und fast einfach. Palpen (Fig. 81) vollständig glatt, auch das Femur medial nicht granuliert. Hinterer Trochanterhöcker abgerundet, dorsaler leicht kegelförmig. Palpenfemur des ♂ 2,4mal, des ♀ 2,6mal, Tibia des ♂ 2,2mal, des ♀ 2,3mal, Schere des ♂ und des ♀ 2,7mal so lang wie breit. Femur des 4. Beinpaares 2,7mal, Tibia 3,3mal, Tarsus 4,2mal so lang wie breit. — Körper L. ♂ 3 mm, ♀ 3,3—3,8 mm; Palpen: ♂ Femur L. 0,81 mm, B. 0,34 mm, Tibia L. 0,80 mm, B. 0,36 mm, Hand L. 0,85 mm, B. 0,42 mm, Finger L. 0 49 mm; ♀ Femur L. 0,81 mm, B. 0,32 mm, Tibia L. 0,79 mm, B. 0,34 mm, Hand L. 0,90 mm, B. 0,45 mm, Finger L. 0,52 mm.

Tropisches Westafrika: Südkamerun.

9. **C. braunsi** (Tullg.) 1907 *Chelifer B.*, Tullgren in: Mt. Mus. Hamburg, *v.* 24 p. 56 f. 16 | 1907 *C. B.*, Tullgren in: Zool. Stud. tillägn. Tullberg, p. 224 | 1912 *C. B.*, Ellingsen in: Ann. S. Afr. Mus., *v.* 10 p. 78 | 1932 *Catatemnus b.*, Beier in: Zool. Jahrb., Syst. *v.* 62 p. 599.

Cephalothorax etwas länger als breit, glatt, mit undeutlicher Querfurche nahe der Mitte. Tergite 1—4 nicht, 5—10 schmal geteilt. Serrula mit 18 Lamellen. 4. Flagellumborste mit 5 Fiedern. Palpen (Fig. 82) etwas länger als der Körper, die Glieder medial sehr fein granuliert. Trochanterhöcker gerundet, der dorsale etwas länger als der hintere. Palpenfemur 2,2 mal, Tibia 2 mal, Schere 2,4 mal so lang wie breit. Tibia etwas stärker bauchig als bei den vorigen Arten. Femur des 4. Beinpaares 2,4 mal, Tibia

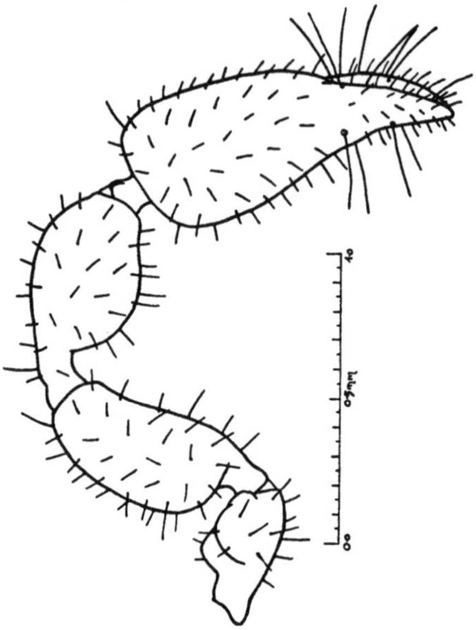

Fig. 82.
Catatemnus braunsi (Tullg.). Linke Palpe ♀.

3,2 mal, Tarsus 3,5 mal so lang wie breit. — Körper L. ♀ 3,7 mm; Palpen: Femur L. 0,75 mm, B. 0,33 mm, Tibia L. 0,76 mm, B. 0,38 mm, Hand L. 0,85 mm, B. 0,47 mm, Finger L. 0,46 mm.

Südafrika: Kapland, Zululand.

Unsichere Art:

C. concavus (With) 1906 *Chelifer c.*, With in: Danske Selsk. Skr., *v.* 7 nr. 3 p. 173 t. 4 f. 3a | 1932 *Catatemnus c.*, Beier in: Zool. Jahrb., Syst. *v.* 62 p. 600.

Cephalothorax deutlich länger als breit, in der Mitte am breitesten, glatt, mit undeutlicher, in der Mitte nach hinten gebogener Querfurche. Die 3 ersten Tergite in der Mitte mit einem Längseindruck. Palpen kürzer als der Körper, überall fein und flach granuliert. Femur 2,2 mal, Tibia 2 mal, Schere 2,5 mal so lang wie breit. Femur des 4. Beinpaares 2,5 mal, Tibia 3,3 mal, Tarsus 4,3 mal so lang wie breit. — Körper L. ♀ 4,1 mm; Palpen: Femur L. 0,896 mm, B. 0,392 mm, Tibia L. 0,896 mm, B. 0,448 mm, Hand L. 0,98 mm, B. 0,644 mm, Finger L. 0,672 mm.

Nikobaren: Insel Mankovry.

9. Gen. **Tamenus** Beier

1932 *T.*, Beier in: Zool. Jahrb., Syst. *v.* 62 p. 600.

Typus: *Chelifer camerunensis* Tullg. (durch ursprüngliche Bestimmung).

Cephalothorax länger als breit, wenigstens in der vorderen Hälfte fein, aber deutlich granuliert, die Scheibe mit einer deutlichen Querfurche etwas proximal der Mitte, mitunter auch mit einer schwach angedeuteten Querfurche vor dem Hinterrand. Tergite deutlich chagriniert oder fein granuliert, zum Teil unvollständig geteilt. Flagellum mit 4 Borsten, die 4. einseitig gefiedert. Palpen mäßig schlank, wenigstens zum Teil granuliert. Dorsaler Trochanterhöcker mehr oder weniger spitz kegelförmig. Finger ohne Nebenzähne. Das Tasthaar *st* des beweglichen Fingers in der Mitte zwischen *sb* und *t*. Das Tasthaar *it* des festen Fingers gegen die Fingerspitze gerückt und von dieser weniger weit entfernt als die Entfernung zwischen den Tasthaaren *ist* und *isb* beträgt. Beine (Fig. 83) verhältnismäßig schlank. Das Tasthaar des Tarsus IV nahe der Basis des Gliedes.

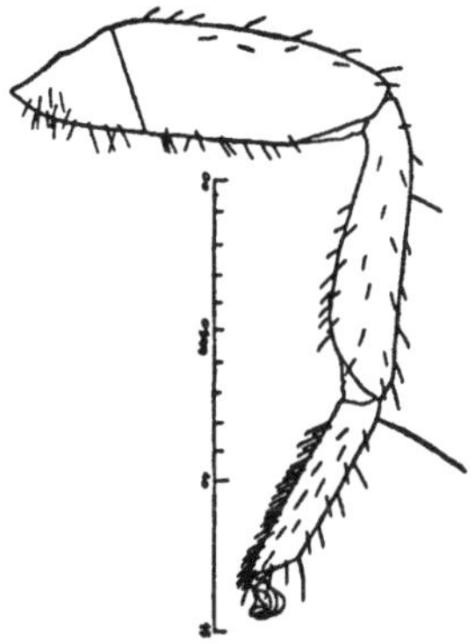

Fig. 83.
Tamenus aureus Beier.
Rechtes Hinterbein.

Tropisches Westafrika.

5 sichere, 1 unsichere Art.

Übersicht über die Arten:

1 { Tibia medial schwächer und regelmäßig konvex — **2**
Tibia medial stärker und bauchig konvex — **4**

2 { Palpenschere 2,8 mal so lang wie breit — **3**
Palpenschere 2,6 mal so lang wie breit . . . . 3. **T. insularis**

3 { Palpenfemur 2,5 mal so lang wie breit; Serrula mit 31 Lamellen . . . . 1. **T. camerunensis**
Palpenfemur 2,8 mal so lang wie breit; Serrula mit 30 Lamellen . . . . 2. **T. aureus**

4 { Serrula mit 30 Lamellen; Palpenfemur 1,50 mm lang; Tibia des 4. Beinpaares 4,7 mal so lang wie breit . . . 4. **T. femoratus**
Serrula mit 28 Lamellen; Palpenfemur 1,20 mm lang; Tibia des 4. Beinpaares 4,4 mal so lang wie breit . . . . . 5. **T. ferox**

1. **T. camerunensis** (Tullg.) 1901 *Chelifer c.*, Tullgren in: Ent. Tidskr., *v.* 22 p. 99 | 1912 *C. (Lamprochernes) c.*, Ellingsen in: Ann. S. Afr. Mus., *v.* 10 p 81 | 1932 *Tamenus c.*, Beier in: Zool. Jahrb., Syst. *v.* 62 p. 601.

Cephalothorax länger als breit, fein granuliert, die Scheibe mit einer deutlichen Querfurche etwas proximal der Mitte. Augenflecke fehlen. Tergite mit Ausnahme der 3 ersten und des 11. geteilt. Serrula mit 31 Lamellen. 4. Flagellumborste einseitig gefiedert. Galea ziemlich lang, distal mit 5 Seitenästen. Palpen (Fig. 84) mäßig kräftig, Femur allseits, Tibia medial, Hand an der Fingerbasis granuliert. Palpenfemur 2,5 mal, Tibia 2,4 mal, Schere 2,8 mal so lang wie breit. Dorsaler Trochanterhöcker kegelförmig, hinterer abgerundet. Femur des 4. Beinpaares 3,3 mal, Tibia 4,5 mal,

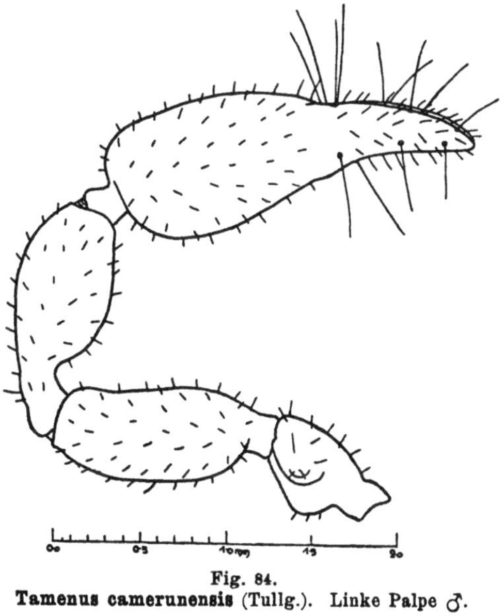

Fig. 84.
Tamenus camerunensis (Tullg.). Linke Palpe ♂.

Tarsus 5mal so lang wie breit. — Körper L. ♂ 3,5 mm; Palpen: Femur L. 1,30 mm, B. 0,53 mm, Tibia L. 1,32 mm, B. 0,55 mm, Hand L. 1,45 mm, B. 0,76 mm, Finger L. 0,97 mm.

Tropisches Westafrika: Kamerun.

2. **T. aureus** Beier 1930 *Atemnus camerunensis* (non *Chelifer c.*, Tullgren 1901), Beier in: Ann. Wien. Mus., *v.* 44 p. 210 f. 8 | 1932 *Tamenus aureus*, Beier in: Zool. Jahrb., Syst. *v.* 62 p. 601 f. 18.

Cephalothorax länger als breit, sehr deutlich, aber fein granuliert, die Scheibe mit einer deutlichen Querfurche etwas proximal der Mitte und einer schwachen nahe der Basis. Tergite mit Ausnahme der vordersten und des letzten geteilt, deutlich chagriniert. Serrula mit 30 Lamellen. 4. Flagellumborste mit 10 Fiedern. Galea distal geästet. Palpen (Fig. 85) mäßig kräftig, Femur und Tibia fast gänzlich, Hand distal granuliert. Palpenfemur

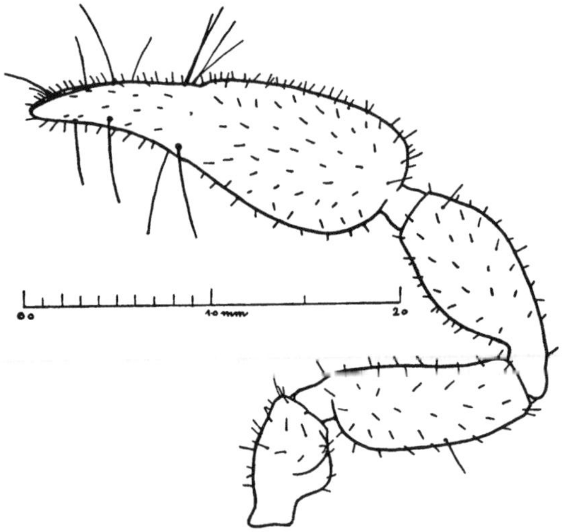

Fig. 85.
Tamenus aureus Beier. Rechte Palpe ♀.

2,8mal, Tibia 2,4mal, Schere 2,8mal so lang wie breit. Dorsaler Trochanterhöcker kegelförmig, spitz, hinterer abgerundet. Femur des 4. Beinpaares 3.4mal, Tibia 4,5mal, Tarsus 5mal so lang wie breit. — Körper L. ♀ 4 mm; Palpen: Femur L. 1,23 mm, B. 0,44 mm, Tibia L. 1,20 mm, B. 0,52 mm, Hand L. 1,30 mm, B. 0,71 mm, Finger L. 0,93 mm.

Tropisches Westafrika: Goldküste.

3. **T. insularis** Beier 1910 *Chelifer (Lamprochernes) camerunensis* (non *C. c.*, Tullgren 1901), Ellingsen in: Mt. Mus. Berlin, *v.* 4 p. 365 | 1932 *Tamenus insularis*, Beier in: Zool. Jahrb., Syst. *v.* 62 p. 602.

Cephalothorax etwas länger als breit, deutlich granuliert, die Scheibe mit einer breiten, fast geraden Querfurche etwas proximal der Mitte und einer sehr undeutlichen nahe der Basis. Augenflecke fehlen. Galea lang, distal mit 5 Seitenästen, von diesen die beiden proximalen die längsten. Tergite 1—3 und 11 nicht, die übrigen schmal geteilt. Palpen (Fig. 86) mäßig kräftig, das Femur gänzlich, die Tibia distal, die Hand an der Fingerbasis stark granuliert. Dorsaler Trochanterhöcker stumpf kegelförmig, hinterer abgerundet. Palpenfemur 2,6 mal, Tibia 2,4 mal, Schere 2,6 mal so lang wie breit. Beine ähnlich wie bei den vorigen Arten. — Körper L. ♀ 3,8 mm; Palpen: Femur L. 1,08 mm, B. 0,23 mm, Tibia L. 1,08 mm, B. 0,24 mm, Hand L. 1,10 mm, B. 0,38 mm, Finger L. 1,02 mm.

Tropisches Westafrika: Insel Fernando Po.

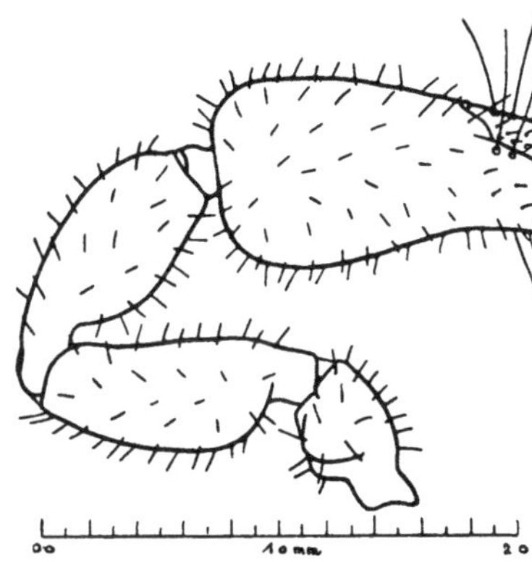

Fig. 86.
Tamenus insularis Beier. Linke Palpe ♀.

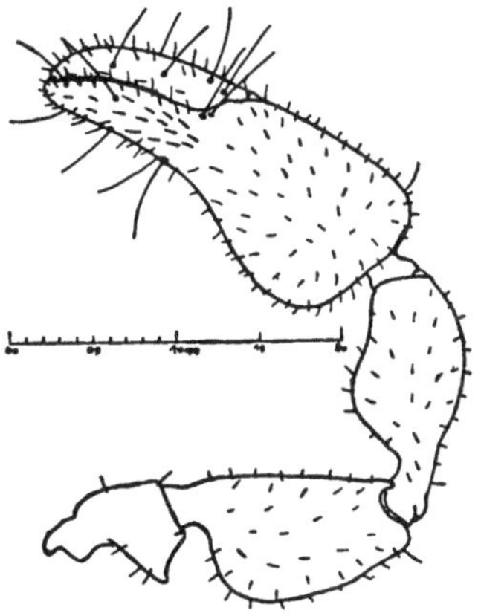

Fig. 87.
Tamenus femoratus Beier. Rechte Palpe ♂. (Trochanter und Femur gedreht).

4. **T. femoratus** Beier 1932 *T. f.*, Beier in: Zool. Jahrb., Syst. *v.* 62 p. 602.

Cephalothorax länger als breit, deutlich granuliert, besonders vor der Querfurche, diese ziemlich breit, etwas proximal der Mitte gelegen. Die vordersten Abdominaltergite nicht geteilt. 6 Marginalborsten auf jedem Halbtergit. Serrula mit 30 Lamellen. 4. Flagellumborste mit kurzen Fiedern. Galea auch beim ♂ ziemlich lang, distal mit 5 Seitenästen. Palpen (Fig. 87) ziemlich kräftig, fast gänzlich granuliert. Dorsaler Trochanterhöcker spitz kegelförmig. Femur dorsal aus dem Stielchen stark verbreitert. Tibia medial stark bauchig verdickt. Palpentibia 2,25 mal, Schere 2,25 mal so lang wie breit. Femur des 4. Beinpaares 3 mal, Tibia 4,7 mal, Tarsus 5,2 mal so lang wie breit. — Körper L. ♂ 4 mm; Palpen: Femur L. 1,45 mm, B. 0,75 mm, Tibia L. 1,48 mm, B. 0,68 mm, Hand L. 1,46 mm, B. 1,00 mm, Finger L. 1,22 mm.

Tropisches Westafrika: Elfenbeinküste.

5. **T. ferox** (Tullg.) 1907 *Chelifer f.*, Tullgren in: Mt. Mus. Hamburg, *v.* 24 p. 49 f. 11a—c | 1912 *C. (Lamprochernes) f.*, Ellingsen in: Ann. S. Afr. Mus., *v.* 10 p. 81 | 1932 *Tamenus f.*, Beier in: Zool. Jahrb., Syst. *v.* 62 p. 603.

Cephalothorax etwas länger als breit, besonders vor der Querfurche fein, aber deutlich granuliert, die Querfurche breit und deutlich, etwas proximal der Mitte gelegen. Augenflecke kaum angedeutet. Tergite 1—4 und 11 nicht, 5—10 undeutlich geteilt, sehr fein granuliert. Serrula mit 28 Lamellen. 4. Flagellumborste mit kurzen Fiedern. Galea ziemlich lang, distal geästet. Palpen (Fig. 88)

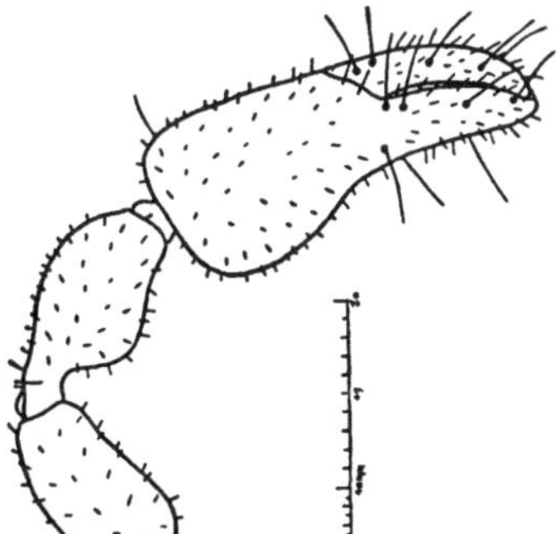

Fig. 88.
Tamenus ferox (Tullg.).
Linke Palpe ♂.

etwas länger als der Körper, durchweg ziemlich stark granuliert. Dorsaler Trochanterhöcker spitz kegelförmig, hinterer abgerundet. Femur dorsal aus dem Stielchen stark verbreitert, Tibia medial stark bauchig aufgetrieben. Palpenfemur 2,25 mal, Tibia 2,1 mal, Schere 2,3 mal so lang wie breit. Femur des 4. Beinpaares 2,9 mal, Tibia 4,4 mal, Tarsus 5 mal so lang wie breit. — Körper L. ♂ 4,5 mm; Palpen: Femur L. 1,20 mm, B. 0,53 mm, Tibia L. 1,25 mm, B. 0,60 mm, Hand L. 1,32 mm, B. 0,91 mm, Finger L. 1,12 mm.

Tropisches Westafrika: Französisch-Kongo.

Unsichere Art:

T. equestroides (Ellingsen) 1906 *Chelifer (Atemnus) e.*, Ellingsen in: Ann. Mus. Genova, ser. 3 *v.* 2 p. 250 | 1912 *C. (A.) e.*, Ellingsen in: Ann. S. Afr. Mus., *v.* 10 p. 79 | 1932 *Tamenus e.*, Beier in: Zool. Jahrb., Syst. *v.* 62 p. 603.

Cephalothorax länger als breit, glatt, ohne Querfurchen (?). Die ersten 4—5 und das 11. Tergit nicht, die übrigen geteilt. Galea des ♀ geästet, die des ♂ einfach. Palpen kürzer als der Körper, glatt. Dorsaler Trochanterhöcker spitz kegelförmig. Femur dorsal stark verbreitert. Finger sehr kräftig. — Körper L. ♂ 3,9 mm, ♀ 4,2 mm; Palpen: ♂ Femur L. 0,86 mm, B. 0,40 mm, Tibia L. 0,79 mm, B. 0,44 mm, Hand L. 0,79 mm, B. 0,53 mm, Finger L. 0,57 mm; ♀ Femur L. 0,72 mm, B. 0,31 mm, Tibia L. 0,69 mm, B. 0,36 mm, Hand L. 0,72 mm, B. 0,50 mm, Finger L. 0,51 mm.

Tropisches Westafrika: Portugiesisch-Guinea. Insel S. Thomé, Principe Insel, Insel Fernando Po, Französisch-Kongo.

10. Gen. **Stenatemnus** Beier

1932 *S.*, Beier in: Zool. Jahrb., Syst. *v.* 62 p. 604.

Typus: *Chelifer Fuchsi* Tullg. (durch ursprüngliche Bestimmung).

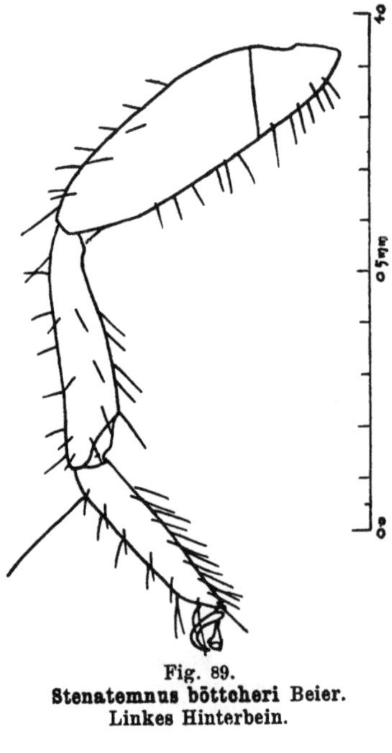

Fig. 89.
Stenatemnus böttcheri Beier.
Linkes Hinterbein.

Cephalothorax länger als breit, glatt, die Scheibe etwas proximal der Mitte mit einer sehr deutlichen, scharfen und ziemlich breiten Querfurche. Die vorderen Tergite ungeteilt. Flagellumborsten in Vierzahl, die distale einseitig gefiedert. Palpen verhältnismäßig graziel, besonders die des ♂ schlank, teilweise deutlich granuliert. Trochanter ohne Dorsalhöcker oder dieser nur ganz schwach angedeutet. Tibia ziemlich schlank. Schere nicht klaffend. Finger ohne Nebenzähne. Das Tasthaar *st* des beweglichen Fingers etwa in der Mitte zwischen *sb* und *t*. Das Tasthaar *it* des festen Fingers gegen die Fingerspitze gerückt und von dieser weniger weit entfernt als die Entfernung zwischen den Tasthaaren *isb* und *ist* beträgt. Beine (Fig. 89) schlank. Das Tasthaar des Tarsus IV nahe der Basis des Gliedes gelegen.

Tropisches Asien: Sundainseln, Philippinen.

3 Arten.

Übersicht über die Arten:

1 Beine schlanker, Tibia des 4. Paares 4—4,4 mal, Tarsus 5 bis 5,6 mal so lang wie breit; Serrula mit 23—24 Lamellen — 2
Beine gedrungener, Tibia des 4. Paares 3,1 mal, Tarsus 4,2 mal so lang wie breit; Serrula mit 20 Lamellen . . . . 3. **S. sundaicus**

2 Schere des ♀ 2,8 mal, des ♂ 3,5 mal so lang wie breit; Serrula mit 24 Lamellen; Tibia des 4. Beinpaares 4 mal so lang wie breit . . . . 1. **S. fuchsi**
Schere des ♀ 2,4 mal so lang wie breit; Serrula mit 23 Lamellen; Tibia des 4. Beinpaares 4,4 mal so lang wie breit . 2. **S. böttcheri**

1. **S. fuchsi** (Tullg.) 1907 *Chelifer F.*, Tullgren in: Jahrb. Ver. Nassau, *v.* 60 p. 247 f. a—b | 1932 *Stenatemnus f.*, Beier in: Zool. Jahrb., Syst. *v.* 62 p. 605.

Cephalothorax bedeutend länger als breit, ziemlich schmal, glatt, die Scheibe mit einer sehr deutlichen und breiten Querfurche etwas proximal der Mitte und mit einer gänzlich verwischten nahe dem Hinterrand. Augenflecke fehlen. Die vorderen Tergite nicht, die übrigen undeutlich geteilt. Serrula mit 24 Lamellen. 4. Flagellumborste einseitig gefiedert. Galea des

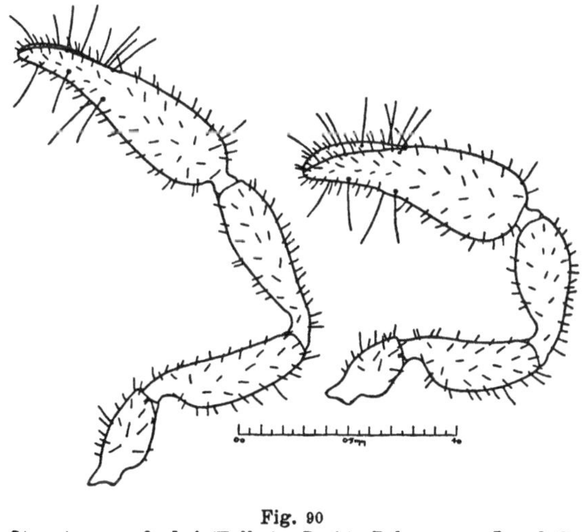

Fig. 90
Stenatemnus fuchsi (Tullg.). Rechte Palpen von ♂ und ♀.

♀ ziemlich lang und schlank, distal mit 4—5 Seitenästen. Palpen (Fig. 90) ziemlich graziel, besonders die des ♂ stark verlängert und schlank, bedeutend länger als der Körper, Femur und Tibia medial, Hand an der Fingerbasis sehr deutlich granuliert. Dorsaler Trochanterhöcker fehlend oder beim ♀ nur sehr schwach angedeutet, hinterer ganz flach, vollständig verrundet. Tibia ziemlich schlank, besonders beim ♂ verlängert. Hand verhältnismäßig schmal. Palpenfemur des ♂ 3,6 mal, des ♀ 2,9 mal, Tibia des ♂ 3,6 mal, des ♀ 2,8 mal, Schere des ♂ 3,5 mal, des ♀ 2,8 mal so lang wie breit. Femur des 4. Beinpaares 3,2 mal, Tibia 4 mal, Tarsus 5,6 mal so lang wie breit. — Körper L. ♂ ♀ 1,6 mm; Palpen: ♂ Femur L. 0,74 mm, B. 0,20 mm, Tibia L. 0,81 mm, B. 0,23 mm, Hand L. 0,73 mm, B. 0,31 mm, Finger L. 0,47 mm; ♀ Femur L. 0,63 mm, B. 0,22 mm, Tibia L. 0,66 mm, B. 0,25 mm, Hand L. 0,69 mm, B. 0,35 mm, Finger L. 0,48 mm.

Sundainseln: Sumatra.

2. **S. böttcheri** Beier 1932 *S. b.*, Beier in: Zool. Jahrb., Syst. *v.* 62 p 605 f. 19.

Cephalothorax bedeutend länger als breit, glatt, etwas proximal der Mitte mit einer sehr deutlichen, scharfen und ziemlich breiten Querfurche, der Hinterrand mit 10 Borsten. Tergite 1—5 nicht, die übrigen undeutlich geteilt. 6 Marginalborsten auf jedem Halbtergit. Serrula mit 23 Lamellen. 4. Flagellumborste breit, mit 5 Fiedern. Galea des ♀ mit 5 ziemlich langen Seitenästen distal. Palpen (Fig. 91) länger als der Körper, Femur und Tibia medial, Hand an der Fingerbasis deutlich und ziemlich grob granuliert. Dorsaler Trochanterhöcker fehlend, hinterer ganz flach. Tibia ziemlich schlank. Schere nicht klaffend. Hand breiter als bei der vorigen Art. Palpenfemur des ♀ 2,9mal, Tibia 2,6mal, Schere 2,4mal so lang wie breit. Femur des 4. Beinpaares 3,4mal, Tibia 4,4mal, Tarsus 5mal so lang wie breit. — Körper L. ♀ 2,5 mm; Palpen: Femur L. 0,64 mm, B. 0,23 mm, Tibia L. 0,68 mm, B. 0,27 mm, Hand L. 0,76 mm, B. 0,43 mm, Finger L. 0,49 mm.

Philippinen: Insel Leyte.

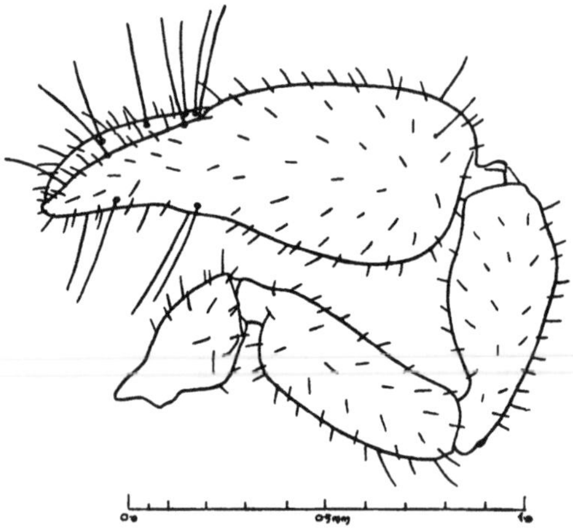

Fig. 91.
Stenatemnus böttcheri Beier. Rechte Palpe ♀.

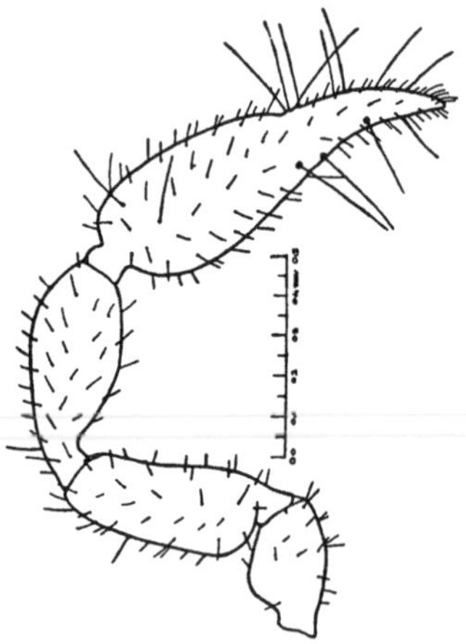

Fig. 92.
Stenatemnus sundaicus (Beier). Linke Palpe.

3. **S. sundaicus** (Beier) 1930 *Atemnus s.*, Beier in: Ann. Wien. Mus., *v.* 44 p. 208 f. 6a, b | 1932 *Stenatemnus s.*, Beier in: Zool. Jahrb., Syst. *v.* 62 p. 606.

Von den vorigen Arten besonders durch die gedrungeneren Beine und die geringe Zahl der Serrulalamellen unterschieden. Cephalothorax länger als breit, glatt, etwas proximal der Mitte mit einer breiten und ziemlich tiefen, nahezu geraden Querfurche. Hintere Querfurche nur an den Seiten schwach angedeutet. Augenflecke fehlen. Abdominaltergite mit Ausnahme der vorderen und des letzten geteilt. Serrula mit 20 Lamellen. 4. Flagellumborste einseitig gefiedert. Galea ziemlich lang, distal mit 6 kleinen Seitenästchen. Palpen (Fig. 92) etwas kürzer als der Körper, mäßig schlank, an der Medialseite der Glieder deutlich granuliert. Dorsaler Trochanterhöcker fehlend, hinterer verrundet. Tibia ziemlich schlank. Schere ähnlich wie bei *fuchsi*. Palpenfemur 2,7mal, Tibia 2,5mal, Schere gut 3mal so lang wie breit. Tibia des 4. Beinpaares 3,1mal, Tarsus 4,2mal so lang wie breit. — Körper L. ♂ ♀ 2—2,2 mm; Palpen: Femur L. 0,55 mm, B. 0,22 mm, Tibia L. 0,57 mm, B. 0,23 mm, Hand L. 0,62 mm, B. 0,30 mm, Finger L. 0,42 mm.

Sundainseln: Borneo.

11. Gen. **Metatemnus** Beier

1932 *M.*, Beier in: Zool. Jahrb., Syst. *v.* 62 p. 606 f. 20, 21.

Typus: *M. philippinus* Beier (durch ursprüngliche Bestimmung).

Cephalothorax etwas länger als breit, die Scheibe etwas proximal der Mitte mit einer schmalen, aber scharfen und deutlichen Querfurche. Integument des Cephalothorax und der Palpen vollständig glatt, auch das Femur medial nicht granuliert. Tergite zum Teil nicht oder unvollständig geteilt. Flagellumborsten in Vierzahl, sämtliche Borsten einseitig gefiedert. Palpen kräftig. Trochanterhöcker deutlich. Schere ziemlich breit, klaffend.

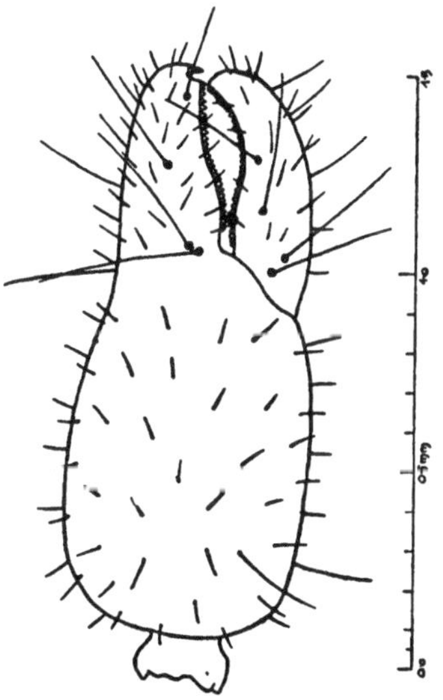

Fig. 93.
Metatemnus philippinus Beier. Palpenschere von außen.

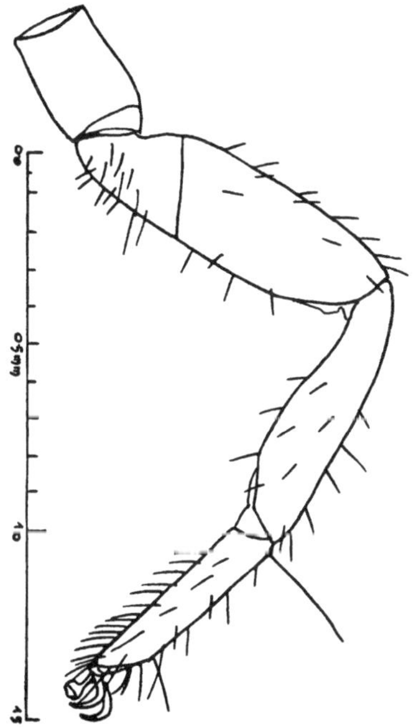

Fig. 94.
Metatemnus philippinus Beier. Rechtes Hinterbein.

Nur der feste Finger mit Giftapparat und Giftzahn (Fig. 93). Das Tasthaar *st* des beweglichen Fingers in der Mitte zwischen *sb* und *t*. Das Tasthaar *it* des festen Fingers von der Fingerspitze so weit entfernt wie *isb* von *ist* und ziemlich weit von *ist* abstehend. Nebenzähne fehlen. Beine (Fig. 94) schlank. Das Tasthaar des Tarsus IV nahe der Basis des Gliedes. Klauen einfach.

Orientalische Region: Philippinen.

2 sichere Arten.

Übersicht über die Arten:

1 { Kleinere Art, Femur 0,91 mm lang; Palpentibia 2,1 mal so lang wie breit; Serrula mit 21 Lamellen . . . . 1. **M. philippinus**
Größere Art, Femur 1,10 mm lang; Palpentibia 1,9 mal so lang wie breit; Serrula mit 25 Lamellen . . . . 2. **M. major**

1. **M. philippinus** Beier 1932 *M. p.*, Beier in: Zool. Jahrb., Syst. *v.* 62 p. 607.

Cephalothorax etwas länger als breit, glatt, mit scharfer und deutlicher, aber ziemlich schmaler, etwas proximal der Mitte gelegener Querfurche.

Tergite 1—5 nicht oder unvollkommen geteilt. 4 Marginalborsten auf jedem Halbtergit. Hinterrand des Cephalothorax mit 8 Borsten. Serrula mit 21 Lamellen. Alle 4 Flagellumborsten einseitig gefiedert, die 4. mit 5 Fiedern. Galea lang, distal geästet. Palpen (Fig. 95) kräftig, vollständig glatt, auch das Femur medial nicht granuliert. Trochanterhöcker deutlich. Schere breit, die Finger klaffend. Palpenfemur 2,3 mal, Tibia 2,1 mal, Schere 2,2 mal so lang wie breit. Fester Finger mit 26, beweglicher mit 32 Zähnen. Beine schlank, Femur des 4. Paares 3,4 mal, Tibia

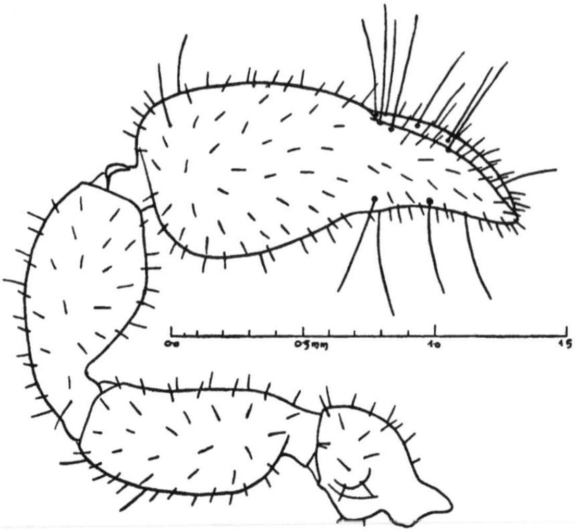

Fig. 95.
Metatemnus philippinus Beier. Linke Palpe ♀.

4,1 mal, Tarsus 5,1 mal so lang wie breit. Das Tasthaar des Tarsus IV nahe der Basis des Gliedes gelegen. — Körper L. ♀ 4,5 mm; Palpen: Femur L. 0,91 mm, B. 0,39 mm, Tibia L. 0,95 mm, B. 0,45 mm, Hand L. 1,03 mm, B. 0,64 mm, Finger L. 0,70 mm.

Philippinen: Insel Mindanao.

2. **M. major** Beier 1932 *M. m.*, Beier in: Zool. Jahrb., Syst. *v.* 62 p. 608.

Der vorigen Art sehr ähnlich, jedoch robuster. Cephalothorax etwas länger als breit, mit schmaler, aber scharfer und deutlicher, nach hinten gebogener Querfurche etwas proximal der Mitte; Scheibe glatt. Die vorderen Tergite nicht oder unvollkommen geteilt. 6 Marginalborsten auf jedem Halbtergit. Serrula mit 25 Lamellen. Alle 4 Flagellumborsten gefiedert, die 4. mit 4 Fiedern. Galea des ♂ distal mit 6 sehr kleinen Seitenästchen. Palpen (Fig. 96) kräftig, vollständig glatt, auch das Femur medial nicht granuliert. Trochanterhöcker höher und stärker vorragend als bei der vorigen Art. Tibia gedrungener und stärker bauchig aufgetrieben als bei *philippinus*. Scherenfinger klaffend. Palpenfemur 2,3 mal, Tibia 1,9 mal, Schere 2,2 mal so lang wie breit. Beine schlank. Femur des 4. Paares 3,6 mal, Tibia 4 mal, Tarsus 4,9 mal so lang wie breit. Tarsus IV mit dem Tasthaar nahe der Basis. — Körper L. ♂ 2,7 mm; Palpen: Femur L. 1,08 mm, B. 0,47 mm, Tibia L. 1,08 mm, B. 0,58 mm, Hand L. 1,10 mm, B. 0,68 mm, Finger L. 0,70 mm.

Philippinen: Sabaan.

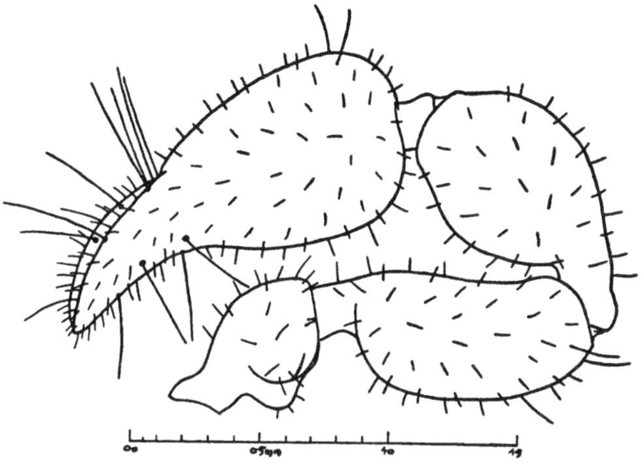

Fig. 96.
Metatemnus major Beier. Rechte Palpe ♂.

b) Subfam. **Miratemninae** Beier

1932 *M.*, Beier in: Zool. Jahrb., Syst. *v.* 62 p. 608.

Cephalothorax länger als breit, die Scheibe durchweg ziemlich dicht und gleichmäßig granuliert, mit einer deutlichen Querfurche etwas proximal der Mitte und einer undeutlichen nahe der Basis. Tergite zum Teil unvollständig geteilt. Borsten des Cephalothorax und der Tergite nicht besonders lang, spitz, aber deutlich gezähnt. Flagellumborsten in Vierzahl, die 4. einseitig gefiedert. Palpen durchweg fein und gleichmäßig granuliert. Nur der feste Palpenfinger mit Giftapparat und Giftzahn. Nebenzähne fehlen. Beine schlank. Das Tasthaar des Tarsus IV etwas proximal der Mitte des Gliedes gelegen, nicht basal. Klauen einfach.

Afrika.

1 Genus, 4 sichere Arten.

12. Gen. **Miratemnus** Beier

1932 *M.*, Beier in: Zool. Jahrb., Syst. *v.* 62 p. 609.

Typus: *M hispidus* Beier (durch ursprüngliche Bestimmung).

Cephalothorax etwas länger als breit, die Scheibe ziemlich dicht und fein granuliert, mit einer schmalen, aber ziemlich tiefen und deutlichen Querfurche etwas proximal der Mitte und einer undeutlichen nahe der Basis. Augenflecke vorhanden. Tergite granuliert, zum Teil unvollständig geteilt. Borsten des Cephalothorax und der Tergite nicht besonders lang, spitz, deutlich gezähnt. Flagellumborsten in Vierzahl, die 4. einseitig gefiedert, die übrigen einfach. Galea geästet. Palpen mäßig kräftig, durchweg granuliert. Trochanterhöcker deutlich. Schere (Fig. 97) nicht klaffend. Nur der feste Finger

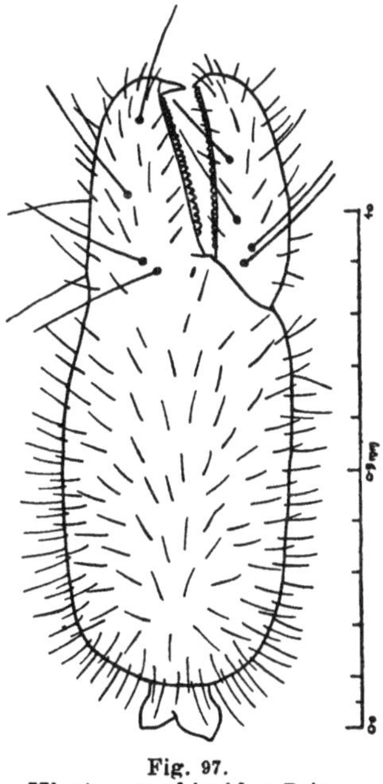

Fig. 97.
Miratemnus hispidus Beier.
Palpenschere von außen.

mit Giftapparat und Giftzahn. Akzessorische Zähne fehlen. Das Tasthaar *st* des beweglichen Fingers etwas näher bei *sb* als bei *t*. Das Tasthaar *it* von der Fingerspitze weiter entfernt als die Entfernung der Tasthaare *ist* und *isb* voneinander beträgt. Beine schlank. Das Tasthaar des Tarsus IV nicht basal, sondern etwas proximal der Mitte gelegen.

Afrika.

4 sichere Arten.

Übersicht über die Arten:

1	Palpenhand kurz und normal beborstet — 2	
	Palpenhand sehr lang und dicht beborstet	1. **M. hispidus**
2	Tibia 2,6mal so lang wie breit — 3	
	Tibia 2,3mal so lang wie breit	2. **M. garypoides**
3	Schere 2,4mal so lang wie breit	3. **M. segregatus**
	Schere 3mal so lang wie breit	4. **M. piger**

1. **M. hispidus** Beier 1932 *M. h.*, Beier in: Zool. Jahrb., Syst. *v.* 62 p. 609 f. 22.

Cephalothorax etwas länger als breit, die Scheibe ziemlich dicht und fein granuliert, mit einer deutlichen, tiefen, aber ziemlich schmalen Querfurche etwas proximal der Mitte und einer weniger deutlichen nahe der Basis. Augenflecke deutlich. Hinterrand des Cephalothorax mit 8 Borsten. 5 Marginalborsten auf jedem Halbtergit. Borsten des Cephalothorax und der Tergite nicht besonders lang, spitz, deutlich gezähnt. Serrula mit 20 Lamellen.

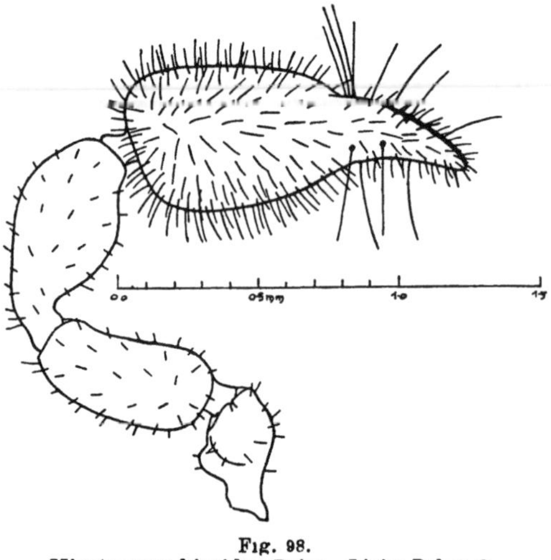

Fig. 98.
Miratemnus hispidus Beier. Linke Palpe ♀.

4. Flagellumborste einseitig gefiedert. Galea des ♀ ziemlich kurz, distal mit sehr kleinen Zähnchen. Palpen (Fig. 98) mäßig kräftig, durchweg fein und dicht granuliert. Trochanterhöcker deutlich, gerundet. Femur aus dem Stielchen dorsal plötzlich und ziemlich stark verdickt. Hand dicht mit sehr langen Borsten besetzt. Schere nicht klaffend. Nur der feste Finger mit Giftapparat und Giftzahn. Nebenzähne fehlen. Fester Finger mit etwa 25, beweglicher mit etwa 30 Marginalzähnen. Das Tasthaar *st* des beweglichen Fingers doppelt so weit von *t* als von *sb* entfernt. Beine schlank. Das Tasthaar des Tarsus IV zwischen der Mitte und der Basis des Gliedes ge-

legen. Palpenfemur 2,5 mal, Tibia 2,1 mal, Tarsus 2,6 mal so lang wie breit. Femur des 4. Beinpaares 3 mal, Tibia 4,1 mal, Tarsus 4,6 mal so lang wie breit. — Körper L. ♀ 3,3 mm; Palpen: Femur L. 0,71 mm, B. 0.30 mm, Tibia L. 0,76 mm, B. 0,37 mm, Hand L. 0,86 mm, B. 0,50 mm, Finger L. 0,52 mm.

Südwestafrika: Okahandja.

2. **M. garypoides** (Ellingsen) 1906 *Chelifer g.*, Ellingsen in: Ann. Mus. Genova, ser. 3 *v.* 2 p. 258 | 1908 *C g.*, With in: Vidensk. Meddel., *v.* 60 p. 15 f. 3—4, t. 2 f. 4—8 | 1912 *C. g.*, Ellingsen in: Ann. S. Afr. Mus., *v.* 10 p. 83, 92.

Cephalothorax bedeutend länger als breit, deutlich granuliert, mit 2 Querfurchen, von welchen die basale schwächer ist und sich näher dem Hinterrand als der vorderen befindet. 2 deutliche, gewölbte Augen. Tergite geteilt, retikuliert. Borsten des Körpers und der Palpen ziemlich kurz. Flagellum mit 4 Borsten, die beiden distalen einseitig gesägt. Serrula mit 24 Lamellen. Galea des Männchens sehr kurz, mit einigen kleinen Terminalzähnchen. Palpen deutlich granuliert. Femur 2,6 mal, Tibia 2,3 mal, Schere 2,8 mal so lang wie breit. Finger bedeutend kürzer als die Hand ohne Stiel, nur der feste mit Giftapparat und Giftzahn. Das Tasthaar *it* nahe bei *ist* gelegen. Das Tasthaar am Tarsus des 4. Beinpaares proximal der Mitte des Gliedes befindlich. — Körper L. ♂ 3—3,5 mm; Palpen: Femur L. 0,91 mm, B. 0,35 mm, Tibia L. 0,97 mm, B. 0,42 mm, Hand L. 1,05 mm, B. 0,48 mm, Finger L. 0,59 mm.

Westafrika: Portugiesisch-Guinea, St. Pauls Rock.

3. **M. segregatus** (Tullg.) 1908 *Chelifer s.*, Tullgren in: Denk. Ges. Jena, *v.* 13 p. 284 f. 2 | 1912 *C. s.*, Ellingsen in: Ann. S. Afr. Mus., *v.* 10 p. 84, 100.

Cephalothorax länger als breit, fein und gleichmäßig granuliert, mit einer deutlichen vorderen und einer schwachen basalen Querfurche. Augen vorhanden. Tergite geteilt, fein retikuliert, das letzte mit Tasthaaren. Borsten des Körpers und der Palpen kurz. Flagellum mit 4 Borsten, die distale einseitig gezähnt. Serrula mit 23 Lamellen. Galea kurz, distal mit einigen Seitenzähnchen. Palpen kaum so lang wie der Körper, fein, aber deutlich granuliert. Femur 2,7 mal, Tibia 2,6 mal, Schere 2,4 mal so lang wie breit. Das Tasthaar am Tarsus des 4. Beinpaares proximal der Mitte des Gliedes gelegen. — Körper L. ♀ 3,4 mm; Palpen: Femur L. 0,72 mm, Tibia L. 0,72 mm, Hand L. 0,76 mm, Finger L. 0,47 mm.

Südafrika: Hereroland, Kapland.

4. **M. piger** (E. Sim.) 1878 *Chelifer p.*, E. Simon in: Ann. Soc. ent. France, ser. 5 *v.* 8 p 148 | 1930 *Atemnus p.*, Beier in: Ann. Wien. Mus., *v.* 44 p. 209 f. 7 | 1932 *Miratemnus p.*, Beier in: Zool. Jahrb., Syst. *v.* 62 p 610.

Cephalothorax etwas länger als breit, dicht und fein granuliert, mit einer schmalen, aber deutlichen Querfurche etwas proximal der Mitte und einer weniger deutlichen zwischen dieser und dem Hinterrand. Augenflecke sehr deutlich. Sämtliche Tergite geteilt. 4—5 Marginalborsten auf jedem Halbtergit. Borsten des Cephalothorax und der Palpen ziemlich kurz, spitz, deutlich gezähnt. Serrula mit 21 Lamellen. 4. Flagellumborste mit 6 Fiedern. Galea distal mit 5, auch beim ♂ ziemlich langen Seitenästen. Palpen (Fig. 99) mäßig kräftig, schlanker als bei der vorigen Art, durchweg dicht und deutlich granuliert, nur die Hand chagriniert. Trochanterhöcker deutlich, der dorsale etwas kegelförmig. Schere nicht klaffend. Nur der feste Finger mit Giftapparat und Giftzahn. Nebenzähne fehlen. Fester Finger mit 33, beweglicher mit 35 Marginalzähnen. Hand kurz und normal beborstet. Beine schlank. Das Tasthaar des Tarsus 4 etwas proximal der Mitte des Gliedes gelegen. Palpenfemur 2,7 mal, Tibia 2,6 mal, Schere 3 mal

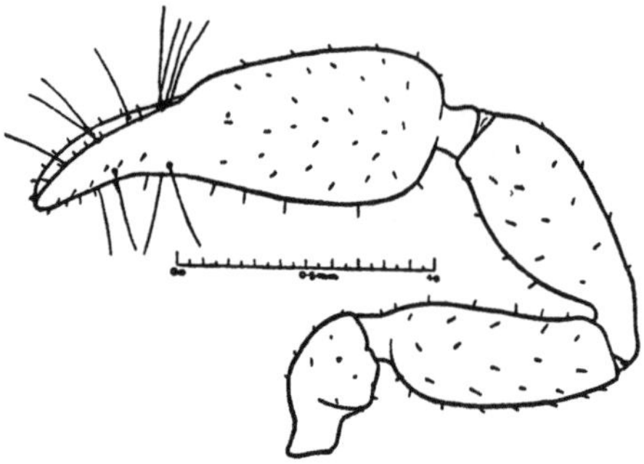

Fig. 99.
Miratemnus piger (E. Sim.). Rechte Palpe ♂.

so lang wie breit. Femur des 4. Beinpaares 3 mal, Tibia 4,8 mal, Tarsus 4,9 mal so lang wie breit. — Körper L. ♂ 4 mm; Palpen: Femur L. 0,99 mm, B. 0,37 mm, Tibia L. 1,08 mm, B. 0,43 mm, Hand L. 1,15 mm, B. 0,59 mm, Finger L. 0,71 mm.

Nordafrika: Algerien.

II. Fam. **Chernetidae** Menge

1855 *C.*, Menge in: N. Schr. Ges. Danzig, *v.* 5 fasc. 2 nr. 2 p. 74 | 1891 *C.*, N. Banks in: Canad. Ent., *v.* 23 p. 161 | 1931 *C.*, Chamberlin in: Stanford Univ. Publ., *v.* 7 p. 21.

Cephalothorax meist etwas länger als breit, vorn gerundet, ohne vorragenden Cucullus, die Scheibe meist mit 1 oder 2 deutlichen Querfurchen, von welchen die eine nahe der Mitte, die andere vor dem Hinterrande gelegen ist; die basale Querfurche verfällt mitunter der Reduktion. Augen fehlend, selten in Zweizahl vorhanden, vielfach aber an Stelle der Augen 2 helle Augenflecke im Integument. Tergite median geteilt, höchstens die vordersten und das letzte ungeteilt. Integument meist deutlich granuliert, seltener glatt. Borsten des Körpers und der Palpen meist stumpf und mehr oder weniger keulenförmig, seltener *(Lamprochernetinae)* einfach und spitz oder nur fein gezähnt. Basale und subbasale Borste der Cheliceren nicht so kräftig entwickelt wie die mediale und die Laminalborste und nicht gekeult. Flagellum mit 2—4 Borsten, diese wenigstens zum Teil gefiedert. Palpen ziemlich gedrungen. Nur der bewegliche Palpenfinger mit Giftapparat und Giftzahn, der feste ohne solchen oder der Giftzahn doch vollkommen rudimentär. Beide Palpenfinger wenigstens mit einigen wenigen akzessorischen Zähnen neben der normalen Randbezahnung. Tasthaare in normaler Zahl, der feste Finger mit 8, der bewegliche mit 4. Coxen des 4. Beinpaares beim Männchen nicht excaviert. Seitliche Genitalsäcke des Männchens vorhanden. Tasthaar am Tarsus des 4. Beinpaares vorhanden oder fehlend, im ersteren Falle dieses nicht an der Basis des Gliedes inseriert. Krallen einfach oder gezähnt.

Über alle Regionen verbreitet, jedoch vorwiegend holarktisch und neotropisch. — Meist an trockeneren Örtlichkeiten, unter Baumrinde, in Detritus, einige Arten auch vorwiegend oder ausschließlich in Ameisen- und Termitenbauten, in Vogelnestern und in den Bauten von Kleinsäugetieren (Maulwurf).

3 Subfamilien, 41 sichere Genera, 1 unsicheres Genus, 166 sichere, 24 unsichere Arten.

Übersicht über die Subfamilien:

1 { Cephalothorax basal gerade abgestutzt oder leicht gerundet, in der Mitte nicht winkelig vorgezogen — **2**
Hinterrand des Cephalothorax in der Mitte deutlich winkelig vorgezogen . . . . . . c) Subfam. **Goniochernetinae**

2 { Borsten an Körper und Palpen lang und spitz: Femur, Tibia und Hand mit pseudotaktilen Borsten; das Tasthaar des Tarsus IV nahe der Basis des Gliedes gelegen . . . . . . a) Subfam. **Lamprochernetinae**
Borsten an Körper und Palpen kurz, gezähnt oder gekeult; Femur, Tibia und Hand ohne pseudotaktile Borsten; das Tasthaar des Tarsus IV nahe der Mitte oder weiter distal gelegen . . . . b) Subfam. **Chernetinae**

a) Subfam. **Lamprochernetinae** Beier

1932 *L.*, Beier in: Zool. Anz., *v.* 97 p. 258.

Cephalothorax etwas länger als breit, vorn gerundet, ohne vorragenden Cucullus, die Scheibe mit einer deutlichen, nahe der Mitte gelegenen und einer undeutlicheren vor dem Hinterrande gelegenen Querfurche. Augen fehlen, doch sind an ihrer Stelle meist 2 helle Augenflecke vorhanden. Tergite mit Ausnahme des vordersten und letzten geteilt. Integument glatt, seltener der Cephalothorax teilweise fein granuliert. Borsten des Körpers und der Palpen lang und spitz, selten fein gezähnt. Basale und subbasale Borste der Cheliceren (Fig. 100) nicht so kräftig entwickelt wie die mediale und Laminalborste und nicht gekeult. Flagellum mit 3 Borsten, die distale einseitig gefiedert. Galea stark verzweigt, vielfach schon nahe der Basis in 2 Hauptäste geteilt. Palpen kräftig. Nur der bewegliche Palpenfinger mit Giftapparat und Giftzahn, der feste ohne solchen. Beide Palpenfinger wenigstens mit einigen wenigen akzessorischen Zähnen neben der normalen Randbezahnung. Fester Finger mit 8, beweglicher mit 4 Tasthaaren. Tasthaar am Tarsus des 4. Beinpaares zwischen der Basis und der Mitte des Gliedes inseriert. Krallen meist einfach, selten gezähnt.

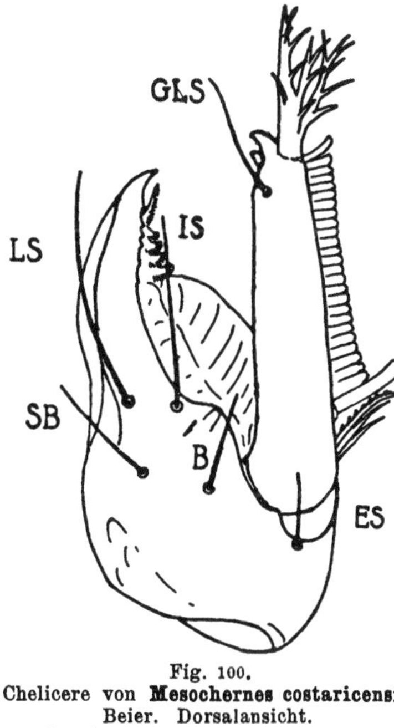

Fig. 100.
Chelicere von **Mesochernes costaricensis** Beier. Dorsalansicht.
B = basale, *SB* = subbasale, *IS* = innere, *ES* = außere, *GLS* = Galeal-, *LS* = Laminal-Borste.

In der palaearktischen, nearktischen und neotropischen Region verbreitet; 1 Art in Südafrika. — Vorwiegend unter Baumrinde, doch auch in pflanzlichem Detritus. Einige Arten werden vielfach an anderen Insekten festgeklammert gefunden.

6 sichere Genera, 1 unsicheres Genus, 31 sichere, 11 unsichere Arten.

Übersicht über die Genera:

1 Krallen der Laufbeine einfach, ohne Nebenzahn — 2
Krallen der Laufbeine mit deutlichem, nahe der Mitte gelegenem Nebenzahn — 5

2 Das Tasthaar *it* des festen Fingers von der Fingerspitze stets deutlich weiter entfernt als die Entfernung der Tasthaare *ist* und *isb* voneinander beträgt (holarktische Arten) . . . . 1. Gen. **Lamprochernes**
Das Tasthaar *it* des festen Fingers von der Fingerspitze nicht weiter entfernt als die Entfernung der Tasthaare *ist* und *isb* voneinander beträgt (neotropische Arten) — 3

3 Laufbeine schlanker, Tibia und Tarsus des 4. Paares mehr als 5mal so lang wie breit; Cephalothorax fein granuliert — 4
Laufbeine gedrungener, Tibia und Tarsus des 4. Paares weniger als 5mal so lang wie breit; Cephalothorax nahezu glatt . . . . 2. Gen. **Lustrochernes**

4 Palpentibia des Männchens medio-dorsal nicht beulen- oder höckerartig verdickt . . . . 4. Gen. **Mesochernes**
Palpentibia des Männchens medio-dorsal beulen- oder höckerartig verdickt . . . . 5. Gen. **Cordylochernes**

5 Kleinere Formen, Körperlänge 2—3 mm; Integument glatt; Palpentibia des Männchens ohne Höcker . 3. Gen. **Gomphochernes**
Größere Formen, Körperlänge über 4 mm; Cephalothorax fein granuliert; Palpentibia des Männchens mit Höcker . . . . 6. Gen. **Odontochernes**

1. Gen. **Lamprochernes** Töm.

1882 *L.*, Tömösvary in: Math. termész. Közlem., *v.* 18 p. 185 | 1891 *L*, Balzan in: Ann. Soc. ent. France, *v.* 60 p. 513 | 1897 *L.*, Ellingsen in: Forh. Selsk. Christian., nr. 5 p. 4 | 1910 *L.*, Ellingsen in: Mt. Mus. Berlin, *v.* 4 p. 363 | 1911 *L.*, Lessert in: Cat. Invert. Suisse, *v.* 5 p. 11 | 1917 *L.*, Nonidez in: Trab. Mus. Madrid, nr. 32 p. 13 | 1929 *L.*, Kästner in: Tierw. Mitteleur., *v.* 3 p. IV5 | 1930 *L.*, Beier in: Ann. Wien. Mus., *v.* 44 p. 200.

Typus: *Chelifer nodosus* Schrank (durch nachträgliche Bestimmung).

Cephalothorax länger als breit, glatt oder nur seitlich sehr fein granuliert, die Scheibe mit einer deutlichen mittleren und einer undeutlichen basalen Querfurche. Augen fehlen, doch sind meist mehr oder weniger deutliche Augenflecke vorhanden. Tergite mit Ausnahme der vorderen und des hintersten geteilt. Borsten des Körpers und der Palpen lang, spitz und einfach oder nur fein gezähnt. Galea stark geästet. Serrula mit 17—19 Lamellen. Flagellum mit 3 Borsten, die distale einseitig gefiedert. Palpen mäßig kräftig. Femur, Tibia und Hand mit pseudotaktilen Borsten. Palpenfinger mit Nebenzähnen. Nur der bewegliche Finger mit Giftapparat und Giftzahn. Das Tasthaar *it* des festen Fingers von der Fingerspitze deutlich weiter entfernt als die Entfernung der Tasthaare *ist* und *isb* voneinander beträgt. Das Tasthaar am Tarsus des 4. Beinpaares zwischen der Basis und der Mitte des Gliedes inseriert. Krallen einfach, ohne Nebenzahn.

Palaearktische und nearktische Region. — Vorwiegend unter Baumrinde. Eine Art (*L. nodosus* Schrank) wird häufig an Fliegen festgeklammert gefunden.

7 sichere, 3 unsichere Arten.

Übersicht über die Arten:

1 Das Tasthaar am Tarsus des 4. Beinpaares näher der Basis des Gliedes inseriert — **2**
Das Tasthaar am Tarsus des 4. Beinpaares näher der Mitte des Gliedes inseriert — **6**

2 Das Tasthaar *st* des beweglichen Palpenfingers in der Mitte zwischen *sb* und *t* stehend — **3**
Das Tasthaar *st* des beweglichen Palpenfingers deutlich näher bei *sb* als bei *t* stehend — **5**

3 Palpen schlanker, Femur 2,3 - 2,4mal, Tibia 2,2mal, Schere 2,9mal so lang wie breit; Finger fast so lang wie die Hand ohne Stiel (europäische Arten) — **4**
Palpen gedrungener, Femur 2mal, Tibia 1,9mal, Schere 2,3mal so lang wie breit; Finger deutlich kürzer als die Hand ohne Stiel (nordamerikanische Art) . . . . 3. **L. oblongus**

4 Trochanterhöcker stumpf, gerundet; Femur 0,5 mm . . . . 1. **L. nodosus**
Trochanterhöcker spitz, kegelförmig; Femur 0,6 mm . . . . 2. **L. chyzeri**

5 Palpenschere 2,6—2,8mal so lang wie breit; Femur 0,57 mm . 4. **L. moreoticus**
Palpenschere 2,3mal so lang wie breit; Femur 0,42 mm . . 5. **L. savignyi**

6 Galea erst von der Mitte an mit Nebenästen; Körperlänge 2,3 mm . . . . 6. **L. mjöbergi**
Galea fast vom Grunde an mit Nebenästen; Körperlänge 1,6 mm . . . . 7. **L. godfreyi**

1. **L. nodosus** (Schrank) 1761 *Chelifer cancroides* (non *C. c.* Linné 1761), Poda, Ins. Mus. Graec., p. 122 | 1803 *C. nodosus*, Schrank, Fauna Boica, *v.* 3 p. 246 | 1804 *C. parasita*, J. F. Hermann, Mém. apt., p. 117 | 1843 *C. Reussi*, C. L. Koch in: C. W. Hahn & C. L. Koch, Arach., *v.* 10 p. 48 | 1873 *Chernes Reussii*, L. Koch, Übers. Darst. Eur. Chernet., p. 5 | 1874 *Chelifer bohemicus*, Stecker in: SB. Böhm. Ges., p. 238 | 1879 *C. nodosus*, E. Simon, Arach. France, *v.* 7 p. 33 t. 18 f. 14 | 1882 *Chernes (Lamprochernes) n.*, Tömösvary in: Math. termész. Közlem., *v.* 18 p. 185 t. 1 f. 1—2 | 1885 *Chelifer n.*, G. Canestrini, Chernet. Ital., *v.* 1 fasc. 7 nr. 8 t. 8 | 1896 *C. n.*, L. Becker in: Ann. Mus. Belgique, *v.* 12 pars 3 p 329 | 1898 *C. n.*, E. Simon in: Ann. Mus. Genova, ser. 2 *v.* 19 p. 20 | 1901 *C. n*, Nosek in: Věstnik Klubu přir. Prostěj, *v.* 4 p. 72 | 1906 *C. n.*, With in: Danske Selsk. Skr., *v.* 7 nr. 3 p. 170 t. 1 f. 8a | 1907 *C. n.*, Ellingsen in: J. Quekett Club, ser. 2 *v.* 10 p. 156 | 1910 *C. (L.) n.*, Ellingsen in: Mt. Mus. Berlin, *v.* 4 p 368 | 1911 *C. n.*, Kew in: P. Irish Ac., *v.* 29 nr. 2 p. 41 t. 4 f. 1 | 1911 *C. (Lamprochernes) n.*, Lessert in: Cat. Invert. Suisse, *v.* 5 p. 11 f. 10 | 1913 *C. n.*, Ellingsen in: Ann. nat. Hist., ser. 8 *v.* 11 p. 453 | 1917 *C. (Lamprochernes) n.*, Nonidez in: Trab. Mus. Madrid, nr. 32 p. 13 | 1918 *C. n.*, Navas in: Bol. Soc. ent. España, p 88 | 1923 *C. n.*, Caporiacco in: Boll. Soc. ent. Ital., *v.* 55 p. 131 | 1925 *C. (Lamprochernes) n.*, Navas in: Broteria, *v.* 22 p. 106 f. 1 | 1928 *C. n.*, Schenkel in: Tierw. Deutschl., *v.* 8 fasc. 3 p. 58 f. 9—10 | 1929 *C. (Lamprochernes) n.*, Kästner in. Tierw. Mitteleur., *v.* 3 p. IV 5 f. 6, 15 | 1929 *C. (L.) n.*, Beier in: Ann. Wien. Mus, *v.* 43 p. 342.

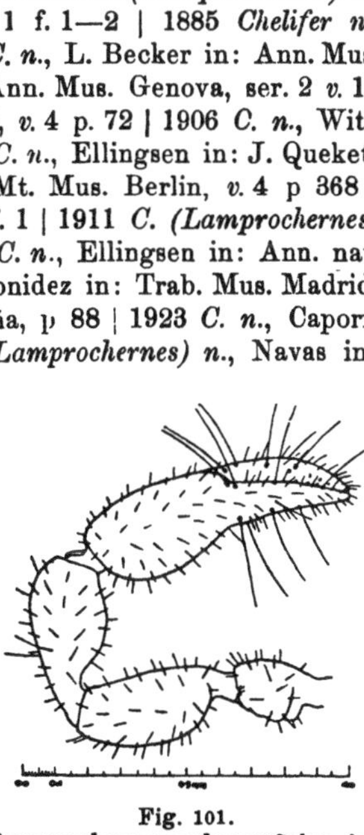

Fig. 101.
Lamprochernes nodosus (Schrank).
Linke Palpe.

Cephalothorax länger als breit, glatt, nur distal seitlich schwach granuliert, vorn zum schmalen Cucullus ziemlich plötzlich verengt, die Scheibe medial mit breiter, tiefer Querfurche. Augenflecke undeutlich. Vordere Tergite undeutlich geteilt. 7 Marginalborsten auf jedem Halbtergit. Galea von der Mitte ab stark verzweigt, der mediale Seitenast am längsten. Flagellum mit 3 Borsten. Serrula mit 17 Lamellen. Palpen (Fig. 101) mäßig kräftig, Femur, Tibia und Hand medial fein granuliert. Trochanterhöcker stumpf, gerundet, nur leicht kegelförmig. Femur 2,3 mal so lang wie breit, lateral mit 2 längeren pseudotaktilen Borsten, aus dem Stiel plötzlich und stark verbreitert. Tibia 2,2 mal so lang wie breit, lateral etwas proximal der Mitte mit 2 längeren pseudotaktilen Borsten. Schere 2,9 mal so lang wie breit. Finger fast so lang wie die Hand ohne Stiel, beide mit einigen Nebenzähnen in der distalen Hälfte. Das Tasthaar *st* des beweglichen Fingers in der Mitte zwischen *sb* und *t* gelegen. Das Tasthaar *it* des festen Fingers von der Fingerspitze bedeutend weiter entfernt als die Entfernung der Tasthaare *ist* und *isb* voneinander beträgt. Tibia des 4. Beinpaares mit Tasthaar. Das Tasthaar des Tarsus IV um etwa $^1/_3$ der Gliedlänge von der Basis entfernt. — Körper L. 1,8—2 mm; Palpen: Femur L. 0,50 mm, B. 0,21 mm, Tibia L. 0,51 mm, B. 0,23 mm, Hand L. 0,51 mm, B. 0,26 mm, Finger L. 0,43 mm.

Über ganz Europa und Nordafrika verbreitet. — Wird häufig an Stubenfliegen festgeklammert gefunden (Phoresie).

2. **L. chyzeri** (Töm.) 1882 *Chernes (L.) C.*, Tömösvary in: Math. termész. Közlem., *v.* 18 p 186 t. 1 f. 3—5 | 1888 *C. c.*, Daday in: Termész. Füzetek, *v.* 11 p 115, 170 t. 4 f. 7 | 1897 *C. (Lamprochernes) c.*, Ellingsen in: Forh. Selsk. Christian., nr. 5 p. 4 | 1907 *Chelifer c.*, Ellingsen in: J. Quekett Club, ser. 2 *v.* 10 p 155 | 1909 *C. c.*, Ellingsen in: Ann. Mus. Genova, ser. 3 *v.* 4 p 215 | 1911 *C. c.*, Kew in: P. Irish Ac., *v.* 29 nr. 2 p. 41 t. 4 f. 3 | 1911 *C. (Lamprochernes) c.*, Lessert in: Cat. Invert. Suisse *v.* 5 p. 13 f. 11 | 1928 *C. (L.) c*, Schenkel in: Tierw. Deutschl., *v.* 8 fasc. 3 p 59 f. 11 | 1929 *C. (L.) c.*, Kästner in: Tierw. Mitteleur., *v.* 3 p. IV 5 f. 14a, b.

Der vorigen Art sehr ähnlich, jedoch etwas robuster. Cephalothorax glatt, die Scheibe mit breiter und tiefer vorderer und flacher basaler Querfurche. Vordere Tergite undeutlich geteilt. Flagellum mit 3 Borsten, die distale gezähnt. Serrula mit 17 Lamellen. Palpen (Fig. 102) etwas robuster als bei *nodosus*, Femur, Tibia und Hand medial sehr fein granuliert. Trochanterhöcker kegelförmig, spitz, ziemlich stark vorragend. Femur 2,4 mal so lang wie breit, lateral mit 2 längeren Tasthaaren. Tibia 2,2 mal so lang wie breit, ebenfalls mit 2 pseudotaktilen Borsten. Schere 2,9 mal so lang wie breit. Finger fast so lang wie die Hand ohne Stiel, beide mit Nebenzähnen. Das Tasthaar *st* des beweglichen Fingers in der Mitte zwischen *sb* und *t* gelegen. Das Tasthaar *it* des festen Fingers von der Fingerspitze weiter entfernt als die Entfernung zwischen den Tasthaaren *ist* und *isb* beträgt. Das Tasthaar des Tarsus IV etwa $^1/_3$ der Gliedlänge von der Basis entfernt. — Körper L. 1,8—2,5 mm; Palpen: Femur L. 0,61 mm, B. 0,25 mm, Tibia L. 0,60 mm, B. 0,27 mm, Hand L. 0,60 mm, B. 0,32 mm, Finger L. 0,49 mm.

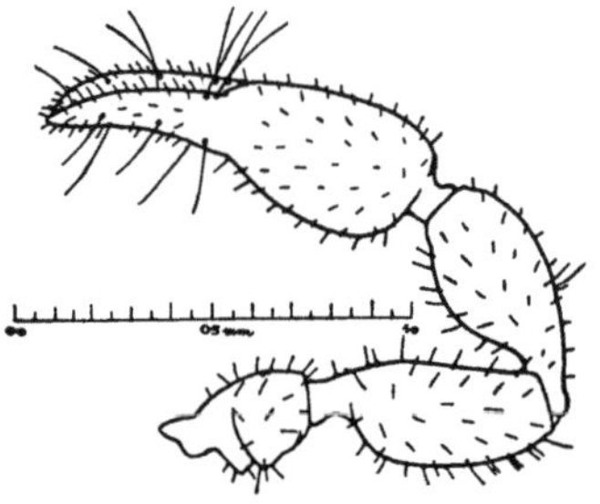

Fig. 102.
Lamprochernes chyzeri (Töm.)
Rechte Palpe.

Europa: Rumänien, Ungarn, Südslavien, Italien, Schweiz, England.

3. **L. oblongus** (Say) 1821 *Chelifer o.*, Say in: J. Ac. Philad., *v.* 2 p. 64 | 1877 *C. alius*, Leidy in: P. Ac. Philad., p. 261 | 1895 *C. oblongus*, N. Banks in: J. N. York ent. Soc., *v.* 3 p. 5 | 1910 *C. (Lamprochernes) o.*, Ellingsen in: Mt. Mus. Berlin, *v.* 4 p. 368 | 1911 *Chelanops o.*, N. Banks in: Pomona, *v.* 3 p. 638.

Cephalothorax etwas länger als breit, glatt, ohne Augenflecke, die Scheibe mit deutlicher medianer Querfurche. Tergite geteilt. Borsten an Körper und Palpen lang, einfach, spitz. Galea ziemlich lang, mit kurzen Seitenästen. Palpen (Fig. 103) gedrungen, glatt, nur das Femur medial fein punktiert. Femur gut 2 mal, Tibia 1,9 mal, Schere 2,3 mal so lang wie breit. Femur und Tibia lateral mit je 2 pseudotaktilen Borsten. Finger deutlich kürzer als die Hand ohne Stiel, mit Nebenzähnen. Das Tasthaar *st* des beweglichen Fingers in der Mitte zwischen *sb* und *t* gelegen. Das Tasthaar *it* des festen Fingers von der Fingerspitze deutlich etwas weiter entfernt als die Entfernung der Tasthaare *ist* und *isb* voneinander beträgt. — Körper L. 1,5—2 mm; Palpen: Femur L. 0,43 mm, B. 0,21 mm, Tibia L. 0,44 mm, B. 0,23 mm, Hand L. 0,48 mm, B. 0,30 mm, Finger L. 0,34 mm.

Nordamerika, besonders in den östlichen Teilen: Pennsylvanien, New York, Michigan, Virginia, Florida, Texas, nördliches Kalifornien.

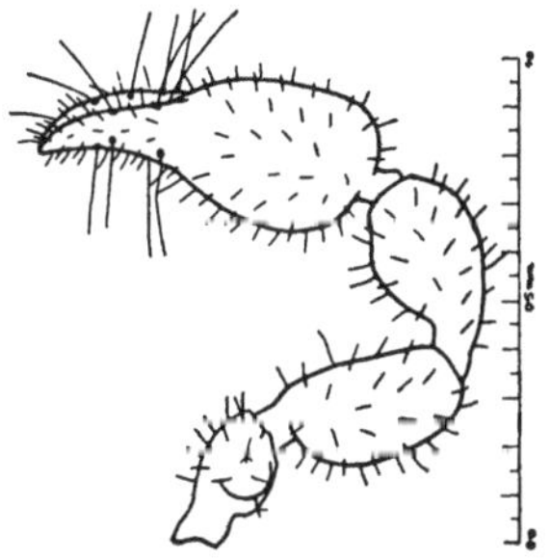

Fig. 103.
Lamprochernes oblongus (Say) Rechte Palpe.

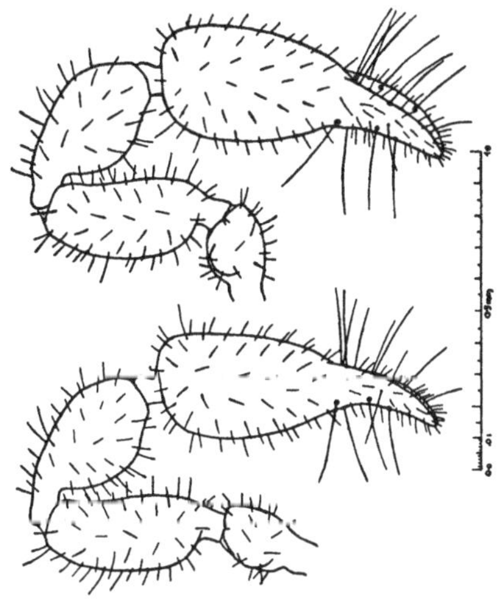

Fig. 104.
Lamprochernes moreoticus (Beier). Linke Palpe von ♂ (oben) und ♀ (unten).

4. **L. moreoticus** (Beier) 1929 *Chelifer (L.) nodosus* var. *m.*, Beier in: SB. Ak. Wien, *v.* 138 p. 445.

Cephalothorax länger als breit, vorn zum Cucullus allmählich verengt, glatt, nur distal an den Seiten schwach granuliert, die Scheibe mit einer deutlichen medianen Querfurche, der Hinterrand mit 10 Marginalborsten. Augenflecke fehlen. Tergite 1, 2, 3 und 11 nicht, die übrigen schmal geteilt. 6—7 Marginalborsten auf jedem Halbtergit. Galea in beiden Geschlechtern mit 6 Seitenästen in der distalen Hälfte. Serrula mit 18—19 Lamellen. Palpen (Fig. 104) ziemlich kräftig, Femur, Tibia und Hand medial fein und zerstreut, aber deutlich granuliert. Trochanterhöcker gerundet. Femur 2,3 bis 2,5 mal, Tibia 2 mal, Schere 2,6—2,8 mal so lang wie breit. Femur und Tibia lateral etwa in der Mitte mit je 2 pseudotaktilen Borsten. Finger bedeutend kürzer als die Hand ohne Stiel, mit Nebenzähnen. Das Tasthaar *st* des beweglichen Fingers bedeutend näher bei *sb* als bei *t* gelegen. Das Tasthaar *it* des festen Fingers von der Fingerspitze weiter entfernt als die Entfernung der Tasthaare *ist* und *isb* voneinander beträgt. Tibia des 4. Beinpaares mit Tasthaar nahe der Mitte. Das Tasthaar des Tarsus IV kaum $^1/_3$ der Gliedlänge von der Basis entfernt. — Körper L. 2 mm; Palpen: ♂ Femur L. 0,57 mm, B. 0,24 mm, Tibia L. 0,55 mm, B. 0,27 mm,

Hand L. 0,63 mm, B. 0,325 mm, Finger L. 0,40 mm; ♀ Femur L. 0,57 mm, B. 0,25 mm, Tibia L. 0,55 mm, B. 0,28 mm, Hand L. 0,67 mm, B. 0,36 mm, Finger L. 0,40 mm.

Südbalkan: Peloponnes.

5. **L. savignyi** (E. Sim.) 1881 *Chelifer S.*, E. Simon in: Bull. Soc. zool. France, *v.* 6 p. 12.

Cephalothorax etwas länger als breit, glatt, die Scheibe mit einer deutlichen medianen und einer kaum sichtbaren basalen Querfurche, der Hinterrand mit 12 Borsten. Augenflecke fehlen. Tergite schmal geteilt. 9 oder 10 Marginalborsten auf jedem Halbtergit. Borsten an Körper und Palpen mäßig lang, fast einfach, nur distal sehr fein gezähnt. Flagellum mit 3 Borsten, die distale einseitig gesägt. Galea ziemlich kurz, gedrungen, stark verzweigt. Serrula mit 17 Lamellen. Palpen (Fig. 105) ziemlich gedrungen, an der Medialseite der Glieder fein gekörnt. Trochanterhöcker gerundet. Femur 2,2 mal, Tibia 2 mal, Schere 2,3 mal so lang wie breit. Hand verhältnismäßig breit. Finger nur wenig kürzer als die Hand ohne Stiel, der feste lateral mit 5, der bewegliche mit 3 Nebenzähnen. Das Tasthaar *st* des beweglichen Fingers etwas näher bei *sb* als bei *t* stehend. Das Tasthaar *it* des festen Fingers von der Fingerspitze deutlich weiter entfernt als die Entfernung zwischen den Tasthaaren *ist* und *isb* beträgt. Das Tasthaar des Tarsus IV kaum $^1/_3$ der Gliedlänge von der Basis entfernt. — Körper L. 2,5 mm; Palpen: Femur L. 0,42 mm, B. 0,19 mm, Tibia L. 0,43 mm, B. 0,22 mm, Hand L. 0,46 mm, B. 0,30 mm, Finger L. 0,37 mm.

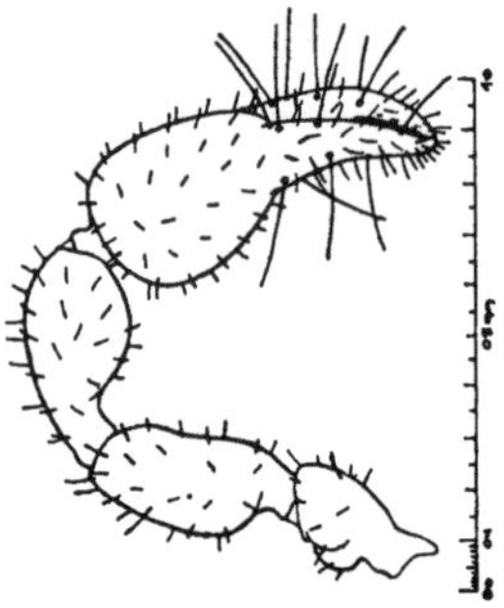

Fig. 105. **Lamprochernes savignyi** (E. Sim.) Linke Palpe ♀.

Nordafrika: Unter-Ägypten.

6. **L. mjöbergi** (Tullg.) 1909 *Chelifer M.*, Tullgren in: Ent. Tidskr., *v.* 30 p. 92 f. 1—3.

Cephalothorax etwas länger als breit, vorn lateral fein granuliert, die Scheibe mit einer deutlichen medianen und einer undeutlichen basalen Querfurche. Augenflecke fehlen. Alle Tergite mit Ausnahme des 11. geteilt. Borsten des Körpers und der Palpen einfach, spitz. Galea kräftig, mit 6 Seitenästen. Flagellum mit 3 Borsten, die distale einseitig gesägt. Serrula mit 17 Lamellen. Palpen etwas kürzer als der Körper, die Medialseite der Glieder fein granuliert. Trochanterhöcker gerundet. Femur etwa 2,5 mal so lang wie breit. Tibia nur wenig breiter als das Femur. Schere etwa 3 mal so lang wie breit. Finger ungefähr so lang wie die Hand ohne Stiel, mit Nebenzähnen. Das Tasthaar des Tarsus IV etwas mehr als $^1/_3$ der Gliedlänge von der Basis des Gliedes entfernt. — Körper L. 2,3 mm; Palpen: Femur L. 0,62 mm, Tibia L. 0,57 mm, Hand L. 0,55 mm, Finger L. 0,43 mm.

Nordeuropa: Schweden.

7. **L. godfreyi** (Kew) 1911 *Chelifer (Chernes) G.*, Kew in: P. Irish Ac., *v.* 29 nr. 2 p. 41 t. 4 f. 2.

Cephalothorax etwas länger als breit, glatt, nur vorn seitlich fein granuliert, die Scheibe mit einer deutlichen medianen und einer undeutlichen basalen Querfurche. Augenflecke undeutlich. Sämtliche Tergite mit Ausnahme des 11. geteilt. Borsten an Körper und Palpen einfach, spitz. Galea schon nahe am Grunde verzweigt. Palpen an der Medialseite der Glieder fein und deutlich granuliert. Finger lateral nur mit einem Nebenzahn. Das Tasthaar des Tarsus IV nur wenig proximal der Mitte des Gliedes gelegen. — Körper L. 1,6 mm.

England.

Unsichere Arten:

L. afrikanus (E. Sim.) 1885 *Chelifer nodosus* var. *a.*, E. Simon in: Expl. Tunisie, Arach. p 49.

Soll sich von *L. nodosus* durch geringere Körpergröße und schmälere, fast parallelseitige Hand unterscheiden. Wahrscheinlich eine eigene Art.

Nordafrika: Tunis.

L. leptaleus (Navas) 1918 *Chelifer l.*, Navas in: Bol. Soc. ent. España, p. 106 f. 2 | 1925 *C. l.*, Navas in: Broteria, *v.* 22 p. 108.

Beschreibung und Abbildung vollkommen ungenügend.

Spanien.

L. procer (E. Sim.) 1878 *Chelifer p.*, E. Simon in: Ann. Soc. ent. France, ser. 5 *v.* 8 p. 150.

Cephalothorax glatt, mit einer tiefen vorderen und einer schwachen basalen Querfurche, diese in der Mitte zwischen der vorderen und dem Hinterrand gelegen. Borsten des Körpers und der Palpen ziemlich lang. Palpen nahezu glatt. Finger kürzer als die Hand. Körper L. 4,2 mm.

Nordafrika: Algerien.

2. Gen. **Lustrochernes** Beier

?1843 *Pelorus* (non *P.* Montfort 1808), C. L. Koch in: C. W. Hahn & C. L. Koch, Arach., *v.* 10 p 59 | 1932 *Lustrochernes*, Beier in: Zool. Anz., *v.* 97 p. 259.

Typus: *Chelifer argentinus* Thorell (durch ursprüngliche Bestimmung).

Cephalothorax länger als breit, glatt, nur distal an den Seiten punktiert, die Scheibe mit einer tiefen medianen und einer schwächeren basalen Querfurche. Tergite geteilt, mitunter die vorderen nicht oder undeutlich. Augenflecke meist deutlich. Borsten des Körpers und der Palpen lang und spitz. Galea stark verzweigt, mitunter schon nahe der Basis in 2 Hauptstämme gegabelt. Flagellum mit 3 Borsten, die distale einseitig gefiedert. Palpen kräftig. Femur, Tibia und Hand mit pseudotaktilen Borsten, nur der

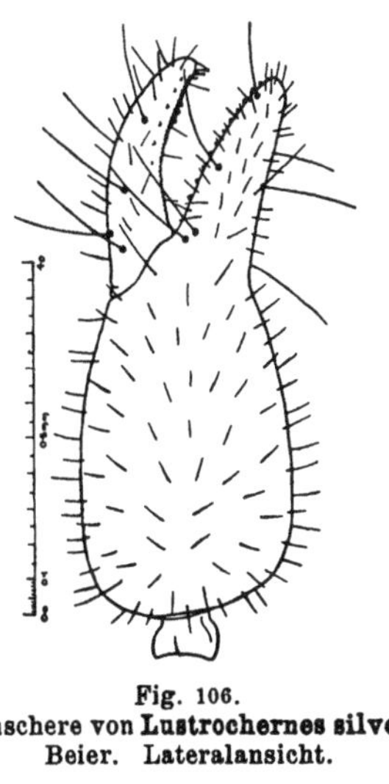

Fig. 106.
Palpenschere von **Lustrochernes silvestrii** Beier. Lateralansicht.

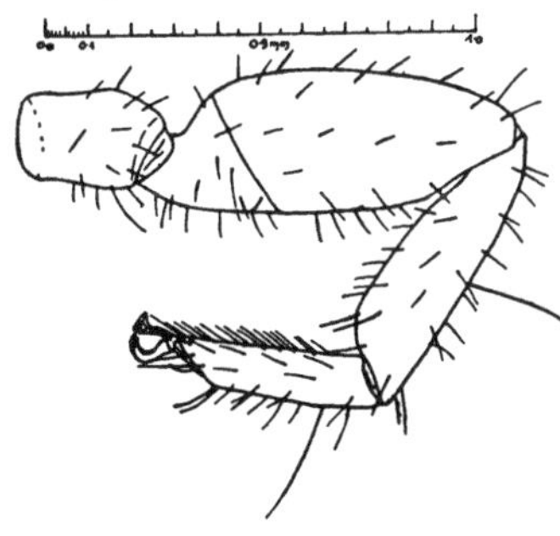

Fig. 107.
Rechtes Hinterbein von **Lustrochernes silvestrii** Beier.

bewegliche Palpenfinger mit Giftapparat und Giftzahn (Fig. 106). Das Tasthaar *it* des festen Fingers von der Fingerspitze nicht weiter entfernt als die Entfernung der Tasthaare *ist* und *isb* voneinander beträgt. Das Tasthaar *st* des beweglichen Fingers näher bei *sb* als bei *t* stehend. Beide Finger mit Nebenzähnen. Beine (Fig. 107) ziemlich gedrungen. Das Tasthaar am Tarsus des 4. Beinpaares zwischen der Basis und der Mitte des Gliedes inseriert. Krallen einfach, ohne Nebenzahn.

Südamerika, Zentralamerika.

11 sichere, 7 unsichere Arten.

Übersicht über die Arten:

1 Beine gedrungener, Tarsus des 4. Paares höchstens 4,5mal so lang wie breit — **2**
Beine schlanker, Tarsus des 4. Paares 4,7—4,9mal so lang wie breit — **12**

2 Palpenfinger höchstens 1,3mal so lang wie die Breite der Hand, meist aber kürzer — **3**
Palpenfinger 1,4—1,5mal so lang wie die Breite der Hand — **11**

3 Tibia des 4. Beinpaares 3,7—4,2mal, Tarsus 3,7—4,3mal so lang wie breit — **4**
Tibia des 4. Beinpaares 4,9mal, Tarsus 4,5mal so lang wie breit . . . . 8. **L. similis** ♀

4 Palpenfemur 1,9—2,1mal so lang wie breit — **5**
Palpenfemur 2,2—2,5mal so lang wie breit — **8**

5 Tarsus des 4. Beinpaares 3,7—3,9mal so lang wie breit; Palpentibia 1,8—1,9mal, jedenfalls nicht ganz 2mal so lang wie breit — **6**
Tarsus des 4. Beinpaares 4,1—4,2mal so lang wie breit; Palpentibia 2—2,1mal so lang wie breit — **7**

6 Beweglicher Finger distal mit Sinnesfeldern; fester Finger lateral mit etwa 12 Nebenzähnen . . . . 1. **L. intermedius**
Beweglicher Palpenfinger distal ohne Sinnesfelder; fester Finger lateral mit etwa 7 Nebenzähnen . . . . 2. **L. subovatus**

7 Schere 2,7mal (♂, ♀) so lang wie breit . . . . 4. **L. communis**
Schere 2,5mal (♂) so lang wie breit . . . . 5. **L. silvestrii** ♂

8 Palpenfemur 2,2—2,3mal so lang wie breit oder wenig länger — **9**
Palpenfemur 2,5mal so lang wie breit . . . . 5. **L. silvestrii** ♀

9 Größere Arten, Femur und Tibia über 1 mm lang; Serrula mit 23—25 Lamellen — **10**
Kleinere Art, Femur und Tibia etwa 0,9 mm lang; Serrula mit 21 Lamellen . . . . 3. **L. ovatus**

10 Palpentibia etwa 2,2mal so lang wie breit; 7 Marginalborsten auf jedem Halbtergit . . . . 6. **L. argentinus**
Palpentibia 2mal so lang wie breit; 8 Marginalborsten auf jedem Halbtergit . . . . 7. **L. surinamus**

11 Finger 1,4mal so lang wie die Breite der Hand; Tibialänge 0,81 mm . . . . 8. **L. similis** ♂
Finger 1,5mal so lang wie die Breite der Hand; Tibialänge 0,65 mm . . . . 9. **L. nitidus**

12 Schere 2,7mal so lang wie breit; Femurlänge 1 mm . . . 10. **L. propinquus**
Schere 2,9mal so lang wie breit; Femurlänge 0,9 mm . . 11. **L. reimoseri**

1. **L. intermedius** (Balzan) 1891 *Chelifer (Lamprochernes) i.*, Balzan in: Ann. Soc. ent. France, *v.* 60 p. 515 t. 9 f. 6 | 1902 *C. rotundatus*, Ellingsen in: Mém. Soc. zool. France, *v.* 15 p. 151 | 1905 *C. (Lamprochernes) intermedius*, Ellingsen in

Boll. Mus. Torino, *v.* 20 nr. 500 p. 8 | 1907 *C. i.*, Tullgren in: Mt. Mus. Hamburg, *v.* 24 p. 52 f. 13a—f | 1908 *C. i.*, With in: Tr. zool. Soc. London, *v.* 18 p. 297 t. 31 f. 27a—d | 1910 *C. (Lamprochernes) i.*, Ellingsen in: Mt. Mus. Berlin, *v.* 4 p. 367 | 1930 *Lamprochernes i*, Beier in: Ann. Wien. Mus., *v.* 44 p. 211.

Cephalothorax länger als breit, glatt, die Scheibe mit einer breiten mittleren und einer undeutlichen basalen Querfurche. Augenflecke wenig deutlich. Tergite mit Ausnahme des 1. und letzten geteilt. Borsten des Körpers und der Palpen lang und spitz. Flagellum mit 3 Borsten, die distale einseitig gesägt. Palpen ziemlich kräftig (Fig. 108), die Medialseite der Glieder fein und nicht besonders deutlich granuliert. Femur, Tibia und Hand mit pseudotaktilen Borsten. Femur des ♂ 1,9 mal, des ♀ 2,1 mal, Tibia des ♂ 1,8 mal, des ♀ 1,9 mal, Schere 2,8 mal so lang wie breit. Beweglicher Finger distal mit Sinnesfeldern. Fester Finger lateral mit etwa 12 Nebenzähnen. Tibia des 4. Beinpaares 3,7 mal, Tarsus 3,9—4,1 mal so lang wie breit. Das Tasthaar des Tarsus ziemlich nahe der Basis des Gliedes gelegen. — Körper L. ♂♀ 3,3—4,4 mm; Palpen: ♂ Femur L. 0,78 mm, B. 0,37 mm, Tibia L. 0,81 mm, B 0,39 mm, Hand L. 0,88 mm, B. 0,47 mm, Finger L. 0,59 mm; ♀ Femur L. 0,92 mm, B. 0,44 mm, Tibia L. 0,94 mm, B. 0,48 mm, Hand L. 1 mm, B. 0,62 mm, Finger L. 0,69 mm.

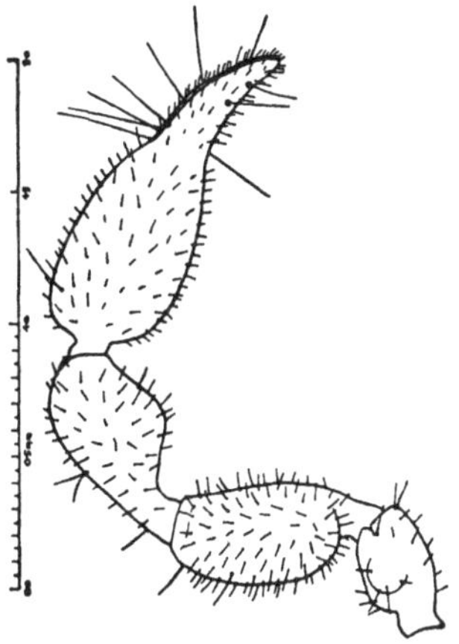

Fig. 108.
Lustrochernes intermedius (Balzan).
Linke Palpe ♂.

Südamerika: Argentinien bis Venezuela.

2. **L. subovatus** (With) 1908 *Chelifer s.*, With in: Tr. zool. Soc. London, *v.* 18 p 294 t. 31 f. 26a—f.

Cephalothorax länger als breit, glatt, die Scheibe mit tiefer mittlerer und ziemlich undeutlicher hinterer Querfurche. Augenflecke ziemlich undeutlich. Tergite mit Ausnahme des 1. und letzten geteilt. Galea distal mit 6 langen Seitenästen. Palpen an der Medialseite der Glieder fein und nicht besonders deutlich granuliert. Femur des ♂ kaum 2 mal, des ♀ 2,1 mal, Tibia des ♂ 1,8 mal, des ♀ 2 mal, Schere des ♂ 2,8 mal, des ♀ 2,7 mal so lang wie breit. Finger des ♂ 1,2 mal, des ♀ 1,1 mal so lang wie die Breite der Hand. Fester Finger medial mit 4, lateral mit 7, beweglicher medial mit 3, lateral mit 10 Nebenzähnen. Tibia und Tarsus des 4. Beinpaares 3,7 mal so lang wie breit. — Körper L. ♂ 2,6 mm, ♀ 3,3 mm; Palpen: ♂ Femur L. 0,71 mm, B. 0,37 mm, Tibia L. 0,74, B. 0,40 mm, Hand L. 0,78 mm, B. 0,48 mm, Finger L. 0,57 mm; ♀ Femur L. 0,76 mm, B. 0,35 mm, Tibia L. 0,78 mm, B. 0,39 mm, Hand L. 0,85 mm, B. 0,51 mm, Finger L. 0,57 mm.

Südamerika: Argentinien.

3. **L. ovatus** (Balzan) 1891 *Chelifer (Lamprochernes) o.*, Balzan in: Ann. Soc. ent. France, *v.* 60 p. 519 t. 9 f. 10 | 1908 *C. o.*, With in: Tr. zool. Soc. London, *v.* 18 p. 296.

Cephalothorax länger als breit, glatt, mit breiter medialer und schwächerer basaler Querfurche, der Hinterrand mit 10 Borsten. Augenflecke groß und deutlich. Tergite mit Ausnahme des 1., 2. und 11. geteilt. 6—7 Marginalborsten auf jedem Halbtergit. 3. Flagellumborste einseitig gefiedert. Serrula mit

21 Lamellen. Galea mit ziemlich langen Seitenästen. Palpen (Fig. 109) kräftig, Femur und Tibia medial deutlich granuliert. Femur in beiden Geschlechtern 2.2 mal, Tibia des ♂ 2 mal, des ♀ 2,1 mal, Schere des ♂ 2,7 mal, des ♀ 2,8 mal so lang wie breit. Finger 1,1 mal so lang wie die Breite der Hand. Tibia und Tarsus des 4. Beinpaares 4 mal so lang wie breit. — Körper L. ♂♀ 3,5 mm; Palpen: ♂ Femur L. 0,96 mm, B. 0,43 mm, Tibia L. 0,94 mm, B. 0,46 mm, Hand L. 1,13 mm, B. 0,59 mm, Finger L. 0,65 mm; ♀ Femur L. 0,88 mm, B, 0,37 mm, Tibia L. 0,86 mm, B. 0,40 mm, Hand L. 1,03 mm, B. 0,52 mm, Finger L. 0,59 mm.

Südamerika: Venezuela bis Paraguay.

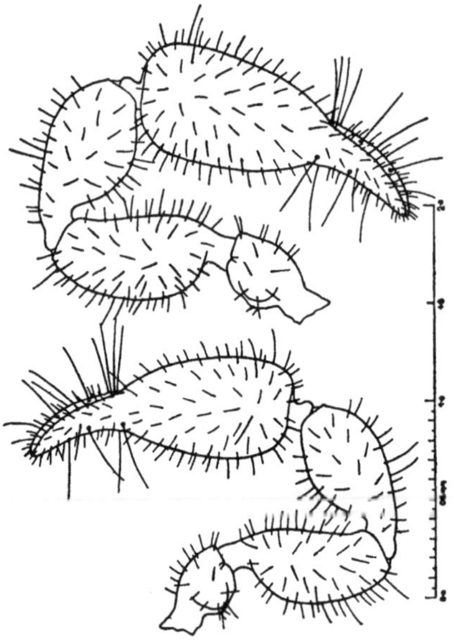

Fig. 109.
Lustrochernes ovatus (Balzan). Palpen von ♂ und ♀.

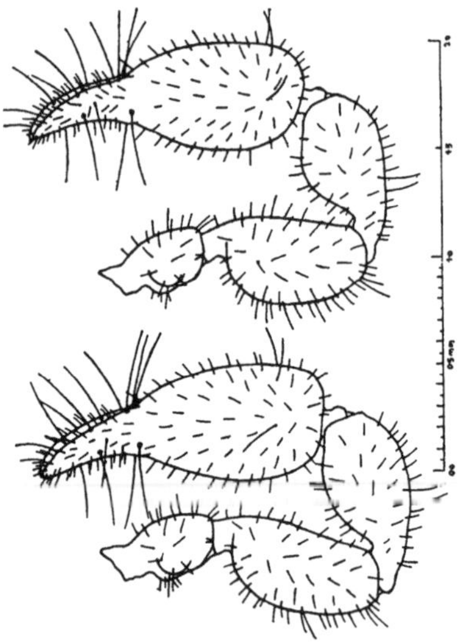

Fig. 110.
Lustrochernes communis (Balzan). Palpen von ♂ und ♀.

4. **L. communis** (Balzan) 1890 *Chelifer c.*, Balzan in: Ann. Mus. Genova, ser. 2 *v.* 9 p. 416 t. 13 f. 4 | 1891 *C.* (*Lamprochernes*) *c.*, Balzan in: Ann. Soc. ent. France, *v.* 60 p 548 | 1905 *C.* (*L.*) *c.*, Ellingsen in: Boll. Mus. Torino, *v.* 20 nr. 500 p. 10 | 1908 *C. c.*, With in: Tr. zool. Soc. London, *v.* 18 p. 299 t. 31 f. 28a—g.

Cephalothorax länger als breit, glatt, die Scheibe mit breiter und tiefer medianer und schwacher basaler Querfurche. Hinterrand mit 12 Borsten. Augenflecke deutlich. Sämtliche Tergite geteilt, nur beim ♀ das 1. nicht. 7 Marginalborsten auf jedem Halbtergit. 3. Flagellumborste einseitig gefiedert. Serrula mit 23 Lamellen, die 4 basalen lang. Galea mit 6 Seitenästen und einem langen, einfach gegabelten subbasalen Zweig, welcher $^2/_3$ der Galealänge erreicht. Palpen (Fig. 110) kräftig; das Femur medial, ziemlich dicht und deutlich, die Tibia weitläufiger, die Hand an der Fingerbasis dicht granuliert. Femur des ♂ 1,9—2 mal, des ♀ 2,1 mal, Tibia des ♂ 2 mal, des ♀ 2,1 mal, Schere des ♂ und des ♀ 2,7 mal so lang wie breit. Finger 1,2 mal so lang wie die Breite der Hand, medial mit je 3, lateral mit je 10 Nebenzähnen. Tibia des 4. Beinpaares 3,9 mal, Tarsus 4,2 mal so lang wie breit. — Körper L. ♂ 3,5 mm, ♀ 4—4,5 mm; Palpen: ♂ Femur L 0,80 mm, B. 0,40 mm, Tibia L. 0,82 mm, B. 0,40 mm, Hand L. 0,95 mm,

B. 0,50 mm, Finger L. 0,58 mm; ♀ Femur L. 0,84 mm, B. 0,39 mm, Tibia L. 0,86 mm, B. 0,41 mm, Hand L. 1,00 mm, B. 0,54 mm, Finger L. 0,60 mm.

Südamerika: Argentinien, Paraguay, Brasilien, Surinam.

5. **L. silvestrii** Beier 1932 *L. s.*, Beier in: Zool. Anz., *v.* 97 p. 260.

Cephalothorax länger als breit, glatt, an den Seiten sehr fein chagriniert, die mediane Querfurche breit und tief, die basale flach und undeutlich, der Hinterrand mit 10 Borsten. Augenflecke groß, deutlich. Tergite mit Ausnahme des 11. geteilt, das 1. jedoch unvollständig. 6—7 Marginalborsten auf jedem Halbtergit. 3. Flagellumborste spärlich gefiedert. Serrula mit 23 Lamellen, die beiden basalen lang. Galea nahe der Mitte in 2 Hauptstämme gespalten und dann weiterhin stark verzweigt. Palpen (Fig. 111) kräftig, das Femur des ♂ medial fein granuliert, das des ♀ fast glatt, nur basal sehr fein granuliert. Femur des ♂ 2,0 mal, des ♀ 2,5 mal, Tibia des

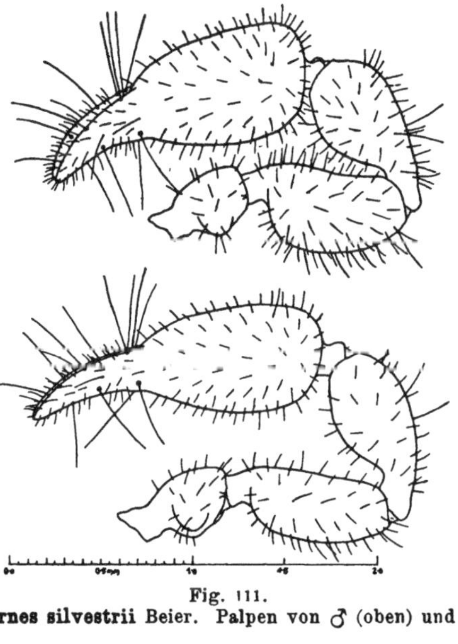

Fig. 111.
Lustrochernes silvestrii Beier. Palpen von ♂ (oben) und ♀ (unten).

♂ 2 mal, des ♀ 2,3 mal, Schere des ♂ 2,5 mal, des ♀ 2,8 mal so lang wie breit. Finger 1,1—1,3 mal so lang wie die Breite der Hand. Fester Finger medial mit 4, lateral mit 12, beweglicher medial mit 6—7, lateral mit 6 Nebenzähnen. Tibia des 4. Beinpaares 3,8 mal, Tarsus 4,1 mal so lang wie breit. — Körper L. ♂ 2,5—3,3 mm, ♀ 3,3—3,5 mm; Palpen: ♂ Femur L. 0,88 mm, B. 0,43 mm, Tibia L. 0,92 mm, B. 0,45 mm, Hand L. 1,06 mm, B. 0,60 mm, Finger L. 0,66 mm; ♀ Femur L. 0,91 mm, B. 0,36 mm, Tibia L. 0,93 mm, B. 0,41 mm, Hand L. 1,11 mm, B. 0,57 mm, Finger L. 0,73 mm.

Zentralamerika: Costarica.

6. **L. argentinus** (Thorell) 1877 *Chelifer a.*, Thorell in: Period. zool., *v.* 2 p. 216 | 1888 *C. capreolus*, Balzan, Chernet. S.-Amer., *v.* 3 (nicht paginiert) | 1890 *C. argentinus*, Balzan in: Ann. Mus. Genova, ser. 2 *v.* 9 p 414 t. 13 f. 3 | 1891 *C. (Lamprochernes) a.*, Balzan in: Ann. Soc. ent. France, *v.* 60 p. 516 t. 9 f. 7 | 1905 *C. (L.) a.*, Ellingsen in: Boll. Mus. Torino, *v.* 20 nr. 500 p. 6 | 1905 *C. (L.) a.*, Ellingsen in: Zool. Anz., *v.* 29 p. 324 | 1907 *C. a.*, Tullgren in: Mt. Mus. Hamburg, *v.* 24 p. 51 f. 12a—f | 1908

C. a. (part.), With in: Tr. zool. Soc. London, *v.* 18 p 307 f. 74—77 t. 31 f. 31a—f | 1910 *C. (Lamprochernes) a.*, Ellingsen in: Mt. Mus. Berlin, *v.* 4 p. 363 | 1930 *Lamprochernes a*, Beier in: Ann. Wien Mus., *v.* 44 p 211.

Cephalothorax länger als breit, glatt, nur seitlich sehr fein und kaum sichtbar granuliert. Die vordere Querfurche tief, die hintere schwächer. Der Hinterrand mit 12 Borsten. Augenflecke vorhanden. Tergit 1 nicht oder unvollständig geteilt. 7 Marginalborsten auf jedem Halbtergit. Palpen (Fig. 112) kräftig, Femur und Tibia medial fein granuliert. Femur in beiden Geschlechtern 2,2 mal, Tibia des ♂ 2,1—2,2 mal, des ♀ 2,2 mal, Schere des ♂ 2,5 mal, des ♀ 2,6—2,7 mal so lang wie breit. Finger 2,2—2,3 mal so lang wie die Breite der Hand. Flagellum mit 3 Borsten, die distale einseitig gefiedert. Serrula mit 24—25 Lamellen. Galea nahe vom Grunde in 2 Hauptstämme gespalten, diese wiederum verzweigt. Tibia des 4. Beinpaares 4,2 mal, Tarsus 4,3 mal so lang wie breit. — Körper L. ♂ 3,7—4 mm, ♀ 4—5 mm; Palpen: ♂ Femur L. 1,06 mm, B. 0,47 mm, Tibia L. 1,07 mm, B. 0,48 mm, Hand L. 1,09 mm, B. 0,66 mm, Finger L. 0,87 mm; ♀ Femur L. 1,05 mm, B. 0,44 mm, Tibia L. 1,08 mm, B. 0,47 mm, Hand L. 1,23 mm, B. 0,66 mm, Finger L. 0,76 mm.

Südamerika: Von Argentinien und Paraguay bis Venezuela; Westindien.

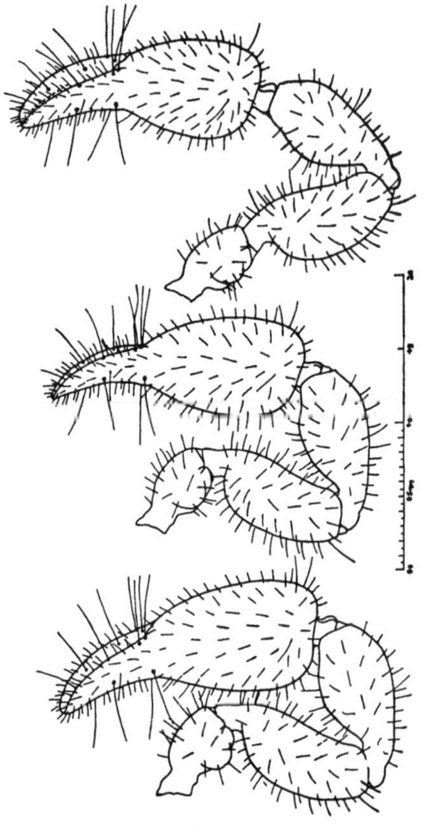

Fig. 112.
Lustrochernes argentinus (Thorell). Palpe von ♂ (oben) und ♀ (Mitte und unten).

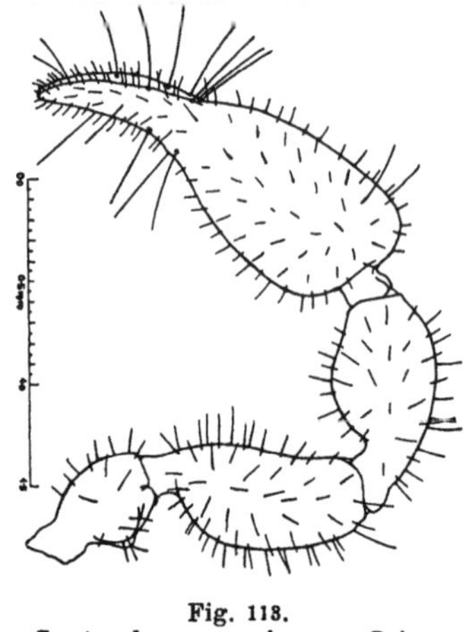

Fig. 113.
Lustrochernes surinamus Beier. Rechte Palpe ♀.

7. **L. surinamus** Beier 1932 *L. s.*, Beier in: Zool. Anz., *v.* 97 p. 261.

Cephalothorax länger als breit, glatt, nur seitlich sehr fein, kaum sichtbar granuliert, die mittlere Querfurche ziemlich flach, die hintere schwach, der Hinterrand mit 10 Borsten. Augenflecke erkennbar. Die 3 vordersten Tergite nicht geteilt. 8 Marginalborsten auf jedem Halbtergit. 3. Flagellumborste dicht gesägt. Serrula mit 23 Lamellen. Galea mit 4 Seitenzweigen und einem subbasalen, nicht verzweigten, fast die Länge der Galea erreichenden Seitenast. Palpen (Fig. 113) kräftig, Trochanter lateral, Femur und Tibia medial sehr fein und nicht dicht granuliert. Femur 2,2 mal, Tibia 2 mal, Schere 2,6 mal so lang wie breit. Finger 1,2—1,3 mal so lang wie die Breite der Hand. Fester Finger medial mit 3, lateral mit etwa 16, beweglicher medial mit 4, lateral mit 5 Nebenzähnen. Fester Finger mit etwa 56, beweglicher mit etwa 58 Zähnen. Tibia des 4. Beinpaares 3,8 mal, Tarsus 3,8 mal so lang wie breit. — Körper L. ♀ 4,5 mm; Palpen: Femur L. 1,1 mm, B. 0,49 mm, Tibia L. 1,07 mm, B. 0,52 mm, Hand L. 1,31 mm, B. 0,70 mm, Finger L. 0,83 mm.

Südamerika: Surinam.

8. **L. similis** (Balzan) 1891 *Chelifer (Lamprochernes) s.*, Balzan in: Ann. Soc. ent. France, *v.* 60 p. 517 t. 9 f. 8 | 1908 *C. s.*, With in: Tr. zool. Soc. London, *v.* 18 p. 305 t. 31 f. 30a—f.

Cephalothorax deutlich länger als breit, glatt, nur seitlich sehr fein granuliert, die vordere Querfurche breit und deutlich, die hintere nicht besonders deutlich. Augenflecke groß, deutlich. Galea nahe der Mitte in 2, wiederum verzweigte Stämme gegabelt. Palpen (Fig. 114) kräftig, die Medialseite der Glieder fein und nicht besonders deutlich granuliert. Femur des ♂ 2,3 mal, des ♀ 2,4 mal, Tibia des ♂ 2,1 mal, des ♀ 2,2—2,3 mal, Schere 2,8 mal so lang wie breit. Finger 2,3—2,4 mal so lang wie die Breite der Hand, der feste medial mit 5, lateral mit 15, der bewegliche medial mit 3, lateral mit 15 Nebenzähnen. Tergite 1 und 11 nicht geteilt. 7—9 Marginalborsten auf jedem Halbtergit. Tibia des 4. Beinpaares 4,7—4,9 mal, Tarsus 4,5 mal so lang wie breit. — Körper L. ♂ 3,0 mm, ♀ 3,6 mm; Palpen: ♂ Femur L. 0,80 mm, B. 0,34 mm, Tibia L. 0,81 mm, B. 0,39 mm, Hand L. 0,85 mm, B. 0,51 mm, Finger L. 0,74 mm; ♀ Femur L. 0,85 mm, B. 0,35 mm, Tibia L. 0,85 mm, B. 0,38 mm, Hand L. 1,03 mm, B. 0,51 mm, Finger L. 0,62 mm.

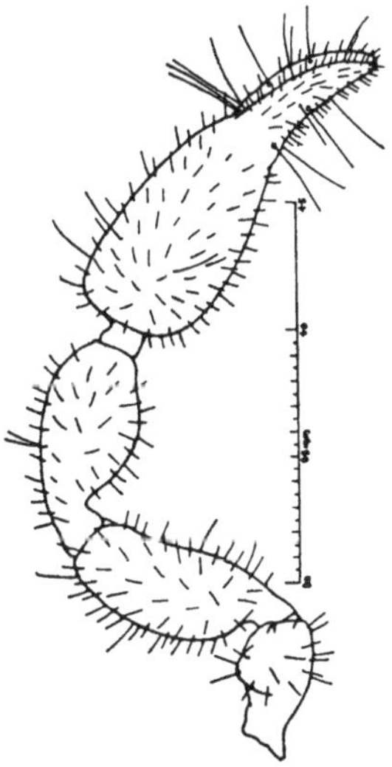

Fig. 114. **Lustrochernes similis** (Balzan). Linke Palpe ♀.

Südamerika: Brasilien.

9. **L. nitidus** (Ellingsen) 1902 *Chelifer (Lamprochernes) n.*, Ellingsen in: Mém. Soc. zool. France, *v.* 15 p. 155 | 1905 *C. (L.) n.*, Ellingsen in: Zool. Anz., *v.* 29 p. 324 | 1908 *C. n.*, With in: Tr. zool. Soc. London, *v.* 18 p. 303 t. 31 f. 29a—b.

Cephalothorax etwas länger als breit, glatt, mit deutlicher medianer und undeutlicher basaler Querfurche. Augenflecke deutlich. 6 Marginalborsten auf jedem Halbtergit. Galea mit 5 Seitenästen. Palpen glatt. Femur 2,4 mal, Tibia 2,2 mal, Schere mit Stiel 3,3 mal so lang wie breit. Finger 1,5 mal so lang wie die Breite der Hand. Hand 1,2 mal so lang wie die Finger. Fester Finger medial mit 2, beweglicher nur mit einem Nebenzahn. — Körper L. ♀ 3 mm; Palpen: Femur L. 0,65 mm, B. 0,26 mm, Tibia L. 0,65 mm, B. 0,28 mm, Hand L. 0,71 mm, B. 0,40 mm, Finger L. 0,60 mm.

Südamerika: Ekuador.

10. **L. propinquus** Beier 1908 *Chelifer argentinus* (part.), With in: Tr. zool. Soc. London, *v.* 18 p. 307 | 1910 *C. (Lamprochernes) ovatus*, Ellingsen in: Mt. Mus. Berlin, *v.* 4 p 368 | 1932 *Lustrochernes propinquus*, Beier in: Zool. Anz., *v.* 97 p. 261.

Cephalothorax länger als breit, glatt, die mediane Querfurche tief, die basale schwächer. Augenflecke vorhanden. Tergite nur schmal geteilt. Flagellum mit 3 Borsten, die distale einseitig gefiedert. Serrula mit 23 Lamellen. Galea stark verzweigt. Palpen (Fig. 115) ziemlich blaß rotbraun, glatt, nur Femur und Tibia medial undeutlich granuliert. Femur 2,6 mal, Tibia 2,4 mal, Schere 2,7 mal so lang wie breit. Finger 1,4 mal so lang wie die Breite der Hand. Tibia des 4. Beinpaares 4,3 mal, Tarsus 4,9 mal so lang wie breit. — Körper L. ♀ 4,0 mm; Palpen: Femur L. 1,05 mm, B. 0,41 mm, Tibia L. 1,08 mm, B. 0,45 mm, Hand L. 1,18 mm, B. 0,67 mm, Finger L. 0,95 mm.

Südamerika: Venezuela.

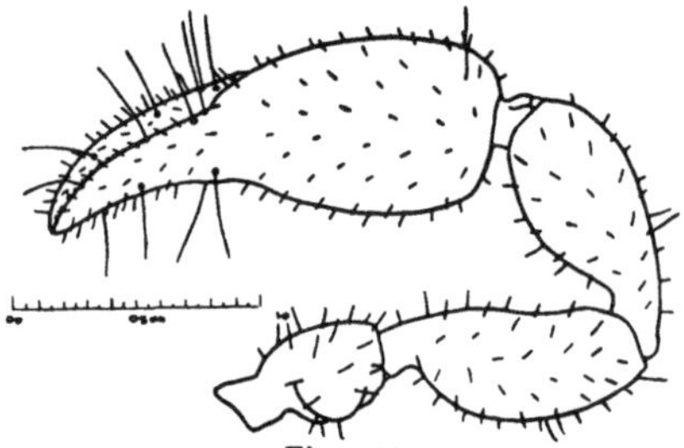

Fig. 115.
Lustrochernes propinquus Beier.
Rechte Palpe ♀.

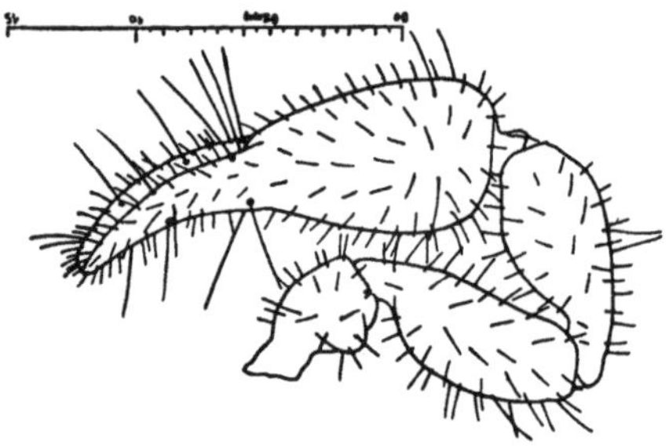

Fig. 116.
Lustrochernes reimoseri Beier.
Rechte Palpe ♂.

11. **L. reimoseri** Beier 1932 *L. r.*, Beier in: Zool. Anz., *v.* 97 p. 261.

Cephalothorax etwas länger als breit, mit deutlicher, breiter, medianer, schwacher basaler Querfurche, vor der 1. Querfurche beim Männchen seitlich fein, aber deutlich granuliert, beim Weibchen fast glatt. Augenflecke undeutlich. Integument ziemlich hell rotbraun. Tergite 1 und 11 nicht, 2 und 3 schmal geteilt. 7 Marginalborsten auf jedem Halbtergit. Flagellum mit 3 Borsten, die distale dicht gefiedert. Serrula mit 24—25 Lamellen. Galea des ♂ im ersten Drittel in 3 fast gleichlange Äste geteilt, die des ♀ mit 2 stark verzweigten Hauptstämmen. Palpen (Fig. 116) kräftig, die Medialseite der Glieder fein, aber deutlich granuliert. Femur in beiden Geschlechtern 2,6 mal, Tibia des ♂ 2,3 mal, des ♀ 2,2 mal, Schere des ♂ 2,8—2,9 mal, des ♀ 3,2 mal so lang wie breit. Finger 1,4 mal so lang wie die Breite der Hand. Tibia des 4. Beinpaares 4,8 mal, Tarsus 4,8—4,9 mal so lang wie breit. — Körper L. ♂ 2,5 mm, ♀ 3,0 mm; Palpen: ♂ Femur L. 0,89 mm, B. 0,35 mm, Tibia L. 0,92 mm, B. 0,40 mm, Hand L. 1,03 mm, B. 0,56 mm, Finger L. 0,80 mm; ♀ Femur L. 0,97 mm, B. 0,38 mm, Tibia L. 0,96 mm, B. 0,43 mm, Hand L. 1,05 mm, B. 0,51 mm, Finger L. 0,82 mm.

Zentralamerika: Costarica.

Unsichere Arten:

L. brasiliensis (Daday) 1889 *Chernes b.*, Daday in: Termész. Füzetek, *v.* 12 p. 23—24 t. 2 f. 5, 15 | 1908 *Chelifer b.*, With in: Tr. zool. Soc. London, *v.* 18 p. 296.

Cephalothorax glatt und glänzend, mit einer deutlichen medianen Querfurche. Galea stark verzweigt. Palpentibia medial ziemlich stark konvex, kürzer als die Hand, welche fast so lang ist wie die Finger.

Brasilien.

L. acuminatus (E. Sim.) 1878 *Chelifer a.*, E. Simon in: Ann. Soc. ent. France, ser. 5 *v.* 8 p. 156.

Cephalothorax glatt und glänzend, mit tiefer medianer und schwacher basaler Querfurche. Tergite glatt, mit einfachen langen Borsten. Palpenglieder sehr fein und wenig deutlich chagriniert. Finger fast um die Hälfte kürzer als die Hand.

Südliches Nordamerika: Kalifornien.

L. floridanus (Tullg.) 1900 *Atemnus f.*, Tullgren in: Ent. Tidskr, *v.* 21 p. 153 f. 1.

Cephalothorax deutlich länger als breit, ohne deutliche Querfurchen. Augenflecke deutlich. Die 5 vorderen Abdominaltergite nicht geteilt. 5 Marginalborsten auf jedem Halbtergit. Flagellum mit 3 Borsten, die distale einseitig gezähnt. Galea mit 6 Seitenästen. Palpen kürzer als der Körper, sehr fein granuliert. Femur etwa 2 mal so lang wie breit. Finger kürzer als die Hand. — Körper L. 4 mm; Palpen: Femur L. 0,64 mm, B. 0,35 mm, Tibia L. 0,68 mm, B. 0,40 mm, Hand L. 0,82 mm, B. 0,51 mm, Finger L. 0,62 mm.

Südliches Nordamerika: Florida.

L. rufimanus (C. L. Koch) 1843 *Pelorus r.*, C. L. Koch in: C. W. Hahn & C. L. Koch, Arach., *v.* 10 p. 59 t. 342 f. 793.

Integument glatt, glänzend, der Cephalothorax mit 2 deutlichen Querfurchen. Augenflecke vorhanden. Borsten an Körper und Palpen spitz. — Körper L. 3 mm.

Brasilien.

L. ariditatis (Chamb.) 1923 *Chelanops a.*, Chamberlin in: P. Calif. Ac., ser. 4 *v.* 12 p. 380 t. 1 f. 8, t. 3 f. 1, 2, 28.

Cephalothorax nahezu glatt. Tergite mit etwa 16 Marginalborsten. Palpen fein granuliert. Finger beim Männchen so lang, beim Weibchen kürzer als die Hand ohne Stiel. Tarsus des 4. Beinpaares mit einem Tasthaar nahe der Basis des Gliedes. — Körper L. ♂ 3—3,2 mm, ♀ 4 mm.

Nordamerika: Niederkalifornien.

L. gracilis (Banks) 1909 *Atemnus g.*, N. Banks in: J. N. York ent. Soc., *v.* 17 p. 146.

Beschreibung ungenügend. — Körper L. 2 mm.

Nordamerika: Mexiko.

L. pennsylvanicus (Ellingsen) 1910 *Chelifer communis* var. *p.*, Ellingsen in: Mt. Mus. Berlin, *v.* 4 p. 366.

Soll sich von *communis* durch geringere Körpergröße und verhältnismäßig kräftigere Palpenhand unterscheiden.

Pennsylvanien.

3. Gen. **Gomphochernes** Beier

1932 *G.*, Beier in: Zool. Anz., *v.* 97 p. 262.

Typus: *Chelifer depressimanus* With (durch ursprüngliche Bestimmung).

Cephalothorax länger als breit, glatt, mit deutlicher medianer und undeutlicher basaler Querfurche. Augenflecke vorhanden. Die vordersten Tergite undeutlich geteilt. Borsten des Cephalothorax und der Palpen lang, spitz. Flagellum mit 3 Borsten, die distale einseitig fein gesägt. Palpen mäßig kräftig, teilweise granuliert, Femur, Tibia und Hand mit pseudotaktilen Borsten. Nur der bewegliche Finger mit Giftapparat und Giftzahn.

Das Tasthaar *it* des festen Fingers von der Fingerspitze deutlich oder bedeutend weiter entfernt als die Entfernung der Tasthaare *ist* und *isb* voneinander beträgt. Die Tasthaare *est* und *ist* proximal der Fingermitte gelegen. Das Tasthaar *st* des beweglichen Fingers etwas näher bei *sb* als bei *t*. Beide Finger mit Nebenzähnen. Beine ziemlich gedrungen. Das Tasthaar am Tarsus des 4. Beinpaares zwischen der Basis und der Mitte des Gliedes gelegen. Klauen mit Nebenzahn.

Südliches Südamerika.

2 Arten.

Übersicht über die Arten:

1 { Schere gedrungener, ohne Stiel 2,5mal so lang wie breit; Finger 1,1mal so lang wie die Breite der Hand . . 1. **G. depressimanus**
Schere schlanker, ohne Stiel 2,8mal so lang wie breit; Finger 1,2—1,3mal so lang wie die Breite der Hand . 2. **G. perproximus** }

1. **G. depressimanus** (With) 1908 *Chelifer d.*, With in: Tr. zool. Soc. London, *v.* 18 p. 319 t. 31 f. 35a—d.

Cephalothorax deutlich länger als breit, vollkommen glatt, mit breiter und tiefer medianer und undeutlicher basaler Querfurche. Augenflecke undeutlich. Hinterrand des Cephalothorax mit 8 Borsten. Tergit 1 und 11 nicht, 2 unvollständig geteilt. 4—5 Marginalborsten auf jedem Halbtergit. Serrula mit 19 Lamellen. Flagellum mit 3 Borsten, die 3. einseitig fein gesägt. Galea in der Mitte mit einem langen und einem kurzen, distal mit 4 Seitenästen. Palpen (Fig. 117) mäßig kräftig, der Trochanter lateral, das Femur medial fein und wenig deutlich granuliert. Femur 2—2,2mal, Tibia 1,9 bis 2mal, Schere 2,5mal so lang wie breit. Finger 1,1mal so lang wie die Breite der Hand, medial mit je einem einzigen Nebenzahn. Femur des 4. Beinpaares 2,6mal, Tibia 3,3mal, Tarsus 3,6mal so lang wie breit. Vordere Kralle des 1. Beinpaares mit kleinem, hintere mit großem, medialen Nebenzahn. Vordere Kralle des 4. Beinpaares fast ohne, hintere mit kräftigem, dicken Nebenzahn. — Körper L. ♀ 2,9 mm; Palpen: Femur L. 0,60 mm, B. 0,27 mm, Tibia L. 0,62 mm, B. 0,31 mm, Hand L. 0,72 mm, B. 0,39 mm, Finger L. 0,43 mm.

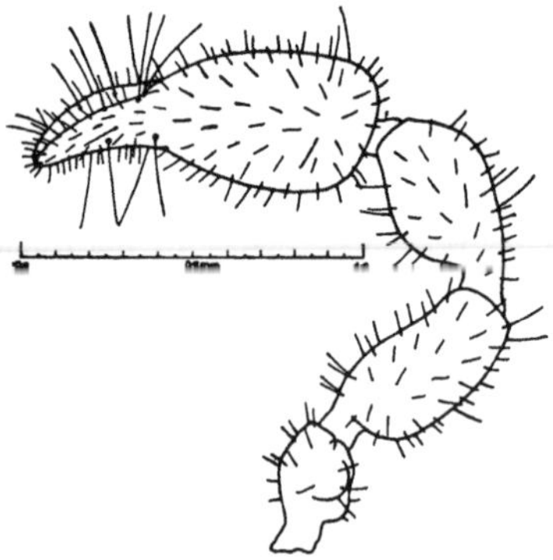

Fig. 117.
Gomphochernes depressimanus (With).
Rechte Palpe ♀.

Südliches Südamerika: Uruguay, Paraguay.

2. **G. perproximus** Beier 1932 *G. p.*, Beier in: Zool. Anz., *v.* 97 p. 262.

Cephalothorax deutlich länger als breit, glatt, mit breiter medianer und undeutlicher basaler Querfurche. Augenflecke vorhanden, jedoch nicht besonders deutlich. Tergite 1 und 11 nicht geteilt. 4—5 Marginalborsten auf jedem Halbtergit. Serrula mit 19 Lamellen. Flagellum mit 3 Borsten, die 3. einseitig fein gefiedert. Galea in der Mitte mit einem langen und einem kurzen, am Ende mit 4 Seitenästen. Palpen (Fig. 118) etwas schlanker als bei der vorigen Art, der Trochanter lateral, das Femur medial deutlich granuliert. Femur des Männchens 2,2mal, des Weibchens 2,3mal so lang wie breit, daher schlanker als bei der vorigen Art. Tibia in beiden Geschlechtern 2,1 mal so lang wie breit. Schere 2,8 mal so lang wie breit. Finger verhältnismäßig länger als bei *depressimanus*, 1,2—1,3 mal so lang wie die Breite der Hand. Femur des 4. Beinpaares 2,6 mal, Tibia 3,1 mal, Tarsus 3,6 mal so lang wie breit. Vordere Kralle des 1. Beinpaares mit sehr kleinem, hintere mit großem Nebenzahn. Vordere Kralle des 4. Beinpaares fast einfach, hintere beim ♂ mit spitzem, beim ♀ mit stumpfem medialem

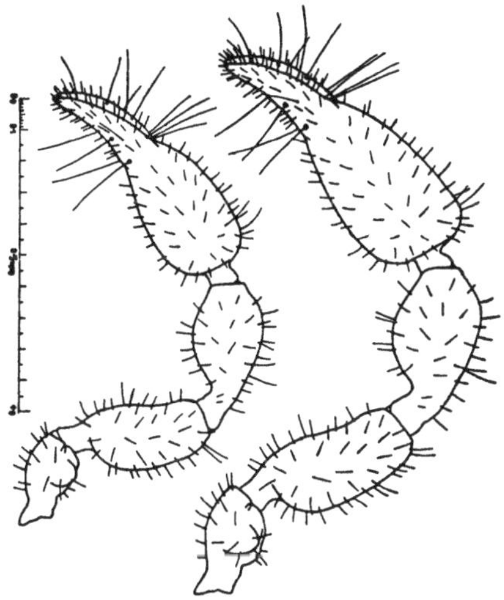

Fig. 118.
Gomphochernes perproximus Beier. Linke Palpe von ♂ und ♀.

Nebenzahn. — Körper L. ♂ 2 mm, ♀ 2,9 mm; Palpen: ♂ Femur L. 0,47 mm, B. 0,21 mm, Tibia L. 0,48 mm, B. 0,23 mm, Hand L. 0,52 mm, B. 0,27 mm, Finger L. 0,37 mm; ♀ Femur L. 0,56 mm, B. 0,24 mm, Tibia L. 0,56 mm, B. 0,28 mm, Hand L. 0,64 mm, B. 0,33 mm, Finger L. 0,40 mm.

Südliches Südamerika: Paraguay.

4. Gen. **Mesochernes** Beier

1932 *M.*, Beier in: Zool. Anz., *v.* 97 p 263.

Typus: *Mesochernes gracilis* Beier (durch ursprüngliche Bestimmung).

Habituell zwischen *Lustrochernes* und *Cordylochernes* stehend. Cephalothorax etwas länger als breit, glatt, höchstens an den Seiten fein granuliert, mit tiefer medianer und mehr oder weniger deutlicher basaler Querfurche. Augenflecke vorhanden. Tergite mit Ausnahme der vordersten und des letzten geteilt. Flagellum mit 3 Borsten, die distale einseitig gefiedert. Galea meist stark verzweigt. Palpen kräftig, teilweise granuliert. Femur 2,6—3 mal so lang wie breit. Tibia des ♂ ohne medio-dorsalen Höcker. Finger ziemlich lang. Das Tasthaar *it* des festen Fingers von der Fingerspitze weniger weit entfernt als die Entfernung der Tasthaare *ist* und *isb* voneinander beträgt. Das Tasthaar *st* des beweglichen Fingers bedeutend näher bei *sb* als bei *t*, welch letzteres ziemlich weit distal gelegen ist. Beine schlank, Tibia und Tarsus des 4. Paares mehr als 5 mal so lang wie breit. Krallen einfach, ohne Nebenzahn.

Zentralamerika und nördliches Südamerika.

4 Arten.

Übersicht über die Arten:

1 { Palpenfemur 2,6mal so lang wie breit — 2
Palpenfemur 2,9—3mal so lang wie breit — 3

2 { Palpentibia 2,3mal so lang wie breit; Finger 1,2mal so lang wie die Breite der Hand . . . . 1. **M. costaricensis**
Palpentibia 2,5mal so lang wie breit; Finger 2,6mal so lang wie die Breite der Hand . . . . 2. **M. gracilis**

3 { Galea stark verzweigt; Tibialstiel ziemlich lang . . . . . 3. **M. venezuelanus**
Galea nur distal mit einfachen Nebenästen; Tibialstiel ziemlich kurz . . . . 4. **M. elegans**

1. **M. costaricensis** Beier 1932 *M. c.*, Beier in: Zool. Anz., *v.* 97 p. 263.

Cephalothorax etwas länger als breit, glatt, auch vorn seitlich nicht deutlich granuliert, mit tiefer medianer und ebenfalls deutlicher basaler Querfurche, vor der medianen und hinter der basalen Querfurche mit kurzem medianen Längseindruck. Augenflecke groß, deutlich. Tergite mit Ausnahme des 1. und 11. geteilt. 7 Marginalborsten auf jedem Halbtergit. Flagellum mit 3 Borsten, die 3. einseitig gezähnt. Serrula mit 26 Lamellen. Galea schon nahe dem Grunde in 2 Hauptstämme geteilt, diese wiederum stark verzweigt. Palpen (Fig. 119) kräftig, jedoch ziemlich schlank, Femur und Tibia medial fein, aber sehr deutlich und ziemlich dicht granuliert. Dorsaler Trochanterhöcker stark vorragend. Femur 2,6mal, Tibia 2,3mal, Schere 2,5mal so lang wie breit. Finger 1,2mal so lang wie die Breite der Hand, mit ziemlich zahlreichen Nebenzähnen. Das Tasthaar *st* des beweglichen Fingers fast 3mal so weit von *t* wie von *sb* entfernt. Beine schlank, Femur des 4. Paares 3,4mal, Tibia 5,5mal, Tarsus 5,5mal so lang wie breit. Krallen einfach. — Körper L. ♀ 4,2 mm; Palpen: Femur L. 1,28 mm, B. 0,52 mm, Tibia L. 1,31 mm, B. 0,56 mm, Hand L. 1,42 mm, B. 0,87 mm, Finger L. 1,06 mm.

Zentralamerika: Costarica.

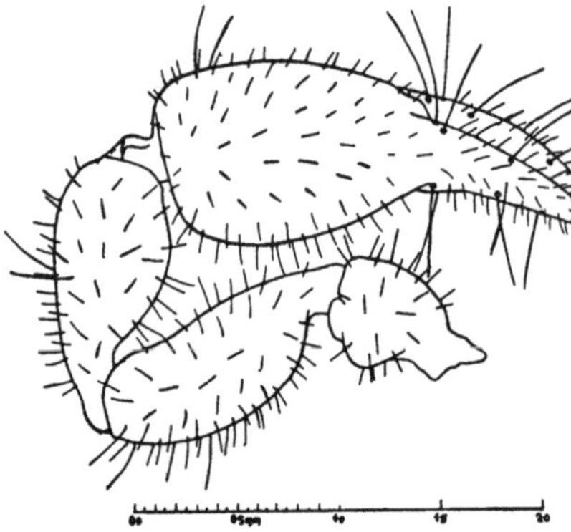

Fig. 119.
Mesochernes costaricensis Beier. Linke Palpe ♀.

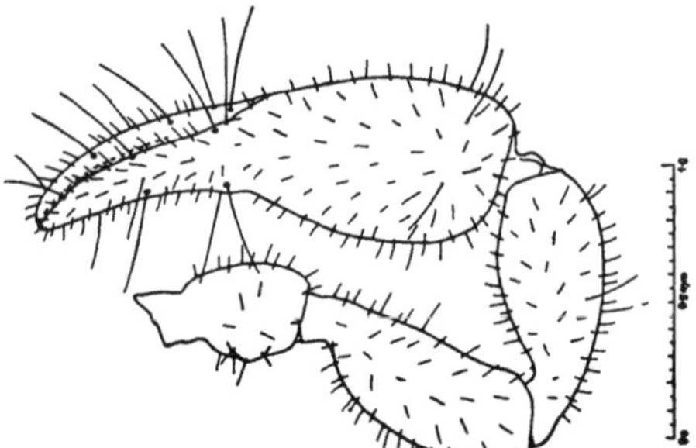

Fig. 120.
Mesochernes gracilis Beier. Rechte Palpe ♀.

2. **M. gracilis** Beier 1932 *M. g.*, Beier in: Zool. Anz., *v.* 97 p. 264.

Cephalothorax etwas länger als breit, glatt, auch vorn seitlich nicht deutlich granuliert, mit tiefer medianer und undeutlicher basaler Querfurche, vor der mittleren und hinter der basalen Querfurche mit deutlichem medianen Längseindruck. Augenflecke groß, deutlich. Tergite schmal und wenig deutlich geteilt. 6 Marginalborsten auf jedem Halbtergit. Flagellum mit 3 Borsten, die distale einseitig gefiedert. Serrula mit 24 Lamellen. Galea nahe dem Grunde in 2 Hauptstämme geteilt, diese mit je 3 Nebenzweigen. Palpen

(Fig. 120) kräftig, jedoch ziemlich schlank, Femur und Tibia medial sehr fein, zerstreut und undeutlich granuliert. Femur 2,6 mal, Tibia 2,5 mal, Schere 2,9 mal so lang wie breit. Finger ziemlich lang, nur wenig kürzer als die Hand ohne Stiel und 1,6 mal so lang wie die Breite der Hand, mit zahlreichen Nebenzähnen. Das Tasthaar *st* des beweglichen Fingers kaum doppelt so weit von *t* wie von *sb* entfernt. Beine schlank, Femur des 4. Paares 3,7 mal, Tibia 5,1 mal, Tarsus 5,4 mal so lang wie breit. Krallen einfach. — Körper L. ♀ 4 mm; Palpen: Femur L. 1,0 mm, B. 0,38 mm, Tibia L. 1,04 mm, B. 0,41 mm, Hand L. 1,14 mm, B. 0,61 mm, Finger L. 0,93 mm.

Zentralamerika: Guatemala.

3. **M. venezuelanus** (Balzan) 1891 *Chelifer (Lamprochernes) v.*, Balzan in: Ann. Soc. ent. France, *v.* 60 p. 518 t. 9 f. 9, 9a | 1908 *C. v.*, With in: Tr. zool. Soc. London, *v.* 18 p. 293.

Cephalothorax länger als breit, fast glatt, nur seitlich fein granuliert, mit deutlicher, mittlerer Querfurche. Augenflecke undeutlich. Tergite geteilt. Borsten an Körper und Palpen lang, spitz, sehr fein gezähnt. Galea stark verzweigt. Flagellum mit 3 Borsten, die distale einseitig gezähnt. Palpen ziemlich lang, fein und wenig deutlich granuliert. Femur 3 mal, Tibia 2,3 mal so lang wie breit, mit langem und schlankem Stiel. Finger etwa 1,4 mal so lang wie die Breite der Hand. — Körper L. 3,8 mm; Palpen: Femur L. 1,25 mm, B. 0,40 mm, Tibia L. 1,20 mm, B. 0,53 mm, Hand L. 1,35 mm, B. 0,63 mm, Finger L. 0,87 mm.

Südamerika: Venezuela.

4. **M. elegans** (Balzan) 1891 *Chelifer (Lamprochernes) e.*, Balzan in: Ann. Soc. ent. France, *v.* 60 p. 520 t. 10 f. 12 | 1908 *C. e.*, With in: Tr. zool. Soc. London, *v.* 18 p. 293.

Cephalothorax länger als breit, fein granuliert, mit deutlicher, mittlerer Querfurche. Augenflecke deutlich. Tergite geteilt. Borsten an Körper und Palpen lang, fein gezähnt. Galea lang, mit 6 Seitenästen. Flagellum mit 3 Borsten, die 3. einseitig gefiedert. Palpen schlank, Trochanter und Femur medial deutlich, Tibia feiner granuliert. Femur 2,9 mal, Tibia 2,4 mal so lang wie breit, mit ziemlich kurzem Stiel. Finger 1,3 mal so lang wie die Breite der Hand. — Körper L. 3,8 mm; Palpen: Femur L. 0,975 mm, B. 0,34 mm, Tibia L. 0,93 mm, B. 0,39 mm, Hand L. 1,05 mm, B. 0,545 mm, Finger L. 0,70 mm.

Südamerika: Venezuela.

5. Gen. **Cordylochernes** Beier

1932 *C.*, Beier in: Zool. Anz., *v.* 97 p. 265.

Typus: *Chelifer macrochelatus* Töm. (durch ursprüngliche Bestimmung).

Cephalothorax länger als breit, glatt, nur vor der medianen Querfurche mehr oder weniger deutlich granuliert. Augenflecke vorhanden. Tergite geteilt. Borsten an Körper und Palpen spitz. Flagellum mit 3 Borsten, die distale einseitig gefiedert. Galea stark verzweigt. Palpen kräftig, teilweise granuliert, die Tibia des ♂ mit einem medio-dorsalen Höcker. Hand des ♂ stark verbreitert. Finger mit Nebenzähnen, nur der bewegliche mit Giftapparat und Giftzahn. Das Tasthaar *it* des festen Fingers

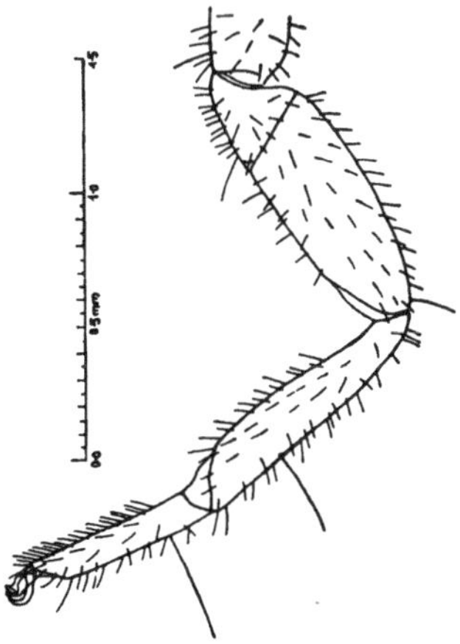

Fig. 121.
Rechtes Hinterbein von **Cordylochernes costaricensis** Beier.

von der Fingerspitze nicht weiter entfernt als die Entfernung der Tasthaare *ist* und *isb* voneinander beträgt. Das Tasthaar *st* des beweglichen Fingers näher bei *sb* als bei *t*. Beine (Fig. 121) schlank. Das Tasthaar des Tarsus IV etwa $^1/_3$ der Gliedlänge von der Basis entfernt. Krallen einfach, ohne Nebenzahn.

Süd- und Zentralamerika.

6 Arten.

Übersicht über die Arten:

1 { Schere des ♂ höchstens 2,4 mal, des ♀ höchstens 2,8 mal so lang wie breit; Tibia des ♂ höchstens 2,2 mal, des ♀ höchstens 2,3 mal so lang wie breit — 2
Schere des ♂ 2,5 mal, des ♀ 3,2 mal so lang wie breit; Tibia des ♂ gut 2,2 mal, des ♀ 2,8 mal so lang wie breit . 5. **C. costaricensis**

2 { Finger des ♂ etwas länger als die Dicke der Hand — 3
Finger des ♂ etwas kürzer als die Dicke der Hand . . 1. **C. nodulimanus**

3 { Femur des ♂ 2,6—2,7 mal so lang wie breit; Schere des ♂ 2—2,1 mal so lang wie breit — 4
Femur des ♂ 2,2—2,4 mal so lang wie breit; Schere des ♂ 2,4 mal so lang wie breit — 5

4 { Medio-dorsaler Tibialhöcker des ♂ kegelförmig, stärker vorragend; Tibia des ♂ 2 mal so lang wie breit . . . 2. **C. macrochelatus**
Medio-dorsaler Tibialhöcker des ♂ gerundet, schwächer vorragend; Tibia des ♂ 2,2 mal so lang wie breit . . 3. **C. peruanus**

5 { Femur des ♂ 2,2 mal so lang wie breit; Femurlänge etwa 1,3 mm (Südamerika) . . . . 4. **C. brasiliensis**
Femur des ♂ 2,4 mal so lang wie breit; Femur L. etwa 1,7 mm (Südafrika) . . . . 6. **C. octentoctus**

1. **C. nodulimanus** (Töm.) 1882 *Chelifer n.*, Tömösvary in: Math. termész. Közlem., *v.* 18 p. 244 | 1884 *C. n.*, Tömösvary in: Termész. Füzetek, *v.* 8 p. 26 t. 1 f. 14 | 1888 *Chernes (Ectoceras) n.* (part.), Daday in: Termész. Füzetek, *v.* 11 p. 118, 173 t. 4 f. 3, 9 | 1905 *Chelifer (Lamprochernes) n.*, Ellingsen in: Boll. Mus. Torino, *v.* 20 nr. 500 p 3 | 1907 *C. n.* (part.), Tullgren in: Mt. Mus. Hamburg, *v.* 24 p. 46 f. 10a—f | 1908 *C. n.*. With in: Tr. zool. Soc. London, *v.* 18 p. 314 f. 81 t. 31 f. 33a | 1910 *C. (Lamprochernes) n.*, Ellingsen in: Mt. Mus. Berlin, *v.* 4 p. 368 | 1913 *C. n.*, Ellingsen in: Ann. nat. Hist., ser. 8 *v.* 11 p. 453 | 1930 *Lamprochernes n.* (part.), Beier in: Ann. Wien. Mus., *v.* 44 p. 212.

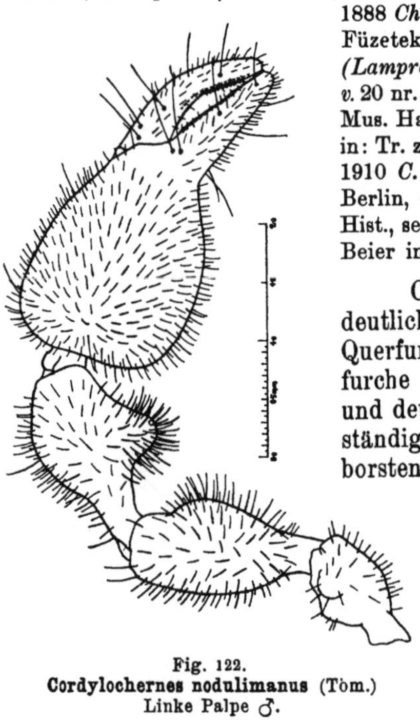

Fig. 122.
Cordylochernes nodulimanus (Töm.)
Linke Palpe ♂.

Cephalothorax etwas länger als breit, mit deutlicher medianer und schwächerer basaler Querfurche, die Scheibe vor der medianen Querfurche sehr fein granuliert. Augenflecke groß und deutlich. Tergite geteilt, nur das 1. unvollständig und das 11. nicht. Etwa 10 Marginalborsten auf jedem Halbtergit. Flagellum mit 3 Borsten, die 3. einseitig gefiedert. Serrula mit 27 Lamellen. Galea nahe der Basis in 2 Hauptstämme geteilt, diese stark verzweigt. Palpen (Fig. 122) außerordentlich kräftig und gedrungen, nahezu glatt, nur das Femur und die Tibia medial fein granuliert. Femur 2,1 mal so lang wie breit, dorsal stark verdickt. Tibia

1,7 mal so lang wie breit, beim ♂ mit großem, stark vorragendem, mediodorsalem Höcker. Schere 1,9 mal so lang wie breit. Finger etwas kürzer als die Breite der Hand, medial mit je etwa 10, lateral mit je etwa 15 Nebenzähnen. Das Tasthaar *it* des festen Fingers von der Fingerspitze weniger weit entfernt als die Entfernung zwischen den Tasthaaren *ist* und *isb* beträgt. Das Tasthaar *st* des beweglichen Fingers mehr als doppelt so nahe bei *sb* als bei *t*. Femur des 4. Beinpaares 3,6 mal, Tibia 5,7 mal, Tarsus 5,5 mal so lang wie breit. — Körper L. ♂ 4,5—6 mm; Palpen: Femur L. 1,72 mm, B. 0,83 mm, Tibia L. 1,79 mm, B. 1,07 mm, Hand L. 2,05 mm, B. 1,50 mm, Finger L. 1,45 mm.

Südamerika: Von Argentinien bis Venezuela.

2. **C. macrochelatus** (Töm.) 1884 *Chelifer m.*, Tömösvary in: Termész. Füzetek, *v.* 8 p. 20 t. 1 f. 12—13 | 1888 *Chernes (Ectoceras) nodulimanus* (part.), Daday in: Termész. Füzetek, *v.* 11 p. 118, 173 t. 4 f. 3, 9 | 1891 *Chelifer macrochelatus*, Balzan in: Ann. Soc. ent. France, *v.* 60 p. 513 t. 9 f. 4 | 1902 *C. (Lamprochernes) m.*, Ellingsen in: Mém. Soc. zool. France, *v.* 15 p. 152 | 1905 *C. (L.) m.*, Ellingsen in: Boll. Mus. Torino, *v.* 20 nr. 500 p. 6 | 1907 *C. nodulimanus* (part.), Tullgren in: Mt. Mus. Hamburg, *v.* 24 p. 46 f. 10a—f | 1908 *C. macrochelatus* (part.), With in: Tr. zool. Soc. London, *v.* 18 p. 310 f. 72—73, 78—80 t. 31 f. 32a | 1910 *C. (Lamprochernes) m.*, Ellingsen in: Mt. Mus. Berlin, *v.* 4 p. 368 | 1913 *C. m.*, Ellingsen in: Ann. nat. Hist., ser. 8 *v.* 11 p. 453 | 1923 *Chelanops (Lamprochernes) m.*, Chamberlin in: Revista Chilena, *v.* 27 p. 190 f. 21 | 1930 *Lamprochernes nodulimanus* (part.), Beier in: Ann. Wien. Mus., *v.* 44 p. 212.

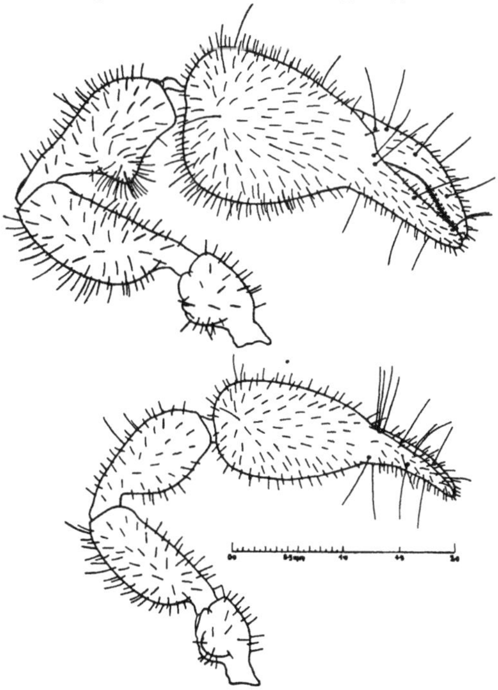

Fig. 123.
Cordylochernes macrochelatus (Töm.) Linke Palpe von ♂ (oben) und ♀ (unten).

Cephalothorax etwas länger als breit, mit tiefer medialer und flacher basaler Querfurche, die Scheibe vor der medianen Querfurche fein granuliert, Augenflecke deutlich. Tergite mit Ausnahme des 1. und 11. geteilt. 6—7 Marginalborsten auf jedem Halbtergit. 3. Flagellumborste median einseitig gefiedert, die Fiedern distal gegabelt. Serrula mit 28 Lamellen, Galea nahe der Basis in 2 Hauptstämme geteilt, diese stark verzweigt. Palpen (Fig. 123) kräftig, die Medialseite der Glieder sehr fein granuliert, beim ♀ deutlicher als beim ♂. Femur des ♂ 2,7 mal, des ♀ 2,6 mal, Tibia des ♂ 2 mal, des ♀ 2,2 mal, Schere des ♂ 2,1 mal, des ♀ 2,7 mal so lang wie breit. Finger des ♂ etwas länger als die Dicke der Hand, stark klaffend, medial mit je etwa 10, lateral mit je etwa 15 Nebenzähnen. Das Tasthaar *st* des beweglichen Fingers etwa $1^1/_2$ mal so weit von *t* als von *sb* entfernt. Femur des 4. Beinpaares 3,9 mal, Tibia 6 mal, Tarsus 5,8 mal so lang wie breit. — Körper L. ♂ ♀ 4—6 mm; Palpen: ♂ Femur L. 1,65 mm, B. 0,62 mm, Tibia L. 1,67 mm, B. 0,83 mm, Hand L. 1,84 mm, B. 1,33 mm, Finger L. 1,40 mm; ♀ Femur L. 1,30 mm, B. 0,52 mm, Tibia L. 1,36 mm, B. 0,62 mm, Hand L. 1,57 mm, B. 0,87 mm, Finger L. 1,0 mm.

Südamerika: Von Brasilien bis Venezuela.

3. C. **peruanus** Beier 1932 *C. p.*, Beier in: Zool. Anz., *v.* 97 p. 265.

Mit der vorigen Art nahe verwandt, der Tibialhöcker jedoch flacher und die Tibia daher schlanker. Cephalothorax länger als breit, mit sehr deutlicher medianer und schwächerer basaler Querfurche, vor der medianen Querfurche fein granuliert. Augenflecke deutlich. Tergite mit 6—7 Marginalborsten auf jedem Halbtergit. 3. Flagellumborste einseitig gefiedert. Serrula mit 28 Lamellen. Galea nahe der Basis in 2 Hauptstämme geteilt. Palpen (Fig. 124) kräftig, fein granuliert, beim ♀ deutlicher als beim ♂. Femur des ♂ 2,6 mal, des ♀ 2,5 mal, Tibia des ♂ 2,2 mal, des ♀ 2,3 mal, Schere des ♂ 2 mal, des ♀ 2,7 mal so lang wie breit. Finger des ♂ so lang wie die Dicke der Hand. Beide Palpenfinger mit zahlreichen Nebenzähnen. Das Tasthaar *st* des beweglichen Fingers von *t* kaum $1^1/_2$ mal so weit entfernt wie von *sb*. Femur des 4. Beinpaares 3,8—3,9 mal, Tibia 5,9 mal, Tarsus 5,3 mal so lang wie breit. — Körper L. ♂ ♀ 5—5,5 mm; Palpen: ♂ Femur L. 1,58 mm, B. 0,63 mm, Tibia L. 1,66 mm, B. 0,76 mm, Hand L. 1,73 mm, B. 1,28 mm, Finger L. 1,29 mm; ♀ Femur L. 1,36 mm, B. 0,54 mm, Tibia L. 1,40 mm, B. 0,60 mm, Hand L. 1,54 mm, B. 0,85 mm, Finger L. 1,03 mm.

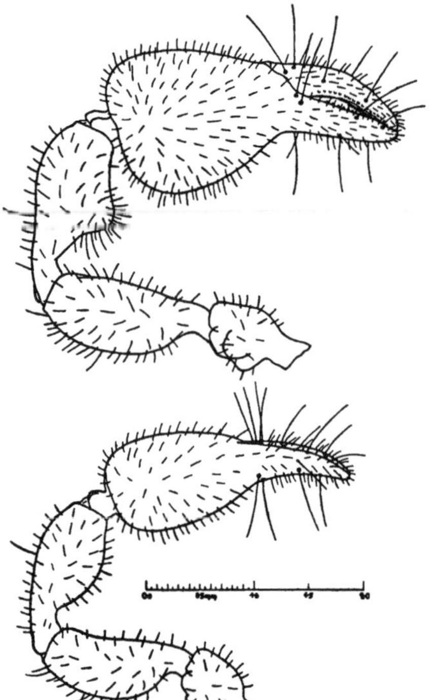

Fig. 124.
Cordylochernes peruanus Beier. Rechte Palpe von ♂ (oben) und ♀ (unten).

Südamerika: Peru.

4. C. **brasiliensis** Beier 1908 *Chelifer macrochelatus* (part.), With in: Tr. zool. Soc. London, *v.* 18 p. 310 f. 72—73, 78—80 t. 31 f. 32a | 1932 *Cordylochernes brasiliensis*, Beier in: Zool. Anz., *v.* 97 p. 265.

Ebenfalls mit *C. macrochelatus* sehr nahe verwandt, das Femur des Männchens jedoch gedrungener, die Schere schlanker. Cephalothorax länger als breit, mit tiefer medianer und schwächerer basaler Querfurche, vor der ersteren fein granuliert. Augenflecke deutlich. Tergite mit Ausnahme des 1. und 11. geteilt. Etwa 9 Marginalborsten auf jedem Halbtergit. Galea stark verzweigt, schon nahe der Basis in 2 Hauptstämme geteilt. Femur des ♂ 2,2 mal, des ♀ 2,2 mal, Tibia des ♂ 2,2 mal, des ♀ 2,1 mal, Schere des ♂ 2,4 mal, des ♀ 2,8 mal so lang wie breit. Finger etwas länger als die Dicke der Hand, medial mit je 10, lateral mit je 15 Nebenzähnen. Tibia des 4. Beinpaares etwa 5 mal, Tarsus 4,4 mal so lang wie breit. — Körper L. ♂♀ 4,1—4,4 mm; Palpen: ♂ Femur L. 1,24 mm, B. 0,55 mm, Tibia L. 1,31 mm, B. 0,62 mm, Hand L. 1,33 mm, B. 0,80 mm, Finger L. 1.06 mm; ♀ Femur L. 1,31 mm, B. 0,59 mm, Tibia L. 1,33 mm, B. 0,63 mm, Hand L. 1,49 mm, B. 0,87 mm, Finger L. 1,01 mm.

Südamerika: Brasilien.

5. **C. costaricensis** Beier 1932 *C. c.*, Beier in: Zool. Anz., *v.* 97 p. 266.

Von den vorigen Arten durch bedeutend schlankere Palpen unterschieden. Cephalothorax etwas länger als breit, mit tiefer, aber ziemlich schmaler medianer und schwacher basaler Querfurche, die Scheibe vor der ersteren fein, aber deutlich granuliert. Augenflecke deutlich. Tergite mit Ausnahme des 11. geteilt, das 1. jedoch schmal. 5—6 Marginalborsten auf jedem Halbtergit. 3. Flagellumborste einseitig gefiedert. Serrula mit 28 Lamellen. Galea nahe der Basis in 2 Hauptstämme geteilt. Palpen (Fig. 125) länger als der Körper, an der Medialseite der Glieder sehr fein granuliert, beim ♀ deutlicher als beim ♂. Femur des ♂ 2,6 mal, des ♀ 3 mal, Tibia des ♂ 2,2 mal, des ♀ 2,8 mal, Schere des ♂ 2,5 mal, des ♀ 3,2 mal so lang

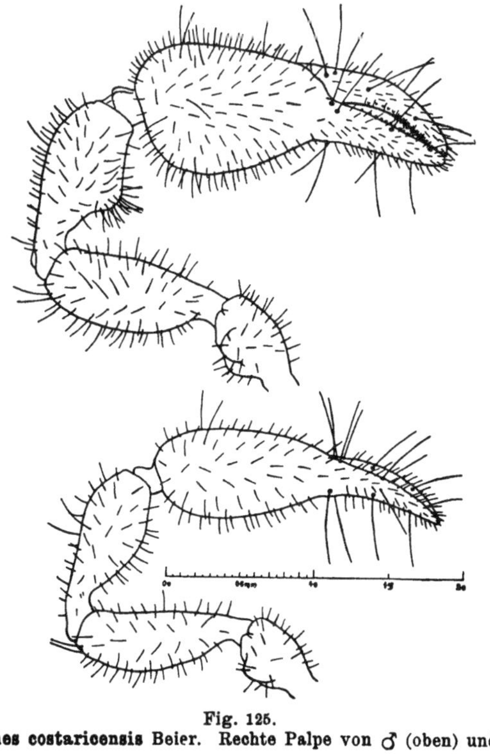

Fig. 125.
Cordylochernes costaricensis Beier. Rechte Palpe von ♂ (oben) und ♀ (unten).

wie breit. Finger des ♂ bedeutend länger als die Dicke der Hand, mit zahlreichen Nebenzähnen. Femur des 4. Beinpaares 3,3 mal, Tibia 5,2 mal, Tarsus 6 mal so lang wie breit. — Körper L. ♂♀ 3,5—4 mm; Palpen: ♂ Femur L. 1,23 mm, B. 0,49 mm, Tibia L. 1,25 mm, B. 0,57 mm, Hand L. 1,37 mm, B. 0,88 mm, Finger L. 1,09 mm; ♀ Femur L. 1,18 mm, B. 0,40 mm, Tibia L. 1,21 mm, B. 0,44 mm, Hand L. 1,35 mm, B. 0,60 mm, Finger L. 0,88 mm.

Zentralamerika: Costarica.

6. **C. octentoctus** (Balzan) 1891 *Chelifer o.*, Balzan in: Ann. Soc. ent. France, *v.* 60 p. 514 t. 9 f. 5 | 1912 *C. o.*, Ellingsen in: Ann. S. Afr. Mus., *v.* 10 p. 81.

Chephalothorax nur wenig länger als breit, mit 2 deutlichen Querfurchen, nur sehr fein granuliert. Augenflecke fehlen. Tergite geteilt. 3. Flagellumborste einseitig gefiedert. Palpen lang und kräftig, sehr fein granuliert, fast glatt. Femur 2,4 mal, Tibia 2 mal so lang wie breit. Finger länger als die Dicke der Hand. — Körper L. ♂ 5,9 mm; Palpen: Femur L. 1,70 mm, B. 0,70 mm, Tibia L. 1,70 mm, B. 0,87 mm, Hand L. 2,0 mm, B. 1,30 mm, Finger L. 1,40 mm.

Südafrika.

6. Gen. **Odontochernes** Beier

1932 *O.*, Beier in: Zool. Anz., *v.* 97 p. 267.

Typus: *Chelifer cervus* Balzan (durch ursprüngliche Bestimmung und Monotypie).

Cephalothorax deutlich länger als breit, mit 2 Querfurchen, von welchen die mittlere deutlicher ist als die hintere. Scheibe nur sehr fein granuliert. Augenflecke ziemlich undeutlich. Tergite geteilt. Borsten des Körpers und der Palpen ziemlich kurz, spitz. Galea stark verzweigt. Palpen kräftig, fast glatt, nur die Medialseite der Glieder fein granuliert. Tibia des Männchens mit deutlichem medio-dorsalem Höcker. Hand des Männchens stark verbreitert. Finger klaffend, mit Nebenzähnen, nur der bewegliche Finger mit Giftapparat und Giftzahn. Beine schlank. Klauen mit medianem Nebenzahn.

Südamerika.

1 Art.

1. **O. cervus** (Balzan) 1890 *Chelifer c.*, Balzan in: Ann. Mus. Genova, ser. 2 *v.* 9 p. 412 t. 13 f. 2 | 1891 *C. (Lamprochernes) c.*, Balzan in: Ann. Soc. ent. France, *v.* 60 p. 548 | 1902 *C. c.*, Ellingsen in: Mém. Soc. zool. France, *v.* 15 p. 165 | 1908 *C. c.*, With in: Tr. zool. Soc. London, *v.* 18 p. 316 f. 82 t. 31 f. 34a—e.

Cephalothorax deutlich länger als breit, mit 2 deutlichen Querfurchen, die mediane in der Mitte etwas nach hinten gekrümmt, die basale etwas schwächer und fast gerade, die Scheibe vor der medianen Querfurche sehr fein granuliert. Augenflecke ziemlich undeutlich. Tergite mit Ausnahme des 11. geteilt. Galea stark verzweigt. Palpen kräftig, an der Medialseite der Glieder fein granuliert. Femur 2,2 mal, Tibia 2,3 mal, Schere mit Stiel 3 mal so lang wie breit. Tibia des Männchens mit deutlichem medio-dorsalem Höcker. Hand des Männchens stark verbreitert. Finger 1,4 mal so lang wie die Breite der Hand, klaffend, der bewegliche medial mit 7, der feste mit 5 Nebenzähnen. Tibia des 4. Beinpaares fast 5 mal, Tarsus 4,5 mal so lang wie breit. Die hintere Klaue des 1. Beinpaares mit großem stumpfem Nebenzahn in der Mitte, die vordere mit etwas weiter basal gelegenem

Nebenzahn. Ebenso beide Klauen des 4. Beinpaares mit etwas proximal der Mitte gelegenem Nebenzahn. — Körper L. ♂ 4,1 mm; Palpen: Femur L. 1,26 mm, B. 0,57 mm, Tibia L. 1,38 mm, B. 0,61 mm, Hand L. 1,45 mm, B. 0,85 mm, Finger L. 1,15 mm.

Südamerika: Brasilien, Surinam.

Unsicheres Genus:

Gen. **Corosoma** Karsch

1879 *C.*, F. Karsch in: Mt. Münch. ent. Ver., *v.* 3 p. 95.

Typus: *C. Sellowi* Karsch (durch Monotypie).

Integument glatt und glänzend, mit einfachen, spitzen Borsten. Scheibe des Cephalothorax mit 2 Querfurchen. Tergite geteilt. Flagellum mit 3 Borsten. Serrula mit zahlreichen (49) Lamellen. Palpen kräftig, Femur und Tibia ohne pseudotaktile Borsten(?), Hand auffallend schmal und parallelseitig. Finger mit Nebenzähnen. Tarsen ohne Tasthaare(?).

Brasilien.

1 Art.

C. sellowi Karsch 1879 *C. S*, F. Karsch in: Mt. Münch. ent. Ver., *v.* 3 p. 95 | 1930 *Lamprochernes s.*, Beier in: Zool. Anz., *v.* 91 p. 298 f. 9—12.

Cephalothorax so lang wie breit, mit 2 Querfurchen, von welchen die hintere dem Hinterrand näher liegt als der vorderen. Augenflecke vorhanden. Tergite mit Ausnahme des 11. geteilt. Borsten an Körper und Palpen spitz. Flagellum mit 3 Borsten. Serrula mit 49 Lamellen. Galea wahrscheinlich kräftig und verzweigt. Palpen plump, glatt und glänzend, Femur und Tibia ohne pseudotaktile Borste. Tibia ohne medio-dorsalen Höcker. Hand auffallend lang und schmal, parallelseitig. Finger kürzer als die Hand, der feste mit 35, der bewegliche mit 24 Zähnen. Nebenzähne vorhanden. Körper L. 6 mm; Femur L. 1,70 mm, B. 0,50 mm, Tibia L. 1,40 mm, B. 0,52 mm, Hand L. 1,28 mm, B. 0,64 mm, Finger L. 1,08 mm.

Brasilien.

b) Subfam. **Chernetinae** Beier

1932 *C.*, Beier in: Zool. Jahrb., Syst. *v.* 64 (im Druck).

Cephalothorax meist etwas länger als breit, vorn gerundet, ohne vorragenden Cucullus, die Scheibe meist mit 2 deutlichen Querfurchen, von welchen die vordere nahe der Mitte des Cephalothorax liegt. Augen vollkommen fehlend, nur in seltenen Fällen sind Augenflecke oder 2 mehr oder weniger gut entwickelte Augen vorhanden. Abdominaltergite und -sternite geteilt. Integument mehr oder weniger deutlich, oft ausgesprochen grob granuliert. Borsten des Körpers und der Palpen gezähnt oder mehr oder weniger keulenförmig, niemals einfach. Basale und subbasale Borste der Cheliceren nicht so gut entwickelt wie die mediale oder die Laminalborste und nicht gekeult, meist aber gezähnt. Flagellum mit 2, 3 oder 4 Borsten. Palpen meist ziemlich kräftig. *Beide Palpenfinger medial und lateral neben der normalen Zahnreihe wenigstens mit einigen wenigen akzessorischen Zähnen. Nur der bewegliche Finger mit Giftapparat und Giftzahn, der feste ohne solchen*; selten ist auch am festen Finger ein kleiner Giftzahn vorhanden, dann sind jedoch die Nebenzähne deutlich. Fester Finger subterminal mit einem durch eine Furche und einen Zahn gebildeten Receptor venedentis. Schere mit 12 Tasthaaren, 8 am festen, 4 am beweglichen Finger. Tarsen der Laufbeine 1gliedrig. Klauen einfach. Coxen des Männchens einfach. Genitalsäcke des Männchens vorhanden.

Über alle Regionen verbreitet, vorwiegend jedoch in der palaearktischen, nearktischen und neotropischen Region. Die Arten lieben trockene Örtlichkeiten und finden sich unter pflanzlichem Detritus, unter Baumrinde, einige Arten vorwiegend oder ausschließlich in den Nestern sozialer Insekten oder in den Bauten von Kleinsäugetieren.

2 Tribus, 33 Genera, 133 sichere, 13 unsichere Arten.

Übersicht über die Tribus:

1 { Flagellum mit 2—3 Borsten; Borsten des Körpers und der Palpen meist keulenförmig, seltener nur gezähnt . . . . α) Trib. **Chernetini**
Flagellum mit 4 Borsten; Borsten des Körpers und der Palpen meist gezähnt, seltener keulenförmig . β) Trib. **Hesperochernetini**

α) Trib. **Chernetini** Beier

1932 *C.*, Beier in: Zool. Jahrb., Syst. *v.* 64 (im Druck).

Mit den Charakteren der Subfamilie. Cephalothorax meist mit 2 deutlichen Querfurchen, selten die basale mehr oder weniger verwischt. Augen fehlend, selten sind Augenflecke oder 2 mehr oder weniger gut entwickelte Augen vorhanden. Abdominaltergite und -sternite geteilt. Integument stets mehr oder weniger deutlich granuliert. Borsten des Körpers meist mehr oder weniger stark keulenförmig, seltener nur gezähnt, niemals einfach. Basale und subbasale Borste der Cheliceren kürzer als die mediale oder die Laminalborste und nicht gekeult, meist aber gezähnt. Flagellum mit 2 oder 3 Borsten, von welchen wenigstens die distale einseitig gezähnt oder gefiedert ist. Beide Palpenfinger wenigstens mit einigen wenigen akzessorischen Zähnen. Nur der bewegliche Finger mit Giftapparat und Giftzahn, der feste ohne solchen; selten ist auch am festen Finger ein Giftzahn vorhanden, dann sind jedoch die Nebenzähne deutlich. Fester Finger subterminal mit einem durch eine Furche und einen Zahn gebildeten kleinen Receptor venedentis. Fester Finger mit 8, beweglicher mit 4 Tasthaaren.

Über alle Regionen verbreitet, vorwiegend jedoch in der palaearktischen, nearktischen und neotropischen Region. — Die Arten lieben trockene Örtlichkeiten und finden sich unter pflanzlichem Detritus, unter Baumrinde, einige vorwiegend oder ausschließlich in den Nestern sozialer Insekten oder in den Bauten von Kleinsäugetieren. Mitunter werden gewisse Arten an Insekten (Käfern) festgeklammert gefunden.

21 Genera, 104 sichere, 11 unsichere Arten.

Übersicht über die Genera:

1 { Flagellum mit 3 Borsten; an der Medialseite der Palpen sind die Borsten meist nicht auffallend lang und stark keulenförmig — **2**
Flagellum mit 2 Borsten; an der Medialseite der Palpen sind die Borsten auffallend lang und stark keulenförmig . . . . 21. Gen. **Pilanus**

2 { Tarsus des 4. Beinpaares mit einem langen Tasthaar, welches bedeutend länger ist als die Breite des Gliedes — **3**
Tarsus des 4. Beinpaares ohne Tasthaar oder höchstens distal mit einer kurzen pseudotaktilen Borste, welche kaum länger ist als die Breite des Gliedes — **15**

3 { Tergite normal beborstet, mit 1 oder 2 Borstenreihen — **4**
Tergite dicht beborstet, mit je etwa 200 Borsten, diese nicht in Reihen stehend . . . . 27. Gen. **Dasychernes**

4	Die Tasthaare *isb*, *ib*, *ist* und *it* eine mehr oder weniger geschlossene Gruppe nahe der Fingerbasis bildend; *it* nahe bei *ist* befindlich und deutlich oder bedeutend weiter von der Fingerspitze als von *isb* abstehend — **5**	
	Die Tasthaare *isb*, *ib*, *ist* und *it* keine geschlossene Gruppe bildend, sondern über die ganze Fingerlänge verteilt; *it* bedeutend näher der Fingerspitze als dem Tasthaar *isb; ist* zwischen den beiden letztgenannten stehend — **9**	
5	Das Tasthaar am Tarsus des 4. Beinpaares proximal der Mitte gelegen — **6**	
	Das Tasthaar am Tarsus des 4. Beinpaares distal der Mitte gelegen — **7**	
6	Palpen weniger gedrungen, Tibialstiel länger als breit; Hand des Männchens normal	7. Gen. **Haplochernes**
	Palpen sehr gedrungen, Tibialstiel kurz, nicht länger als breit; Hand des Männchens medial excaviert .	8. Gen. **Pachychernes**
7	Palpenhand normal; Laufbeine ziemlich schlank — **8**	
	Palpenhand des Männchens abgeflacht und medial stark verbreitert; Laufbeine gedrungen	10. Gen. **Scapanochernes**
8	Das Tasthaar am Tarsus des 4. Beinpaares halbwegs zwischen der Mitte und dem Ende des Gliedes stehend; Borsten gezähnt (neuweltliche Arten) .	9. Gen. **Parachernes**
	Das Tasthaar am Tarsus des 4. Beinpaares nahe dem Ende des Gliedes stehend; Borsten leicht gekeult (orientalische Arten)	11. Gen. **Ochrochernes**
9	Das Tasthaar am Tarsus des 4. Beinpaares medial oder nur wenig proximal oder distal der Mitte gelegen — **10**	
	Das Tasthaar am Tarsus des 4. Beinpaares distal nahe dem Ende des Gliedes gelegen — **14**	
10	Palpen gedrungen; das Tasthaar *st* des beweglichen Fingers näher bei *t* als bei *sb* stehend — **11**	
	Palpen schlank, *Chelifer*-ähnlich; das Tasthaar *st* des beweglichen Fingers näher bei *sb* als bei *t* stehend	18. Gen. **Parazaona**
11	Coxen des 4. Beinpaares normal — **12**	
	Coxen des 4. Beinpaares hinten mit beulenförmig verlängertem Lateraleck	12. Gen. **Megachernes**
12	Palpenfemur normal, distal nur wenig verengt (palaearktische Arten) — **13**	
	Palpenfemur sehr gedrungen, distal stark verengt (neotropische Arten)	15. Gen. **Pycnochernes**
13	Borsten schwach, aber deutlich keulenförmig; Palpen des Männchens medial ohne längere Haare . .	13. Gen. **Pselaphochernes**
	Borsten nur gezähnt; beim Männchen wenigstens das Palpenfemur medial mit längerer, mähnenartiger Haarbekleidung	14. Gen. **Lasiochernes**
14	Palpen gedrungen; Borsten der Palpen kurz, gezähnt, kaum gekeult	16. Gen. **Dinocheirus**
	Palpen schlanker; Borsten der Palpen lang, an der Medialseite der Glieder stark keulenförmig . .	17. Gen. **Rhopalochernes**
15	Nur der bewegliche Palpenfinger mit Giftzahn — **16**	
	Auch der feste Palpenfinger mit kurzem Giftzahn .	19. Gen. **Allochernes**
16	Borsten an der Medialseite der Palpenglieder deutlich keulenförmig — **17**	
	Borsten an der Medialseite der Palpenglieder nur gezähnt, nicht keulenförmig — **19**	

17 { Das Tasthaar *ist* in der Mitte zwischen *it* und *isb* gelegen; Palpen schlank — **18**
Das Tasthaar *ist* deutlich näher bei *it* als bei *isb* gelegen; Palpen gedrungen . . . . 20. Gen. **Chernes**

18 { Das Tasthaar *st* des beweglichen Fingers näher bei *t* als bei *sb* stehend; Borsten an der Medialseite der Palpenglieder stark keulenförmig . . 22. Gen. **Sundochernes**
Das Tasthaar *st* des beweglichen Fingers in der Mitte zwischen *sb* und *t* stehend; Borsten an der Medialseite der Palpenglieder nur leicht keulenförmig . . . . 23. Gen. **Maorichernes**

19 { Palpen normal, gedrungen, das Femur deutlich und scharf abgesetzt gestielt — **20**
Palpen sehr schlank, *Chelifer*-ähnlich, das Femur undeutlich gestielt . . . . 26. Gen. **Zaona**

20 { Das Tasthaar *ist* näher bei *isb* als bei *it* stehend . 24. Gen. **Eremochernes**
Das Tasthaar *ist* näher bei *it* als bei *isb* stehend . 25. Gen. **Neochernes**

7. Gen. **Haplochernes** Beier

1932 *H.*, Beier in: Zool. Jahrb., Syst. *v.* 64 (im Druck).

Typus: *Chelifer boncicus* Karsch (durch ursprüngliche Bestimmung).

Cephalothorax länger als breit, nahezu glatt, die Scheibe mit 2 Querfurchen, von welchen die basale schwächer ist als die vordere. Augenflecke vorhanden oder fehlend. Tergite geteilt. Borsten des Körpers und der Palpen ziemlich lang, nur fein gezähnt, nicht gekeult. Palpen mäßig kräftig, nur fein granuliert. Die Tasthaare *isb, ib, ist* und *it* eine mehr oder weniger geschlossene Gruppe nahe der Basis des festen Palpenfingers bildend, *it* nahe bei *ist* befindlich und deutlich weiter von der Fingerspitze als von *isb* abstehend. Nebenzähne vorhanden. Nur der bewegliche Palpenfinger mit Giftapparat und Giftzahn. Beine ziemlich gedrungen. Das Tasthaar am Tarsus des 4. Paares etwas proximal der Mitte des Gliedes gelegen. Krallen einfach.

Orientalische und australische Region, außerdem in Madagaskar, Japan und Samoa.

14 Arten.

Übersicht über die Arten:

1 { Die Tasthaare *isb* und *ist* weiter voneinander entfernt als *st* und *sb* — **2**
Die Tasthaare *isb* und *ist* so weit voneinander entfernt wie *st* und *sb* — **11**

2 { Kleinere Arten, Körper L. 2,3—3,5 mm — **3**
Größere Arten, Körper L. 4,5—5,2 mm — **9**

3 { Palpenfemur 2.5—3mal so lang wie breit — **4**
Palpenfemur 2,1—2,2mal so lang wie breit — **6**

4 { Palpenfemur 2,5—2,6mal so lang wie breit — **5**
Palpenfemur etwa 3mal so lang wie breit . . . . . 1. **H. megasoma**

5 { Finger nur wenig kürzer als die Tibia oder die Hand ohne Stiel . . . . 2. **H. boncicus**
Finger bedeutend kürzer als die Tibia oder die Hand ohne Stiel . . . . 3. **H. madagascariensis**

6 { Körperlänge 2,2—2,3 mm — **7**
Körperlänge 3,3—3,4 mm — **8**

7 { Beine schlanker, Femur des 1. Paares 2,7mal so lang wie breit . . . . 4. **H. buxtoni**
Beine gedrungener, Femur des 1. Paares 2,5mal so lang wie breit . . . . 5. **H. pygmaeus**

8	Femur des 4. Beinpaares 2,5 mal so lang wie breit .	6. **H. brevispinosus**
	Femur des 4. Beinpaares 2,2 mal so lang wie breit .	7. **H. taierensis**
9	Palpenfemur 2,1—2,2 mal so lang wie breit — **10**	
	Palpenfemur 2,7—2,8 mal so lang wie breit	8. **H. pallipes**
10	Hand 1,2 mal breiter als dick	9. **H. keyserlingi**
	Hand 1,1 mal dicker als breit	10. **H. atrimanus**
11	Schere mit Stiel 2,9 mal so lang wie breit — **12**	
	Schere mit Stiel 3,1—3,2 mal so lang wie breit — **13**	
12	Serrula mit 21—22 Lamellen; Palpenfemur 2,1 mal so lang wie breit	11. **H. warburgi**
	Serrula mit 19 Lamellen; Palpenfemur 2,3—2,5 mal so lang wie breit	12. **H. kraepelini**
13	Palpenfemur 2,3 mal so lang wie breit	13. **H. funafutensis**
	Palpenfemur 2,8 mal so lang wie breit	14. **H. dahli**

1. **H. megasoma** (Daday) 1897 *Chelifer m.*, Daday in: Termész. Füzetek, *v.* 20 p 476 t. 11 f. 16, 17 | 1906 *C. m.*, With in: Danske Selsk. Skr., *v.* 7 nr. 3 p 171.

Cephalothorax länger als breit, mit Querfurchen, die Scheibe nahezu glatt. Abdomen länglich, Tergite geteilt. Galea einfach. Palpen gedrungen und etwas kürzer als der Körper, fein granuliert. Femur etwa 3 mal so lang wie breit, so lang und so breit wie die Tibia. Hand 1,5 mal so breit wie die Tibia. Finger bedeutend kürzer als die Hand. — Körper L. 3 mm.

Neu-Guinea: Friedrich-Wilhelms-Hafen.

2. **H. boncicus** (Karsch) 1881 *Chelifer b.*, F. Karsch in: Berlin. ent. Z., *v.* 25 p. 37 | 1907 *C. b.*, Ellingsen in: N Mag. Naturv., *v.* 45 p. 2 | 1910 *C. b.* (part.), Ellingsen in: Mt. Mus. Berlin, *v.* 4 p. 373.

Cephalothorax nur wenig länger als breit, sehr flach, aber erkennbar granuliert, die Querfurchen undeutlich. Augenflecke undeutlich. Tergite geteilt, beim Männchen fast glatt, beim Weibchen erkennbar granuliert.

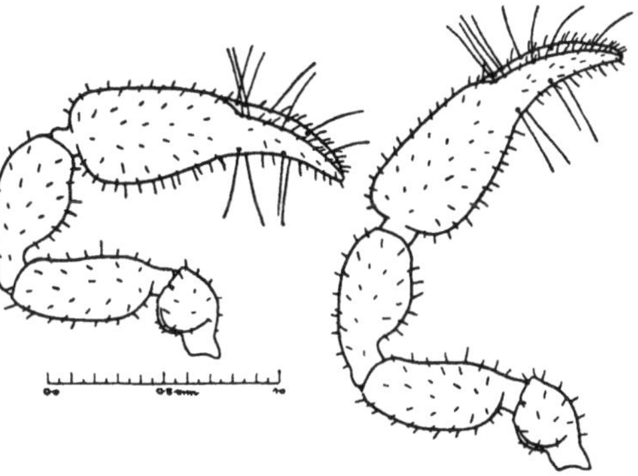

Fig 126.
Haplochernes boncicus (Karsch). Linke Palpe von ♂ und ♀.

Borsten des Körpers und der Palpen fein gezähnt, nicht gekeult. Serrula mit 21 Lamellen. Flagellum mit 3 Borsten, die distale einseitig gesägt. Galea einfach, nur an der Spitze pinselförmig geteilt. Praeapicalzahn des beweglichen Chelicerenfingers reduziert. Palpen (Fig. 126) mäßig kräftig, fein granuliert. Hintere Höcker des Trochanter nahezu halbkugelförmig. Femur 2,5—2,6 mal so lang wie breit, scharf abgesetzt gestielt. Tibia 2,1 mal, Schere 2,9 mal so lang wie breit. Finger nur wenig kürzer als die Tibia oder die Hand ohne Stiel. Das Tasthaar *ist* von *isb* weiter entfernt als *st* von *sb*; *it* nahe bei *ist* befindlich. Femur des 4. Beinpaares 2,8 mal, Tibia 3 mal, Tarsus 4 mal so lang wie breit. Das Tasthaar am Tarsus des 4. Beinpaares proximal der Gliedmitte gelegen. — Körper L. 2,4 mm; Palpen: Femur L. 0,69 mm, B. 0,27 mm, Tibia L. 0,68 mm, B. 0,32 mm, Hand L. 0,76 mm, B. 0,40 mm, Finger L. 0,61 mm.

Ost-Asien: Japan, Formosa.

3. **H. madagascariensis** Beier 1910 *Chelifer boncicus* (part.), Ellingsen in: Mt. Mus. Berlin, *v.* 4 p. 373 | 1932 *Haplochernes madagascariensis,* Beier in: Zool. Jahrb., Syst. *v.* 64 (im Druck).

Der vorigen Art sehr nahestehend. Cephalothorax kaum länger als breit, noch feiner als bei *boncicus* und ganz undeutlich granuliert, die vordere Querfurche erkennbar, die hintere verwischt. Tergite des Weibchens fast glatt. Serrula mit 21 Lamellen. Flagellum mit 3 Borsten. Galea nahezu einfach. Palpen (Fig. 127) ähnlich wie bei *boncicus*, fein granuliert. Femur 2,5 mal, Tibia 2,1 mal, Schere 2,9 mal so lang wie breit. Finger bedeutend kürzer als die Tibia oder die Hand ohne Stiel. Stellung der Tasthaare wie bei *boncicus*. Femur des 4. Beinpaares 2,8 mal, Tibia 3 mal, Tarsus 3,9 mal so lang wie breit. Das Tasthaar am Tarsus des 4. Beinpaares proximal der Mitte gelegen. — Körper L. 2,4 mm; Palpen: Femur L. 0,72 mm, B. 0,29 mm, Tibia L. 0,71 mm, B. 0,33 mm, Hand L. 0,83 mm, B. 0,42 mm, Finger L. 0,55 mm.

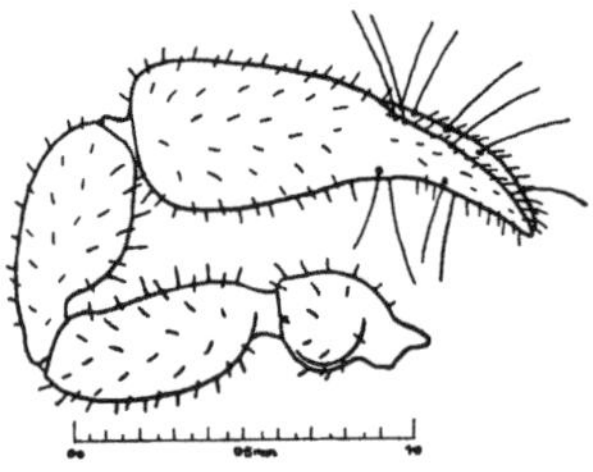

Fig. 127.
Haplochernes madagascariensis Beier. Linke Palpe ♀.

Madagaskar

4. **H. buxtoni** (Kästner) 1927 *Chelifer b.*, Kästner in: Ins. Samoa, *v.* 8 p. 20 f. 6—11.

Cephalothorax deutlich länger als breit, mit deutlicher vorderer und verwischter basaler Querfurche. Augenflecke vorhanden. Tergite mit Ausnahme des 1. und letzten geteilt. Flagellum mit 3 Borsten, die distale gezähnt. Galea mit etwa 6 Seitenästen. Palpen nicht deutlich granuliert. Trochanter 1,6 mal so lang wie breit, mit abgerundetem hinteren Höcker. Femur 2,2 mal, Tibia 2,1 mal so lang wie breit. Hand 1,2 mal so lang und 1,4 mal so breit wie die Tibia, 1,07 mal so dick wie breit. Finger halb so lang wie die Hand, lateral mit je mehr als 8, medial an der Spitze mit je 2 Nebenzähnen. Femur des 4. Beinpaares 2,5 mal so lang wie breit. Das Tasthaar am Tarsus des 4. Beinpaares proximal der Mitte gelegen. — Körper L. 3,5 mm; Palpen: Femur L. 0,64 mm, B. 0,29 mm, Tibia L. 0,68 mm, B. 0,31 mm, Hand L. 0,81 mm, B. 0,44 mm, Finger L. 0,52 mm.

Samoa.

5. **H. pygmaeus** (L. Koch) 1886 *Chelifer p.*, L. Koch in: L. Koch & E. Keyserling, Arach. Austral., pars 2 p. 49 t. 6 f. 8a—b | 1905 *C. p*, With in: Ann. nat. Hist., ser. 7 *v.* 15 p. 110.

Cephalothorax länger als breit, nahezu glatt, ohne deutliche Querfurchen, nur die vordere erkennbar. Tergite geteilt, fast glatt. Galea in der distalen Hälfte mit mehreren Seitenästen. Palpen mäßig kräftig, nahezu glatt. Hand breit. Finger ungefähr so lang wie die Hand. Femur des 4. Beinpaares 2,5 mal so lang wie breit. Das Tasthaar am Tarsus des 4. Beinpaares proximal der Mitte gelegen. — Körper L. 2,3 mm; Palpen: Femur L. 0,45 mm, Tibia L. 0,45 mm, Schere L. 0,70 mm.

Australien: Gayndah.

6. **H. brevispinosus** (L. Koch) 1885 *Chelifer b.*, L. Koch in: L. Koch & E. Keyserling, Arach. Austral., pars 2 p. 46 t. 4 f. 3a—c | 1905 *C. b.*, With in: Ann. nat. Hist., ser. 7 *v.* 15 p. 110.

Cephalothorax nur wenig länger als breit, fein granuliert, mit undeutlichen Querfurchen. Tergite geteilt, fein granuliert. Galea mit 4—5 Seitenästchen. Palpen mäßig kräftig. Hand kaum so dick wie breit. Finger deutlich klaffend, kaum kürzer als die Hand. Femur des 4. Beinpaares 2,5 mal so lang wie breit. Tibia länger als der Tarsus, letzterer mit einem Tasthaar etwas proximal der Mitte. — Körper L. 3,3 mm; Palpen: ♂ Femur L. 1,1 mm, Tibia L. 1,0 mm, Schere L. 1,7 mm; ♀ Femur L. 0,8 mm, Tibia L. 0,7 mm, Schere L. 1,3 mm.

Australien: Queensland.

7. **H. taierensis** (With) 1907 *Chelifer t.*, With in: J. Linn. Soc. London, *v.* 30 p. 55 t. 8 f. 6—8.

Cephalothorax etwas länger als breit, fein granuliert, mit 2 breiten, jedoch nicht tiefen Querfurchen. Augenflecke undeutlich. Tergite mit Ausnahme des 11. geteilt. Etwa 6 Marginalborsten auf jedem Halbtergit. 3. Flagellumborste einseitig gezähnt. Galea mit 12 Seitenästen. Palpen an der Medialseite der Glieder wenig deutlich granuliert. Femur 2,1 mal, Tibia 2,2 mal, Schere mit Stiel 3,3 mal so lang wie breit. Finger bedeutend kürzer als die Hand, mäßig stark klaffend. Fester Finger lateral mit 4, beweglicher mit 6 Nebenzähnen. Femur des 4. Beinpaares 2,2 mal so lang wie breit. Das Tasthaar am Tarsus des 4. Beinpaares proximal der Mitte gelegen. — Körper L. 3,4 mm; Palpen: Femur L. 0,80 mm, B. 0,37 mm, Tibia L. 0,90 mm, B. 0,40 mm, Hand L. 0,87 mm, B. 0,47 mm, Finger L. 0,67 mm.

Neu-Seeland: Taieri.

8. **H. pallipes** (A. White) 1849 *Chelifer p.*, A. White in: P. zool. Soc. London, *v.* 17 p. 6 | 1905 *C. p.*, With in: Ann. nat. Hist., ser. 7 *v.* 15 p. 111 t. 7 f. 3a—b | 1910 *C. p.*, Ellingsen in: Mt. Mus. Berlin, *v.* 4 p. 376.

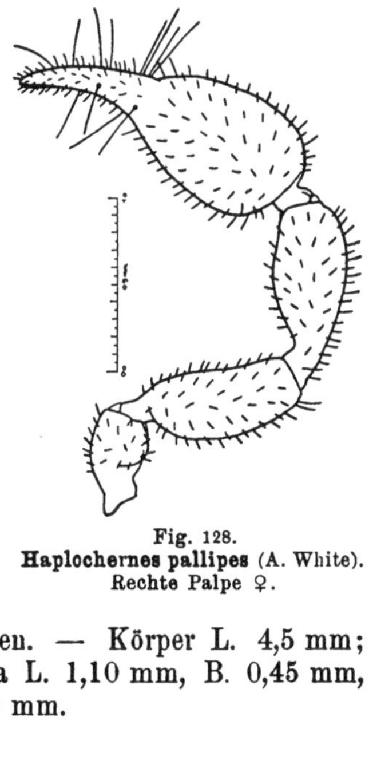

Fig. 128. **Haplochernes pallipes** (A. White). Rechte Palpe ♀.

Cephalothorax nur wenig länger als breit, fein, aber deutlich granuliert, mit nicht besonders tiefen Querfurchen. Augenflecke fehlen. Tergite geteilt, fein granuliert. Serrula mit 22 Lamellen. Flagellum mit 3 Borsten, die distale einseitig gefiedert. Palpen (Fig. 128) fein und deutlich granuliert. Femur 2,6—2,8 mal, Tibia 2,5 mal, Schere 2,5 mal so lang wie breit. Finger deutlich kürzer als die Hand ohne Stiel. Femur des 4. Beinpaares 3 mal, Tibia 4,2 mal, Tarsus 4,1 mal so lang wie breit. Das Tasthaar am Tarsus des 4. Beinpaares etwas proximal der Mitte gelegen. — Körper L. 4,5 mm; Palpen: Femur L. 1,02 mm, B. 0,40 mm, Tibia L. 1,10 mm, B. 0,45 mm, Hand L. 1,13 mm, B. 0,68 mm, Finger L. 0,83 mm.

Neu-Seeland: Stephens-Insel.

9. **H. keyserlingi** (With) 1907 *Chelifer K.*, With in: J. Linn. Soc. London, *v.* 30 p. 53 t. 8 f. 3—5.

Cephalothorax etwas länger als breit, deutlich granuliert, ohne deutliche Querfurchen. Augenflecke undeutlich oder fehlend. Tergite mit Ausnahme des 11. schmal geteilt. Etwa 8 Marginalborsten auf jedem Halbtergit. 3. Flagellumborste einseitig gezähnt. Galea mit 6 kurzen Terminalästchen. Palpen an der Medialseite der Glieder deutlich, dorsal und lateral undeutlich granuliert, ventral fast glatt. Femur 2,2 mal, Tibia 2,1 mal, Schere mit Stiel 3,4 mal so lang wie breit. Hand 1,2 mal breiter als dick. Finger bedeutend kürzer als die Hand, kaum klaffend, medial mit je etwa 3 Nebenzähnen distal. Fester Finger lateral mit 12, beweglicher mit 8 Nebenzähnen. Femur des 4. Beinpaares 2,4 mal so lang wie breit. Das Tasthaar des 4. Beinpaares nur wenig proximal der Mitte der Tarsuslänge. — Körper L. 5,2 mm; Palpen: Femur L. 1,20 mm, B. 0,53 mm, Tibia L. 1,15 mm, B. 0,55 mm, Hand L. 1,38 mm, B. 0,65 mm, Finger L. 0,83 mm.

Australien: Rockhampton.

10. **H. atrimanus** (Kästner) 1927 *Chelifer a.*, Kästner in: Ins. Samoa, *v.* 8 p. 16 f. 1—5.

Cephalothorax deutlich länger als breit, nahezu glatt, ohne deutliche Querfurchen. Augenflecke vorhanden. Tergite mit Ausnahme des 1.—3. und 11. geteilt. 3. Flagellumborste einseitig gezähnt. Galea mit etwa 10 Seitenästchen. Palpen granuliert. Femur 2,1 mal, Tibia 2,1 mal, Schere etwa 2,5 mal so lang wie breit. Hand 1,1 mal dicker als breit. Finger bedeutend kürzer als die Hand, lateral mit je etwa 12 Nebenzähnen. Fester Finger mit etwa 2, beweglicher mit etwa 3 Nebenzähnen nahe der Spitze. Femur des 4. Beinpaares 2,3 mal so lang wie breit. — Körper L. 4,7 mm; Palpen: Femur L. 0,87 mm, B. 0,41 mm, Tibia L. 0,94 mm, B. 0,47 mm, Hand L. 1,97 mm, B. 0,62 mm, Finger L. 0,65 mm.

Samoa.

11. **H. warburgi** (Tullg.) 1905 *Chelifer W.*, Tullgren in: Mt. Mus. Hamburg, *v.* 22 p 42 f. 3a—b.

Cephalothorax länger als breit, nahezu glatt, mit einer deutlichen vorderen und einer undeutlichen basalen Querfurche. Augenflecke vorhanden. Tergite geteilt, glatt. Serrula mit 21—22 Lamellen. Flagellum mit 3 Borsten, die distale am Ende mit einigen kurzen Fiedern. Galea ziemlich lang, mit 6 Seitenästen, die sich über die ganze Länge verteilen. Palpen (Fig. 129) ziemlich gedrungen, nahezu glatt. Trochanter hinten mit schwachen Tuberkeln. Femur 2,1 mal, Tibia 1,9 mal, Schere 2,4 mal so lang wie breit. Finger deutlich kürzer als die Hand ohne Stiel. Femur des 4. Beinpaares etwa 2,9 mal, Tibia 2,7 mal, Tarsus 2,9 mal so lang wie breit. Das Tasthaar am Tarsus des 4. Beinpaares etwas proximal der Mitte gelegen. — Körper L. 2,6 mm; Palpen: Femur L. 0,52 mm, B. 0,25 mm, Tibia L. 0,52 mm, B. 0,28 mm, Hand L. 0,61 mm, B. 0,38 mm, Finger L. 0,47 mm.

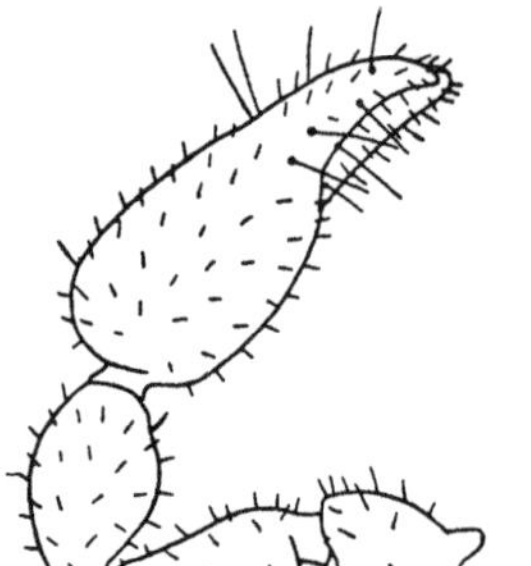

Fig. 129.
Haplochernes warburgi (Tullg.). Linke Palpe des ♀.

Sundainseln: Java.

12. **H. kraepelini** (Tullg.) 1905 *Chelifer K.*, Tullgren in: Mt. Mus. Hamburg, *v.* 22 p. 40 f. 2a—d | 1910 *C. K.*, Ellingsen in: Mt. Mus. Berlin, *v.* 4 p. 367.

Cephalothorax etwas länger als breit, fein runzelig punktiert, die Scheibe mit einer deutlichen vorderen und einer schwächeren basalen Querfurche. Augenflecke deutlich. Tergite geteilt, glatt. Serrula mit 19 Lamellen. Flagellum mit 3 Borsten, die distale mit 3—5 Fiedern. Galea mit 6 Seitenästen. Palpen (Fig. 130) an der Medialseite der Glieder fein granuliert. Trochanter mit deutlichen hinteren Höckern. Femur des Männchens 2,5 mal, des Weibchens 2,3 mal, Tibia in beiden Geschlechtern 2,2 mal, Schere 2,8 mal so lang wie breit. Finger deutlich kürzer als die Hand ohne Stiel. Die Tasthaare *ist* und *isb* des festen Fingers so weit voneinander

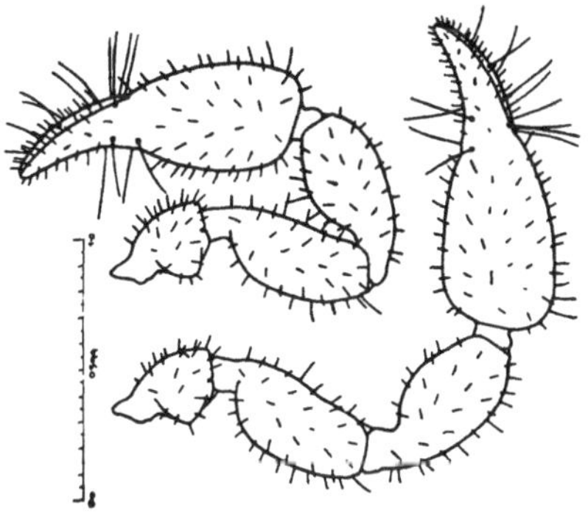

Fig. 130.
Haplochernes kraepelini (Tullg.) Rechte Palpe von ♂ und ♀.

entfernt wie *st* und *sb* des beweglichen Fingers. Femur des 4. Beinpaares 2,5 mal, Tibia 3,2 mal, Tarsus 3,7 mal so lang wie breit. Das Tasthaar am Tarsus des 4. Beinpaares deutlich proximal der Mitte gelegen. — Körper L. 3—3,5 mm; Palpen: ♂ Femur L. 0,68 mm, B. 0,27 mm, Tibia L. 0,68 mm, B. 0,30 mm, Hand L. 0,75 mm, B. 0,41 mm, Finger L. 0,53 mm; ♀ Femur L. 0,68 mm, B. 0,30 mm, Tibia L 0,72 mm, B. 0,32 mm, Hand L. 0,81 mm, B. 0,43 mm, Finger L. 0,53 mm.

Sundainseln: Java.

13. **H. funafutensis** (With) 1907 *Chelifer f.*, With in: J. Linn. Soc. London, *v.* 30 p. 57 t. 8 f. 9—12.

Cephalothorax deutlich länger als breit, glatt, nur seitlich fein granuliert, mit deutlicher vorderer und undeutlicher hinterer Querfurche. Augenflecke undeutlich. Tergite mit Ausnahme des 1. und 11. geteilt, glatt. 6—7 Marginalborsten auf jedem Halbtergit. 3. Flagellumborste mit einigen wenigen Fiedern. Galea mit 6 Seitenästen im distalen Drittel. Palpen an der Medialseite der Glieder fein und undeutlich granuliert. Femur 2,3 mal, Tibia 2,2 mal, Schere mit Stiel 3,1 mal so lang wie breit. Finger deutlich kürzer als die Hand mit Stiel, leicht klaffend, lateral mit je 5 Nebenzähnen distal, medial ohne solche. Stellung der Tasthaare wie bei der vorigen Art. Femur des 4. Beinpaares 2,3 mal, Tibia 3,1 mal, Tarsus 3,6 mal so lang wie breit. Das Tasthaar am Tarsus des 4. Beinpaares deutlich proximal der Mitte gelegen. — Körper L. 3 mm; Palpen: Femur L. 0,62 mm, B. 0,26 mm, Tibia L. 0,65 mm, B. 0,30 mm, Hand L. 0,69 mm, B. 0,40 mm, Finger L. 0,57 mm.

Polynesien: Funafuti.

14. **H. dahli** Beier 1910 *Chelifer Kraepelini* (part.), Ellingsen in: Mt. Mus. Berlin, *v.* 4 p. 367 | 1932 *Haplochernes dahli*, Beier in: Zool. Jahrb., Syst. *v.* 64 (im Druck).

Mit *H. kraepelini* nahe verwandt. Cephalothorax länger als breit, glatt, mit einer breiten und tiefen vorderen und einer schwächeren, sehr nahe dem Hinterrande befindlichen basalen Querfurche. Augenflecke vorhanden. Tergite glatt, nur die mittleren schmal geteilt. Serrula mit 26 Lamellen. Flagellum mit 3 Borsten, die distale mit 5 langen Fiedern. Palpen (Fig. 131) glatt, nur an der Medialseite der Glieder fein granuliert. Femur in beiden Geschlechtern 2,8 mal, Tibia des Männchens 2,5 mal, des Weibchens 2,4 mal, Schere des Männchens 3 mal, des Weibchens 2,8 mal so lang wie breit.

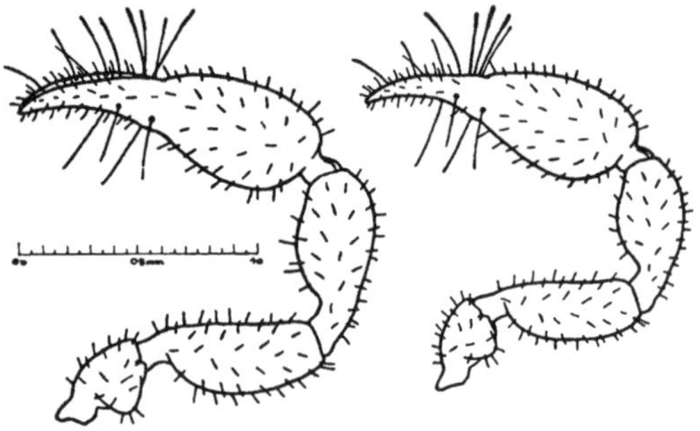

Fig. 131. **Haplochernes dahli** Beier. Rechte Palpe von ♂ und ♀.

Finger deutlich kürzer als die Hand mit Stiel. Stellung der Tasthaare wie bei *kraepelini*. Femur des 4. Beinpaares 2,5 mal, Tibia 3,1 mal, Tarsus 3,9 mal so lang wie breit. Das Tasthaar am Tarsus des 4. Beinpaares deutlich proximal der Mitte gelegen. — Körper L. 3—3,5 mm; Palpen: ♂ Femur L. 0,77 mm, B. 0,28 mm, Tibia L. 0,77 mm, B. 0,32 mm, Hand L. 0,82 mm, B. 0,42 mm, Finger L. 0,63 mm; ♀ Femur L. 0,65 mm, B. 0,23 mm, Tibia L. 0,63 mm, B. 0,28 mm, Hand L. 0,75 mm, B. 0,39 mm, Finger L. 0,52 mm.

Bismarck-Archipel: Insel Ralum.

8. Gen. Pachychernes Beier

1932 *P.*, Beier in: Zool. Jahrb., Syst. *v.* 64 (im Druck).

Typus: *Chelifer subrobustus* Balzan (durch ursprüngliche Bestimmung).

Cephalothorax etwas länger als breit, fein, aber meist deutlich granuliert, ohne deutliche Querfurchen. Augenflecke vorhanden. Tergite geteilt, fein granuliert. Flagellum mit 3 Borsten. Palpen (Fig. 132) gedrungen, deutlich granuliert. Palpenhand des Männchens medial leicht excaviert und dichter behaart, die des Weibchens einfach. Die Tasthaare *isb, ib, ist* und *it* nahe der Fingerbasis zu einer geschlossenen Gruppe vereinigt; *est* nahe an *esb* gerückt; *st* etwas näher bei *sb* als bei *t* stehend. Nur der bewegliche Finger mit Giftapparat und Giftzahn. Nebenzähne vorhanden. Laufbeine ziemlich gedrungen. Das Tasthaar am Tarsus des 4. Paares etwas proximal der Mitte befindlich.

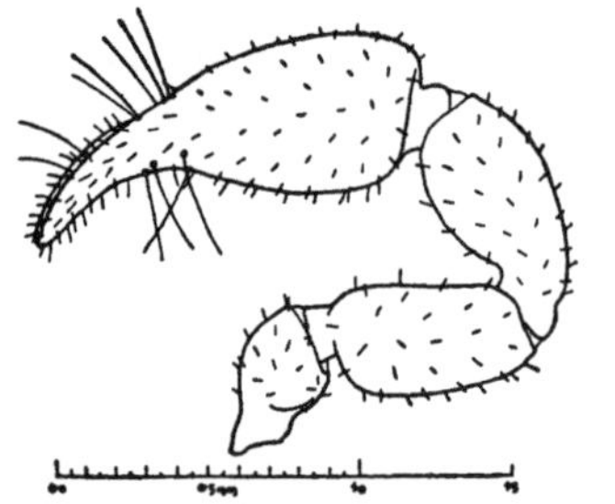

Fig 132.
Pachychernes subrobustus (Balzan).
Rechte Palpe ♀.

Südamerika.

4 Arten.

Übersicht über die Arten:

1 { Hand 1,2mal so lang wie die Tibia oder kürzer; Cephalothorax fein granuliert — **2**
Hand 1,5mal so lang wie die Tibia; Cephalothorax fast glatt . . . . 4. **P. gracilis**

2 { Femur 2,2mal, Tibia 2,1mal so lang wie breit oder kürzer — **3**
Femur 2,7mal, Tibia 2,3mal so lang wie breit . . . . . . 3. **P. robustus**

3 { Schere mit Stiel 3mal so lang wie breit; Granulation des Cephalothorax undeutlich . . . . 1. **P. subrobustus**
Schere mit Stiel 3,5mal so lang wie breit; Granulation des Cephalothorax deutlich . . . . 2. **P. subgracilis**

1. **P. subrobustus** (Balzan) 1891 *Chelifer s.*, Balzan in: Ann. Soc. ent. France, *v.* 60 p. 512 t. 9 f. 3 | 1908 *C. s.*, With in: Tr. zool. Soc. London, *v.* 18 p. 260 t. 30 f. 12a—b | 1910 *C. s.*, Ellingsen in: Mt. Mus. Berlin, *v.* 4 p. 360.

Cephalothorax kaum länger als breit, sehr fein und wenig deutlich granuliert, ohne deutliche Querfurchen. Tergite geteilt, undeutlich granuliert. Borsten des Körpers und der Palpen mäßig lang, sehr fein gezähnt. Lamina exterior der Cheliceren breit. Serrula mit 21 Lamellen. Flagellum mit 3 Borsten, die distale breit und stark gesägt. Galea ziemlich kurz und gedrungen, mit 6 kurzen Seitenästen. Palpen (Fig. 133) ziemlich gedrungen,

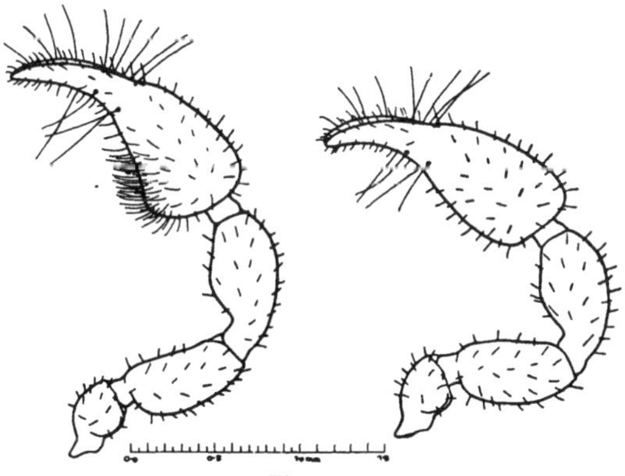

Fig. 133.
Pachychernes subrobustus (Balzan). Rechte Palpe von ♂ und ♀.

an der Medialseite der Glieder, besonders am Femur, fein, aber deutlich granuliert. Femur des Männchens 2,3mal, des Weibchens 2,1—2,2mal, Tibia des Männchens 2,2mal, des Weibchens 2,1mal so lang wie breit. Schere des Männchens 2,4mal, des Weibchens 2,6—2,7mal so lang wie breit (mit Stiel 2,7 bzw. 2,9mal). Hand des Männchens an der Medialseite leicht excaviert und dort ziemlich dicht mit längeren Borsten besetzt, die des Weibchens einfach. Finger des Männchens fast so lang wie, die des Weibchens deutlich kürzer als die Hand ohne Stiel, medial ohne, lateral mit je 12 Nebenzähnen. Die Tasthaare *isb*, *ib*, *ist* und *it* nahe der Fingerbasis zu einer geschlossenen Gruppe vereinigt, *est* nahe an *esb* gerückt. Beine gedrungen, das Femur des 4. Paares 2,5mal, Tibia 3,2mal, Tarsus 3mal so lang wie breit. Das Tasthaar am Tarsus des 4. Beinpaares proximal der Mitte gelegen. — Körper L. 3,7—4 mm; Palpen: ♂ Femur L. 0,78 mm, B. 0,34 mm, Tibia L. 0,87 mm, B. 0,40 mm, Hand L. 0,95 mm, B. 0,61 mm,

Finger L. 0,78 mm; ♀ Femur L. 0,75—0,79 mm, B. 0,35—0,37 mm, Tibia L. 0,79—0,83 mm, B. 0,38—0,40 mm, Hand L. 0,90—0,98 mm, B. 0,50—0,53 mm, Finger L. 0,65—0,70 mm.

Südamerika: Venezuela, Neu-Granada, Paraguay.

2. **P. subgracilis** (With) 1908 *Chelifer s.*, With in: Tr. zool. Soc. London, *v.* 18 p. 257 t. 30 f. 11a—b.

Cephalothorax etwas länger als breit, fein, aber deutlich granuliert, die Scheibe mit einer medianen, wenig ausgeprägten Querfurche, die basale Querfurche fehlend. Augenflecke vorhanden, jedoch wenig deutlich. Tergite mit Ausnahme des unvollständig geteilten 11. geteilt. 6—8 Marginalborsten auf jedem Halbtergit. Borsten des Körpers und der Palpen kurz, etwas keulenförmig. Galea ziemlich kurz, mit 6 kurzen Terminalästchen. Palpen an der Medialseite der Glieder deutlich granuliert. Femur 2,2 mal, Tibia 2,1 mal, Schere mit Stiel 3,5 mal so lang wie breit. Hand 1,2 mal so breit wie dick und 1,4 mal länger als die Finger. Finger nicht klaffend, medial mit je 2 Nebenzähnen nahe der Spitze. Fester Finger lateral mit 8, beweglicher mit 5 Nebenzähnen. Femur des 4. Beinpaares 2,4 mal, Tibia 3,5 mal, Tarsus 3,4 mal so lang wie breit. Das Tasthaar am Tarsus des 4. Beinpaares proximal der Mitte gelegen. — Körper L. ♀ 3,9 mm; Palpen: Femur L. 0,90 mm, B. 0,41 mm, Tibia L. 0,91 mm, B. 0,47 mm, Hand L. 1,03 mm, B. 0,50 mm, Finger L. 0,71 mm.

Südamerika: Brasilien.

3. **P. robustus** (Balzan) 1890 *Chelifer r.*, Balzan in: Ann. Mus. Genova, ser. 2 *v.* 9 p. 418 t. 13 f. 6 | 1891 *C. r.*, Balzan in: Ann. Soc. ent. France, *v.* 60 p 548 | 1908 *C. r.*, With in: Tr. zool. Soc. London, *v.* 18 p. 259.

Cephalothorax etwas länger als breit, fein granuliert, ohne deutliche Querfurchen. Augenflecke vorhanden. Tergite geteilt, mit Ausnahme des unvollständig geteilten 11. Borsten des Körpers und der Palpen kurz und gezähnt. Palpen schlanker als bei den vorigen Arten, an der Medialseite der Glieder fein granuliert. Femur 2,7 mal, Tibia 2,3 mal, Schere mit Stiel etwa 3 mal so lang wie breit. Hand 1,6 mal so lang wie die Finger. — Körper L. ♀ 4,3 mm; Palpen: Femur L. 1,25 mm, B. 0,49 mm, Tibia L. 1,30 mm, B. 0,57 mm, Hand L. 1,40 mm, B. 0,79 mm.

Südamerika: Brasilien, Paraguay.

4. **P. gracilis** (Ellingsen) 1902 *Chelifer g.*, Ellingsen in: Mém. Soc. zool. France, *v.* 15 p. 148 | 1908 *C. g.*, With in: Tr. zool. Soc. London, *v.* 18 p. 259.

Cephalothorax etwas länger als breit, fast glatt, ohne deutliche Querfurchen. Augenflecke vorhanden. Tergite mit Ausnahme des unvollständig geteilten letzten geteilt. Borsten des Körpers und der Palpen ziemlich lang, fast einfach. Galea mit 3—4 Terminalästchen. Palpen kaum so lang wie der Körper, nicht deutlich granuliert. Finger halb so lang wie die Hand. — Körper L. ♀ 2,5 mm.

Südamerika: Ekuador.

9. Gen. Parachernes Chamb.

1931 *P.*, Chamberlin in: Ent. News Philad., *v.* 42 p. 192.

Typus: *P. ronnaii* Chamb. (durch ursprüngliche Bestimmung und Monotypie).

Cephalothorax mehr oder weniger deutlich granuliert, mit 2 oftmals verwischten Querfurchen und meist (Subgen. *Argentochernes*) an der Basis mit ziemlich scharf begrenzten hellen Lateralmakeln. Augenflecke meist vorhanden. Tergite geteilt. Borsten des Körpers und der Palpen gezähnt oder gefiedert, selten leicht gekeult. Flagellum mit 3 Borsten, die distale einseitig gefiedert. Palpen ziemlich gedrungen, mehr oder weniger deutlich granuliert. Die Tasthaare *isb*, *ib*, *ist* und *it* (Fig. 134) nahe der Fingerbasis zu einer ziemlich geschlossenen Gruppe vereinigt. *st* nur wenig näher bei *sb* als bei *t* oder in der Mitte zwischen den beiden letztgenannten stehend. Nebenzähne vorhanden, mitunter aber stark reduziert. Beine ziemlich gedrungen, das Tasthaar am Tarsus des 4. Paares etwas distal der Mitte gelegen.

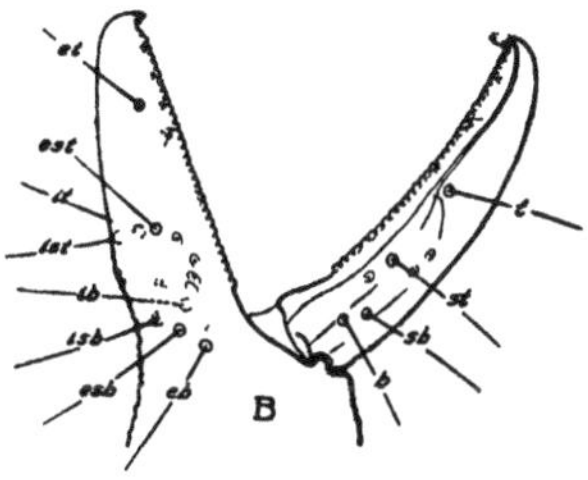

Fig. 134.
Parachernes ronnaii Chamb. Stellung der Tasthaare (nach Chamberlin).

Vorwiegend in Südamerika verbreitet und nur mit je einer Art in die nearktische, orientalische, australische und äthiopische Region vordringend.

2 Subgenera, 14 sichere Arten, 1 unsichere Art.

Übersicht über die Arten:

1 Cephalothorax einfarbig, ohne helle Makeln (Subgen. *Parachernes*) — **2**
Cephalothorax nahe der Basis mit ziemlich scharf begrenzten hellen Makeln (Subgen. *Argentochernes*) — **3**

2 Palpen etwas gedrungener, Femur 2,3 mal, Tibia 2,1 mal so lang wie breit; Finger medial mit je einem Nebenzahn . . . . 1. **P. (P.) ronnaii**
Palpen schlanker, Femur 2,4 mal, Tibia 2,2 mal so lang wie breit; Finger medial mit je 6 Nebenzähnen . . . . 2. **P. (P.) michaelseni**

3 Neuweltliche Arten — **4**
Altweltliche Arten — **12**

4 Cephalothorax so lang oder länger als breit — **5**
Cephalothorax deutlich breiter als lang . . . . . 3. **P. (A.) albomaculatus**

5 Süd- und zentralamerikanische Arten — **6**
Nordamerikanische Art . . . . 4. **P. (A.) pulchellus**

6 Tergite mit mehr als 8 Marginalborsten (mehr als 4 auf jedem Halbtergit); Hand mehr oder weniger deutlich granuliert — **7**
Tergite mit nur 8 Marginalborsten (4 auf jedem Halbtergit); Hand nahezu glatt . . . . 5. **P. (A.) nitidimanus**

7 Finger kürzer als die Dicke der Hand — **8**
Finger deutlich länger als die Dicke der Hand — **9**

8 Borsten an der Medialseite der Hand nicht gefiedert; Finger medial mit je 5 Nebenzähnen . . . . . 6. **P. (A.) bicolor**
Borsten an der Medialseite der Hand gefiedert; Finger medial mit je 2 Nebenzähnen . . . . . 7. **P. (A.) plumosus**

9 Wenigstens das Palpenfemur an der Medialseite deutlich granuliert; Finger ungefähr so lang wie die Hand ohne Stiel oder nur wenig länger oder kürzer — **10**
Palpen, auch das Femur, undeutlich granuliert; Finger bedeutend kürzer als die Hand ohne Stiel . . . . 8. **P. (A.) subrotundatus**

10 Palpentibia 1,9—2,1 mal so lang wie breit; basaler Teil des Cephalothorax mit silberweißen Lateralmakeln — 11
Palpentibia 2,2 mal so lang wie breit; basaler Teil des Cephalothorax mit hellen Seiten, jedoch ohne silberweiße Lateralmakeln . . . . 9. **P. (A.) crassimanus**

11 Tergite 4—8 ohne silberweißen Lateralfleck . . . . 10. **P. (A.) meinertii**
Tergite 4—8 mit je einem silberweißen Lateralfleck . 11. **P. (A.) argentatopunctatus**

12 Körper L. 1,5—2,3 mm (australisch-malayische Arten) — 13
Körper L. 2,5—3 mm (westafrikanische Art) . . . 14. **P. (A.) rubidus**

13 Schere 2,2 mal so lang wie breit; Finger kürzer als die Hand ohne Stiel . . . . 12. **P. (A.) sabulosus**
Schere 2,7 mal so lang wie breit; Finger so lang wie die Hand ohne Stiel . . . . 13. **P. (A.) cocophilus**

a) Subgen. **Parachernes** Chamb.

1931 *P.*, Chamberlin in: Ent. News Philad., *v.* 42 p. 192.

Mit den Charakteren der Gattung. Cephalothorax und Tergite ohne scharf begrenzte helle Makeln.

1. **P. (P.) ronnaii** Chamb. 1931 *P. r.*, Chamberlin in: Ent. News Philad., *v.* 42 p. 194 f. A—J.

Cephalothorax länger als breit, mit 2 Querfurchen, von welchen die basale schwächer ist und näher dem Hinterrand als der vorderen liegt. Augenflecke vorhanden, jedoch undeutlich. Hinterrand mit 12 Marginalborsten. Tergite geteilt, mit 14—16 Marginalborsten (7—8 auf jedem Halbtergit). Borsten des Körpers und der Palpen kurz, gezähnt. Flagellum mit 3 Borsten. Galea mit 6 Seitenästen. Palpen ziemlich gedrungen, an der Medialseite der Glieder granuliert. Trochanter 1,3 mal so lang wie breit, hinten mit deutlichem, konischen Höcker. Femur 2,3 mal, Tibia 2,1 mal so lang wie breit, letztere ungefähr so lang wie das Femur und 1,2 mal so lang wie die Hand. Schere 2,7 mal so lang wie breit. Hand 1,3 mal so lang wie breit und etwas breiter als dick. Finger kaum länger als die Hand ohne Stiel, mit je 32—33 Zähnen. Fester Finger lateral mit 4, beweglicher mit drei Nebenzähnen, medial beide Finger mit je 1 Nebenzahn. Die Tasthaare *isb*, *ib*, *ist* und *it* zu einer ziemlich geschlossenen Gruppe nahe der Fingerbasis vereinigt. Das Tasthaar am Tarsus des 4. Beinpaares distal der Mitte gelegen. — Körper L. 2,1 mm.

Südamerika: Brasilien, Rio Grande do Sul.

2. **P. (P.) michaelseni** (E. Sim.) 1902 *Chelifer M.*, E. Simon in: Ergeb. Hamburg. Magalh. Sammelr., *v.* 2 Arach. p. 44 | 1904 *C. M.*, Ellingsen in: Boll. Mus. Torino, *v.* 19 nr. 480 p. 4 | 1908 *C. m.*, With in: Tr. zool. Soc. London, *v.* 18 p. 282 t. 30 f. 22a—c | 1931 *„Chernes" michaelsoni*, Chamberlin in: Ent. News Philad., *v.* 42 p. 194.

Cephalothorax etwas länger als breit, mit 2 Querfurchen, von welchen die basale weniger deutlich als die mediane ist. Augenflecke vorhanden, jedoch wenig deutlich. Die Scheibe im vorderen Teile deutlich, im hinteren weniger deutlich granuliert. Tergite mit Ausnahme des 1. und 11. geteilt. Borsten des Körpers und der Palpen kurz, gezähnt oder leicht gekeult. Galea mit 6 kurzen Terminalästchen. Palpen an der Medianseite der Glieder deutlich granuliert. Trochanter 1,5 mal, Femur 2,4 mal, Tibia 2,2 mal, Schere mit Stiel 3mal so lang wie breit. Hand 1,6mal so lang wie breit, 1,2mal länger als die Finger und 1,2mal so breit wie der Trochanter lang ist. Finger leicht klaffend, medial mit je etwa 6 Nebenzähnen. Fester Finger lateral mit 3, beweglicher mit 4 Nebenzähnen. Femur des 4. Beinpaares 2,8mal, Tibia 3,6mal, Tarsus 4,6mal so lang wie breit. Das Tasthaar am Tarsus des 4. Beinpaares distal der Mitte gelegen. — Körper L. 2,4 mm; Palpen: Femur L. 0,65 mm, B. 0,26 mm, Tibia L. 0,67 mm, B. 0,30 mm, Hand L. 0,67 mm, B. 0,41 mm, Finger L. 0,57 mm.

Südamerika: Feuerland, Patagonien, Südbrasilien.

b) Subgen. **Argentochernes** Beier

1932 *A.*, Beier in: Zool. Jahrb., Syst. *v.* 64 (im Druck).

Mit den Charakteren der Gattung. Der basale Teil des Cephalothorax, mitunter auch einige Abdominaltergite mit ziemlich scharf begrenzten hellen, gelblichen bis silberweißen Lateralmakeln.

3. **P. (A.) albomaculatus** (Balzan) 1891 *Chelifer a*, Balzan in: Ann. Soc. ent. France, *v.* 60 p. 526 t. 10 f. 17 | 1908 *C. a.*, With in: Tr. zool. Soc. London, *v.* 18 p. 269 t. 30 f. 16a, p 270 f. 67 | 1910 *C. (Trachychernes) a*, Ellingsen in: Mt. Mus. Berlin, *v.* 4 p. 369.

Cephalothorax deutlich breiter als lang, dicht granuliert, mit 2 wenig deutlichen Querfurchen. Augenflecke vorhanden, jedoch sehr undeutlich. Tergite mit Ausnahme des 11. geteilt, mit je etwa 12 keulenförmigen Marginalborsten. Serrula mit 20 Lamellen. Flagellum mit 3 Borsten. Galea beim Männchen mit 3, beim Weibchen mit 6 Terminalästen. Palpen (Fig. 135) an der Medialseite der Glieder deutlich granuliert. Trochanter 1,5—1,6mal, Femur 2,6—2,7mal, Tibia 2,2mal, Schere 2,3mal so lang wie breit. Finger fast so lang wie die Hand ohne Stiel, leicht klaffend, medial mit je 2 oder 3, lateral mit je etwa 8 Nebenzähnen. Femur des 4. Beinpaares 2,9—3,1mal, Tibia 4mal, Tarsus 5mal so lang wie breit. Das Tasthaar am Tarsus des 4. Beinpaares ziemlich weit distal der Mitte gelegen. Cephalothorax im basalen Teil jederseits mit einem weißlichen, ziemlich scharf begrenzten Fleck. Tergite mit einem weißlichen Lateralfleck. — Körper L. ♂ 2,1 mm, ♀ 2,9 mm; Palpen: ♂ Femur L. 0,63—0,74 mm, B. 0,25—0,28 mm, Tibia L. 0,60—0,73 mm, B. 0,28—0,33 mm, Hand L. 0,71—0,75 mm, B. 0,43—0,48 mm, Finger L. 0,50—0,52 mm; ♀ Femur L. 0,90 mm, B. 0,33 mm, Tibia L. 0,90 mm, B. 0,40 mm, Hand L. 0,90 mm, B. 0,60 mm, Finger L. 0,57 mm.

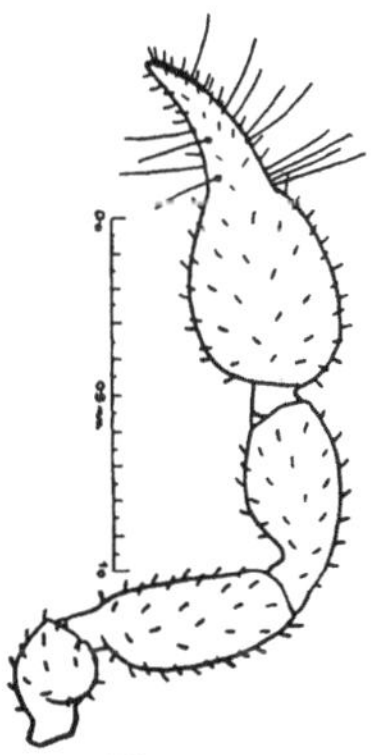

Fig. 135. **Parachernes (Argentochernes) albomaculatus** (Balzan). Rechte Palpe.

Südamerika: Venezuela, Kolumbien.

4. **P. (A.) pulchellus** (Banks) 1908 *Chelanops p.*, N. Banks in: Bull. Wisconsin Soc., *v.* 6 p. 41.

Cephalothorax fast um die Hälfte länger als breit, fein granuliert. Tergite geteilt, mit etwa 8 Marginalborsten. Palpen ziemlich kurz. Femur kaum so lang wie die Breite des Cephalothorax. Tibia kaum so lang wie das Femur, aber deutlich breiter. Finger kräftig, etwas kürzer als die Hand.

Cephalothorax in den Basalecken mit je einem silberweißen Fleck. Tergite ebenfalls mit je einer seitlichen silberweißen Makel. — Körper L. 2,3 mm.

Nordamerika: Texas.

5. **P. (A.) nitidimanus** (Ellingsen) 1905 *Chelifer n.*, Ellingsen in: Boll. Mus. Torino, *v.* 20 nr. 500 p. 11 | 1908 *C. n*, With in: Tr. zool. Soc. London, *v.* 18 p 281 f. 70 t. 30 f. 21a.

Cephalothorax deutlich länger als breit, wenig deutlich und ziemlich flach granuliert, mit 2 deutlichen Querfurchen. Augenflecke groß, jedoch ziemlich undeutlich. Tergite mit Ausnahme des 11. geteilt, mit je 6—8 leicht gekeulten Marginalborsten. Flagellum mit 3 Borsten. Galea mit etwa 6 Terminalästen. Palpen an der Medialseite der Glieder granuliert, am Femur deutlicher als an der Tibia. Trochanter 1,6 mal, Femur 2,2 mal, Tibia 2 mal, Schere mit Stiel 3 mal so lang wie breit. Hand 1,1 mal so dick wie breit und etwa 1,2 mal so lang wie die Finger. Finger deutlich länger als die Dicke der Hand, kaum klaffend, medial mit je 2 Nebenzähnen nahe der Spitze. Femur des 4. Beinpaares 2,2 mal, Tibia 3,3 mal, Tarsus 3 mal so lang wie breit. Cephalothorax basal jederseits mit einem gelblichen oder weißen Lateralfleck. — Körper L. ♂ 1,7 mm; Palpen: Femur L. 0,39 mm, B. 0,18 mm, Tibia L. 0,41 mm, B. 0,19 mm, Hand L. 0,44 mm, B. 0,27 mm, Finger L. 0,36 mm.

Südamerika: Brasilien (Para, St. Vincent).

6. **P. (A.) bicolor** (Balzan) 1891 *Chelifer b.*, Balzan in: Ann. Soc. ent. France, *v.* 60 p. 524 t. 10 f. 16 | 1908 *C. b.*, With in: Tr. zool. Soc. London, *v.* 18 p. 267 t. 30 f. 15a—e.

Cephalothorax etwas länger als breit, deutlich granuliert, mit 2 nahezu geraden, wenig deutlichen Querfurchen. Tergite geteilt, beim Männchen mit 10—12, beim Weibchen mit 12—14 mäßig langen, stumpfen oder leicht gekeulten Marginalborsten. Galea beim Männchen mit 3, beim Weibchen mit 6 Seitenästen. Palpen fein granuliert, mit stumpfen, gezähnten Borsten. Trochanter 1,5 mal, Femur 2,3 mal, Tibia 2,2 mal, Schere mit Stiel beim Männchen 2,4 mal, beim Weibchen 2,6 mal so lang wie breit. Finger bedeutend kürzer als die Hand, beim Männchen nur wenig, beim Weibchen deutlich länger als die Breite der Hand, medial mit je 5, lateral mit je 10 Nebenzähnen. Femur des 4. Beinpaares beim Männchen 2,2 mal, beim Weibchen 2,6 mal, Tibia beim Männchen 3,6 mal, beim Weibchen 4 mal, Tarsus beim Männchen 3,6 mal, beim Weibchen 3,8 mal so lang wie breit. Das Tasthaar am Tarsus des 4. Beinpaares distal der Mitte gelegen. Cephalothorax basal jederseits mit einem weißen Lateralfleck, ebenso die Tergite mit einem weißen Seitenfleck. Stiele der Palpenglieder und Finger heller als der übrige Teil. — Körper L. ♂ 2,6 mm, ♀ 3,6 mm; Palpen: ♂ Femur L. 0,69 mm, B. 0,30 mm, Tibia L. 0,71 mm, B. 0,32 mm, Hand L. 0,71 mm, B. 0,51 mm, Finger L. 0,53 mm; ♀ Femur L. 0,71 mm, B. 0,31 mm, Tibia L. 0,74 mm, B. 0,33 mm, Hand L. 0,78 mm, B. 0,51 mm, Finger L. 0,53 mm.

Südamerika: Venezuela.

7. **P. (A.) plumosus** (With) 1908 *Chelifer p.*, With in: Tr. zool. Soc. London, *v.* 18 p. 279 t. 30 f. 20a–e.

Cephalothorax ein wenig länger als breit, stark granuliert, mit 2 deutlichen Querfurchen. Augenflecke groß, aber ziemlich undeutlich. Tergite mit Ausnahme des 11. geteilt, mit 12—14 keulenförmigen Marginalborsten.

Serrula mit 20 Lamellen. Flagellum mit 3 Borsten. Galea des Weibchens mit 6 Seitenästen. Palpen (Fig. 136) an der Medialseite der Glieder, einschließlich der Hand sehr deutlich granuliert. Trochanter 1,5 mal, Femur 2,3—2,4 mal, Tibia 2,2 - 2,3 mal, Schere 2,2—2,4 mal so lang wie breit. Hand auffallend plump, 1,1 mal so dick wie breit, an der Medialseite mit gebogenen, deutlich gefiederten Borsten. Finger kurz und dick, bedeutend kürzer als die Hand, leicht klaffend, medial mit je 2, lateral mit je etwa 10 Nebenzähnen. Femur des 4. Beinpaares 2,3 mal, Tibia 3,7 mal, Tarsus 4,2 mal so lang wie breit. Das Tasthaar des 4. Beinpaares distal der Mitte gelegen. Cephalothorax an der Basis mit je einem helleren Seitenfleck. — Körper L. ♀ 2,9 mm; Palpen: Femur L. 0,51—0,54 mm, B. 0,22 mm, Tibia L. 0,51—0,58 mm, B. 0,23—0,24 mm, Hand L. 0,53—0,63 mm, B. 0,38 bis 0,44 mm, Finger L. 0,39 —0,42 mm.

Südamerika: Venezuela, Kolumbien.

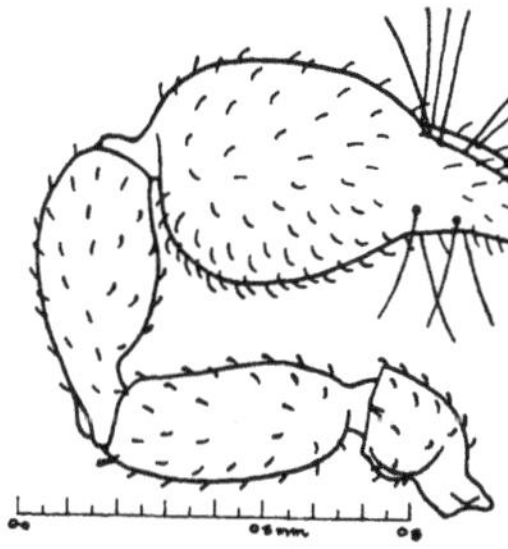

Fig. 136.
Parachernes (Argentochernes) plumosus (With) Linke Palpe ♀.

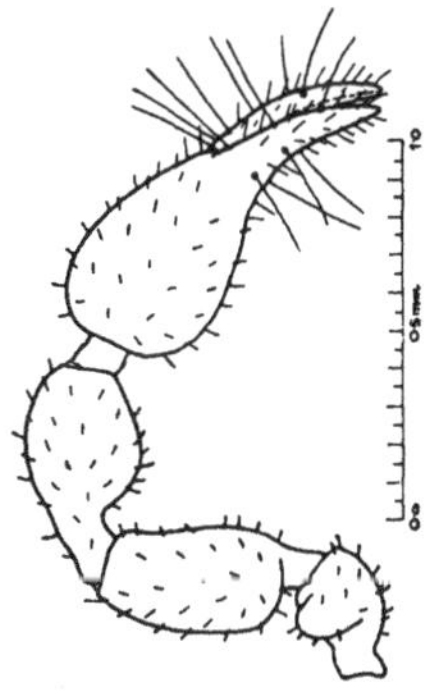

Fig 137.
Parachernes (Argentochernes) subrotundatus (Balzan). Linke Palpe ♀.

8. **P. (A.) subrotundatus** (Balzan) 1891 *Chelifer s.*, Balzan in: Ann. Soc. ent. France, *v.* 60 p. 522 t. 10 f. 14 | 1908 *C. s.*, With in: Tr. zool. Soc. London, *v.* 18 p. 277 t. 30 f. 19a—c | 1910 *C. s.*, Ellingsen in: Mt. Mus. Berlin. *v.* 4 p 382.

Cephalothorax ungefähr so lang wie breit, deutlich und dicht granuliert, mit 2 Querfurchen, von welchen die basale undeutlich ist. Augenflecke kaum sichtbar. Tergite geteilt mit je 8—10 stumpfen, kaum gekeulten Marginalborsten. Serrula mit 16—17 Lamellen. Flagellum mit 3 Borsten. Galea des Weibchens distal mit 6 Seitenästen. Palpen (Fig. 137) an der Medialseite der Glieder fein granuliert. Trochanter 1,5 mal, Femur 2,1 bis 2,2 mal, Tibia 1,9 - 2 mal, Schere 2,3 mal so lang wie breit, Hand etwas breiter als dick. Finger deutlich kürzer als die Hand ohne Stiel, kaum klaffend. Der feste Finger medial und lateral mit je 3, der bewegliche mit je 2 Nebenzähnen. Femur des 4. Beinpaares 2,5 mal, Tibia 3,3 mal, Tarsus 3,9 mal so lang wie breit. Das Tasthaar am Tarsus des 4. Beinpaares distal der Mitte gelegen. Cephalothorax basal mit je einem gelblichen Lateralfleck. Tergite einfarbig. — Körper L. 2.2 - 2,6 mm; Palpen: Femur L. 0,48—0,58 mm, B. 0,23—0,28 mm, Tibia L. 0,48—0,58 mm, B. 0,24—0,30 mm, Hand L. 0,55—0,60 mm, B. 0,35—0,40 mm, Finger L. 0,38—0,48 mm.

Südamerika: Venezuela, Paraguay (?).

9. **P. (A.) crassimanus** (Balzan) 1890 *Chelifer c.*, Balzan in: Ann. Mus. Genova, ser. 2 *v.* 9 p. 421 t. 14 f. 8 | 1891 *C c.*, Balzan in: Ann. Soc. ent. France, *v.* 60 p. 548 | 1905 *C. c.*, Ellingsen in: Boll. Mus. Torino, *v.* 20 nr. 500 p. 13 | 1907 *C. c*, Tullgren in: Mt. Mus. Hamburg, *v.* 24 p. 71 | 1908 *C. c.*, With in: Tr. zool. Soc. London, *v.* 18 p. 272 f. 68 - 69, t. 30 f. 17 a - b.

Cephalothorax deutlich länger als breit, deutlich und dicht granuliert, mit 2 tiefen, nahezu geraden Querfurchen. Augenflecke vorhanden. Tergite mit Ausnahme des unvollständig geteilten letzten geteilt, mit 12—16 mäßig stark gekeulten Marginalborsten. Galea mit etwa 8 Seitenästen. Palpen überall deutlich und dicht granuliert. Trochanter 1,5 mal, Femur etwa 2,5 mal, Tibia 2,2 mal, Schere mit Stiel 2,8 mal so lang wie breit. Hand etwas dicker als breit. Finger nur wenig kürzer als die Hand, nicht klaffend, medial mit 2—3, lateral mit etwa 10 Nebenzähnen. Femur des 4. Beinpaares etwa 3 mal, Tibia 4,6 mal, Tarsus 5,4 mal so lang wie breit. Das Tasthaar des 4. Beinpaares distal der Mitte gelegen. Cephalothorax basal jederseits mit einem hellen Fleck, ebenso die Tergite mit je einem gelben Seitenfleck. — Körper L. ♀ 3 mm; Palpen: Femur L. 0,80 mm, B. 0,34 mm, Tibia L. 0,83 mm, B. 0,39 mm, Hand L. 0,83 mm, B. 0,55 mm, Finger L. 0,71 mm.

Südamerika: Von Argentinien und Paraguay bis Kolumbien und Ekuador.

10. **P. (A.) meinertii** (With) 1908 *Chelifer m.*, With in: Tr. zool. Soc. London, *v.* 18 p. 275 t. 30 f. 18a—g.

Cephalothorax so lang wie breit, stark granuliert, mit 2 ziemlich deutlichen Querfurchen. Augenflecke ziemlich undeutlich. Tergite mit Ausnahme des letzten geteilt, mit 10—12 leicht keulenförmigen Marginalborsten. Galea mit 6 kurzen Seitenästen. Palpen dicht und deutlich granuliert. Trochanter 1,3 mal, Femur 2,4 mal, Tibia 2 mal, Schere mit Stiel 2,5 mal so lang wie breit. Hand etwas dicker als breit. Finger deutlich kürzer als die Hand, ein wenig länger als die Dicke der Hand, nicht klaffend, medial mit je zwei Nebenzähnen nahe der Spitze. Fester Finger lateral mit 9, beweglicher mit 12 Nebenzähnen. Femur des 4. Beinpaares 2,7 mal, Tibia 4,2 mal, Tarsus 4,6 mal so lang wie breit. Das Tasthaar am Tarsus des 4. Beinpaares distal der Mitte gelegen. Cephalothorax basal jederseits mit einem weißen Lateralfleck. Tergite einfarbig. Trochanter, Femur und Tibia der Palpen basal und terminal heller als in der Mitte. — Körper L. 2,4 mm; Palpen: Femur L. 0,60 mm, B. 0,25 mm, Tibia L. 0,60 mm, B. 0,28 mm, Hand L. 0,62 mm, B. 0,44 mm, Finger L. 0,49 mm.

Südamerika: Venezuela.

11. **P. (A.) argentatopunctatus** (Ellingsen) 1910 *Chelifer (Trachychernes) a.*, Ellingsen in: Mt. Mus. Berlin, *v.* 4 p. 371.

Cephalothorax ein wenig länger als breit, fein granuliert, im distalen Teil schwächer als im basalen, mit 2 deutlichen Querfurchen. Augenflecke vorhanden, jedoch schwach. Tergite geteilt, 1—7 fein granuliert und matt,

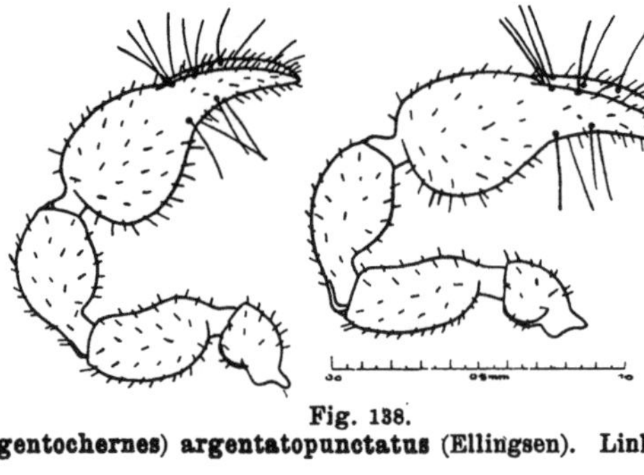

Fig. 138.
Parachernes (Argentochernes) argentatopunctatus (Ellingsen). Linke Palpe von ♂ und ♀.

8—11 nahezu glatt und glänzend. Serrula mit 20 Lamellen. Flagellum mit 3 Borsten. Galea des Männchens klein und einfach, die des Weibchens kräftiger und mit einigen Terminalästchen. Palpen (Fig. 138) an der Medialseite der Glieder deutlich granuliert, etwa so lang wie der Körper. Femur des Männchens 2,1 mal, des Weibchens 2,5 mal, Tibia des Männchens 1,9 mal, des Weibchens 2.1 mal, Schere des Männchens 2,2 mal, des Weibchens 2,3 mal so lang wie breit. Finger etwas länger als die Hand ohne Stiel, kaum klaffend. Tibia des 4. Beinpaares 3,8 mal, Tarsus 4,7 mal so lang wie breit. Das Tasthaar am Tarsus des 4. Beinpaares distal der Mitte gelegen. Cephalothorax basal jederseits mit einem glänzend silberweißen Lateralfleck, der beim Weibchen etwas kleiner als beim Männchen ist. Tergite 1. sowie 4—8 jederseits mit einem silberweißen Seitenfleck. — Körper L. 1,8—2,5 mm; Palpen: ♂ Femur L. 0,50 mm, B. 0,24 mm, Tibia L. 0,52 mm, B. 0,28 mm, Hand L. 0,54 mm, B. 0,38 mm, Finger L. 0,48 mm; ♀ Femur L. 0,56 mm, B. 0,22 mm, Tibia L. 0,57 mm, B. 0,26 mm, Hand L. 0,62 mm, B. 0,40 mm, Finger L. 0,55 mm.

Südamerika: Brasilien.

12. **P. (A.) sabulosus** (Tullg.) 1909 *Chelifer s.*, Tullgren in: Fauna S. W. Austral., *v.* 2 p. 411 f. 1.

Cephalothorax nur wenig länger als breit, fein granuliert, mit 2 deutlichen Querfurchen, die Basis hell. Augenflecke vorhanden. Tergite geteilt, sehr fein granuliert. 7 Marginalborsten auf jedem Halbtergit. Borsten des Körpers ziemlich kurz, gezähnt. Serrula mit 17 Lamellen. Galea ziemlich kurz, mit 5 kurzen Seitenästen in der distalen Hälfte. Flagellum mit 3 Borsten. Palpen (Fig. 139) länger als der Körper, fein granuliert, mit kurzen, schwach gezähnten Borsten, die Glieder distal hell rötlich. Femur 2,2 mal, Tibia 2,1 mal, Schere 2,2 mal so lang wie breit. Finger deutlich kürzer als die Hand ohne Stiel, mit Nebenzähnen. Die Tasthaare *isb, ib, ist* und *it* nahe der Fingerbasis eine geschlossene Gruppe bildend, *st* nur wenig näher bei *sb* als bei *t*. Tibia des 4. Beinpaares 3,7 mal, Tarsus 3,8 mal so lang wie breit. Das Tasthaar am Tarsus des 4. Paares ziemlich weit distal der Mitte gelegen. — Körper L. 1,5 mm; Palpen: Femur L. 0,50 mm, B. 0,22 mm, Tibia L. 0,52 mm, B. 0,25 mm, Hand L. 0,57 mm, B. 0,36 mm, Finger L. 0,38 mm.

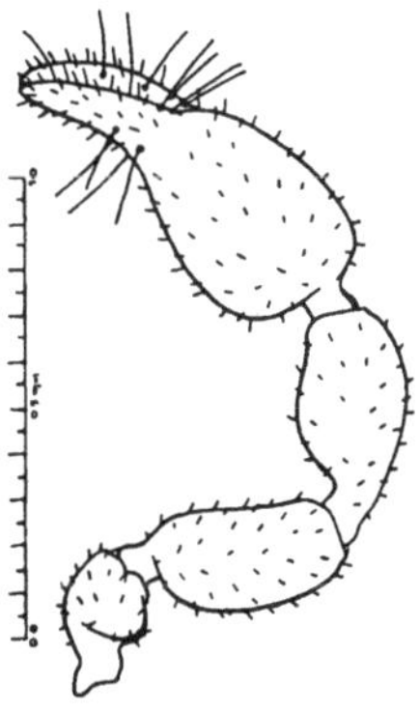

Fig. 139. **Parachernes (Argentochernes) sabulosus** (Tullg.). Rechte Palpe ♂

Südwestaustralien.

13. **P. (A.) cocophilus** (E. Sim.) 1901 *Chelifer c.*, E. Simon in: P. zool. Soc. London, pars 2 p. 79 | 1906 *C. c.*, With in: Danske Selsk. Skr., *v.* 7 nr. 3 p. 171 t 3 f. 9a—b.

Cephalothorax ungefähr so lang wie breit, deutlich und gleichmäßig granuliert, mit 2 deutlichen Querfurchen, die vordere jedoch etwas schärfer als die basale, der Hinterrand mit 6 Marginalborsten. Augenflecke deutlich. Tergite mit Ausnahme des 11. geteilt, mit je 8 Marginalborsten. Serrula mit 20 Lamellen. Flagellum mit 3 Borsten. die distale einseitig gesägt. Galea kurz mit einigen Terminalästchen. Palpen (Fig. 140) nahezu glatt, nur die Medialseite des Femur deutlicher granuliert. Hinterer Trochanterhöcker niedrig. Femur in beiden Geschlechtern 2,5 mal, Tibia des Männchens

2,2 mal, des Weibchens 2,1 mal, Schere in beiden Geschlechtern 2,7 mal so lang wie breit. Finger so lang wie die Hand ohne Stiel, deutlich klaffend. Femur des 4. Beinpaares 2,9 mal, Tibia 3,5 mal, Tarsus 4,5 mal so lang wie breit. Das Tasthaar am Tarsus des 4. Beinpaares distal der Mitte gelegen. Cephalothorax proximal der basalen Querfurche hell mit dunklem Mittelfleck.

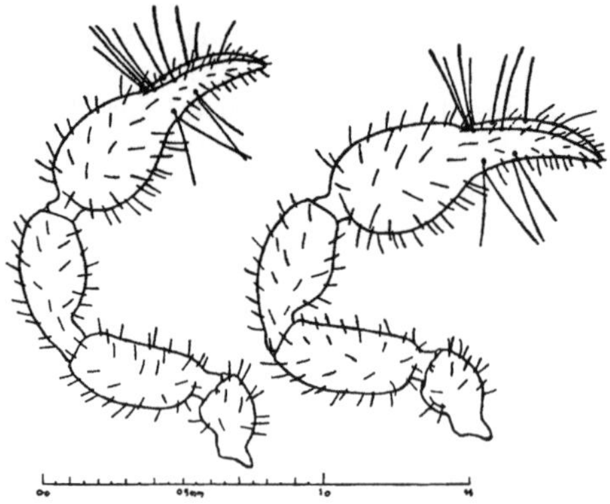

Fig 140.
Parachernes (Argentochernes) cocophilus (E. Sim). Linke Palpe von ♂ und ♀.

Letztes Tergit dunkler als die vorderen. — Körper L. ♂ 1,8 mm, ♀ 2,3 mm; Palpen: ♂ Femur L. 0,53 mm, B. 0,22 mm, Tibia L. 0,53 mm, B. 0,24 mm, Hand L. 0,53 mm, B. 0,32 mm, Finger L. 0,45 mm; ♀ Femur L. 0,55 mm, B. 0,23 mm, Tibia L. 0,54 mm, B. 0,25 mm, Hand L. 0,58 mm, B. 0,35 mm, Finger L. 0,50 mm.

Indien: Malayische Halbinsel.

14. **P. (A.) rubidus** (Ellingsen) 1906 *Chelifer r.*, Ellingsen in: Ann. Mus. Genova, ser. 3 *v.* 2 p. 252 | 1912 *C. r.*, Ellingsen in: Ann. S. Afr. Mus., *v.* 10 p 82.

Cephalothorax etwas länger als breit, mäßig grob granuliert, mit zwei tiefen, geraden Querfurchen, die basale etwas näher dem Hinterrand als der vorderen gelegen. Tergite geteilt, mit 8—10 Marginalborsten. Serrula mit 20 Lamellen. Flagellum mit 3 Borsten, die distale einseitig gesägt. Galea mit 5 kurzen Seitenästen in der distalen Hälfte. Palpen (Fig. 141) fast glatt, nur an der Medialseite der Glieder flach granuliert,

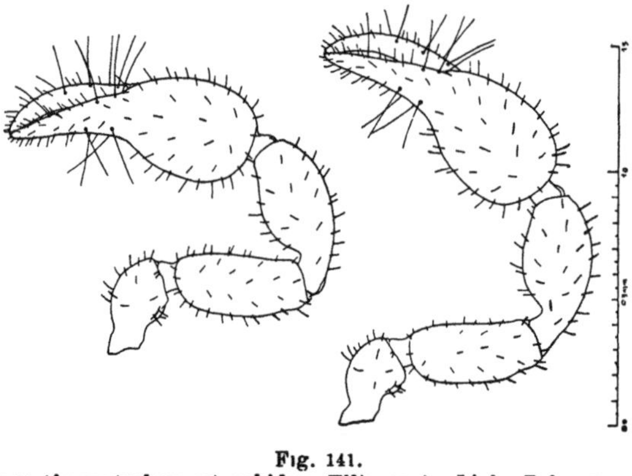

Fig. 141.
Parachernes (Argentochernes) rubidus (Ellingsen). Linke Palpe von ♂ und ♀.

mit ziemlich langen gezähnten Borsten. Hinterer Trochanterhöcker flach. Femur in beiden Geschlechtern 2,6mal, Tibia 2,2mal, Schere des Männchens 2,5mal, des Weibchens 2,6mal so lang wie breit. Finger fast so lang wie die Hand ohne Stiel, stark klaffend, der feste mit 28, der bewegliche mit 30 Marginalzähnen. Nebenzähne reduziert. Femur des 4. Beinpaares 3,2mal, Tibia 3,9mal, Tarsus 4,2mal so lang wie breit. Das Tasthaar am Tarsus des 4. Beinpaares distal der Mitte gelegen. Cephalothorax zwischen basaler Querfurche und Hinterrand hell, mit dunklerem Mittelfleck. Tergite seitlich hell. — Körper L. ♂ 2,5 mm, ♀ 2,8—3 mm; Palpen: ♂ Femur L. 0,62 mm, B. 0,24 mm, Tibia L. 0,62 mm, B. 0,28 mm, Hand L. 0,63 mm, B. 0,39 mm, Finger L. 0,52 mm; ♀ Femur L. 0,61 mm, B. 0,23 mm, Tibia L. 0,62 mm, B. 0,28 mm, Hand L. 0,65 mm, B. 0,42 mm, Finger L. 0,55 mm.

Westafrika: Portugiesisch-Guinea, Insel St. Thomé.

Unsichere Art:

P. (A.) confraternus (Banks) 1909 *Chelanops c.*, N. Banks in: J. N. York ent. Soc., *v.* 17 p. 147.

Nach Banks mit *nitidimanus* nahe verwandt. Cephalothorax basal granuliert, distal nahezu glatt, mit je einem weißen Fleck in den Hinterwinkeln. 1. Tergit mit einem weißen Lateralfleck. Tergite 4—9 mit je einer weißen Lateralmakel. — Körper L. 2 mm. — Möglicherweise mit *argentatopunctatus* (Ellingsen) identisch.

Brasilien.

10. Gen. Scapanochernes Beier

1932 *S.*, Beier in: Zool. Jahrb., Syst. *v.* 64 (im Druck).

Typus: *Chelifer compressus* Tullg. (durch ursprüngliche Bestimmung und Monotypie).

Cephalothorax so lang wie breit, granuliert, mit einer deutlichen vorderen und einer verwischten hinteren Querfurche. Augenflecke vorhanden. Tergite geteilt. Borsten des Körpers und der Palpen ziemlich kurz und dick, gezähnt. Flagellum mit 3 Borsten, die distale einseitig gezähnt. Palpen kräftig, fein granuliert. Hand des Männchens abgeflacht, medial stark verbreitert und so fast beilförmig erscheinend. Finger nur wenig klaffend mit akzessorischen Zähnen. Die Tasthaare *isb, ib, ist* und *it* nahe der Fingerbasis zu einer geschlossenen Gruppe vereinigt, *est* nahe bei *esb* stehend. Das Tasthaar *st* des beweglichen Fingers etwas näher bei *sb* als bei *t*, *t* etwa in der Fingermitte gelegen. Beine sehr plump und gedrungen, das Tasthaar am Tarsus des 4. Paares nahe dem Ende des Gliedes gelegen und ziemlich kurz.

Antillen.

1 Art.

1. **S. compressus** (Tullg.) 1907 *Chelifer c.*, Tullgren in: Mt. Mus. Hamburg, *v.* 24 p. 42 t. 2 f. 8a—b.

Cephalothorax etwa so lang wie breit, ziemlich grob granuliert, mit einer deutlichen vorderen und einer nahezu verwischten basalen Querfurche. Augenflecke deutlich. Tergite mit Ausnahme des letzten geteilt, granuliert. Serrula mit 21 Lamellen. Flagellum mit 3 Borsten, die distale einseitig gezähnt. Galea kurz und kräftig, terminal mit 5 kleinen Seitenästchen.

Palpen (Fig. 142) bedeutend länger als der Körper, fein und gleichmäßig granuliert. Trochanter hinten mit gerundeten Tuberkeln. Femur basal nahezu rechtwinkelig zum Stielchen abfallend, 2,5 mal, Tibia 2,2 mal, Schere 2 mal so lang wie breit. Hand des Männchens abgeflacht und medial stark verbreitert, nahezu beilförmig erscheinend. Finger nicht ganz so lang wie die Hand ohne Stiel und nur wenig länger als die Breite der Hand, nur wenig klaffend. Beine gedrungen, das Femur des 4. Paares 2,4 mal, die Tibia 3 mal, der Tarsus 3,2 mal so lang wie breit. Das Tasthaar am Tarsus des 4. Beinpaares ziemlich kurz, nahe dem Ende des Gliedes gelegen. — Körper L. ♂ 3,1 mm; Palpen: Femur L. 0,95 mm, B. 0,40 mm, Tibia L. 0,95 mm, B. 0,43 mm, Hand L. 1,04 mm, B. 0,80 mm, Finger L. 0,86 mm.

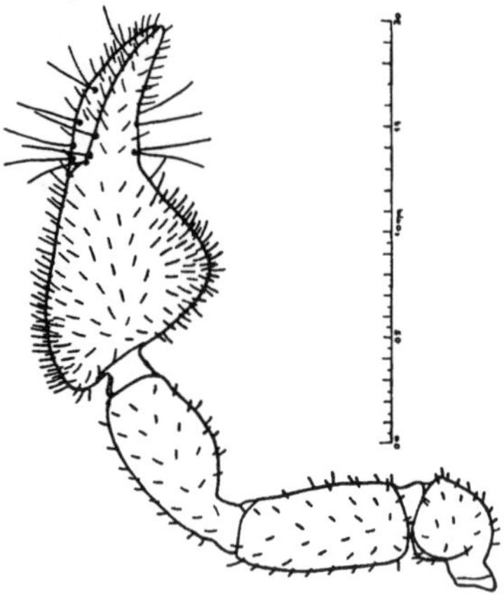

Fig. 142.
Scapanochernes compressus (Tullg.).
Linke Palpe ♂.

Antillen: Haiti.

11. Gen. **Ochrochernes** Beier

1932 *O.*, Beier in: Zool. Jahrb., Syst. *v.* 64 (im Druck).

Typus: *Chelifer tenggerianus* Ellingsen (durch ursprüngliche Bestimmung).

Cephalothorax länger als breit, mehr oder weniger deutlich granuliert, mit einer erkennbaren mittleren und einer verwischten basalen Querfurche. Augenflecke vorhanden. Tergite schmal geteilt. Borsten des Körpers gezähnt oder leicht gekeult. Flagellum mit 3 Borsten. Palpen mehr oder weniger deutlich granuliert, seltener fast glatt, ziemlich gedrungen. Die Tasthaare *isb, ib, ist* und *it* zu einer geschlossenen Gruppe nahe der Fingerbasis vereinigt, *est* nahe bei *esb* stehend. Das Tasthaar *st* etwas näher bei *sb* als bei *t* stehend, *t* distal der Fingermitte befindlich. Beine mäßig schlank. Das Tasthaar am Tarsus des 4. Paares halbwegs zwischen der Mitte und dem Ende des Gliedes gelegen.

Sundainseln, Nikobaren, Neuguinea?

3 sichere, 1 unsichere Art.

Übersicht über die Arten:

1	Cephalothorax und Palpen deutlich granuliert — 2	
	Cephalothorax und Palpen nahezu glatt	3. **O. galatheae**
2	Femur des 4. Beinpaares 3,6 mal so lang wie breit	1. **O. tenggerianus**
	Femur des 4. Beinpaares 2,5 mal so lang wie breit	2. **O. modestus**

1. **O. tenggerianus** (Ellingsen) 1910 *Chelifer (Trachychernes) T.*, Ellingsen in: Mt. Mus. Berlin, *v.* 4 p. 382 | 1930 *Chernes t.*, Beier in: Zool. Anz., *v.* 91 p. 294 f. 6.

Cephalothorax kaum länger als breit, regelmäßig granuliert, mit 2 deutlichen, nahezu geraden Querfurchen, von welchen die basale etwas schwächer ist und näher dem Hinterrand als der vorderen liegt. Augenflecke deutlich. Tergite geteilt. Borsten des Cephalothorax und der Palpen leicht keulenförmig. Galea ziemlich lang, von der Basis an mit Seitenästen. Palpen (Fig. 143) ziemlich gedrungen, kürzer als der Körper, an der Medialseite der Glieder deutlich granuliert. Trochanter hinten ohne deutliche Höcker. Femur 2,4 mal, Tibia 2 mal, Schere 2,2 mal so lang wie breit. Finger bedeutend kürzer als die Hand ohne Stiel, nicht klaffend. Die Tasthaare *isb*, *ib*, *ist* und *it* zu einer geschlossenen Gruppe nahe der Fingerbasis vereinigt, *st* etwas näher bei *sb* als bei *t* stehend, *t* distal der Fingermitte gelegen. Beine mäßig schlank, Femur des 4. Paares 3,7 mal, Tibia 4,2 mal, Tarsus 4,6 mal so lang wie breit. Das Tasthaar am Tarsus des 4. Paares halbwegs zwischen der Mitte und dem Ende des Gliedes gelegen. — Körper L. 2 mm; Palpen: Femur L. 0,46 mm, B. 0,18 mm, Tibia L. 0,43 mm, B. 0,22 mm, Hand L. 0,56 mm, B. 0,32 mm, Finger L. 0,38 mm.

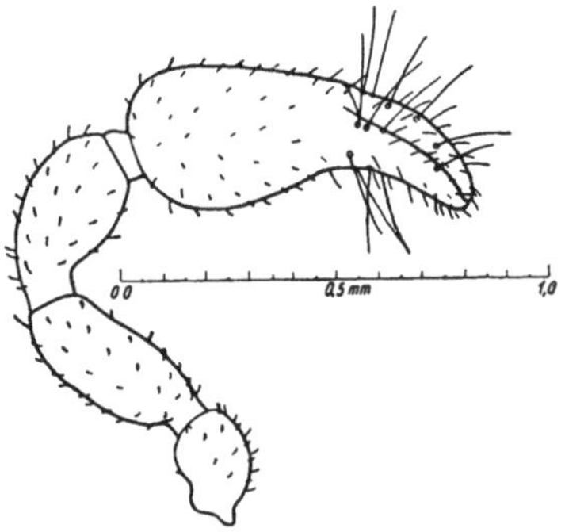

Fig. 143.
Ochrochernes tenggerianus (Ellingsen).
Linke Palpe ♀.

Sundainseln: Java, Sumatra.

2. **O. modestus** (With) 1906 *Chelifer m.*, With in: Danske Selsk. Skr., *v.* 7 nr. 3 p. 165 t. 4 f. 1a—d | 1930 *Chernes m.*, Beier in: Zool. Anz., *v.* 91 p. 295.

Mit der vorigen Art nahe verwandt. Cephalothorax etwas länger als breit, deutlich granuliert, mit einer schmalen, aber deutlichen vorderen und einer ziemlich verwischten basalen Querfurche, der Hinterrand mit etwa 10 leicht keulenförmigen Marginalborsten. Augenflecke nicht besonders deutlich. Tergite schmal geteilt, beim 1. und 9.—11. die Teilung undeutlich, granuliert, mit je etwa 10 keulenförmigen Marginalborsten. Flagellum mit 3 Borsten, die distale mit 7 Fiedern. Serrula mit 20 Lamellen. Galea mit etwa 5 Terminalästen. Palpen an der Medialseite der Glieder flach, aber deutlich granuliert, ungefähr so lang wie der Körper. Borsten deutlich keulenförmig. Femur 2,2 mal, Tibia 1,9 mal, Schere mit Stiel 2,5 mal so lang wie breit. Finger bedeutend kürzer als die Hand ohne Stiel. Fester Finger medial mit 2, lateral mit 6, beweglicher medial mit 2, lateral mit 4 Nebenzähnen. Das Tasthaar am Tarsus des 4. Beinpaares weit distal der Mitte gelegen. Femur des 4. Beinpaares 2,5 mal, Tibia 3,3 mal, Tarsus 3,8 mal so lang wie breit. — Körper L. 2,4 mm; Palpen: Femur L. 0,53 mm, B. 0,24 mm, Tibia L. 0,50 mm, B. 0,27 mm, Hand L. 0,53 mm, B. 0,36 mm, Finger L. 0,42 mm.

Nikobaren: Insel Teressa.

3. **O. galatheae** (With) 1906 *Chelifer g.*, With in: Danske Selsk. Skr., *v.* 7 nr. 3 p. 167 t. 4 f. 2.

Cephalothorax etwas länger als breit, fein reticuliert, jedoch nicht granuliert, mit einer wenig deutlichen vorderen und einer gänzlich verwischten basalen Querfurche. Augenflecke undeutlich. Tergite undeutlich geteilt. Borsten des Körpers und der Palpen stumpf, nicht gekeult. Flagellum mit 3 Borsten. Serrula mit 20 Lamellen. Galea mit 3 Paar Seitenästen. Palpen etwas kürzer als der Körper, nahezu glatt. Femur 2 mal, Tibia 1,7 mal, Schere mit Stiel 2,8 mal so lang wie breit. Finger bedeutend kürzer als die Hand und auch kürzer als die Dicke der Hand, mit wenig zahlreichen Nebenzähnen. Femur des 4. Beinpaares 2 mal, Tibia 2,8 mal, Tarsus 3 mal so lang wie breit. — Körper L. 2,6 mm; Palpen: Femur L. 0,56 mm, B. 0,28 mm, Tibia L. 0,56 mm, B. 0,31 mm, Hand L. 0,64 mm, B. 0,39 mm, Finger L. 0,45 mm.

Nikobaren: Insel Nankovry.

Unsichere Art:

O. aequatorialis (Daday) 1897 *Chelifer a.*, Daday in: Termész. Füzetek, *v.* 20 p 475 t. 11 f. 5—6 | 1906 *C. a.*, With in: Danske Selsk. Skr., *v.* 7 nr. 3 p. 164.

Cephalothorax länger als breit, granuliert. Borsten des Körpers und der Palpen gekeult. Galea mit 2 verzweigten Hauptstämmen. Palpen kurz und gedrungen, so lang wie der Körper, granuliert. Femur etwa doppelt so lang wie breit. Tibia breiter als das Femur. Finger kürzer als die Hand. — Körper L. 2,2 mm.

Neu-Guinea: Friedrich-Wilhelms-Hafen.

12. Gen. **Megachernes** Beier

1932 *M.*, Beier in: Zool. Jahrb., Syst. *v.* 64 (im Druck).

Typus: *Chernes grandis* Beier (durch ursprüngliche Bestimmung).

Cephalothorax etwa so lang wie breit oder etwas kürzer, fein granuliert. Beide Querfurchen deutlich. Augenflecke fehlen. Tergite geteilt. Borsten des Körpers und der Palpen gezähnt, nicht gekeult. Flagellum mit 3 Borsten. Palpen kräftig, fein granuliert. Die Tasthaare *isb, ib, ist* und *it* über die ganze Fingerlänge verstreut, nicht zu einer Gruppe vereinigt, *est* von *esb* getrennt, etwa in der Mitte zwischen letzterem und *et* stehend. Beine schlank, das Tasthaar am Tarsus des 4. Paares etwas distal der Mitte gelegen. Coxen des 4. Beinpaares mit beulen- oder lappenförmig vorgezogenem Lateralfleck.

Sundainseln, Vorderindien, China.

3 Arten.

Übersicht über die Arten:

1 { Palpenfemur 2,6 mal so lang wie breit	— 2
Palpenfemur 2,1 mal so lang wie breit	3. **M. himalayensis**
2 { Galea des Weibchens gedrungen, mit etwa 10 Seitenästen; Serrula mit 24 Lamellen; Femur L. 1,29 mm	1. **M. grandis**
Galea des Weibchens schlanker, mit etwa 6 Seitenästen; Serrula mit 23 Lamellen; Femur L. 1,03 mm	2. **M. sinensis**

1. **M. grandis** (Beier) 1930 *Chernes g.*, Beier in: Zool. Anz., *v.* 91 p 295 f. 7—8.

Cephalothorax so lang wie breit, fein und außerordentlich dicht granuliert, mit 2 deutlichen, tiefen und ziemlich breiten Querfurchen. Augenflecke fehlen. Abdominaltergite ziemlich schmal mit leistenartig verdicktem Seitenrand, geteilt, sehr fein granuliert. Borsten des Körpers und der Palpen kurz, stumpf und gezähnt, nicht keulenförmig. Serrula mit 24 Lamellen. Flagellum mit 3 Borsten, diese distal fein gesägt. Galea kurz und gedrungen, in der ganzen Länge mit 10 Seitenästen. Palpen (Fig. 144) kräftig, kaum so lang wie der Körper, sehr fein lederartig granuliert. Trochanter hinten mit 2 kräftigen verrundeten Tuberkeln. Femur 2,5 mal, Tibia 2,3 mal, Schere 2,8 mal so lang wie breit. Finger bedeutend länger als die Hand mit Stiel. Beine schlank, Femur des 4. Paares 4,5 mal, Tibia 6,7 mal, Tarsus 4,8 mal so lang wie breit. Das Tasthaar am Tarsus des 4. Beinpaares distal der Mitte gelegen. Coxen des 4. Beinpaares mit beulenförmig vorragendem Lateralfleck. — Körper L. ♀ 5 mm; Palpen: Femur L. 1,29 mm, B. 0,52 mm, Tibia L. 1,30 mm, B. 0,58 mm, Hand L. 1,13 mm, B. 0,80 mm, Finger L. 1,40 mm.

Sundainseln: Sumatra.

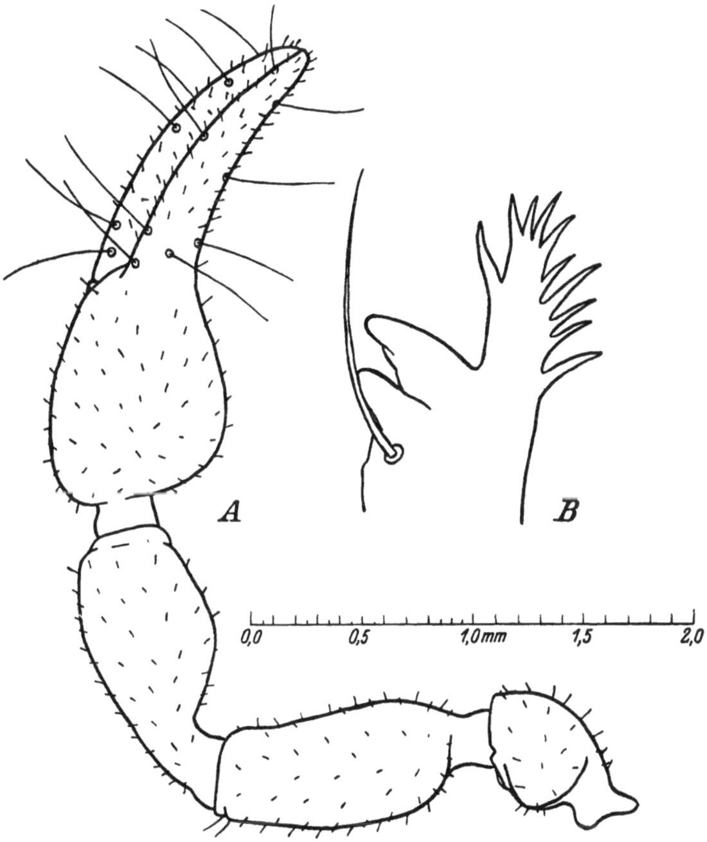

Fig. 144.
Megachernes grandis (Beier). Linke Palpe (A) und Galea (B) des ♀.

2. **M. sinensis** Beier 1932 *M. s.*, Beier in: Zool. Jahrb., Syst. *v.* 64 (im Druck).

Cephalothorax kaum länger als breit, fein granuliert, mit 2 deutlichen Querfurchen. Augenflecke fehlen. Tergite einschließlich des letzten geteilt. Serrula mit 23 Lamellen. Flagellum mit 3 Borsten, die 3. in ihrer ganzen Länge, die übrigen distal fein gesägt. Galea länger und schlanker als bei der vorigen Art, mit etwa 6 Seitenästen. Palpen (Fig. 145) kräftig, sehr fein granuliert, mit kurzen gezähnten Borsten. Femur 2,5 mal, Tibia 2,3 mal, Schere 2,7 mal so lang wie breit. Finger etwas länger als die Hand mit Stiel, der feste lateral

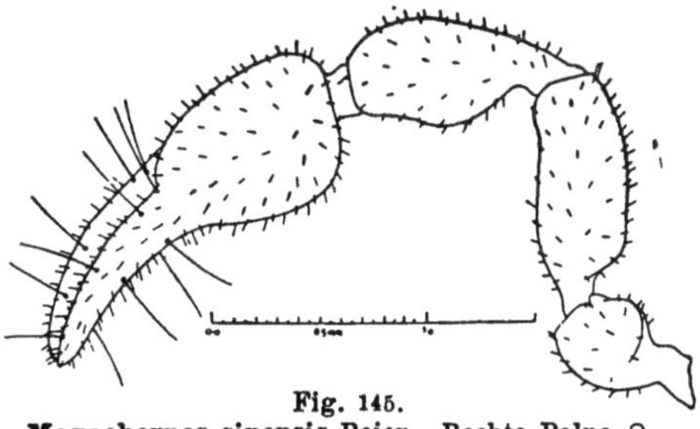

Fig. 145.
Megachernes sinensis Beier. Rechte Palpe ♀.

mit 9, der bewegliche mit 6 Nebenzähnen. Beine schlank, Femur des 4. Paares 4,5 mal, Tibia 6,2 mal, Tarsus 5 mal so lang wie breit. Das Tasthaar am Tarsus des 4. Paares fast in der Mitte des Gliedes gelegen. Coxen des 4. Beinpaares mit beulenförmig vorgezogenem Lateraleck. — Körper L. 4 mm; Palpen: Femur L. 1,03 mm, B. 0,41 mm, Tibia L. 1,10 mm, B. 0,48 mm, Hand L. 0,97 mm, B. 0,67 mm, Finger L. 1,06 mm.

Südchina: Batang.

3. **M. himalayensis** (Ellingsen) 1914 *Chelifer h.*, Ellingsen in: Rec. Ind. Mus., *v.* 10 p. 5.

Cephalothorax etwas kürzer als breit, fein aber deutlich granuliert, mit zwei tiefen Querfurchen. Augenflecke fehlen. Tergite geteilt, deutlich chagriniert. Borsten des Körpers und der Palpen stumpf, gezähnt. Galea kräftig, an der Spitze dreigeteilt und außerdem mit 7 Seitenästen. Palpen kräftig, etwas länger als der Körper, deutlich granuliert. Femur 2,1 mal, Tibia 1,7 mal so lang wie breit. Finger etwas länger als die Hand, medial mit je 2—3 Nebenzähnen. Fester Finger lateral mit 9—10 Nebenzähnen. Beine schlank. — Körper L. 3,6 mm; Palpen: Femur L. 1,07 mm, B. 0,52 mm, Tibia L. 0,93 mm, B. 0,57 mm, Hand L. 1,00 mm, B. 0,76 mm, Finger L. 1,07 mm.

Vorderindien: Himalaya.

13. Gen. **Pselaphochernes** Beier

1932 *P.*, Beier in: Zool. Jahrb., Syst. *v.* 64 (im Druck).

Typus: *Chelifer scorpioides* Herm. (durch ursprüngliche Bestimmung).

Cephalothorax etwas länger als breit, ziemlich grob granuliert, mit zwei deutlichen Querfurchen, von welchen die hintere meist schwächer als die vordere ist. Augenflecke fehlen. Tergite geteilt, granuliert, das letzte mitunter mit einem Tasthaar jederseits. Borsten des Körpers und der Palpen ziemlich lang, gezähnt und leicht gekeult. Flagellum mit 3 Borsten. Palpen mäßig kräftig, granuliert. Finger meist etwas länger als die Hand, mit Nebenzähnen. Medial befindet sich an beiden Fingern nur je ein Nebenzahn. Auch der feste Finger mit kurzem Giftzahn. Das Tasthaar *ist* des festen Fingers in gleicher Höhe mit *est* gelegen. Das Tasthaar *st* des beweglichen Fingers etwa in der Mitte zwischen *sb* und *t* gelegen. Beine mäßig lang, der Tarsus des 4. Paares mit einem Tasthaar etwas proximal der Mitte.

Europa, Nordafrika, Nordamerika?

6 sichere Arten, 1 unsichere Art.

Übersicht über die Arten:

1 { Finger so lang oder etwas länger als die Hand ohne Stiel — **2**
Finger deutlich kürzer als die Hand ohne Stiel . . . . . 6. **P. lacertosus**

2 { Serrula mit 17—20 Lamellen — **3**
Serrula mit 15 Lamellen . . . . 3. **P. rostombekovi**

3 { Körper L. 1,5—2 mm — **4**
Körper L. 2,3—3 mm — **5**

4 { Serrula mit 18 Lamellen; Finger des Männchens so lang wie die Hand ohne Stiel . . . . 1. **P. scorpioides**
Serrula mit 17 Lamellen; Finger des Männchens so lang wie die Hand mit Stiel . . . . 2. **P. balcanicus**

5 { Hand schmäler, 1,2—1,3 mal so breit wie die Tibia; Körper L. 2,3—2,5 mm . . . . 4. **P. anachoreta**
Hand breiter, etwa 1,5 mal so breit wie die Tibia; Körper L. 3 mm . . . . 5. **P. setiger**

1. **P. scorpioides** (Herm.) 1804 *Chelifer s.*, J. F. Hermann, Mém. apt., p. 116 | 1873 *Chernes s.*, L. Koch, Übers. Darst. Eur. Chernet., p. 8 | 1875 *C. oblongus*, Stecker in: D. ent. Z., *v.* 19 p. 313 | 1882 *C. scorpioides*, Tömösvary in: Math. termész. Közlem., *v.* 18 p. 192 | 1884 *C. affinis*, Tömösvary in: Termész. Füzetek, *v.* 8 p. 18 | 1884 *Chelifer scorpioides*, H. J. Hansen in: Naturh. Tidsskr., ser. 3 *v.* 14 p. 546 | 1888 *Chernes s.*, Daday in: Termész. Füzetek, *v.* 11 p. 170 t. 4 f. 8 | 1889 *C. s.* var. *Bertalanii*, Daday in: Termész. Füzetek, *v.* 12 p. 26 | 1897 *C. minutus*, Ellingsen in: Forh. Selsk. Christian., nr. 5 p. 12 | 1899 *Chelifer scorpioides*, Tullgren in: Ent. Tidskr., *v.* 20 p 172 t. 6 f. 7—8 | 1901 *C. s.*, Nosek in: Věstnik Klubu přir. Prostěj, *v.* 4 p. 72 | 1903 *C. s.*, Ellingsen in: Forh. Selsk. Christian., nr. 5 p. 6 | 1906 *C. s.*, With in: Danske Selsk. Skr., *v.* 7 nr. 3 p. 164 | 1907 *C. s.*, Ellingsen in: J. Quekett Club, ser. 2 *v.* 10 p. 159 | 1911 *C. (Chernes) s.*, Kew in: P. Irish Ac., *v.* 29 nr. 2 p. 41 t. 4 f. 4 | 1911 *Chelifer (Trachychernes) s.*, Lessert in: Cat. Invert. Suisse, *v.* 5 p. 14 f. 12 | 1913 *C. s.*, Ellingsen in: Ann. nat. Hist., ser. 8 *v.* 11 p. 453 | 1928 *C. (Chernes) s.*, Schenkel in: Tierw. Deutschl., *v.* 8 fasc. 3 p. 60 f. 14 | 1929 *Chelifer (Trachychernes) s.*, Kästner in: Tierw. Mitteleur., *v.* 3 p. IV 6 f. 17 | 1929 *C. (T.) s.*, Beier in: Ann. Wien. Mus., *v.* 43 p 342 | 1929 *C. (T.) s.*, Beier in: SB. Ak. Wien, *v.* 138 p. 445 | 1930 *Chernes s.*, Beier in: Zool. Anz., *v.* 91 p. 294.

Cephalothorax etwas länger als breit, ziemlich grob granuliert, mit zwei Querfurchen, von welchen die basale schwächer ist und näher der Basis liegt als der vorderen. Augenflecke fehlen. Tergite geteilt, das 11. mit einem Tasthaar jederseits. 7 Marginalborsten auf jedem Halbtergit. Borsten des Körpers und der Palpen ziemlich lang, gezähnt und leicht gekeult. Sternite 4—10 mit einer Discalborste jederseits der Mitte. Serrula mit 18 Lamellen. Flagellum mit 3 Borsten, die distale gesägt. Galea stark verzweigt. Palpen (Fig. 146) mäßig kräftig deutlich granuliert. Femur beim Männchen 2,6 mal, beim Weibchen 2,5 mal, Tibia in beiden Geschlechtern 2,2 mal, Schere beim Männchen 2,9 mal, beim Weibchen 2,7 mal so lang wie breit. Finger des Männchens so lang wie, die des Weibchens etwas länger als die Hand ohne Stiel, der feste mit 40, der bewegliche mit 37 Marginalzähnen. Fester Finger lateral mit 8, beweglicher mit 6 Nebenzähnen. Medial besitzt jeder Finger nur einen Nebenzahn. Auch der feste Finger mit kurzem Giftzahn. Das Tasthaar *ist* in gleicher Höhe mit *est* gelegen. Beine mäßig schlank, Femur des 4. Paares 3,3 mal, Tibia 3,8 mal, Tarsus 4,7 mal so lang wie breit. Das Tasthaar am Tarsus des 4. Beinpaares etwas proximal der Mitte gelegen. — Körper L. 1,5—2 mm; Palpen: ♂ Femur L. 0,43 mm, B. 0,17 mm, Tibia L. 0,43 mm, B. 0,19 mm, Hand L. 0,43 mm, B. 0,29 mm, Finger L. 0,38 mm; ♀ Femur L. 0,46 mm, B. 0,19 mm, Tibia L. 0,46 mm, B. 0,22 mm, Hand L. 0,48 mm, B. 0,31 mm, Finger L. 0,47 mm.

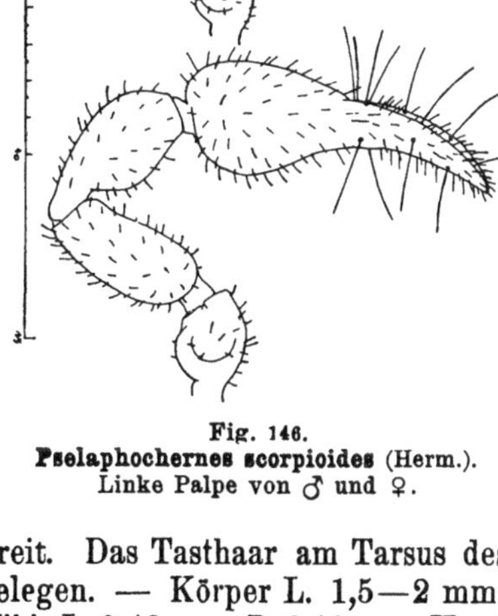

Fig. 146.
Pselaphochernes scorpioides (Herm.).
Linke Palpe von ♂ und ♀.

Europa, Nordafrika. — Unter pflanzlichem Detritus, Stroh und Reisig, oftmals in Scheunen und Ställen und auch in Wohnungen.

2. **P. balcanicus** Beier 1932 *P. b.*, Beier in: Zool. Jahrb., Syst. *v.* 64 (im Druck).

Mit der vorigen Art sehr nahe verwandt. Cephalothorax etwas länger als breit, grob granuliert, mit 2 Querfurchen, von diesen die basale schmäler und schwächer und näher der Basis gelegen als der vorderen. Tergite geteilt, grob granuliert, das 11. mit einem Tasthaar jederseits. 6 Marginalborsten auf jedem Halbtergit. Sternite 4—10 mit einer längeren Distalborste jederseits der Mitte. Serrula mit 17 Lamellen. Flagellum mit 3 Borsten, die distale einseitig gesägt. Galea von der Mitte an stark verzweigt. Palpen (Fig. 147) ähnlich wie bei der vorigen Art. Femur 2,4 mal, Tibia 2,2 mal, Schere 2,8 mal so lang wie breit. Finger des Männchens so lang wie die Hand mit Stiel, der feste mit 41. der bewegliche mit 38 Zähnen. Fester Finger lateral mit 8, beweglicher mit 6 Nebenzähnen. Medial trägt jeder Finger nur einen Nebenzahn distal der Mitte. Auch der feste Finger mit kurzem Giftzahn. Beine wie bei der vorigen Art. Das Tasthaar am Tarsus des 4. Beinpaares proximal der Mitte gelegen. — Körper L. 1,05 mm; Palpen: Femur L. 0,47 mm, B. 0,20 mm, Tibia L. 0,46 mm, B. 0,21 mm, Hand L. 0,44 mm, B. 0,28 mm, Finger L. 0,45 mm.

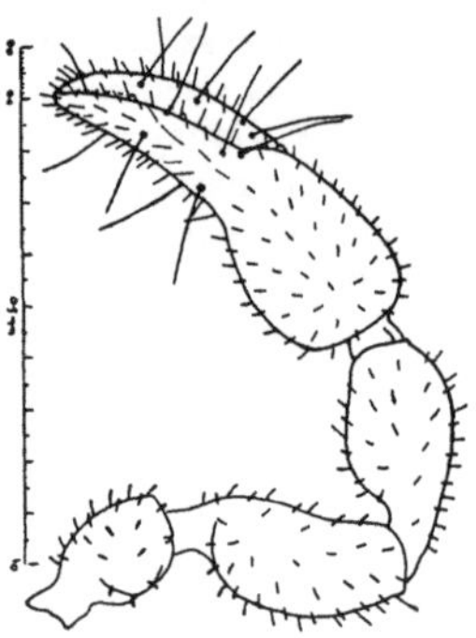

Fig 147. Pselaphochernes balcanicus Beier. Rechte Palpe.

Südeuropa: Nordbalkan.

3. **P. rostombekovi** (Redikorzev) 1931 *Chelifer (Chelanops) r.*, Redikorzev in: Bull. Mus. Géorgie, *v.* 6 p. 100 f. 1—9.

Cephalothorax etwas breiter als lang, granuliert, mit 2 Querfurchen, von welchen die hintere schwächer ist und näher dem Hinterrand liegt als der vorderen. Tergite mit Ausnahme des 11. geteilt. Serrula mit 15 Lamellen. Flagellum mit 3 Borsten, die distale einseitig gezähnt. Galea mit 6 Seitenästen. Palpen kürzer als der Körper, kräftig, granuliert. Femur 2,2 mal, Tibia 1,6 mal so lang wie breit. Finger etwas länger als die Hand ohne Stiel. Beine ziemlich schlank. Das Tasthaar am Tarsus des 4. Paares etwas proximal der Mitte gelegen. — Körper L. 3 mm; Palpen: Femur L. 0,63 mm, B. 0,29 mm, Tibia L. 0,55 mm, B. 0,35 mm, Hand L. 0,61 mm, B. 0,40 mm, Finger L. 0,50 mm.

Kaukasus.

4. **P. anachoreta** (E. Sim.) 1878 *Chelifer a.*, E. Simon in: Ann. Soc. ent. France, ser. 5 *v.* 8 p. 151 | 1908 *C. a.*, Ellingsen in: Arch. Zool. expér., ser. 4 *v.* 8 p. 415 | 1909 *C. a.*, Ellingsen in: Ann. Mus. Genova, ser. 3 *v.* 4 p. 205 | 1930 *Chernes a.*, Beier in: Bull. Soc. Maroc, *v.* 10 p. 72.

Cephalothorax bedeutend länger als breit, gleichmäßig granuliert, mit 2 Querfurchen, von welchen die hintere etwas näher der Basis als der vorderen liegt. Tergite mit Ausnahme des letzten geteilt, granuliert. 6—7 Marginalborsten auf jedem Halbtergit. Borsten des Körpers und der Palpen verhältnismäßig lang, leicht gekeult. Serrula mit 19—20 Lamellen. Flagellum mit 3 Borsten, die distale mit 8 Fiedern. Galea mit 5 Seitenästen, der längste nahe der Basis gelegen. Palpen (Fig. 148) deutlich granuliert. Femur des Männchens 2,2 mal, des Weibchens 2,5 mal, Tibia des Männchens

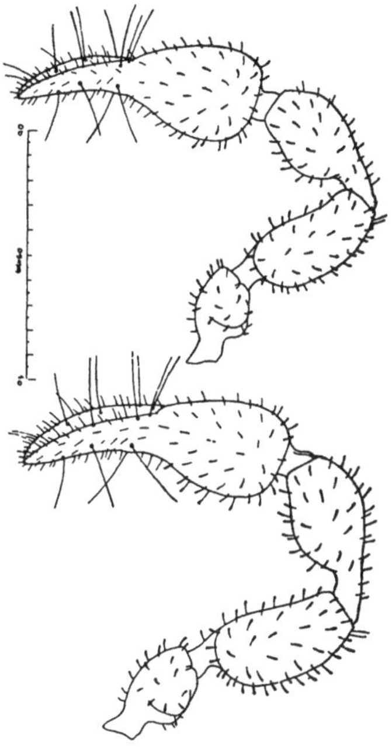

Fig. 148.
Pselaphochernes anachoreta (E. Sim.).
Rechte Palpe von ♀ und ♂.

2,2mal, des Weibchens 2,1mal, Schere des Männchens 2,8mal, des Weibchens 2,6mal so lang wie breit. Finger des Männchens deutlich länger, die des Weibchens so lang wie die Hand ohne Stiel. Femur des 4. Beinpaares 3,7mal, Tibia 5mal, Tarsus 5,5mal so lang wie breit. — Körper L. 2,3—2,5 mm; Palpen: ♂ Femur L. 0,69 mm, B. 0,30 mm, Tibia L. 0,69 mm, B. 0,31 mm, Hand L. 0,64 mm, B. 0.37 mm, Finger L. 0,62 mm; ♀ Femur L. 0,62 mm, B. 0,25 mm, Tibia L. 0,61 mm, B. 0,29 mm, Hand L. 0,60 mm, B. 0,37 mm, Finger L. 0,50 mm.

Südeuropa: Italien, Sardinien; Nordafrika: Marokko, Algerien, Tunis.

5. **P. setiger** (L. Koch) 1882 *Chelifer s.*, L. Koch in: Verh. Ges. Wien, *v.* 31 p. 670 | 1917 *C. (Trachychernes) s.*, Nonidez in: Trab. Mus. Madrid, nr. 32 p. 13 f. 3 | 1925 *C. s*, Navas in: Broteria, *v.* 22 p. 106.

Cephalothorax länger als breit, granuliert, mit deutlicher vorderer und schwächerer basaler Querfurche. Tergite geteilt, fein granuliert, das letzte mit einem Tasthaar jederseits. Borsten des Körpers und der Palpen ziemlich lang, leicht keulenförmig. Palpen ziemlich kräftig, granuliert. Coxa granuliert. Femur verhältnismäßig dick, etwa doppelt so lang wie breit. Tibia medial stark blasenförmig aufgetrieben. Hand breit, etwa 1,5mal so breit wie die Tibia. Finger etwas länger als die Hand. — Körper L. 3—3,5 mm.

Südeuropa: Spanien, Balearen.

6. **P. lacertosus** (L. Koch) 1873 *Chernes l.*, L. Koch, Übers. Darst. Eur. Chernet., p. 9 | 1879 *Chelifer l.*, E. Simon, Arach. France, *v.* 7 p 37 t. 18 f. 13 | 1898 *C. l.*, E. Simon in: Ann. Mus. Genova, ser. 2 *v.* 19 p. 20 | 1905 *C. l.*, Ellingsen in: Boll. Mus. Torino, *v.* 20 nr. 503 p 1 | 1917 *C. (Trachychernes) l.*, Nonidez in: Trab. Mus. Madrid, nr. 32 p. 16 | 1925 *C. l.*, Navas in: Broteria, *v.* 22 p. 106 | 1929 *C. (Trachychernes) l.*, Beier in: Ann. Wien. Mus., *v.* 43 p. 344.

Cephalothorax etwas länger als breit, ziemlich fein granuliert, mit 2 Querfurchen, von welchen die basale flacher ist als die sehr breite und tiefe mediane und dem Hinterrand nur wenig näher liegt als letzterer. Tergite geteilt, granuliert, das letzte ohne Tasthaar. 7 Marginalborsten auf jedem Halbtergit. Borsten des Körpers und der Palpen gezähnt und leicht gekeult. Serrula mit 18 Lamellen. Flagellum mit 3 Borsten, die distale dicht gesägt. Galea mit 6 Seitenästen, davon 2 median gelegen. Palpen (Fig. 149) ziemlich kräftig, granuliert, medial deutlicher und gröber als lateral. Femur 2,2mal, Tibia 2,1mal, Schere 2,4mal so lang wie breit. Hand 1,2—1,3mal so breit wie die Tibia. Finger etwas kürzer als die Hand ohne Stiel, der feste mit 37, der bewegliche

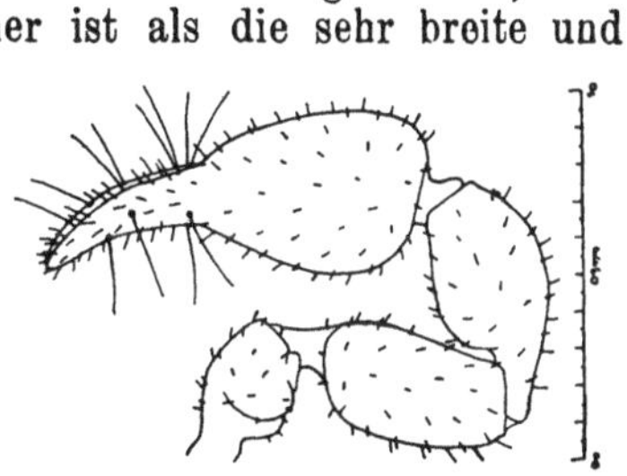

Fig. 149.
Pselaphochernes lacertosus (L. Koch).
Rechte Palpe ♀.

mit 40 Marginalzähnen. Fester Finger medial mit 2, lateral mit 5, beweglicher medial mit 1, lateral mit 2 Nebenzähnen. Beine mäßig schlank, Femur des 4. Paares 3,4 mal, Tibia 4,2 mal, Tarsus 5 mal so lang wie breit. Das Tasthaar am Tarsus des 4. Beinpaares deutlich proximal der Mitte gelegen. — Körper L. ♂ 2,2, ♀ 2,7—3,2 mm; Palpen: Femur L. 0,65 mm, B. 0,29 mm, Tibia L. 0,67 mm, B. 0,32 mm, Hand L. 0,72 mm, B. 0,44 mm, Finger L. 0,53 mm.

Südeuropa: Von Spanien bis Griechenland.

Unsichere Art:

P. tristis (Banks) 1891 *Chelanops t.*, N. Banks in: Canad. Ent., *v.* 23 p. 163 | 1909 *Chelifer scorpioides* var. *t.*, Ellingsen in: Boll. Laborat. Zool. Portici, *v.* 3 p. 216.

Palpen etwas schlanker als bei *Chernes cimicoides*, die Tibia jedoch medial ziemlich stark konvex. Finger kaum kürzer als die Hand. Borsten kaum gekeult. — Körper L. 2 mm.

Nordamerika: New York.

14. Gen. **Lasiochernes** Beier

1932 *L.*, Beier in: Zool. Jahrb., Syst. *v.* 64 (im Druck).

Typus: *Chelifer (Trachychernes) pilosus* Ellingsen (durch ursprüngliche Bestimmung).

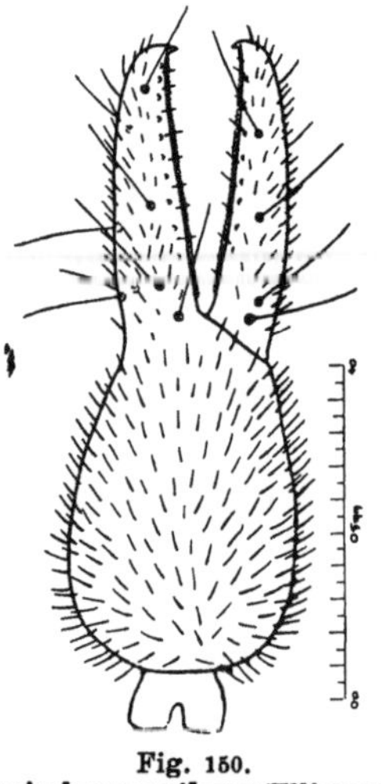

Fig. 150.
Lasiochernes pilosus (Ellingsen). Lateralansicht der Palpenschere.

Cephalothorax so lang oder etwas länger als breit, lederartig granuliert, mit 2 deutlichen Querfurchen. Augenflecke fehlen. Tergite geteilt, lederartig granuliert, das 11. mit einem Tasthaar. Borsten des Körpers keulenförmig, die der Palpen gezähnt, nicht gekeult. Flagellum mit 3 Borsten, von welchen wenigstens die beiden distalen einseitig gezähnt sind. Palpen ziemlich kräftig, das Femur des Männchens verbreitert und an der Medialseite mit längeren Borsten mähnenartig bekleidet. Beide Palpenfinger (Fig. 150) mit zahlreichen Nebenzähnen. Das Tasthaar *ist* fast in gleicher Höhe mit oder etwas proximal von *est* gelegen, *st* in der Mitte zwischen *sb* und *t* stehend. Beine ziemlich schlank, der Tarsus des 4. Paares mit einem Tasthaar etwas distal in der Mitte.

Mittel- und Südeuropa.

2 Arten.

Übersicht über die Arten:

1 { Femur und Tibia des Männchens an der Medialseite mit längeren Borsten mähnenartig bekleidet; Finger in beiden Geschlechtern etwas länger als die Hand ohne Stiel . . . . 1. **L. pilosus**
Nur das Femur des Männchens an der Medialseite mit längeren Borsten mähnenartig bekleidet; Finger in beiden Geschlechtern etwas kürzer als die Hand ohne Stiel . . . . 2. **L. jonicus** }

1. **L. pilosus** (Ellingsen) 1910 *Chelifer (Trachychernes) p.*, Ellingsen in: Mt. Mus. Berlin, *v.* 4 p. 378 | 1914 *C. phaleratus*, Falcoz, Contr. Faune Microcav., p. 168 | 1914 *C. (Chernes) falcomontanus*, Heselhaus in: Tijdschr. Ent., *v.* 57 p. 76 | 1925 *Chelifer f.*, Berland in: Bull. Soc. ent. France, p. 213 f. 1—4 | 1929 *C. (Trachychernes) pilosus*, Beier in: Ann. Wien. Mus., *v.* 43 p. 347.

Cephalothorax ungefähr so lang wie breit, fein und gleichmäßig granuliert, mit 2 tiefen Querfurchen. Augenflecke fehlen. Tergite geteilt, fein granuliert. Borsten des Körpers keulenförmig. Serrula des Weibchens mit 25, des Männchens mit 27 Lamellen. Flagellum mit 3 Borsten, die beiden distalen einseitig gezähnt. Galea mit 7 langen Seitenästen in den 3 distalen Vierteln. Palpen (Fig. 151) ziemlich kräftig, flach granuliert, beim Weibchen deutlicher als beim Männchen. Borsten gezähnt, Femur und Tibia des Männchens an der Medialseite mit längeren Borsten mähnenartig bekleidet, die des Weibchens einfach. Trochanter hinten mit kegelförmigen, distal verrundeten Tuberkeln. Femur des Männchens 2,2 mal, des Weibchens 2,5 mal, Tibia des Männchens 2,1 mal, des Weibchens 2,2 mal, Schere des

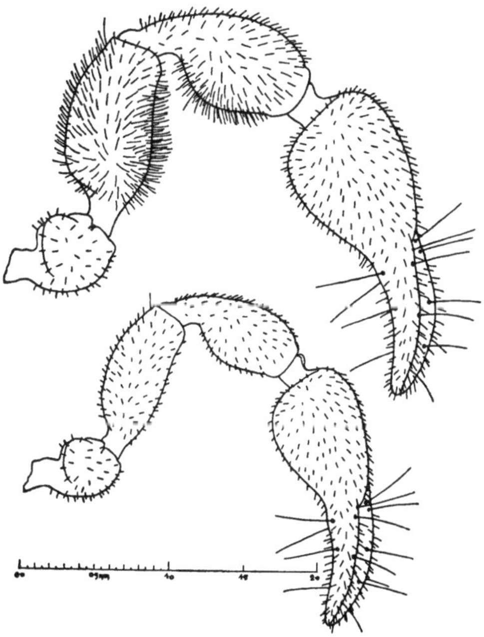

Fig. 151.
Lasiochernes pilosus (Ellingsen). Linke Palpe von ♂ und ♀.

Männchens 2,5 mal, des Weibchens 2,7 mal so lang wie breit. Finger in beiden Geschlechtern etwas länger als die Hand ohne Stiel, der feste mit etwa 47, der bewegliche mit etwa 51 Marginalzähnen. Fester Finger lateral mit 10, beweglicher mit 8 Nebenzähnen. Das Tasthaar *ist* etwas proximal von *est* gelegen, *st* in der Mitte zwischen *sb* und *t* stehend. Beine schlank, Femur des 4. Paares 4,2 mal, Tibia 5,6 mal, Tarsus 4,7 mal so lang wie breit. Das Tasthaar am Tarsus des 4. Beinpaares etwas distal der Mitte gelegen. — Körper L. 3,8—4 mm; Palpen: ♂ Femur L. 1,29 mm, B. 0,59 mm, Tibia L. 1,36 mm, B. 0,64 mm, Hand L. 1,23 mm, B. 0,79 mm, Finger L. 1,10 mm; ♀ Femur L. 1,00 mm, B. 0,41 mm, Tibia L. 1,00 mm, B. 0,45 mm, Hand L. 1,02 mm, B. 0,62 mm, Finger L. 0,95 mm.

Mitteleuropa: Ostfrankreich, Luxemburg, Niederösterreich, Burgenland. — In Maulwurfsnestern.

2. **L. jonicus** (Beier) 1929 *Chelifer (Trachychernes) j.*, Beier in: SB. Ak. Wien, v. 138 p. 446 f. 1—2.

Cephalothorax etwas länger als breit, fein lederartig granuliert, mit zwei ziemlich breiten und tiefen Querfurchen, die hintere dem Hinterrand nur wenig näher als der vorderen. Tergite äußerst fein lederartig granuliert, geteilt, das 11. mit einem Tasthaar jederseits. Serrula mit 23 Lamellen. Flagellum mit 3 Borsten, sämtliche einseitig gesägt. Galea mit 6 Seitenästen. Palpen (Fig. 152) gedrungen, etwas länger als der Körper, sehr fein granuliert. Borsten nur fein gezähnt. Femur des Männchens an der Medialseite mit längeren Borsten mähnenartig bekleidet, Tibia des Männchens einfach. Trochanter mit kegelförmigen verrundeten hinteren Höckern. Femur des Männchens 1,8 mal, des Weibchens 2,3 mal, Tibia des Männchens und

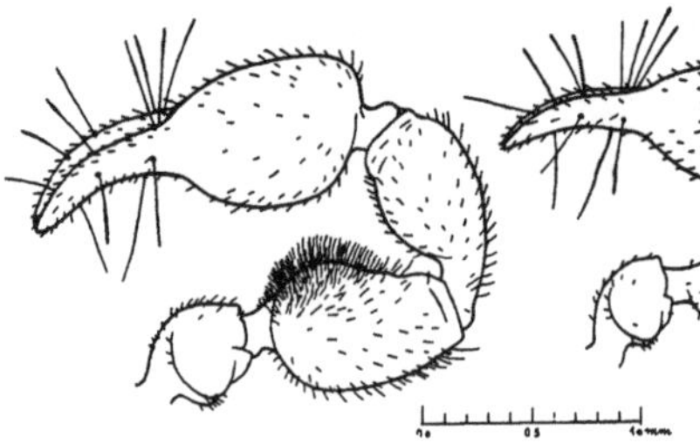

Fig. 152.
Lasiochernes jonicus (Beier). Rechte Palpe von ♂ und ♀.

Weibchens 2,2 mal, Schere des Männchens 2,4 mal, des Weibchens 2,5 mal so lang wie breit. Finger in beiden Geschlechtern kaum so lang wie die Hand ohne Stiel. Das Tasthaar *ist* in gleicher Höhe mit *est* gelegen. Beine wie bei der vorigen Art. Das Tasthaar am Tarsus des 4. Paares etwas distal der Mitte gelegen. — Körper L. 3—4 mm; Palpen: ♂ Femur L. 1,00 mm, B. 0,58 mm, Tibia L. 1,00 mm, B. 0.58 mm, Hand L. 1,03 mm, B. 0,67 mm, Finger L. 0,82 mm; ♀ Femur L. 0,88 mm, B. 0,39 mm, Tibia L. 0,88 mm, B. 0,38 mm, Hand L. 0,90 mm, B. 0,57 mm, Finger L. 0,73 mm.

Südeuropa: Jonische Inseln (Korfu).

15. Gen. **Pycnochernes** Beier

1932 *P.*, Beier in: Zool. Jahrb., Syst. *v.* 64 (im Druck).

Typus: *Chelifer celerrimus* With (durch ursprüngliche Bestimmung).

Cephalothorax länger als breit, wenig deutlich granuliert, mit einer deutlichen medianen Querfurche. Augenflecke fehlen. Tergite mit Ausnahme des 1. und letzten geteilt, nahezu glatt, das 11. mit seitlichen Tasthaaren. Borsten gezähnt. Flagellum mit 3 Borsten. Palpen stark gedrungen, fein granuliert, mit gezähnten Borsten. Das Femur kurz und dick, distal stark verschmälert. Das Tasthaar *ist* fast in gleicher Höhe mit *est* gelegen, *st* etwa in der Mitte zwischen *sb* und *t* stehend. Beine mäßig schlank, der Tarsus des 4. Paares mit einem Tasthaar etwas proximal der Mitte.

Süd- und Zentral-Amerika.

2 Arten.

Übersicht über die Arten:

1	Cephalothorax nur mit einer medianen Querfurche, die basale fehlend	1. **P. celerrimus**
	Cephalothorax mit 2 Querfurchen	2. **P. brevifemoratus**

1. **P. celerrimus** (With) 1908 *Chelifer c.*, With in: Tr. zool. Soc. London, *v.* 18 p. 285 t. 30 f. 23a—c, e, t. 31 f. 23d.

Cephalothorax deutlich länger als breit, fein und nicht besonders deutlich granuliert, mit einer leicht nach hinten gekrümmten, medianen Querfurche, die basale fehlend, Augenflecke fehlen. Tergite mit Ausnahme des 1. und letzten geteilt, nahezu glatt, das 11. mit seitlichen Tasthaaren. 7—8 Marginalborsten auf jedem Halbtergit. Borsten des Körpers und der Palpen gezähnt. Flagellum mit 3 Borsten. Galea mit verzweigten Seitenästen. Palpen fein, aber deutlich granuliert, besonders an der Medialseite. Trochanter 1,5 mal, Femur 2,2 mal, Tibia 2,2 mal, Schere mit Stiel 3 mal so lang wie breit. Hand ein wenig dicker als breit. Finger nur wenig kürzer als die Hand mit Stiel, etwas klaffend, medial mit je einem Nebenzahn. Fester Finger lateral mit 3, beweglicher mit 2 Nebenzähnen. Beine mäßig schlank, Femur des 4. Paares 3,2 mal, Tibia 4 mal, Tarsus 4,3 mal so lang wie breit. Das Tasthaar am Tarsus des 4. Beinpaares proximal der Mitte gelegen. — Körper L. 2,1 mm; Palpen: Femur L. 0,41 mm, B. 0,19 mm, Tibia L. 0,43 mm, B. 0,20 mm, Hand L. 0,43 mm, B. 0,27 mm, Finger L. 0,39 mm.

Windward-Inseln: Insel Grenada.

2. **P. brevifemoratus** (Balzan) 1890 *Chelifer b.*, Balzan in: Ann. Mus. Genova, ser. 2 *v.* 9 p 420 t. 14 f. 7 | 1891 *C. b.*, Balzan in: Ann Soc. ent. France, *v.* 60 p. 548 | 1902 *C. b.*, Ellingsen in: Mém. Soc. zool. France, *v.* 15 p 156 | 1905 *C. b.*, Ellingsen in: Zool. Anz., *v* 29 p 324 | 1908 *C. b*, With in: Tr. zool Soc. London, *v.* 18 p. 284.

Mit der vorigen Art sehr nahe verwandt. Cephalothorax deutlich länger als breit, fein granuliert, mit 2 Querfurchen. Augenflecke undeutlich. Tergite geteilt. Borsten des Körpers und der Palpen gezähnt. Flagellum mit 3 Borsten. Galea des Weibchens mit 5 Seitenästen, die des Männchens nur mit kleinen Zähnchen. Palpen ähnlich wie bei der vorigen Art, gedrungen, das Femur kurz und distal stark verschmälert. Finger ein wenig kürzer als die Hand. — Körper L. 2 mm; Palpen: Femur L. 0,38 mm, B. 0,18 mm, Tibia L. 0,38 mm, B. 0,20 mm, Hand L. 0,42 mm, B. 0,26 mm, Finger L. 0,35 mm.

Südamerika: Von Paraguay bis Ekuador.

16. Gen. **Dinocheirus** Chamb.

1929 *D.*, Chamberlin in: Pan-Pacif. Ent. San Francisco, *v.* 5 p. 171.

Typus: *D. tenoch* Chamb. (durch ursprüngliche Bestimmung).

Cephalothorax etwas länger als breit, fein granuliert. Augenflecke fehlen. Tergite mit Ausnahme des 11. geteilt. Borsten des Cephalothorax und der Palpen gezähnt und leicht gekeult. Scheibe des Cephalothorax mit 2 deutlichen Querfurchen. Flagellum mit 3 Borsten. Palpen kräftig, granuliert, die Hand des Männchens außerordentlich stark verdickt. Finger mit Nebenzähnen. Nur der bewegliche Finger mit Giftapparat und Giftzahn. Beine mäßig schlank, der Tarsus des 4. Paares mit einem ziemlich kurzen Tasthaar distal.

Südliches Nordamerika, Zentralamerika und nördliches Südamerika.

8 Arten.

Übersicht über die Arten:

1 Borsten des Körpers und der Palpen gezähnt und ziemlich stark gekeult — **2**
Borsten des Körpers und der Palpen gezähnt, nicht stark gekeult — **6**

2 Körper L. 1,5—2 mm — **3**
Körper L. 2,5 mm . . . . 3. **D. tumimanus**

3 Integument dunkel rotbraun (Arten des westlichen Nordamerika) — **4**
Integument bleich gelblichbraun (Arten des östlichen Nordamerika und Westindiens) — **5**

4 Finger deutlich länger als die Hand . . . . 1. **D. tenoch**
Finger so lang wie die Hand . . . . 2. **D. validus**

5 Körper L. 1,5 mm . . . . 4. **D. tumidus**
Körper L. 2 mm . . . . 5. **D. garcianus**

6 Körper L. 3,9—5,2 mm — **7**
Körper L. 1,6 mm . . . . 6. **D. virginicus**

7 Das Tasthaar am Tarsus des 4. Beinpaares nur $^2/_3$ der Gliedlänge von der Basis entfernt . . . . 7. **D. subrudis**
Das Tasthaar am Tarsus des 4. Beinpaares $^3/_4$ der Gliedlänge von der Basis entfernt . . . . 8. **D. vanduzeei**

1. **D. tenoch** Chamb. 1929 *D. t*, Chamberlin in: Pan-Pacif. Ent. San Francisco, *v.* 5 p. 172.

Cephalothorax mit 2 deutlichen Querfurchen, die basale deutlich näher dem Hinterrand als der vorderen, Hinterrand mit 12—14 Marginalborsten. Augenflecke fehlen. Tergite mit 14—16 Marginalborsten. Sternite mit etwa 18 Marginalborsten. Flagellum mit 3 Borsten. Palpen ziemlich kräftig. Femur 2,3—2,4 mal so lang wie breit, kürzer als der Cephalothorax. Tibia 2,2—2,4 mal so lang wie breit, ungefähr so lang wie das Femur. Schere des Männchens 2,2 mal, des Weibchens 2,7 mal so lang wie breit. Hand des Männchens bedeutend dicker als breit. Finger etwas länger als die Hand ohne Stiel, fester mit 45—50, beweglicher mit 44 bis 45 Marginalzähnen. Fester Finger lateral mit 8—9, medial beim Männchen mit 6—7, beim Weibchen mit 3—4, beweglicher Finger lateral mit 8—9, medial beim Männchen mit 6, beim Weibchen mit 3—4 Nebenzähnen. Tarsus des 4. Beinpaares distal mit einem ziemlich kurzen Tasthaar. — Körper L. etwa 2 mm.

Nordamerika: Mexiko.

2. **D. validus** (Banks) 1895 *Chelanops v.*, N. Banks in: J. N. York ent. Soc., *v.* 3 p. 7.

Cephalothorax dunkelbraun, mit 2 deutlichen Querfurchen. Augenflecke vorhanden, jedoch undeutlich: Tergite geteilt. Palpen kräftig. Femur breit, etwas kürzer als der Cephalothorax. Tibia deutlich breiter und etwas kürzer als das Femur. Hand sehr breit. Finger ungefähr so lang wie die Hand, kräftig. Integument fein granuliert. Borsten kurz und gekeult. — Körper L. 2 mm.

Nordamerika: Kalifornien.

3. **D. tumimanus** (Banks) 1908 *Chelanops t.*, N. Banks in: Bull. Wisconsin Soc., *v.* 6 p. 40.

Cephalothorax etwas länger als breit, fein granuliert, mit undeutlichen Augenflecken, dunkel rotbraun, nur die Basis heller. Tergite geteilt. Borsten des Körpers und der Palpen keulenförmig. Palpen kurz und kräftig. Femur breit, kürzer als der Cephalothorax. Tibia nur wenig kürzer als das Femur. Hand sehr breit und dick, doppelt so breit wie das Femur. Finger kräftig, kürzer als die Hand. — Körper L. 2,5 mm.

Nordamerika: Texas.

4. **D. tumidus** (Banks) 1895 *Chelanops t.*, N. Banks in: J. N. York ent. Soc., *v.* 3 p. 7.

Cephalothorax blaß bräunlichgelb, fein granuliert, mit 2 deutlichen Querfurchen. Augenflecke fehlen. Tergite geteilt. Borsten des Körpers und der Palpen kurz, gekeult. Palpen gedrungen, fein granuliert. Femur fast so lang wie der Cephalothorax. Tibia nur wenig kürzer und breiter als das Femur. Hand breit und dick. Finger deutlich etwas länger als die Hand. — Körper L. 1,5 mm.

Nordamerika: Florida.

5. **D. garcianus** (Banks) 1909 *Chelanops g.*, N. Banks in: J. N. York ent. Soc., *v.* 17 p. 147.

Cephalothorax blaß gelblichbraun, fein granuliert, mit einer deutlichen Querfurche in der Mitte, die hintere Querfurche schwächer. Tergite geteilt. Borsten des Körpers und der Palpen deutlich gekeult. Galea mäßig lang, nahezu einfach. Palpen mäßig lang, fein granuliert. Femur so lang wie die Breite des Cephalothorax. Tibia so lang und so breit wie das Femur. Hand 1,25 mal so breit wie die Tibia. — Körper L. 2 mm.

Westindien: Havanna, Kuba.

6. **D. virginicus** (Banks) 1895 *Chelanops virginica*, N. Banks in: J. N. York ent. Soc., *v.* 3 p 6.

Cephalothorax dunkelbraun, granuliert, mit ziemlich schwachen Querfurchen. Augenflecke undeutlich. Tergite geteilt. Palpen kurz und kräftig. Femur bedeutend kürzer als der Cephalothorax. Tibia ungefähr so lang wie das Femur und etwas breiter als dieses. Hand sehr breit. Finger kräftig, nur wenig kürzer als die Hand. — Körper L. 1,6 mm.

Nordamerika: Virginia.

7. **D. subrudis** (Balzan) 1891 *Chelifer s*, Balzan in: Ann. Soc. ent. France, *v.* 60 p. 521 t. 10 f. 13 | 1908 *C. s.*, With in: Tr. zool. Soc. London, *v.* 18 p. 264 t. 30 f. 14a—f.

Cephalothorax bedeutend länger als breit, fein granuliert, mit einer deutlichen medianen und einer schwächeren basalen Querfurche. Augenflecke klein, aber deutlich. Tergite mit Ausnahme des 1. und letzten geteilt, das 11. mit seitlichen Tasthaaren. 5—7 Marginalborsten auf jedem Halbtergit. Borsten des Körpers und der Palpen stumpf, gezähnt, nicht deutlich gekeult. Flagellum mit 3 Borsten, sämtliche einseitig gezähnt, die beiden basalen jedoch nur sehr spärlich. Galea ziemlich gedrungen, distal mit 6 kurzen Seitenästen. Palpen (Fig. 153) fein und nicht besonders deutlich granuliert. Femur 2—2,4mal, Tibia 2mal, Schere 2,2mal (mit Stiel 2,7mal)

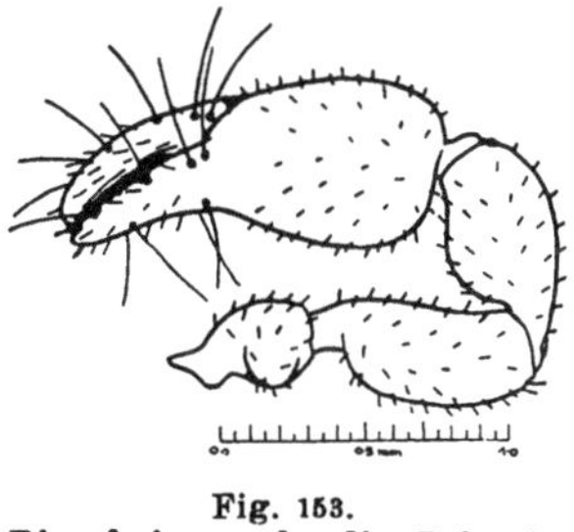

Fig. 153.
Dinocheirus subrudis (Balzan).
Rechte Palpe ♂.

so lang wie breit. Hand des Männchens stark verdickt, 1,4 mal dicker als breit, die des Weibchens 1,3 mal dicker als breit. Finger deutlich etwas kürzer als die Hand ohne Stiel. Femur des 4. Beinpaares 2,8 mal, Tibia 3,2 mal, Tarsus 3,8 mal so lang wie breit. Das Tasthaar am Tarsus des 4. Beinpaares nahe dem Ende des Gliedes gelegen. — Körper L. ♂ 3,5 bis 3,8 mm, ♀ 4,4—5,2 mm; Palpen: ♂ Femur L. 0,71—0,78 mm, B. 0,33 bis 0,37 mm, Tibia L. 0,74—0,78 mm, B. 0,39—0,40 mm, Hand L. 0,76 bis 0,87 mm, B. 0,51—0,57 mm, Finger L. 0,62—0,69 mm; ♀ Femur L. 0,78 mm, B. 0,39 mm, Tibia L. 0,80 mm, B. 0,41 mm, Hand L. 0,83 mm, B. 0,60 mm, Finger L. 0,69 mm.

Südamerika: Venezuela.

8. **D. vanduzeei** (Chamb.) 1923 *Chelanops v.*, Chamberlin in: P. Calif. Ac., ser. 4 *v.* 12 p. 378 t. 2 f. 22—23 | 1931 *C. v.*, Chamberlin in: Stanford Univ. Publ., *v.* 7 p. 242 f. 69.

Cephalothorax fein granuliert, mit Augenflecken. Tergite geteilt, mit Ausnahme des 11. 6 Marginalborsten auf jedem Halbtergit. Borsten des Körpers und der Palpen nicht gekeult. Galea gedrungen, distal mit 5 kurzen Seitenästen. Palpen sehr kräftig, fein granuliert. Femur etwa 2,2 mal, Tibia 1,8 mal, Schere kaum 2 mal so lang wie breit. Hand außerordentlich stark verdickt. Finger kürzer als die Dicke der Hand, mit kleinen Nebenzähnen. Das Tasthaar am Tarsus des 4. Beinpaares $^2/_3$ der Gliedlänge von der Basis entfernt. — Körper L. 5 mm.

Nordamerika: Kalifornien, Koronados Insel.

17. Gen. Rhopalochernes Beier

1932 *R.*, Beier in: Zool. Jahrb., Syst. *v.* 64 (im Druck).

Typus: *Chelifer ohausi* Tullg. (durch ursprüngliche Bestimmung).

Cephalothorax mit 2 deutlichen Querfurchen, kräftig granuliert. Augenflecke vorhanden. Tergite mit Ausnahme des letzten geteilt. Borsten des Körpers keulenförmig. Flagellum mit 3 Borsten. Palpen mäßig schlank, deutlich bis grob granuliert, an der Medialseite der Glieder mit auffallend langen und dicken, keulenförmigen Borsten. Das Tasthaar *ist* etwas vor *est* gelegen, *it* von der Fingerspitze bedeutend weiter entfernt als von *ist*; *st* etwa in der Mitte zwischen *sb* und *t* gelegen. Nur der bewegliche Finger mit Giftapparat und Giftzahn, der feste ohne solchen. Nebenzähne vorhanden. Beine ziemlich gedrungen. Tarsus des 4. Paares mit einem Tasthaar nahe dem Ende des Gliedes.

Südamerika, Antillen.

5 Arten.

Übersicht über die Arten:

1	Finger so lang oder kürzer als die Hand mit Stiel — 2	
	Finger bedeutend länger als die Hand mit Stiel	5. **R. echinatus**
2	Palpenfemur 3—3,1 mal so lang wie breit — 3	
	Palpenfemur 2,3 mal so lang wie breit	4. **R. antillarum**
3	Tibia 2,4—2,6 mal so lang wie breit — 4	
	Tibia 2,2 mal so lang wie breit	3. **R. foliosus**
4	Finger so lang wie die Hand mit Stiel	1. **R. ohausi**
	Finger höchstens so lang wie die Hand ohne Stiel	2. **R. germaini**

1. **R. ohausi** (Tullg.) 1907 *Chelifer O.*, Tullgren in: Mt. Mus. Hamburg, *v.* 24 p. 72.

Cephalothorax ein wenig breiter als lang, deutlich granuliert, mit 2 deutlichen, fast geraden Querfurchen, an der Basis heller gefärbt als vor der hinteren Querfurche. Augenflecke sehr deutlich. Tergite geteilt, fein chagriniert. Borsten des Körpers ziemlich lang, keulenförmig. Flagellum mit 3 Borsten, die distale einseitig gesägt. Serrula mit 16 ziemlich breiten Lamellen. Galea ziemlich lang und kräftig, distal mit 5 kurzen Seitenästchen. Palpen (Fig. 154) mäßig schlank, deutlich und auch an den Stielchen der Glieder erkennbar granuliert, an der Medialseite mit auffallend langen, keulenförmigen Borsten. Femur des Männchens 3 mal, des Weibchens 3,1 mal, Tibia des Männchens 2,4 mal, des Weibchens 2,6 mal, Schere des Männchens 3,2 mal, des Weibchens 3,7 mal so lang wie breit. Hand ziemlich schmal, beim Weibchen schmäler als beim Männchen. Finger so lang wie die Hand mit Stiel oder beim Männchen etwas länger. Das Tasthaar *ist* distal von *est* gelegen, *it* von der Fingerspitze bedeutend weiter entfernt als von *ist*; *st* in der Mitte zwischen *sb* und *t* gelegen. Beine ziemlich gedrungen, Femur des 4. Paares 2,7 mal, Tibia 3,1 mal, Tarsus 3,5 mal so lang wie breit. Das Tasthaar am Tarsus des 4. Paares nahe dem Ende des Gliedes gelegen. Die Beine sind schuppig granuliert. — Körper L. 2 mm; Palpen: ♂ Femur L. 0,62 mm, B. 0,21 mm, Tibia L. 0,57 mm, B. 0,24 mm, Hand L. 0,52 mm, B. 0,29 mm, Finger L. 0,55 mm; ♀ Femur L. 0,63 mm, B. 0,20 mm, Tibia L. 0,54 mm, B. 0,21 mm, Hand L. 0,56 mm, B. 0,27 mm, Finger L. 0,56 mm.

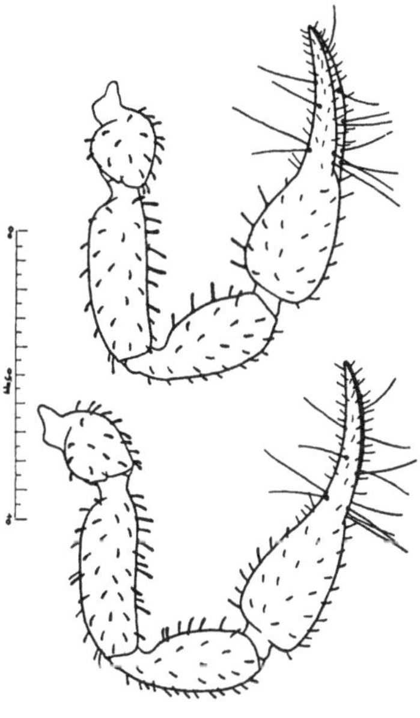

Fig. 154.
Rhopalochernes ohausi (Tullg.).
Rechte Palpe von ♂ und ♀.

Südamerika: Ekuador.

2. **R. germaini** (Balzan) 1890 *Chelifer G.*, Balzan in: Ann. Mus. Genova, ser. 2 *v.* 9 p. 424 t. 14 f. 10 | 1891 *C. G.*, Balzan in: Ann. Soc. ent. France, *v.* 60 p. 548 | 1905 *C. G.*, Ellingsen in: Boll. Mus. Torino, *v.* 20 nr. 497 p. 1 | 1908 *C. g.*, With in: Tr. zool. Soc. London, *v.* 18 p. 262.

Cephalothorax fein granuliert, mit 2 deutlichen Querfurchen. Augenflecke vorhanden. Tergite geteilt, granuliert. Borsten des Körpers keulenförmig. Flagellum mit 3 Borsten, die distale einseitig gezähnt. Galea ziemlich lang, distal mit einigen kurzen Seitenästen. Palpen mäßig schlank, granuliert, an der Medialseite der Glieder mit langen, keulenförmigen Borsten. Femur 3,1 mal, Tibia 3,4 mal so lang wie breit. Finger etwas kürzer als die Hand. Cephalothorax an der Basis heller, mit einem dunklen Mittelfleck. — Körper L. 1,8 mm; Palpen: Femur L. 0,57 mm, B. 0,18 mm, Tibia L. 0,51 mm, B. 0,21 mm, Hand L. 0,53 mm, B. 0,31 mm, Finger L. 0,45 mm.

Südamerika: Brasilien, Ekuador.

3. **R. foliosus** (Balzan) 1890 *Chelifer f.*, Balzan in: Ann. Mus. Genova, ser. 2 *v.* 9 p. 427 t. 14 f. 12 | 1891 *C. f.*, Balzan in: Ann. Soc. ent. France, *v.* 60 p. 548 | 1908 *C. f.*, With in: Tr. zool. Soc. London, *v.* 18 p. 262 | 1910 *C. f.*, Ellingsen in: Mt. Mus. Berlin, *v.* 4 p. 381.

Cephalothorax fein granuliert, mit 2 deutlichen Querfurchen. Augenflecke vorhanden. Tergite geteilt, granuliert. Borsten des Körpers lang, stark gekeult. Flagellum mit 3 Borsten, die distale einseitig gezähnt. Palpen mäßig schlank, granuliert, an der Medialseite der Glieder mit langen, stark gekeulten Borsten. Femur etwa 3mal, Tibia 2,2mal so lang wie breit. Finger etwas kürzer als die Hand. — Körper L. 3 mm; Palpen: Femur L. 1,05 mm, B. 0,37 mm, Tibia L. 1,00 mm, B. 0,45 mm, Hand L. 0,92 mm, B. 0,54 mm, Finger L. 0,77 mm.

Südamerika: Argentinien, Paraguay.

4. **R. antillarum** (With) 1908 *Chelifer a.*, With in: Tr. zool. Soc. London, *v.* 18 p. 262 t. 30 f. 13a—b.

Cephalothorax etwas länger als breit, deutlich granuliert, mit einer tiefen vorderen und einer schwächeren basalen Querfurche. Augenflecke undeutlich. Tergite mit Ausnahme des 11. geteilt, wenig deutlich granuliert, das 11. mit seitlichen Tasthaaren. Borsten des Körpers gekeult. Galea ziemlich lang, distal mit 6 Seitenästen. Palpen wenig deutlich granuliert, an der Medialseite der Glieder mit langen, keulenförmigen Borsten. Femur 2,3mal, Tibia 2mal, Schere mit Stiel 2,6mal so lang wie breit. Hand 1,1mal breiter als dick. Finger kürzer als die Hand, lateral mit je einem Nebenzahn. Fester Finger medial nahe der Mitte mit einem Nebenzahn. Femur des 4. Beinpaares 2,5mal, Tibia 3,4mal, Tarsus 3,4mal so lang wie breit. Das Tasthaar am Tarsus des 4. Beinpaares etwas mehr als $^2/_3$ der Gliedlänge von der Basis entfernt. — Körper L. 1,9 mm; Palpen: Femur L. 0,41 mm, B. 0,17 mm, Tibia L. 0,41 mm, B. 0,21 mm, Hand L. 0,41 mm, B. 0,26 mm, Finger L. 0,30 mm.

Antillen: St. Vincent.

5. **R. echinatus** (Ellingsen) 1904 *Chelifer (Trachychernes) e.*, Ellingsen in: Boll. Mus. Torino, *v.* 19 nr. 480 p. 2 | 1908 *C. e.*, With in: Tr. zool. Soc. London, *v.* 18 p. 262.

Cephalothorax ungefähr so lang wie breit, kräftig granuliert, mit 2 tiefen Querfurchen. Augenflecke fehlen. Tergite mit Ausnahme des letzten geteilt, kräftig granuliert. Borsten des Körpers ziemlich lang gekeult. Galea nahezu einfach. Palpen ungefähr so lang wie der Körper, kräftig granuliert, an der Medialseite der Glieder mit sehr langen gekeulten Borsten. Femur 2,5 mal so lang wie breit. Tibia kürzer und etwas breiter als das Femur. Hand fast 1,5mal so breit wie die Tibia. Finger nahezu 1,5 mal so lang wie die Hand. — Körper L. 2 mm.

Südamerika: Patagonien.

18. Gen. **Parazaona** Beier

1932 *P*, Beier in: Zool. Jahrb., Syst. *v.* 64 (im Druck).

Typus: *Chelifer bocki* Tullg. (durch ursprüngliche Bestimmung).

Cephalothorax etwas länger als breit, granuliert, am Hinterrand meist etwas heller als auf der Scheibe, mit 2 Querfurchen. Augenflecke vorhanden. Tergite mit Ausnahme der letzten geteilt. Borsten des Körpers leicht keulenförmig. Flagellum mit 3 Borsten. Palpen ziemlich schlank, granuliert, mit gezähnten Borsten. Finger mit Nebenzähnen. Das Tasthaar *ist* nicht, oder nur wenig distal von *est* gelegen, *st* ungefähr in der Mitte zwischen *sb* und *t* befindlich. Beine ziemlich schlank, der Tarsus des 4. Paares mit einem Tasthaar in der Mitte des Gliedes.

Südamerika.

5 Arten.

Übersicht über die Arten:

1 { Palpen weniger schlank, Femur 2,7—3mal, Tibia 2,3 bis 2,6mal so lang wie breit — 2
Palpen schlanker, Femur 3,4—3,7 mal, Tibia 3—3,1 mal so lang wie breit . . . . 1. **P. bocki**

2 { Palpenfemur 3mal so lang wie breit — 3
Palpenfemur 2,7—2,8mal so lang wie breit — 4

3 { Finger bedeutend kürzer als die Hand; Hand schmäler als die Länge des Trochanter; Tibia 2,6 mal so lang wie breit . . . . 2. **P. ellingseni**
Finger so lang wie die Hand; Hand breiter als die Länge des Trochanter; Tibia 2,3 mal so lang wie breit . . . 3. **P. patagonicus**

4 { Serrula mit 20 Lamellen; Borsten des Körpers und der Palpen gezähnt . . . . 4. **P. morenensis**
Serrula mit 22 Lamellen; Borsten des Körpers und der Palpen leicht gekeult . . . . 5. **P. nordenskjöldi**

1. **P. bocki** (Tullg.) 1907 *Chelifer B.*, Tullgren in: Mt. Mus. Hamburg, *v.* 24 p. 44 t. 2 f. 9a—b.

Cephalothorax etwas länger als breit, granuliert, mit 2 deutlichen Querfurchen, von welchen die hintere dem Hinterrand bedeutend näher liegt als der vorderen. Augenflecke deutlich. Tergite mit Ausnahme des letzten geteilt, fein netzförmig chagriniert, das 11. mit Tasthaaren. Borsten des Körpers leicht keulenförmig. Flagellum mit 3 Borsten, die distale einseitig gezähnt. Serrula mit 22 Lamellen. Galea ziemlich kurz, distal mit 5—6 kurzen Seitenästen. Palpen (Fig. 155) ziemlich schlank, länger als der Körper, fein granuliert, mit gezähnten Borsten. Femur des Männchens 3,4mal, des Weibchens 3,7mal, Tibia des Männchens 3 mal, des Weibchens 3,1 mal, Schere des Männchens 3,2 mal, des Weibchens 3,5 mal so lang wie breit. Finger deutlich kürzer als die Hand ohne Stiel, schwach klaffend, mit einigen akzessorischen Zähnen. Das Tasthaar *ist* beim Weibchen nicht, beim Männchen etwas distal von *est* stehend; *st* in der Mitte zwischen *sb* und *t* befindlich. Beine ziemlich schlank, Femur des 4. Paares 3,5 mal, Tibia 5,1 mal, Tarsus 5,5 mal so lang wie breit. Das Tasthaar am Tarsus des 4. Paares in der Mitte des Gliedes befindlich. — Körper L. ♂ 3,1 mm, ♀ 3,6 mm; Palpen: ♂ Femur

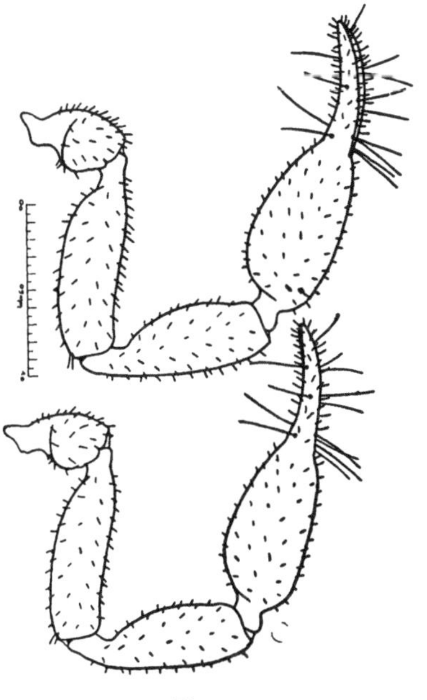

Fig. 155.
Parazaona bocki (Tullg.). Rechte Palpe von ♂ und ♀.

L. 1,15 mm, B. 0,34 mm, Tibia L. 1,12 mm, B. 0,38 mm, Hand L. 1,12 mm, B. 0,51 mm, Finger L. 0,80 mm; ♀ Femur L. 1,13 mm, B. 0,30 mm, Tibia L. 1,08 mm, B. 0,35 mm, Hand L. 1,08 mm, B. 0,47 mm, Finger L. 0,79 mm.

Südamerika: Bolivien.

2. **P. ellingseni** (With) 1908 *Chelifer e.*, With in: Tr. zool. Soc. London, *v.* 18 p. 287 t. 31 f. 25a—e.

Cephalothorax deutlich länger als breit, fein aber deutlich granuliert, mit zwei breiten Querfurchen, die hintere etwas schwächer als die vordere. Augenflecke wenig deutlich. Tergite mit Ausnahme des 1. und letzten geteilt, mit 10—14 kurzen, leicht gekeulten Marginalborsten. Flagellum mit 3 Borsten. Galea ziemlich kurz, distal mit 6 Seitenästen. Palpen ziemlich schlank, an der Medialseite der Glieder deutlich granuliert, mit kurzen, gezähnten Borsten. Femur 3 mal, Tibia 2,6 mal, Schere mit Stiel 3,3 mal so lang wie breit. Hand 1,1 mal breiter als dick. Finger kürzer als die Hand ohne Stiel, leicht klaffend, medial mit je 3 Nebenzähnen. Fester Finger lateral mit 4, beweglicher mit 5 Nebenzähnen. Beine ziemlich schlank, Femur des 4. Paares 3,3 mal, Tibia 5,3 mal, Tarsus 5,1 mal so lang wie breit. Das Tasthaar am Tarsus des 4. Paares in der Mitte des Gliedes gelegen. — Körper L. ♀ 3,4 mm; Palpen: Femur L. 1,01 mm, B. 0,33 mm, Tibia L. 0,99 mm, B. 0,37 mm, Hand L. 0,99 mm, B. 0,53 mm, Finger L. 0,74 mm.

Südamerika: Neu-Granada, Bogota.

3. **P. patagonicus** (Tullg.) 1900 *Chelifer p.*, Tullgren in: Ent. Tidskr., *v.* 21 p. 155 f. 2 | 1908 *C. p*, With in: Tr. zool. Soc. London, *v.* 18 p. 287.

Cephalothorax länger als breit, fein granuliert, mit 2 deutlichen Querfurchen. Augenflecke fehlen. Tergite mit Ausnahme des letzten geteilt. Borsten des Körpers kurz, keulenförmig. Flagellum mit 3 Borsten. Palpen ziemlich schlank, etwas länger als der Körper, fein granuliert, mit gezähnten Borsten. Femur 3 mal, Tibia 2,3 mal so lang wie breit. Hand 1,4 mal breiter als die Tibia. Finger so lang wie die Hand. — Körper L. 2,7 mm; Palpen: Femur L. 0,78 mm, B. 0,27 mm, Tibia L. 0,72 mm, B. 0,31 mm, Hand L. 0,62 mm, B. 0,45 mm, Finger L. 0,62 mm.

Südamerika: Patagonien.

4. **P. morenensis** (Tullg.) 1908 *Chelifer m.*, Tullgren in: Ent. Tidskr., *v.* 29 p. 60 f. 4—6.

Cephalothorax etwas länger als breit, fein granuliert, mit zwei deutlichen Querfurchen, Augenflecke vorhanden. Tergite mit Ausnahme des 1. und letzten geteilt, fein chagriniert. Borsten des Körpers gezähnt. Flagellum mit 3 Borsten, die distale einseitig gefiedert. Serrula mit 20 Lamellen. Galea nahezu einfach. Palpen mäßig schlank, länger als der Körper, fein granuliert, mit gezähnten Borsten. Femur 2,8 mal, Tibia 2,6 mal, Schere 2,6 mal so lang wie breit. Finger so lang wie die Hand ohne Stiel, ziemlich stark klaffend. Beine mäßig schlank, Femur des 4. Paares 3 mal, Tibia 4,2 mal, Tarsus 4,8 mal so lang wie breit. Das Tasthaar am Tarsus des 4. Paares etwa in der Mitte des Gliedes gelegen. — Körper L. 2,7 mm; Palpen: Femur L. 0,98 mm, Tibia L. 0,87 mm, Hand L. 0,89 mm, Finger L. 0,76 mm.

Südamerika: Argentinien.

5. **P. nordenskjöldi** (Tullg.) 1908 *Chelifer n.*, Tullgren in: Ent. Tidskr., *v.* 29 p. 63 f. 7—8.

Cephalothorax nur wenig länger als breit, fein granuliert, mit 2 deutlichen Querfurchen. Augenflecke fehlen. Tergite mit Ausnahme des letzten geteilt, fein chagriniert. Borsten des Körpers gezähnt und leicht keulenförmig. Flagellum mit 3 Borsten, die distale einseitig gezähnt. Serrula mit 22 Lamellen. Galea ziemlich lang, mit 6 Seitenästen in der distalen Hälfte. Palpen etwa so lang wie der Körper, fein granuliert, mit leicht keulenförmigen Borsten. Femur 2,7 mal, Tibia 2,5 mal, Schere 2,6 mal so lang wie breit. Finger so lang wie die Hand ohne Stiel, lateral mit 4—5 Nebenzähnen. Beine mäßig schlank, der Tarsus des 4. Paares mit einem Tasthaar in der Mitte des Gliedes. — Körper L. 3,9 mm; Palpen: Femur L. 0,91 mm, Tibia L. 0,89 mm, Hand L. 0,95 mm, Finger L. 0,79 mm.

Südamerika: Patagonien.

19. Gen. **Allochernes** Beier

1932 A., Beier in: Zool. Jahrb., Syst. *v.* 64 (im Druck).

Typus: *Chelifer wideri* C. L. Koch (durch ursprüngliche Bestimmung).

Cephalothorax etwas länger als breit, meist ziemlich grob granuliert, mit 2 tiefen Querfurchen. Augenflecke fehlen. Tergite mit Ausnahme des letzten geteilt, granuliert. Borsten des Körpers und der Palpen gezähnt und mehr oder weniger stark keulenförmig. Flagellum mit 3 Borsten. Palpen granuliert, mäßig schlank. Das Tasthaar *ist* nicht oder nur wenig distal von *est* gelegen; *st* deutlich näher bei *t* als bei *sb* befindlich. Auch der feste Finger mit kurzem Giftzahn. Zahl der Nebenzähne mitunter reduziert. Tarsus des 4. Beinpaares ohne Tasthaar.

Europa, Nordafrika, Asien.

14 sichere, 2 unsichere Arten.

Übersicht über die Arten:

1	Zahl der Nebenzähne an den Palpenfingern reduziert, beweglicher Finger medial nur mit 1 Nebenzahn, mitunter auch dieser fehlend; Palpen schlanker (a Subgen. *Allochernes*) — **2**	
	Zahl der Nebenzähne an den Palpenfingern nicht reduziert. beweglicher Finger medial mit mehr als 1 Nebenzahn; Palpen gedrungener (b Subgen. *Toxochernes*) — **10**	
2	Nebenzähne an den Palpenfingern ziemlich groß und deutlich — **3**	
	Nebenzähne an den Palpenfingern vollständig reduziert .	9. **A. (A.) asiaticus**
3	Palpenfemur 2,8—3 mal so lang wie breit — **4**	
	Palpenfemur 3,3—3,5 mal so lang wie breit — **7**	
4	Tibia 2,5—2,7 mal so lang wie breit — **5**	
	Tibia 2,3 mal so lang wie breit	4. **A. (A.) iberus**
5	6—8 Marginalborsten auf jedem Halbtergit — **6**	
	10—11 Marginalborsten auf jedem Halbtergit	1. **A. (A.) wideri**
6	Genitalfeld des Weibchens mit 22 Borsten, diese auch die Mitte des Feldes besetzend	2. **A. (A.) vicinus**
	Genitalfeld des Weibchens mit 20 Borsten, diese die Mitte des Feldes freilassend	3. **A. (A.) creticus**
7	Schere 2,9—3,2 mal so lang wie breit — **8**	
	Schere 3,9 mal so lang wie breit	8. **A. (A.) solarii**

8 { Palpentibia 2,8—3 mal so lang wie breit — **9**
Palpentibia 2,5 mal so lang wie breit . . . . 5. **A. (A.) phaleratus**

9 { Schere 3 mal so lang wie breit . . . . 6. **A. (A.) powelli**
Schere 3.2 mal so lang wie breit . . . . 7. **A. (A.) italicus**

10 { Palpenfemur 2,7—3 mal so lang wie breit — **11**
Palpenfemur 2,4 mal so lang wie breit . . . . 10. **A. (T.) panzeri**

11 { 11. Tergit ohne Tasthaare — **12**
11. Tergit mit Tasthaaren . . . . 11. **A. (T.) dubius**

12 { Finger etwas länger als die Hand ohne Stiel; fester Finger medial mit 3 Nebenzähnen — **13**
Finger kaum so lang wie die Hand ohne Stiel; fester Finger medial mit 6 Nebenzähnen . . . . 12. **A. (T.) similis**

13 { Palpenhand von gleicher Farbe wie die übrigen Glieder . 13. **A. (T.) montigenus**
Palpenhand bedeutend dunkler als die übrigen Glieder . 14. **A. (T.) nigrimanus**

a) Subgen. **Allochernes** Beier

1932 *A.*, Beier in: Zool. Jahrb., Syst. *v.* 64 (im Druck).

Mit den Charakteren der Gattung. Integument ziemlich grob granuliert. Borsten des Körpers und der Palpen meist deutlich keulenförmig. Anzahl der Nebenzähne an den Palpenfingern reduziert, der bewegliche Finger medial nur mit einem Nebenzahn oder auch dieser fehlend. Auch der feste Finger mit kleinem Giftzahn.

1. **A. (A.) wideri** (C. L. Koch) 1843 *Chelifer W.*, C. L. Koch in: C. W. Hahn & C. L. Koch, Arach., *v.* 10 p. 47 f. 784 | 1855 *C. oblongus*, Menge in: N. Schr. Ges. Danzig, *v.* 5 fasc. 2 nr. 2 p. 39 t. 5 f. 14 | 1873 *Chernes Wideri*, L. Koch, Übers. Darst. Eur. Chernet., p. 10 | 1874 *C. W.*, Stecker in: SB. Böhm. Ges., p. 235 | 1875 *Chelifer oblongus*, Stecker in: D. ent. Z., *v.* 19 p. 313 | 1882 *Chernes (Trachychernes) Wideri*, Tömösvary in: Math. termész. Közlem., *v.* 18 p. 193 t. 2 f. 22–28 | 1901 *Chelifer w.*, Nosek in: Věstnik Klubu přir. Prostěj, *v.* 4 p. 72 | 1907 *C w.* Ellingsen in: J. Quekett Club, ser. 2 *v.* 10 p. 162 | 1910 *C. (Trachychernes) w.*, Ellingsen in: Mt. Mus. Berlin, *v.* 4 p. 383 | 1911 *C. (Chernes) w.*, Kew in: P. Irish Ac., *v.* 29 nr. 2 p. 44 t. 4 f. 6 | 1911 *Chelifer (Trachychernes) w.* Lessert in: Cat. Invert. Suisse, *v.* 5 p 17 f. 15 | 1916 *C. (Chernes) w.*, Kew in: P. Irish Ac., *v.* 33 p. 74 f. 1 | 1928 *Chelifer (Chernes) w.*, Schenkel in: Tierw. Deutschl., *v.* 8 fasc. 3 p. 59 f. 12—13 | 1929 *C. (Trachychernes) w.*, Kästner in: Tierw. Mitteleur., *v.* 3 p IV 6 f. 16 | 1929 *C. (T) w.*, Beier in: Ann. Wien. Mus., *v.* 43 p. 343.

Cephalothorax länger als breit, ziemlich grob granuliert, mit 2 tiefen, aber schmalen Querfurchen, die basale bedeutend näher dem Hinterrand als der vorderen. Augenflecke fehlen. Tergite geteilt, deutlich granuliert, das letzte ohne Tasthaare. 11 Marginalborsten auf jedem Halbtergit. Borsten des Körpers und der Palpen ziemlich kurz, deutlich gekeult. Flagellum mit

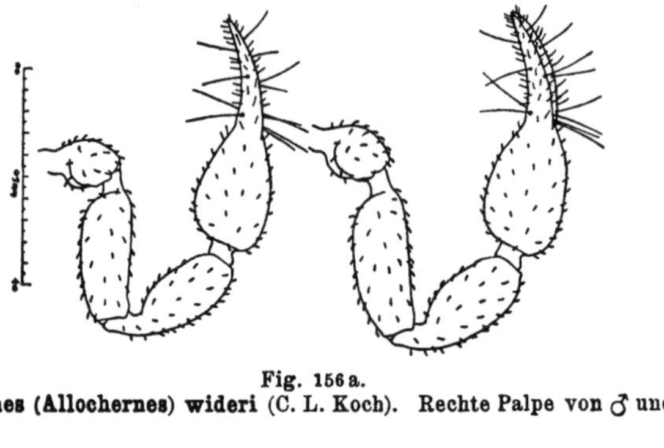

Fig. 156a.
Allochernes (Allochernes) wideri (C. L. Koch). Rechte Palpe von ♂ und ♀.

3 Borsten. Serrula mit 18 Lamellen. Galea distal mit kurzen Seitenästchen. Palpen (Fig. 156a) mäßig kräftig, deutlich granuliert. Femur 2,8—3 mal, Tibia 2,5—2,7 mal, Schere 2,8—3 mal so lang wie breit. Finger beim Männchen kaum so lang wie, beim Weibchen etwas länger als die Hand ohne Stiel, der feste mit 41, der bewegliche mit 43—44 Marginalzähnen. Fester Finger lateral mit 2, beweglicher mit 3 Nebenzähnen: medial besitzen beide Finger nur je einen Nebenzahn. Auch der feste Finger mit kurzem Giftzahn. Das Tasthaar *ist* etwas distal von *est*, *it* näher bei *et* als bei *ist* stehend, *st* in der Mitte zwischen *sb* und *t* befindlich. Genitalfeld des Weibchens mit 20—22 Borsten, diese die Mitte des Feldes freilassend. Tarsus des 4. Beinpaares ohne Tasthaar. — Körper L. 2,2—2,5 mm; Palpen: ♂ Femur L. 0,75 mm, B. 0,26 mm, Tibia L. 0,69 mm, B. 0,28 mm, Hand L. 0,69 mm, B. 0,37 mm, Finger L. 0,57 mm; ♀ Femur L. 0,69 mm, B. 0,24 mm, Tibia L. 0,67 mm, B. 0,25 mm, Hand L. 0,62 mm, B. 0,36 mm, Finger L. 0,57 mm.

Fast über ganz Europa verbreitet. — Unter Rinde, in Mulm und auch in Stallungen, häufig in Vogelnestern und bei *Formica rufa*.

2. **A. (A.) vicinus** Beier 1932 *A. (A.) v.*, Beier in: Zool. Jahrb., Syst. *v.* 64 (im Druck).

Cephalothorax etwas länger als breit, ziemlich grob, aber flach granuliert, mit 2 tiefen, jedoch schmalen Querfurchen. Augenflecke fehlen. Tergite mit Ausnahme des 11. geteilt, granuliert. 6—7 Marginalborsten auf jedem Halbtergit. Borsten des Körpers und der Palpen kurz, stark gekeult und gezähnt. 11. Tergit ohne Tasthaare. Flagellum mit 3 Borsten, die distale fein gezähnt. Serrula mit 21 Lamellen. Galea ziemlich kurz, mit 5 kurzen Seitenästen in der distalen Hälfte. Palpen (Fig. 156b) mäßig schlank, medial deutlich, lateral flach granuliert. Femur 3 mal, Tibia 2,7 mal, Schere 2,9 mal so lang wie breit. Finger so lang wie die Hand mit Stiel, der feste mit 45, der bewegliche mit 46 Marginalzähnen. Fester Finger medial mit 4, beweglicher mit 1 Nebenzahn. Lateral besitzen die Finger je 4 Nebenzähne. Auch der feste Finger mit kurzem Giftzahn. Das Tasthaar *ist* kaum distal von *est* gelegen, *st* deutlich näher bei *t* als bei *sb*. Palpencoxen granuliert. Beine mäßig schlank, Femur des 4. Paares 4,2 mal, Tibia 4,6 mal, Tarsus 5,5 mal so lang wie breit, letzterer ohne Tasthaar. Genitalfeld des Weibchens mit 22 Borsten, welche auch die Mitte des Feldes besetzen. — Körper L. 2—2,5 mm; Palpen: Femur L. 0,72 mm, B. 0,24 mm, Tibia L. 0,68 mm, B. 0,25 mm, Hand L. 0,64 mm, B. 0,36 mm, Finger L. 0,62 mm.

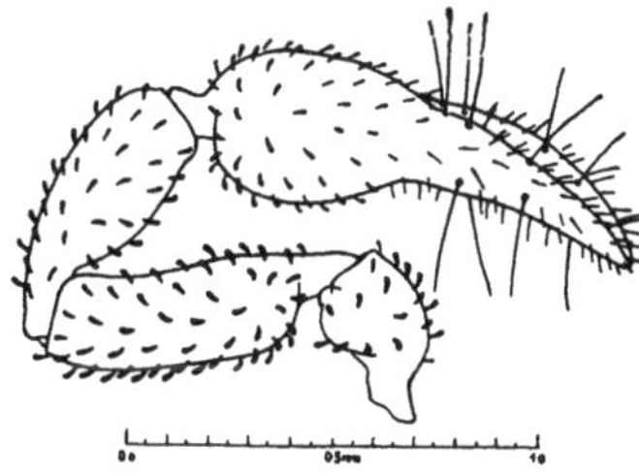

Fig. 156b. Allochernes (Allochernes) wideri (C. L. Koch). Linke Palpe.

Mitteleuropa: Österreich.

3. **A. (A.) creticus** (Beier) 1931 *Chernes c.*, Beier in: Abh. Ver. Bremen, *v.* 28 p. 98 t. 17 f. 7—9.

Cephalothorax nur wenig länger als breit, ziemlich grob granuliert, mit 2 tiefen Querfurchen, von welchen die hintere bedeutend näher der Basis als der vorderen liegt. Tergite geteilt, deutlich und ziemlich dicht granuliert, mit je 8 Marginalborsten, das letzte ohne Tasthaare. Borsten des Körpers und der Palpen kurz, keulenförmig. Flagellum mit 3 Borsten. Galea distal mit 4 kurzen Seitenästen. Palpen (Fig. 157) so lang oder etwas länger als der Körper, dicht und deutlich granuliert. Femur des Männchens 3 mal, des Weibchens 2,9 mal, Tibia des Männchens 2,6 mal, des Weibchens 2,5 mal, Schere in beiden Geschlechtern 2,9 mal so lang wie breit. Finger deutlich kürzer als die Hand ohne Stiel. Palpencoxen granuliert. Femur des 4. Beinpaares 4,2 mal, Tibia 4,8 mal, Tarsus 5,2 mal

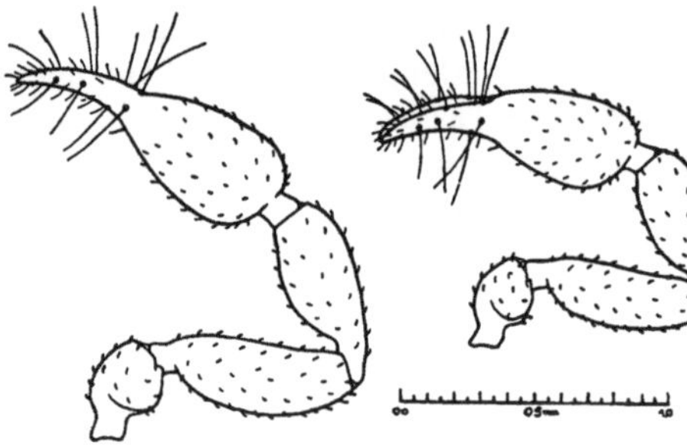

Fig. 157.
Allochernes (Allochernes) creticus (Beier). Rechte Palpen zweier ♀.

so lang wie breit, letzterer ohne Tasthaar. Genitalfeld des Weibchens mit 20 Borsten, diese das Mittelfeld freilassend. — Körper L. 2,6—2,9 mm; Palpen: Femur L. 0,66—0,77 mm, B. 0,22—0,26 mm, Tibia L. 0,60 bis 0,68 mm, B. 0,23—0,28 mm, Hand L. 0,63—0,70 mm, B. 0,33—0,37 mm, Finger L. 0,45—0,50 mm.

Südeuropa: Insel Kreta.

4. **A. (A.) iberus** (L. Koch) 1873 *Chernes I.*, L. Koch, Übers. Darst. Eur. Chernet., p. 7 | 1917 *Chelifer i.*, Nonidez in: Trab. Mus. Madrid, nr. 32 p. 17 f. 4 | 1925 *C. i.*, Navas in: Broteria, *v.* 22 p. 106.

Cephalothorax nur wenig länger als breit, deutlich granuliert, mit 2 tiefen Querfurchen, von welchen die hintere bedeutend näher der Basis als der vorderen liegt. Tergite geteilt, granuliert, das 11. mit Tasthaaren. Etwa 8 Marginalborsten auf jedem Halbtergit. Borsten des Körpers und der Palpen gekeult. Flagellum mit 3 Borsten. Galea distal mit 5 kurzen Seitenästen. Palpen fein granuliert. Femur 3 mal, Tibia 2,3 mal, Schere 2,8 mal so lang wie breit. Tarsus des 4. Beinpaares ohne Tasthaar. — Körper L. 2,8 mm; Palpen: Femur L. 0,78 mm, B. 0,26 mm, Tibia L. 0,75 mm, B. 0,32 mm, Hand L. 0,75 mm, B. 0,49 mm, Finger L. 0,67 mm.

Südeuropa: Spanien.

5. **A. (A.) phaleratus** (E. Sim.) 1879 *Chelifer p.*, E. Simon, Arach. France, *v.* 7 p. 38 t. 18 f. 12 | 1908 *C. p.*, Ellingsen in: Arch. Zool. expér., ser. 4 *v.* 8 p. 415 | 1909 *C. p.*, Ellingsen in: Ann. Mus. Genova, ser. 3 *v.* 4 p. 208 | 1923 *C. p.*, Caporiacco in: Boll. Soc. ent. Ital., *v.* 55 p. 134.

Cephalothorax etwas länger als breit, verhältnismäßig grob granuliert, mit 2 tiefen Querfurchen, die basale etwas schmäler und näher dem Hinterrande als der vorderen. Tergite geteilt, grob granuliert, das letzte ohne Tasthaar. 8 Marginalborsten auf jedem Halbtergit. Borsten gekeult und gezähnt. Flagellum mit 3 Borsten, die 3. mit 8 Fiedern. Serrula mit 17 Lamellen. Galea distal mit 3 sehr kurzen Zähnchen. Palpen (Fig. 158) grob granuliert, auch die Hand erkennbar gekörnelt. Femur 3,5 mal, Tibia 2,5 mal, Schere 2,9 mal so lang wie breit. Finger kaum länger als die Hand ohne Stiel, der feste mit 42, der bewegliche mit 39 Zähnen. Fester Finger lateral mit 4, beweglicher mit 3 Nebenzähnen, medial besitzen die Finger nur je einen Nebenzahn am Beginne des distalen Drittels. Auch der feste Finger mit kleinem Giftzahn. Femur des 4. Beinpaares 3,1 mal, Tibia 4,5 mal, Tarsus 5,4 mal so lang wie breit, letzterer ohne Tasthaar. — Körper L. 1,9—2 mm; Palpen: Femur L. 0,70 mm, B. 0,28 mm, Tibia L. 0,67 mm, B. 0,27 mm, Hand L. 0,62 mm, B. 0,35 mm, Finger L. 0,54 mm.

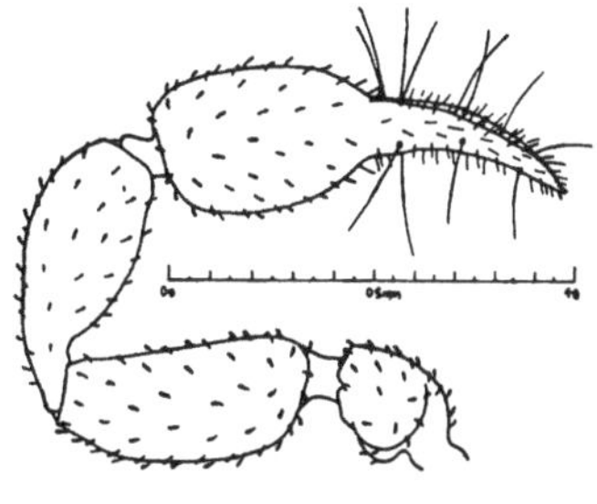

Fig. 158. **Allochernes (Allochernes) phaleratus** (E Sim.). Linke Palpe.

Südliches Europa: Frankreich, Italien, Nord-Balkan; Nord-Afrika: Algerien.

6. **A. (A.) powelli** (Kew) 1916 *Chelifer (Chernes) p.*, Kew in: P. Irish Ac., *v.* 33 p. 75 f. 2.

Cephalothorax etwas länger als breit, kräftig granuliert, mit 2 tiefen Querfurchen, von welchen die basale dem Hinterrand bedeutend näher liegt als der vorderen. Tergite mit Ausnahme des letzten geteilt, granuliert, das 11. ohne Tasthaar. Galea des Weibchens distal mit Seitenästen, die des Männchens nahezu einfach. Flagellum mit 3 Borsten. Palpen schlanker als bei *wideri*, ziemlich kräftig granuliert. Femur 3,3—3,4 mal, Tibia 2,8—2,9 mal, Schere 3 mal so lang wie breit. Finger etwas kürzer als die Hand ohne Stiel, medial mit je 1 Nebenzahn. — Körper L. 2,3 mm.

Westeuropa: Irland.

7. **A. (A.) italicus** Beier 1932 *A. (A.) i.*, Beier in: Zool. Jahrb., Syst. *v.* 64 (im Druck).

Cephalothorax etwas länger als breit, mäßig grob granuliert, mit 2 breiten und tiefen Querfurchen, von welchen die hintere dem Hinterrand näher liegt als der vorderen. Tergite geteilt, granuliert, das 11. ohne Tasthaar. Borsten des Körpers und der Palpen kurz, gezähnt und leicht gekeult. Flagellum mit 3 Borsten, die distale einseitig gesägt. Serrula mit 18 Lamellen. Palpen (Fig. 159) granuliert. Femur des Männchens 3,4 mal, des Weibchens 3,3 mal, Tibia des Männchens 3 mal, des Weibchens 2,8 mal, Schere in beiden Geschlechtern 3,2 mal so lang wie breit. Finger etwas kürzer als die Hand ohne Stiel, der feste mit 39—40, der bewegliche mit 41 Zähnen. Fester Finger lateral mit 3, beweglicher mit 5 Nebenzähnen. Medial besitzen die Finger nur je einen Nebenzahn. Auch der feste Finger mit kurzem Giftzahn. Femur des 4. Beinpaares 3,5 mal, Tibia 4,7 mal, Tarsus 5,5 mal so lang wie breit, letzterer ohne Tasthaar. — Körper L. ♂ 2 mm, ♀ 2,6 mm;

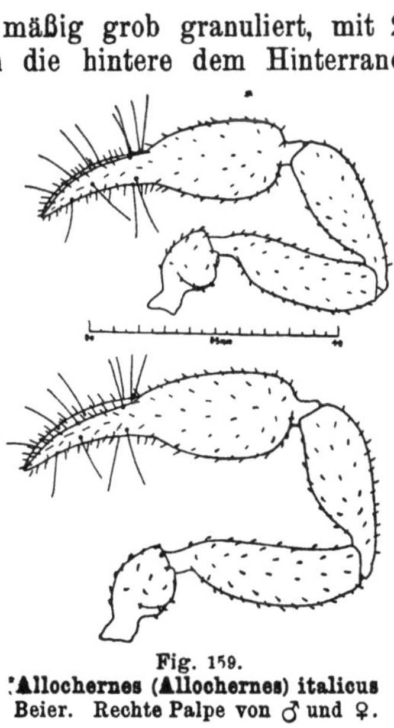

Fig. 159. **Allochernes (Allochernes) italicus** Beier. Rechte Palpe von ♂ und ♀.

Palpen: ♂ Femur L. 0,70 mm, B. 0,20 mm, Tibia L. 0,67 mm, B. 0,23 mm, Hand L. 0,64 mm, B. 0,31 mm, Finger L. 0,50 mm; ♀ Femur L. 0,78 mm, B. 0,24 mm, Tibia L. 0,72 mm, B. 0,27 mm, Hand L. 0,73 mm, B. 0,34 mm, Finger L. 0,55 mm.

Südeuropa: Oberitalien.

8. **A. (A.) solarii** (E. Sim.) 1898 *Chelifer S*, E. Simon in: Ann. Mus. Genova, ser. 2 *v.* 19 p. 23.

Cephalothorax etwas länger als breit, fein granuliert, mit 2 Querfurchen, von welchen die basale etwas schwächer ist als die vordere und sich näher dem Hinterrand befindet als diese; Hinterrand mit 8 Marginalborsten. Tergite geteilt, granuliert, das letzte ohne Tasthaar. 5 Marginalborsten auf jedem Halbtergit. Borsten des Körpers ziemlich lang, gekeult. Flagellum mit 3 Borsten, die distale einseitig gesägt. Serrula mit 20 Lamellen. Galea gedrungen, stark verzweigt. Palpen (Fig. 160a) verhältnismäßig schlank, mäßig grob granuliert. Femur 3,4 mal, Tibia 2,8 mal, Schere 3,9 mal so lang wie breit. Finger deutlich länger als die Hand ohne Stiel, der feste mit 53, der bewegliche mit 61 Marginalzähnen. Fester Finger lateral mit 7, medial mit 3, beweglicher lateral mit 6, medial mit 2 Nebenzähnen. Auch der feste Finger mit kurzem Giftzahn. Palpencoxen granuliert. Beine verhältnismäßig schlank, Femur des 4. Paares 5,4 mal, Tibia 6,3 mal, Tarsus 7 mal so lang wie breit, letzterer ohne Tasthaar. — Körper L. 2,7 mm; Palpen: Femur L. 0,84 mm, B. 0,24 mm, Tibia L. 0,76 mm, B. 0,28 mm, Hand L. 0,83 mm, B. 0,35 mm, Finger L. 0,77 mm.

Südeuropa: Oberitalien, Piemont.

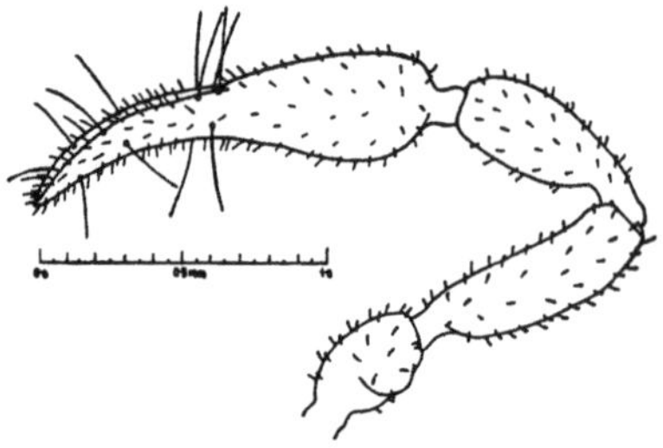

Fig. 160a.
Allochernes (Allochernes) solarii (E. Sim.).
Rechte Palpe.

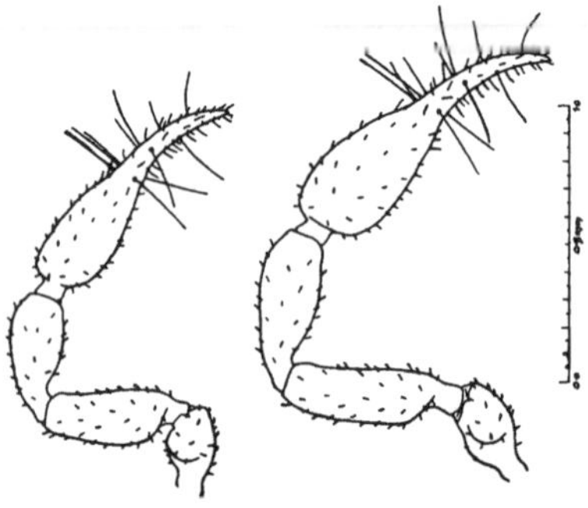

Fig. 160b.
Allochernes (Allochernes) asiaticus (Redikorzev). Linke Palpe von ♂ und ♀.

9. **A. (A.) asiaticus** (Redikorzev) 1922 *Chelifer (Chelanops) a.*, Redikorzev in: Annuaire Mus. St.-Pétersb., *v.* 23 p. 262 f. 5—6.

Cephalothorax länger als breit, dicht und deutlich granuliert, mit verwischten, wenig deutlichen Querfurchen, die basale näher dem Hinterrand als der vorderen. Augenflecke fehlen. Tergite undeutlich geteilt, dicht granuliert, das letzte ohne Tasthaare. Borsten des Körpers und der Palpen sehr kurz, nur schwach gekeult. Flagellum mit 3 Borsten. Serrula mit 16 Lamellen. Galea stark verzweigt. Palpen (Fig. 160b) dicht und ziemlich grob granuliert. Femur des Männchens 2,7 mal, des Weibchens 3,3 mal, Tibia des Männchens 2,4 mal, des Weibchens 2,7 mal, Schere des Männchens 3,9 mal, des Weibchens 3,4 mal so lang wie breit. Finger beim Männchen deutlich, beim Weibchen kaum länger als die Hand ohne Stiel, der feste mit 39, der bewegliche mit 45 Marginalzähnen. Auch der feste Finger mit kurzem Giftzahn. Nebenzähne gänzlich reduziert. Das Tasthaar *ist* nur wenig distal von *est* stehend, *it* in der Mitte zwischen *ist* und *et* oder nur wenig näher bei *et* befindlich, *st* in der Mitte zwischen *sb* und *t* gelegen. Tarsus des 4. Beinpaares ohne Tasthaar. Beine ziemlich schlank, Femur des 4. Paares 4,5 mal, Tibia 5 mal, Tarsus 4,5 mal so lang wie breit. — Körper L. ♂ 1,8 mm, ♀ 2—2,2 mm: Palpen: ♂ Femur L. 0,53 mm, B. 0,20 mm, Tibia L. 0,46 mm, B. 0,20 mm, Hand L. 0,52 mm, B. 0,23 mm, Finger L. 0,50 mm; ♀ Femur L. 0,66 mm, B. 0,20 mm, Tibia L. 0,60 mm, B. 0,22 mm, Hand L. 0,62 mm, B. 0,31 mm, Finger L. 0,56 mm.

Zentralasien: Tibet.

b) Subgen. **Toxochernes** Beier

1932 *T.*, Beier in: Zool. Jahrb., Syst. *v.* 64 (im Druck).

Mit den Charakteren der Gattung. Palpen kräftiger als beim vorigen Subgenus. Anzahl der Nebenzähne an den Palpenfingern nicht reduziert. Auch der feste Finger mit kleinem Giftzahn. Borsten des Körpers und der Palpen meist nur wenig gekeult.

10. **A. (T.) panzeri** (C. L. Koch) 1837 *Chelifer P.*, C. L. Koch, C. M. A., fasc. 7 t. 6 | 1837 *C. Schranki*, C. L. Koch, C. M. A., fasc. 7 t. 2 | 1843 *C. Panzeri*, C. L. Koch in: C. W. Hahn & C. L. Koch, Arach., *v.* 10 p 44 t. 339 f. 782, 783 | 1907 *C. P.*, Ellingsen in: J. Quekett Club, ser. 2 *v.* 10 p. 159 | 1911 *C. (Chernes) P.*, Kew in: P. Irish Ac., *v.* 29 nr. 2 p. 44 t. 4 f. 7 | 1928 *Chelifer (Chernes) p.*, Schenkel in: Tierw. Deutschl., *v.* 8 fasc. 3 p. 61 f. 15 | 1929 *Chelifer (Trachychernes) p.*, Kästner in: Tierw. Mitteleur., *v.* 3 p. IV 7 f. 12, 21 | 1929 *C. (T.) p.*, Beier in: Ann. Wien. Mus., *v.* 43 p. 344.

Cephalothorax etwas länger als breit, ziemlich fein und dicht granuliert, mit 2 gleichartigen Querfurchen, die basale dem Hinterrand kaum näher als der vorderen. Tergite geteilt, ziemlich fein granuliert, das letzte ohne Tasthaare. 8 Marginalborsten auf jedem Halbtergit, Flagellum mit 3 Borsten.

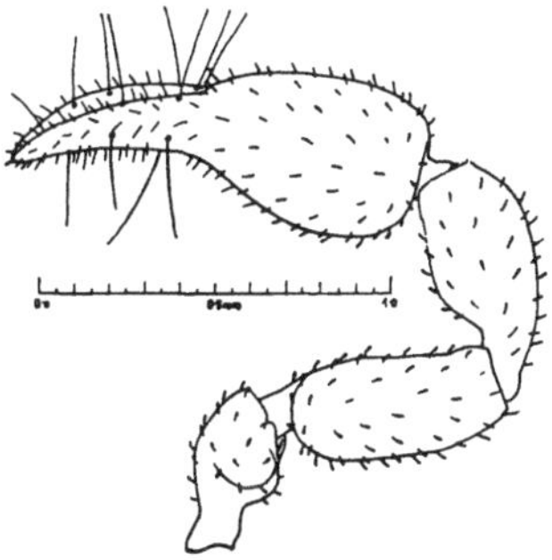

Fig. 161.
Allochernes (Toxochernes) panzeri (C. L. Koch). Rechte Palpe.

Serrula mit 18 Lamellen. Galea mit 6 Seitenästen, davon einer proximal der Mitte. Palpen (Fig. 161) deutlich granuliert, medial kräftiger als lateral, mit gezähnten und leicht gekeulten Borsten. Femur 2,4 mal, Tibia 2,2 mal, Schere 2,8 mal so lang wie breit. Finger etwas kürzer als die Hand ohne Stiel, der feste medial mit 5, lateral mit 5, der bewegliche medial mit 3, lateral mit 5 Nebenzähnen. Auch der feste Finger mit kleinem Giftzahn. Das Tasthaar ist kaum distal von *est* gelegen; *st* bedeutend näher bei *t* als bei *sb* befindlich. Femur des 4. Beinpaares 3,8 mal. Tibia 5 mal, Tarsus 5,5 mal so lang wie breit, letzterer ohne Tasthaar, jedoch mit einer pseudotaktilen Borste nahe dem Ende. — Körper L. 2—2,5 mm; Palpen: Femur L. 0,67 mm, B. 0,28 mm, Tibia L. 0,65 mm, B. 0,29 mm, Hand L. 0,72 mm, B. 0,42 mm, Finger L. 0,59 mm.

Mitteleuropa.

11. **A. (T.) dubius** (Cambr.) 1892 *Chernes d.*, O. P. Cambridge in: P. Dorset Club, *v.* 13 p. 227 | 1900 *Chelifer Tullgreni*, Strand in: N. Mag. Naturv., *v.* 38 p. 102 | 1907 *C. dubius*, Ellingsen in: J. Quekett Club, ser. 2 *v.* 10 p. 156 | 1911 *C. (Chernes) d.*, Kew in: P. Irish Ac., *v.* 29 nr. 2 p. 44 t. 4 f. 5 | 1929 *Chelifer (Trachychernes) d.*, Kästner in: Tierw. Mitteleur., *v.* 3 p. IV 6.

Cephalothorax etwas länger als breit, ziemlich fein granuliert mit 2 Querfurchen, von welchen die hintere etwas weniger deutlich als die vordere ist. Tergite geteilt, granuliert. Borsten des Körpers leicht keulenförmig. Letztes Tergit mit Tasthaaren jederseits. Flagellum mit 3 Borsten. Serrula mit 17 Lamellen. Galea des Weibchens stärker, die des Männchens schwächer verzweigt. Palpen (Fig. 162) deutlich granuliert, mit gezähnten und nur schwach gekeulten Borsten. Femur 3 mal, Tibia 2,3 mal, Schere 2,9 mal so lang wie breit. Finger so lang wie die Hand ohne Stiel. Femur des 4. Beinpaares 3,8 mal, Tibia 3,8 mal, Tarsus 4,8 mal so lang wie breit, letzterer ohne Tasthaar. — Körper L. 1,6 mm; Palpen: Femur L. 0,53 mm, B. 0,17 mm, Tibia L. 0,47 mm, B. 0,21 mm, Hand L. 0,50 mm, B. 0,29 mm, Finger L. 0,46 mm.

Europa: England, Irland, Schweden.

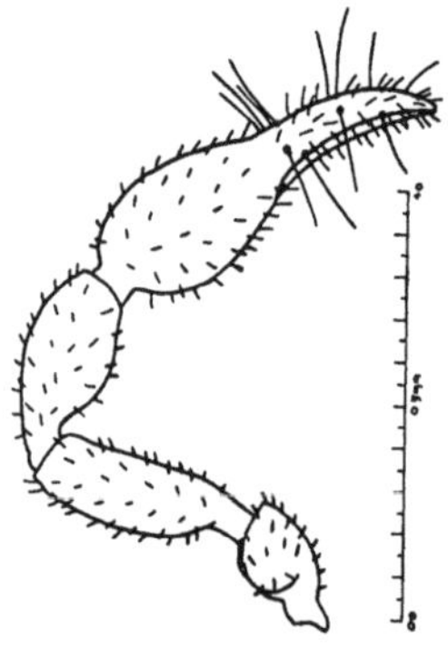

Fig. 162.
Allochernes (Toxochernes) dubius (Cambr.).
Linke Palpe ♀.

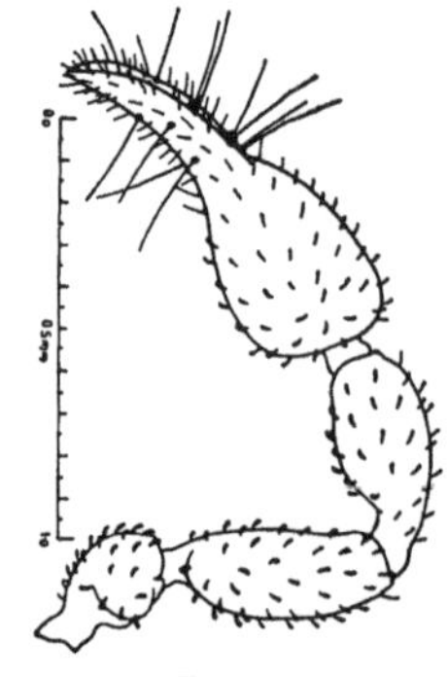

Fig. 163.
Allochernes (Toxochernes) similis Beier.
Rechte Palpe.

12. **A. (T.) similis** Beier 1932 *A. (T.) s.*, Beier in: Zool. Jahrb., Syst. *v.* 64 (im Druck).

Cephalothorax etwas länger als breit, ziemlich fein granuliert, mit 2 Querfurchen, von welchen die basale etwas flacher ist als die vordere. Tergite mit Ausnahme des 11. geteilt, granuliert. 6—7 keulenförmige Marginalborsten auf jedem Halbtergit. Letztes Tergit ohne Tasthaar. Serrula mit 17 Lamellen. Flagellum mit 3 Borsten. Galea mit 5 Seitenästen in der distalen Hälfte. Palpen (Fig. 163) medial deutlich, lateral schwächer granuliert, mit ziemlich stark gekeulten Borsten. Femur 2,7 mal, Tibia 2,3 mal,

Schere 2,7 mal so lang wie breit. Finger fast so lang wie die Hand ohne Stiel, der feste mit 38, der bewegliche mit 39 Marginalzähnen. Fester Finger lateral mit 8, beweglicher mit 9, fester Finger medial mit 6, beweglicher mit 3 Nebenzähnen distal der Mitte. Auch der feste Finger mit kleinem Giftzahn. Das Tasthaar *st* nur wenig näher bei *t* als bei *sb* stehend. — Körper L. 2 mm; Palpen: Femur L. 0,58 mm, B. 0,21 mm, Tibia L. 0,54 mm, B. 0,23 mm, Hand L. 0,57 mm, B. 0,35 mm, Finger L. 0,49 mm.

Osteuropa: Siebenbürgen.

13. **A. (T.) montigenus** (E. Sim.) 1879 *Chelifer m.*, E. Simon, Arach. France, *v.* 7 p. 40 t. 18 f. 17 | 1911 *C. (Trachychernes) m.*, Lessert in: Cat. Invert. Suisse, *v.* 5 p. 16 f. 14 | 1929 *C. (T.) m.*, Kästner in: Tierw. Mitteleur., *v.* 3 p. IV 7 f. 19.

Cephalothorax etwas länger als breit, dicht und mäßig grob granuliert, mit 2 Querfurchen, die basale näher dem Hinterrand als der vorderen. Tergite geteilt, granuliert, das letzte ohne Tasthaare. 6 Marginalborsten auf jedem Halbtergit. Flagellum mit 3 Borsten, die distale einseitig gefiedert. Serrula mit 18 Lamellen. Galea mit 6 Seitenästen in der distalen Hälfte. Palpen

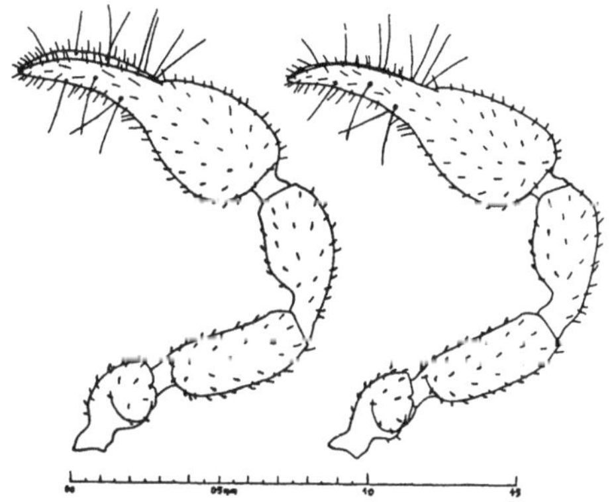

Fig. 164.
Allochernes (Toxochernes) montigenus (E. Sim.). Rechte Palpe von ♂ und ♀.

(Fig. 164) mäßig grob und medial deutlicher als lateral granuliert. Femur des Männchens 2,8 mal, des Weibchens 2,9 mal, Tibia des Männchens 2,2 mal, des Weibchens 2,3 mal, Schere des Männchens 2,7 mal, des Weibchens 2,8 mal so lang wie breit. Finger deutlich etwas länger als die Hand ohne Stiel. Der feste mit 37, der bewegliche mit 40 Marginalzähnen. Fester Finger lateral mit 7, medial mit 3, beweglicher lateral mit 8, medial mit 3 Nebenzähnen. Auch der feste Finger mit kurzem Giftzahn. Femur des 4. Beinpaares 3,8 mal, Tibia 4,5 mal, Tarsus 4,6 mal so lang wie breit, letzterer ohne Tasthaar. — Körper L. 1,8—2 mm; Palpen: ♂ Femur L. 0,55 mm, B. 0,20 mm, Tibia L. 0,52 mm, B. 0,23 mm, Hand L. 0,55 mm, B. 0,34 mm, Finger L. 0,49 mm; ♀ Femur L. 0,54 mm, B. 0,19 mm, Tibia L. 0,52 mm, B. 0,22 mm, Hand L. 0,55 mm, B. 0,33 mm, Finger L. 0,51 mm.

Europa: Westalpen. — Sub- und Hochalpin, nicht unter 1700 m ü. M. heruntergehend.

14. **A. (T.) nigrimanus** (Ellingsen) 1897 *Chernes montigenus* var. *n*. Ellingsen in: Forh. Selsk. Christian., nr. 5 p. 9.

Mit der vorigen Art sehr nahe verwandt, von ihr jedoch vor allem durch die nahezu schwarze Hand, welche bedeutend dunkler ist als die übrigen Palpenglieder, unterschieden. Cephalothorax länger als breit, granuliert, mit 2 deutlichen Querfurchen, von welchen die basale dem Hinterrand bedeutend näher liegt als der vorderen. Tergite geteilt, granuliert. Galea nahezu einfach. Palpen ungefähr so lang wie der Körper, fein granuliert, mit gezähnten Borsten, denen der vorigen Art sehr ähnlich. — Körper L. 2,5 mm.

Nordeuropa: Norwegen.

Unsichere Arten:

A. insuetus (Cambr.) 1892 *Chernes i.*, O. P. Cambridge in: P. Dorset Club, *v.* 13 p. 225 t. c f. 17.

Wahrscheinlich ebenfalls in dieses Genus gehörig.

England.

A. masi (Navas) 1925 *Chelifer M.*, Navas in: Broteria, *v.* 22 p. 106 f. 2.

Beschreibung und Abbildung vollkommen ungenügend. — Körper L. 2,4 mm.

Spanien.

20. Gen. **Chernes** Menge

1855 *C.* (part.), Menge in: N. Schr. Ges. Danzig, *v.* 5 fasc. 2 nr. 2 p. 39 | 1873 *C.* (part.), L. Koch, Übers. Darst. Eur. Chernet., p. 4 | 1882 *Trachychernes* (part.), Tömösvary in: Math. termész. Közlem., *v.* 18 p 188 | 1888 *Chernes* (part.), Daday in: Termész. Füzetek, *v.* 11 p. 115, 170 | 1897 *C.* (part.), Ellingsen in: Forh. Selsk. Christian., nr. 5 p. 4 | 1910 *Trachychernes* (part.), Ellingsen in: Mt. Mus. Berlin, *v.* 4 p. 369 | 1911 *T.* (part.), Lessert in: Cat. Invert. Suisse, *v.* 5 p. 14 | 1917 *T.* (part.), Nonidez in: Trab. Mus. Madrid, nr. 32 p. 13 | 1928 *Chernes* (part.), Schenkel in Tierw. Deutschl., *v.* 8 fasc. 3 p 58 | 1929 *Trachychernes* (part.), Kästner in: Tierw. Mitteleur., *v.* 3 p. IV 6 | 1929 *T.* (part.), Beier in: Ann. Wien. Mus., *v.* 43 p. 342 | 1930 *Chernes* (part.), Beier in: Ann. Wien. Mus., *v.* 44 p. 200 | 1931 *C.* + *Trachychernes*, Chamberlin in: Stanford Univ. Publ., *v.* 7 p. 241, 242.

Typus: *Scorpio cimicoides* F. (durch nachträgliche Bestimmung).

Cephalothorax länger als breit, mäßig grob granuliert, basal der 1. Querfurche mitunter netzartig retikuliert. Augenflecke fehlen. Tergite mit Ausnahme des letzten geteilt, granuliert, das 11. ohne Tasthaare. Borsten des Körpers und der Palpen mehr oder weniger deutlich gekeult. Palpen ziemlich kräftig, granuliert. Finger mit Nebenzähnen. Nur der bewegliche Finger mit Giftapparat und Giftzahn, der feste ohne solchen. Flagellum mit 3 Borsten, die distale breit und einseitig gezähnt. Palpencoxen nicht granuliert. Beine mehr oder weniger schlank, der Tarsus des 4. Paares ohne Tasthaar, höchstens mit einer kurzen pseudotaktilen Borste nahe dem Ende.

Europa, Kleinasien, China.

7 sichere, 2 unsichere Arten.

Übersicht über die Arten:

1 { Laufbeine nicht verlängert, Femur des 4. Paares höchstens 3,8 mal, Tibia höchstens 5 mal, Tarsus höchstens 5,8 mal so lang wie breit — **2**
  Laufbeine verlängert, Femur des 4. Paares wenigstens 4,7 mal, Tibia wenigstens 5,6 mal, Tarsus wenigstens 6,6 mal so lang wie breit — **5**

2 { Palpenfemur 2,3—2,5 mal so lang wie breit; Femur des 4. Beinpaares 3,3—3,5 mal, Tibia 4,2—4,7 mal so lang wie breit — 3
Palpenfemur 2,1 mal so lang wie breit; Femur des 4. Beinpaares 3,8 mal, Tibia 5 mal so lang wie breit . . . . . 4. **C. sinensis**

3 { Borsten an der Medialseite der Palpenglieder stärker gekeult; Palpenfemur 2,5 mal so lang wie breit; Tibia des 4. Beinpaares 4,2—4,3 mal so lang wie breit — 4
Borsten an der Medialseite der Palpenglieder schwächer gekeult; Palpenfemur 2,3 mal so lang wie breit; Tibia des 4. Beinpaares 4,7 mal so lang wie breit . . . 3. **C. rufeolus**

4 { Kleinere Form; Palpenfemur 0,65—0,70 mm; beweglicher Palpenfinger medial mit 4—5 Nebenzähnen . . . . 1. **C. cimicoides**
Größere Form; Palpenfemur 0,85 mm; beweglicher Palpenfinger medial mit 2 Nebenzähnen . . . . 2. **C. graecus**

5 { Tibia des 4. Beinpaares 5,6—5,8 mal so lang wie breit — 6
Tibia des 4. Beinpaares 6,8 mal so lang wie breit . . . . 7. **C. bachardensis**

6 { Borsten der Palpen ziemlich stark gekeult; Palpenfemur des Männchens 2,7 mal so lang wie breit; Femur des 4. Beinpaares 4,7 mal so lang wie breit; Serrula mit 15 Lamellen . . . . 5. **C. armenius**
Borsten der Palpen schwächer gekeult; Palpenfemur des Männchens 2,5 mal so lang wie breit; Femur des 4. Beinpaares 5 mal so lang wie breit; Serrula mit 16 Lamellen . 6. **C. transcaspius**

1. **C. cimicoides** (F.) 1793 *Scorpio c*, J. C. Fabricius, Ent. syst., *v.* 3 I p 436 | 1804 *Chelifer c.*, Latreille, Hist. Crust. Ins., *v.* 7 p. 142 | 1806 *C. c*, Latreille, Gen. Crust. Ins., *v.* 1 p. 133 | 1815 *C. fasciatus*, Leach in: Tr. Linn. Soc. London, *v.* 11 p 391 | 1817 *C. Olfersi*, Leach, Zool. Misc., *v.* 3 p 50 t. 142 | 1817 *C. Geoffroyi*, Leach, ibid., p 50 t. 142 | 1832 *C scorpioides*, Théis in: Ann. Sci. nat., ser. 1 *v.* 27 p 73 | 1839 *C. Hahni*, C. L. Koch, Übers. Arach., *v.* 2 p. 4 | 1843 *C. H*, C. L. Koch in: C. W. Hahn & C. L. Koch, Arach., *v.* 10 p. 44 | 1855 *Chernes cimicoides*, Menge in: N. Schr. Ges. Danzig. *v.* 5 fasc. 2 nr. 2 p 40 | 1873 *C. Hahni*, L. Koch, Übers. Darst. Eur. Chernet., p. 12 | 1873 *C. Mengei*, L. Koch, ibid., p 11 | 1874 *C. cimicoides*, Stecker in: SB. Böhm. Ges., p 235 | 1879 *C. c*. E. Simon, Arach. France, *v.* 7 p 39 t. 18 f. 16 | 1882 *C. c.*, Tömösvary in: Math. termész. Közlem., *v* 18 p 188 t. 1 f. 6—12 1884 *C c.*, Tömösvary in: Termész. Füzetek, *v.* 8 p 16 | 1885 *Chelifer c.*, G. Canestrini, Chernet. Ital., *v.* 1 fasc. 7 nr. 7 f. 1—5 | 1888 *Chernes c.*. Daday in: Termész. Füzetek, *v.* 11 p. 117, 172 | 1897 *C c.*, Ellingsen in: Forh. Selsk. Christian., nr. 5 p 6 | 1898 *Chelifer c.*, E. Simon in: Ann. Mus. Genova, ser. 2 *v.* 19 p 20 | 1901 *C. c*, Nosek in: Věstnik Klubu přir. Prostěj, *v.* 4 p 72 | 1903 *C. c.*, Ellingsen in: Forh. Selsk. Christian., nr. 5 p 6 | 1905 *C. c.*, Ellingsen in: Boll. Mus. Torino, *v.* 20 nr. 503 p. 1 | ? 1906 *C. c.* var. *Basiléensis*, Ellingsen in: Ann. Mus. Genova, ser. 3 *v.* 2 p 251 | 1907 *C c.*. Ellingsen in: J. Quekett Club., ser. 2 *v.* 10 p. 156 | 1910 *C. (Trachychernes) c.*, Ellingsen in: Mt. Mus. Berlin, *v.* 4 p. 373 | 1911 *C. (Chernes) c.*, Kew in: P. Irish Ac., *v.* 29 nr. 2 p. 45 t. 4 f. 9 | 1911 *Chelifer (Trachychernes) c.*, Lessert in: Cat. Invert. Suisse, *v.* 5 p. 15 f. 13 | 1917 *C. (Chernes) c.*, Nonidez in: Trab. Mus. Madrid, nr. 32 p. 13 | 1925 *Chelifer c*, Navas in: Broteria, *v.* 22 p. 106 | 1928 *C. (Chernes) c.*, Schenkel in: Tierw. Deutschl., *v.* 8 fasc. 3 p. 62 f. 17 | 1929 *Chelifer (Trachychernes) c*, Kästner in: Tierw. Mitteleur., *v.* 3 p. IV 6 f. 18 | 1929 *C. (T.) c.*, Beier in: Ann. Wien. Mus., *v.* 43 p. 344.

Cephalothorax länger als breit, mäßig grob granuliert, mit 2 tiefen Querfurchen, von welchen die basale dem Hinterrand näher steht als der vorderen. Tergite mit Ausnahme des 11. geteilt, granuliert, das letzte ohne Tasthaar. 7—8 keulenförmige Marginalborsten auf jedem Halbtergit. Serrula mit 17 Lamellen. Flagellum mit 3 Borsten, die distale breit und gezähnt

Palpen (Fig. 165) deutlich granuliert, mit ziemlich stark gekeulten Borsten besetzt. Femur 2,5 mal, Tibia 2,2 mal, Schere des Männchens 2,2 mal, des Weibchens 2,4 mal so lang wie breit. Finger des Männchens kaum so lang wie, die des Weibchens etwas länger als die Hand ohne Stiel, der feste mit 27, der bewegliche mit 30 Marginalzähnen. Fester Finger des Männchens lateral mit 9, medial mit 7, des Weibchens lateral mit 9, medial mit 4, beweglicher Finger des Männchens lateral mit 9, medial mit 5, des Weibchens lateral mit 9, medial mit 4 Nebenzähnen. Das Tasthaar *ist* distal von *est* gelegen, *st* deutlich näher bei *t* als bei *sb*. Femur des 4. Beinpaares 3,5 mal, Tibia 4,3 mal. Tarsus 4,7 mal so lang wie breit, letzterer ohne Tasthaar. — Körper L. 2,2—2,7 mm; Palpen: ♂ Femur L. 0,64 mm, B. 0,26 mm, Tibia L. 0,63 mm, B. 0,28 mm, Hand L. 0,62 mm, B. 0,44 mm, Finger L. 0,52 mm; ♀ Femur L. 0,66 mm, B. 0,27 mm, Tibia L. 0,65 mm, B. 0,29 mm, Hand L. 0,63 mm, B. 0,44 mm, Finger L. 0,59 mm.

Über ganz Europa verbreitet. — Vorwiegend in Waldungen der Ebenen und Mittelgebirge unter Rinde. Weben große Nester.

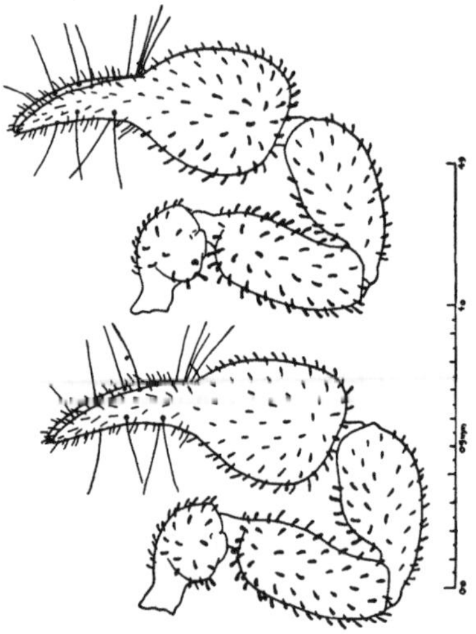

Fig. 165.
Chernes cimicoides (F.). Rechte Palpe von ♂ und ♀.

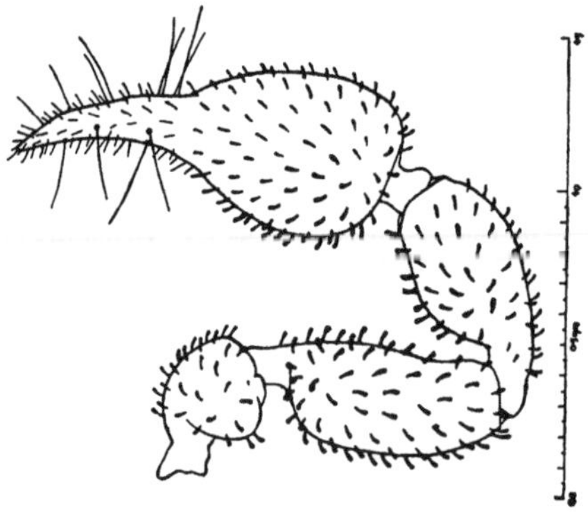

Fig. 166.
Chernes graecus Beier. Rechte Palpe.

2. **C. graecus** Beier 1929 *Chelifer (Trachychernes) cimicoides*, Beier in: SB. Ak. Wien, *v.* 138 p 445 | 1932 *Chernes graecus*, Beier in: Zool. Jahrb., Syst. *v.* 64 (im Druck).

Mit der vorigen Art sehr nahe verwandt, jedoch bedeutend robuster. Cephalothorax etwas länger als breit, gröber granuliert als bei *cimicoides*, mit 2 tiefen Querfurchen, die hintere näher der Basis als der vorderen. Tergite geteilt, ziemlich grob granuliert, das letzte ohne Tasthaar. 7 bis 8 Marginalborsten auf jedem Halbtergit. Borsten des Körpers und der Palpen stärker gekeult als bei *cimicoides*. Serrula mit 17 Lamellen. Flagellum mit 3 Borsten, die distale breit und einseitig gezähnt. Galea distal mit 6 kurzen Seitenästen. Palpen (Fig. 166) kräftig, ziemlich stark granuliert. Femur 2,5 mal, Tibia 2,2 mal, Schere 2,4 mal so lang wie breit. Finger deutlich etwas kürzer als die Hand ohne Stiel, der feste mit etwa 40, der bewegliche mit etwa 43 Marginalzähnen. Fester Finger lateral mit 8, medial mit 3, beweglicher lateral mit 7, medial mit 2 Nebenzähnen. Stellung der Tasthaare wie bei *cimicoides*. Femur des 4. Beinpaares 3,4 mal, Tibia

4,2 mal, Tarsus 4,8 mal so lang wie breit, letzterer ohne Tasthaar. — Körper L. 3,5 mm; Palpen: Femur L. 0,83 mm, B. 0,34 mm, Tibia L. 0,82 mm, B. 0,36 mm, Hand L. 0,82 mm, B. 0,53 mm, Finger L. 0,64 mm.

Südeuropa: Jonische Inseln (Kephalonia).

3. **C. rufeolus** (E. Sim.) 1879 *Chelifer r.*, E. Simon, Arach. France, *v.* 7 p. 41 t. 18 f. 15 | 1929 *C. (Trachychernes) r.*, Beier in: Ann. Wien. Mus., *v.* 43 p 344.

Cephalothorax etwas länger als breit, fein granuliert, mit 2 gleichartigen Querfurchen, die basale etwas näher dem Hinterrand als der vorderen. Tergite mit Ausnahme des letzten geteilt, granuliert, das 11. ohne Tasthaar. 8 keulenförmige Marginalborsten auf jedem Halbtergit. Flagellum mit 3 Borsten, die distale einseitig gesägt. Serrula mit 19 Lamellen. Galea mit 5 Seitenästchen. Palpen (Fig. 167) ziemlich fein, das Femur an der Medialseite deutlicher granuliert. Femur 2,3 mal, Tibia 2,2 mal, Schere 2,3 mal so lang wie breit. Hand medial mit einer leichten Depression. Finger etwas länger als die Hand ohne Stiel, der feste mit 47, der bewegliche mit 44 Marginalzähnen. Fester Finger lateral mit 6, medial mit 5, beweglicher lateral mit 5, medial mit 3 Nebenzähnen. Borsten der Palpen weniger stark keulenförmig als bei den vorigen Arten. Femur des 4. Beinpaares 3,3 mal, Tibia 4,7 mal, Tarsus 5,6 mal so lang wie breit, letzterer ohne Tasthaar, jedoch mit einer kurzen pseudotaktilen Borste distal. — Körper L. 2 mm; Palpen: Femur L. 0,68 mm, B. 0,29 mm, Tibia L. 0,66 mm, B. 0,29 mm, Hand L. 0,64 mm, B. 0,47 mm, Finger L. 0,61 mm.

Südeuropa: Westliches Mediterrangebiet, Südfrankreich, Korsika.

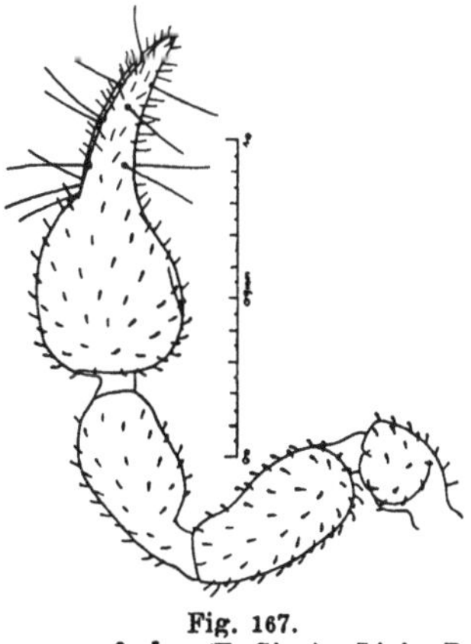

Fig. 167.
Chernes rufeolus (E. Sim.). Linke Palpe.

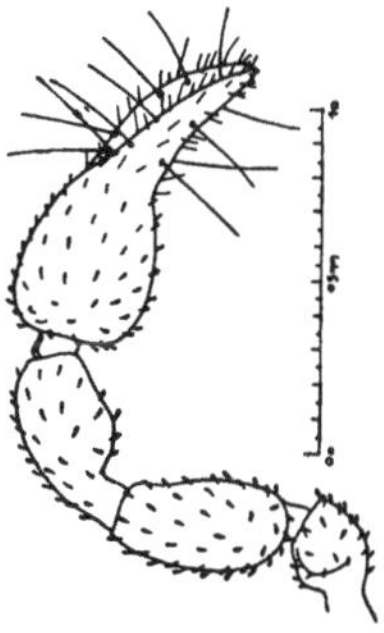

Fig. 168.
Chernes sinensis Beier. Linke Palpe ♀.

4. **C. sinensis** Beier 1932 *C. s.*, Beier in: Zool. Jahrb., Syst. *v.* 64 (im Druck).

Cephalothorax etwas länger als breit, ziemlich flach granuliert, mit 2 deutlichen Querfurchen, die basale etwa in der Mitte zwischen der vorderen und dem Hinterrand gelegen, der Hinterrand mit 10 Marginalborsten. Tergite granuliert, mit Ausnahme des 11. geteilt, dieses ohne Tasthaare. 7 bis 8 Marginalborsten auf jedem Halbtergit. Borsten des Körpers und der Palpen leicht keulenförmig. Flagellum mit 3 Borsten. Serrula mit 18 Lamellen. Galea mit 5 gleichartigen Seitenästen in den beiden distalen Dritteln. Palpen (Fig. 168) fein granuliert. Femur 2,1 mal. Tibia 2,1 mal, Schere 2,5 mal so lang wie breit. Finger so lang wie die Hand mit Stiel, der feste lateral mit 8, der bewegliche mit 6 Nebenzähnen. Femur des 4. Beinpaares 3,8mal, Tibia 5mal, Tarsus 5,8mal so lang wie breit, letzterer ohne Tasthaar, jedoch distal mit einer kurzen pseudotaktilen Borste. — Körper L. 2,6 mm; Palpen: Femur L. 0,56 mm, B. 0,27 mm, Tibia L. 0,55 mm, B. 0,27 mm, Hand L. 0,57 mm, B. 0,39 mm, Finger L. 0,56 mm.

China: Kanton.

5. **C. armenius** (Beier) 1929 *Chelifer (Trachychernes) a.*, Beier in: Ann. Wien. Mus., *v.* 43 p. 345 f. 2—3.

Cephalothorax etwas länger als breit, dicht und ziemlich grob granuliert, mit 2 ziemlich tiefen und breiten Querfurchen. Tergite geteilt, etwas feiner und weniger dicht granuliert als der Cephalothorax, das letzte ohne Tasthaar. Borsten des Körpers und der Palpen deutlich keulenförmig. Flagellum mit 3 Borsten, die distale einseitig gezähnt. Serrula mit 15 Lamellen. Galea distal mit 4 Seitenästchen. Palpen (Fig. 169) etwa so lang wie der Körper, dicht und ziemlich grob granuliert. Femur des Männchens 2,7mal, des Weibchens 3mal, Tibia des Männchens 2,3mal, des Weibchens 2,4mal, Schere des Männchens 1,9mal, des Weibchens 2,3mal so lang wie breit. Hand des Männchens ziemlich stark verbreitert. Finger kaum so lang wie die Hand ohne Stiel. Femur des 4. Beinpaares 4,7mal, Tibia 5,6mal, Tarsus 6,6mal so lang wie breit, letzterer ohne Tasthaar. — Körper L. 2,3—3 mm; Palpen: ♂ Femur L. 0,83 mm, B. 0,31 mm, Tibia L. 0,87 mm, B. 0,38 mm, Hand L. 0,83 mm, B. 0,60 mm, Finger L. 0,64 mm; ♀ Femur L. 0,75 mm, B. 0,26 mm, Tibia L. 0,75 mm, B. 0,32 mm, Hand L. 0,74 mm, B. 0,48 mm, Finger L. 0,57 mm.

Russisch-Armenien: Araxes-Tal.

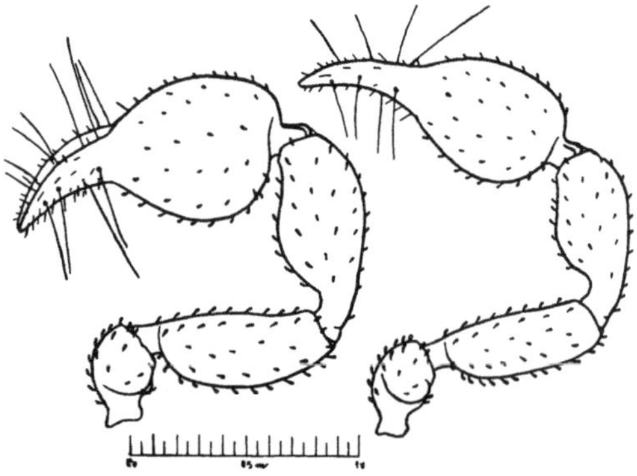

Fig. 169.
Chernes armenius (Beier) Rechte Palpe von ♂ und ♀.

Fig. 170.
Chernes transcaspius (Redikorzev) Rechte Palpe ♂.

6. **C. transcaspius** (Redikorzev) 1922 *Chelifer (Chelanops) t.*, Redikorzev in: Annuaire Mus. St.-Pétersb., *v.* 23 p. 259 f. 3—4.

Cephalothorax etwas länger als breit, granuliert, mit 2 tiefen und breiten Querfurchen, die basale näher dem Hinterrand als der vorderen. Tergite mit Ausnahme des letzten geteilt, dieses ohne Tasthaare. Borsten des Körpers und der Palpen gezähnt, nur sehr schwach gekeult. Flagellum mit 3 Borsten, die distale breit und einseitig gezähnt. Serrula mit 16 Lamellen. Galea ziemlich lang, mit 6 Seitenästen. Palpen (Fig. 170) länger als der Körper, an der Medialseite der Glieder fein granuliert. Femur

2,5 mal, Tibia 2,2 mal, Schere 2,1 mal so lang wie breit. Finger ein wenig länger als die Hand ohne Stiel. Beine stark verlängert, Femur des 4. Paares 5 mal, Tibia 5,8 mal, Tarsus 6,8 mal so lang wie breit, letzterer ohne Tasthaar. — Körper L. 2,4 mm; Palpen: Femur L. 0,67 mm, B. 0,26 mm, Tibia L. 0,64 mm, B. 0,28 mm, Hand L. 0,61 mm, B. 0,46 mm, Finger L. 0,56 mm.

Transkaspien: Bacharden.

7. **C. bachardensis**, sp. nov. *Chelifer* (*Chelanops*) *b.*, Redikorzev MS.

Cephalothorax etwas länger als breit, deutlich, aber nicht besonders grob granuliert, mit einigen glatten Stellen auf der Scheibe und 2 breiten Querfurchen, von welchen die hintere etwas näher der Basis als der vorderen liegt. Hinterrand mit 8 Marginalborsten. Tergite deutlich granuliert, mit Ausnahme des letzten geteilt, dieses ohne Tasthaare. 6 Marginalborsten auf jedem Halbtergit. Borsten des Körpers und der Palpen gezähnt und nur sehr schwach gekeult. Flagellum mit 3 Borsten. Serrula mit 17 Lamellen. Galea mit 6 Seitenästen von der Basis ab. Palpen (Fig. 171) deutlich granuliert. Femur des Männchens 2,6 mal, des Weibchens 2,5 mal,

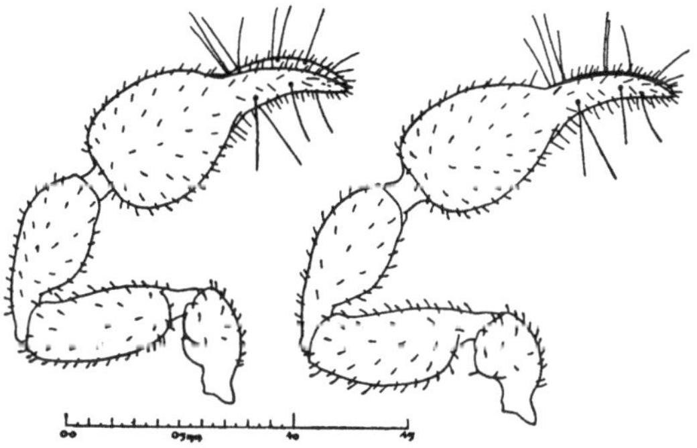

Fig. 171.
Chernes bachardensis, sp. nov. Linke Palpe von ♂ und ♀.

Tibia des Männchens 2,6 mal, des Weibchens 2,5 mal, Schere des Männchens 2,2 mal, des Weibchens 2,4 mal so lang wie breit. Finger etwas kürzer als die Hand ohne Stiel, der feste mit 46, der bewegliche mit 47 Marginalzähnen. Fester Finger lateral mit 4, medial mit 3, beweglicher lateral mit 4, medial mit 3 Nebenzähnen. Beweglicher Finger des Männchens an der Basis stark verdickt. Beine sehr stark verlängert, Femur des 4. Paares 4,8—5 mal, Tibia 6,6—6,8 mal, Tarsus 7 mal so lang wie breit, letzterer ohne Tasthaar. — Körper L. ♂ 2 mm, ♀ 3—3,5 mm; Palpen: ♂ Femur L. 0,76 mm, B. 0,29 mm, Tibia L. 0,76 mm, B. 0,32 mm, Hand L. 0,73 mm, B. 0,52 mm, Finger L. 0,59 mm; ♀ Femur L. 0,78 mm, B. 0,32 mm, Tibia L. 0,78 mm, B. 0,33 mm, Hand L. 0,82 mm, B. 0,49 mm, Finger L. 0,58 mm.

Transkaspien: Höhle Bacharden bei Aschabad. — In Fledermausexkrementen.

Unsichere Arten:

C. cavicola G. Joseph 1882 *C. c*, G. Joseph in: Berlin. ent. Z., *v.* 26 p. 22.

Integument granuliert. — Körper L. 2,8 mm. Möglicherweise identisch mit *C. cimicoides*.

Krain, Grotte von Corgnale. — An *Troglophilus cavicola.*

C. **horvathii** Daday 1889 *C. H.*, Daday in: Termész. Füzetek, *v.* 12 p. 17 f. 1, 6.

Cephalothorax wenig länger als breit, fein granuliert, mit nicht besonders tiefen Querfurchen. Borsten des Körpers und der Palpen gekeult. Galea stark verzweigt. Palpen kräftig, fein granuliert. Finger so lang wie die Hand. — Körper L. 2,2 mm.

Kaukasus.

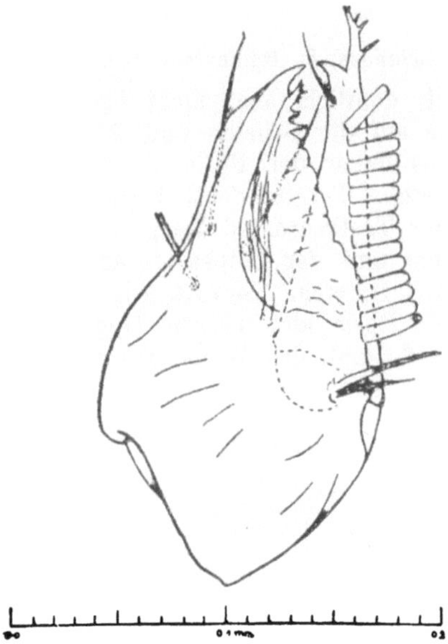

Fig. 172.
Pilanus pilatus Beier. Chelicere.

21. Gen. **Pilanus** Beier

1930 *P.*, Beier in: Boll. Laborat. Zool. Portici, *v.* 25 p. 44.

Typus: *P. pilatus* Beier (durch ursprüngliche Bestimmung).

Cephalothorax länger als breit, mit 2 deutlichen Querfurchen. Integument dicht und deutlich granuliert. Tergite geteilt. Borsten des Körpers stark keulenförmig. Flagellum (Fig. 172) mit nur 2 Borsten. Palpen granuliert, an der Medialseite der Glieder mit außerordentlich langen und stark gekeulten Borsten, die Hand medial mit nahezu pfahlförmigen Borsten. Finger deutlich länger als die Hand, mit Nebenzähnen. Beine mäßig kräftig, der Tarsus des 4. Paares ohne Tasthaar.

Tropisches Afrika.

2 Arten.

Übersicht über die Arten:

1 { Palpenfinger bedeutend länger als die Hand mit Stiel; Hand medial allmählich in die Fingerbasis übergehend . . . . . . 1. **P. pilatus**
Palpenfinger etwas kürzer als die Hand mit Stiel; Hand medial stufenförmig zur Fingerbasis abfallend . . . . 2. **P. pilifer**

1. **P. pilatus** Beier 1930 *P. p.*, Beier in: Boll. Laborat. Zool. Portici, *v.* 25 p 44 f. 1—4.

Cephalothorax länger als breit, dicht und deutlich granuliert, mit 2 ziemlich tiefen und breiten Querfurchen, von welchen die 1. etwas proximal der Mitte, die 2. nahe der Basis liegt. Augen oder Augenflecke fehlen. Tergite geteilt, granuliert, mit 8 Marginalborsten. Borsten des Körpers stark gekeult. Flagellum mit nur 2 Borsten. Serrula mit 15 Lamellen. Galea mit 5 Seitenästchen. Palpen (Fig. 173) ungefähr so lang wie der Körper, deutlich granuliert, an der Medialseite der Glieder mit außerordentlich verlängerten, stark gekeulten Borsten. Femur des Männchens 2,5 mal, des Weibchens 2,6 mal, Tibia des Männchens 2,3 mal, des Weibchens 2,2 mal, Schere des Männchens 3,2 mal, des Weibchens 2,9 mal so lang wie breit. Hand medial mit 4 sehr langen, pfahlförmigen Borsten. Finger bedeutend länger als die Hand mit Stiel, mit Nebenzähnen. Das Tasthaar *ist* distal von *est* gelegen. Das Tasthaar *st* bedeutend näher bei *t* als bei *sb* gelegen. Femur des 4. Beinpaares 3,9 mal, Tibia 4,1 mal, Tarsus 4 mal so lang wie breit, letzterer ohne Tasthaar. — Körper L. 1,7—1,8 mm; Palpen: ♂ Femur L. 0,50 mm, B. 0,20 mm, Tibia L. 0,48 mm, B. 0,22 mm, Hand L. 0,43 mm,

B. 0,26 mm, Finger L. 0,54 mm; ♀ Femur L. 0,53 mm, B. 0,22 mm, Tibia L. 0,53 mm, B. 0,25 mm, Hand L. 0,46 mm, B. 0,30 mm, Finger L. 0,52 mm.

Tropisches Westafrika: Senegal. — In Termitenbauten.

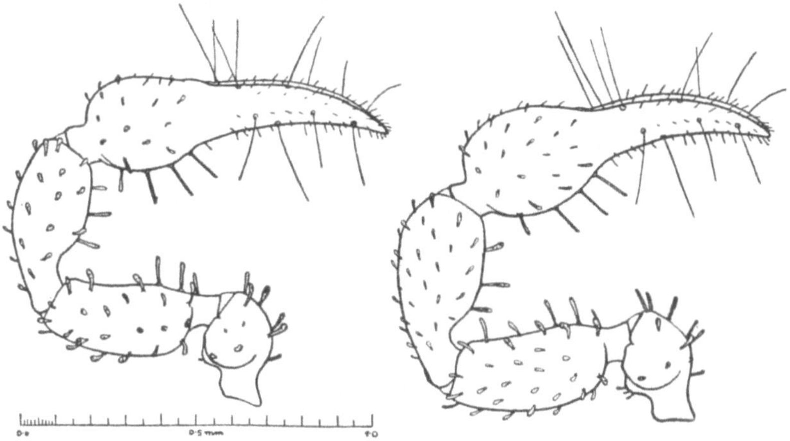

Fig. 173.
Pilanus pilatus Beier. Linke Palpe des ♂ und ♀.

2. **P. pilifer** Beier 1930 *P. p.*, Beier in: Boll. Laborat. Zool. Portici, *v.* 25 p. 47 f. 5.

Mit der vorigen Art nahe verwandt. Cephalothorax länger als breit, dicht und deutlich granuliert, mit 2 deutlichen Querfurchen, welche ebenso gelegen sind wie bei der vorigen Art. Tergite geteilt, granuliert, mit 6 Marginalborsten. Borsten des Körpers stark gekeult. Flagellum mit 2 Borsten. Serrula mit 15 Lamellen. Galea mit 5 Seitenästen. Palpen (Fig. 174) deutlich granuliert, an der Medialseite der Glieder mit sehr stark verlängerten keulenförmigen Borsten. Femur 2,4 mal, Tibia 2,2 mal, Schere 2,4 mal so lang wie breit. Hand medial stufenförmig gegen die Fingerbasis abfallend, mit langen pfahlförmigen Borsten. Finger etwas kürzer als die Hand mit Stiel, jedoch länger als diese ohne Stiel. Stellung der Tasthaare wie bei der vorigen Art. Tarsus des 4. Beinpaares ohne Tasthaar. — Körper L. 1,8 mm; Palpen: Femur L. 0,46 mm, B. 0,20 mm, Tibia L. 0,47 mm, B. 0,22 mm, Hand L. 0,42 mm, B. 0,27 mm, Finger L. 0,38 mm.

Tropisches Ostafrika: Erythraea. — In Termitenbauten.

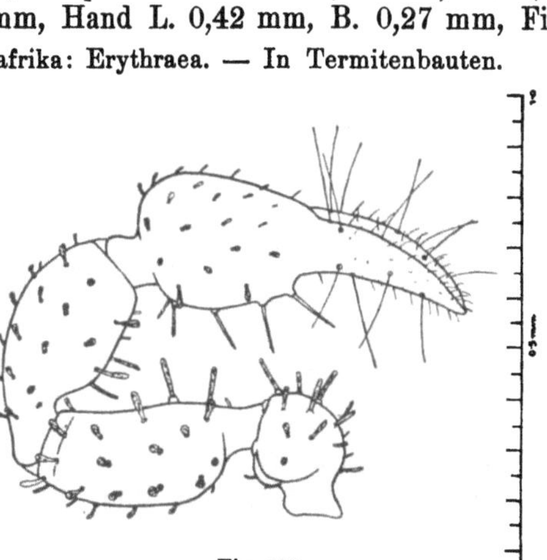

Fig. 174.
Pilanus pilifer Beier. Linke Palpe.

22. Gen. **Sundochernes** Beier

1932 *S.*, Beier in: Zool. Jahrb., Syst. *v.* 64 (im Druck).

Typus: *Chelifer modiglianii* Ellingsen (durch ursprüngliche Bestimmung und Monotypie).

Chephalothorax ungefähr so lang wie breit, granuliert, mit einer deutlichen medianen und einer flacheren basalen Querfurche. Augenflecke vorhanden. Tergite geteilt, granuliert, das letzte ohne Tasthaare. Borsten des Körpers und der Palpen gekeult. Flagellum mit 3 Borsten. Palpen schlank, die des Männchens verlängert, granuliert. Finger mit Nebenzähnen. Das Tasthaar *ist* nahezu in gleicher Höhe mit *est* stehend, *st* näher bei *t* als bei *sb*. Beine mäßig schlank, der Tarsus des 4. Paares ohne Tasthaar.

Sundainseln.

1 Art.

1. **S. modiglianii** (Ellingsen) 1911 *Chelifer M.*, Ellingsen in: Ann. Mus. Genova, ser. 3 *v.* 5 p. 37.

Cephalothorax ungefähr so lang wie breit, fein granuliert, mit 2 Querfurchen, von welchen die basale näher dem Hinterrand als der vorderen liegt und flacher ist als diese. Augenflecke undeutlich. Tergite mit Ausnahme des letzten geteilt, fein granuliert. 7 Marginalborsten auf jedem Halbtergit. Borsten des Körpers und der Palpen deutlich gekeult. Flagellum mit 3 Borsten, die beiden distalen einseitig gefiedert. Serrula mit 20 Lamellen. Galea mit 5 Seitenästen. Palpen (Fig. 175) fein granuliert, die des Männchens bedeutend schlanker als die des Weibchens. Femur des Männchens 4,2 mal, des Weibchens 3,1 mal, Tibia des Männchens 3,4 mal, des Weibchens 2,7 mal, Schere des Männchens 3,8 mal, des Weibchens 2,8 mal so lang wie breit. Hand des Männchens auffallend schmal. Finger in beiden Geschlechtern bedeutend kürzer als die Hand, der feste mit 40, der bewegliche mit 44 Marginalzähnen. Fester Finger lateral mit 12, medial mit 2, beweglicher lateral mit 10, medial mit 2 Nebenzähnen. Das Tasthaar *ist* ungefähr in gleicher Höhe mit *est* gelegen, *st* deutlich näher bei *t* als bei *sb* befindlich. Beine mäßig schlank, Femur des 4. Paares 3,7—3,9 mal, Tibia 4,6—4,8 mal, Tarsus 5—5,2 mal so lang wie breit, letzterer ohne Tasthaar. — Körper L. ♂ 2,3 mm, ♀ 3 mm; Palpen: ♂ Femur L. 0,93 mm, B. 0,23 mm, Tibia L. 0,86 mm, B. 0,26 mm, Hand L. 0,94 mm, B. 0,32 mm, Finger L. 0,50 mm; ♀ Femur L. 0,88 mm, B. 0,30 mm, Tibia L. 0,85 mm, B. 0,32 mm, Hand L. 0,91 mm, B. 45 mm, Finger L. 0,61 mm.

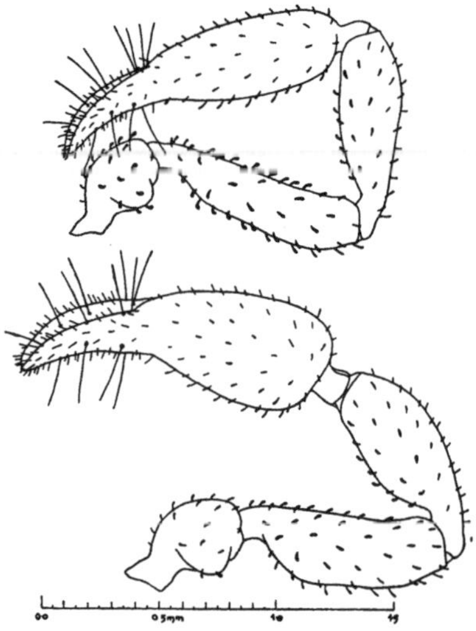

Fig. 175.
Sundochernes modiglianii (Ellingsen).
Rechte Palpe von ♂ und ♀.

Sundainseln: Sumatra.

23. Gen. **Maorichernes** Beier

1932 *M.*, Beier in: Zool. Jahrb., Syst. *v.* 64 (im Druck).

Typus: *Chelifer vigil* With (durch ursprüngliche Bestimmung und Monotypie).

Cephalothorax etwas breiter als lang, kräftig granuliert, mit einer deutlichen medianen und einer schwächeren basalen Querfurche. Tergite mit Ausnahme des 11. geteilt, deutlich granuliert. Flagellum mit 3 Borsten. Borsten des Körpers und der Palpen keulenförmig. Palpen ziemlich schlank, deutlich granuliert. Finger mit Nebenzähnen. Das Tasthaar *ist* distal von *est* gelegen, *st* etwa in der Mitte zwischen *sb* und *t* gelegen. Tarsus des 4. Beinpaares ohne Tasthaar.

Neuseeland.

1 Art.

1. **M. vigil** (With) 1907 *Chelifer v.*, With in: J. Linn. Soc. London, *v.* 30 p 50, 51 t. 8 f. 1—2.

Cephalothorax etwas breiter als lang, kräftig granuliert, mit einer deutlichen medianen und einer schwächeren basalen Querfurche. Tergite mit Ausnahme des 11. geteilt, deutlich granuliert, mit 14—18 Marginalborsten. Borsten des Körpers deutlich keulenförmig. Flagellum mit 3 Borsten. Galea ziemlich kurz und gedrungen, mit 6 Seitenästen in der distalen Hälfte. Palpen ziemlich deutlich granuliert, mit leicht gekeulten Borsten. Femur 3,1 mal, Tibia 2,8 mal, Schere mit Stiel 4,3 mal so lang wie breit. Hand ziemlich schmal, nur 1,2 mal breiter als die Tibia und ein wenig breiter als dick. Finger bedeutend kürzer als die Hand, klaffend, der feste medial mit 5, lateral mit 8, der bewegliche medial mit 8, lateral mit 9 Nebenzähnen. Das Tasthaar *ist* distal von *est* gelegen, *st* in der Mitte zwischen *sb* und *t*, oder etwas näher bei *sb* gelegen. Femur des 4. Beinpaares 2,7 mal, Tibia 4 mal, Tarsus 3,5 mal so lang wie breit, letzterer ohne Tasthaar. — Körper L. 2,3 mm; Palpen: Femur L. 0,90 mm, B. 0,29 mm, Tibia L. 0,81 mm, B. 0,29 mm, Hand L. 0,83 mm, B. 0,35 mm, Finger L. 0,65 mm.

Neuseeland: Taieri.

24. Gen. **Eremochernes** Beier

1932 *E.*, Beier in: Zool. Jahrb., Syst. *v.* 64 (im Druck).

Typus: *Chelifer (Chelanops) gracilipes* Redikorzev (durch ursprüngliche Bestimmung und Monotypie).

Cephalothorax deutlich länger als breit, fein chagriniert, mit 2 deutlichen Querfurchen, die hintere näher der Basis als der vorderen gelegen. Tergite geteilt, chagriniert. Flagellum mit 3 Borsten. Borsten des Körpers und der Palpen gezähnt, nicht gekeult. Palpen mäßig kräftig, fein granuliert. Das Tasthaar *ist* in gleicher Höhe mit *est* gelegen, und bedeutend näher bei *isb* als bei *it*. Beine ziemlich schlank, Tarsus des 4. Paares ohne Tasthaar.

Zentralasien.

1 Art.

1. **E. gracilipes** (Redikorzev) 1922 *Chelifer (Chelanops) g.*, Redikorzev in: Annuaire Mus. St.-Pétersb., *v.* 23 p. 265 f. 7—8.

Cephalothorax deutlich länger als breit, chagriniert, mit 2 deutlichen Querfurchen, die basale näher dem Hinterrand als der vorderen gelegen.

Augenflecke fehlen. Tergite geteilt, chagriniert, mit 10—12 Marginalborsten. Borsten des Körpers und der Palpen gezähnt, nicht gekeult. Flagellum mit 3 einseitig gezähnten Borsten. Serrula mit 23 Lamellen. Palpen (Fig. 176) länger als der Körper, fein granuliert. Femur 2,8mal, Tibia 2,6mal, Schere 2,8mal so lang wie breit. Finger etwas länger als die Hand mit Stiel, mit reduzierten Nebenzähnen. Das Tasthaar *ist* in gleicher Höhe mit *est* gelegen und bedeutend näher bei *isb* als bei *it* befindlich.

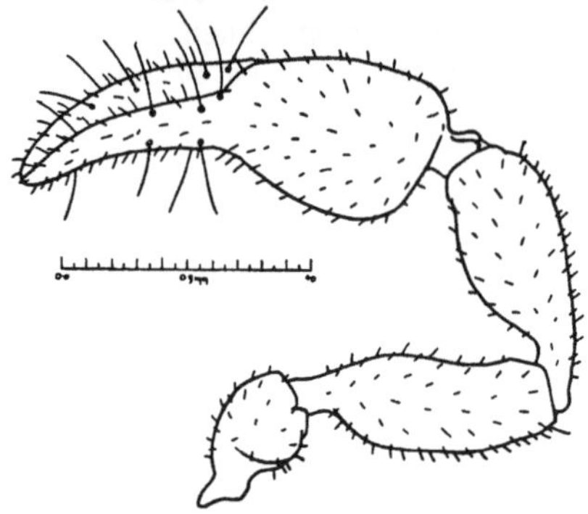

Fig. 176.
Eremochernes gracilipes (Redikorzev). Rechte Palpe.

Beine ziemlich schlank, der Tarsus des 4. Paares ohne Tasthaar. — Körper L. 3,3 mm; Palpen: Femur L. 1,02 mm, B. 0,36 mm, Tibia L. 1,07 mm, B. 0,40 mm, Hand L. 0,94 mm, B. 0,60 mm, Finger L. 1,05 mm.

Zentralasien: Wüste Gobi.

25. Gen. **Neochernes** Beier

1932 *N.*, Beier in: Zool. Jahrb., Syst. *v.* 64 (im Druck).

Typus: *Chernes peninsularis* Chamb. (durch ursprüngliche Bestimmung).

Cephalothorax so lang oder etwas länger als breit, fein granuliert, mit 2 Querfurchen. Augenflecke undeutlich oder fehlend. Tergite geteilt, fein granuliert. Borsten des Körpers und der Palpen gezähnt, seltener auch gekeult. Flagellum mit 3 Borsten. Palpen ziemlich kräftig, granuliert. Das Tasthaar *ist* nicht oder nur wenig distal von *est* gelegen, und etwas näher bei *it* als bei *isb*, *st* näher bei *t* als bei *sb* befindlich. Nebenzähne vorhanden. Der Tarsus des 4. Beinpaares ohne Tasthaar.

Nordamerika, Nördliches Südamerika.

9 sichere, 4 unsichere Arten.

Übersicht über die Arten:

1 { Körper L. 3—3,4 mm — **2**
  { Körper L. 1,6—2,5 mm — **4**

2 { Finger bedeutend kürzer als die Hand ohne Stiel — **3**
  { Finger so lang wie die Hand ohne Stiel . . . . 1. **N. peninsularis**

3 { Hand medial ziemlich stark konvex . . . . 2. **N. floridae**
  { Hand nahezu parallelseitig . . . . 3. **N. latus**

4 { Borsten der Palpen nicht oder nicht deutlich gekeult — **5**
  { Borsten der Palpen deutlich gekeult — **7**

5 { Körper L. 2—2,5 mm (Nordamerikanische Arten) — **6**
  { Körper L. 1,6 mm (Südamerikanische Art) . . . . 6. **N. brevipilosus**

6 { Finger so lang wie die Hand . . . . 4. **N. calidus**
  Finger etwas kürzer als die Hand . . . . 5. **N. morosus**

7 { Palpenfinger ungefähr so lang wie die Hand — 8
  Palpenfinger deutlich kürzer als die Hand . . . . 9. **N. diversus**

8 { Cephalothorax und Palpen braun oder rotbraun . . . . . 7. **N. dorsalis**
  Cephalothorax und Palpen blaß bräunlichgelb . . . . . . 8. **N. unicolor**

1. **N. peninsularis** (Chamb.) 1925 *Chernes p.*, Chamberlin in: Univ. Calif. Publ. Techn. Bull. Ent., *v.* 3 p. 330 f. E, F, G.

Cephalothorax etwas länger als breit, fein granuliert, mit 2 Querfurchen, die basale etwas näher dem Hinterrand als der vorderen. Augenflecke undeutlich. Tergite geteilt, mit 14—16 Marginalborsten. Flagellum mit 3 Borsten, die distale einseitig gesägt. Serrula mit 18 Lamellen. Palpen ziemlich kräftig, fein granuliert. Femur 2,5mal, Tibia 2,2mal, Schere 2,7mal so lang wie breit. Finger etwas länger als die Hand ohne Stiel, der feste mit 47, der bewegliche mit 48—49 Marginalzähnen. Fester Finger medial mit 6, lateral mit 3, beweglicher medial mit 3, lateral mit 2 Nebenzähnen. Tarsus des 4. Beinpaares ohne Tasthaar. — Körper L. 3 mm.

Nordamerika: Nieder-Kalifornien.

2. **N. floridae** (Balzan) 1891 *Chelifer f.*, Balzan in: Ann. Soc. ent. France, *v.* 60 p. 524 t. 10 f. 15 | 1895 *Chelanops f.*, N. Banks in: J. N. York ent. Soc., *v.* 3 p. 5.

Cephalothorax wenig länger als breit, fein granuliert, mit 2 Querfurchen, die basale näher dem Hinterrand als der vorderen. Augenflecke fehlen. Tergite geteilt, granuliert. Borsten des Körpers gezähnt, nicht gekeult. Flagellum mit 3 Borsten. Galea distal mit einigen kurzen Seitenästchen. Palpen ziemlich kräftig, granuliert. Femur 2,3mal, Tibia 2mal, Schere etwa 2,2mal so lang wie breit. Finger bedeutend kürzer als die Hand ohne Stiel. — Körper L. 3,4 mm; Palpen: Femur L. 0,85 mm, B. 0,37 mm, Tibia L. 0,85 mm, B. 0,43 mm, Hand L. 1,05 mm, B. 0,65 mm, Finger L. 0,62 mm.

Nordamerika: Florida.

3. **N. latus** (Banks) 1893 *Chelanops l.*, N. Banks in: Canad. Ent., *v.* 25 p. 64.

Mit der vorigen Art nahe verwandt, die Hand jedoch medial kaum konvex, nahezu parallelseitig. Finger bedeutend kürzer als die Hand ohne Stiel. Borsten des Körpers und der Palpen gezähnt, nicht gekeult. — Körper L. 3,2 mm.

Nordamerika: Florida.

4. **N. calidus** (Banks) 1909 *Chelanops c.*, N. Banks in: J. N. York ent. Soc., *v.* 17 p. 147.

Cephalothorax gelbbraun, fein granuliert. Tergite geteilt, granuliert. Etwa 5 Marginalborsten auf jedem Halbtergit. Palpen ziemlich kurz. Femur knapp so lang wie die Breite des Cephalothorax. Tibia fast so lang wie und deutlich breiter als das Femur. Hand etwa doppelt so breit wie die Tibia. Finger so lang wie die Hand. — Körper L. ♂ 2 mm, ♀ 2,5 mm.

Nordamerika: Mexiko.

5. **N. morosus** (Banks) 1895 *Chelanops m.*, N. Banks in: J. N. York ent. Soc., *v.* 3 p. 7.

Cephalothorax und Palpen dunkelbraun, ersterer etwas länger als breit, granuliert, mit deutlichen Querfurchen. Augenflecke undeutlich. Tergite geteilt, fein granuliert. Borsten gezähnt und nicht deutlich gekeult. Palpen kräftig, granuliert. Femur kürzer als der Cephalothorax. Tibia ungefähr so lang wie und nur wenig breiter als das Femur. Finger etwas kürzer als die Hand. — Körper L. 2 mm.

Nordamerika: Insel Royale.

6. **N. brevipilosus** (Ellingsen) 1910 *Chelifer (Lamprochernes) b.*, Ellingsen in: Mt. Mus. Berlin, *v.* 4 p. 364.

Cephalothorax rotbraun, ungefähr so lang wie breit, seitlich fein granuliert, mit einer deutlichen medialen und einer schwächeren basalen Querfurche. Tergite schmal geteilt, chagriniert. Borsten des Körpers und der Palpen gezähnt, nicht gekeult. Flagellum mit 3 Borsten. Serrula mit 19 Lamellen. Galea stark verzweigt. Palpen (Fig. 177) ungefähr so lang wie der Körper, deutlich granuliert. Femur in beiden Geschlechtern 2,3 mal.

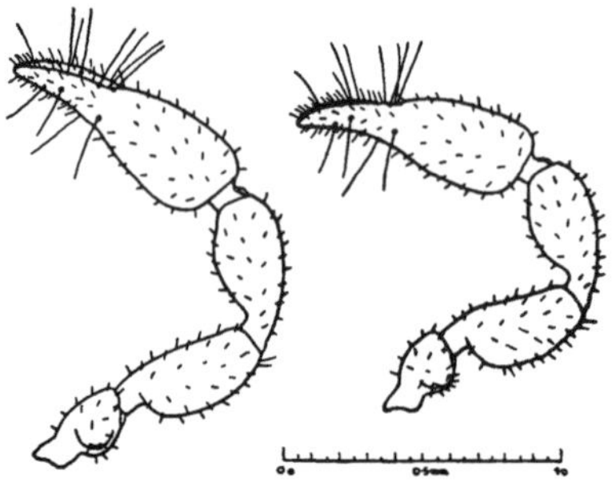

Fig. 177.
Neochernes brevipilosus (Ellingsen). Rechte Palpe von ♂ und ♀.

Tibia 2,2 mal, Schere des Männchens 2,7 mal, des Weibchens 2,8 mal so lang wie breit. Finger bedeutend kürzer als die Hand ohne Stiel, nicht klaffend, mit Nebenzähnen. Femur des 4. Beinpaares 3,3 mal, Tibia 4,6 mal, Tarsus 5,2 mal so lang wie breit, letzterer ohne Tasthaar. — Körper L. 1,6 mm; Palpen: ♂ Femur L. 0,53 mm, B. 0,23 mm, Tibia L. 0,55 mm, B. 0,24 mm, Hand L. 0,59 mm, B. 0,31 mm, Finger L. 0,40 mm; ♀ Femur L. 0,51 mm, B. 0,22 mm, Tibia L. 0,53 mm, B. 0,23 mm, Hand L. 0,59 mm, B. 0,28 mm, Finger L. 0,38 mm.

Südamerika: Kolumbien.

7. **N. dorsalis** (Banks) 1895 *Chelanops d.*, N. Banks in: J. N. York ent. Soc., *v.* 3 p. 8.

Cephalothorax braun, fein granuliert, mit deutlichen Querfurchen. Palpen mäßig kräftig, fein granuliert. Femur kürzer als der Cephalothorax. Tibia etwas kürzer und ein wenig breiter als das Femur. Finger ungefähr so lang wie die Hand. Borsten des Körpers und der Palpen kurz, leicht gekeult. — Körper L. 2 mm.

Nordamerika: Kalifornien.

8. **N. unicolor** (Banks) 1908 *Chelanops u.*, N. Banks in: Bull. Wisconsin Soc., *v.* 6 p. 39.

Cephalothorax und Palpen blaß bräunlichgelb, ersterer bedeutend länger als breit, fein granuliert, mit deutlichen Querfurchen. Tergite geteilt, fein granuliert. 5 Marginalborsten auf jedem Halbtergit. Borsten des Körpers und der Palpen deutlich gekeult. Palpen kräftig, fein granuliert. Femur kaum so lang wie die Breite des Cephalothorax. Tibia deutlich kürzer als das Femur. Hand nahezu 2mal so breit wie das Femur. Finger ungefähr so lang wie die Hand. — Körper L. 2 mm.

Nordamerika: Texas. — In Ameisennestern.

9. **N. diversus** (Banks) 1909 *Chelanops d.*, N. Banks in: Canad. Ent., *v.* 41 p. 304.

Cephalothorax dunkelbraun, ein wenig länger als breit, dicht granuliert, mit deutlichen Querfurchen. Tergite geteilt. Borsten des Körpers und der Palpen leicht gekeult. Palpen kräftig, kürzer als der Körper, fein granuliert. Femur so lang wie die Breite des Cephalothorax. Tibia ungefähr so lang wie das Femur und ein wenig breiter als dieses. Hand etwa zweimal so breit wie das Femur. Finger kürzer als die Hand und nur wenig breiter als diese. — Körper L. 2—2,2 mm.

Nordamerika: Florida.

Unsichere Arten:

N. affinis (Banks) 1894 *Chelanops a.*, N. Banks in: Ins. Life, p. ? | 1895 *C. a.*, N. Banks in: J. N. York ent. Soc., *v.* 3 p 8.

Nordamerika: Florida.

N. pallidus (Banks) 1890 *Chelanops p*, N. Banks in: Canad. Ent., *v.* 22 p. 152.

Palpen ziemlich kräftig rotbraun. Borsten des Körpers und der Palpen gekeult. — Körper L. 2 mm.

Nordamerika: New-York.

N. pallipes (Banks) 1893 *Chelanops p.*, N. Banks in: Canad. Ent., *v.* 25 p. 64.

Palpen mäßig kräftig. Finger so lang wie die Hand. Borsten des Körpers und der Palpen gekeult. — Körper L. 3 mm.

Nordamerika: Kalifornien, Colorado.

N. sanborni (Hagen) 1869 *Chelifer s*, H. A. Hagen in: Rec. Amer. Ent., p. 50.

Nordamerika: New-York, Massachusetts.

26. Gen. **Zaona** Chamb.

1925 *Z.*, Chamberlin in: Univ. Calif. Publ. Techn. Bull. Ent., *v.* 3 p. 332 | 1931 *Z.*, Chamberlin in: Stanford Univ. Publ., *v.* 7 p. 242.

Typus: *Chelifer biseriatum* Banks (durch ursprüngliche Bestimmung und Monotypie).

Cephalothorax länger als breit, fein granuliert, mit wenig deutlichen Querfurchen. Augenflecke vorhanden. Tergite geteilt, fein granuliert. Borsten des Körpers und der Palpen ziemlich dick, jedoch nicht keulenförmig. Flagellum mit 3 Borsten. Palpen sehr schlank, *Chelifer*-ähnlich, fein granuliert. Das Femur ohne deutlich abgesetztes Stielchen. Finger mit nur wenigen Nebenzähnen. Nur der bewegliche Finger mit Giftapparat und Giftzahn. Das Tasthaar *ist* distal von *est* gelegen, *st* ungefähr in der Mitte zwischen *sb* und *t* befindlich. Tarsus des 4. Beinpaares ohne Tasthaar.

Nordamerika.

1 Art.

1. **Z. biseriatum** (Banks) 1895 *Chelifer b.*, N. Banks in: J. N. York ent. Soc., *v.* 3 p. 3 | 1925 *Zaona b.*, Chamberlin in: Univ. Calif. Publ. Techn. Bull. Ent., *v.* 3 p. 332 f. A—D.

Cephalothorax länger als breit, fein granuliert, mit wenig deutlichen Querfurchen. Augenflecke vorhanden. Tergite geteilt, fein granuliert, mit 12—14 Marginalborsten. Borsten des Körpers gekeult, die der Palpen dick, jedoch nicht keulenförmig. Flagellum mit 3 Borsten. Palpen lang und schlank, fein granuliert. Femur etwa 5,8 mal so lang wie breit, ohne abgesetztes Stielchen. Tibia etwa 3,8 mal, Schere 4,7 mal so lang wie breit. Hand schmal. Finger nicht ganz so lang wie die Hand mit Stiel, der feste mit 3—4 Nebenzähnen. Am beweglichen Finger fehlen die Nebenzähne. Das Tasthaar *ist* distal von *est* gelegen, *st* in der Mitte zwischen *sb* und *t* befindlich. Tarsus des 4. Beinpaares ohne Tasthaar. — Körper L. 2 mm.

Nordamerika: Florida.

27. Gen. **Dasychernes** Chamb.

1929 *D.*, Chamberlin in: Ent. News Philad., *v.* 40 p. 49.

Typus: *D. inquilinus* Chamb. (durch ursprüngliche Bestimmung und Monotypie).

Cephalothorax garypoid, wenig deutlich granuliert, mit 2 tiefen Querfurchen, die basale näher dem Hinterrand als der vorderen. Augenflecke fehlen. Tergite mit Ausnahme des 1. und letzten geteilt, undeutlich granuliert, mit je etwa 200 Borsten, welche nicht in Reihen angeordnet sind. Borsten des Körpers einfach, nicht gezähnt. Flagellum mit 3 Borsten. Palpen mäßig kräftig, undeutlich granuliert, mit einfachen Borsten. Beide Finger mit Nebenzähnen. Nur der bewegliche Finger mit Giftapparat und Giftzahn. Tarsus des 4. Beinpaares ohne Tasthaar.

Südamerika.

1 Art.

1. **D. inquilinus** Chamb. 1929 *D. i.*, Chamberlin in: Ent. News Philad., *v.* 40 p. 51.

Cephalothorax garypoid, wenig deutlich granuliert, mit zwei tiefen Querfurchen, die basale näher dem Hinterrand als der vorderen. Tergite geteilt, undeutlich granuliert mit je etwa 200, nicht in Reihen stehenden Borsten. Palpen undeutlich granuliert, mit einfachen Borsten. Femur 2,7—2,9 mal so lang wie breit, kürzer als der Cephalothorax. Tibia 2,5—2,8 mal so lang wie breit, kürzer als das Femur. Schere 3,3—3,7 mal so lang wie breit. Hand wenig breiter als dick, nahezu zylindrisch. Finger 1,3—1,6 mal so lang wie die Hand, länger als das Femur, der feste beiderseits mit 12—18, der bewegliche mit 10—16 Marginalzähnen. Tarsus des 4. Beinpaares ohne Tasthaar. — Körper L. 5—6 mm.

Südamerika: Kolumbien. — In den Nestern von Meliponinen.

β) Trib. **Hesperochernetini** Beier

1932 *H.*, Beier in: Zool. Jahrb., Syst. *v.* 64 (im Druck).

Mit den Charakteren der Subfamilie. Cephalothorax meist mit 2 deutlichen Querfurchen. Augen fehlend, selten sind Augenflecke vorhanden. Abdominaltergite und -sternite geteilt. Integument stets mehr oder weniger deutlich granuliert. Borsten des Körpers und der Palpen gezähnt, mehr oder weniger stark gekeult oder kurz stiftförmig, niemals vollkommen einfach. Basale und subbasale Borste der Cheliceren kürzer als die mediale oder die Laminalborste und nicht gekeult. Flagellum mit 4 Borsten, von welchen wenigstens die distale einseitig gezähnt oder gefiedert ist. Beide Palpenfinger wenigstens mit einigen wenigen akzessorischen Zähnen. Nur der bewegliche Finger mit Giftapparat und Giftzahn, der feste ohne solchen. Fester Finger subterminal mit einem durch eine Furche und einen Zahn gebildeten Receptor venedentis. Fester Finger mit 8, beweglicher mit 4 Tasthaaren. Tarsus des 4. Beinpaares mit oder ohne Tasthaar.

Über die palaearktische, nearktische, neotropische und australische Region verbreitet. — Die Arten finden sich vorwiegend unter Baumrinde, jedoch auch an anderen trockenen Örtlichkeiten, einige in den Nestern sozialer Insekten und den Bauten von Kleinsäugetieren.

12 Genera, 29 sichere Arten, 2 unsichere Arten.

Übersicht über die Genera:

1	Tarsus des 4. Beinpaares mit einem langen Tasthaar — 2	
	Tarsus des 4. Beinpaares ohne Tasthaar, höchstens mit einer etwas verlängerten gezähnten Borste — 4	
2	Das Tasthaar am Tarsus des 4. Beinpaares distal der Mitte gelegen — 3	
	Das Tasthaar am Tarsus des 4. Beinpaares proximal der Mitte gelegen	28. Gen. **Austrochernes**
3	Das Tasthaar *st* des beweglichen Palpenfingers näher bei *sb* als bei *t* gelegen; *ist* des festen Fingers kaum distal von *est* befindlich, sondern mit diesem fast in gleicher Höhe stehend	29. Gen. **Dendrochernes**
	Das Tasthaar *st* des beweglichen Palpenfingers näher bei *t* als bei *sb* gelegen; *ist* des festen Fingers deutlich distal von *est* befindlich	30. Gen. **Epaphochernes**
4	Palpen mäßig gedrungen bis schlank; Borsten der Palpen gezähnt oder normal gekeult — 5	
	Palpen außerordentlich gedrungen; Borsten der Palpen sehr kurz und dick, stift- oder zylinderförmig .	39. Gen. **Gigantochernes**
5	Tibia oder Hand der Palpen des Männchens ohne zahn- oder zapfenartige Fortsätze — 6	
	Tibia oder Hand der Palpen des Männchens mit zahn- oder zapfenartigen Fortsätzen — 10	
6	Palpen mäßig gedrungen, *Chernes*-ähnlich, das Femur vom Stiel scharf abgesetzt — 7	
	Palpen schlank, *Chelifer*-ähnlich, das Femur vom Stiel undeutlich oder nicht abgesetzt — 8	
7	Das Tasthaar *ist* des festen Palpenfingers deutlich distal von *est* gelegen, nicht weit von *it* abstehend (nearktische Arten)	31. Gen. **Hesperochernes**
	Das Tasthaar *ist* des festen Palpenfingers nicht deutlich distal von *est* gelegen, sondern mit diesem fast in gleicher Höhe befindlich, weit von *it* abstehend (neotropische Arten)	32. Gen. **Chelanops**
8	Palpenfemur gestielt; Borsten der Palpen ziemlich dick, mehr oder weniger stark gekeult; das Tasthaar *ist* distal von *est* gelegen — 9	
	Palpenfemur nicht gestielt; Borsten der Palpen dünn, nicht gekeult; das Tasthaar *ist* proximal von *est* gelegen	38. Gen. **Eumecochernes**

9 Borsten an der Medialseite der Palpenglieder ziemlich dick, nicht stark gekeult (nordamerikanische Arten) 36. Gen. **Pseudozaona**
— Borsten an der Medialseite der Palpenglieder schlanker, ziemlich stark gekeult (neuseeländische Arten) . . 37. Gen. **Nesochernes**

10 Palpenhand des Männchens mit zahn- oder zapfenartigen Fortsätzen, Tibia einfach — **11**
— Palpenhand des Männchens einfach, Tibia medial mit zahnartigem Fortsatz . . . . 33. Gen. **Ancalochernes**

11 Größere Arten; Borsten an der Medialseite von Femur und Tibia gekeult; Hand des Männchens mit zapfenartigen Fortsätzen (süd- und zentralamerikanische Arten) . . . . 34. Gen. **Semeiochernes**
— Kleinere Arten; Borsten an der Medialseite von Femur und Tibia gezähnt; Hand des Männchens medial mit zahnartiger Lamelle (nordamerikanische Arten) . . 35. Gen. **Mirochernes**

28. Gen. **Austrochernes** Beier

1932 *A.*, Beier in: Zool. Jahrb., Syst. *v.* 64 (im Druck).

Typus: *Chelifer australiensis* With (durch ursprüngliche Bestimmung).

Cephalothorax so lang wie breit oder etwas länger, fein granuliert, mit 2 deutlichen Querfurchen. Augenflecke undeutlich oder fehlend. Tergite geteilt, fein granuliert. Borsten des Körpers und der Palpen gezähnt und leicht keulenförmig. Flagellum mit 4 Borsten. Palpen kräftig, fein granuliert. Finger mit Nebenzähnen. Das Tasthaar *ist* fast in gleicher Höhe mit *est* stehend, *st* etwas näher bei *t* als bei *sb*. Beine mäßig schlank, der Tarsus des 4. Paares mit einem Tasthaar etwas proximal der Mitte.

Australien, Neuseeland.

4 Arten.

Übersicht über die Arten:

1 Palpenfemur höchstens 2,3 mal so lang wie breit; Körpergröße bedeutender; Femurlänge über 1 mm — **2**
— Palpenfemur 2,7 mal so lang wie breit; Körpergröße geringer; Femurlänge 0,80 mm . . . . 1. **A. novae-zelandiae**

2 Hand oval, bedeutend breiter als die Tibia — **3**
— Hand schmal, nicht breiter als die Tibia . . . . 4. **A. silvestrii**

3 Femurlänge 1,4 mm . . . . 2. **A. australiensis**
— Femurlänge 1,1 mm . . . . 3. **A. ramosus**

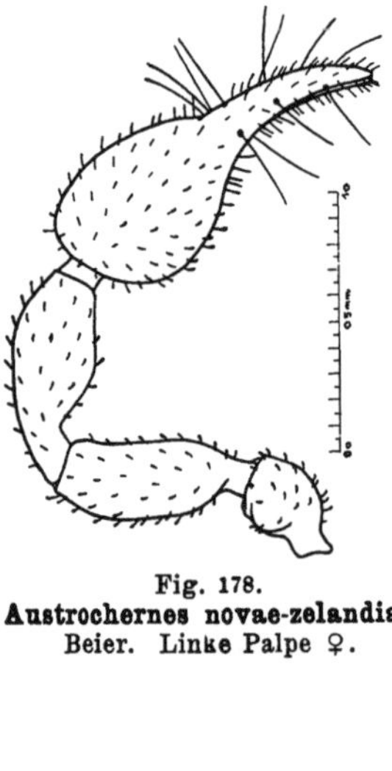

Fig. 178. **Austrochernes novae-zelandiae** Beier. Linke Palpe ♀.

1. **A. novae-zelandiae** Beier 1910 *Chelifer (Trachychernes) australiensis*, Ellingsen in: Mt. Mus. Berlin, *v.* 4 p. 373 | 1932 *Austrochernes novae-zelandiae*, Beier in: Zool. Jahrb., Syst. *v.* 64 (im Druck).

Cephalothorax kaum länger als breit, fein granuliert, mit 2 deutlichen Querfurchen, die basale näher dem Hinterrand als der vorderen. Tergite geteilt, das letzte ohne Tasthaare. Borsten des Körpers und der Palpen leicht aber deutlich gekeult. Serrula mit 20 Lamellen. Flagellum mit 4 Borsten. Palpen (Fig. 178) fein granuliert. Femur 2,7 mal, Tibia 2,4 mal, Schere 2,5 mal so lang wie breit. Finger so lang wie die Hand ohne Stiel. Das Tasthaar *ist* in gleicher Höhe mit *est* gelegen, *st* näher bei *t* als bei *sb*. Beine mäßig schlank. Femur des 4. Paares 3,5 mal, Tibia 4 mal, Tarsus 5,3 mal so lang wie breit, letzterer mit einem Tasthaar etwas proximal der Mitte. — Körper L. 4 mm; Palpen: Femur L. 0,78 mm, B. 0,30 mm, Tibia L. 0,82 mm, B. 0,35 mm, Hand L. 0,82 mm, B. 0,55 mm, Finger L. 0,72 mm.

Neuseeland: Stephens-Insel.

2. **A. australiensis** (With) 1905 *Chelifer a.*, With in: Ann. nat. Hist., ser. 7 *v.* 15 p. 101 t. 6 f. 2a—g.

Cephalothorax so lang wie breit, fein granuliert, mit 2 deutlichen Querfurchen. Augenflecke fehlen. Tergite geteilt, etwas deutlicher granuliert als der Cephalothorax. Serrula mit etwa 29 Lamellen. Flagellum mit 4 durchweg einseitig gezähnten Borsten. Galea mäßig lang, distal mit 5 Seitenästen. Palpen wenig deutlich granuliert, ziemlich kräftig, an der Medialseite der Glieder mit leicht keulenförmigen Borsten. Femur 2,2 mal, Tibia 2 mal, Schere 2,2 mal so lang wie breit. Finger ein wenig kürzer als die Hand, der feste medial mit 8, lateral mit 9 Nebenzähnen. Beine schlanker als bei der vorigen Art, Femur des 4. Paares 3,8 mal, Tibia 5.5 mal, Tarsus 5 mal so lang wie breit. — Körper L. 4,5 mm; Palpen: Femur L. 1,40 mm, B. 0,64 mm, Tibia L. 1,48 mm, B. 0,73 mm, Hand L. 1,37 mm, B. 1,10 mm, Finger L. 1,23 mm.

Australien: Queensland.

3. **A. ramosus** (L. Koch) 1885 *Chelifer r.*, L. Koch & E. Keyserling in: Arach. Austral., pars 2 p. 47 t. 4 f. 5a—c.

Mit der vorigen Art nahe verwandt, jedoch kleiner. Cephalothorax nur wenig länger als breit, ziemlich deutlich granuliert. Tergite geteilt, deutlich granuliert. Palpen kräftig, fein granuliert. Borsten des Körpers und der Palpen kaum gekeult. — Körper L. 4,2 mm; Palpen: Femur L. 1,1 mm, Tibia L. 1,1 mm, Schere L. 1,0 mm.

Australien: Rockhampton.

4. **A. silvestrii** (Beier) 1930 *Chelifer (Lamprochernes) s.*, Beier in: Boll. Laborat. Zool. Portici, *v.* 23 p. 198 f. 2A—B.

Cephalothorax deutlich länger als breit, fein granuliert, mit einer medialen Querfurche. Augenflecke vorhanden. Serrula mit 17 Lamellen. Palpen (Fig. 179) fein granuliert. Femur 2,3 mal, Tibia 2,1 mal, Schere 3 mal so lang wie breit. Hand auffallend schmal, nicht breiter als die Tibia. Finger bedeutend kürzer als die Hand ohne Stiel. Tergite geteilt, mit 8—11 kurzen, gekeulten Marginalborsten. Tarsus des 4. Beinpaares mit einem Tasthaar nahe der Mitte. — Körper L. 3,9 mm; Palpen: Femur L. 1,12 mm, B. 0,50 mm, Tibia L. 1,05 mm, B. 0,50 mm, Hand L. 1,07 mm, B. 0,50 mm, Finger L. 0,70 mm.

Westaustralien: Mte. Lofty.

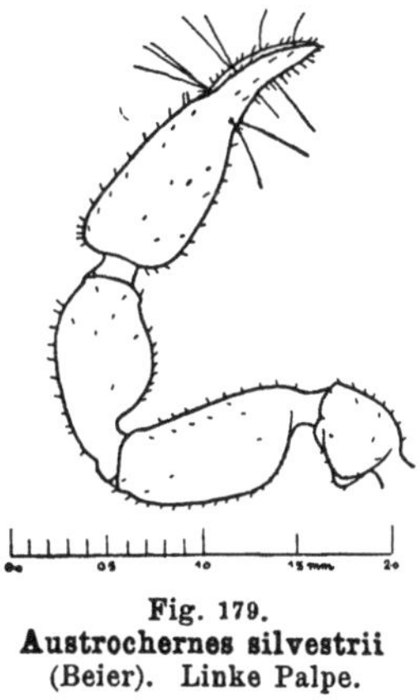

Fig. 179. **Austrochernes silvestrii** (Beier). Linke Palpe.

29. Gen. **Dendrochernes** Beier

1932 *D*, Beier in: Zool. Jahrb., Syst. *v.* 64 (im Druck).

Typus: *Chernes cyrneus* L. Koch (durch ursprüngliche Bestimmung und Monotypie).

Cephalothorax kaum länger als breit, narbig punktiert, mit 2 deutlichen Querfurchen, die basale näher dem Hinterrand als der vorderen. Augenflecke fehlen oder sie sind ganz undeutlich. Tergite mit Ausnahme des 11. geteilt, fein granuliert. Borsten des Körpers und der Palpen gezähnt, nicht gekeult. Flagellum mit 4 Borsten. Palpen außerordentlich kräftig, fein granuliert. Finger mit zahlreichen Nebenzähnen. Das Tasthaar *ist* fast in gleicher Höhe mit *est* stehend, *st* näher bei *sb* als bei *t* befindlich. Tarsus des 4. Beinpaares distal mit einem Tasthaar.

Europa.

1 Art.

1. **D. cyrneus** (L. Koch) 1873 *Chernes c.*, L. Koch, Übers. Darst. Eur. Chernet., p. 6 | 1879 *Chelifer c.*, E. Simon, Arach. France, *v.* 7 p. 36 t. 18 f. 11 | 1882 *Chernes (Trachychernes) c*, Tömösvary in: Math. termész. Közlem., *v.* 18 p 194 t. 1 f. 17—19 | 1888 *Chelifer c.* var. *hungaricus*, Daday in: Termész. Füzetek, *v.* 11 p. 171 t. 4 f. 4, 6 | 1899 *C. c.*, Tullgren in: Ent. Tidskr., *v.* 20 p. 171 t. 6 f. 6 | 1902 *Chernes multidentatus*, Stschelkanowzeff in: Zool. Anz., *v.* 25 p. 350 | 1903 *Chelifer cyrneus*, Ellingsen in: Forh. Selsk. Christian., nr. 5 p. 8 | 1907 *C. c.*, Ellingsen in: J. Quekett Club, ser. 2 *v.* 10 p. 156 | 1909 *C. c.*, Ellingsen in: Ann. Mus. Genova, ser. 3 *v.* 4 p. 215 | 1911 *C. (Chernes) c*, Kew in: P. Irish Ac., *v.* 29 nr. 2 p. 46 t. 5 f. 8 | 1928 *Chelifer (Chernes) c.*, Schenkel in: Tierw. Deutschl., *v.* 8 fasc. 3 p. 61 f. 16a—c | 1928 *Chelifer (Chelanops) c.*, Redikorzev in: Mt. Inst. Sofia, *v.* 1 p. 119 | 1929 *Chelifer (Trachychernes) c*, Kästner in: Tierw. Mitteleur., *v.* 3 p. IV 7 f. 20 | 1929 *C. (T) c.*, Beier in: Ann. Wien. Mus., *v.* 43 p. 346 | 1929 *C. (T.) c.*, Beier in: SB. Ak. Wien, *v.* 138 p. 446 | 1930 *Hesperochernes c.*, Beier in: Ann. Wien. Mus., *v.* 44 p. 200.

Cephalothorax kaum länger als breit, fein narbig granuliert und punktiert, mit 2 deutlichen Querfurchen, die basale näher dem Hinterrand als der vorderen. Tergite geteilt, fein granuliert. 9 Marginalborsten auf jedem Halbtergit. Borsten des Körpers und der Palpen gezähnt, nicht gekeult. Serrula mit 25 Lamellen beim Männchen, mit 26 beim Weibchen. Flagellum mit 4 Borsten, die distale einseitig gefiedert. Galea distal mit 6 Seitenästen. Palpen (Fig. 180) außerordentlich kräftig, fein granuliert, an der Medialseite der Glieder deutlicher als an der Lateralseite. Trochanter hinten mit stark vorragenden Tuberkeln. Femur in beiden Geschlechtern 2,4 mal, Tibia 2,1 mal, Schere des Männchens 1,8 mal, des Weibchens 2 mal so lang wie breit. Finger deutlich etwas kürzer als die Hand ohne Stiel, dick, klaffend, mit zahlreichen Nebenzähnen. Das Tasthaar *ist* fast in gleicher Höhe mit *est* stehend, *st* bedeutend näher bei *sb* als bei *t* befindlich. Beine mäßig kräftig, Femur des 4. Paares 3 mal, Tibia 4,2—4,5 mal, Tarsus 3,9—4 mal so lang wie breit, letzterer mit einem Tasthaar ziemlich weit distal der Mitte. — Körper L. 4 mm; Palpen: ♂ Femur L. 1,08 mm, B. 0,45 mm, Tibia L. 1,12 mm, B. 0,53 mm, Hand L. 1,22 mm, B. 0,93 mm, Finger L. 0,95 mm; ♀ Femur L. 1,10 mm, B. 0,45 mm, Tibia L. 1,14 mm, B. 0,53 mm, Hand L. 1,27 mm, B. 0,86 mm, Finger L. 0,88 mm.

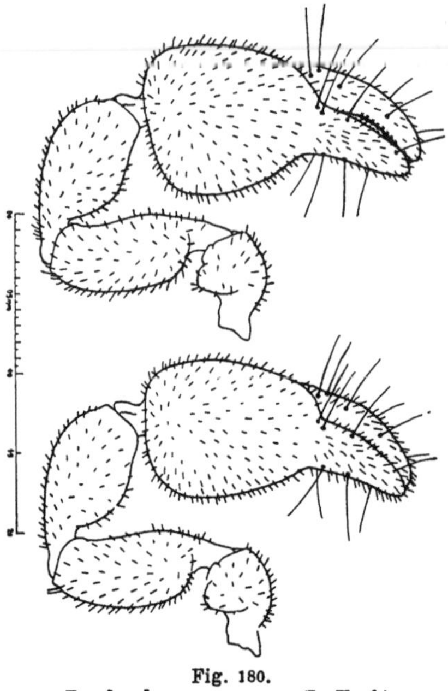

Fig. 180.
Dendrochernes cyrneus (L. Koch).
Linke Palpe von ♂ und ♀.

Über fast ganz Europa verbreitet. — Ein ausgesprochenes Waldtier, welches unter der Rinde von Bäumen und in den Gängen von Bock- und Borkenkäfern lebt. Nester sehr groß.

30. Gen. **Epaphochernes** Beier

1932 *E.*, Beier in: Zool. Jahrb., Syst. *v.* 64 (im Druck).

Typus: *Chelanops arizonensis* Banks (durch ursprüngliche Bestimmung).

Cephalothorax länger als breit, fein granuliert, mit 2 deutlichen Querfurchen. Tergite geteilt, fein granuliert. Borsten des Körpers gezähnt und mehr oder weniger stark keulenförmig. Flagellum mit 4 Borsten. Palpen ziemlich kräftig. Finger mit Nebenzähnen. Das Tasthaar *ist* distal von *est* stehend, *st* näher bei *t* als bei *sb* befindlich. Beine (Fig. 181) ziemlich schlank, der Tarsus des 4. Paares mit einem Tasthaar etwas distal der Mitte.

Nordamerika.

5 Arten.

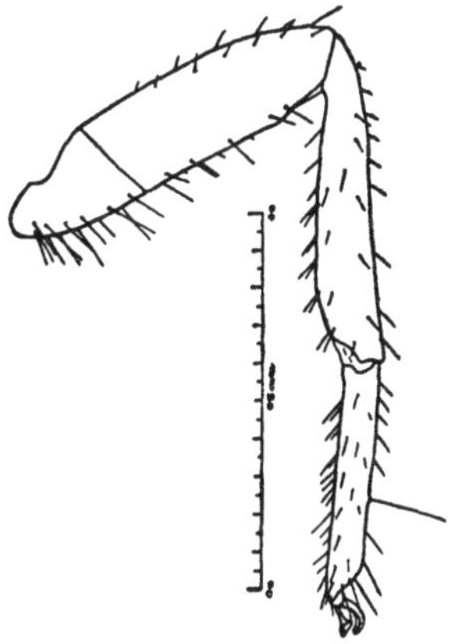

Fig. 181. **Epaphochernes arizonensis** (Banks). Hinterbein.

Übersicht über die Arten:

1 { Finger so lang oder etwas länger als die Hand ohne Stiel — 2
  Finger deutlich etwas kürzer als die Hand ohne Stiel . . . 5. **E. vastitatis**

2 { Körper L. 2—3,5 mm — 3
  Körper L. 4—5 mm . . . . 1. **E. arizonensis**

3 { Borsten an der Medialseite der Palpen leicht gekeult — 4
  Borsten an der Medialseite der Palpen gezähnt, nicht gekeult . 2. **E. carminis**

4 { Cephalothorax 1,5mal so lang wie breit; Palpentibia 1,5mal so breit wie das Femur . . . . 3. **E. partitus**
  Cephalothorax etwa 1,2mal so lang wie breit; Palpentibia nur wenig breiter als das Femur . . . . 4. **E. aequalis**

1. **E. arizonensis** (Banks) 1901 *Chelanops a.*, N. Banks in: P. U. S. Mus., *v.* 23 p. 588 | 1923 *C. a.*, Chamberlin in: P. Calif. Ac., ser. 4 *v.* 12 p. 379 t. 3 f. 8, 30 | 1930 *Hesperochernes a.*, Beier in: Ann. Wien. Mus., *v.* 44 p. 213 f. 9A—C.

Cephalothorax etwas länger als breit, fein granuliert, mit 2 deutlichen Querfurchen. Tergite geteilt, fein granuliert. Flagellum mit 4 Borsten. Palpen (Fig. 182) fein granuliert, mit gezähnten, nicht gekeulten Borsten. Femur 2,6mal, Tibia 2,3mal, Schere 2,5mal so lang wie breit. Finger so lang oder etwas länger als die Hand ohne Stiel. Das Tasthaar *ist* distal von *est* gelegen, *st* bedeutend näher bei *t* als bei *sb* befindlich. Beine schlank, Femur des 4. Paares 4mal,

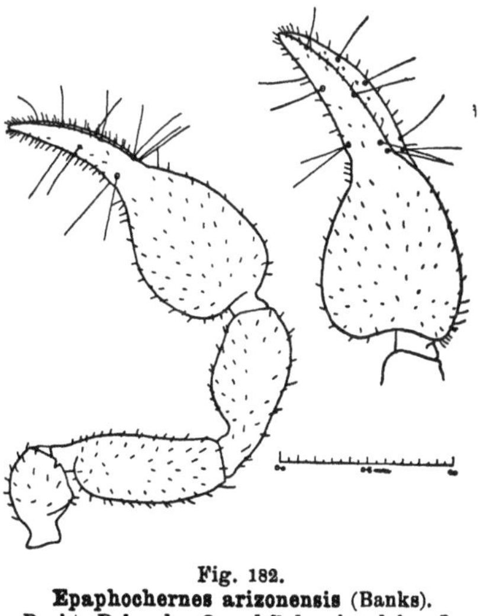

Fig. 182. **Epaphochernes arizonensis** (Banks). Rechte Palpe des ♀ und Palpenhand des ♂.

Tibia 5,6 mal, Tarsus 6,2 mal so lang wie breit, letzterer mit einem Tasthaar etwas distal der Mitte. — Körper L. ♂ 4—4,5 mm, ♀ 4—5 mm; Palpen: Femur L. 0,98 mm, B. 0,38 mm, Tibia L. 0,98 mm, B. 0,40 mm, Hand L. 1,02 mm, B. 0,65 mm, Finger L. 0,85 mm.

Nordamerika: Arizona, Mexiko.

2. **E. carminis** (Chamb.) 1923 *Chelanops c.*, Chamberlin in: P. Calif. Ac., ser. 4 *v.* 12 p. 378 t. 1 f. 10, t. 3 f. 3—5, 27.

Mit der vorigen Art nahe verwandt, jedoch bedeutend kleiner. Cephalothorax länger als breit, fein granuliert, mit 2 deutlichen Querfurchen. Tergite geteilt. Palpen mäßig kräftig, fein granuliert, mit gezähnten Borsten. Femur 2,7 mal, Tibia 2,5 mal, Schere 3,2 mal so lang wie breit. Finger länger als die Hand ohne Stiel. Stellung der Tasthaare wie bei der vorigen Art. Beine schlanker als bei der vorigen Art, das Tasthaar am Tarsus des 4. Paares distal der Mitte gelegen. — Körper L. ♂ 2 mm, ♀ 3 mm.

Nordamerika: Niederkalifornien.

3. **E. partitus** (Banks) 1909 *Chelanops p.*, N. Banks in: Canad. Ent., *v.* 41 p. 304.

Ebenfalls mit *arizonensis* verwandt, jedoch kleiner, heller gefärbt und mit relativ längeren Palpenfingern. Cephalothorax 1,5 mal so lang wie breit, fein granuliert. Tergite geteilt, mit je etwa 8 keulenförmigen Marginalborsten. Femur so lang wie die Breite des Cephalothorax. Tibia 1,5 mal so breit wie das Femur. Hand etwa 2 mal so breit wie das Femur. Finger so lang wie die Hand mit Stiel. — Körper L. 3—3,5 mm.

Nordamerika: Arizona.

4. **E. aequalis** (Banks) 1908 *Chelanops a.*, N. Banks in: Bull. Wisconsin Soc., *v.* 6 p. 41.

Cephalothorax ungefähr 1,2 mal so lang wie breit, fein granuliert, dunkelbraun. Tergite geteilt, fein granuliert, mit 9—11 Marginalborsten. Femur so lang wie die Breite des Cephalothorax. Tibia ungefähr so lang wie das Femur und nur wenig breiter als dieses. Hand etwa 1,5 mal so breit wie die Tibia. Finger so lang wie die Hand. — Körper L. 3,3 mm.

Nordamerika: Texas.

5. **E. vastitatis** (Chamb.) 1923 *Chelanops v*, Chamberlin in: P. Calif. Ac., ser. 4 *v.* 12 p 381 t. 1 f. 9, t. 2 f. 18, 19, t. 3 f. 29.

Cephalothorax fein granuliert, mit leicht keulenförmigen Borsten. Tergite geteilt, mit 14 gezähnten und gekeulten Marginalborsten. Flagellum mit 4 Borsten. Palpen kräftig, fein granuliert. Femur 2,2 mal, Tibia 2,1 mal, Schere 2 mal so lang wie breit. Finger kaum so lang wie die Hand ohne Stiel. Das Tasthaar *st* nicht näher bei *t* als bei *sb* stehend. Das Tasthaar am Tarsus des 4. Beinpaares distal der Mitte gelegen. — Körper L. ♂ 3,2 mm, ♀ 4—4,2 mm.

Nordamerika: Niederkalifornien.

31. Gen. **Hesperochernes** Chamb.

1924 *H.*, Chamberlin in: Pan-Pacif. Ent. San Francisco, *v.* 1 p. 89.

Typus: *H. laurae* Chamb. (durch ursprüngliche Bestimmung).

Cephalothorax deutlich länger als breit, granuliert, mit 2 deutlichen Querfurchen. Tergite geteilt, granuliert. Borsten des Körpers und der

Palpen meist leicht, aber deutlich gekeult. Flagellum mit 4 Borsten. Palpen ziemlich kräftig, granuliert. Das Tasthaar *ist* distal von *est* gelegen, *st* deutlich näher bei *t* als bei *sb* befindlich. Finger mit zahlreichen Nebenzähnen. Beine ziemlich schlank, der Tarsus des 4. Paares ohne Tasthaar.

Nordamerika.

5 Arten.

Übersicht über die Arten:

1 { Borsten an der Medialseite der Palpenglieder leicht, aber deutlich gekeult (Arten des westlichen Nordamerika) — 2
Borsten an der Medialseite der Palpenglieder gezähnt, nicht gekeult (Arten des östlichen Nordamerika) — 4

2 { Kleinere Arten, Körper L. 2,2—2,6 mm — 3
Größere Art, Körper L. 4 mm . . . . 3. **H. obesus**

3 { Palpentibia 2,4—2,6 mal, Schere 2,9 mal so lang wie breit . . 1. **H. laurae**
Palpentibia 2,9 mal, Schere 3,3 mal so lang wie breit . . . . 2. **H. globosus**

4 { Hand mäßig breit, 1,5—1,6 mal so breit wie das Femur . . . 4. **H. tamiae**
Hand sehr breit, doppelt so breit wie das Femur . . . . . 5. **H. latimanus**

1. **H. laurae** Chamb. 1924 *H. l.*, Chamberlin in: Pan-Pacif. Ent. San Francisco, *v.* 1 p. 90 f. A—L.

Cephalothorax etwas länger als breit, fein granuliert, mit 2 deutlichen Querfurchen, die basale bedeutend näher dem Hinterrand als der vorderen. Tergite geteilt, mit je 10 Marginalborsten. Borsten des Körpers gekeult. Flagellum mit 4 Borsten, die distale einseitig gezähnt. Serrula mit 17 Lamellen. Galea mit 5 Seitenästen. Palpen mäßig kräftig, fein granuliert, mit gezähnten und leicht gekeulten Borsten. Femur 2,9 mal, Tibia 2,4 mal, Schere 2,8 mal so lang wie breit. Finger so lang wie die Hand ohne Stiel, der feste mit 39—40, der bewegliche mit etwa 45 Marginalzähnen. Nebenzähne in geringer Anzahl vorhanden. Beine mäßig schlank, der Tarsus des 4. Paares ohne Tasthaar. — Körper L. ♂ 2,2 mm, ♀ 2,6 mm.

Nordamerika: Kalifornien.

2. **H. globosus** (Ellingsen) 1910 *Chelifer (Trachychernes) g.*, Ellingsen in: Mt. Mus. Berlin, *v.* 4 p 374.

Cephalothorax ein wenig länger als breit, ziemlich grob granuliert, mit 2 deutlichen Querfurchen, die basale näher dem Hinterrand als der vorderen. Tergite geteilt, deutlich granuliert. Borsten des Körpers gekeult. Palpen (Fig. 183) mäßig schlank, etwas länger als der Körper, ziemlich grob granuliert, mit gezähnten, kaum gekeulten Borsten. Femur 3,1 mal, Tibia 2,9 mal, Schere 2,3 mal so lang wie breit. Finger etwas kürzer als die Hand ohne Stiel, nicht klaffend. Das Tasthaar *ist* distal von *est* stehend. Flagellum mit 4 Borsten. Serrula mit 25 Lamellen. Galea nahezu einfach. Tarsus des 4. Beinpaares ohne Tasthaar. — Körper L. ♂ 2,2 mm; Palpen: Femur L. 0,86 mm, B. 0,27 mm, Tibia L. 0,87 mm, B. 0,30 mm, Hand L. 0,88 mm, B. 0,58 mm, Finger L. 0,69 mm.

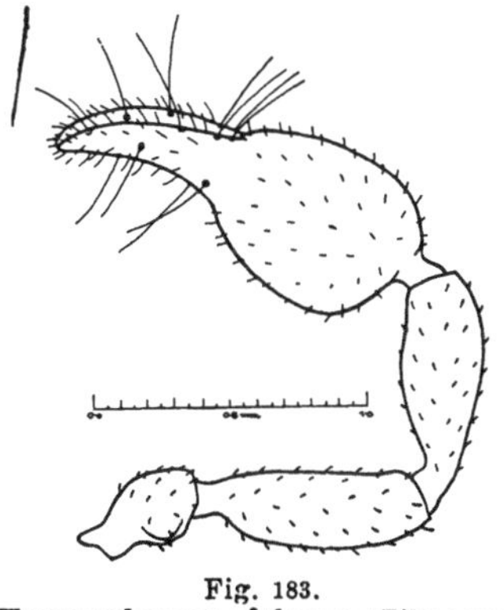

Fig. 183.
Hesperochernes globosus (Ellingsen).
Rechte Palpe ♂.

Nordamerika: Mexiko.

3. **H. obesus** (Banks) 1909 *Chelanops o.*, N. Banks in: J. N. York ent. Soc, *v.* 17 p. 146.

Cephalothorax sehr fein granuliert, mit 2 deutlichen Querfurchen. Tergite geteilt, mit etwa 8 Marginalborsten. Borsten des Körpers gekeult. Palpen kräftig, fein granuliert, mit gekeulten Borsten. Femur ungefähr so lang wie die Breite des Cephalothorax. Tibia so lang und so breit wie das Femur. Hand sehr breit, etwa 2,5 mal so breit wie die Tibia. Finger ungefähr so lang wie die Hand. — Körper L. 4 mm.

Nordamerika: Arizona, Mexiko, Kalifornien.

4. **H. tamiae** Beier 1930 *H. t.*, Beier in: Ann. Wien. Mus., *v.* 44 p. 214 f. 10—13.

Cephalothorax nur wenig länger als breit, ziemlich fein granuliert, mit 2 deutlichen Querfurchen, die basale etwas näher dem Hinterrand als der vorderen. Tergite geteilt, fein granuliert. Borsten des Körpers und der Palpen gezähnt, nicht gekeult. Flagellum mit 4 Borsten, sämtlich einseitig fein gezähnt. Serrula mit 20 Lamellen. Galea mit 6 Seitenästen. Palpen (Fig. 184) ziemlich kräftig, so lang oder etwas kürzer als der Körper, nur sehr fein, beim Männchen etwas kräftiger als beim Weibchen granuliert.

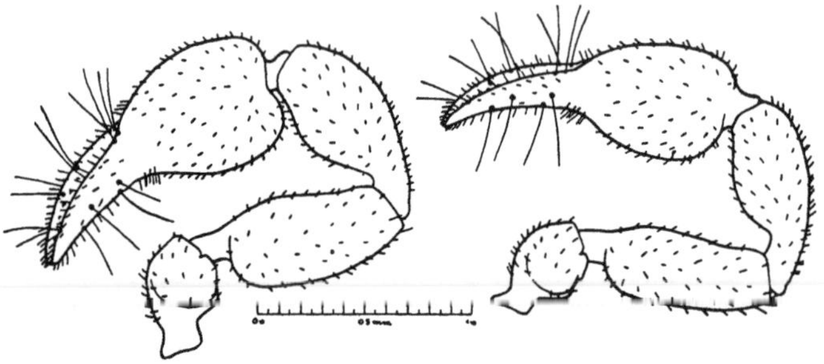

Fig. 184.
Hesperochernes tamiae Beier. Rechte Palpe von ♂ und ♀.

Femur des Männchens 2,4 mal, des Weibchens 2,8 mal, Tibia des Männchens 2,2 mal, des Weibchens 2,6 mal, Schere des Männchens 2,2 mal, des Weibchens 2,6 mal so lang wie breit. Finger so lang wie oder etwas länger als die Hand ohne Stiel, mit ziemlich zahlreichen Nebenzähnen. Femur des 4. Beinpaares 3,9 mal, Tibia 5 mal, Tarsus 5,2 mal so lang wie breit, letzterer ohne Tasthaar. — Körper L. ♂ 2,7 mm, ♀ 3,5 mm; Palpen: ♂ Femur L. 0,96 mm, B. 0,40 mm, Tibia L. 0,93 mm, B. 0,43 mm, Hand L. 0,86 mm, B. 0,60 mm, Finger L. 0,73 mm; ♀ Femur L. 0,90 mm, B. 0,33 mm, Tibia L. 0,88 mm, B. 0,34 mm, Hand L. 0,83 mm, B. 0,52 mm, Finger L. 0,72 mm.

Nordamerika: New-York, Ithaka. — In den Nestern von Erdhörnchen *(Tamias)*.

5. **H. latimanus** (Banks) 1895 *Chelanops l.*, N. Banks in: J. N. York ent. Soc., *v.* 3 p. 6.

Körper-Farbe ziemlich hell bräunlichgelb. Cephalothorax fein granuliert, mit 2 deutlichen Querfurchen. Augenflecke vorhanden. Tergite geteilt. Borsten des Körpers und der Palpen kurz und gezähnt, jedoch nicht gekeult. Palpen ziemlich kräftig, fein granuliert. Femur bedeutend kürzer als der Cephalothorax, etwa 2,5 mal so lang wie breit. Tibia so lang wie und ein wenig breiter als das Femur. Hand sehr breit, doppelt so breit wie das Femur. Finger etwas kürzer als die Hand. — Körper L. 3 mm.

Nordamerika: Florida.

32. Gen. **Chelanops** Gerv.

1849 *C.*, P. Gervais in: Gay, Hist. Chile, *v.* 4 p. 13.

Typus: *Chelifer (Chelanops) coecus* Gerv. (durch Monotypie).

Cephalothorax etwas länger als breit, granuliert, mit 2 deutlichen Querfurchen. Tergite geteilt, granuliert. Borsten des Körpers und der Palpen gezähnt und meist auch gekeult. Flagellum mit 4 Borsten. Palpen mäßig kräftig, granuliert. Finger mit zahlreichen Nebenzähnen. Das Tasthaar *ist* in gleicher Höhe mit *est* stehend, *st* näher bei *t* als bei *sb* befindlich. Beine mäßig schlank, der Tarsus des 4. Paares ohne Tasthaar.

Süd- und Zentralamerika.

4 sichere, 2 unsichere Arten.

Übersicht über die Arten:

1 { Schere 2—2,7 mal so lang wie breit; Serrula mit 18 bis 25 Lamellen; Borsten der Palpen schwach gekeult — 2
Schere 3,1 mal so lang wie breit; Serrula mit 27 Lamellen; Borsten der Palpen deutlich gekeult . . . . 4. **C. costaricensis**

2 { Palpentibia 2,6 mal so lang wie breit — 3
Palpentibia 2,3 mal so lang wie breit . . . . 3. **C. altimanus**

3 { Serrula mit 18—20 Lamellen; Finger etwas kürzer als die Hand; 11. Tergit mit Tasthaaren . . . . 1. **C. rotundimanus**
Serrula mit 25 Lamellen; Finger etwas länger als die Hand; 11. Tergit ohne Tasthaare . . . . 2. **C. chilensis**

1. **C. rotundimanus** (Ellingsen) 1910 *Chelifer (Trachychernes) r.*, Ellingsen in: Mt. Mus. Berlin, *v.* 4 p. 379 | 1930 *C. (T.) r.*, Beier in: Boll. Laborat. Zool. Portici, *v* 23 p. 199 f. 3 A—B.

Cephalothorax länger als breit, fein granuliert, mit 2 deutlichen Querfurchen, die basale ungefähr in der Mitte zwischen dem Hinterrand und der vorderen gelegen. Tergite geteilt, das 11. mit seitlichen Tasthaaren. Borsten des Körpers und der Palpen gezähnt, kaum gekeult. Flagellum mit 4 Borsten.

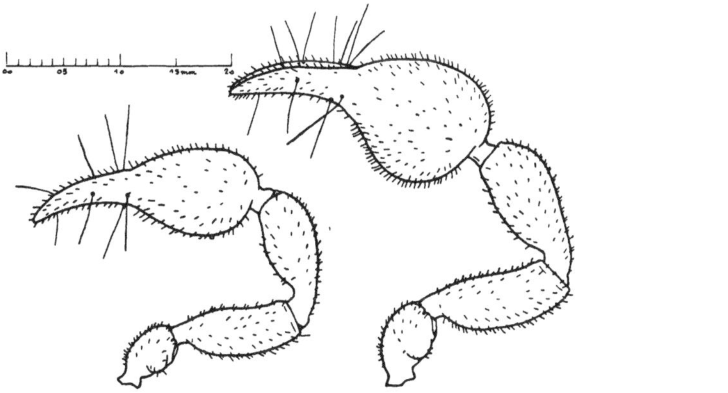

Fig. 185.
Chelanops rotundimanus (Ellingsen). Rechte Palpe von ♂ und ♀.

Serrula mit 18—20 Lamellen. Galea mit 6 Seitenästen. Palpen (Fig. 185) ziemlich kräftig, länger als der Körper, fein granuliert. Femur des Männchens 2,9 mal, des Weibchens 2,8 mal, Tibia in beiden Geschlechtern 2,6 mal,

Schere des Männchens 2 mal, des Weibchens 2,6 mal so lang wie breit. Finger etwas kürzer als die Hand ohne Stiel. Hand des Männchens stark verbreitert. Beine mäßig schlank, der Tarsus des 4. Paares ohne Tasthaar. — Körper L. 4 mm; Palpen: ♂ Femur L. 1,30 mm, B. 0,46 mm, Tibia L. 1,40 mm, B. 0,52 mm, Hand L. 1,42 mm, B. 1,08 mm, Finger L. 1,18 mm; ♀ Femur L. 1,14 mm, B. 0,40 mm, Tibia L. 1,18 mm, B. 0,45 mm, Hand L. 1,30 mm, B. 0,73 mm, Finger L. 0,99 mm.

Südamerika: Chile.

2. **C. chilensis** Beier 1932 *C. c.*, Beier in: Zool. Jahrb., Syst. *v.* 64 (im Druck).

Cephalothorax länger als breit, fein granuliert, mit 2 deutlichen Querfurchen, die basale in der Mitte zwischen dem Hinterrand und der vorderen. Tergite geteilt, fein granuliert, das letzte ohne Tasthaar. 7 Marginalborsten auf jedem Halbtergit. Borsten des Körpers keulenförmig, die der Palpen gezähnt und nur schwach gekeult. Flagellum mit 4 Borsten, die beiden distalen einseitig fein gefiedert. Serrula mit 25 Lamellen. Galea ziemlich lang, im distalen Drittel mit 5 Seitenästen. Chelicerenstamm mit 6 Borsten. Palpen (Fig. 186) medial fein granuliert, lateral nahezu glatt. Femur 2,8 mal, Tibia 2,6 mal, Schere 2,3 mal so lang wie breit. Finger ein wenig länger als die Hand ohne Stiel. Das Tasthaar *ist* in gleicher Höhe mit *est* gelegen, *st* bedeutend näher bei *t* als bei *sb* stehend. Beine mäßig schlank, Femur des 4. Paares 3,4 mal, Tibia 4,8 mal, Tarsus 5,2 mal so lang wie breit, letzterer ohne Tasthaar. — Körper L. ♀ 4,5 mm; Palpen: Femur L. 1,23 mm, B. 0.44 mm, Tibia L. 1,27 mm, B. 0,50 mm, Hand L. 1,27 mm, B. 0,87 mm, Finger L. 1,15 mm.

Südamerika: Chile.

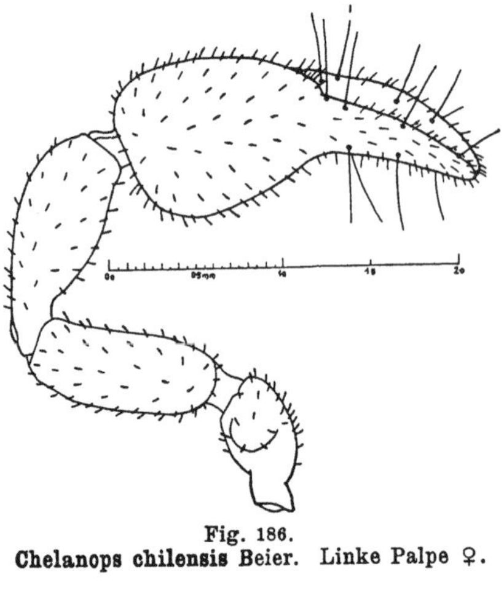

Fig. 186.
Chelanops chilensis Beier. Linke Palpe ♀.

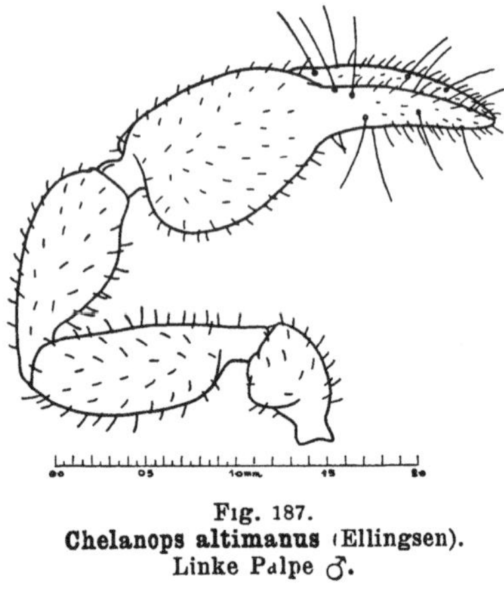

Fig. 187.
Chelanops altimanus (Ellingsen). Linke Palpe ♂.

3. **C. altimanus** (Ellingsen) 1910 *Chelifer (Trachychernes) a.*, Ellingsen in: Mt. Mus. Berlin, *v.* 4 p 370.

Cephalothorax ein wenig länger als breit, fein granuliert, mit 2 deutlichen Querfurchen, die basale in der Mitte zwischen dem Hinterrand und der vorderen gelegen. Tergite geteilt, fein granuliert. Borsten des Körpers und der Palpen gezähnt, nicht gekeult. Flagellum mit 4 Borsten. Serrula mit 23 Lamellen. Palpen (Fig. 187) etwas länger als der Körper, fein und flach granuliert. Femur 2,8mal, Tibia 2,3mal, Schere 2,7mal so lang wie breit. Finger deutlich länger als die Hand ohne Stiel, nicht klaffend, mit zahlreichen Nebenzähnen. Stellung der Tasthaare wie bei der vorigen Art. Beine ziemlich lang, Femur des 4. Paares 4,6mal, Tibia 6,1mal, Tarsus 7,3mal so lang wie breit, letzterer ohne Tasthaar. — Körper L. ♂ 3,2 mm; Palpen: Femur L. 1,27 mm, B. 0,46 mm, Tibia L. 1,20 mm, B. 0,52 mm, Hand L. 1,20 mm, B. 0,77 mm, Finger L. 1,16 mm.

Westindien: Insel St. Thomas.

4. **C. costaricensis** Beier 1932 *C. c.*, Beier in: Zool. Jahrb., Syst. *v.* 64 (im Druck).

Cephalothorax länger als breit, dicht granuliert, mit 2 ziemlich schmalen Querfurchen, die basale in der Mitte zwischen dem Hinterrand und der vorderen gelegen. Tergite geteilt, das letzte ohne Tasthaar. Borsten des Körpers gekeult. 9 Marginalborsten auf jedem Halbtergit. 4 einseitig gefiederte Flagellumborsten. Serrula mit 27 Lamellen. Galea mit 5 Seitenästen in der distalen Hälfte. Chelicerenstamm mit 7 Borsten. Palpen (Fig. 188) dicht und deutlich, aber nicht besonders grob granuliert, medial deutlicher

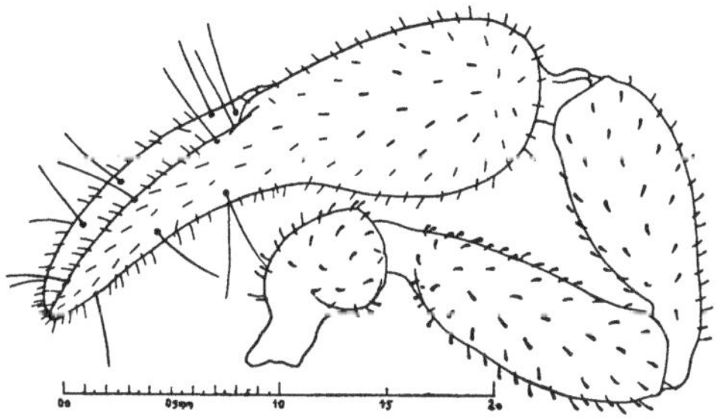

Fig. 188.
Chelanops costaricensis Beier. Rechte Palpe.

als lateral, mit gekeulten Borsten. Femur 3mal, Tibia 2,8mal, Schere 3,1mal so lang wie breit. Finger deutlich länger als die Hand ohne Stiel. Stellung der Tasthaare wie bei den vorigen Arten. Beine schlank, Femur des 4. Paares 4,4mal, Tibia 5,9mal, Tarsus 6,6mal so lang wie breit, letzterer ohne Tasthaar. — Körper L. 4,2 mm; Palpen: Femur L. 1,43 mm, B. 0,48 mm, Tibia L. 1,45 mm. B. 0,55 mm, Hand L. 1,55 mm, B. 0,78 mm, Finger L. 1,40 mm.

Zentralamerika: Costarica.

Unsichere Arten:

C. coecus (Gerv.) 1849 *Chelifer (Chelanops) c.*, P. Gervais in: Gay, Hist. Chile, *v.* 4 p. 13 t. 1 f. 13.

Infolge der ungenügenden Beschreibung nicht sicher zu deuten, wahrscheinlich jedoch mit *rotundimanus* verwandt.

Südamerika: Chile.

C. grossus (Banks) 1893 *C. g*, N. Banks in: Canad. Ent., *v.* 25 p 65.

Beschreibung ungenügend. — Körper L. ♂ 3,3 mm, ♀ 4,7 mm.

Nordamerika: Colorado.

33. Gen. **Ancalochernes** Beier

1932 *A.*, Beier in: Zool. Jahrb., Syst. *v.* 64 (im Druck).

Typus: *A. mexicanus* Beier (durch ursprüngliche Bestimmung und Monotypie).

Cephalothorax länger als breit, fein granuliert, mit 2 deutlichen Querfurchen. Tergite geteilt. Borsten des Körpers und der Palpen gezähnt und gekeult. Flagellum mit 4 Borsten. Palpen mäßig kräftig, die Tibia des Männchens medial mit zahnartigem Fortsatz. Das Tasthaar *ist* distal von *est* stehend, *st* etwa in der Mitte zwischen *sb* und *t* befindlich. Beine mäßig schlank, der Tarsus des 4. Paares ohne Tasthaar.

Nordamerika.

1 Art.

1. **A. mexicanus** Beier 1932 *A. m.*, Beier in: Zool. Jahrb., Syst. *v.* 64 (im Druck).

Cephalothorax länger als breit, fein granuliert, mit 2 deutlichen Querfurchen, die basale dem Hinterrand bedeutend näher als der vorderen. Tergite einschließlich des 11. geteilt, fein granuliert. 6—7 Marginalborsten auf jedem Halbtergit. Borsten des Körpers gezähnt und gekeult. Flagellum mit 4 Borsten. Serrula mit 18 Lamellen. Galea mit 6 Seitenästen. Palpen (Fig. 189) fein granuliert, mit ziemlich langen, nur schwach gekeulten Borsten. Tibia des Männchens medial mit starker zahnartiger Vorragung, die des Weibchens nur schwach vorgezogen. Femur 3,1 mal, Tibia des Männchens 2,3 mal, des Weibchens 2,8 mal, Schere des Männchens 3,2 mal, des Weibchens 3,3 mal so lang wie breit. Finger des Männchens etwas kürzer als die des Weibchens, so lang wie die Hand ohne Stiel, der feste mit 47, der bewegliche mit 51 Marginalzähnen. Fester Finger lateral mit 11, medial mit 4, beweglicher lateral mit 10, medial mit 2 Nebenzähnen. Das Tasthaar *ist* distal von *est* stehend, *st* in der Mitte zwischen *sb* und *t* befindlich. Beine mäßig schlank, das Femur des 4. Paares 3,8 mal, Tibia 5 mal, Tarsus 5,3 mal so lang wie breit, letzterer ohne Tasthaar. — Körper L. ♂ 3 mm, ♀ 3,5 mm; Palpen: ♂ Femur L. 1,02 mm, B. 0,34 mm, Tibia L. 1,04 mm, B. 0,46 mm, Hand L. 0,99 mm, B. 0,48 mm, Finger L. 0,80 mm; ♀ Femur L. 1,01 mm, B. 0,32 mm, Tibia L. 1,02 mm, B. 0,39 mm, Hand L. 1,00 mm, B. 0,48 mm, Finger L. 0,83 mm.

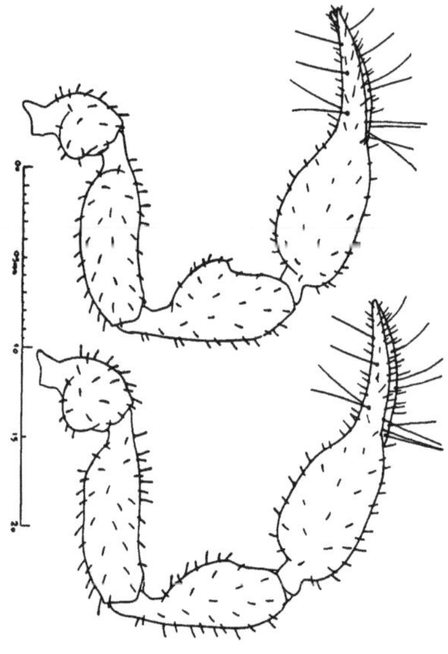

Fig. 189.
Ancalochernes mexicanus Beier.
Rechte Palpe von ♂ und ♀.

Nordamerika: Mexiko.

34. Gen. **Semeiochernes** Beier

1932 *S.*, Beier in: Zool. Jahrb., Syst. *v.* 64 (im Druck).

Typus: *S. militaris* Beier (durch ursprüngliche Bestimmung).

Cephalothorax ungefähr so lang wie breit, granuliert, mit 2 deutlichen Querfurchen. Tergite geteilt. Borsten des Körpers und der Palpen deutlich keulenförmig. Flagellum mit 4 Borsten. Palpen sehr kräftig, granuliert. Hand des Männchens wenigstens medial mit einem kräftigen, zapfen- oder fingerförmigen Fortsatz. Das Tasthaar *ist* kaum distal von *est* stehend, *st* deutlich näher bei *t* als bei *sb* befindlich. Beine ziemlich schlank, der Tarsus des 4. Paares ohne Tasthaar.

Süd- und Zentralamerika.

2 Arten.

Übersicht über die Arten:

1 { Palpenhand des Männchens lateral nahe der Fingerbasis ohne Fortsatz . . . . 1. **S. militaris**
Palpenhand des Männchens lateral nahe der Fingerbasis mit einem zapfenartigen Fortsatz . . . . 2. **S. armiger**

1. **S. militaris** Beier 1930 *Mirochernes dentatus* (non *Chelanops d.* Banks 1895), Beier in: Ann. Wien. Mus., *v.* 44 p. 217 f. 14 | 1932 *Semeiochernes militaris*, Beier in: Zool. Jahrb., Syst. *v.* 64 (im Druck).

Cephalothorax ungefähr so lang wie breit, fein granuliert, mit zwei deutlichen, jedoch ziemlich schmalen Querfurchen, die basale in der Mitte zwischen dem Hinterrand und der vorderen gelegen. Tergite geteilt, fein granuliert, mit je 9 Marginalborsten. Borsten des Körpers und der Palpen deutlich gekeult. Flagellum mit 4 Borsten, sämtliche einseitig fein gezähnt. Serrula mit 28 Lamellen, die 3 basalen verlängert und verbreitert. Galea des Männchens einfach. Palpen (Fig. 190) sehr kräftig, länger als der Körper, fein granuliert. Femur aus dem Stielchen allmählich, jedoch ziemlich stark verdickt. Hand des Männchens mit einem langen und kräftigen, finger- oder zapfenförmigen Fortsatz medio-dorsal und einem kürzeren latero-ventral nahe dem Stielchen, lateral nahe der Fingerbasis jedoch ohne solchen. Femur 3,1 mal, Tibia 2,6 mal, Schere etwa 2,3 mal so lang wie breit. Finger etwas länger als die Hand mit Stiel. Das Tasthaar *st* deutlich näher bei *t* als bei *sb*. Tarsus des 4. Beinpaares ohne Tasthaar. — Körper L. ♂ 3,5 mm; Palpen: Femur L. 1,36 mm, B. 0,43 mm, Tibia L. 1,37 mm, B. 0,50 mm, Hand L. 1,35 mm, B. 0,99 mm, Finger L. 1,49 mm.

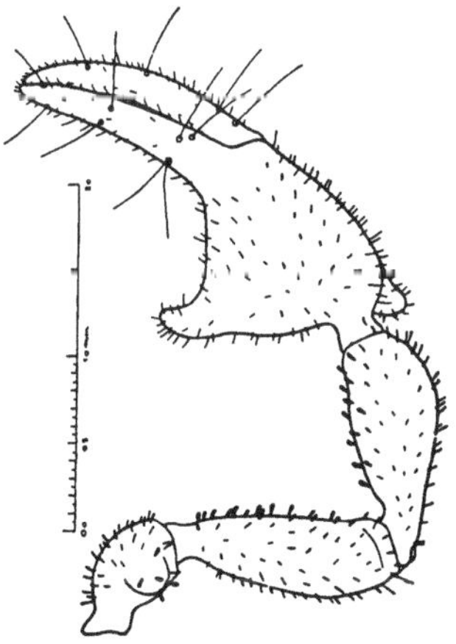

Fig. 190.
Semeiochernes militaris Beier.
Rechte Palpe ♂.

Zentralamerika: Costarica.

2. **S. armiger** (Balzan) 1891 *Chelifer (Trachychernes) a.*, Balzan in: Ann. Soc. ent. France, *v.* 60 p. 527 t. 10 f. 18 | 1908 *C. a.*, With in: Tr. zool. Soc. London, *v.* 18 p. 261.

Mit der vorigen Art nahe verwandt. Cephalothorax nur sehr wenig länger als breit, fein granuliert, mit 2 deutlichen Querfurchen. Tergite geteilt, fein granuliert. Borsten des Körpers und der Palpen keulenförmig. Flagellum mit 4 Borsten. Palpen denjenigen der vorigen Art ähnlich, die Hand des Männchens jedoch außer dem kräftigen medio-dorsalen und dem kürzeren latero-ventralen Fortsatz nahe dem Stielchen noch mit einem deutlichen zapfenförmigen Fortsatz lateral nahe der Fingerbasis. Femur 3 mal, Tibia 2,6 mal. Schere 2,6 mal so lang wie breit. Tarsus des 4. Beinpaares ohne Tasthaar. — Körper L. ♂ 4,6 mm; Palpen: Femur L. 1,55 mm, B. 0,51 mm, Tibia L. 1,55 mm, B. 0,62 mm, Hand L. 1,60 mm, B. 1,25 mm, Finger L. 1,60 mm.

Südamerika: Peru, Amazonas.

35. Gen. **Mirochernes** Beier

1930 *M.*, Beier in: Ann. Wien. Mus., *v.* 44 p. 216.

Typus: *Chelanops dentatus* Banks (durch ursprüngliche Bestimmung und Monotypie).

Cephalothorax kaum länger als breit, granuliert, mit 2 deutlichen Querfurchen. Tergite geteilt, fein granuliert. Borsten des Körpers und der Palpen gekeult. Flagellum mit 4 Borsten. Palpen kräftig, fein granuliert. Hand des Männchens medial mit einem lamellären, zahnartigen Fortsatz. Tarsus des 4. Beinpaares ohne Tasthaar.

Nordamerika.

1 Art.

1. **M. dentatus** (Banks) 1895 *Chelanops d.*, N. Banks in: J. N. York ent. Soc., *v.* 3 p. 6.

Cephalothorax ein wenig länger als breit, fein granuliert, mit 2 deutlichen Querfurchen. Tergite geteilt, fein granuliert. Borsten des Körpers und der Palpen gekeult. Flagellum mit 4 Borsten. Palpen kurz und gedrungen, fein granuliert. Femur kürzer als der Cephalothorax. Tibia ungefähr so lang wie das Femur und ein wenig breiter als dieses. Hand fast doppelt so breit wie das Femur, medial mit einem kräftigen lamellären, zahnartigen Fortsatz. Finger so lang wie die Hand. Tarsus des 4. Beinpaares ohne Tasthaar. — Körper L. 2 mm.

Nordamerika: Florida.

36. Gen. **Pseudozaona** Beier

1932 *P.*, Beier in: Zool. Jahrb., Syst. *v.* 64 (im Druck).

Typus: *P. communis* Beier (durch ursprüngliche Bestimmung und Monotypie).

Cephalothorax länger als breit, mit 2 deutlichen Querfurchen. Tergite geteilt, fein granuliert. Borsten des Körpers und der Palpen gezähnt und leicht gekeult. Flagellum mit 4 Borsten. Palpen schlank, stark verlängert, *Chelifer*-ähnlich, das Femur aus dem Stielchen allmählich verbreitert. Schere schlank. Finger mit zahlreichen Nebenzähnen. Das Tasthaar *ist* distal von *est* stehend, *st* in der Mitte zwischen *sb* und *t* gelegen. Beine schlank, der Tarsus des 4. Paares ohne Tasthaar.

Nordamerika.

1 Art.

1. **P. communis** Beier 1932 *P. c.*, Beier in: Zool. Jahrb., Syst. *v.* 64 (im Druck).

Cephalothorax länger als breit, fein und dicht granuliert, mit 2 deutlichen Querfurchen, die basale näher dem Hinterrand als der vorderen gelegen. Tergite mit Ausnahme des 11. geteilt, fein und dicht granuliert. 8 Marginalborsten in etwas unregelmäßiger Reihe auf jedem Halbtergit. Borsten des Körpers gekeult und gezähnt. Flagellum mit 4 Borsten, sämtliche einseitig gefiedert. Serrula mit 21 Lamellen. Galea mit 5 kurzen Seitenästen in der distalen Hälfte. Chelicerenstamm mit 5 Borsten, die der basalen Reihe distal fein gezähnt. Palpe (Fig. 191) schlank, deutlich granuliert, Femur und Tibia medial mit einigen gröberen Borsten tragenden Körnern. Borsten an der Medialseite der Glieder ziemlich lang und dick, lappig gezähnt, jedoch nur schwach gekeult. Femur aus dem Stielchen allmählich verbreitert. Femur des Männchens 3,5 mal, des Weibchens 4,3 mal, Tibia des Männchens 3 mal, des Weibchens 3,8 mal, Schere des Männchens 4,1 mal, des

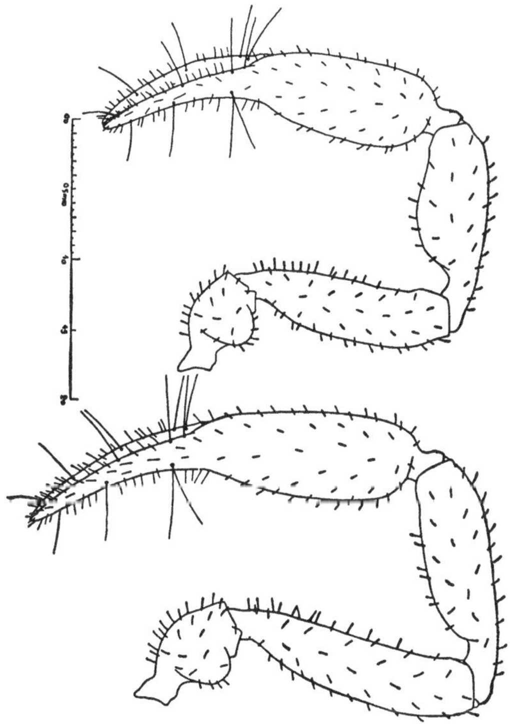

Fig. 191.
Pseudozaona communis Beier. Rechte Palpe von ♂ und ♀.

Weibchens 4,6 mal so lang wie breit. Finger des Männchens so lang wie, die des Weibchens etwas kürzer als die Hand ohne Stiel, der feste mit 58, der bewegliche mit 64 Marginalzähnen. Fester Finger lateral mit 14, medial mit 14, beweglicher lateral mit 14, medial mit 10 Nebenzähnen. Das Tasthaar *ist* distal von *est* gelegen, *it* nahe bei *et* stehend, *st* in der Mitte zwischen *sb* und *t* befindlich. Beine schlank, Femur des 4. Paares beim Männchen 4,3 mal, beim Weibchen 4,5 mal, Tibia beim Männchen 5 mal, beim Weibchen 6,3 mal, Tarsus beim Männchen 5,2 mal, beim Weibchen 5,8 mal so lang wie breit, letzterer ohne Tasthaar. — Körper L. ♂ 3,2 bis 3,5 mm, ♀ 4,5—5 mm; Palpen: ♂ Femur L. 1,48 mm, B. 0,43 mm, Tibia L. 1,48 mm, B. 0,52 mm, Hand L. 1,48 mm, B. 0,59 mm, Finger L. 1,28 mm; ♀ Femur L. 1,82 mm, B. 0,43 mm, Tibia L. 1,76 mm, B. 0,47 mm, Hand L. 1,75 mm, B. 0,62 mm, Finger L. 1,46 mm.

Nordamerika: Mexiko.

37. Gen. **Nesochernes** Beier

1932 *N.*, Beier in: Zool. Jahrb., Syst. *v.* 64 (im Druck).

Typus: *N. gracilis* Beier (durch ursprüngliche Bestimmung und Monotypie).

Cephalothorax länger als breit, fein und wenig deutlich granuliert, mit 2 Querfurchen. Tergite geteilt, fein granuliert. Borsten des Körpers ziemlich lang, leicht gekeult. Flagellum mit 4 Borsten. Palpen schlank, mit gekeulten Borsten, das Femur ohne deutlich abgesetztes Stielchen. Das Tasthaar *ist* distal von *est* gelegen, *it* nahe bei *et* stehend, *st* deutlich näher bei *t* als bei *sb* befindlich. Finger mit Nebenzähnen. Beine ziemlich schlank, der Tarsus des 4. Paares ohne Tasthaar.

Neuseeland: Auckland-Inseln.

1 Art.

1. **N. gracilis** Beier 1932 *N. g.*, Beier in: Zool. Jahrb., Syst. *v.* 64 (im Druck).

Cephalothorax länger als breit, fein, flach, verwischt und wenig deutlich granuliert, mit 2 Querfurchen, die basale näher dem Hinterrand als der vorderen gelegen. Tergite geteilt, fein und wenig deutlich granuliert. Borsten des Körpers und der Palpen ziemlich gezähnt und leicht gekeult. Flagellum mit 4 Borsten, die distale einseitig gefiedert. Serrula mit 25 Lamellen.

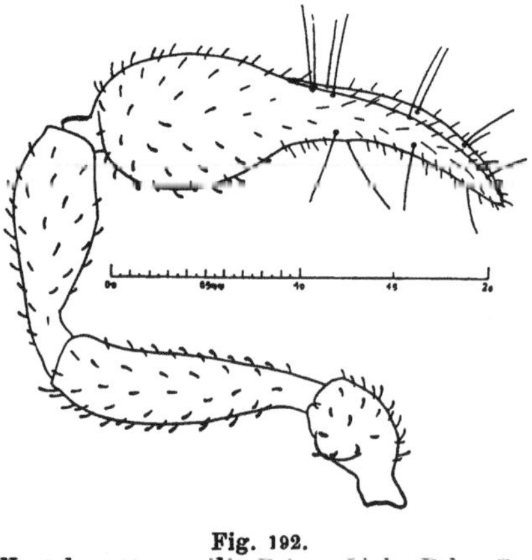

Fig. 192.
Nesochernes gracilis Beier. Linke Palpe ♀.

Galea nicht besonders lang, distal mit 6 Seitenästen. Palpen (Fig. 192) schlank, fein granuliert, das Femur ohne deutlich abgesetztes Stielchen. Femur 3,8 mal, Tibia 2,9 mal, Schere 3,1 mal so lang wie breit. Hand ziemlich regelmäßig oval. Finger so lang wie die Hand mit Stiel, der feste mit 70, der bewegliche mit 71 Marginalzähnen. Fester Finger lateral mit 9, medial mit 4, beweglicher lateral mit 8, medial mit 4 Nebenzähnen. Auch der feste Finger mit kurzem und stumpfem Giftzahn. Das Tasthaar *ist* distal von *est* gelegen, *it* nahe bei *et* stehend, *st* deutlich näher bei *t* als bei *sb* befindlich. Beine ziemlich schlank, Femur des 4. Paares 4,2 mal, Tibia 5,6 mal, Tarsus 5,2 mal so lang wie breit, letzterer ohne Tasthaar. — Körper L. ♀ 5 mm; Palpen: Femur L. 1,40 mm, B. 0,37 mm, Tibia L. 1,30 mm, B. 0,44 mm, Hand L. 1,26 mm, B. 0,70 mm, Finger L. 1,27 mm.

Neuseeland: Auckland-Inseln.

38. Gen. **Eumecochernes** Beier

1932 *E.*, Beier in: Zool. Jahrb., Syst. *v.* 64 (im Druck).

Typus: *Chelifer hawaiensis* E. Sim. (durch ursprüngliche Bestimmung).

Cephalothorax etwas länger als breit, fein granuliert, mit einer tiefen basalen und einer schwächeren vorderen Querfurche. Tergite geteilt, fein granuliert. Borsten des Körpers und der Palpen kurz, nicht oder nur schwach gekeult. Flagellum mit 4 Borsten. Palpen stark verlängert, *Chelifer*-ähnlich, das Femur allmählich verbreitert und ohne deutlich abgesetztes Stielchen. Finger mit Nebenzähnen. Das Tasthaar *ist* proximal von *est* gelegen, *it* fast in gleicher Höhe mit *et* stehend, *st* bedeutend näher bei *t* als bei *sb* befindlich. Tarsus des 4. Beinpaares ohne Tasthaar.

Ozeanien: Sandwich-Inseln.

3 Arten.

Übersicht über die Arten:

1	Palpen schlanker, Femur 4,5—4,7 mal so lang wie breit — 2	
	Palpen gedrungener, Femur 3,5 mal so lang wie breit . . .	3. **E. pacificus**
2	Serrula mit 22 Lamellen; Hand schlanker, 2,5 mal so lang wie breit und 1,46 mal so breit wie die Tibia	1. **E. hawaiensis**
	Serrula mit 18 Lamellen; Hand breiter, 2,1 mal so lang wie breit und 1,6 mal so breit wie die Tibia	2. **E. oceanicus**

1. **E. hawaiensis** (E. Sim.) 1900 *Chelifer h*, E. Simon in: Fauna Haw., *v.* 2 p. 518 | 1905 *C. h.*, With in: Ann. nat. Hist., ser. 7 *v.* 15 p. 104 t. 6 f. 3a, t. 7 f. 1a—d.

Cephalothorax ein wenig länger als breit, sehr fein aber deutlich granuliert, mit einer tiefen, etwas proximal der Mitte gelegenen vorderen und einer undeutlichen basalen Querfurche. Tergite geteilt, sehr fein granuliert. 8—9 Marginalborsten auf jedem Halbtergit. Borsten des Körpers und der Palpen kurz, nicht gekeult. Flagellum mit 4 Borsten, die beiden distalen einseitig gesägt. Serrula mit 22 Lamellen. Galea kurz und gedrungen, mit fünf Seitenästen. Palpen (Fig. 193) schlank, fein granuliert, das Femur allmählich verbreitert, ohne deutlich abgesetztes Stielchen. Femur 4,7 mal, Tibia 3,6 mal, Schere 3,8 mal so lang wie breit. Hand 2,5 mal so lang wie breit und 1,46 mal so breit wie die Tibia. Finger kürzer als die Hand ohne Stiel, der feste lateral mit 9, medial mit 8, der bewegliche lateral mit 4, medial mit 4 Nebenzähnen.

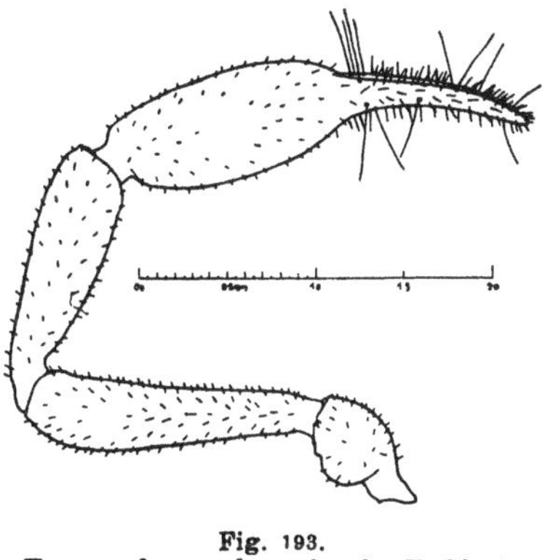

Fig. 193.
Eumecochernes hawaiensis (E. Sim.).
Linke Palpe ♀.

Das Tasthaar *ist* proximal von *est* gelegen, *it* fast in gleicher Höhe mit *et* stehend, *st* bedeutend näher bei *t* als bei *sb* befindlich. Beine schlank, Femur des 4. Paares 4,9 mal, Tibia 6,2 mal, Tarsus 6 mal so lang wie breit, letzterer ohne Tasthaar. — Körper L. ♀ 4 mm; Palpen: Femur L. 1,65 mm, B. 0,39 mm, Tibia L. 1,50 mm, B. 0,42 mm, Hand L. 1,48 mm, B. 0,59 mm, Finger L. 1,12 mm.

Hawai.

2. **E. oceanicus** Beier 1905 *Chelifer hawaiensis* var., With in: Ann. nat. Hist., ser. 7 *v.* 15 p. 107 t. 7 f. 1e—f | 1932 *Eumecochernes oceanicus*, Beier in: Zool. Jahrb., Syst. *v.* 64 (im Druck).

Mit der vorigen Art sehr nahe verwandt, der Cephalothorax jedoch deutlicher granuliert, seine Querfurchen aber mehr verwischt. Borsten des Körpers leicht gekeult. Flagellum mit 4 Borsten. Serrula mit 18 Lamellen. Palpen ähnlich wie bei der vorigen Art, jedoch deutlicher granuliert, mit gekeulten Borsten. Femur 4,5mal, Tibia 3,6mal, Schere mit Stiel etwa 4mal so lang wie breit. Hand breiter als bei der vorigen Art, 2,1mal so lang wie breit und 1,6mal so breit wie die Tibia. Finger etwas kürzer als die Hand, der feste lateral mit wenigstens 6, der bewegliche mit 4 Nebenzähnen. Beine gedrungener als bei *hawaiensis*. Femur 3,9mal, Tibia 5,4mal, Tarsus 5,5mal so lang wie breit, letzterer ohne Tasthaar. — Körper L. ♀ 3,5 mm; Palpen: Femur L. 1,34 mm, B. 0,30 mm, Tibia L. 1,18 mm, B. 0,32 mm, Hand L. 1,09 mm, B. 0,50 mm, Finger L. 0,98 mm.

Sandwich-Inseln: Kauai.

3. **E. pacificus** (With) 1905 *Chelifer p*, With in: Ann. nat. Hist., ser. 7 *v.* 15 p. 108 t. 7 f. 2a.

Von den vorigen Arten durch gedrungenere Palpen unterschieden. Cephalothorax ein wenig länger als breit, fein aber deutlich granuliert, mit 2 Querfurchen, von welchen die vordere besser ausgebildet ist als bei *hawaiensis*. Tergite geteilt, fein granuliert. Borsten des Körpers und der Palpen leicht gekeult. Flagellum mit 4 Borsten. Serrula mit 21 Lamellen. Galea ziemlich schlank, distal mit 5 Seitenästen. Palpen fein granuliert, das Femur ohne deutlich abgesetztes Stielchen. Femur 3,5—3,6 mal, Tibia 3mal. Schere mit Stiel 3,7mal so lang wie breit. Hand 1,9mal so lang wie breit und 1,6mal so breit wie die Tibia. Finger etwas kürzer als die Hand, nicht klaffend, der feste medial mit 3, lateral mit 5, der bewegliche medial mit 1 Nebenzahn. Femur des 4. Beinpaares 4mal, Tibia 5,1 mal, Tarsus 4,7mal so lang wie breit, letzterer ohne Tasthaar. — Körper L. ♀ 3,1 mm; Palpen: Femur L. 0,92 mm, B. 0,26 mm, Tibia L. 0,83 mm, B. 0,28 mm, Hand L. 0,84 mm, B. 0,45 mm, Finger L. 0,82 mm.

Hawai.

39. Gen. **Gigantochernes** Beier

1932 *G.*, Beier in: Zool. Jahrb., Syst. *v.* 64 (im Druck).

Typus: *Chelifer rudis* Balzan (durch ursprüngliche Bestimmung und Monotypie).

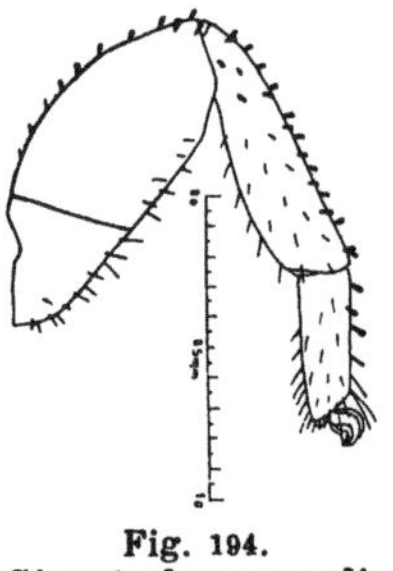

Fig. 194. **Gigantochernes rudis** (Balzan). Hinterbein.

Cephalothorax kaum länger als breit, fein granuliert, mit verwischten Querfurchen. Augenflecke vorhanden. Tergite geteilt, granuliert. Borsten des Körpers kurz und dick. Flagellum mit 4 Borsten. Palpen außerordentlich kräftig und gedrungen, mit kurzen und sehr dicken, stiftförmigen Borsten. Das Tasthaar *ist* in gleicher Höhe mit *est* stehend, *st* fast in der Mitte zwischen *sb* und *t* befindlich. Beine (Fig. 194) kurz und gedrungen, der Tarsus des 4. Paares ohne Tasthaar.

Südamerika.

1 Art.

1. **G. rudis** (Balzan) 1890 *Chelifer r.*, Balzan in: Ann. Mus. Genova, ser. 2 *v.* 9 p. 423 t. 14 f. 9 | 1891 *C. r.*, Balzan in: Ann. Soc. ent. France, *v.* 60 p. 548 | 1908 *C. r.*, With in: Tr. zool. Soc. London, *v.* 18 p. 253 t. 30 f. 10a—f.

Cephalothorax ungefähr so lang wie breit oder etwas breiter als lang, fein und flach granuliert, mit 2 undeutlichen, nahezu verwischten Querfurchen. Augenflecke vorhanden. Hinterrand mit etwa 20 Marginalborsten. Tergite geteilt, fein granuliert, das letzte ohne Tasthaare. 10—12 Marginalborsten auf jedem Halbtergit. Borsten des Körpers kurz und dick. Flagellum mit 4 einfachen Borsten. Serrula mit 31 Lamellen. Galea kurz, mit einem kurzen Nebenstamm nahe der Basis. Chelicerenstamm mit 7 Borsten. Palpen (Fig. 195) außerordentlich gedrungen, flach und wenig deutlich granuliert, mit kurzen und dicken, stiftförmigen Borsten. Femur aus dem Stielchen senkrecht verbreitert. Femur 2,1 mal, Tibia 2 mal, Schere 2,5 mal so lang

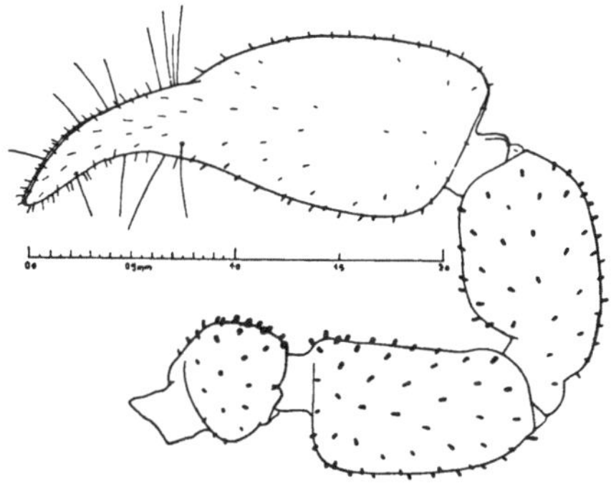

Fig. 195.
Gigantochernes rudis (Balzan). Rechte Palpe.

wie breit. Finger bedeutend kürzer als die Hand ohne Stiel, der feste lateral mit 9, medial mit 3, der bewegliche lateral mit 11, medial mit fünf Nebenzähnen. Palpen des Weibchens noch etwas gedrungener als die des Männchens. Beine kurz und gedrungen, Femur des 4. Paares 2,5 mal, Tibia 3,8 mal, Tarsus 2,8 mal so lang wie breit, letzterer ohne Tasthaar. — Körper L. 4—4,8 mm; Palpen: Femur L. 1,23 mm, B. 0,62 mm, Tibia L. 1,25 mm, B. 0,66 mm, Hand L. 1,53 mm, B. 0,85 mm, Finger L. 1,02 mm.

Südamerika: Paraguay, Argentinien, Brasilien.

c) Subfam. **Goniochernetinae** Beier

1932 *G.*, Beier in: Zool. Jahrb., Syst. *v.* 64 (im Druck).

Cephalothorax so lang oder länger als breit, fein granuliert, die Querfurchen verwischt oder nur die mittlere schärfer ausgeprägt, der Hinterrand in der Mitte deutlich winkelig nach hinten gezogen. Tergite geteilt. Borsten des Körpers und der Palpen einfach. Flagellum mit 3 Borsten. Die basale und subbasale Borste des Chelicerenstammes nicht so kräftig entwickelt wie die mediale oder die Laminalborste und nicht gekeult. Palpen mäßig kräftig, nur der bewegliche Palpenfinger mit Giftapparat und Giftzahn, der feste ohne solchen. Nebenzähne vorhanden. Wenigstens die Tasthaare *isb*, *ib* und *ist* nahe der Fingerbasis zu einer geschlossenen Gruppe vereinigt. Tarsus des 4. Beinpaares mit einem Tasthaar nahe der Mitte. Krallen einfach.

Ost- und Südafrika.

2 Genera, 2 Arten.

Übersicht über die Genera:

1 { Nur die Tasthaare *isb*, *ib* und *ist* nahe der Fingerbasis zu einer geschlossenen Gruppe vereinigt, *it* jedoch von dieser Gruppe weit abgerückt . . 40. Gen. **Goniochernes**
Die Tasthaare *isb*, *ib*, *ist* und *it* nahe der Fingerbasis zu einer geschlossenen Gruppe vereinigt . 41. Gen. **Paragoniochernes**

40. Gen. **Goniochernes** Beier

1932 *G.*, Beier in: Zool. Jahrb., Syst. *v.* 64 (im Druck)

Typus: *Chelifer (Atemnus) goniothorax* Redikorzev (durch ursprüngliche Bestimmung und Monotypie).

Cephalothorax etwas länger als breit, nahezu glatt, ohne deutliche Querfurchen, der Hinterrand in der Mitte stark winkelig nach hinten gezogen. Tergite geteilt. Borsten des Körpers und der Palpen einfach. Flagellum mit 3 Borsten. Palpen mäßig schlank, nahezu glatt. Nebenzähne der Palpenfinger reduziert. Die Tasthaare *isb*, *ib* und *ist* nahe der Fingerbasis zu einer geschlossenen Gruppe vereinigt, *it* von dieser Gruppe weit abgerückt und näher bei *et* stehend. Das Tasthaar *st* näher bei *sb* als bei *t* befindlich. Der Tarsus des 4. Beinpaares mit einem Tasthaar etwas proximal der Mitte. Auch die Tibia mit einem Tasthaar distal.

Tropisches Ostafrika.

1 Art.

1. **G. goniothorax** (Redikorzev) 1924 *Chelifer (Atemnus) g.*, Redikorzev in: Rev. Russe Ent., *v.* 18 p. 188 f. 1—2.

Cephalothorax etwas länger als breit, nahezu glatt, ohne deutliche Querfurchen, der Hinterrand in der Mitte stark winkelig vorgezogen. Augenflecke fehlen. Tergite mit Ausnahme des letzten geteilt. Borsten des Körpers und der Palpen einfach. Flagellum mit 3 Borsten, die distale einseitig gefiedert. Serrula mit 16 Lamellen. Galea mit 8 Seitenästen. Palpen (Fig. 196) mäßig schlank, sehr fein aber deutlich punktiert. Femur 3mal,

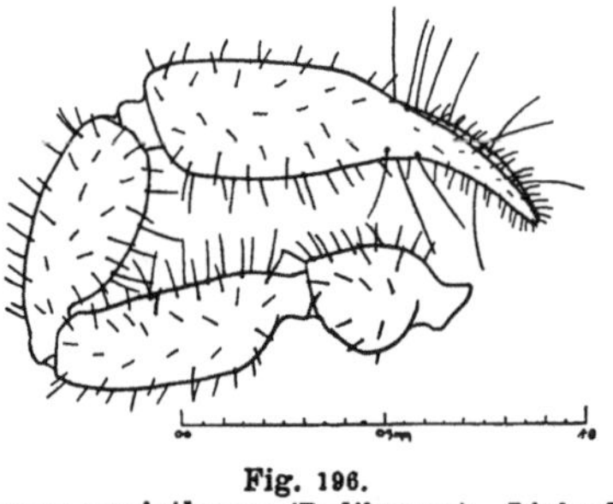

Fig. 196.
Goniochernes goniothorax (Redikorzev). Linke Palpe ♀.

Tibia 2,4mal, Schere 3,5mal so lang wie breit. Hand ziemlich lang und schmal. Finger bedeutend kürzer als die Hand ohne Stiel. Die Tasthaare *isb*, *ib* und *ist* nahe der Fingerbasis zu einer geschlossenen Gruppe vereinigt, *it* von dieser Gruppe weit abgerückt und näher bei *et* stehend, *st* näher bei *sb* als bei *t* befindlich. Beine ziemlich gedrungen. Femur des 4. Paares 2,8mal, Tibia 3,2mal, Tarsus 3,6mal so lang wie breit, letzterer mit einem

Tasthaar etwas proximal der Mitte. — Körper L. 2,6 mm; Palpen: Femur L. 0,66 mm, B. 0,22 mm, Tibia L. 0,61 mm, B. 0,25 mm, Hand L. 0,68 mm, B. 0,28 mm, Finger L. 0,46 mm.

Tropisches Ostafrika: Mabira, Uganda.

41. Gen. **Paragoniochernes** Beier

1932 *P.*, Beier in: Zool. Jahrb., Syst. *v.* 64 (im Druck).

Typus: *Chelifer lamellatus* Tullg. (durch ursprüngliche Bestimmung und Monotypie).

Cephalothorax ungefähr so lang wie breit, sehr fein granuliert, mit einer deutlichen vorderen und einer verwischten basalen Querfurche. Augenflecke vorhanden. Borsten des Körpers und der Palpen einfach. Flagellum mit 3 Borsten. Palpen mäßig kräftig, an der Medialseite der Glieder sehr fein granuliert. Die Tasthaare *isb*, *ib*, *ist* und *it* nahe der Fingerbasis zu einer geschlossenen Gruppe vereinigt. Tarsus des 4. Beinpaares mit einem Tasthaar nahe der Mitte.

Südafrika.

1 Art.

1. **P. lamellatus** (Tullg.) 1907 *Chelifer l.*, Tullgren in: Zool. Stud. tillägn. Tullberg, p. 222 f. 2a—b | 1912 *C. l.*, Ellingsen in: Ann. S. Afr. Mus., *v.* 10 p. 81.

Cephalothorax ungefähr so lang wie breit, sehr fein granuliert, mit einer deutlichen vorderen und einer verwischten basalen Querfurche. Augenflecke vorhanden. Tergite geteilt, fein chagriniert. Flagellum mit 3 Borsten. Serrula mit 16 Lamellen. Galea ziemlich kurz und dick, distal mit 5 Seitenästen. Palpen (Fig. 197) mäßig kräftig, an der Medialseite der Glieder

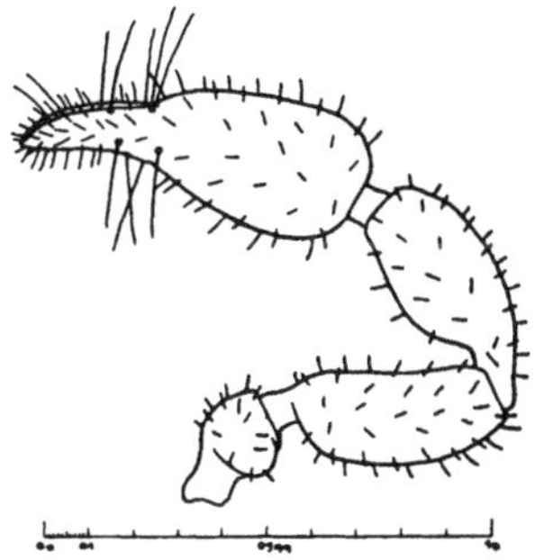

Fig. 197.
Paragoniochernes lamellatus (Tullg.). Rechte Palpe.

fein granuliert, mit einfachen Borsten. Femur 2,7mal, Tibia 2,3mal, Schere 2,6mal so lang wie breit. Finger bedeutend kürzer als die Hand ohne Stiel. Die Tasthaare *isb*, *ib*, *ist* und *it* nahe der Fingerbasis zu einer geschlossenen Gruppe vereinigt. Tarsus des 4. Beinpaares mit einem Tasthaar etwas distal der Mitte. — Körper L. 2,1 mm; Palpen: Femur L. 0,53 mm, B. 0,20 mm, Tibia L. 0,54 mm, B. 0,23 mm, Hand L. 0,56 mm, B. 0,30 mm, Finger L. 0,33 mm.

Südafrika: Natal.

III. Fam. **Myrmochernetidae** Chamb.

1931 *M.*, Chamberlin in: Stanford Univ. Publ., *v.* 7 p. 240.

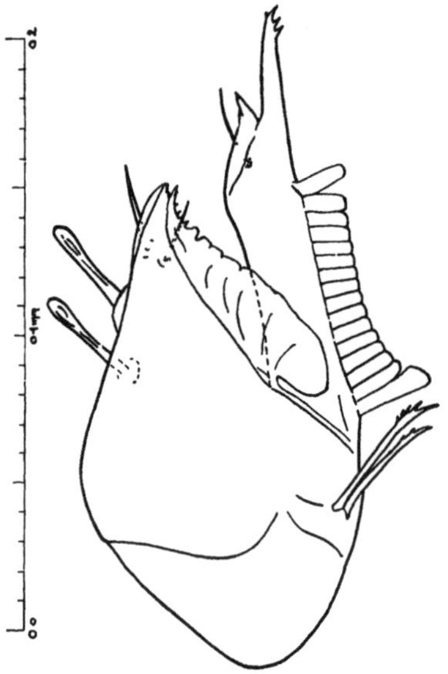

Fig. 198
Myrmochernes africanus Tullg.
Chelicere. Ventralansicht.

Hochspezialisierter Seitenstamm der Chernetidae. Cephalothorax nahezu dreieckig, breiter als lang, granuliert, mit 2 deutlichen Querfurchen. Augen oder Augenflecke fehlen. Tergite geteilt, granuliert. Borsten des Körpers und der Palpen gekeult. Flagellum mit 2 Borsten. Die basale und subbasale Borste des Chelicerenstammes bedeutend kräftiger entwickelt als die mediale und die Laminalborste und löffelförmig gekeult (Fig. 198). Lamina exterior des kurzen festen Chelicerenfingers vorhanden, jedoch klein und schmal. Die gezähnten Loben der Lamina interior fehlen. Beweglicher Chelicerenfinger ohne Subapicalzahn. Palpen gedrungen. Palpenfinger ohne Nebenzähne. Tasthaare in der normalen Zwölfzahl vorhanden, 8 am festen, 4 am beweglichen Finger. Das Tasthaar *est* nahe bei *esb* und *eb* befindlich, ist nur wenig distal von *est* stehend. Beine kurz und gedrungen, der Tarsus des 4. Paares ohne Tasthaar.

Südafrika.

1 Gattung, 1 Art.

1. Gen. **Myrmochernes** Tullg.

1907 *M.*, Tullgren in: Mt. Mus. Hamburg, *v.* 24 p. 59.

Typus: *M. africanus* Tullg. (durch Monotypie).

Mit den Charakteren der Familie. Cephalothorax nahezu dreieckig, schuppig granuliert, mit 2 deutlichen Querfurchen. Augen oder Augenflecke fehlen. Tergite geteilt, schuppig granuliert. Borsten des Körpers und der Palpen keulenförmig, kurz. Flagellum mit 2 Borsten. Die basale und subbasale Borste des Chelicerenstammes bedeutend kräftiger entwickelt als die mediale und die Laminalborste. Palpen gedrungen, schuppig granuliert. Finger ohne Nebenzähne. Beine gedrungen, der Tarsus des 4. Paares ohne Tasthaar. Artikulation zwischen Femur und Patella des 1. Paares ziemlich schmal. Krallen einfach.

Südafrika.

1 Art.

1. **M. africanus** Tullg. 1907 *M. a.*, Tullgren in: Mt. Mus. Hamburg, *v.* 24 p 60 t. 4 f. 18a—b, t. 5 f. 18c—e | 1931 *M. a.*, Chamberlin in: Stanford Univ. Publ., *v.* 7 p. 240 f. 68.

Cephalothorax nahezu dreieckig, breiter als lang, schuppig granuliert, mit 2 tiefen Querfurchen, die basale etwas näher dem Hinterrand als der vorderen. Tergite geteilt, schuppig granuliert. Borsten des Körpers und der Palpen gekeult, kurz. Flagellum mit 2 Borsten, beide in der distalen Partie fein gesägt. Serrula mit 16 Lamellen. Galea ziemlich lang, distal mit 4 kurzen Seitenästchen. Ein Subapicalzahn des beweglichen Chelicerenfingers fehlt. Die basale und subbasale Borste des Chelicerenstammes bedeutend kräftiger entwickelt als die mediale und die Laminalborste und löffelförmig gekeult. Gezähnte Terminalloben, der Lamina interior fehlen. Palpen (Fig. 199) gedrungen, schuppig granuliert. Femur 2,8 mal, Tibia 1,9 mal, Schere 2,6 mal so lang wie breit. Hand nur wenig breiter als die Tibia. Finger kurz und sehr dick, kürzer als die Hand ohne Stiel, ohne Nebenzähne. Beine kurz und gedrungen, Femur des 4. Paares 2,7 mal, Tibia 2,6 mal, Tarsus 3,4 mal so lang wie breit, letzterer ohne Tasthaar. — Körper L. 1,3 mm; Palpen: Femur L. 0,36 mm, B. 0,13 mm, Tibia L. 0,30 mm, B. 0,16 mm, Hand L. 0,36 mm, B. 0,18 mm, Finger L. 0,25 mm.

Südafrika: Kapland. — Bei *Camponotus maculatus;* wahrscheinlich gesetzmäßig myrmekophil.

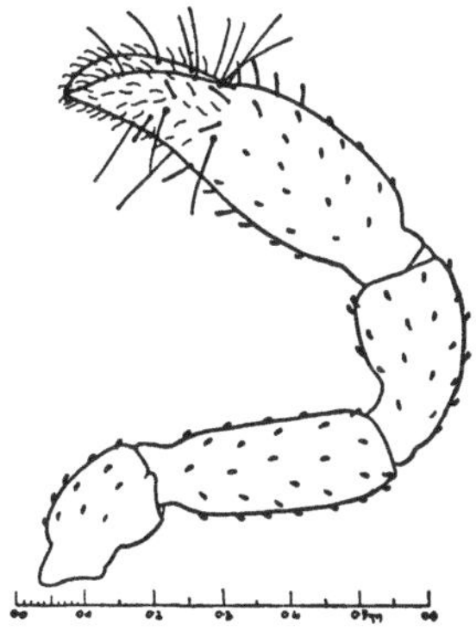

Fig. 199.
Myrmochernes africanus Tullg.
Rechte Palpe.

IV. Fam. **Cheliferidae** Hagen

1879 *C.* (part.), H. A. Hagen in: Zool. Anz., *v.* 2 p. 400 | 1879 *C.* (part.), E. Simon, Arach. France, *v.* 7 p. 18 | 1882 *C.* (part.), Tömösvary in: Math. termész. Közlem., *v.* 18 p. 182 | 1888 *C.* (part.), Daday in: Termész. Füzetek, *v.* 11 p. 113, 167 | 1891 *C.* (part.), Balzan in: Ann. Soc. ent. France, *v.* 60 p. 509 | 1906 *C.* (part.), With in: Danske Selsk. Skr., *v.* 7 nr. 3 p. 115 | 1908 *C.* (part.), With in: Tr. zool. Soc. London, *v.* 18 p. 217 | 1911 *C.* (part.), Lessert in: Cat. Invert. Suisse, *v.* 5 p. 9 | 1923 *Cheliferinae* (part.), Chamberlin in: P. Calif. Ac., ser. 4 *v.* 12 p. 372 | 1928 *Cheliferidae* (part), Schenkel in. Tierw. Deutschl., *v.* 8 fasc. 3 p. 55 | 1929 *C.* (part.), Kästner in: Tierw. Mitteleur., *v.* 3 p. IV 4 | 1929 *C.* (part.), Beier in: Ann. Wien. Mus., *v.* 43 p 342 | 1931 *C.*, Chamberlin in: Stanford Univ. Publ., *v.* 7 p. 244 | 1931 *C.*, Chamberlin in: Canad. Ent., *v.* 63 p. 289.

Cephalothorax so lang oder etwas länger als breit, mit 2 Querfurchen und meist mit Augen oder wenigstens mit Augenflecken. Tergite fast stets geteilt. Integument meist deutlich granuliert, öfters außerdem mit einem gröberen Körnchen. Borsten des Körpers und der Palpen gezähnt oder gekeult. Flagellum mit 3—5, meist mit 3—4 Borsten. Die basale und subbasale Borste des Chelicerenstammes schwächer entwickelt als die Medial- und die Laminalborste und nicht gekeult. Palpen meist schlank. Die Finger ohne Nebenzähne. Beide Finger mit Giftapparat und Giftzahn, ein Receptor venedentis ist nicht entwickelt. Tasthaare in normaler Zahl (12) vorhanden. Die Artikulation zwischen Femur und Patella des 1. und 2. Laufbeinpaares von derjenigen des 3. und 4. morphologisch stark verschieden. Tarsen eingliedrig. Coxen des 4. Beinpaares beim Männchen mitunter mit Coxalsäcken. Widderhornartige Organe vorhanden oder fehlend.

Über alle Regionen verbreitet, vorwiegend jedoch in deren wärmeren Teilen. — Die Arten bevorzugen trockene Örtlichkeiten, einige sind auch in menschlichen Wohnungen zu finden.

2 Subfamilien, 29 sichere Genera, 1 unsicheres Genus, 124 sichere, 17 unsichere Arten.

Übersicht über die Subfamilien:

1	Flagellum mit 4—5 Borsten; Sternite des Männchens meist mit besonderen Borstenfeldern; Coxen des Männchens einfach; widderhornartige Organe fehlen	a) Subfam. **Withiinae**
	Flagellum mit 3 Borsten; Sternite des Männchens ohne besondere Borstenfelder; Coxen des Männchens hinten meist exkaviert und mit Coxalsäcken; widderhornartige Organe meist vorhanden	b) Subfam. **Cheliferinae**

a) Subfam. **Withiinae** Chamb.

1931 *W*, Chamberlin in: Canad. Ent., *v.* 63 p. 290.

Chephalothorax länger als breit, gleichmäßig granuliert, mit 2 Querfurchen. Augen oder Augenflecke vorhanden. Tergite geteilt, mitunter die vorderen jedoch ungeteilt. Borsten des Körpers und der Palpen gezähnt oder gekeult. Flagellum mit 4, selten mit 5 Borsten. Beide Palpenfinger mit Giftapparat und Giftzahn. Nebenzähne fehlen. Sternite des Männchens meist mit besonderen Feldern kleiner Borsten. Borsten des Genitalfeldes beim Weibchen geschlossen stehend und nicht in 2 Lateralreihen angeordnet. Genital- und Coxalsäcke beim Männchen fehlend. Widderhornartige Organe fehlen. Das Gelenk zwischen Femur und Patella des 1. Beinpaares meist nahezu senkrecht zur Längsachse des Gliedes stehend und wenig beweglich. Klauen und Subterminalborste der Tarsen einfach, die Klauen des 1. Beinpaares beim Männchen gleichartig entwickelt.

Über alle Regionen verbreitet, jedoch vorwiegend tropisch und subtropisch.

3 Tribus, 13 Genera, 55 sichere, 2 unsichere Arten.

Übersicht über die Triben:

1	Borsten des Körpers und der Palpen dick und mehr oder weniger gekeult, nie spitzig. Das Tasthaar *it* meist proximal von *est* stehend; wenigstens einige Sternite des Männchens mit besonderen Feldern kleiner Borsten; letztes Sternit glatt, nicht granuliert — 2	
	Borsten des Körpers und der Palpen ziemlich lang und spitz, nur fein gezähnt. Das Tasthaar *it* distal von *est* stehend; Sternite des Männchens ohne Borstenfelder; letztes Sternit granuliert	γ) Trib. **Philomaoriini**
2	Tergite stark chitinisiert, die vorderen und das letzte ungeteilt; Hinterrand der ersten 6 oder 8 Tergite wenigstens beim Männchen gezähnelt	α) Trib. **Cacodemoniini**
	Tergite schwach chitinisiert, höchstens das 1. und letzte ungeteilt, Hinterrand der Tergite glatt, nicht gezähnelt	β) Trib. **Withiini**

α) Trib. **Cacodemoniini** nom. nov.

1931 *Cacodemonini*, Chamberlin in: Canad. Ent., *v.* 63 p. 292.

Cephalothorax länger als breit, granuliert, mit 2 Querfurchen. Augenflecke vorhanden. Die vorderen und das letzte Tergit ungeteilt. Tergite stark chitinisiert, von der Intersegmentalmembran deutlich abgehoben. Die ersten 6 oder 8 Tergite wenigstens beim Männchen am Hinterrand gezähnt. Der Seitenrand der Tergite beim Männchen undeutlich gekielt. Die hinteren Sternite des Männchens mit Borstenfeldern. Letztes Sternit glatt,

Borsten des Körpers und der Palpen gekeult. Palpen mäßig schlank. Finger ohne Nebenzähne. Beide Finger mit Giftapparat und Giftzahn. Coxen des 4. Beinpaares beim Männchen einfach, ohne Coxalsäcke. Krallen einfach.

Südamerika und südliches Nordamerika.

1 Gattung, 3 Arten.

1. Gen. **Cacodemonius** Chamb.

1931 *C.*, Chamberlin in: Canad. Ent., *v.* 63 p. 292.

Typus: *Withius cactorum* Chamb. (durch ursprüngliche Bestimmung).

Mit den Charakteren der Tribus. Cephalothorax länger als breit, dicht granuliert, mit 2 deutlichen Querfurchen. Augenflecke vorhanden. Tergite mit Ausnahme der 3—6 vorderen und des letzten geteilt. Borsten des Körpers und der Palpen keulenförmig. Flagellum mit 4 Borsten. Palpenfinger ohne Nebenzähne, beide mit Giftapparat und Giftzahn. Das Tasthaar *ist* nahe bei *est* stehend. Wenigstens die Sternite 8 und 9 des Männchens mit besonderen Feldern kleiner Borsten. Femur des 4. Beinpaares an der Basis plötzlich verengt. Krallen und Subterminalborste einfach.

Südamerika und Mexiko.

3 Arten.

Übersicht über die Arten:

1 { Palpentrochanter des Männchens lateral außer den beiden normalen Tuberkeln ohne Fortsatz — 2
Palpentrochanter des Männchens lateral außer den beiden normalen Tuberkeln noch mit einem zapfenförmigen Fortsatz an der Basis des Stielchens . . 3. **C. satanas**

2 { Palpenfemur des Männchens 3,7 mal, Tibia 2,8 mal so lang wie breit . . . . 1. **C. cactorum**
Palpenfemur des Männchens 4 mal, Tibia 2,6 mal so lang wie breit . . . . 2. **C. segmentidentatus**

1. **C. cactorum** (Chamb.) 1923 *Withius c.*, Chamberlin in: P. Calif. Ac., ser. 4 *v.* 12 p. 377 t. 1 f. 7, t. 2 f. 14 | 1931 *Cacodemonius c.*, Chamberlin in: Canad. Ent., *v.* 63 p. 292.

Cephalothorax länger als breit, dicht granuliert, mit 2 tiefen Querfurchen. Augenflecke vorhanden. Tergite stark chitinisiert, die ersten 6 und das letzte ungeteilt. Borsten des Körpers und der Palpen keulenförmig. Serrula mit 18 Lamellen. Flagellum mit 4 Borsten. Palpen mäßig schlank, das Femur medial mit einer Reihe von 8—9 kurzen dicken Borsten. Femur 3,7 mal, Tibia 2,8 mal, Schere 2,9 mal so lang wie breit. Finger so lang wie die Hand ohne Stiel. Sternite 8 und 9 des Männchens mit je einem großen, medianen Borstenfeld. — Körper L. 2 mm.

Mexiko: Insel San Pedro Martir im Golf von Kalifornien.

2. **C. segmentidentatus** (Balzan) 1890 *Chelifer s.*, Balzan in: Ann. Mus. Genova, ser. 2 *v* 9 p. 428 t. 15 f. 13 | 1891 *C. s.*, Balzan in: Ann. Soc. ent. France, *v.* 60 p. 548 | 1905 *C. s.*, Ellingsen in: Boll. Mus. Torino, *v.* 20 nr. 500 p 12 | 1908 *C. s.*, With in: Tr. zool. Soc. London, *v.* 18 p. 242 f. 65, t. 29 f. 7a—j.

Cephalothorax bedeutend länger als breit, dicht granuliert, mit 2 tiefen Querfurchen, der Hinterrand gezähnelt. Augenflecke vorhanden. Tergite mit Ausnahme der vorderen und des letzten geteilt, mit je etwa 14 Marginalborsten; beim Männchen die ersten 5 Tergite mit Seitenkielen und die

Tergite 1—8 mit gezähneltem Hinterrand. Letztes Tergit mit seitlichen Tasthaaren. Sternit 8 und 9 des Männchens mit je einem großen, medianen Borstenfeld. Borsten des Körpers und der Palpen gekeult. Flagellum mit 4 Borsten. Galea des Weibchens sehr lang, mit 6 Seitenästchen distal, die des Männchens kürzer mit einigen kleinen Zähnchen. Palpen mäßig schlank, deutlich granuliert. Trochanter außer den beiden hinteren Tuberkeln ohne Fortsatz. Femur des Männchens 4mal, des Weibchens 3,4mal, Tibia des Männchens 2,6mal, des Weibchens 2,4mal, Schere etwa 2,8mal so lang wie breit. Hand oval etwa 1,5mal so breit wie die Tibia. Finger ungefähr so lang wie die Hand ohne Stiel, beim Männchen stärker, beim Weibchen schwächer klaffend. Beine mäßig schlank, das Femur des 4. Paares basal plötzlich zum Stielchen verengt, etwa doppelt so lang wie breit. Tarsus des 4. Paares mit einem Tasthaar, welches etwa $^2/_3$ der Gliedlänge von der Basis entfernt ist. — Körper L. ♂ 2,1 mm, ♀ 1,7 mm; Palpen: ♂ Femur L. 0,51 mm, B. 0,13 mm, Tibia L. 0,51 mm, B. 0,20 mm, Hand L. 0,41 mm, B. 0,30 mm, Finger L. 0,44 mm; ♀ Femur L. 0,51 mm, B. 0,15 mm, Tibia L. 0,46 mm, B. 0,19 mm, Hand L. 0,44 mm, B. 0,28 mm, Finger L. 0,37 mm.

Südamerika: Paraguay, Argentinien, Brasilien.

3. **C. satanas** (With) 1908 *Chelifer s.*, With in: Tr. zool. Soc. London, *v.* 18 p. 245 f. 66, t. 29 f. 8a—c.

Cephalothorax bedeutend länger als breit, dicht granuliert, mit 2 tiefen Querfurchen. Augenflecke vorhanden. Hinterrand des Cephalothorax beim Männchen gezähnelt. Tergite mit Ausnahme der vorderen und des letzten geteilt, mit 10—12 Marginalborsten; beim Männchen die ersten 7 Tergite mit Seitenkielen und die ersten 8 mit gezähneltem Hinterrand. 11. Tergit mit Tasthaaren. Sternit 8 und 9 des Männchens mit einem großen, medianen Borstenfeld. Borsten des Körpers und der Palpen gekeult. Flagellum mit 4 Borsten. Galea des Männchens distal mit einigen kleinen Zähnchen. Palpen mäßig schlank, deutlich granuliert. Trochanter lateral außer den beiden Tuberkeln noch mit einem zapfenartigen Fortsatz an der Basis des Stielchens. Femur 3,5mal, Tibia 2,5mal, Schere 3mal so lang wie breit. Hand 1,5mal breiter als die Tibia, deutlich breiter als dick. Finger ungefähr so lang wie die Hand, mäßig klaffend. Femur des 4. Beinpaares 2,2mal so lang wie breit, an der Basis plötzlich zum Stielchen verengt. Tarsus des 4. Paares mit einem Tasthaar, welches etwa $^2/_3$ der Gliedlänge von der Basis des Gliedes entfernt ist. — Körper L. ♂ 1,8 mm; Palpen: Femur L. 0,60 mm, B. 0,18 mm, Tibia L. 0,51 mm, B. 0,22 mm, Hand L. 0,44 mm, B. 0,29 mm, Finger L. 0,45 mm.

Südamerika: Los Trinchéras.

β) Trib. **Withiini** Chamb.

1931 *W.*, Chamberlin in: Canad. Ent., *v.* 63 p. 292.

Cephalothorax länger als breit, fein und gleichmäßig granuliert, meist mit 2 deutlichen Querfurchen. Augen meist vorhanden, selten mehr oder weniger reduziert. Tergite mit Ausnahme des letzten und mitunter auch des 1. geteilt, granuliert, schwach chitinisiert und meist ohne scharfe Grenze in die Intersegmentalmembran übergehend, der Hinterrand nicht kreneliert. Seitenkiele beim Männchen meist nicht vorhanden. Wenigstens einige Sternite des Männchens mit besonderen Feldern kleiner Borsten. Borsten des Körpers und der Palpen ziemlich dick, gezähnt und mehr oder weniger gekeult. Flagellum meist mit 4, selten mit 5 Borsten. Palpen mehr oder weniger schlank, seltener gedrungen. Finger ohne Nebenzähne, aber beide mit Giftapparat und Giftzahn. Tarsus des 4. Beinpaares mit einem Tasthaar. Krallen einfach, auch beim Männchen symmetrisch.

In den wärmeren Gebieten sämtlicher Regionen.

11 Genera, 51 sichere, 2 unsichere Arten.

Übersicht über die Genera:

1	Flagellum mit 4 Borsten; Tergite des Männchens ohne Seitenkiele — **2**	
	Flagellum mit 5 Borsten; Tergite des Männchens mit Seitenkielen	10. Gen. **Afrowithius**
2	Das Tasthaar am Tarsus des 4. Beinpaares in oder nahe der Mitte des Gliedes gelegen — **3**	
	Das Tasthaar am Tarsus des 4. Beinpaares deutlich bis bedeutend distal der Mitte des Gliedes gelegen oder rudimentär — **5**	
3	Palpen und Extremitäten normal, nicht stark verlängert — **4**	
	Palpen, besonders die des Männchens, und Extremitäten stark verlängert	6. Gen. **Sundowithius**
4	Cephalothorax von der Basis bis zur vorderen Querfurche parallelseitig, basal nicht verengt	2. Gen. **Withius**
	Cephalothorax gegen die Basis verengt, hinten schmäler als in der Höhe der vorderen Querfurche	3. Gen. **Metawithius**
5	Palpenfemur in der distalen Partie am breitesten, basal aus dem Stielchen mehr allmählich und nicht besonders stark verdickt — **6**	
	Palpenfemur in der proximalen Partie am breitesten, basal aus dem Stielchen plötzlich und stark verdickt, daher *Chernes*-ähnlich — **10**	
6	Sternite 4—9 oder 10 des Männchens mit Borstenfeldern — **7**	
	Sternite 7—8 oder 9 des Männchens mit Borstenfeldern — **8**	
7	Das Tasthaar *it* kaum distal von *ist* gelegen; Palpentibia mit ovaler Keule; Borstenfelder der Sternite des Männchens klein und rundlich	4. Gen. **Allowithius**
	Das Tasthaar *it* deutlich distal von *ist* gelegen; Palpentibia mit nahezu parallelseitiger Keule; Borstenfelder der Sternite des Männchens groß und lang gestreckt	5. Gen. **Stenowithius**
8	Tarsus des 4. Beinpaares mit langem, weit distal der Mitte des Gliedes gelegenen Tasthaar; Sternite 7—9 des Männchens mit Borstenfeldern — **9**	
	Tarsus des 4. Beinpaares ohne deutliches Tasthaar; Sternit 7 und 8 des Männchens mit kleinen Borstenfeldern	7. Gen. **Nannowithius**
9	Cephalothorax an der Basis am breitesten, von dort nach vorn allmählich verengt; die Borstenfelder des Männchens auf den Sterniten selbst befindlich	8. Gen. **Parawithius**
	Cephalothorax nahe der Mitte am breitesten, von dort nach vorn stark, gegen die Basis schwach verengt; Borstenfelder des Männchens medial zwischen den Sterniten befindlich	9. Gen. **Dolichowithius**

10 Das Tasthaar *it* weit distal von *ist* gelegen (Äthiopische Arten) . . . . 11. Gen. **Caffrowithius**
Das Tasthaar *it* nahe bei *ist* gelegen (Neotropische Arten) . . . . 12. Gen. **Neowithius**

2. Gen. **Withius** Kew

1911 *W.*, Kew in: P. Irish Ac., *v.* 29 nr. 2 p. 49 | 1923 *W.* (part.), Chamberlin in: P. Calif. Ac., ser. 4 *v.* 12 p. 376 | 1929 *W.*, Beier in: Ann. Wien. Mus., *v.* 43 p 357 | 1930 *W.*, Beier in: Ann. Wien. Mus., *v.* 44 p. 201 | 1931 *W.*, Chamberlin in: Canad. Ent., *v.* 63 p 293.

Typus: *Chelifer subruber* E. Sim. (durch nachträgliche Bestimmung).

Cephalothorax länger als breit, in der basalen Hälfte parallelseitig, in der Höhe der vorderen Querfurche so breit wie am Hinterrand, die Scheibe deutlich granuliert, mit 2 tiefen Querfurchen. Augen vorhanden. Tergite geteilt, granuliert, die des Männchens ohne Seitenkiele. Sternite 4—9 oder 19 des Männchens mit Borstenfeldern. Borsten des Körpers und der Palpen gezähnt. Flagellum mit 4 Borsten. Palpen mäßig schlank, granuliert, die des Männchens nur wenig von denen des Weibchens verschieden. Beide Palpenfinger mit Giftapparat und Giftzahn. Nebenzähne fehlen. Das Tasthaar *it* nahe bei *ist* stehend. Femur und Patella des 1. Beinpaares nur durch eine schmale Naht voneinander getrennt und daher wenig gegeneinander beweglich. Tarsus des 4. Beinpaares mit einem Tasthaar nahe der Mitte des Gliedes.

In den wärmeren Gebieten der palaearktischen und nearktischen Region. — Unter Rinde und pflanzlichem Detritus.

8 sichere Arten, 1 unsichere Art.

Übersicht über die Arten:

1 Palpenfinger kürzer als die Hand ohne Stiel — 2
Palpenfinger etwas länger als die Hand ohne Stiel . . . . 8. **W. caecus**

2 Finger deutlich länger als die Breite der Hand — 3
Finger kaum so lang wie die Breite der Hand . . . . . . 1. **W. hispanus**

3 Femur des 4. Beinpaares 2,3—2,4 mal so lang wie breit — 4
Femur des 4. Beinpaares 2,7—3 mal so lang wie breit — 5

4 Palpenfemur 2,8 mal, Tarsus des 4. Beinpaares 4,2 mal so lang wie breit . . . . 2. **W. faunus**
Palpenfemur 3,1 mal, Tarsus des 4. Beinpaares 4,9 mal so lang wie breit . . . . 3. **W. neglectus**

5 Palpentibia so lang wie das Femur oder doch kaum kürzer — 6
Palpentibia deutlich kürzer als das Femur . . . . 6. **W. pekinensis**

6 Finger verhältnismäßig kurz, etwa 1,25 mal kürzer als die Hand ohne Stiel — 7
Finger verhältnismäßig länger, etwa 1,15 mal kürzer als die Hand ohne Stiel . . . . 7. **W. oculatus**

7 Femur des 4. Beinpaares 3 mal so lang wie breit . . . . . 4. **W. subruber**
Femur des 4. Beinpaares 2,7 mal so lang wie breit . . . . 5. **W. vagrans**

1. **W. hispanus** (L. Koch) 1873 *Chelifer h.*, L. Koch, Übers. Darst. Eur. Chernet., p 26 | 1879 *C. h.*, E. Simon, Arach. France, *v.* 7 p 28 t. 18 f. 6 | 1909 *C. h.*, Ellingsen in: Ann. Mus. Genova, ser. 3 *v.* 4 p 207 | 1911 *C. h.*, Lessert in: Cat. Invert. Suisse, *v.* 5 p. 22 f. 18 | 1917 *C. h.*, Nonidez in: Trab. Mus. Madrid, nr. 32 p 26 | 1929 *C. h.*, Kästner in: Tierw. Mitteleur., *v.* 3 p. IV 8 f. 26 | 1929 *C. h.*, Beier in: Ann. Wien. Mus., *v.* 43 p. 357.

Cephalothorax länger als breit, fein granuliert, mit einer tiefen vorderen und einer schwächeren basalen Querfurche. Augen vorhanden. Tergite geteilt, fein granuliert. Borsten des Körpers und der Palpen gezähnt. Flagellum mit 4 Borsten. Palpen ziemlich gedrungen, fein granuliert. Femur aus dem Stielchen plötzlich verdickt, etwa 2,8 mal so lang wie breit. Tibia stark bauchig aufgetrieben, etwa 1,9 mal so lang wie breit. Schere 2,7 mal so lang wie breit. Finger nur halb so lang wie die Hand und kaum so lang wie die Breite der Hand, ohne Nebenzähne. Trennungslinie zwischen Femur und Patella des 1. Beinpaares schmal und nahezu senkrecht zur Längsachse des Gliedes gestellt. Tarsus des 4. Beinpaares mit einem Tasthaar nahe der Mitte des Gliedes. — Körper L. 2—2,5 mm.

Südeuropa: Spanien, Südfrankreich, Südschweiz, Oberitalien.

2. **W. faunus** (E. Sim.) 1879 *Chelifer f.*, E. Simon, Arach. France, *v.* 7 p. 29 t. 18 f. 18.

Cephalothorax viel länger als breit, fein granuliert, mit einer tiefen vorderen und einer etwas schwächeren basalen Querfurche, diese dem Hinterrand näher als der vorderen. Augen vorhanden. Tergite geteilt, das letzte mit Tasthaaren. Borsten des Körpers und der Palpen gezähnt. Flagellum mit 4 Borsten. Serrula mit 17 Lamellen. Galea lang, distal mit kurzen Seitenästen. Palpen (Fig. 200) ziemlich kräftig, fein, aber deutlich und dicht granuliert, das Femur aus dem Stielchen plötzlich verdickt. Femur 2,8 mal, Tibia 2,5 mal, Schere 3 mal so lang wie breit. Finger bedeutend kürzer als die Hand ohne Stiel, jedoch deutlich länger als die Breite derselben, der feste mit 22, der bewegliche mit 26 Marginalzähnen. Das Tasthaar *it* in gleicher Höhe mit *ist* stehend und wie dieses nahe an die Basis des Fingers gerückt. Beine gedrungen, Femur des 4. Paares 2,4 mal, Tibia 3,5 mal, Tarsus 4,2 mal so lang wie breit, letzterer mit einem Tasthaar in der Mitte des Gliedes. — Körper L. 2 mm; Palpen: Femur L. 0,59 mm, B. 0,21 mm, Tibia L. 0,59 mm, B. 0,23 mm, Hand L. 0,53 mm, B. 0,27 mm, Finger L. 0,36 mm.

Südeuropa: Frankreich.

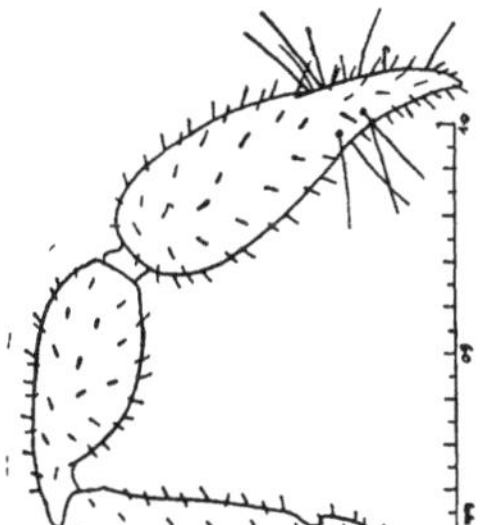

Fig. 200.
Withius faunus (E. Sim.). Linke Palpe.

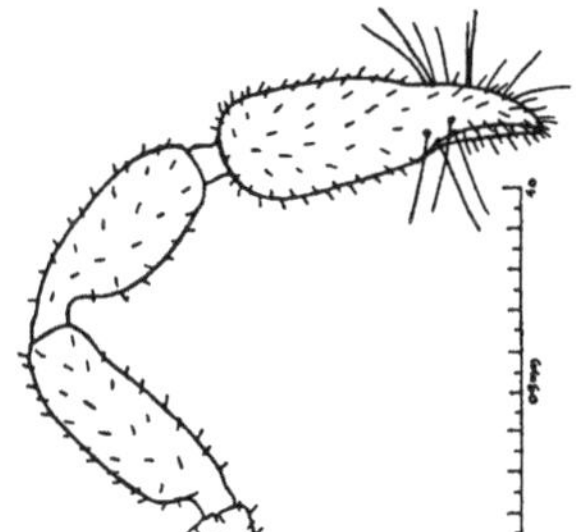

Fig. 201.
Withius neglectus (E. Sim.). Linke Palpe ♀.

3. **W. neglectus** (E. Sim.) 1878 *Chelifer n.*, E. Simon in: Ann. Soc. ent. France, ser. 5 *v.* 8 p. 147.

Cephalothorax länger als breit, ziemlich fein granuliert, mit einer deutlichen vorderen und einer undeutlichen basalen Querfurche. Augen vorhanden. Tergite mit Ausnahme des 1. und letzten geteilt. 5—6 Marginalborsten auf jedem Halbtergit. Borsten des Körpers gezähnt. Flagellum mit 4 Borsten. Serrula mit 17 Lamellen. Galea ziemlich lang, distal mit 5 kurzen Seitenästchen. Palpen (Fig. 201) mäßig kräftig, fein granuliert. Femur 3,1 mal, Tibia

2,6 mal, Schere kaum 3 mal so lang wie breit. Finger bedeutend kürzer als die Hand ohne Stiel. Stellung der Tasthaare wie bei der vorigen Art. Femur des 4. Beinpaares 2,3 mal, Tibia 3,7 mal, Tarsus 4,9 mal so lang wie breit, letzterer mit einem Tasthaar nahe der Mitte des Gliedes. — Körper L. 2,2 mm; Palpen: Femur L. 0,63 mm, B. 0,21 mm, Tibia L. 0,60 mm, B. 0,24 mm, Hand L. 0,57 mm, B. 0,28 mm, Finger L. 0,36 mm.

Nordafrika: Algerien.

4. **W. subruber** (E. Sim.) 1879 *Chelifer s.*, E. Simon, Arach. France, *v.* 7 p. 30 t. 18 f. 7 | 1881 *C. s.*, E. Simon in: Bull. Soc. zool. France, *v.* 6 p. 12 | 1882 *C. s.*, Tömösvary in: Math. termész. Közlem., *v.* 18 p. 203 t. 2 f. 12—13 | 1888 *C s.*, Daday in: Termész. Füzetek, *v.* 11 p. 122, 178 | 1905 *C. s.*, Ellingsen in: Boll. Mus. Torino, *v.* 20 nr. 503 p. 2 | 1906 *C. s.*, With in: Danske Selsk. Skr., *v.* 7 nr. 3 p. 155 f. 5a—b, t. 3 f. 7a—g | 1909 *C. s.*, Ellingsen in: Ann. Mus. Genova, ser. 3 *v.* 4 p. 209 | 1911 *C. (Withius) s.*, Kew in: P. Irish Ac., *v.* 29 nr. 2 p. 49 | 1911 *C. s.*, Lessert in: Cat. Invert. Suisse, *v.* 5 p. 23 | 1923 *C. s.*, Caporiacco in: Boll. Soc. ent. Ital., *v.* 55 p. 131 | 1928 *C. s.*, Schenkel in: Tierw. Deutschl., *v.* 8 fasc. 3 p. 58 | 1929 *C. s.*, Kästner in: Tierw. Mitteleur., *v.* 3 p. IV 8 f. 29—30 | 1929 *C. (Withius) s.*, Beier in: Ann. Wien. Mus., *v.* 43 p. 357 | 1930 *Withius s.*, Beier in: Bull. Soc. Maroc, *v.* 10 p. 75.

Cephalothorax länger als breit, fein granuliert, mit einer tiefen vorderen und einer etwas schwächeren basalen Querfurche. Augen vorhanden. Tergite geteilt, fein granuliert, das letzte mit Tasthaaren. Borsten des Körpers und der Palpen gezähnt. Flagellum mit 4 Borsten. Serrula mit 18 Lamellen. Palpen (Fig. 202) mäßig kräftig, fein granuliert. Femur des Männchens 3,2 mal, des Weibchens 2,9 mal, Tibia des Männchens 3 mal, des Weibchens 2,5 mal, Schere des Männchens 3,5 mal, des Weibchens 2,8 mal so lang wie breit. Finger deutlich kürzer als die Hand ohne Stiel. Das Tasthaar *it* etwas distal von *ist* stehend und nicht so weit gegen die Basis des Fingers gerückt wie bei den vorigen Arten. Trennungslinie zwischen Femur und Patella des 1. Beinpaares schmal und nahezu senkrecht zur Längsachse des Gliedes gestellt. Femur des 4. Beinpaares 3 mal, Tibia 4 mal, Tarsus 5 mal so lang wie breit, letzterer mit einem Tasthaar in der Mitte des Gliedes. — Körper L. 2,3—3 mm; Palpen: ♂ Femur L. 0,65 mm, B. 0,20 mm, Tibia L. 0,65 mm, B. 0,22 mm, Hand L. 0,63 mm, B. 0,27 mm, Finger L. 0,46 mm; ♀ Femur L. 0,60 mm, B. 0,21 mm, Tibia L. 0,61 mm, B. 0,24 mm, Hand L. 0,60 mm, B. 0,32 mm, Finger L. 0,41 mm.

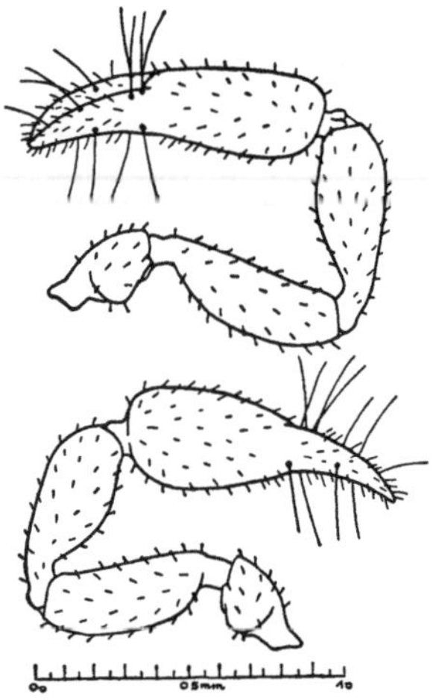

Fig. 202.
Withius subruber (E. Sim.).
Rechte Palpe des ♂, linke des ♀.

Europa, Nordafrika.

5. **W. vagrans** Chamb. 1925 *W. v.*, Chamberlin in: Univ. Calif. Publ. Techn. Bull. Ent., *v.* 3 p. 332 f. H—K.

Cephalothorax länger als breit, fein granuliert, mit einer tiefen vorderen und einer ebenfalls deutlichen basalen Querfurche, welche näher dem Hinterrand als der vorderen gelegen ist. Augen vorhanden. Tergite geteilt, mit etwa 10 Marginalborsten. Borsten des Körpers leicht gekeult, die der Palpen gezähnt. Palpen mäßig kräftig, fein granuliert. Finger bedeutend kürzer als die Hand ohne Stiel. Stellung der Tasthaare wie bei der vorigen Art. Femur des 4. Beinpaares 2,7 mal so lang wie breit. Das Tasthaar am Tarsus des 4. Beinpaares in der Mitte des Gliedes gelegen. — Körper L. 2,2 mm.

Nordamerika: Texas.

6. **W. pekinensis** (Balzan) 1891 *Chelifer p.*, Balzan in: Ann. Soc. ent. France, *v.* 60 p. 528 t. 11 f. 19.

Cephalothorax bedeutend länger als breit, granuliert, mit 2 deutlichen Querfurchen, von welchen die basale näher dem Hinterrand als der vorderen liegt. Augen vorhanden. Tergite geteilt, granuliert. Borsten des Körpers und der Palpen gezähnt. Flagellum mit 4 Borsten. Palpen mäßig kräftig. Femur 3,2 mal, Tibia 2,2 mal, Schere 2,8 mal so lang wie breit. Finger bedeutend kürzer als die Hand ohne Stiel, jedoch etwas länger als deren Breite. Die Tibia ist deutlich kürzer als das Femur. — Körper L. 2,8 mm; Palpen: Femur L. 0,61 mm, B. 0,21 mm, Tibia L. 0,56 mm, B. 0,25 mm, Hand L. 0,56 mm, B. 0,30 mm, Finger L. 0,41 mm.

China: Peking.

7. **W. oculatus** (Beier) 1929 *Chelifer o.*, Beier in: Ann. Wien. Mus., *v.* 43 p. 343 f. 1.

Cephalothorax deutlich länger als breit, fein granuliert, mit 2 tiefen und ziemlich breiten Querfurchen. Augen vorhanden. Tergite geteilt, granuliert. Borsten des Körpers und der Palpen gezähnt. Flagellum mit 4 Borsten. Galea nahezu einfach. Palpen (Fig. 203) mäßig schlank, granuliert. Femur 3,1 mal, Tibia 2,7 mal, Schere 3,2 mal so lang wie breit. Finger deutlich kürzer als die Hand ohne Stiel. Tarsus des 4. Beinpaares mit einem Tasthaar nahe der Mitte des Gliedes. — Körper L. 2 mm; Palpen: Femur L. 0,53 mm, B. 0,17 mm, Tibia L. 0,52 mm, B. 0,19 mm, Hand L. 0,50 mm, B. 0,24 mm, Finger L. 0,37 mm.

Vorderasien: Syrien.

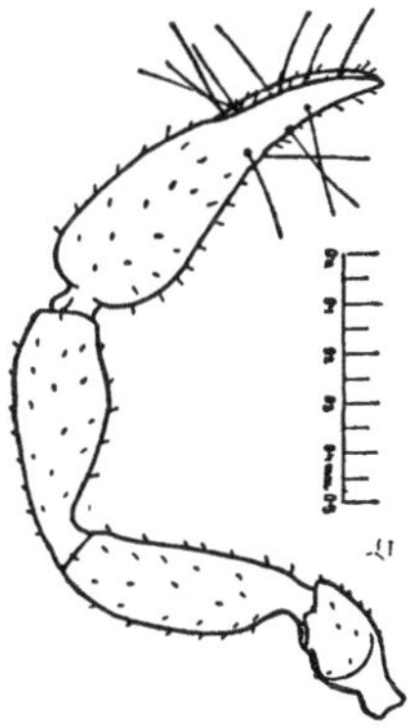

Fig. 203.
Withius oculatus (Beier). Linke Palpe.

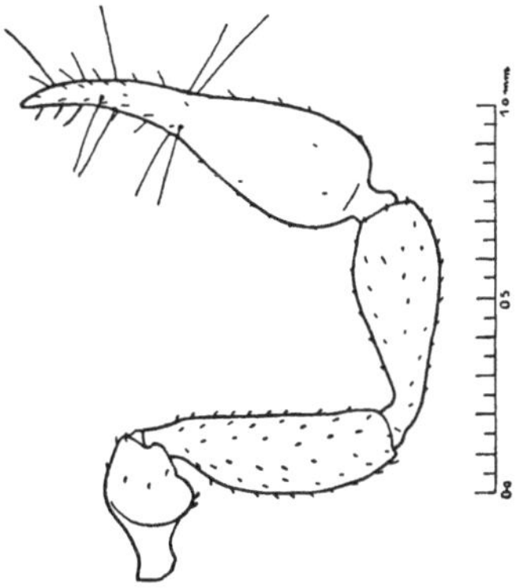

Fig. 204.
Withius caecus Beier. Rechte Palpe.

8. **W. caecus** Beier 1929 *W. c.*, Beier in: Boll. Laborat. Zool. Portici, *v.* 24 p. 78 f. 1—2.

Cephalothorax deutlich länger als breit, fein granuliert, mit 2 tiefen und breiten Querfurchen. Augen undeutlich. Tergite geteilt, fein granuliert. Borsten des Körpers gekeult, die der Palpen gezähnt. Flagellum mit 4 Borsten. Galea einfach. Palpen (Fig. 204) ziemlich schlank, etwas länger als der

Körper, fein granuliert. Femur 3,3 mal, Tibia 2,9 mal, Schere 3,2 mal so lang wie breit. Finger etwas länger als die Hand ohne Stiel. — Körper L. 2 mm; Palpen: Femur L. 0,65 mm, B. 0,20 mm, Tibia L. 0,64 mm, B. 0,23 mm, Hand L. 0,55 mm, B. 0,29 mm, Finger L. 0,50 mm.

Nordafrika: Cyrenaika.

Unsichere Art:

W. lagunae (Moles) 1914 *Chelifer (Chelanops) l.*, Moles in: J. Ent. Zool., *v.* 6 p. 42.

Möglicherweise mit *W. subruber* (E. Sim.) identisch.

Kalifornien.

3. Gen. **Metawithius** Chamb.

1931 *M.*, Chamberlin in: Canad. Ent., *v.* 63 p. 293.

Typus: *Chelifer murrayi* Poc. (durch ursprüngliche Bestimmung und Monotypie).

Cephalothorax länger als breit, in der Höhe der vorderen Querfurche am breitesten und von dort nach vorn stark, nach hinten schwach verengt, die Scheibe granuliert, mit 2 Querfurchen. Augenflecke vorhanden. Tergite geteilt. Sternite 4—9 oder 10 des Männchens mit Borstenfeldern. Borsten des Körpers und der Palpen gezähnt. Flagellum mit 4 Borsten. Palpen mäßig kräftig. Das Tasthaar *it* etwas distal von *ist* stehend. Finger ohne Nebenzähne. Beide Finger mit Giftapparat und Giftzahn. Beine ziemlich gedrungen, der Tarsus des 4. Paares mit einem Tasthaar in der Mitte des Gliedes.

Indien.

2 Arten.

Übersicht über die Arten:

1 { Größere Art, Körper L. 3,7—3,8 mm . . . . 1. **M. murrayi**
  { Kleinere Art, Körper L. 1,8 mm . . . . 2. **M. parvus**

1. **M. murrayi** (Poc.) 1900 *Chelifer M.*, Pocock in: Andrews, Monogr. Christmas Isl., Arach. p. 156 t. 16 f. 1 | 1906 *C. m.*, With in: Danske Selsk. Skr., *v.* 7 nr. 3 p. 159 | 1910 *C. m.*, Ellingsen in: Mt. Mus. Berlin, *v.* 4 p. 376 | 1930 *Withius m.*, Beier in: Zool. Anz., *v.* 91 p. 292 | 1931 *Metawithius m.*, Chamberlin in: Canad. Ent., *v.* 63 p. 293.

Cephalothorax länger als breit, in der Höhe der vorderen Querfurche am breitesten, von dort nach vorn stark, nach hinten schwach verengt, die Scheibe fein granuliert, mit 2 deutlichen Querfurchen. Augenflecke vorhanden. Tergite geteilt, granuliert. Borsten des Körpers und der Palpen dick, gezähnt. Sternite 4—9 des Männchens mit Borstenfeldern. Flagellum mit 4 Borsten. Palpen (Fig. 205) mäßig kräftig, granuliert. Femur 3 mal, Tibia 2,7 mal, Schere 2,8 mal so lang wie breit. Finger bedeutend kürzer als die Hand ohne Stiel. Das Tasthaar *it* etwas distal von *ist* und etwas proximal der Fingermitte gelegen. Femur des 4. Beinpaares 2,4 mal, Tibia 3,7 mal, Tarsus 4,8 mal so lang wie breit, letzterer mit einem Tasthaar in der Mitte des Gliedes. — Körper L. ♂ 3,2 mm, ♀ 3,7—3,8 mm; Palpen: Femur L. 0.80 mm, B. 0,27 mm, Tibia L. 0,83 mm, B. 0,31 mm, Hand L. 0,87 mm, B. 0,42 mm, Finger L. 0,57 mm.

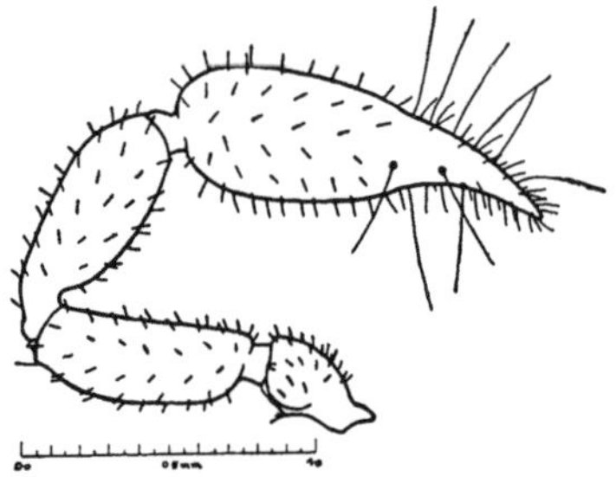

Fig. 205.
Metawithius murrayi (Poc.).
Linke Palpe ♀.

Asien: Sundainseln, Nikobaren, Birma.

2. **M. parvus** (Beier) 1930 *Withius p*, Beier in: Zool. Anz., *v.* 91 p. 293.

Cephalothorax deutlich länger als breit, ziemlich grob granuliert, mit einer deutlichen vorderen und einer schwachen basalen Querfurche. Augenflecke vorhanden. Tergite geteilt, mit 5—6 Marginalborsten. Borsten des Körpers und der Palpen gezähnt. Flagellum mit 4 Borsten. Galea nahe der Basis in zwei Hauptstämme geteilt, diese mit kurzen Nebenästen. Palpen (Fig. 206) mäßig kräftig, kürzer als der Körper, ziemlich grob granuliert. Femur 3,1 mal, Tibia 2,5 mal, Schere 3,2 mal so lang wie breit. Finger kürzer als die Hand ohne Stiel. Stellung der Tasthaare wie bei der vorigen Art. Tarsus des 4. Beinpaares mit einem Tasthaar in der Mitte des Gliedes. — Körper L. 1,8 mm; Palpen: Femur L. 0,38 mm, B. 0,13 mm, Tibia L. 9,38 mm, B. 0,15 mm, Hand L. 0,43 mm, B. 0,21 mm, Finger L. 0,32 mm.

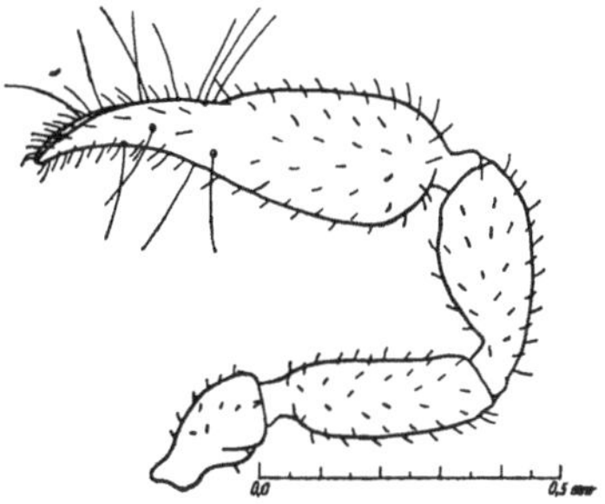

Fig. 206.
Metawithius parvus (Beier).
Rechte Palpe.

Südindien: Travankore.

4. Gen. **Allowithius** Beier

1932 *A.*, Beier in: Zool. Anz., *v.* 99 (im Druck).

Typus: *Chelifer simoni* Balzan (durch ursprüngliche Bestimmung).

Cephalothorax länger als breit, deutlich granuliert, mit 2 tiefen Querfurchen. Augen vorhanden. Tergite geteilt. Sternite 4—9 des Männchens mit Borstenfeldern, diese verhältnismäßig klein und rundlich. Borsten des Körpers und der Palpen dick, schwach gekeult. Flagellum mit 4 Borsten. Palpen mäßig kräftig, die des Männchens verlängert und schlanker als die des Weibchens. Das Tasthaar *it* etwas distal von *ist* stehend. Finger ohne Nebenzähne, beide mit Giftapparat und Giftzahn. Das Femur in der proximalen Partie am breitesten. Beine meist ziemlich gedrungen, das Tasthaar am Tarsus des 4. Paares wenigstens $^2/_3$ der Gliedlänge von der Basis entfernt.

Vorwiegend in der äthiopischen Region und nur mit je einer Art in die orientalische und australische Region vordringend.

9 sichere Arten, 1 unsichere Art.

Übersicht über die Arten:

1 { Femur des 4. Beinpaares 2,4—2,6 mal, selten nahezu 3 mal so lang wie breit (äthiopische Arten) — **2**
Femur des 4. Beinpaares 3,1 mal so lang wie breit (orientalisch-australische Arten) — **9**

2 { Schere des Männchens 2,8—3,4 mal, des Weibchens 2,7—2,9 mal so lang wie breit — **3**
Schere des Männchens 3,6—3,7 mal, des Weibchens 3 bis 3,1 mal so lang wie breit — **4**

3 { Tibia des Weibchens 2,5 mal, Schere des Männchens 3,4 mal so lang wie breit . . . . 1. **A. simoni**
Tibia des Weibchens 3 mal, Schere des Männchens 2,8 mal so lang wie breit . . . . 2. **A. glabratus**

4 Femur des Männchens 3,2—3,6 mal, des Weibchens 3 bis 3,2 mal, Tibia des Männchens 2,9—3,2 mal, des Weibchens 2,7—2,8 mal so lang wie breit — **5**
Femur des Männchens 4 mal, des Weibchens 3 mal, Tibia des Männchens 3,5 mal, des Weibchens 3 mal so lang wie breit . . . . 3. **A. congicus**

5 Femur 3—3,2 mal so lang wie breit — **6**
Femur 3,4—3,6 mal so lang wie breit — **8**

6 Tibia 2,7—2,8 mal, Schere 3—3,1 mal so lang wie breit — **7**
Tibia 3,2 mal, Schere 3,6 mal so lang wie breit . . . . 5. **A. termitophilus** ♂

7 Serrula mit 18 Lamellen; Femur 3 mal so lang wie breit . 5. **A. termitophilus** ♀
Serrula mit 17 Lamellen; Femur 3,2 mal so lang wie breit 4. **A. somalicus** ♀

8 Femur des Männchens 3,4 mal, Tibia 3,2 mal so lang wie breit . . . . 6. **A. angustatus** ♂
Femur des Männchens 3,6 mal, Tibia 2,9 mal so lang wie breit . . . . 7. **A. tenuimanus** ♂

9 Tibia 2,5—2,6 mal, Schere 2,8—3 mal so lang wie breit — **10**
Tibia 4,1 mal, Schere 4,1 mal so lang wie breit . . . . 8. **A. ceylanicus** ♂

10 Femur 3,3 mal so lang wie breit . . . . 8. **A. ceylanicus** ♀
Femur 2,8 mal so lang wie breit . . . . 9. **A. australasiae** ♀

1. **A. simoni** (Balzan) 1891 *Chelifer S.*, Balzan in: Ann. Soc. ent. France, *v.* 60 p. 529 t. 11 f. 20 | 1906 *C. s.* (part.), Ellingsen in: Ann. Mus. Genova, ser. 3 *v.* 2 p. 254 | 1910 *C. s.*, Ellingsen in: Mt. Mus. Berlin, *v.* 4 p. 387 | 1912 *C. s.* (part.), Ellingsen in: Ann. S. Afr. Mus., *v.* 10 p. 84, 100.

Cephalothorax länger als breit, granuliert, mit 2 tiefen Querfurchen, die basale näher dem Hinterrand als der vorderen. Augen vorhanden. Tergite geteilt, fein granuliert. Borsten des Körpers stärker, die der Palpen schwächer gekeult. Flagellum mit 4 Borsten. Serrula mit 20 Lamellen.

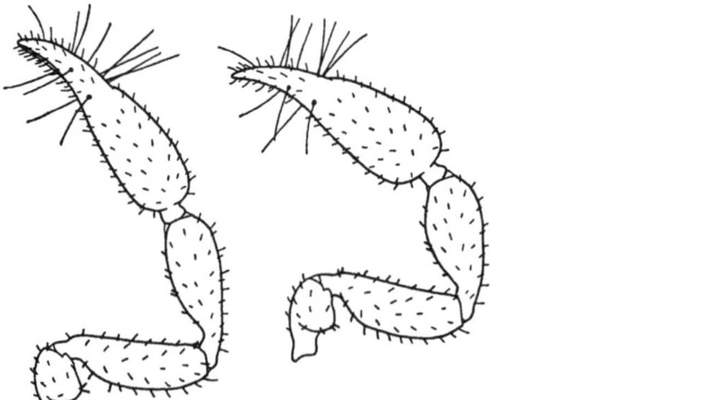

Fig. 207.
Allowithius simoni (Balzan). Rechte Palpe von ♂ und ♀.

Galea lang, distal mit einigen kurzen Seitenästchen. Palpen (Fig. 207) mäßig schlank, deutlich granuliert. Femur des Männchens 3,4 mal, des Weibchens 3 mal, Tibia des Männchens 2,9 mal, des Weibchens 2,5 mal, Schere des Männchens 3,4 mal, des Weibchens 2,9 mal so lang wie breit. Finger bedeutend kürzer als die Hand ohne Stiel. Das Tasthaar *it* etwas distal von *ist* stehend. Beine ziemlich gedrungen, Femur des 4. Paares

2,6 mal, Tibia 3,8 mal, Tarsus 4,5 mal so lang wie breit, das Tasthaar des letzteren $^{2}/_{3}$ der Gliedlänge von der Basis entfernt. — Körper L. ♂ 2,3 mm, ♀ 3,4 mm; Palpen: ♂ Femur L. 0,55 mm, B. 0,17 mm, Tibia L. 0,56 mm, B. 0,19 mm, Hand L. 0,53 mm, B. 0,24 mm, Finger L. 0,39 mm; ♀ Femur L. 0,53 mm, B. 0,17 mm, Tibia L. 0,52 mm, B. 0,21 mm, Hand L. 0,54 mm, B. 0,27 mm, Finger L. 0,37 mm.

Westafrika: Serra Leone, Togo, Kap Verdische Inseln (die übrigen Fundortsangaben, die sich auf das zentrale und südliche Westafrika beziehen, beruhen auf Fehlbestimmungen).

2. **A. glabratus** (Ellingsen) 1910 *Chelifer g.*, Ellingsen in: Mt. Mus. Berlin, *v.* 4 p. 373 | 1912 *C. g.*, Ellingsen in: Ann. S. Afr. Mus., *v.* 10 p. 82.

Cephalothorax nur wenig länger als breit, deutlich granuliert, mit 2 wenig tiefen Querfurchen. Augen vorhanden. Tergite geteilt, fein granuliert. Borsten des Körpers und der Palpen leicht keulenförmig. Galea distal mit kurzen Seitenästchen. Palpen (Fig. 208) mäßig kräftig, deutlich granuliert, die des Männchens von denjenigen des Weibchens nur sehr wenig verschieden. Femur 3,2 mal, Tibia 3 mal, Schere 2,7—2,8 mal so lang wie breit. Finger bedeutend kürzer als die Hand ohne Stiel. Stellung der Tasthaare wie bei der vorigen Art. Beine ziemlich gedrungen, Femur des 4. Paares 2,5 mal, Tibia 4,2 mal, Tarsus 5 mal so lang wie breit, letzterer mit einem Tasthaar weit distal der Mitte. — Körper L. ♂♀ 3,6 mm; Palpen: Femur L. 0,74 mm, B. 0,22 mm, Tibia L. 0,78 mm, B. 0,26 mm, Hand L. 0,78 mm, B. 0,40 mm, Finger L. 0,49 mm.

Westafrika: Kamerun.

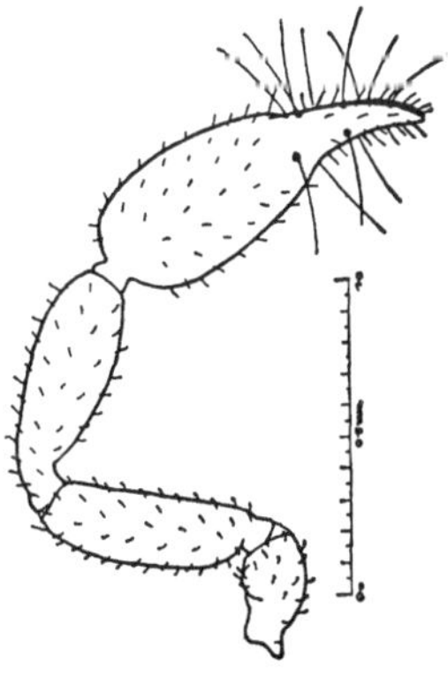

Fig. 208. **Allowithius glabratus** (Ellingsen). Linke Palpe ♀.

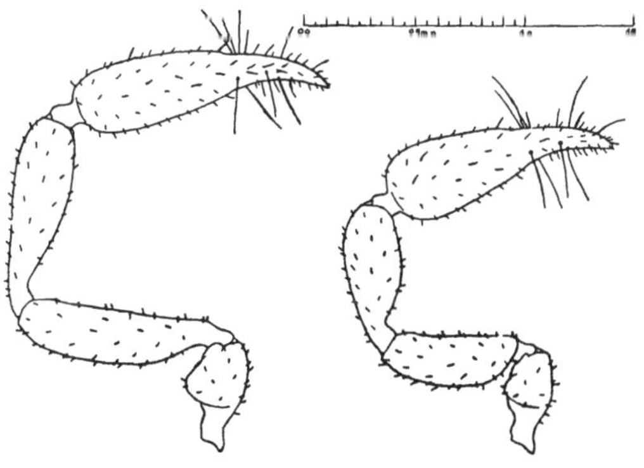

Fig. 209. **Allowithius congicus** Beier. Linke Palpe von ♂ und ♀.

3. **A. congicus** Beier ?1907 *Chelifer simoni*, With in: J. Linn. Soc. London, *v.* 30 p. 65 | 1932 *Allowithius congicus*, Beier in: Zool. Anz., *v.* 99 (im Druck).

Cephalothorax länger als breit, dicht granuliert, mit 2 tiefen Querfurchen, die basale näher dem Hinterrand als der vorderen. Augen groß. Tergite geteilt. 7 Marginalborsten auf jedem Halbtergit. Borsten des Körpers und der Palpen dick, schwach gekeult. Flagellum mit 4 Borsten. Serrula mit 17 Lamellen. Galea des Männchens fast einfach, die des Weibchens mit Seitenästen. Palpen (Fig. 209) mäßig schlank, granuliert, die des Männchens schlanker als die des Weibchens. Femur des Männchens 4 mal, des Weibchens 3 mal, Tibia des Männchens 3,5 mal, des Weibchens 2,7 mal, Schere des

Männchens 3,8mal, des Weibchens 3mal so lang wie breit. Finger bedeutend kürzer als die Hand, fester mit 28, beweglicher mit 35 Marginalzähnen. Das Tasthaar *it* nur wenig distal von *ist* stehend. Sternite 4—9 des Männchens mit Borstenfeldern. Beine schlanker als bei den vorigen Arten, Femur des 4. Paares 3mal, Tibia 4,5mal, Tarsus 5,5mal so lang wie breit, das Tasthaar des letzteren $^2/_3$ der Gliedlänge von der Basis entfernt. — Körper L. ♂ 2,5 mm, ♀ 2,7 mm; Palpen: ♂ Femur L. 0,95 mm, B. 0,24 mm, Tibia L. 0,90 mm, B. 0,25 mm, Hand L. 0,83 mm, B. 0,31 mm, Finger L. 0,50 mm; ♀ Femur L. 0,67 mm, B. 0,23 mm, Tibia L. 0,67 mm, B. 0,25 mm, Hand L. 0,72 mm, B. 0,34 mm, Finger L. 0,47 mm.

Belgisch-Kongo, Angola (?).

4. **A. somalicus** Beier 1932 *A. s.*, Beier in: Zool. Anz., *v.* 99 (im Druck).

Cephalothorax länger als breit, deutlich granuliert, mit 2 tiefen Querfurchen, die basale näher dem Hinterrand als der vorderen. Augen groß. Tergite geteilt, deutlich granuliert, das letzte mit Tasthaaren. Borsten des Körpers und der Palpen dick, leicht gekeult. Flagellum mit 4 Borsten. Serrula mit 17 Lamellen. Galea ziemlich lang, distal mit 6 kurzen Seitenästchen. Palpen (Fig. 210) mäßig kräftig, besonders medial ziemlich grob granuliert. Femur 3,2mal, Tibia 2,8mal, Schere 3,1mal so lang wie breit. Finger deutlich kürzer als die Hand ohne Stiel, der feste mit 28—29, der bewegliche mit 30 Marginalzähnen. Stellung der Tasthaare wie bei der vorigen Art. Femur des 4. Beinpaares 2,5mal, Tibia 4mal, Tarsus 4,8mal so lang wie breit, das Tasthaar des letzteren nicht ganz $^2/_3$ der Gliedlänge von der Basis entfernt. — Körper L. ♀ 1,6 mm; Palpen: Femur L. 0,60 mm, B. 0,19 mm, Tibia L. 0,56 mm, B. 0,21 mm, Hand L. 0,49 mm, B. 0,25 mm, Finger L. 0,38 mm.

Ostafrika: Somali.

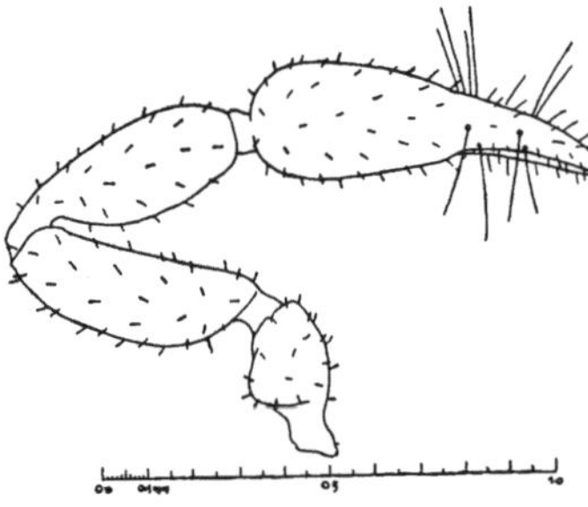

Fig. 210.
Allowithius somalicus Beier.
Linke Palpe ♀.

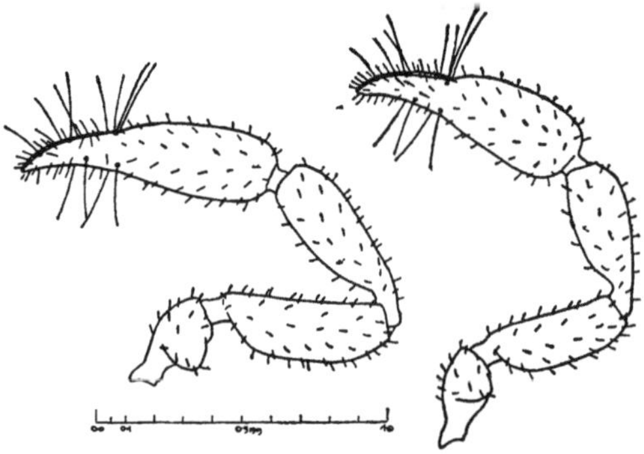

Fig. 211.
Allowithius termitophilus (Tullg.). Rechte Palpe von ♂ und ♀.

5. **A. termitophilus** (Tullg.) 1907 *Chelifer t.*, Tullgren in: Zool. Stud. tillägn. Tullberg, p. 220 f. 1a—b | 1912 *C. t.*, Ellingsen in: Ann. S. Afr. Mus., *v.* 10 p. 85.

Cephalothorax bedeutend länger als breit, ziemlich grob granuliert, mit 2 tiefen Querfurchen. Augen vorhanden. Tergite geteilt, fein granuliert. Borsten des Körpers und der Palpen leicht keulenförmig. Flagellum mit 4 Borsten. Serrula mit 18 Lamellen. Galea ziemlich kurz, distal mit einigen Seitenästchen. Palpen (Fig. 211) mäßig kräftig, ziemlich grob granuliert. Femur des Männchens 3,2mal, des Weibchens 3mal, Tibia des Männchens 3,2mal, des Weibchens 2,7mal, Schere des Männchens 3,6mal, des Weibchens 3mal so lang wie breit. Finger bedeutend kürzer als die Hand ohne Stiel.

Stellung der Tasthaare wie bei den vorigen Arten. Femur des 4. Beinpaares 2,4mal, Tibia 3,5mal, Tarsus 4mal so lang wie breit, das Tasthaar des letzteren nicht ganz $^2/_3$ der Gliedlänge von der Basis entfernt. — Körper L. ♂ ♀ 2—2,2 mm; Palpen: ♂ Femur L. 0,62 mm, B. 0,19 mm, Tibia L. 0,63 mm, B. 0,20 mm, Hand L. 0,59 mm, B. 0,24 mm, Finger L. 0,37 mm; ♀ Femur L. 0,53 mm, B. 0,18 mm, Tibia L. 0,52 mm, B. 0,20 mm, Hand L. 0,55 mm, B. 0,26 mm, Finger L. 0,34 mm.

Südafrika: Natal.

6. **A. angustatus** (Tullg.) 1907 *Chelifer a.*, Tullgren in: Ergeb. Schwed. Exp. Kilimandjaro, *v.* 3 nr. 20 p. 13 t. 1 f. 9 | 1912 *C. a.*, Ellingsen in: Ann. S. Afr. Mus., *v.* 10 p 83.

Cephalothorax bedeutend länger als breit, fein granuliert, mit 2 tiefen und breiten Querfurchen. Augen deutlich. Tergite mit Ausnahme des 1. und letzten geteilt, grob chagriniert. Borsten des Körpers und der Palpen leicht gekeult. Flagellum mit 4 Borsten. Serrula mit 17 Lamellen. Palpen mäßig kräftig, länger als der Körper, deutlich granuliert. Femur des Männchens 3,4mal, Tibia 3,2mal, Schere 3,7mal so lang wie breit. Finger bedeutend kürzer als die Hand ohne Stiel. Das Tasthaar am Tarsus des 4. Beinpaares weit distal der Mitte gelegen. — Körper L. ♂ 1,8 mm; Palpen: Femur L. 0,53 mm, Tibia L. 0,53 mm, Hand L. 0,51 mm, Finger L. 0,32 mm.

Ostafrika: Kilimandjaro.

7. **A. tenuimanus** (Balzan) 1891 *Chelifer t.*, Balzan in: Ann. Soc. ent. France, *v.* 60 p. 531 t. 11 f. 21 | 1912 *C. t.*, Ellingsen in: Ann. S. Afr. Mus., *v.* 10 p. 85.

Cephalothorax bedeutend länger als breit, ziemlich stark granuliert, mit 2 tiefen Querfurchen, die basale näher dem Hinterrand als der vorderen. Augen vorhanden. Tergite geteilt, ziemlich stark granuliert. Borsten des Körpers und der Palpen gekeult. Flagellum mit 4 Borsten. Palpen mäßig schlank, deutlich granuliert. Femur des Männchens 3,6mal, Tibia 2,9mal, Schere 3,4mal so lang wie breit. Beine ähnlich wie bei den vorigen Arten. — Körper L. ♂ 2,2 mm.

Madagaskar: Insel Nossi-bé.

8. **A. ceylanicus** (Ellingsen) 1914 *Chelifer c.*, Ellingsen in: Rec. Ind. Mus., *v.* 10 p. 7.

Cephalothorax etwas länger als breit, fein aber deutlich granuliert, mit einer tiefen vorderen, und einer schwächeren basalen Querfurche. Tergite mit Ausnahme des letzten geteilt, fein chagriniert. Sternite 4—9 des Männchens mit Borstenfeldern. Borsten des Körpers und der Palpen leicht gekeult. Flagellum mit 4 Borsten. Galea beim Weibchen mit langen, beim Männchen mit kurzen Seitenästen distal. Palpen länger als der Körper, fein aber deutlich granuliert, die des Männchens schlanker als die des Weibchens. Femur des Männchens 3,8mal, des Weibchens 3,3mal, Tibia des Männchens 4,1mal, des Weibchens 2,6mal, Schere des Männchens 4,1mal, des Weibchens 2,8mal so lang wie breit. Finger bedeutend kürzer als die Hand. Beine, besonders das Femur, schlanker als bei den vorigen Arten. — Körper L. ♂ 2,6 mm, ♀ 2,9 mm; Palpen: ♂ Femur L. 0,79 mm, B. 0,21 mm, Tibia L. 0,83 mm, B. 0,20 mm, Hand L. 0,72 mm, B. 0,28 mm, Finger L. 0,43 mm; ♀ Femur L. 0,60 mm, B. 0,18 mm, Tibia L. 0,54 mm, B. 0,21 mm, Hand L. 0,57 mm, B. 0,33 mm, Finger L. 0,36 mm.

Ceylon.

9. **A. australasiae** Beier 1910 *Chelifer simoni* (part.), Ellingsen in: Mt. Mus. Berlin, *v.* 4 p. 387 | 1932 *Allowithius australasiae*, Beier in: Zool. Anz., *v.* 99 (im Druck).

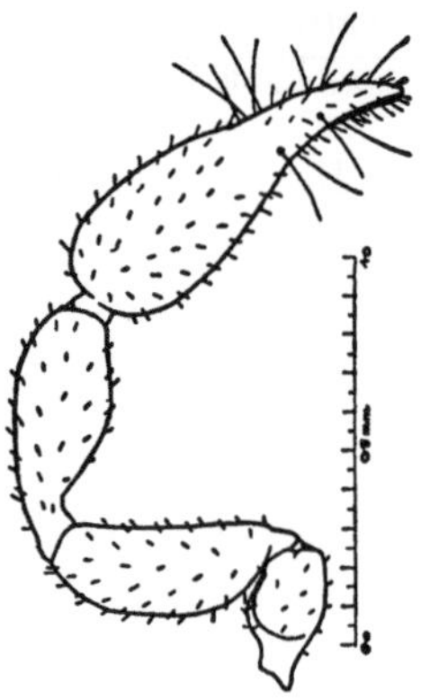

Fig. 212.
Allowithius australasiae Beier. Linke Palpe ♀.

Cephalothorax länger als breit, fein granuliert, mit 2 deutlichen Querfurchen. Tergite geteilt, fein granuliert. Borsten des Körpers und der Palpen stumpf und gezähnt, teilweise leicht keulenförmig. Flagellum mit 4 Borsten. Palpen (Fig. 212) mäßig kräftig, deutlich granuliert. Femur des Weibchens 2,8 mal, Tibia 2,5 mal, Schere kaum 3 mal so lang wie breit. Finger deutlich kürzer als die Hand ohne Stiel. Beine verhältnismäßig schlank, Femur des 4. Paares 3,1 mal, Tibia 5 mal, Tarsus 5 mal so lang wie breit, das Tasthaar des letzteren distal der Mitte gelegen. — Körper L. ♀ 2,5 mm; Palpen: Femur L. 0,63 mm, B. 0,23 mm, Tibia L. 0,65 mm, B. 0,26 mm, Hand L. 0,62 mm, B. 0,33 mm, Finger L. 0,47 mm.

Marshallinseln.

Unsichere Art:

A. madagascariensis (Ellingsen) 1895 *Chelifer m.*, Ellingsen in: Bull. Soc zool. France, *v.* 20 p. 137 | 1912 *C. m.*, Ellingsen in: Ann. S. Afr. Mus., *v.* 10 p. 84.

Höchstwahrscheinlich eine gute Art und nicht mit *simoni* identisch, jedoch nach der ungenügenden Beschreibung nicht mit Sicherheit wiederzuerkennen.

Madagaskar.

5. Gen. **Stenowithius** Beier

1932 *S.*, Beier in: Zool. Anz., *v.* 99 (im Druck).

Typus: *Chelifer büttneri* Ellingsen (durch ursprüngliche Bestimmung).

Cephalothorax länger als breit, granuliert, mit 2 tiefen Querfurchen, von welchen die basale näher dem Hinterrand als der vorderen liegt. Der Cephalothorax ist von der Basis bis zur Mitte nahezu parallelseitig. Augen vorhanden. Tergite geteilt. Sternite 4—9 des Männchens mit Borstenfeldern, diese quer und langgestreckt, weit über die Mitte des Tergites hinausragend. Borsten des Körpers und der Palpen gezähnt. Flagellum mit 4 Borsten. Palpen, auch die des Weibchens, lang und schlank, granuliert. Das Femur in der distalen Partie am breitesten. Die Tibia nahezu parallelseitig. Finger ziemlich lang und schlank, ohne Nebenzähne, beide mit Giftapparat und Giftzahn. Das Tasthaar *it* ziemlich weit distal von *ist* und etwa in der Mitte zwischen letzteren und *et* gelegen. Das Tasthaar *st* näher bei *t* als bei *sb* befindlich. Beine schlank, der Tarsus des 4. Paares mit einem ziemlich kurzen Tasthaar nahe dem Ende des Gliedes.

Afrika.

5 Arten.

Übersicht über die Arten:

1 { Palpenfemur 4,4—5,2 mal so lang wie breit — 2
  { Palpenfemur 3,5 mal so lang wie breit . . . . 5. **S. angulatus** ♀

2 { Tibia wenigstens 3,6 mal so lang wie breit — 3
  { Tibia 3 mal so lang wie breit . . . . 2. **S. bayoni** ♀

3 { Tibia 3,6—3,9 mal, Schere 3,7—4 mal so lang wie breit — 4
  { Tibia 4,1—6,2 mal, Schere 4,2—4,6 mal so lang wie breit — 7

4 { Femur 4,7—5,2 mal so lang wie breit — 5
  Femur 4,4 mal so lang wie breit . . . . 1. **S. ugandanus** ♀

5 { Femur 4,7—4,9 mal so lang wie breit — 6
  Femur 5,2 mal so lang wie breit . . . . 4. **S. büttneri** ♂

6 { Tibia des 4. Beinpaares 6 mal so lang wie breit . . . . 4. **S. büttneri** ♀
  Tibia des 4. Beinpaares 5,4 mal so lang wie breit . . . . 3. **S. persimilis** ♂ ♀

7 { Tibia 4,1 mal, Schere 4,2 mal so lang wie breit . . . . 1. **S. ugandanus** ♂
  Tibia 6,2 mal, Schere 4,6 mal so lang wie breit . . . . 5. **S. angulatus** ♂

1. **S. ugandanus** Beier 1932 *S. u.*, Beier in: Zool. Anz., *v.* 99 (im Druck).

Cephalothorax länger als breit, in der basalen Hälfte nahezu parallelseitig, deutlich granuliert, mit 2 tiefen Querfurchen, die basale näher dem Hinterrand als der vorderen. Augen vorhanden. Tergite geteilt, die beiden vorderen unvollständig, fein granuliert, das letzte mit Tasthaaren. 6 Marginalborsten auf jedem Halbtergit. Sternite 4—9 des Männchens mit Borstenfeldern, diese quer. lang gestreckt. Borsten des Körpers und der Palpen gezähnt. Flagellum mit 4 Borsten. Serrula mit 18—19 Lamellen. Galea ziemlich lang, distal mit kurzen Seitenästchen. Palpen (Fig. 213) schlank, deutlich granuliert. Femur des Männchens 5 mal, des Weibchens 4,4 mal, Tibia des Männchens 4,1 mal, des Weibchens 3,6 mal, Schere des Männchens 4,1 mal, des Weibchens 3,7 mal so lang wie breit. Finger etwas kürzer als die Hand ohne Stiel, der feste mit 45, der bewegliche mit 49 Marginalzähnen. Das Tasthaar *it* weit von *ist* entfernt und in der Mitte zwischen diesem und *et* stehend, *st* näher bei *t* als bei *sb* befindlich. Beine schlank, Femur des 4. Paares 4,1 mal, Tibia 6,2 mal, Tarsus 6,2 mal so lang wie breit, das Tasthaar des letzteren nahe dem Ende des Gliedes stehend. — Körper L. ♂ 2,5 mm, ♀ 2,5—2,8 mm; Palpen: ♂ Femur L. 1,02 mm, B. 0,20 mm, Tibia L. 0,93 mm, B. 0,23 mm, Hand L. 0,84 mm, B. 0,33 mm, Finger L. 0,69 mm; ♀ Femur L. 1,05 mm, B. 0,24 mm, Tibia L. 0,94 mm, B. 0,26 mm, Hand L. 0.95 mm, B. 0,40 mm, Finger L. 0,75 mm.

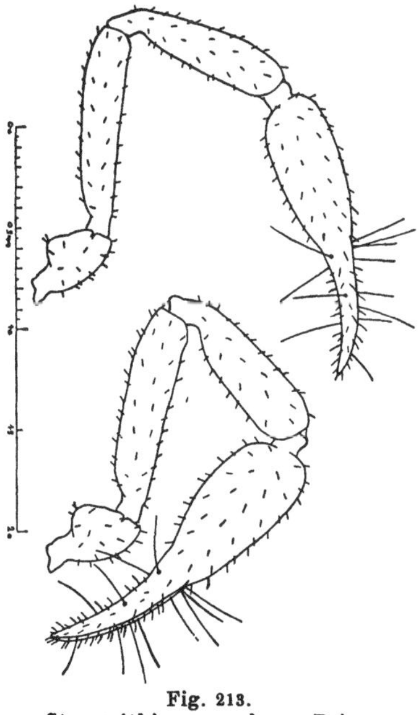

Fig. 213.
Stenowithius ugandanus Beier.
Linke Palpe von ♂ und ♀.

Afrika: Uganda.

2. **S. bayoni** (Ellingsen) 1909 *Chelifer B.*, Ellingsen in: Ann. Mus. Genova, ser. 3 *v.* 4 p. 536 | 1912 *C. B.*, Ellingsen in: Ann. S. Afr. Mus., *v.* 10 p. 83, 92.

Cephalothorax etwas länger als breit, fein granuliert, mit 2 Querfurchen, die basale näher dem Hinterrand als der vorderen und breiter als letztere. Augen vorhanden. Tergite mit Ausnahme des letzten geteilt, fein granuliert, das elfte mit Tasthaaren. Flagellum mit 4 Borsten. Galea mäßig kräftig, distal mit einigen Seitenästchen. Palpen schlank, etwas länger als der Körper, deutlich granuliert. Femur des Weibchens 4,8 mal, Tibia 3 mal, Schere 3,4 mal so lang wie breit. Finger fast so lang wie die Hand. Beine wie bei der vorigen Art. — Körper L. ♀ 3,6 mm; Palpen: Femur L. 1,00 mm, B. 0,23 mm, Tibia L. 0,89 mm, B. 0,30 mm, Hand L. 0,80 mm, B. 0,43 mm, Finger L. 0,79 mm.

Afrika: Uganda, Sesse Inseln im Viktoria See.

3. **S. persimilis** Beier 1932 *S. p.*, Beier in: Zool. Anz., *v.* 99 (im Druck).

Cephalothorax länger als breit, dicht granuliert, mit 2 Querfurchen, die hintere näher der Basis als der vorderen, der Hinterrand mit 8 Marginalborsten. Tergite geteilt, granuliert, das letzte mit Tasthaaren. 7 Marginalborsten auf jedem Halbtergit. Sternite 4—9 des Männchens mit Borstenfeldern, diese groß, quer und langgestreckt, fast die ganze Länge des Sternites einnehmend. Borsten des Körpers und der Palpen ziemlich dünn, fein gezähnt. Flagellum mit 4 Borsten. Serrula mit 18—19 Lamellen. Galea des Weibchens distal mit 5 krallenförmigen Ästchen, die des Männchens mit kleinen Zähnchen. Palpen (Fig. 214) schlank, dicht granuliert. Femur 4,7—4,9 mal, Tibia 3,8—3,9 mal, Schere 3,7—3,8 mal so lang wie breit. Finger deutlich kürzer als die Hand ohne Stiel, der feste mit 52, der bewegliche mit 56 Marginalzähnen. Das Tasthaar *it* etwa in der Mitte zwischen *ist* und *et* stehend, *ot* etwas näher bei *t* als bei *ob* befindlich. Beine schlank, Femur des 4. Paares 4,2 mal, Tibia 5,4 mal, Tarsus 5,9 mal so lang wie breit, das Tasthaar des letzteren nahe dem Ende des Gliedes stehend. — Körper L. ♂ 2,6 mm, ♀ 3—3,3 mm; Palpen: ♂ Femur L. 1,03 mm, B. 0,22 mm, Tibia L. 0,93 mm, B. 0,25 mm, Hand L. 0,90 mm, B. 0,38 mm, Finger L. 0,67 mm; ♀ Femur L. 1,11 mm, B. 0,23 mm, Tibia L. 0,98 mm, B. 0,27 mm, Hand L. 0,92 mm, B. 0,40 mm, Finger L. 0,76 mm.

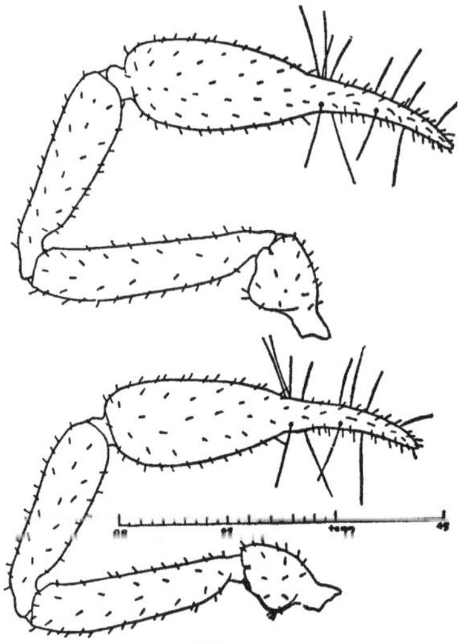

Fig. 214.
Stenowithius persimilis Beier
Linke Palpe von ♂ und ♀.

Afrika: Belgisch-Kongo.

4. **S. büttneri** (Ellingsen) 1910 *Chelifer B.*, Ellingsen in: Mt. Mus. Berlin, *v.* 4 p. 383 | 1912 *C. B.*, Ellingsen in: Ann. S. Afr. Mus., *v.* 10 p. 83.

Cephalothorax bedeutend länger als breit, im basalen Teil nahezu parallelseitig, die Scheibe deutlich granuliert, mit 2 Querfurchen, die basale näher dem Hinterrand als der vorderen und schwächer entwickelt als diese. Augen vorhanden. Tergite geteilt, deutlich granuliert, das letzte mit Tasthaaren. Sternite 4—9 des Männchens mit Borstenfeldern, diese groß, quer und langgestreckt. Borsten des Körpers und der Palpen gezähnt. Flagellum mit 4 Borsten. Serrula mit 19—20 Lamellen. Galea des Männchens klein und einfach, die des Weibchens kräftiger, distal mit einigen Seitenästchen. Palpen (Fig. 215) schlank, länger als der Körper, fein granuliert. Femur des Männchens 5,2 mal, des Weibchens 4,8 mal, Tibia des Männchens 3,9 mal, des Weibchens 3,8 mal, Schere des Männchens 4 mal, des Weibchens

3,9 mal so lang wie breit. Finger nur wenig kürzer als die Hand ohne Stiel. Das Tasthaar *it* nur wenig distal von *ist* und bedeutend näher bei diesem als bei *et* stehend, *st* etwa in der Mitte zwischen *t* und *sb* befindlich. Beine schlank, Femur des 4. Paares 4mal, Tibia 6mal, Tarsus 6mal so lang wie breit, das Tasthaar des letzteren nahe dem Ende des

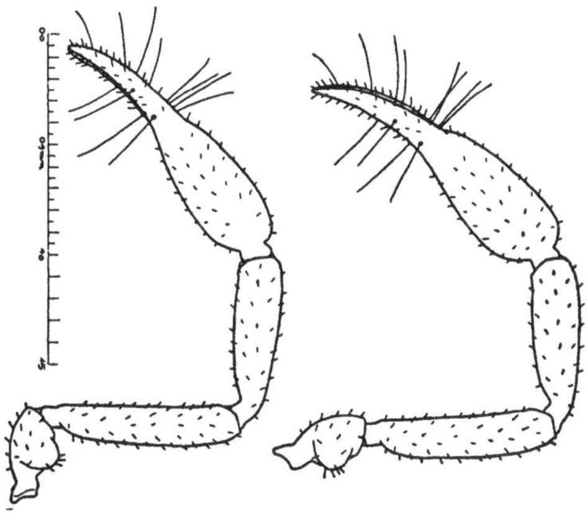

Fig. 215.
Stenowithius büttneri (Ellingsen). Rechte Palpe von ♂ und ♀.

Gliedes stehend. — Körper L. ♂ ♀ 2,2—2,4 mm; Palpen: ♂ Femur L. 0,92 mm, B. 0,18 mm, Tibia L. 0,80 mm, B. 0,20 mm, Hand L. 0,72 mm, B. 0,31 mm, Finger L. 0,64 mm; ♀ Femur L. 0,90 mm, B. 0,19 mm, Tibia L. 0,80 mm, B. 0,22 mm, Hand L. 0,78 mm, B. 0,34 mm, Finger L. 0,65 mm.

Westafrika: Togo.

5. **S. angulatus** (Ellingsen) 1906 *Chelifer a.*, Ellingsen in: Ann. Mus. Genova, ser. 3 *v* 2 p. 256 | 1910 *C. a.*, Ellingsen in: Mt. Mus. Berlin, *v.* 4 p. 384 | 1912 *C. a.*, Ellingsen in: Ann. S. Afr. Mus., *v.* 10 p. 83.

Cephalothorax länger als breit, dicht granuliert, mit einer tiefen vorderen und einer schwächeren basalen Querfurche, diese näher dem Hinterrand als der ersteren. Augen vorhanden. Tergite mit Ausnahme des letzten geteilt, deutlich granuliert. Tergite 4—9 des Männchens mit Borstenfeldern, diese ähnlich wie bei den vorigen Arten. Borsten des Körpers und der Palpen leicht gekeult. Flagellum mit 4 Borsten. Galea des Männchens zart, die des Weibchens kräftiger, distal mit Seitenästchen. Palpen schlank, beim Weibchen so lang wie, beim Männchen bedeutend länger als der Körper, deutlich granuliert. Femur des Männchens 5,1mal, des Weibchens 3,5mal, Tibia des Männchens 6,2mal, des Weibchens 3,9mal, Schere des Männchens 4,6mal, des Weibchens 3,3mal so lang wie breit. Finger deutlich kürzer als die Hand. Beine ähnlich wie bei den vorigen Arten. — Körper L. ♂ 3 mm, ♀ 4 mm; Palpen: ♂ Femur L. 1,22 mm, B. 0,24 mm, Tibia L. 1,43 mm, B. 0,23 mm, Hand L. 0,96 mm, B. 0,34 mm, Finger L. 0.61 mm; ♀ Femur L. 0,96 mm, B. 0,27 mm, Tibia L. 0,93 mm, B. 0,26 mm, Hand L. 0,90 mm, B. 0,44 mm, Finger L. 0,57 mm.

Westafrika: Principe Inseln.

6. Gen. **Sundowithius** Beier

1932 *S.*, Beier in: Zool. Anz., *v.* 99 (im Druck).

Typus: *Chelifer sumatranus* Thorell (durch ursprüngliche Bestimmung und Monotypie).

Cephalothorax länger als breit, fein granuliert, mit 2 Querfurchen. Der Cephalothorax ist in der basalen Hälfte nahezu parallelseitig. Augen wenig deutlich. Tergite geteilt. Borsten des Körpers gekeult und gezähnt, die der Palpen nur gezähnt. Flagellum mit 4 Borsten. Palpen schlank, die des Männchens stärker verlängert als die des Weibchens. Das Tasthaar *ist* nahezu in gleicher Höhe mit *est* stehend, *it* näher bei *et* als bei *ist* befindlich, *st* näher bei *sb* als bei *t* gelegen. Finger ohne Nebenzähne, beide mit Giftapparat und Giftzahn. Beine schlank, der Tarsus des 4. Paares mit einem Tasthaar nur wenig distal der Mitte.

Sundainseln.

1 Art.

1. **S. sumatranus** (Thorell) 1889 *Chelifer s.*, Thorell in: Ann. Mus. Genova, ser. 2 *v.* 7 p. 599 | 1906 *C. s.*, With in: Danske Selsk. Skr., *v.* 7 nr. 3 p. 163.

Cephalothorax länger als breit, fein und gleichmäßig granuliert, mit einer deutlichen vorderen und einer schwächeren basalen Querfurche, der Hinterrand mit 8 Marginalborsten. Augen wenig deutlich. Tergite geteilt, fein granuliert, das letzte mit Tasthaaren. 5 Marginalborsten auf jedem Halbtergit. Borsten des Körpers gekeult und gezähnt. Flagellum mit 4 Borsten. Serrula mit 31 Lamellen. Galea des Männchens mit 3, die des Weibchens mit 5 Seitenästen. Palpen (Fig. 216) lang und schlank, fein granuliert, mit gezähnten Borsten. Trochanter ohne deutlich entwickelte hintere Höcker. Femur des Männchens 4,5 mal, des Weibchens 3,9 mal, Tibia des Männchens 5 mal, des Weibchens 4,5 mal, Schere des Männchens 4,2 mal, des Weibchens 3,6 mal so lang wie breit. Finger bedeutend kürzer als die Hand ohne Stiel. Das Tasthaar *ist* nahezu in gleicher Höhe mit *est* stehend, *it* näher bei *et* als bei *ist*, *st* näher bei *sb* als bei *t* befindlich. Beine schlank, Femur des 4. Paares 4 mal, Tibia 5,1 mal, Tarsus 6,5 mal so lang wie breit, das Tasthaar des letzteren nur wenig distal der Mitte befindlich. — Körper L. ♂ 3 mm, ♀ 4,5 mm; Palpen: ♂ Femur L. 1,41 mm, B. 0,32 mm, Tibia L. 1,63 mm, B. 0,33 mm, Hand L. 1,56 mm, B. 0,55 mm, Finger L. 0,90 mm; ♀ Femur L. 1,36 mm, B. 0,35 mm, Tibia L. 1,54 mm, B. 0,35 mm, Hand L. 1,58 mm, B. 0,65 mm, Finger L. 0,92 mm.

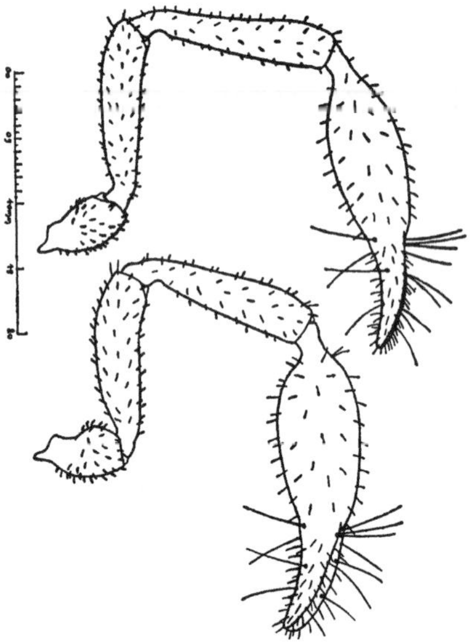

Fig. 216.
Sundowithius sumatranus (Thorell).
Linke Palpe von ♂ und ♀.

Sundainseln: Sumatra.

7. Gen. **Nannowithius** Beier

1932 *N.*, Beier in: Zool. Anz., *v.* 99 (im Druck).

Typus: *Chelifer aethiopicus* E. Sim. (durch ursprüngliche Bestimmung).

Cephalothorax länger als breit, grob granuliert, mit 2 Querfurchen. Der Cephalothorax ist in der basalen Hälfte nahezu parallelseitig. Augen fehlen, doch sind 2 wenig deutliche Augenflecke vorhanden. Tergite schwach chitinisiert, grob granuliert, geteilt. Borsten des Körpers und der Palpen gekeult. Sternite 7 und 8 des Männchens median mit je einem sehr kleinen Borstenfeld. Tergite des Männchens nicht gekielt. Palpen mäßig schlank, grob granuliert. Finger ohne Nebenzähne, beide mit Giftapparat und Giftzahn. Das Tasthaar *it* distal von *ist* stehend. Beine mäßig gedrungen, der Tarsus des 4. Paares ohne gut entwickeltes Tasthaar.

Ostafrika.

2 Arten.

Übersicht über die Arten:

1 { Borsten an der Medialseite der Palpenglieder schwächer gekeult; Palpen schlanker, Femur des Männchens 3,9 mal, Tibia 2,8 mal, Schere 3,4 mal so lang wie breit . . . . 1. **N. aethiopicus**
Borsten an der Medialseite der Palpenglieder stärker gekeult; Palpen gedrungener, Femur des Männchens 3,2 mal, Tibia 2,4 mal, Schere 3 mal so lang wie breit . . . . . 2. **N. perpusillus**

1. **N. aethiopicus** (E. Sim.) 1900 *Chelifer a.*, E. Simon in: Ann. Mus. Genova, ser. 2 *v.* 20 p. 596.

Cephalothorax länger als breit, in der basalen Hälfte parallelseitig, die Scheibe ziemlich grob granuliert, mit 2 deutlichen aber wenig tiefen Querfurchen, die basale näher dem Hinterrand als der vorderen gelegen, der Hinterrand mit 6—7 Marginalborsten. Augen fehlen und auch die Augenflecke sind sehr undeutlich. Tergite schwach chitinisiert, ziemlich grob granuliert, wenig deutlich geteilt, mit je 10 Marginalborsten. Borsten des Körpers stark, die der Palpen etwas schwächer gekeult. Sternit 7 und 8 des Männchens median mit je einem sehr kleinen Borstenfeld. Flagellum mit 4 Borsten. Serrula mit 14 Lamellen. Galea distal mit Seitenästen. Palpen (Fig. 217) ziemlich grob granuliert. Femur des Männchens 3,9 mal, Tibia 2,8 mal, Schere 3,4 mal so lang wie breit. Finger deutlich länger als die Hand mit Stiel, der feste mit 46, der bewegliche mit 45 Marginalzähnen. Das Tasthaar *ist* distal von *est* gelegen, *it* etwa in der Mitte zwischen *ist* und *et* befindlich. Beine mäßig schlank, Tibia des 4. Paares 4,2 mal, Tarsus 4,9 mal so lang wie breit, letzterer ohne gut entwickeltes Tasthaar. — Körper L. ♂ 1,7 mm; Palpen: Femur L. 0,50 mm, B. 0,13 mm, Tibia L. 0,43 mm, B. 0,15 mm, Hand L. 0,41 mm, B. 0,23 mm, Finger L. 0,45 mm.

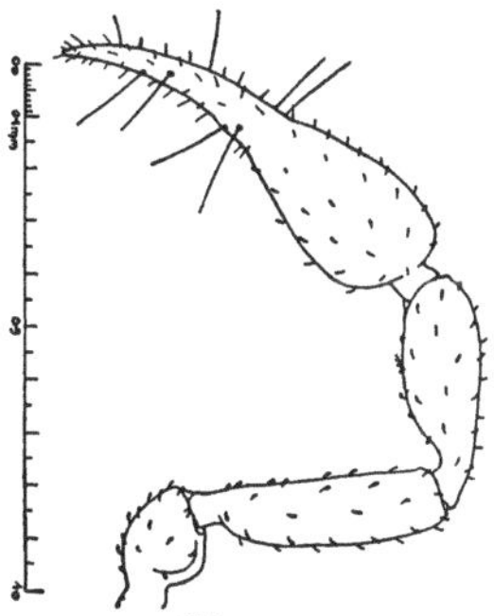

Fig. 217. **Nannowithius aethiopicus** (E. Sim.). Rechte Palpe ♂.

Ostafrika: Erythraea.

2. **N. perpusillus** (Ellingsen) 1910 *Chelifer p.*, Ellingsen in: Mt. Mus. Berlin, *v.* 4 p. 377 | 1912 *C. p.*, Ellingsen in: Ann. S. Afr. Mus., *v.* 10 p. 82.

Cephalothorax nur wenig länger als breit, in der basalen Hälfte parallelseitig, die Scheibe grob granuliert, mit 2 breiten und tiefen Querfurchen, die basale näher dem Hinterrand als der vorderen. Augen fehlen und auch die Augenflecke sind sehr undeutlich. Tergite schwach chitinisiert, deutlich granuliert. Borsten des Körpers und der Palpen stark gekeult. Flagellum mit 4 Borsten. Galea in beiden Geschlechtern einfach. Palpen (Fig. 218) gedrungener als bei der vorigen Art, so lang wie der Körper, ziemlich stark granuliert. Femur des Männchens 3,2 mal, des Weibchens 3 mal, Tibia des Männchens 2,4 mal, des Weibchens 2,3 mal, Schere des Männchens 3 mal, des Weibchens 2,8 mal so lang wie breit. Finger des Männchens etwas kürzer als die Hand mit Stiel, die des Weibchens kaum so lang wie die Hand ohne Stiel. Das Tasthaar *ist* fast in gleicher Höhe mit *est* gelegen, *it* etwas näher bei *et* als bei *ist* befindlich. Beine ziemlich gedrungen, Femur des 4. Paares 2,5 mal, Tibia 3,2 mal, Tarsus 4,2 mal so lang wie breit, letzterer ohne gut entwickeltes Tasthaar. — Körper L. ♂ ♀ 1,5 mm; Palpen: ♂ Femur L. 0,44 mm, B. 0,13 mm, Tibia L. 0,37 mm, B. 0,16 mm, Hand L. 0,42 mm, B. 0,23 mm, Finger L. 0,40 mm; ♀ Femur L. 0,39 mm, B. 0,13 mm, Tibia L. 0,35 mm, B. 0,15 mm, Hand L. 0,35 mm, B. 0,20 mm, Finger L. 0,30 mm.

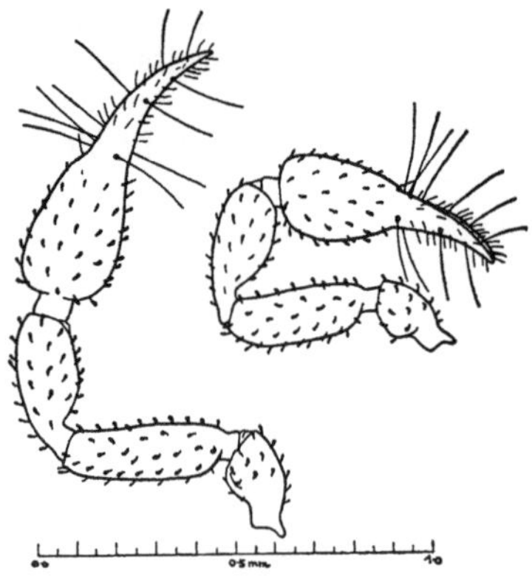

Fig. 218.
Nannowithius perpusillus (Ellingsen).
Linke Palpe von ♂ und ♀.

Ostafrika: Britisch-Ostafrika, Takanuga.

8. Gen. **Parawithius** Chamb.

1931 *P.*, Chamberlin in: Canad. Ent., *v.* 63 p. 292.

Typus: *Chelifer nobilis* With (durch ursprüngliche Bestimmung).

Cephalothorax länger als breit, basal am breitesten, von dort nach vorn allmählich verengt, die Scheibe granuliert, mit 2 Querfurchen. Augen vorhanden. Tergite geteilt, die des Männchens nicht gekielt. Sternite 7—9 des Männchens mit Borstenfeldern. Borsten des Körpers und der Palpen meist deutlich gekeult. Flagellum mit 4 Borsten. Palpen ziemlich schlank, granuliert. Finger verhältnismäßig lang, beide mit Giftapparat und Giftzahn, ohne Nebenzähne. Das Tasthaar *it* mehr oder weniger weit distal von *ist* gelegen. Beine mäßig kräftig, das Tasthaar des 4. Paares nahe dem Ende des Gliedes gelegen.

Südamerika.

7 Arten.

Übersicht über die Arten:

1 { Finger deutlich etwas kürzer als die Hand ohne Stiel — **2**
Finger länger als die Hand ohne Stiel — **4**

2 { Cephalothorax ohne helle Flecke seitlich nahe dem Hinterrand; Tibia 3,4—3,6 mal, Schere 3,7—4 mal so lang wie breit; Borsten an der Medialseite der Palpenglieder deutlich gekeult — **3**
Cephalothorax mit hellen Flecken seitlich nahe dem Hinterrand; Tibia 3,1 mal, Schere 3,5 mal so lang wie breit; Borsten an der Medialseite der Palpenglieder schwach gekeult . . . . 1. **P. nobilis**

3 { Tibia des 4. Beinpaares 3,1 mal, Tarsus 5 mal so lang wie breit; Palpentibia 3,4 mal, Schere 4 mal so lang wie breit; Borsten an der Medialseite der Palpenglieder etwas schwächer gekeult . . . . 2. **P. iunctus**
Tibia des 4. Beinpaares 5,5 mal, Tarsus 6 mal so lang wie breit; Palpentibia 3,6 mal, Schere 3,7 mal so lang wie breit; Borsten an der Medialseite der Palpenglieder stark gekeult . . . . 3. **P. pseudorufus**

4 { Palpencoxen granuliert; Finger so lang wie oder etwas kürzer als die Hand mit Stiel — **5**
Palpencoxen glatt; Finger deutlich länger als die Hand mit Stiel . . . . 7. **P. proximus**

5 { Palpenfemur 4—4,3 mal so lang wie breit — **6**
Palpenfemur 4,7—5 mal so lang wie breit — **7**

6 { Femur 4,3 mal, Tibia 3,4 mal so lang wie breit . . . . 4. **P. rufus**
Femur 4 mal, Tibia 2,9 mal so lang wie breit . . . . . 5. **P. venezuelanus** ♀

7 { Femur 5 mal, Tibia 3,3 mal so lang wie breit . . . . . 5. **P. venezuelanus** ♂
Femur 4,7 mal, Tibia 3,8 mal so lang wie breit . . . . 6. **P. flebrigi**

1. **P. nobilis** (With) 1908 *Chelifer n.*, With in: Tr. zool. Soc. London, *v.* 18 p 234 t. 29 f. 4a—b | 1931 *Parawithius n.*, Chamberlin in: Canad. Ent., *v.* 63 p. 292.

Cephalothorax deutlich länger als breit, basal am breitesten, von dort nach vorn allmählich verengt, die Scheibe dicht granuliert, mit einer deutlichen vorderen und einer schwächeren basalen Querfurche. Augen wenig deutlich. Tergite geteilt, granuliert, mit etwa 10 Marginalborsten. Sternite 7—9 des Männchens mit Borstenfeldern. Borsten des Körpers stark, die der Palpen schwach gekeult. Flagellum mit 4 Borsten. Galea ziemlich kurz und dick, distal mit 5 kurzen Seitenästchen. Palpen ziemlich schlank, deutlich granuliert. Femur des Männchens 4,1 mal, Tibia 3,1 mal, Schere 3,5 mal so lang wie breit. Finger kürzer als die Hand ohne Stiel, leicht klaffend. Femur des 4. Beinpaares 2,6 mal, Tibia 3,8 mal, Tarsus 4,9 mal so lang wie breit, das Tasthaar des letzteren $^3/_4$ der Gliedlänge von der Basis entfernt. — Körper L. ♂ 2,4 mm; Palpen: Femur L. 0,81 mm, B. 0,20 mm, Tibia L. 0,71 mm, B. 0,23 mm, Hand L. 0,62 mm, B. 0,35 mm, Finger L. 0,58 mm.

Südamerika: Bogota.

2. **P. iunctus** Beier 1910 *Chelifer canestrinii* (part.), Ellingsen in: Mt. Mus. Berlin, *v.* 4 p. 385 | 1932 *Parawithius iunctus*, Beier in: Zool. Anz., *v.* 99 (im Druck).

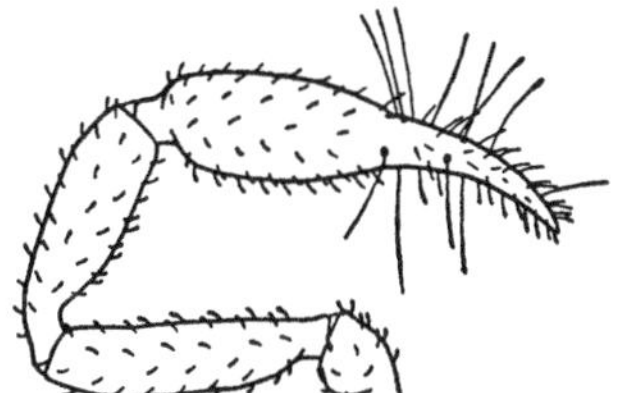

Fig. 219.
Parawithius iunctus Beier.
Linke Palpe ♂.

Cephalothorax länger als breit, deutlich granuliert, mit 2 breiten und tiefen Querfurchen. Tergite geteilt, granuliert. Borsten des Körpers und der Palpen deutlich keulenförmig. Flagellum mit 4 Borsten. Palpen (Fig. 219) deutlich granuliert. Femur des Männchens 4,1 mal, Tibia 3,4 mal, Schere 4 mal so lang wie breit. Finger etwas kürzer als die Hand ohne Stiel. Das Tasthaar *it* nur wenig distal von *ist* stehend. Beine mäßig gedrungen, Femur des 4. Paares 3 mal, Tibia 3,1 mal, Tarsus 5 mal so lang wie breit. — Körper L. ♂ 2 mm; Palpen: Femur L. 0,58 mm, B. 0,14 mm, Tibia L. 0,54 mm, B. 0,16 mm, Hand L. 0,52 mm, B. 0,21 mm, Finger L. 0,42 mm.

Südamerika: Paraguay.

3. **P. pseudorufus** Beier 1910 *Chelifer rufus* (part.), Ellingsen in: Mt. Mus. Berlin, *v.* 4 p. 386 | 1932 *Parawithius pseudorufus*, Beier in: Zool. Anz., *v.* 99 (im Druck).

Cephalothorax länger als breit, kräftig granuliert, mit einer stärkeren vorderen und einer schwächeren basalen Querfurche. Augen vorhanden. Tergite geteilt, granuliert, mit je 6 Marginalborsten. Borsten des Körpers und der Palpen stark gekeult. Sternite 7—9 des Männchens mit Borstenfeldern. Flagellum mit 4 Borsten. Serrula mit 18 Lamellen. Palpen (Fig. 220) ziemlich grob granuliert. Femur des Männchens 4,2 mal, Tibia 3,6 mal, Schere 3,7 mal so lang wie breit. Finger nicht ganz so lang wie die Hand ohne Stiel. Das Tasthaar *it* nur wenig distal von *ist* gelegen. Beine mäßig kräftig, Femur des 4. Paares 3,2 mal, Tibia 4,5 mal, Tarsus 6 mal so lang wie breit. — Körper L. ♂ 2 mm; Palpen: Femur L. 0,66 mm, B. 0,15 mm, Tibia L. 0,61 mm, B. 0,17 mm, Hand L. 0,55 mm, B. 0,23 mm, Finger L. 0,45 mm.

Südamerika: Paraguay.

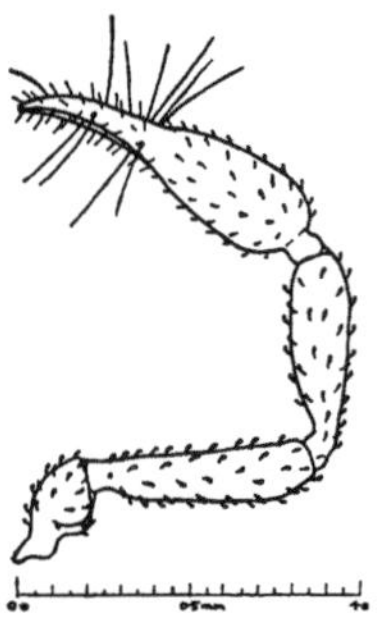

Fig. 220.
Parawithius pseudorufus Beier
Rechte Palpe ♂.

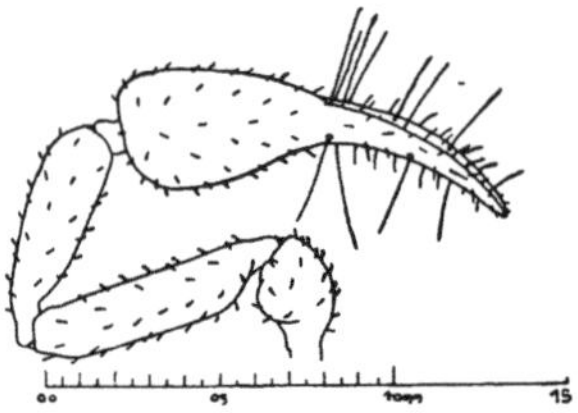

Fig. 221.
Parawithius rufus (Balzan).
Linke Palpe ♂.

4. **P. rufus** (Balzan) 1890 *Chelifer r.*, Balzan in: Ann. Mus. Genova, ser. 2 *v.* 9 p. 431 t. 15 f. 15 | 1891 *C. r.*, Balzan in: Ann. Soc. ent. France, *v.* 60 p 533 t. 11 f. 25.

Cephalothorax länger als breit, so wie bei den vorigen Arten von der Basis nach vorn allmählich verengt, ziemlich grob granuliert, mit 2 deutlichen Querfurchen, die basale etwas näher dem Hinterrand als der vorderen. Augen vorhanden. Tergite geteilt, fein granuliert. Borsten des Körpers und der Palpen deutlich, jedoch etwas schwächer gekeult als bei der vorigen Art. Flagellum mit 4 Borsten, die distale schwach einseitig gefiedert. Serrula mit 17 Lamellen. Galea terminal mit 5 Seitenästchen. Palpen (Fig. 221) deutlich granuliert. Femur des Männchens 4,3 mal, Tibia 3,4 mal, Schere 3,3 mal so lang wie breit. Finger länger als die Hand ohne Stiel, jedoch kürzer als diese mit Stiel, der feste mit 41, der bewegliche mit 42 stark nach hinten geneigten Marginalzähnen. Das Tasthaar *it* in der Mitte zwischen *ist* und *et* stehend, *st* etwas näher bei *sb* als bei *t* befindlich. Beine wie bei den vorigen Arten. — Körper L. ♂ 2 mm; Palpen: Femur L. 0,73 mm, B. 0,17 mm, Tibia L. 0,65 mm, B. 0,19 mm, Hand L. 0,67 mm, B. 0,34 mm, Finger L. 0,63 mm.

Südamerika: Paraguay, Argentinien.

5. **P. venezuelanus** Beier 1891 *Chelifer rufus* (part.), Balzan in: Ann. Soc. ent. France, *v.* 60 p. 533 | 1902 *C. r.*, Ellingsen in: Mém. Soc. zool. France, *v.* 15 p. 158 | ? 1907 *C. r.*, Tullgren in: Mt. Mus. Hamburg, *v.* 24 p. 37 | 1908 *C. r*, With in: Tr. zool. Soc. London, *v.* 18 p. 231 | 1932 *Parawithius venezuelanus*, Beier in: Zool. Anz., *v.* 99 (im Druck).

Mit der vorigen Art nahe verwandt, jedoch durch andere Palpenmaße von ihr gut unterschieden. Cephalothorax deutlich länger als breit, dicht granuliert, mit 2 tiefen Querfurchen. Tergite geteilt, granuliert, mit je 10 Marginalborsten. Borsten des Körpers und der Palpen stark gekeult. Sternite 7—9 des Männchens mit Borstenfeldern. Flagellum mit 4 Borsten. Galea nahezu einfach. Palpen ziemlich schlank, deutlich granuliert. Femur des Männchens 5 mal, des Weibchens 4 mal, Tibia des Männchens 3,3 mal, des Weibchens 2,9 mal, Schere des Männchens 3,7 mal, des Weibchens 3,4 mal so lang wie breit. Finger des Männchens so lang wie, die des Weibchens etwas kürzer als die Hand mit Stiel. Femur des 4. Beinpaares 3 mal, Tibia 4,6 mal, Tarsus 5,5 mal so lang wie breit, das Tasthaar des letzteren $^3/_4$ der Gliedlänge von der Basis entfernt. — Körper L. ♂ 1,9 mm, ♀ 2,4 mm; Palpen: ♂ Femur L. 0,69 mm, B. 0,14 mm, Tibia L. 0,60 mm, B. 0,18 mm, Hand L. 0,48 mm, B. 0,27 mm, Finger L. 0,48 mm; ♀ Femur L. 0,74 mm, B. 0,18 mm, Tibia L. 0,65 mm, B. 0,22 mm, Hand L. 0,55 mm, B. 0,32 mm, Finger L. 0,53 mm.

Südamerika: Venezuela.

6. **P. fiebrigi** Beier 1910 *Chelifer rufus* (part.), Ellingsen in: Mt. Mus. Berlin, *v.* 4 p 386 | 1932 *Parawithius fiebrigi*, Beier in: Zool. Anz., *v.* 99 (im Druck).

Cephalothorax länger als breit, kräftig granuliert, mit 2 tiefen Querfurchen. Augen vorhanden. Tergite geteilt, granuliert. Borsten des Körpers und der Palpen schwach gekeult. Flagellum mit 4 Borsten. Serrula mit 18 Lamellen. Galea des Männchens einfach. Palpen (Fig. 222) ziemlich schlank, granuliert. Femur des Männchens 4,7 mal, Tibia 3,8 mal, Schere 4,1 mal so lang wie breit. Finger fast so lang wie die Hand mit Stiel. Das Tasthaar *it* etwa in der Mitte zwischen *ist* und *et* gelegen. Beine mäßig kräftig, Femur des 4. Paares 2,6 mal, Tibia 3,8 mal, Tarsus 5,5 mal so lang wie breit. — Körper L. ♂ 2 mm; Palpen: Femur L. 0,62 mm, B. 0,13 mm, Tibia L. 0,57 mm, B. 0,15 mm, Hand L. 0,50 mm, B. 0,21 mm, Finger L. 0,48 mm.

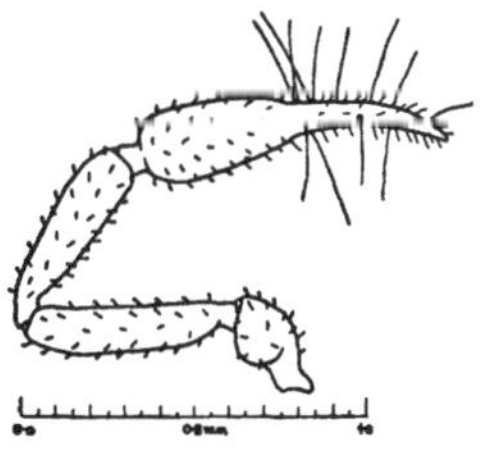

Fig. 222.
Parawithius fiebrigi Beier.
Linke Palpe ♂.

Südamerika: Paraguay.

7. **P. proximus** (Ellingsen) 1905 *Chelifer p*, Ellingsen in: Zool. Anz., *v.* 29 p. 324 | 1908 *C. p.*, With in: Tr. zool. Soc. London, *v.* 18 p. 231.

Cephalothorax länger als breit, stark granuliert, mit einer tiefen vorderen und einer schwächeren basalen Querfurche, diese näher dem Hinterrand als der ersteren. Augen vorhanden. Tergite geteilt, granuliert, Borsten des Körpers und der Palpen gekeult. Flagellum mit 4 Borsten. Galea des Männchens kurz und einfach, die des Weibchens kräftiger, distal mit einigen kurzen Seitenästchen. Palpen ziemlich schlank, ungefähr so lang wie der Körper, deutlich granuliert. Palpencoxen glatt. Femur des Männchens 4,3 mal, Tibia 3,2 mal, Schere 4 mal so lang wie breit. Finger länger als die Hand. Beine wie bei den vorigen Arten. — Körper L. ♂ ♀ 2,4 mm; Palpen: Femur L. 0,69 mm, B. 0,16 mm, Tibia L. 0,61 mm, B. 0,19 mm, Hand L. 0,48 mm, B. 0,27 mm, Finger L. 0,60 mm.

Südamerika: Argentinien.

9. Gen. **Dolichowithius** Chamb.

1931 *D.*, Chamberlin in: Canad. Ent., *v.* 63 p. 293.

Typus: *Chelifer longichelifer* Balzan (durch ursprüngliche Bestimmung).

Cephalothorax länger als breit, in der Höhe der vorderen Querfurche am breitesten, von dort nach vorn stark, nach hinten schwächer verengt, die Scheibe granuliert, mit 2 Querfurchen. Tergite geteilt, die des Männchens seitlich nicht gekielt. Borsten des Körpers und der Palpen mehr oder weniger stark keulenförmig. Sternite 7—9 des Männchens mit Borstenfeldern, diese median zwischen den Sterniten befindlich. Flagellum mit 4 Borsten. Palpen schlank, die des Männchens stark verlängert. Finger stets kürzer als die Hand. Das Tasthaar *it* nahe bei *ist* befindlich und weit von *et* getrennt, *st* etwa in der Mitte zwischen *sb* und *t* stehend. Beine mäßig kräftig, das Tasthaar am Tarsus des 4. Paares nahe dem Ende des Gliedes befindlich.

Südamerika.

8 Arten.

Übersicht über die Arten:

Männchen:

1 { Femur 4,9—6,3 mal so lang wie breit — **2**
  { Femur 3,5 mal so lang wie breit — **5**

2 { Tibia 5,4—6,4 mal, Femur 5,6—6,3 mal so lang wie breit — **3**
  { Tibia 4 mal, Femur 4,9 mal so lang wie breit . . . . . 4. **D. modicus** ♂

3 { Femur 6—6,3 mal so lang wie breit — **4**
  { Femur 5,6 mal so lang wie breit . . . . 3. **D. longichelifer** ♂

4 { Tibia 5,7 mal, Schere 3,6 mal so lang wie breit . . . . 2. **D. vicinus** ♂
  { Tibia 6,4 mal, Schere 4,7 mal so lang wie breit . . . . 1. **D. extensus** ♂

5 { Tibia 3,6 mal so lang wie breit . . . . 5. **D. simplex** ♂
  { Tibia 2,9 mal so lang wie breit . . . . 6. **D. brasiliensis** ♂

Weibchen:

1 { Femur 3,8—4,2 mal so lang wie breit — **2**
  { Femur 2,9—3 mal so lang wie breit — **5**

2 { Tibia 3,2 mal so lang wie breit — **3**
  { Tibia 3,4—3,5 mal so lang wie breit — **4**

3 { Femur 3,8 mal, Schere 3,1 mal so lang wie breit . . . . 1. **D. extensus** ♀
  { Femur 4 mal, Schere 2,7 mal so lang wie breit . . . . 2. **D. vicinus** ♀

4 { Femur 4,2 mal, Tibia 3,4 mal, Schere 2,9 mal so lang wie breit . . . . 3. **D. longichelifer** ♀
  { Femur 4,1 mal, Tibia 3,5 mal, Schere 3 mal so lang wie breit . . . . 4. **D. modicus** ♀

5 { Femur 2,9 mal, Schere 2,9 mal so lang wie breit . . . . 7. **D. canestrinii** ♀
  { Femur 3 mal, Schere 2,8 mal so lang wie breit . . . . 8. **D. emigrans** ♀

1. **D. extensus** Beier 1908 *Chelifer longichelifer*, With in: Tr. zool. Soc. London, *v.* 18 p. 238 t. 29 f. 6a—d | 1932 *Dolichowithius extensus*, Beier in: Zool. Anz., *v.* 99 (im Druck).

Cephalothorax deutlich länger als breit, von der Mitte nach vorn stark, gegen die Basis schwach verengt, deutlich granuliert, mit zwei wenig tiefen Querfurchen. Augen vorhanden. Tergite mit Ausnahme des letzten geteilt, deutlich granuliert, mit 10—12 Marginalborsten, das letzte mit Tasthaaren. Sternite 7—9 des Männchens mit Borstenfeldern, diese median zwischen den Sterniten gelegen. Borsten des Körpers und der Palpen gekeult. Galea terminal nur mit kurzen Seitenästchen, die des Weibchens etwas länger als die des Männchens. Palpen länger als der Körper, nur undeutlich granuliert, die des Männchens bedeutend schlanker als die des Weibchens. Coxa seitlich granuliert. Femur des Männchens 6,3 mal, des Weibchens 3,8 mal, Tibia des Männchens 6,4 mal, des Weibchens 3,2 mal, Schere des Männchens 4,7 mal, des Weibchens 3,1 mal so lang wie breit. Finger bedeutend kürzer als die Hand, leicht klaffend. Femur des 4. Beinpaares 2,5 mal, Tibia 4,3 mal, Tarsus 5,5 mal so lang wie breit, das Tasthaar des letzteren $^2/_3$ der Gliedlänge von der Basis entfernt. — Körper L. ♂ 1,9 mm, ♀ 2 mm; Palpen: ♂ Femur L. 1,08 mm, B. 0,18 mm, Tibia L. 1,08 mm, B. 0,17 mm, Hand L. 0,71 mm, B. 0,25 mm, Finger L. 0,48 mm; ♀ Femur L. 0,69 mm, B. 0,18 mm, Tibia L. 0,62 mm, B. 0,20 mm, Hand L. 0,58 mm, B. 0,32 mm, Finger L. 0,44 mm.

Südamerika: Venezuela, Ekuador (?).

2. **D. vicinus** Beier 1907 *Chelifer longichelifer*, Tullgren in: Mt. Mus. Hamburg, *v.* 24 p. 35 | 1932 *Dolichowithius vicinus*, Beier in: Zool. Anz., *v.* 99 (im Druck).

Cephalothorax länger als breit, deutlich granuliert, nahe der Mitte am breitesten, von dort nach vorn stark, gegen die Basis schwächer verengt, mit 2 Querfurchen. Tergite geteilt, granuliert. Sternite 7—9 des Männchens mit Borstenfeldern, diese median zwischen den Sterniten gelegen. Borsten

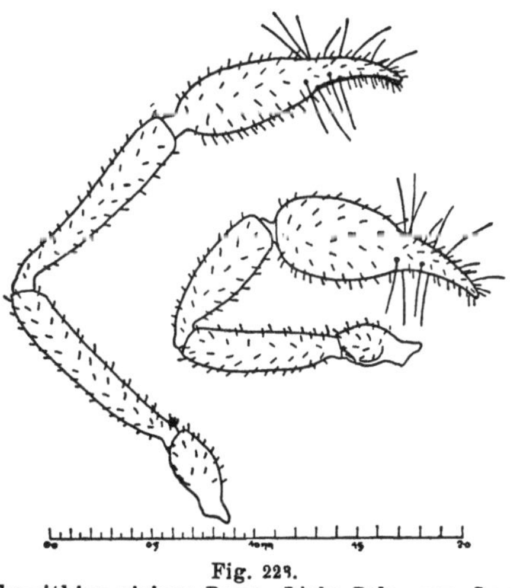

Fig. 223.
Dolichowithius vicinus Beier. Linke Palpe von ♂ und ♀.

des Körpers stärker, die der Palpen schwach keulenförmig. Flagellum mit 4 Borsten. Serrula mit 17 Lamellen. Palpen (Fig. 223) länger als der Körper, fein granuliert, die des Männchens bedeutend schlanker als die des Weibchens. Femur des Männchens 6 mal, des Weibchens 4 mal, Tibia des Männchens 5,7 mal, des Weibchens 3,2 mal, Schere des Männchens 3,6 mal, des Weibchens 2,7 mal so lang wie breit. Finger bedeutend kürzer als die Hand. Das Tasthaar *ist* proximal von *est* gelegen, *it* nur wenig distal von *ist* stehend. Femur des 4. Beinpaares 2,7 mal, Tibia 3,9 mal, Tarsus 5,5 mal so lang wie breit, das Tasthaar des letzteren gut $^2/_3$ der Gliedlänge von der Basis entfernt. — Körper L. ♂ ♀ 2 mm; Palpen: ♂ Femur L. 1,06 mm, B. 0,18 mm, Tibia L. 1,09 mm, B. 0,20 mm, Hand L. 0,72 mm, B. 0,30 mm, Finger L. 0,52 mm; ♀ Femur L. 0,78 mm, B. 0,19 mm, Tibia L. 0,72 mm, B. 0,23 mm, Hand L. 0,68 mm, B. 0,38 mm, Finger L. 0,50 mm.

Südamerika: Paraguay.

3. **D. longichelifer** (Balzan) 1890 *Chelifer l.*, Balzan in: Ann. Mus. Genova, ser. 2 *v.* 9 p. 433 t. 15 f. 16 | 1891 *C. l.* (part.), Balzan in: Ann. Soc. ent. France, *v.* 60 p. 534 t. 11 f. 26 | 1931 *Dolichowithius l.*, Chamberlin in: Canad. Ent., *v.* 63 p. 293.

Cephalothorax länger als breit, deutlich granuliert, auch nach hinten erkennbar verengt, mit 2 Querfurchen, die basale etwas näher dem Hinterrand als der vorderen. Augen vorhanden. Tergite geteilt, fein granuliert. Borsten des Körpers leicht, die der Palpen kaum gekeult, ziemlich dick und gezähnt, Sternite 7—9 des Männchens mit Borstenfeldern, diese median zwischen den Sterniten befindlich. Flagellum mit 4 Borsten. Serrula mit 18—19 Lamellen. Galea ziemlich lang, nur terminal mit kurzen Seitenästchen. Palpen (Fig. 224) länger als der Körper, fein aber deutlich granuliert, die des Männchens schlanker als die des Weibchens. Femur des Männchens 5,6 mal, des Weibchens 4,2 mal, Tibia des Männchens 5,4 mal, des Weibchens 3,4 mal, Schere des Männchens 4 mal, des Weibchens 2,9 mal so lang wie breit. Finger bedeutend kürzer als die Hand. Das Tasthaar *ist* proximal von *est* gelegen, *it* nahe bei *ist* stehend, *st* etwa in der Mitte zwischen *sb* und *t* befindlich. Beide Finger mit kräftigem Giftzahn, der feste mit 30, der bewegliche mit 32 Marginalzähnen. Femur des 4. Beinpaares 2,6 mal, Tibia 4 mal, Tarsus 5,2 mal so lang wie breit, das Tasthaar des letzteren gut $^2/_3$ der Gliedlänge von der Basis entfernt. — Körper L. ♂ 2 mm, ♀ 2,5—3 mm; Palpen: ♂ Femur L. 0,93 mm, B, 0,17 mm, Tibia L. 0,92 mm, B. 0,17 mm, Hand L. 0,73 mm, B. 0,27 mm, Finger L. 0,47 mm; ♀ Femur L. 0,73 mm, B. 0,18 mm, Tibia L. 0,69 mm, B. 0,20 mm, Hand L. 0,70 mm, B. 0,35 mm, Finger L. 0,45 mm.

Südamerika: Paraguay, Matto grosso.

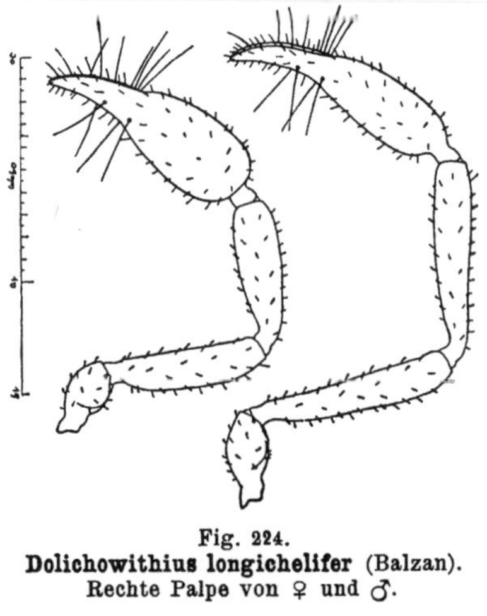

Fig. 224.
Dolichowithius longichelifer (Balzan). Rechte Palpe von ♀ und ♂.

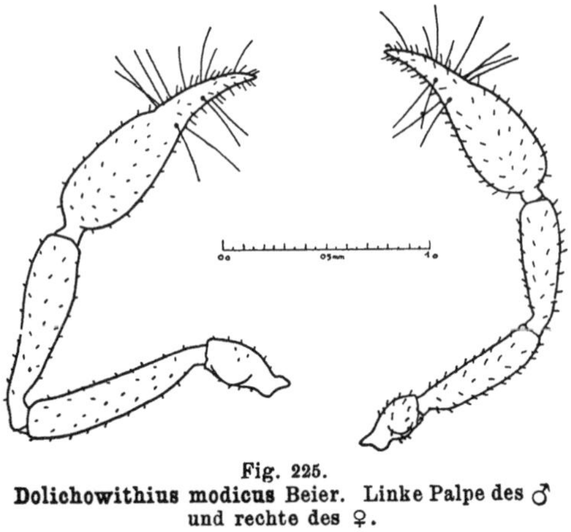

Fig. 225.
Dolichowithius modicus Beier. Linke Palpe des ♂ und rechte des ♀.

4. **D. modicus** Beier 1910 *Chelifer longichelifer*, Ellingsen in: Mt. Mus. Berlin, *v.* 4 p. 386 | 1932 *Dolichowithius modicus*, Beier in: Zool. Anz., *v.* 99 (im Druck).

Der vorigen Art nahestehend, die Palpenglieder des Männchens jedoch weniger schlank. Cephalothorax länger als breit, deutlich granuliert, wie bei den vorigen Arten geformt. Augen vorhanden. Tergite geteilt, granuliert. Borsten des Körpers und der Palpen nur sehr schwach gekeult. Sternite des Männchens wie bei den vorigen Arten. Flagellum mit 4 Borsten. Serrula mit 20 Lamellen. Palpen (Fig. 225) länger als der Körper, fein granuliert, die des Männchens schlanker als die des Weibchens. Femur des Männchens 4,9 mal, des Weibchens 4,1 mal, Tibia des Männchens 4 mal, des Weibchens 3,5 mal, Schere des Männchens 3,5 mal, des Weibchens 3 mal so lang wie breit. Finger bedeutend kürzer als die Hand. Stellung der Tasthaare wie bei den vorigen Arten. Femur des 4. Beinpaares 2,5 mal, Tibia 3,8 mal, Tarsus 6 mal so lang wie breit. — Körper L. ♂ ♀ 2—2,5 mm; Palpen: ♂ Femur L. 0,93 mm, B. 0,19 mm, Tibia L. 0,94 mm, B. 0,24 mm, Hand L. 0,75 mm, B. 0,32 mm, Finger L. 0,52 mm; ♀ Femur L. 0,68 mm, B. 0,17 mm, Tibia L. 0,65 mm, B. 0,18 mm, Hand L. 0,64 mm, B. 0,32 mm, Finger L. 0,45 mm.

Südamerika: Paraguay.

5. **D. simplex** Beier 1910 *Chelifer simoni*, Ellingsen in: Mt. Mus. Berlin, *v.* 4 p. 387 | 1932 *Dolichowithius simplex*, Beier in: Zool. Anz., *v.* 99 (im Druck).

Cephalothorax bedeutend länger als breit, grob und gleichmäßig granuliert, auch gegen die Basis leicht verengt, mit 2 Querfurchen, die basale näher dem Hinterrand als der vorderen. Augen vorhanden. Tergite geteilt, granuliert. Borsten des Körpers und der Palpen nur sehr schwach keulenförmig. Sternite des Männchens wie bei den vorigen Arten. Flagellum mit 4 Borsten. Palpen (Fig. 226) länger als der Körper, granuliert. Femur des Männchens 3,5 mal, Tibia 3,6 mal, Schere 3,5 mal so lang wie breit. Finger bedeutend kürzer als die Hand. Stellung der Tasthaare wie bei den vorigen Arten. Femur des 4. Beinpaares 2,8 mal, Tibia 4 mal, Tarsus 4,8 mal so lang wie breit. — Körper L. ♂ 2 mm; Palpen: ♂ Femur L. 0,83 mm, B. 0,23 mm, Tibia L. 0,84 mm, B. 0,24 mm, Hand L. 0,77 mm, B. 0,29 mm, Finger L. 0,45 mm.

Antillen: Portorico

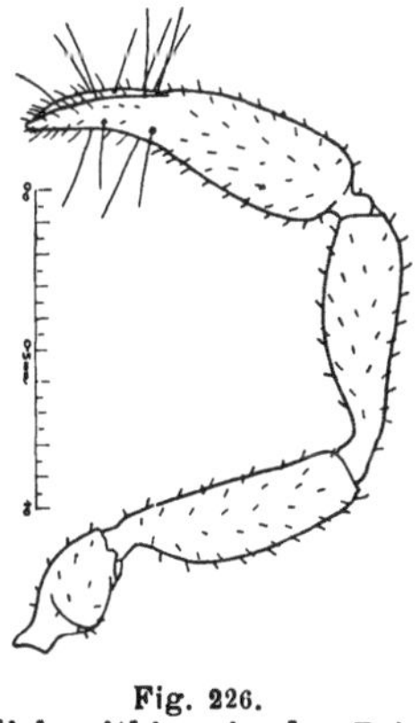

Fig. 226.
Dolichowithius simplex Beier.
Rechte Palpe ♂.

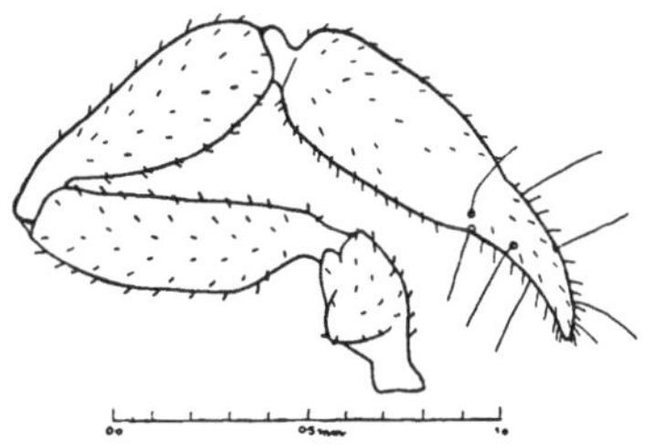

Fig. 227.
Dolichowithius brasiliensis (Beier).
Linke Palpe ♂.

6. **D. brasiliensis** (Beier) 1930 *Withius b.*, Beier in: Ann. Wien. Mus., *v.* 44 p. 218 f. 15 A, B.

Cephalothorax etwas länger als breit, auch gegen die Basis leicht verengt, deutlich granuliert, mit 2 Querfurchen, die basale näher dem Hinterrand als der vorderen. Galea nahezu einfach. Flagellum mit 4 Borsten. Palpen (Fig. 227) länger als der Körper, deutlich granuliert, mit schwach gekeulten Borsten. Femur des Männchens 3,5 mal, Tibia 2,9 mal, Schere 3,2 mal so lang wie breit. Finger bedeutend kürzer als die Hand. Stellung der Tasthaare wie bei den vorigen Arten, das Tasthaar *it* jedoch etwas weiter distal von *ist*. Femur des 4. Beinpaares 3,1 mal, Tibia 4,8 mal, Tarsus

4,4mal so lang wie breit. — Körper L. ♂ 1,8—2 mm; ♂ Palpen: Femur L. 0,80 mm, B. 0,23 mm, Tibia L. 0,79 mm, B. 0,28 mm, Hand L. 0,72 mm, B. 0,30 mm, Finger L. 0,45 mm.

Südamerika: Brasilien, Rio Grande do Sul.

7. **D. canestrinii** (Balzan) 1890 *Chelifer C.*, Balzan in: Ann. Mus. Genova, ser. 2 *v.* 9 p. 430 t. 15 f. 14 | 1891 *C. C.*, Balzan in: Ann. Soc. ent. France, *v.* 60 p. 532 t. 11 f. 22 | 1905 *C. c.*, Ellingsen in: Boll. Mus. Torino, *v.* 20 nr. 500 p. 16 | 1908 *C. c.*, With in: Tr. zool. Soc. London, *v.* 18 p. 236 t. 29 f. 5a—d.

Cephalothorax länger als breit, auch nach hinten verschmälert, ziemlich grob granuliert, mit 2 Querfurchen, die basale näher dem Hinterrand als der vorderen. Augen vorhanden. Tergite geteilt, granuliert, das letzte mit Tasthaaren. 6 Marginalborsten auf jedem Halbtergit. Borsten des Körpers und der Palpen kurz, leicht gekeult, Flagellum mit 4 Borsten. Serrula mit 17 Lamellen. Galea terminal mit 5 Seitenästchen. Palpen (Fig. 228) etwas länger als der Körper, ziemlich grob granuliert. Femur des Weibchens 2,9mal, Tibia 2,6mal, Schere 2,9mal so lang wie breit. Finger etwas kürzer als die Hand ohne Stiel. Stellung der Tasthaare wie bei den vorigen Arten. — Körper L. ♀ 2 mm; Palpen: ♀ Femur L. 0,54 mm, B. 0,19 mm, Tibia L. 0,55 mm, B. 0,20 mm, Hand L. 0,53 mm, B. 0,27 mm, Finger L. 0,38 mm.

Südamerika: Paraguay, Argentinien, Brasilien, Venezuela.

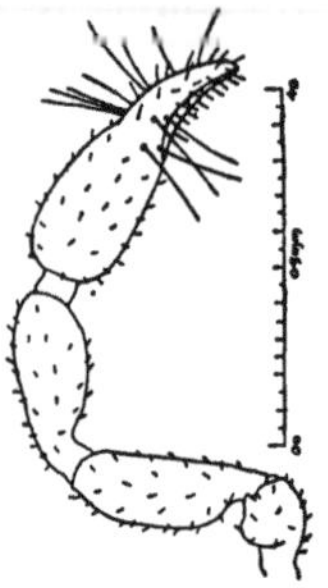

Fig. 228.
Dolichowithius canestrinii (Balzan).
Linke Palpe ♀.

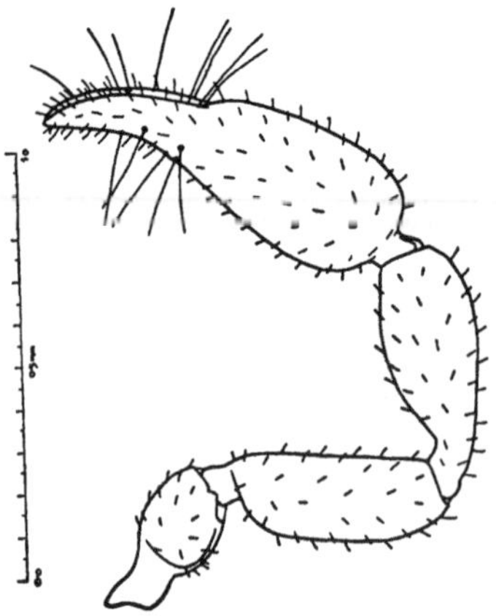

Fig. 229.
Dolichowithius emigrans (Tullg.).
Rechte Palpe ♀.

8. **D. emigrans** (Tullg.) 1907 *Chelifer e*, Tullgren in: Mt. Mus. Hamburg, *v.* 24 p. 35 t. 2 f. 5.

Cephalothorax nur wenig länger als breit, stark granuliert, mit 2 deutlichen Querfurchen, die basale näher dem Hinterrand als der vorderen. Augen vorhanden. Tergite geteilt, fein granuliert. Flagellum mit 4 Borsten. Serrula mit 16 Lamellen. Galea ziemlich lang, distal mit einigen kurzen Seitenästchen. Palpen (Fig. 229) kaum so lang wie der Körper, stark granuliert, mit leicht gekeulten Borsten. Femur des Weibchens 3mal, Tibia 2,6mal, Schere 2,8mal so lang wie breit. Finger deutlich kürzer als die Hand ohne Stiel. Das Tasthaar *it* etwas distal von *ist* stehend, *st* etwas näher bei *t* als bei *sb* befindlich. Femur des 4. Beinpaares 2,9mal, Tibia 3,8mal, Tarsus 5mal so lang wie breit, das Tasthaar des letzteren nicht ganz $^2/_3$ der Gliedlänge von der Basis entfernt. — Körper L. ♀ 2,4 mm; Palpen: ♀ Femur L. 0,58 mm, B. 0,20 mm, Tibia L. 0,59 mm, B. 0,22 mm, Hand L. 0,62 mm, B. 0,30 mm, Finger L. 0,40 mm.

Südamerika: Brasilien.

10. Gen. **Afrowithius** Chamb.

1931 *A.*, Chamberlin in: Canad. Ent., *v.* 63 p. 293.

Typus: *Chelifer (Withius) paradoxus* Ellingsen (durch ursprüngliche Bestimmung und Monotypie).

Cephalothorax bedeutend länger als breit, in der basalen Hälfte parallelseitig, granuliert, mit zwei Querfurchen. Augen vorhanden. Tergite geteilt, die des Männchens seitlich deutlich gekielt. Sternite 4—9 des Männchens mit Borstenfeldern. Borsten des Körpers und der Palpen deutlich gekeult. Flagellum mit 5 Borsten. Palpen ziemlich schlank. Das Tasthaar am Tarsus des 4. Beinpaares etwas distal der Mitte gelegen.

Südafrika.

1 Art.

1. **A. paradoxus** (Ellingsen) 1912 *Chelifer (Withius) p.*, Ellingsen in: Ann. S. Afr. Mus., *v.* 10 p. 98 | 1931 *Afrowithius p.*, Chamberlin in: Canad. Ent., *v.* 63 p. 293.

Cephalothorax bedeutend länger als breit, in der basalen Hälfte parallelseitig, dicht granuliert, mit 2 Querfurchen, die basale etwa in der Mitte zwischen der vorderen und dem Hinterrand. Augen vorhanden. Tergite geteilt, dicht granuliert, das letzte ohne Tasthaare. Tergite des Männchens mit deutlichen Seitenkielen. Sternite 4—9 des Männchens mit Borstenfeldern. Borsten des Körpers und der Palpen deutlich gekeult. Flagellum mit fünf Borsten. Galea des Männchens klein und einfach. Palpen schlank, etwas länger als der Körper, fein granuliert. Coxen nur sehr fein granuliert. Femur 3,8mal, Tibia 3,2mal, Schere 4,4mal so lang wie breit. Finger etwas kürzer als die Hand. Das Tasthaar am Tarsus des 4. Beinpaares etwas distal der Mitte gelegen. — Körper L. 2,2 mm; Palpen: Femur L. 0,72 mm, B. 0,19 mm, Tibia L. 0,64 mm, B. 0,20 mm, Hand L. 0,57 mm, B. 0,23 mm, Finger L. 0,46 mm.

Südafrika: Kapland.

11. Gen. **Caffrowithius** Beier

1932 *C.*, Beier in: Zool. Anz., *v.* 99 (im Druck).

Typus: *Chelifer concinnus* Tullg. (durch ursprüngliche Bestimmung).

Cephalothorax länger als breit, granuliert, in der basalen Hälfte nahezu parallelseitig, mit 2 Querfurchen. Tergite geteilt, granuliert. Borsten des Körpers und der Palpen leicht gekeult. Flagellum mit 4 Borsten. Palpen mäßig kräftig. Finger ohne Nebenzähne. Das Tasthaar *ist* in gleicher Höhe mit oder etwas distal von *est* gelegen, *it* näher bei *et* als bei *ist* stehend, *st* etwas näher bei *t* als bei *sb* befindlich.

Südafrika.

4 Arten.

Übersicht über die Arten:

1	Größere Arten, Femurlänge 0,70—0,80 mm	— 2
	Kleinere Art, Femurlänge 0,54 mm	4. **C. facetus**

2 { Femur einfach, medial ohne Erhebung — 3
Femur des Männchens medial nahe dem Stielchen mit einer beulenartigen Erhebung . . . . 3. **C. tumuliferus**

3 { Palpenfemur 2,8—2,9 mal so lang wie breit . . . . 1. **C. concinnus**
Palpenfemur 2,5—2,6 mal so lang wie breit . . . . 2. **C. subfoliosus**

1. **C. concinnus** (Tullg.) 1907 *Chelifer c.*, Tullgren in: Mt. Mus. Hamburg, *v.* 24 p. 39 t. 2 f. 7a—c | 1907 *C. c.*, Tullgren in: Zool. Stud. tillägn. Tullberg, p. 224 | 1912 *C. c.*. Ellingsen in: Ann. S. Afr. Mus., *v.* 10 p. 82, 91.

Cephalothorax etwas länger als breit, fein granuliert, mit 2 Querfurchen. Augenflecke wenig deutlich. Tergite geteilt, fein granuliert, das letzte mit Tasthaaren. Borsten des Körpers und der Palpen leicht gekeult. Flagellum mit 4 Borsten. Serrula mit 18 Lamellen. Galea ziemlich kurz und kräftig. Palpen (Fig. 230) ziemlich kräftig, länger als der Körper, fein granuliert.

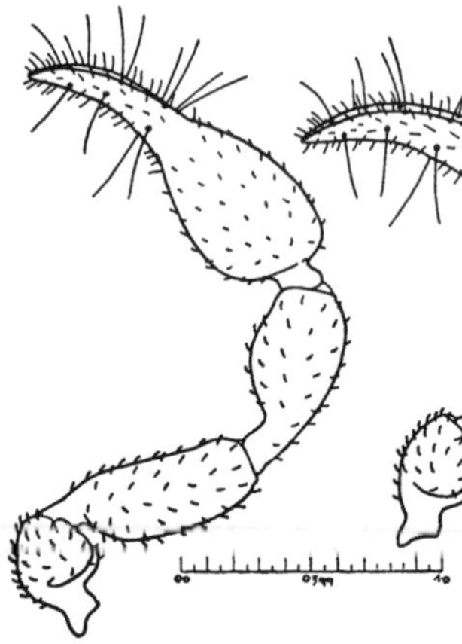

Fig 230.
Caffrowithius concinnus (Tullg.). Linke Palpe von ♂ und ♀.

Femur des Männchens 2,9 mal, des Weibchens 2,8 mal, Tibia des Männchens 2,1 mal, des Weibchens 2,4 mal, Schere des Männchens 2,9 mal, des Weibchens 3 mal so lang wie breit. Finger kaum so lang wie die Hand ohne Stiel. Das Tasthaar *ist* nur wenig distal von *est* gelegen, *it* bedeutend näher bei *et* als bei *ist* stehend, *st* etwas näher bei *t* als bei *sb* befindlich. Beine ziemlich schlank, Femur des 4. Paares 3,9 mal, Tibia 4,8 mal, Tarsus 6,2 mal so lang wie breit. — Körper L. 2,4 mm; Palpen: ♂ Femur L. 0,80 mm, B. 0,28 mm, Tibia L. 0,73 mm, B. 0,34 mm, Hand L. 0,79 mm, B. 0,44 mm, Finger L. 0,65 mm; ♀ Femur L. 0,80 mm, B. 0,30 mm, Tibia L. 0,77 mm, B. 0,32 mm, Hand L. 0,82 mm, B. 0,44 mm, Finger L. 0,67 mm.

Südafrika: Orange-Freistaat, Zululand, Kapland.

2. **C. subfoliosus** (Ellingsen) 1910 *Chelifer s.*, Ellingsen in: Mt. Mus. Berlin, *v.* 4 p. 380 | 1912 *C. s.*, Ellingsen in: Ann. S. Afr. Mus., *v.* 10 p. 82, 91.

Cephalothorax länger als breit, deutlich granuliert, mit 2 Querfurchen, die basale etwas näher dem Hinterrand als der vorderen. Augenflecke vorhanden. Tergite geteilt, stark granuliert. Borsten des Körpers gekeult. Galea verzweigt. Palpen kräftig, deutlich granuliert. Femur 2,5—2,6 mal, Tibia 2 mal, Schere 3 mal so lang wie breit. Finger ungefähr so lang wie die Hand, nicht klaffend. Stellung der Tasthaare ähnlich wie bei der vorigen

Art. — Körper L. 2,4 mm; Palpen: Femur L. 0,79 mm, B. 0,31 mm, Tibia L. 0,72 mm, B. 0,36 mm, Hand L. 0,64 mm, B. 0,40 mm, Finger L. 0,62 mm.

Südafrika: Kapland.

3. **C. tumuliferus** (Tullg.) 1908 *Chelifer t.*, Tullgren in: Denk. Ges. Jena, *v.* 13 p. 283 f. 1 | 1912 *C. t*, Ellingsen in: Ann. S. Afr. Mus., *v.* 10 p. 85, 100.

Cephalothorax ein wenig länger als breit, sehr fein granuliert, mit einer breiten vorderen und einer schwächeren basalen Querfurche, diese näher dem Hinterrand als der vorderen. Augen vorhanden. Tergite mit Ausnahme des letzten geteilt. Borsten des Körpers und der Palpen kurz. Flagellum mit 4 Borsten. Serrula mit 15 Lamellen. Galea ziemlich kurz, distal mit einigen Seitenästen. Palpen länger als der Körper, nahezu glatt, das Femur medial nahe dem Stielchen mit einer beulenartigen Erhebung. Femur etwa 3mal, Tibia 2,6mal, Schere 2,9mal so lang wie breit. Finger kaum so lang wie die Hand ohne Stiel. Das Tasthaar am Tarsus des 4. Beinpaares nahe der Mitte des Gliedes gelegen. — Körper L. 1,7 mm; Palpen: Femur L. 0,70 mm, Tibia L. 0,58 mm, Hand L. 0,47 mm, Finger L. 0,45 mm.

Südafrika: Klein-Namaland, Kapland.

4. **C. facetus** (Tullg.) 1907 *Chelifer f.*, Tullgren in: Zool. Stud. tillägn. Tullberg, p 223 t. 3 | 1912 *C. f.*, Ellingsen in: Ann. S. Afr. Mus., *v.* 10 p. 83, 92.

Cephalothorax kaum länger als breit, ziemlich grob granuliert, mit 2 Querfurchen, die basale näher der vorderen als dem Hinterrand. Augen vorhanden. Tergite geteilt, fein granuliert. 5 Marginalborsten auf jedem Halbtergit. Flagellum mit 4 Borsten. Serrula mit 15 Lamellen. Galea distal mit Seitenästchen. Palpen (Fig. 231) nur wenig länger als der Körper, fein granuliert, mit gekeulten Borsten. Femur 3,1 mal, Tibia 2,6 mal, Schere 3,1 mal so lang wie breit. Finger bedeutend kürzer als die Hand ohne Stiel. Das Tasthaar *ist* etwas distal von *est* gelegen, *it* näher bei *et* als bei *ist* stehend, *st* näher bei *t* als bei *sb* befindlich. — Körper L. 1,9 mm; Palpen: Femur L. 0,54 mm, B. 0,17 mm, Tibia L. 0,52 mm, B. 0,20 mm, Hand L. 0,58 mm, B. 0,27 mm, Finger L. 0,40 mm.

Südafrika: Natal, Kapland.

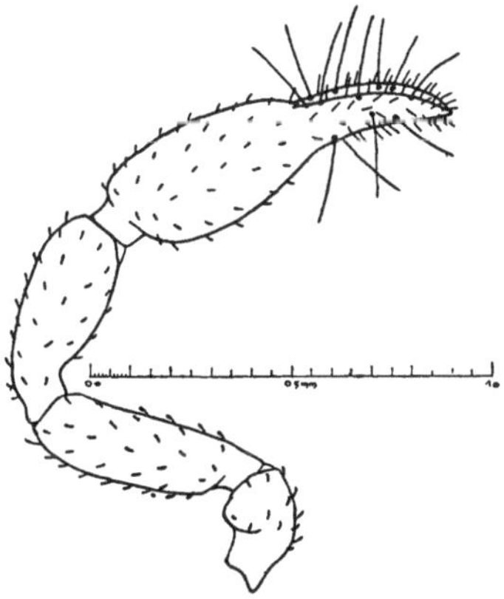

Fig. 231.
Caffrowithius facetus (Tullg.).
Linke Palpe.

12. Gen. **Neowithius** Beier

1932 *N.*, Beier in: Zool. Anz., *v.* 99 (im Druck).

Typus: *Chelifer insignis* With (durch ursprüngliche Bestimmung).

Cephalothorax länger als breit, deutlich granuliert, mit zwei Querfurchen. Augenflecke vorhanden. Tergite mit Ausnahme des letzten geteilt, granuliert. Flagellum mit 4 Borsten. Palpen mäßig kräftig, granuliert, mit mehr oder weniger stark gekeulten Borsten. Das Tasthaar *it* distal von *ist* gelegen. Finger ohne Nebenzähne. Das Tasthaar am Tarsus des 4. Beinpaares etwa $^2/_3$ der Gliedlänge von der Basis entfernt.

Südamerika.

4 Arten.

Übersicht über die Arten:

1	Finger so lang wie die Hand ohne Stiel — 2	
	Finger deutlich kürzer als die Hand ohne Stiel	1. **N. insignis**
2	Palpenfemur einfach, medial ohne beulenartige Erhebung — 3	
	Palpenfemur medial nahe dem Stielchen mit einer beulenartigen Erhebung	4. **N. exilimanus**
3	Femur 2,6 mal so lang wie breit	2. **N. dubius**
	Femur 3,1 mal so lang wie breit	3. **N. chilensis**

1. **N. insignis** (With) 1908 *Chelifer i*, With in: Tr. zool. Soc. London, *v.* 18 p. 247 t. 29 f. 9a—e.

Cephalothorax deutlich länger als breit, deutlich granuliert, mit einer tiefen vorderen und einer etwas schwächeren basalen Querfurche. Tergite mit Ausnahme des letzten geteilt, granuliert, mit 10—14 Marginalborsten. Borsten des Körpers deutlich, die der Palpen schwächer gekeult. Flagellum mit 4 Borsten. Galea lang, distal mit 6 kurzen Seitenästchen. Palpen mäßig kräftig, deutlich granuliert. Femur 2,6 mal, Tibia 2,2 mal, Schere etwa 3 mal so lang wie breit. Finger deutlich kürzer als die Hand ohne Stiel. Femur des 4. Beinpaares 2,5 mal, Tibia 4,1 mal, Tarsus 4,6 mal so lang wie breit, das Tasthaar des letzteren $^2/_3$ der Gliedlänge von der Basis entfernt. — Körper L. 3,7 mm; Palpen: Femur L. 0,66 mm, B. 0,25 mm, Tibia L. 0,67 mm, B. 0,30 mm, Hand L. 0,60 mm, B. 0,37 mm, Finger L. 0,46 mm.

Südamerika: Kontiroguita.

2. **N. dubius** Beier 1910 *Chelifer brevifemoratus*, Ellingsen in: Mt. Mus. Berlin, *v.* 4 p. 378 | 1932 *Neowithius dubius*, Beier in: Zool. Anz., *v.* 99 (im Druck).

Mit der vorigen Art nahe verwandt, die Palpenfinger jedoch verhältnismäßig länger. Cephalothorax länger als breit, fein granuliert, mit 2 Querfurchen, die basale näher dem Hinterrand als der vorderen. Augenflecke vorhanden. Tergite geteilt, fein granuliert. Flagellum mit 4 Borsten. Palpen (Fig. 232) mäßig kräftig, granuliert, mit deutlich gekeulten Borsten. Femur 2,6 mal, Tibia 2,3 mal, Schere 3,1 mal so lang wie breit. Finger ein wenig länger als die Hand ohne Stiel. Das Tasthaar *it* etwas distal von *ist* gelegen, dieses nur wenig distal von *est* stehend. Femur des 4. Beinpaares 3,2 mal, Tibia 4 mal, Tarsus 5,8 mal so lang wie breit. — Körper L. 2,5 mm; Palpen: Femur L. 0,57 mm, B. 0,22 mm, Tibia L. 0,52 mm, B. 0,23 mm, Hand L. 0,53 mm, B. 0,27 mm, Finger L. 0,46 mm.

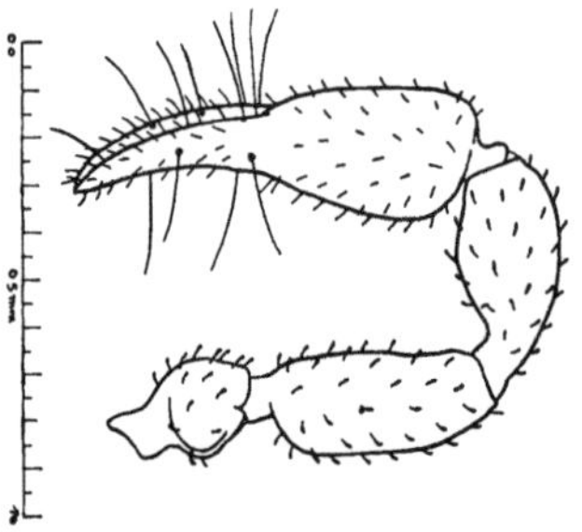

Fig. 232.
Neowithius dubius Beier.
Rechte Palpe ♀.

Südamerika: Brasilien.

3. **N. chilensis** (Beier) 1930 *Chelifer (Chelanops) c.*, Beier in: Boll. Laborat. Zool. Portici, *v.* 23 p. 201 f. 4—6.

Cephalothorax nur wenig länger als breit, fein granuliert, mit einer tiefen vorderen und einer schwächeren basalen Querfurche, diese dem Hinterrand näher als der vorderen. Augenflecke undeutlich. Tergite geteilt, fein granuliert, das letzte mit Tasthaaren. Flagellum mit 4 Borsten. Galea mit 8 Seitenzähnchen. Palpen (Fig. 233) mäßig kräftig, deutlich granuliert, länger als der Körper, mit gezähnten Borsten. Femur 3,1 mal, Tibia 2,5 mal, Schere 3,4 mal so lang wie breit. Finger so lang wie die Hand ohne Stiel. Das Tasthaar *it* distal von *ist* stehend, dieses etwas proximal von *est* befindlich. Der Tarsus des 4. Beinpaares mit einem Tasthaar etwas distal der Mitte. — Körper L. 2,5 mm; Palpen: Femur L. 0,86 mm, B. 0,28 mm, Tibia L. 0,73 mm, B. 0,29 mm, Hand L. 0,72 mm, B. 0,35 mm, Finger L. 0,63 mm.

Südamerika: Chile.

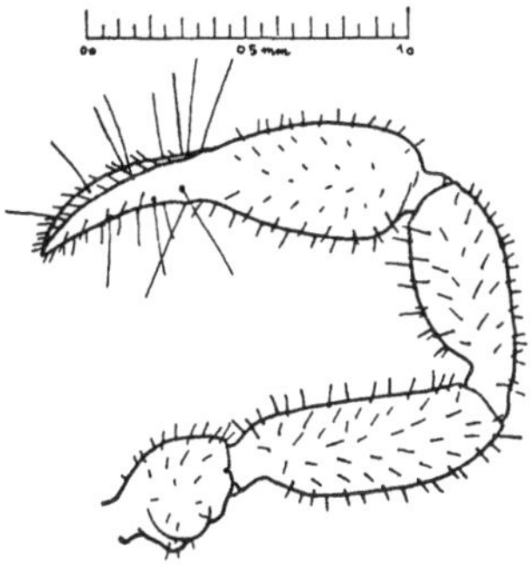

Fig. 233.
Neowithius chilensis (Beier). Rechte Palpe.

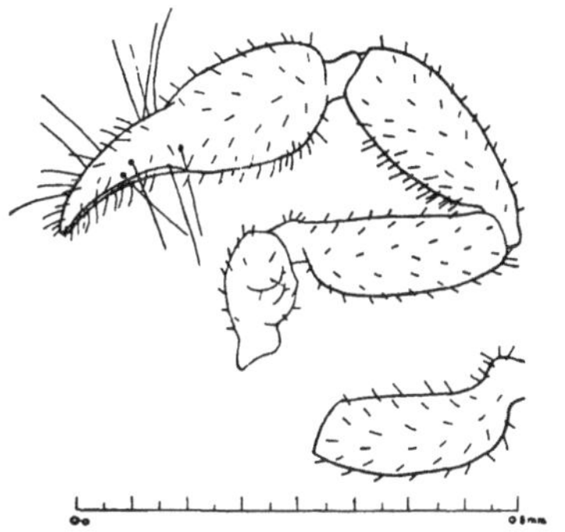

Fig. 234.
Neowithius exilimanus (Balzan). Rechte Palpe ♂ und Palpenfemur von dorso-lateral.

4. **N. exilimanus** (Balzan) 1890 *Chelifer e.*, Balzan in: Ann. Mus. Genova, ser. 2 *v.* 9 p. 426 t. 14 f. 11 | 1891 *C. e.*, Balzan in: Ann. Soc. ent. France, *v.* 60 p. 549 | 1908 *C. e.*, With in: Tr. zool. Soc. London, *v.* 18 p 249 | 1910 *C. e.*, Ellingsen in: Mt. Mus. Berlin, *v.* 4 p. 385.

Cephalothorax länger als breit, stark granuliert, mit 2 Querfurchen. Augenflecke vorhanden. Tergite geteilt, stark granuliert, das letzte mit Tasthaaren. Borsten des Körpers und der Palpen leicht gekeult. Flagellum mit 4 Borsten. Palpen (Fig. 234) mäßig kräftig, granuliert. Das Femur des Männchens medial nahe dem Stielchen mit einer beulenartigen Erhebung. Femur 3 mal, Tibia 2,7 mal, Schere 2,8 mal so lang wie breit. Finger so lang wie die Hand ohne Stiel. Das Tasthaar *it* nur wenig distal von *ist* stehend, letzteres proximal von *est* gelegen. — Körper L. 2,5 mm; Palpen: Femur L. 0,40 mm, B. 0,14 mm, Tibia L. 0,44 mm, B. 0,17 mm, Hand L. 0,35 mm, B. 0,20 mm, Finger L. 0,30 mm.

Südamerika: Paraguay.

γ) Trib. **Philomaoriini** nom. nov.

1931 *Philomaorini.*, Chamberlin in: Canad. Ent., *v.* 63 p. 291.

Cephalothorax bedeutend länger als breit, granuliert, mit einer deutlichen vorderen und einer schwachen basalen Querfurche. Tergite mit Ausnahme des 1. und letzten geteilt. Letztes Sternit rauh granuliert. Borsten des Körpers und der Palpen ziemlich lang, distal gezähnelt, nicht gekeult. Flagellum mit 4 Borsten. Palpen schlank, granuliert. Das Tasthaar *it* distal von *est* gelegen. Sternite des Männchens ohne Borstenfelder.

Neuseeland.

1 Gattung, 1 Art.

13. Gen. **Philomaoria** Chamb.

1931 *P.*, Chamberlin in: Canad. Ent., *v.* 63 p. 291.

Typus: *P. nova-zealandica* Chamb. (durch ursprüngliche Bestimmung und Monotypie).

Cephalothorax nahezu doppelt so lang wie breit, granuliert, mit einer deutlichen vorderen und einer schwächeren basalen Querfurche, diese näher dem Hinterrand als der vorderen. Augen vorhanden. Tergite mit Ausnahme des 1. und letzten geteilt. Sternite des Männchens ohne Borstenfelder. Letztes Sternit rauh granuliert. Borsten des Körpers und der Palpen spitz, distal gezähnelt, nicht gekeult. Flagellum mit 4 Borsten. Palpen schlank, granuliert. Finger ohne Nebenzähne, beide mit Giftapparat und Giftzahn.

Neuseeland.

1 Art.

1. **P. nova-zealandica** Chamb. 1931 *P. n.*, Chamberlin in: Canad. Ent., *v.* 63 p. 291.

Cephalothorax nahezu doppelt so lang wie breit, mit einer deutlichen vorderen und einer schwächeren basalen Querfurche, diese näher dem Hinterrand als der vorderen. Augen weniger als um ihren Durchmesser vom Vorderrand entfernt. Tergite mit Ausnahme des 1. und letzten geteilt, mit 6—8 Marginalborsten. Sternite mit 18—24 Marginalborsten, das letzte rauh granuliert. Borsten des Körpers und der Palpen ziemlich lang, spitz, fein gezähnelt. Flagellum mit 4 Borsten. Serrula mit 28—31 Lamellen. Basale Borste des Chelicerenstammes gezähnt. Palpen schlank. Femur 2,8—2,9 mal, Tibia 2,4—2,5 mal, Schere 2,5—2,6 mal so lang wie breit. Finger deutlich kürzer als die Hand, der feste mit 37, der bewegliche mit 37—40 Marginalzähnen. — Körper L. 4—5,5 mm.

Neuseeland.

b) Subfam. **Cheliferinae** E. Sim.

1879 *C.* (part.), E. Simon, Arach. France, *v.* 7 p. 19 | 1882 *C.* (part.), Tömösvary in: Math. termész. Közlem., *v.* 18 p. 183 | 1888 *C.* (part.), Daday in: Termész. Füzetek, *v.* 11 p 113, 168 | 1891 *C.* (part.), Balzan in: Ann. Soc. ent. France, *v.* 60 p. 509 | 1906 *C.* (part.), With in: Danske Selsk. Skr., *v.* 7 nr. 3 p. 116 | 1908 *C.* (part.), With in: Tr. zool. Soc. London, *v.* 18 p. 217 | 1911 *C.* (part.), Lessert in: Cat. Invert. Suisse, *v.* 5 p. 9 | 1929 *C.* (part.), Beier in: Ann. Wien. Mus., *v.* 43 p. 342 | 1931 *C.*, Chamberlin in: Canad. Ent., *v.* 63 p. 293.

Cephalothorax länger als breit, mehr oder weniger granuliert, mit zwei Querfurchen. Augen vorhanden. Tergite geteilt. Borsten des Körpers und der Palpen gezähnt. Flagellum mit 3 Borsten. Palpen meist ziemlich schlank. Beide Finger mit Giftapparat und Giftzahn, jedoch ohne Nebenzähne. Gelenk zwischen Femur und Patella schräg zur Längsachse des Gliedes gestellt und frei beweglich. Krallen oftmals gespalten oder mit Nebenzahn. Subterminalborste des Tarsus häufig gezähnt. Krallen des 1. Beinpaares beim Männchen stets mehr oder weniger asymmetrisch entwickelt. Sternite des Männchens ohne besondere Borstenfelder. Männliches Geschlechtsfeld stärker chitinisiert und mehr specialisiert als bei den Withiinae. Genitalsäcke des Männchens meist vorhanden. Widderhornartige Organe beim Männchen vorhanden. Coxalsäcke des Männchens meist vorhanden. Weibliches Genitalfeld mit in deutlichen Lateralreihen angeordneten Borsten.

Über alle Regionen verbreitet. — Die Arten lieben trockene Örtlichkeiten. Sie finden sich vorwiegend unter Baumrinde, gewisse Arten auch in menschlichen Wohnungen.

2 Tribus, 16 Genera, 69 sichere, 15 unsichere Arten.

Übersicht über die Tribus:

1 { Statumen convolutum des männlichen Geschlechtsapparates terminal tief eingebuchtet und in der Mitte dieser Einbuchtung mit einem chitinigen Stab; Coxalsäcke des Männchens ohne Atrium; mittlere Cribriformplatten des Weibchens paarig . α) Trib. **Cheliferini**
Statumen convolutum des männlichen Geschlechtsapparates terminal gerundet, nicht eingebuchtet und ohne chitinigen Stab; Coxalsäcke des Männchens mit Atrium; mittlere Cribriformplatten des Weibchens zu einer einzigen zentralen Platte verschmolzen . . . . β) Trib. **Dactylocheliferini**

α) Trib. Cheliferini Chamb.

1932 *C.*, Chamberlin in: Canad. Ent., *v.* 64 p. 19.

Cephalothorax länger als breit, granuliert, mit 2 Querfurchen. Augen gut entwickelt. Tergite geteilt. Mittlere Cribriformplatten des Weibchens paarig. Coxalsäcke des Männchens meist vorhanden, ohne deutlich geschiedenes Atrium. Statumen convolutum des männlichen Geschlechtsapparates mit einer einzigen Ausnahme terminal tief eingebuchtet und in der Mitte dieser Einbuchtung mit einem chitinigen Stab (Fig. 235).

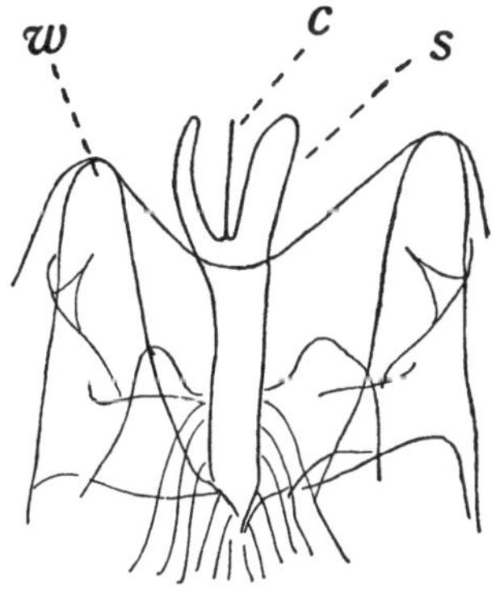

Fig. 235.
Statumen convolutum des männlichen Genitalapparates eines Vertreters der Tribus **Cheliferini**. *S* = das terminal tief eingebuchtete Statumen convolutum mit dem Chitinstab (= *C*); *W* = widderhornartige Organe.

Paläarktische und nearktische Region, Südafrika. Vorwiegend in den wärmeren Gebieten.

7 Genera, 20 sichere, 3 unsichere Arten.

Übersicht über die Genera:

1 { Coxalsäcke des Männchens vorhanden; Subterminalborste am Tarsus des 4. Beinpaares meist gezähnt; mediane Cribriformplatten des Weibchens klein — **2**
Coxalsäcke des Männchens fehlend; Subterminalborste am Tarsus des 4. Beinpaares einfach; mediane Cribriformplatten des Weibchens groß . . . 14. Gen. **Haplochelifer**

2 { Krallen der Laufbeine einfach — **3**
Krallen der Laufbeine zweispitzig oder mit einem Nebenzahn — **6**

3 { Subterminalborste am Tarsus des 4. Beinpaares einfach — **4**
Subterminalborste am Tarsus des 4. Beinpaares gezähnt — **5**

4 { Tarsus des 1. Beinpaares ohne Terminaldorn . . . . 15. Gen. **Idiochelifer**
Tarsus des 1. Beinpaares mit einem Terminaldorn . 16. Gen. **Beierius**

5	Palpen an der Medialseite von Femur und Tibia außer der normalen Granulierung mit gröberen Körnchen bestreut	17. Gen. **Hysterochelifer**
	Palpen an der Medialseite von Femur und Tibia mit langen zapfenförmigen Fortsätzen	18. Gen. **Strobilochelifer**
6	Subbasalborste des Chelicerenstammes fehlend; Tarsus des 1. Beinpaares beim Männchen ohne Terminaldorn	19. Gen. **Chelifer**
	Subbasalborste des Chelicerenstammes vorhanden; Tarsus des 1. Beinpaares beim Männchen mit einem Terminaldorn	20. Gen. **Parachelifer**

14. Gen. **Haplochelifer** Chamb.

1932 *H.*, Chamberlin in: Canad. Ent., *v.* 64 p. 20.

Typus: *Chelifer philipi* Chamb. (durch ursprüngliche Bestimmung und Monotypie).

Cephalothorax länger als breit, fein granuliert und mit einigen größeren Körnern, mit 2 Querfurchen. Tergite geteilt, die des Männchens ohne deutliche, dornförmige Verlängerung der Hinterecken. Flagellum mit 3 Borsten. Palpen schlank, granuliert. Beide Finger mit Giftapparat und Giftzahn, jedoch ohne Nebenzähne. Coxen des 4. Beinpaares beim Männchen ohne Coxalsäcke. Subterminalborste am Tarsus des 4. Beinpaares einfach. Hintere Kralle des 1. Beinpaares mit einem Nebenzahn. Cribriformplatten des weiblichen Genitalfeldes groß, ungefähr so lang wie der Durchmesser des vorderen Tracheenstammes.

Nordamerika.

1 Art.

1. **H. philipi** (Chamb.) 1923 *Chelifer p.*, Chamberlin in: P. Calif. Ac., ser. 4 *v.* 12 p. 374 t. 2 f. 8, t. 3 f. 19, 21, 26 | 1932 *Haplochelifer p.*, Chamberlin in: Canad. Ent., *v.* 64 p. 20.

Cephalothorax länger als breit, fein granuliert, mit einigen gröberen Körnchen; beide Querfurchen deutlich. Augen vorhanden. Tergite geteilt, die des Männchens ohne deutlich dornförmig verlängerte Hinterecken. Flagellum mit 3 Borsten. Serrula mit 18 Lamellen. Subbasale Borste des Chelicerenstammes vorhanden. Palpen schlank, granuliert. Femur des Männchens 4,4 mal, des Weibchens 4,7 mal, Tibia des Männchens 3,5 mal, des Weibchens 4,2 mal, Schere in beiden Geschlechtern 4,2 mal so lang wie breit. Coxen des Männchens ohne Coxalsäcke. Subterminalborste am Tarsus des 4. Beinpaares einfach. Hintere Kralle des 1. Beinpaares mit einem Nebenzahn. Cribriformplatten des Weibchens groß, etwa so lang wie der Durchmesser des vorderen Tracheenstammes. — Körper L. ♂ 2 mm, ♀ 2,5 mm.

Nordamerika: Kalifornien.

15. Gen. **Idiochelifer** Chamb.

1932 *I.*, Chamberlin in: Canad. Ent., *v.* 64 p. 19.

Typus: *Chelifer nigripalpus* H. E. Ewing (durch ursprüngliche Bestimmung und Monotypie).

Cephalothorax länger als breit, granuliert, mit einigen gröberen Körnchen und 2 deutlichen Querfurchen. Augen vorhanden. Tergite geteilt, die des Männchens mit dornförmig verlängerten Hinterecken. Flagellum mit 3 Borsten. Coxen des 4. Beinpaares beim Männchen mit Coxalsäcken. Subterminalborste am Tarsus des 4. Beinpaares einfach. Der Tarsus des 1. Beinpaares ohne Terminaldorn. Krallen einfach. Cribriformplatten des Weibchens ziemlich klein.

Nordamerika.

1 Art.

1. **I. nigripalpus** (H. E. Ewing) 1911 *Chelifer cancroides* var. *n.*, H. E. Ewing in: J. N. York ent. Soc., *v.* 19 p 73 t. 2 f. 2 | 1932 *Idiochelifer n.*, Chamberlin in: Canad. Ent., *v.* 64 p. 19.

Cephalothorax länger als breit, fein granuliert, mit 2 deutlichen Querfurchen, die basale näher dem Hinterrand als der vorderen. Augen deutlich. Tergite geteilt, die des Männchens mit dornförmig verlängerten Hinterecken. Flagellum mit 3 Borsten. Palpen granuliert, verhältnismäßig gedrungen, von dunkler Farbe. Finger länger als die Hand. Coxen des 4. Beinpaares beim Männchen mit Coxalsäcken, die Subterminalborste des Tarsus einfach. Tarsus des 1. Beinpaares ohne Terminaldorn. Krallen einfach. Mediane Cribriformplatten des Weibchens klein. — Körper L. 2,5—2,8 mm.

Nördliche Vereinigte Staaten: Iowa, Wisconsin, Illinois.

16. Gen. **Beierius** Chamb.

1932 *B.*, Chamberlin in: Canad. Ent., *v.* 64 p. 20.

Typus: *Chelifer walliskewi* Ellingsen (durch ursprüngliche Bestimmung und Monotypie).

Cephalothorax länger als breit, fein granuliert, mit einigen gröberen Körnchen, beide Querfurchen deutlich. Augen vorhanden. Tergite geteilt, die des Männchens mit dornförmig verlängerten Hinterecken. Flagellum mit 3 Borsten. Coxen des 4. Beinpaares beim Männchen mit Coxalsäcken, die Subterminalborste des Tarsus einfach. Tarsus des 1. Beinpaares beim Männchen mit einem Terminaldorn. Krallen einfach. Statumen convolutum des männlichen Geschlechtsapparates aberrant, terminal nicht tief eingebuchtet.

Südafrika.

1 Art.

1. **B. walliskewi** (Ellingsen) 1912 *Chelifer W.*, Ellingsen in: Ann. S. Afr. Mus., *v.* 10 p. 101 | 1929 *C. w.*, J. Hewitt & R. Godfrey in: Ann. Natal Mus., *v.* 6 p. 311 f. 1c, 2, t. 21 f. 1—2 | 1932 *Beierius w.*, Chamberlin in: Canad. Ent., *v.* 64 p. 20.

Cephalothorax deutlich länger als breit, fein und dicht granuliert, mit einigen gröberen Körnchen; beide Querfurchen deutlich, die basale näher dem Hinterrand als der vorderen. Augen vorhanden. Tergite mit Ausnahme der drei ersten und des letzten geteilt, die ersten 7 oder 8 des Männchens mit Seitenkielen und dornförmig verlängertem Hintereck. Flagellum mit 3 Borsten. Palpen mäßig schlank, so lang oder etwas länger als der Körper, fein granuliert, an der Medialseite der Glieder mit gröberen Körnchen. Femur des Männchens 4,9mal, Tibia 3,4mal, Schere 4mal so lang wie breit. Finger ungefähr so lang wie die Hand oder etwas kürzer. Coxen des 4. Beinpaares beim Männchen schmal, mit Coxalsäcken, die Subterminalborste des Tarsus einfach. Tarsus des 1. Beinpaares beim Männchen mit einem Terminaldorn, distal verbreitert und mit lappenförmig verlängertem Vordereck. Krallen einfach. — Körper L. 3,9 mm; Palpen: Femur L. 1,36 mm, B. 0,28 mm, Tibia L. 1,07 mm, B. 0,31 mm, Hand L. 1,07 mm, B. 0,49 mm, Finger L. 0,97 mm.

Südafrika: Kapland, Transkei.

17. Gen. **Hysterochelifer** Chamb.

1932 *H.*, Chamberlin in: Canad. Ent., *v.* 64 p. 19.

Typus: *Chelifer fuscipes* Banks (durch ursprüngliche Bestimmung).

Cephalothorax länger als breit, fein granuliert und meist mit einigen gröberen Körnern, mit 2 deutlichen Querfurchen. Augen vorhanden. Tergite geteilt, die des Männchens mit Seitenkielen und dornförmig verlängerten Hinterecken. Flagellum mit 3 Borsten. Palpen ziemlich schlank, granuliert, an der Medialseite der Glieder meist mit gröberen Körnchen. Coxen des 4. Beinpaares beim Männchen hinten excaviert, mit Coxalsäcken, die Subterminalborste des Tarsus gezähnt. Krallen einfach. Mittlere Cribriformplatten des Weibchens ziemlich klein.

Paläarktische und nearktische Region.

8 Arten.

Übersicht über die Arten:

1 { Finger wenigstens so lang wie die Hand ohne Stiel — **2**
Finger deutlich kürzer als die Hand ohne Stiel — **3**

2 { Subbasalborste des Chelicerenstammes fehlend; die ersten 8 Tergite des Männchens mit dornförmig verlängerten Hinterecken . . . . 1. **H. fuscipes**
Subbasalborste des Chelicerenstammes vorhanden; die ersten 7 Tergite des Männchens mit dornförmig verlängerten Hinterecken . . . . 2. **H. meridianus**

3 { Palpen an der Medialseite der Glieder außer der normalen Granulierung mit gröberen Körnchen; kleinere Formen — **4**
Palpen an der Medialseite der Glieder außer der normalen Granulierung ohne gröbere Körnchen, größere Form . . . . 8. **H. tibetanus**

4 { Tibia kürzer, 2,9—3,2 mal so lang wie breit — **5**
Tibia länger, 3,5—3,9 mal so lang wie breit . . . . . . 7. **H. tuberculatus**

5 { Femur 3,9—4 mal so lang wie breit — **6**
Femur 5,1 mal so lang wie breit . . . . 6. **H. cyprius**

6 { Borsten der Palpen normal — **7**
Borsten der Palpen stachelförmig . . . . 5. **H. spinosus**

7 { Palpen etwas schlanker, Femur 4 mal, Tibia 3 mal, Schere 2,9 mal so lang wie breit; Finger verhältnismäßig kürzer, die Hand etwa 1,4 mal so lang wie die Finger . 3. **H. distinguendus**
Palpen etwas weniger schlank, Femur 3,9 mal, Tibia 2,9 mal, Schere 2,7 mal so lang wie breit; Finger verhältnismäßig länger, die Hand etwa 1,2 mal so lang wie die Finger . . . . 4. **H. geronimoensis**

1. **H. fuscipes** (Banks) 1909 *Chelifer f.*, N. Banks in: Canad. Ent., *v.* 41 p 303 | 1923 *C. f.*, Chamberlin in: P. Calif. Ac., ser. 4 *v.* 12 p. 373 | 1932 *Hysterochelifer f.*, Chamberlin in: Canad. Ent., *v.* 64 p. 19.

Cephalothorax länger als breit, fein granuliert, mit 2 Querfurchen. Augen vorhanden. Tergite geteilt, die ersten 8 des Männchens mit dornförmig verlängerten Hinterecken. Flagellum mit 3 Borsten. Subbasalborste des Chelicerenstammes fehlend. Palpen ziemlich schlank, fein granuliert, an der Medialseite der Glieder mit gröberen Körnchen. Finger so lang wie die Hand ohne Stiel. Coxen des 4. Beinpaares beim Männchen mit Coxalsäcken, die Subterminalborste des Tarsus gezähnt. Krallen einfach. — Körper L. 1,8 mm.

Nordamerika: Kalifornien.

2. **H. meridianus** (L. Koch) 1873 *Chelifer m.*, L. Koch, Übers. Darst. Eur. Chernet., p. 20 | 1878 *C. m.*, Pavesi in: Ann. Mus. Genova, *v.* 11 p 362 | 1879 *C. m.*, E. Simon, Arach. France, *v.* 7 p. 25 t. 18 f. 3 | 1884 *C. danaus*, Tömösvary in: Termész. Füzetek, *v.* 8 p. 19 f. 7 | 1885 *C. meridianus*, G. Canestrini, Chernet. Ital., *v.* 1 fasc. 7 nr. 4 t. 4 f. 1—3 | 1885 *C. m.*, E. Simon in: Expl. Tunisie, Arach. p 47 | 1888 *C. danaus*, Daday in: Termész. Füzetek, *v.* 11 p. 123, 179 | 1891 *C. meridianus*, Balzan in: Ann. Soc. ent. France, *v.* 60 p. 532 t. 11 f. 23 | 1905 *C. m.*, Ellingsen in: Boll. Mus. Torino, *v.* 20 nr. 503 p 1 | 1909 *C. m.*, Ellingsen in: Ann. Mus. Genova, ser. 3 *v.* 4 p. 206, 208 | 1910 *C. m.*, Ellingsen in: Mt. Mus. Berlin, *v.* 4 p. 386 | 1917 *C. m.*, Nonidez in: Trab. Mus. Madrid, nr. 32 p. 21 | 1923 *C. m.*, Caporiacco in: Boll. Soc. ent. Ital., *v.* 55 p 131 | 1925 *C. m*, Navas in: Broteria, *v.* 22 p. 107 | 1929 *C. m.*, Beier in: Ann. Wien. Mus., *v.* 43 p. 348 | 1929 *C. m.*, Beier in: Boll. Soc. ent. Ital., *v.* 61 p. 155 | 1931 *C. m.*, Beier in: Abh. Ver. Bremen, *v.* 28 p. 100.

Cephalothorax länger als breit, fein granuliert, mit gröberen Körnchen, beide Querfurchen tief, die basale näher dem Hinterrand als der vorderen. Augen vorhanden. Tergite geteilt, die ersten 7 des Männchens mit dornförmig verlängerten Hinterecken. Flagellum mit 3 Borsten. Subbasale Borste des Chelicerenstammes vorhanden. Palpen (Fig. 236) fein granuliert, an der Medialseite der Glieder mit gröberen Körnchen. Femur 4 mal, Tibia 3,2 mal, Schere 3,2 mal so lang wie breit. Finger etwas länger als die Hand ohne Stiel. Coxen des 4. Beinpaares beim Männchen excaviert, mit Coxalsäcken, die Subterminalborste des Tarsus gezähnt. Krallen einfach. — Körper L. 3—4 mm; Palpen: Femur L. 0,98 mm, B. 0,24 mm, Tibia L. 0,87 mm, B. 0,23 mm, Hand L. 0,86 mm, B. 0,48 mm, Finger L. 0,84 mm.

Mediterrangebiet von Marokko bis zum Kaukasus.

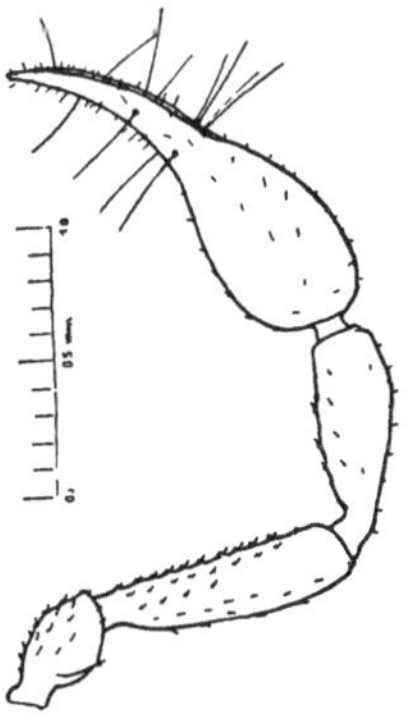

Fig. 236
Hysterochelifer meridianus (L. Koch).
Rechte Palpe ♂.

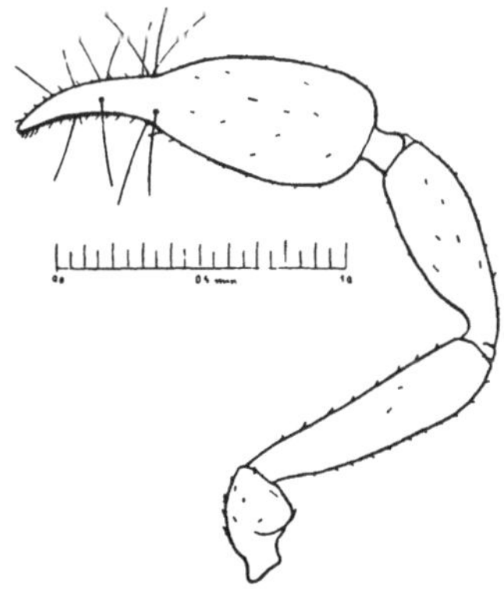

Fig. 237.
Hysterochelifer distinguendus (Beier)
Rechte Palpe ♀.

3. **H. distinguendus** (Beier) 1929 *Chelifer d.*, Beier in: Ann. Wien. Mus., *v.* 43 p. 348 f. 4.

Cephalothorax etwas länger als breit, dicht und ziemlich grob granuliert, mit zahlreichen gröberen Körnern bestreut; beide Querfurchen ziemlich tief. Augen vorhanden. Tergite geteilt. Flagellum mit 3 Borsten. Galea verhältnismäßig kurz, terminal gegabelt. Palpen (Fig. 237) dicht granuliert, länger als der Körper, an der Medialseite der Glieder mit einigen gröberen Körnchen. Femur 4 mal, Tibia 3 mal, Schere 2,9 mal so lang wie breit. Finger bedeutend kürzer als die Hand ohne Stiel. Terminalborste am Tarsus des 4. Beinpaares gezähnt. Krallen einfach. — Körper L. 2,3 mm; Palpen: Femur L. 0,87 mm, B. 0,22 mm, Tibia L. 0,79 mm, B. 0,26 mm, Hand L. 0,86 mm, B. 0,41 mm, Finger L. 0,54 mm.

Syrien.

4. **H. geronimoensis** (Chamb.) 1923 *Chelifer g.*, Chamberlin in: P. Calif. Ac., ser. 4 *v.* 12 p. 373 t. 2 f. 6.

Cephalothorax länger als breit, fein granuliert, mit gröberen Körnchen. Tergite geteilt, die ersten 10 des Männchens mit dornförmig verlängerten Hinterecken. Flagellum mit 3 Borsten, Serrula mit 18 Lamellen. Subbasalborste des Chelicerenstammes vorhanden. Palpen ziemlich schlank, granuliert. Femur 3,9 mal, Tibia 2,9 mal, Schere 3,7 mal so lang wie breit. Coxen des 4. Beinpaares beim Männchen excaviert, mit Coxalsäcken, die Subterminalborste des Tarsus gezähnt. Krallen einfach. — Körper L. 2,1 mm.

Nordamerika: Nieder-Kalifornien.

5. **H. spinosus** (Beier) 1930 *Chelifer s.*, Beier in: Boll. Laborat. Zool. Portici, *v.* 24 p. 95 f. 1.

Cephalothorax länger als breit, fein granuliert, an den Seiten mit gröberen Körnern, mit 2 tiefen Querfurchen. Tergite geteilt, dicht granuliert. Borsten des Körpers und der Palpen stachelförmig. Flagellum mit 3 Borsten. Galea distal mit 5 kurzen Seitenästchen. Palpen (Fig. 238) mäßig schlank, granuliert, an der Medialseite von Femur und Tibia mit gröberen Körnchen. Femur 4 mal, Tibia 3 mal, Schere 3,2 mal so lang wie breit. Finger bedeutend kürzer als die Hand ohne Stiel. Coxen des 4. Beinpaares beim Männchen excaviert, mit Coxalsäcken, die Subterminalborste des Tarsus einfach. Tarsus des 4. Beinpaares mit einem kurzen Tasthaar nahe dem Ende des Gliedes. Krallen einfach. — Körper L. 2,3 mm; Palpen: Femur L. 0,87 mm, B. 0,22 mm, Tibia L. 0,83 mm, B. 0,28 mm, Hand L. 0,87 mm, B. 0,39 mm, Finger L. 0,59 mm.

Nordafrika: Tunis.

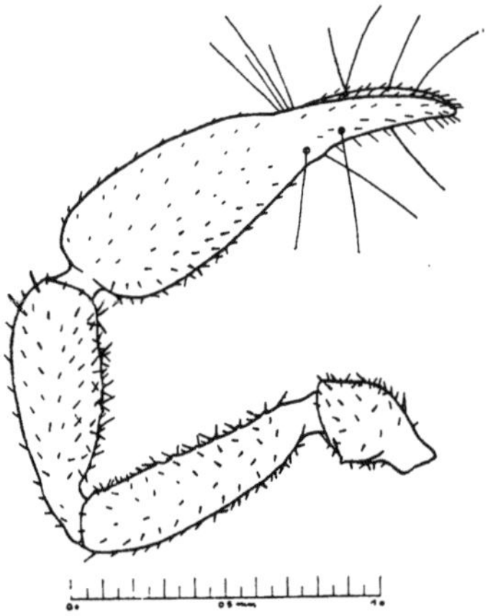

Fig. 238.
Hysterochelifer spinosus (Beier).
Linke Palpe ♂.

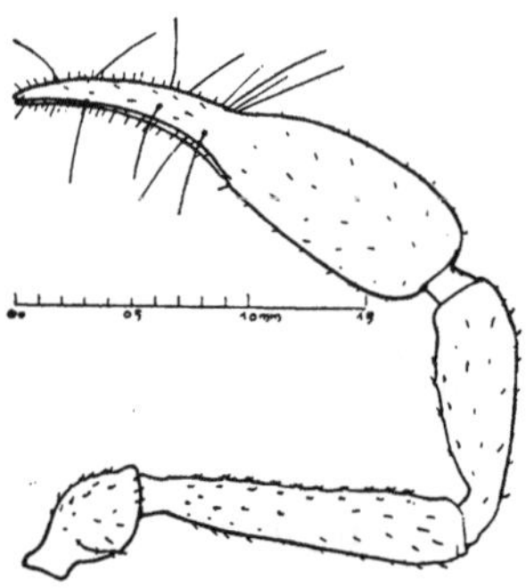

Fig. 239.
Hysterochelifer cyprius (Beier).
Rechte Palpe ♂.

6. **H. cyprius** (Beier) 1929 *Chelifer c.*, Beier in: Ann. Wien. Mus., *v.* 43 p. 349 f. 5 A.

Cephalothorax bedeutend länger als breit, granuliert, mit zahlreichen gröberen Körnern bestreut, beide Querfurchen deutlich, die basale näher dem Hinterrand als der vorderen. Augen ziemlich groß. Tergite geteilt, fein granuliert, beim Männchen mit winkelig oder spitz lappenförmig verlängerten Hinterecken. Flagellum mit 3 Borsten. Galea terminal gegabelt. Palpen (Fig. 239) länger als der Körper, deutlich granuliert, an der Medialseite von Femur und Tibia mit gröberen Körnchen. Femur 5,1 mal, Tibia 3,2 mal, Schere 3,7 mal so lang wie breit. Finger etwas kürzer als die Hand ohne Stiel. Coxen des 4. Beinpaares beim Männchen excaviert, mit Coxalsäcken, die Subterminalborste des Tarsus gezähnt. Krallen einfach. — Körper L. 2,6 mm; Palpen: Femur L. 1,40 mm, B. 0,28 mm, Tibia L. 1,12 mm, B. 0,32 mm, Hand L. 1,22 mm, B. 0,51 mm, Finger L. 0,98 mm.

Cypern.

7. **H. tuberculatus** (H. Luc.) 1846 *Chelifer t.*, H. Lucas in: Expl. Algérie, Arach. *v.* 1 p. 274 t. 18 f. 5 | ?1846 *C. brachydaktylus*, H. Lucas in: ibid., p. 273 t. 18 f. 4 | 1873 *C. lampropsalis*, L. Koch, Übers. Darst. Eur. Chernet., p. 19 | 1879 *C. l.*, E. Simon, Arach. France, *v.* 7 p. 26 t. 18 f. 1 | 1885 *C. tuberculatus*, E. Simon in: Expl. Tunisie, Arach. p. 47 | 1885 *C. lampropsalis*, G. Canestrini, Chernet. Ital., *v.* 1 fasc. 7 nr. 5 t. 5 f. 1—2 | 1898 *C. l.*, E. Simon in: Ann. Mus. Genova, ser. 2 *v.* 19 p. 20 | 1908 *C. tuberculatus*, Ellingsen in: Ann. Mus. Genova, ser. 3 *v.* 3 p. 669 | 1909 *C. t.*, Ellingsen in: Ann. Mus. Genova, ser. 3 *v.* 4 p. 206, 208 | 1910 *C. t.*, Ellingsen in: Jahrb. Ver. Nassau, *v.* 63 p. 63 | 1910 *C. t.*, Ellingsen in: Mt. Mus. Berlin, *v.* 4 p. 387 | 1911 *C. lampropsalis*, Lessert in: Cat. Invert. Suisse, *v.* 5 p. 21 f. 17 | 1913 *C. tuberculatus*, Ellingsen in: Ann. nat. Hist., ser. 8 *v.* 11 p. 454 | 1917 *C. t.*, Nonidez in: Trab. Mus. Madrid, nr. 32 p. 21 | 1925 *C. t.*, Navas in: Broteria, *v.* 22 p. 107 | 1929 *C. t.*, Kästner in: Tierw. Mitteleur., *v.* 3 p. IV 7 f. 24 | 1929 *C. t.*, Beier in: Ann. Wien. Mus., *v.* 43 p. 348 | 1929 *C. t.*, Beier in: SB. Ak. Wien, *v.* 138 p. 448 | 1930 *C. t.*, Beier in: Bull. Soc. Maroc, *v.* 10 p. 72.

Cephalothorax länger als breit, fein granuliert, mit gröberen Körnern bestreut; beide Querfurchen deutlich, die basale näher dem Hinterrand als der vorderen. Augen vorhanden. Tergite geteilt, die des Männchens mit dornförmig verlängerten Hinterecken. 6—7 Marginalborsten auf jedem Halbtergit. Flagellum mit 3 Borsten. Serrula mit 19 Lamellen. Palpen (Fig. 240)

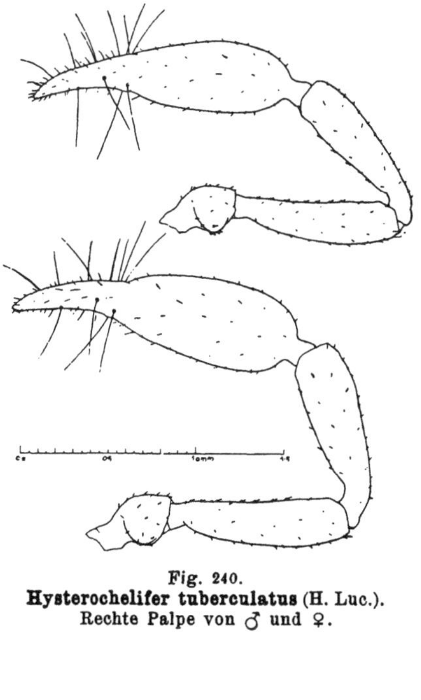

Fig. 240.
Hysterochelifer tuberculatus (H. Luc.).
Rechte Palpe von ♂ und ♀.

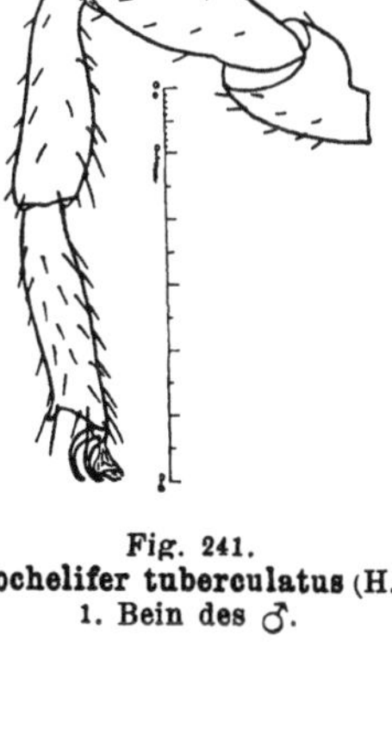

Fig. 241.
Hysterochelifer tuberculatus (H. Luc.).
1. Bein des ♂.

ziemlich schlank, granuliert, die Medialseite von Femur und Tibia mit gröberen Körnern. Femur des Männchens 4mal, des Weibchens 4mal, Tibia des Männchens 3,9mal, des Weibchens 3,5mal, Schere des Männchens 3,7mal, des Weibchens 3,4mal so lang wie breit. Finger bedeutend kürzer als die Hand ohne Stiel, der feste mit 43, der bewegliche mit 49 Marginalzähnen. Das Tasthaar *ist* etwas proximal von *est* stehend und verhältnismäßig nahe der Fingerbasis befindlich, *it* etwas näher bei *et* als bei *ist* gelegen. Coxen des 4. Beinpaares beim Männchen excaviert, mit Coxalsäcken, die Subterminalborste des Tarsus gezähnt. Tarsus des 1. Beinpaares (Fig. 241) beim Männchen distal mit zapfen- oder dornförmig verlängertem Außeneck. Krallen einfach. — Körper L. 2,5—3,5 mm; Palpen: ♂ Femur L. 0,94 mm, B. 0,23 mm, Tibia L. 0,95 mm, B. 0,25 mm, Hand L. 1,01 mm, B. 0,40 mm, Finger L. 0,65 mm; ♀ Femur L. 1,03 mm, B. 0,25 mm, Tibia L. 1,04 mm, B. 0,30 mm, Hand L. 1,10 mm, B. 0,47 mm, Finger L. 0,70 mm.

Mediterrangebiet von Marokko bis Kleinasien.

8. **H. tibetanus** (Redikorzev) 1918 *Chelifer t.*, Redikorzev in: Annuaire Mus. St.-Pétersb., *v.* 22 p. 93 f. 2.

Cephalothorax nur wenig länger als breit, deutlich, aber ziemlich fein granuliert, ohne gröbere Körnchen, mit 2 Querfurchen, die basale näher dem Hinterrand als der vorderen. Tergite geteilt, fein granuliert, mit 8—12 Marginalborsten. Flagellum mit 3 Borsten. Serrula mit 25 Lamellen.

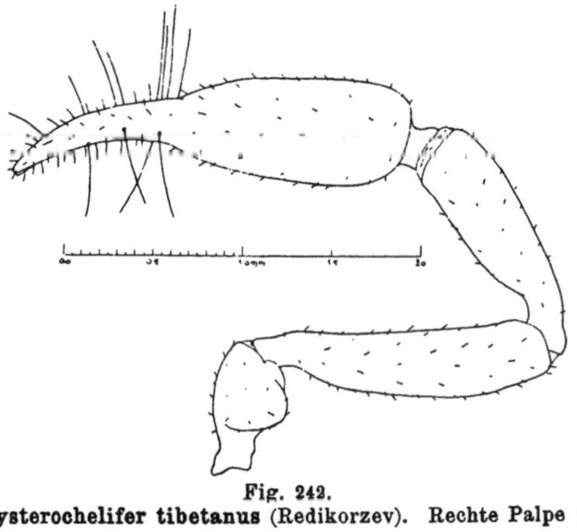

Fig. 242.
Hysterochelifer tibetanus (Redikorzev). Rechte Palpe ♀.

Subbasale Borste des Chelicerenstammes vorhanden. Palpen (Fig. 242) ziemlich schlank, deutlich granuliert, ohne gröbere Körnchen. Femur 4,4mal, Tibia 3,6mal, Schere 3,8mal so lang wie breit. Finger bedeutend kürzer als die Hand ohne Stiel. Stellung der Tasthaare wie bei der vorigen Art. Krallen der Laufbeine einfach. — Körper L. 5—6 mm; Palpen: Femur L. 1,63 mm, B. 0,38 mm, Tibia L. 1,37 mm, B. 0,39 mm, Hand L. 1,45 mm, B. 0,58 mm, Finger L. 1,04 mm.

Zentralasien: Tibet.

18. Gen. **Strobilochelifer** nov. gen.

Typus: *Chelifer spinipalpis* Redikorzev (durch ursprüngliche Bestimmung und Monotypie).

Der vorigen Gattung nahestehend. Cephalothorax kaum länger als breit, granuliert, mit 2 Querfurchen. Augen vorhanden. Tergite geteilt.

Flagellum mit 3 Borsten. Palpen mäßig schlank, an der Medialseite von Femur und Tibia mit langen, zapfenförmigen Vorragungen. Finger klaffend, ohne Nebenzähne, beide mit Giftapparat und Giftzahn. Coxen des 4. Beinpaares beim Männchen excaviert, mit Coxalsäcken, am Hintereck dornförmig verlängert.

Zentralasien.

1 Art.

1. **S. spinipalpis** (Redikorzev) 1918 *Chelifer s.*, Redikorzev in: Annuaire Mus. St.-Pétersb., *v.* 22 p. 91 f. 1.

Cephalothorax kaum länger als breit, granuliert, mit zahlreichen gröberen Körnern bestreut, beide Querfurchen deutlich, die basale näher dem Hinterrand als der vorderen. Augen vorhanden. Tergite geteilt, fein granuliert, die drei vorderen des Männchens mit Seitenkielen und stark dornförmig verlängerten Hinterecken. Flagellum mit 3 Borsten. Palpen (Fig. 243) ziemlich schlank, länger als der Körper, granuliert, an der Medialseite von Femur und Tibia mit ziemlich langen zapfenförmigen Vorragungen. Femur 4,7 mal, Tibia 3,8 mal, Schere 2,8 mal so lang wie breit. Finger so lang wie die Hand ohne Stiel. Das Tasthaar *ist* etwas distal von *est* stehend, *it* näher bei *et* als bei *ist* befindlich, *st* näher bei *t* als bei *sb* gelegen. — Körper L. 3,5 mm; Palpen: Femur L. 1,12 mm, B. 0,25 mm, Tibia L. 1,03 mm, B. 0,27 mm, Hand L. 0,89 mm, B. 0,51 mm, Finger L. 0,78 mm.

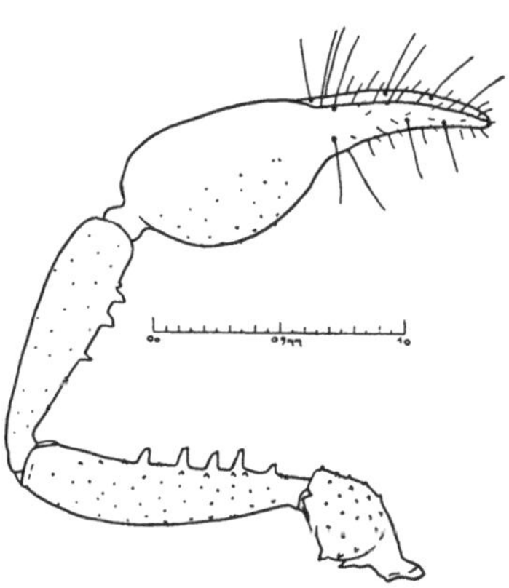

Fig. 243.
Strobilochelifer spinipalpis (Redikorzev).
Linke Palpe ♂.

Zentralasien: Belutschistan.

19. Gen. **Chelifer** L. Geoffr.

1762 *C.*, L. Geoffroy, Hist. Ins., *v.* 2 p. 617 (non bin.) | 1785 *C.*, L. Geoffroy in: Fourcroy, Ent. Paris., pars 2 p. 526 (confer. *v.* 1 praefacio) | 1817 *Obisium* (part.), Leach, Zool. Misc., *v.* 3 p. 48 | 1855 *Chelifer* (part.), Menge in: N. Schr. Ges. Danzig, *v.* 5 fasc. 2 nr. 2 p. 29 | 1873 *C.* (part.), L. Koch, Übers. Darst. Eur. Chernet., p. 14 | 1874 *C.* (part.), Stecker in: SB. Böhm. Ges., p. 235 | 1879 *C.* (part.), E. Simon, Arach. France, *v.* 7 p. 20 | 1882 *C.* (part.), Tömösvary in: Math. termész. Közlem., *v.* 18 p. 195 | 1888 *C.* (part.), Daday in: Termész. Füzetek, *v.* 11 p. 120, 175 | 1896 *C.* (part.), L. Becker in: Ann. Mus. Belgique, *v.* 12 pars 3 p. 326 | 1906 *C.* (part.), With in: Danske Selsk. Skr., *v.* 7 nr. 3 p. 117 | 1910 *C.* (part.), Ellingsen in: Mt. Mus. Berlin, *v.* 4 p. 358 | 1911 *C.* (part.), Kew in: P. Irish Ac., *v.* 29 nr. 2 p. 46 | 1911 *C.* (part.), Lessert in: Cat. Invert. Suisse, *v.* 5 p. 9 | 1928 *C.* (part.), Schenkel in: Tierw. Deutschl., *v.* 8 fasc. 3 p. 56 | 1929 *C.* (part.), Kästner in: Tierw. Mitteleur., *v.* 3 p. IV4 | 1929 *C.* (part.), Beier in: Ann. Wien. Mus., *v.* 43 p. 342 | 1930 *C.* (part.), Beier in: Ann. Wien. Mus., *v.* 44 p. 199 | 1932 *C.*, Chamberlin in: Canad. Ent., *v.* 64 p. 19.

Typus: *Acarus cancroides L.* (durch Monotypie).

Cephalothorax länger als breit, dicht granuliert und mit gröberen Körnern bestreut; beide Querfurchen deutlich, die basale etwas näher dem Hinterrand als der vorderen. Augen vorhanden. Tergite geteilt, die des

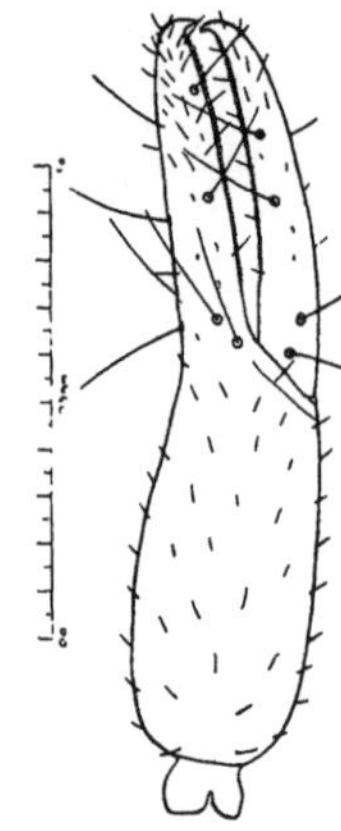

Fig. 244.
Palpenschere von **Chelifer cancroides** (L.). Lateralansicht.

Männchens mit Seitenkielen und dornförmig verlängerten Hinterecken. Flagellum mit 3 Borsten. Subbasalborste des Chelicerenstammes fehlend. Palpen schlank. Beide Finger mit Giftapparat und Giftzahn, jedoch ohne Nebenzähne. Stellung der Tasthaare wie Fig. 244 zeigt. Coxen des 4. Beinpaares beim Männchen stark excaviert, mit Coxalsäcken. Tarsus des 1. Beinpaares beim Männchen ohne Terminaldorn. Subterminalborste am Tarsus des 4. Beinpaares gezähnt, dieser mit einem kurzen Tasthaar nahe dem Ende. Krallen mit gespaltener Spitze. Mediane Cribriformplatten des Weibchens klein.

Nahezu kosmopolitisch.

1 Art.

1. **C. cancroides** (L.) 1761 *Acarus c.*, Linné, Fauna Svec., ed. 2 p. 480 | 1762 „*Chelifer fuscus* abdomine lineis transversis", L. Geoffroy, Hist. Ins., *v.* 2 p 618 | 1767 *Phalangium cancroides*, Linné, Syst. Nat., ed. 12 *v.* 1 II p. 1028 | 1778 *Chelifer europaeus*, Geer, Mém. Hist. Ins., *v.* 7 p. 355 t. 19 f. 14—15 | 1793 *Scorpio cancroides*, J. C. Fabricius, Ent. syst., *v.* 3 I p. 436 | 1804 *Chelifer c*, Latreille, Hist. Crust. Ins., *v.* 7 p. 141 t. 61 f. 2 | 1804 *C. c.*, J. F. Hermann, Mém. apt., p. 114 | 1806 *C. c.*, Latreille, Gen. Crust. Ins., *v.* 1 p 132 | 1817 *C. Hermanni*, Leach, Zool. Misc., *v.* 3 p. 49 t. 142 f. 3 | 1829 *C. sesamoides*, Savigny in: Descr. Égypte, ed. 2 *v.* 22 p. 412 t. 8 f. 4 | 1832 *C. cancroides*, Théis in: Ann. Sci. nat., ser. 1 *v.* 27 p 69 t. 3 f. 1 | 1834 *C. c.* + *ixoides*, C. W. Hahn in: C. W. Hahn & C. L. Koch, Arach., *v.* 2 p. 52 f. 139, p. 53 f. 140 | 1837 *C. ixoides*, C. L. Koch, C. M. A., fasc. 7 t. 4 | 1843 *C. cancroides* + *granulatus* + *ixoides* + *grandimanus*, C. L. Koch in: C. W. Hahn & C. L. Koch, Arach., *v.* 10 p 41 f. 780, p. 37 f. 777, p. 40 f. 779, p 38 f. 778 | 1844 *C. cancroides*, P. Gervais in: Walckenaer (& Gervais), Hist. Apt., *v.* 3 p. 77 | 1846 *C. granulatus*, H. Lucas in: Expl. Algérie, Arach. *v.* 1 p. 274 t. 18 f. 5 | 1855 *C. cancroides* + *rhododaktylus*, Menge in: N. Schr. Ges. Danzig, *v.* 5 fasc. 2 nr. 2 p. 30 t. 4 f. 5, p. 32 t. 4 f. 6 | 1873 *C. cancroides* + *granulatus* + *ixoides*, L. Koch, Übers. Darst. Eur. Chernet., p. 16, 21, 23 | 1874 *C. serratus* + *ixoides* + *cancroides* + *granulatus*, Stecker in: SB. Böhm. Ges., p. 235, 236 | 1879 *C. cancroides*, E. Simon, Arach. France, *v.* 7 p. 23 t. 17 f. 4, 6, t. 18 f. 2 | 1882 *C. c*, Tömösvary in: Math. termész. Közlem., *v.* 18 p. 206 t. 1 f. 20—24 | 1885 *C. c*, G. Canestrini, Chernet. Ital., *v.* 1 fasc. 7 nr. 6 t. 6 f. 1—3 | 1888 *C. c*, Daday in: Termész. Füzetek, *v.* 11 p. 121, 176 | 1896 *C. c.*, L. Becker in: Ann. Mus. Belgique, *v.* 12 pars 3 p. 328 | 1897 *C. c.*, Ellingsen in: Forh. Selsk. Christian., nr. 5 p. 14 | 1898 *C. c*, E. Simon in: Ann. Mus. Genova, ser. 2 *v.* 19 p 20 | 1901 *C. c.*, Nosek in: Věstnik Klubu přir. Prostěj, *v.* 4 p. 71 | 1903 *C. c*, Ellingsen in: Forh. Selsk. Christian., nr. 5 p. 11 | 1905 *C. c.*, Ellingsen in: Boll. Mus. Torino, *v.* 20 nr. 503 p. 1 | 1906 *C. granulatus*, With in: Danske Selsk. Skr., *v.* 7 nr. 3 p. 122 t. 3 f. 1 | 1907 *C. cancroides*, Tullgren in: Jahrb. Ver. Nassau, *v.* 60 p. 246 | 1907 *C c*, Ellingsen in: J. Quekett Club, ser. 2 *v.* 10 p. 162 | 1908 *C. c*, Ellingsen in: Ann. Mus. Genova, ser. 3 *v.* 3 p. 670 | 1908 *C. c*, Ellingsen in: Arch. Zool. expér., ser. 4 *v.* 8 p. 416 | 1909 *C c.*, Ellingsen in: Ann. Mus. Genova, ser. 3 *v.* 4 p. 209, 216 | 1910 *C. c.*, Ellingsen in: Jahrb. Ver. Nassau, *v.* 63 p. 62 | 1910 *C. c.*, Ellingsen in: Mt. Mus. Berlin, *v.* 4 p. 384 | 1911 *C. c.*, Lessert in: Cat. Invert. Suisse, *v.* 5 p. 19 f. 1 | 1911 *C. c.*, Kew in: P. Irish Ac., *v.* 29 nr. 2 p. 47 t. 5 f. 11 | 1911 *C c.* var. *dentatus*, H. E. Ewing in: J. N. York ent. Soc., *v.* 19 p. 73 t. 3 f. 3 | 1912 *C. c.*, Ellingsen in: SB. Ver. Rheinl.-Westfal., 1911 p. 174 | 1913 *C. c.*. Ellingsen in: Ann. nat. Hist., ser. 8 *v.* 11 p. 454 | 1917 *C. c.*. Nonidez in: Trab. Mus. Madrid, nr. 32 p. 20 | 1918 *C. c.*, Navas in: Bol. Soc. ent. España, p. 89 | 1923 *C. c.*, Caporiacco in: Boll. Soc. ent. Ital., *v.* 55 p. 131 | 1925 *C c.*, Navas in: Broteria, *v.* 22 p. 107 | 1928 *C. c.*, Schenkel in: Tierw. Deutschl., *v.* 8 fasc. 3 p. 57 f. 3—6 | 1928 *C. c.*, Redikorzev in: Mt. Inst. Sofia, *v.* 1 p. 123 | 1929 *C. c.*, Kästner in: Tierw. Mitteleur., *v.* 3 p IV 7 f. 1, 22, 23 | 1929 *C. c.*,

Beier in: Ann. Wien. Mus., *v.* 43 p. 347 | 1929 *C. c.*, Beier in: Boll. Soc. ent. Ital., *v.* 61 p. 155 | 1929 *C. c.*, J. Hewitt & R. Godfrey in: Ann. Natal Mus., *v.* 6 p. 309 | 1932 *C. c.*, Chamberlin in: Canad. Ent., *v.* 64 p. 19.

Cephalothorax länger als breit, fein und dicht granuliert und besonders seitlich mit gröberen Körnchen bestreut; beide Querfurchen deutlich, die basale näher dem Hinterrand als der vorderen gelegen. Augen ziemlich groß. Tergite geteilt, fein granuliert, die ersten 7 des Männchens mit Seitenkielen und zahnförmig verlängerten Hinterecken. Borsten des Körpers und der Palpen kurz, leicht gekeult. Flagellum mit 3 Borsten. Palpen (Fig. 245, 246) schlank, länger als der Körper, dicht granuliert. Femur in beiden Geschlechtern 5,3 mal, Tibia 4,1 mal, Schere des Männchens 4,1 mal, des Weibchens 4,3 mal so lang wie breit. Finger des Männchens etwas kürzer, die des Weibchens etwas länger als die Hand mit Stiel. Das Tasthaar *ist* etwas proximal von *est* gelegen, *it* nahe bei *et* stehend, *st* fast in der Mitte zwischen *sb* und *t* befindlich. Coxen des 4. Beinpaares beim Männchen stark excaviert,

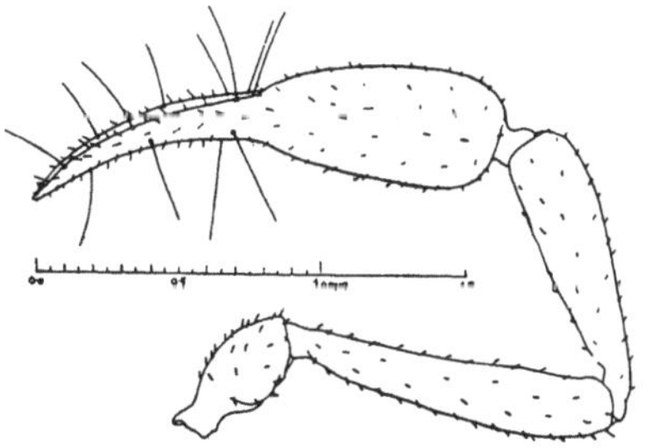

Fig. 245.
Chelifer cancroides (L.). Rechte Palpe ♂.

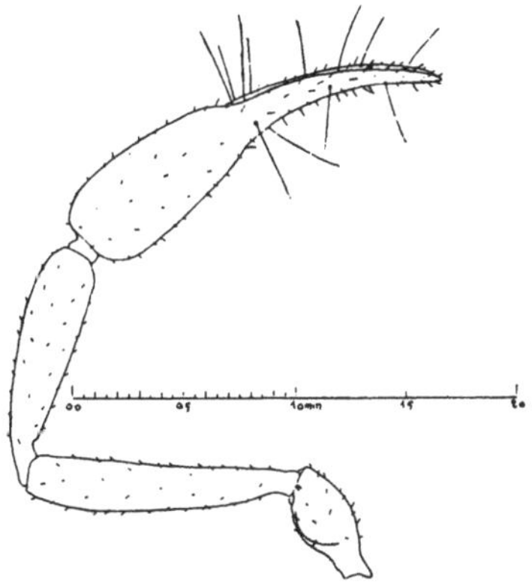

Fig. 246.
Chelifer cancroides (L.). Linke Palpe ♀.

mit Coxalsäcken. Widderhornartige Organe vorhanden. Tarsus des 1. Beinpaares beim Männchen ohne Terminaldorn. Subterminalborste am Tarsus des 4. Beinpaares gezähnt, dieser mit einem kurzen Tasthaar nahe dem Ende. Krallen terminal gespalten. — Körper L. ♂ 2,6—3,5 mm, ♀ 3—4,5 mm; Palpen: ♂ Femur L. 1,17 mm, B. 0,23 mm, Tibia L. 1,02 mm, B. 0,25 mm, Hand L. 0,96 mm, B. 0,40 mm, Finger L. 0,90 mm; ♀ Femur L. 1,21 mm, B. 0,23 mm, Tibia L. 1,09 mm, B. 0,27 mm, Hand L. 0,95 mm, B. 0,42 mm, Finger L. 1,00 mm.

Infolge Verschleppung durch den Menschen nahezu kosmopolitisch. — Vorwiegend in menschlichen Behausungen, Scheunen und Stallungen, doch auch im Freien unter Rinde; vielfach in den Nestern von Schwalbe, Sperling und Star, sowie in Taubenschlägen und Bienenkörben. Wird mancherorts durch das Vertilgen von Bettwanzen nützlich.

20. Gen. **Parachelifer** Chamb.

1932 *P.*, Chamberlin in: Canad. Ent., *v.* 64 p. 19.

Typus: *Chelifer scabriculus* E. Sim. (durch ursprüngliche Bestimmung).

Cephalothorax länger als breit, dicht granuliert, mit gröberen Körnern bestreut; beide Querfurchen deutlich. Augen groß. Tergite geteilt, die des Männchens mit Seitenkielen und zahnförmig verlängerten Hinterecken. Borsten des Körpers und der Palpen kurz, gekeult. Flagellum mit 3 Borsten. Subbasalborste des Chelicerenstammes vorhanden. Palpen mehr oder weniger schlank, dicht granuliert, die Medialseite des Femur mit gröberen Körnern. Beide Finger mit Giftapparat und Giftzahn, jedoch ohne Nebenzähne. Das Tasthaar *ist* etwas proximal von *est* gelegen, *it* näher bei *et* als bei *ist* stehend. Coxen des 4. Beinpaares beim Männchen excaviert, mit Coxalsäcken. Widderhornartige Organe vorhanden. Tarsus des 1. Beinpaares beim Männchen mit einem Terminaldorn. Tarsus des 4. Beinpaares mit einem Tasthaar nahe dem Ende, die Subterminalborste gezähnt. Krallen gespalten. Mediane Cribriformplatten des Weibchens klein.

Nordamerika.

7 sichere, 3 unsichere Arten.

Übersicht über die Arten:

1	Finger etwas kürzer als die Hand — **2**	
	Finger etwas länger als die Hand — **5**	
2	Femur 4,4—4,7 mal so lang wie breit — **3**	
	Femur etwa 5,2 mal so lang wie breit — **4**	
3	Tibia des Weibchens 2,9 mal so lang wie breit	1. **P. scabriculus**
	Tibia des Weibchens 3,2 mal, des Männchens 3,6 mal so lang wie breit	2. **P. sini**
4	Hand breiter, etwa 1,8 mal so breit wie die Tibia	3. **P. mexicanus**
	Hand schmäler, etwa 1,5 mal so breit wie die Tibia	4. **P. approximatus**
5	Schere 3—3,2 mal so lang wie breit	5. **P. lativittatus**
	Schere 3,7—4,2 mal so lang wie breit	6. **P. hubbardi**
		7. **P. persimilis**

1. **P. scabriculus** (E. Sim.) 1878 *Chelifer s.*, E. Simon in: Ann. Soc. ent. France, ser. 5 *v.* 8 p. 154 | 1891 *C. degeneratus*, Balzan in: Ann. Soc. ent. France, *v.* 60 p. 532 t. 11 f. 24 | 1895 *C scabriculus*, N. Banks in: J. N. York ent. Soc., *v.* 3 p. 4 | 1907 *C. s.*, Tullgren in: Mt. Mus. Hamburg, *v.* 24 p. 29 t. 1 f. 2 | 1910 *C. s.*, Ellingsen in: Mt. Mus. Berlin, *v.* 4 p. 386 | 1911 *C. scabriculis.* N. Banks in: Pomona, *v.* 3 p. 637 | 1932 *Parachelifer scabriculus*, Chamberlin in: Canad. Ent., *v.* 64 p. 19.

Cephalothorax länger als breit, ziemlich grob granuliert, mit 2 deutlichen Querfurchen, die basale näher dem Hinterrand als der vorderen gelegen.

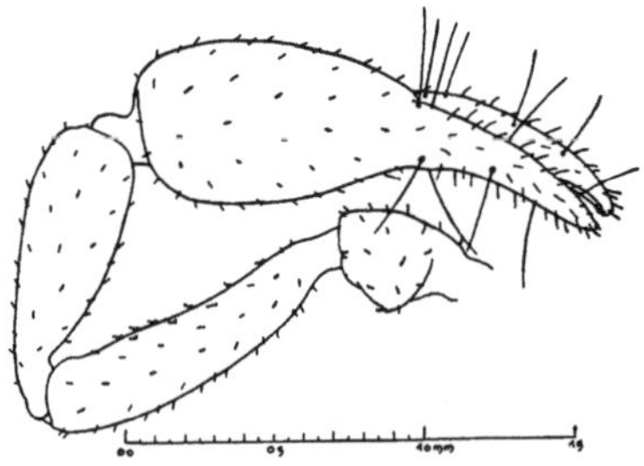

Fig. 247.
Parachelifer scabriculus (E. Sim.). Linke Palpe ♀.

Die Seiten mit gröberen Körnern bestreut. Augen vorhanden. Tergite geteilt, ziemlich grob granuliert. Flagellum mit 3 Borsten. Serrula mit 18 Lamellen. Subbasale Borste des Chelicerenstammes vorhanden. Palpen (Fig. 247) mäßig schlank, ziemlich grob granuliert, das Femur medial mit gröberen Körnchen. Femur 4,4 mal, Tibia 2,9 mal, Schere 2,9 mal so lang wie breit. Finger deutlich kürzer als die Hand ohne Stiel. Das Tasthaar *ist* nur wenig proximal von *est* gelegen, *it* etwas näher bei *et* als bei *ist*, *st* etwas näher bei *t* als bei *sb* befindlich. Tarsus des 4. Beinpaares mit einem Tasthaar nahe dem Ende. Krallen terminal gespalten. — Körper L. 3 mm; Palpen: Femur L. 1,12 mm, B. 0,25 mm, Tibia L. 0,97 mm, B. 0,33 mm, Hand L. 1,07 mm, B. 0,53 mm, Finger L. 0,77 mm.

Nordamerika: Mexiko, Kalifornien, Oregon.

2. P. **sini** (Chamb.) 1923 *Chelifer s.*, Chamberlin in: P. Calif. Ac., ser. 4 *v.* 12 p. 375 t. 2 f. 7, t. 3 f. 18, 20, 32.

Cephalothorax länger als breit, deutlich granuliert, mit gröberen Körnern; beide Querfurchen tief. Augen vorhanden. Tergite geteilt, deutlich granuliert. Flagellum mit 3 Borsten. Die subbasale Borste des Chelicerenstammes vorhanden. Palpen mäßig schlank. Femur des Männchens 4,7 mal, des Weibchens 4,4 mal, Tibia des Männchens 3,6 mal, des Weibchens 3,2 mal, Schere des Männchens 2,7—3 mal, des Weibchens 2,8 mal so lang wie breit. Finger deutlich kürzer als die Hand ohne Stiel. — Körper L. ♂ 3,5 mm, ♀ 4 mm.

Nordamerika: Nieder-Kalifornien.

3. P. **mexicanus** Beier 1932 *P. m.*, Beier in: Zool. Anz., *v.* 99 (im Druck).

Cephalothorax länger als breit, deutlich granuliert, mit gröberen Körnern bestreut; beide Querfurchen tief, die basale näher dem Hinterrand als der vorderen. Augen groß. Tergite median schwach chitinisiert und daher sehr breit geteilt erscheinend, dicht granuliert. Borsten des Körpers und der Palpen kurz, deutlich gekeult. Flagellum mit 3 Borsten, die distale gefiedert.

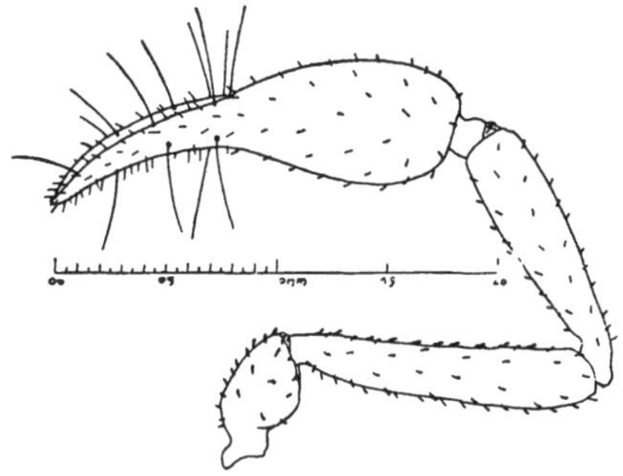

Fig. 248.
Parachelifer mexicanus Beier. Rechte Palpe ♀.

Serrula mit 20—21 Lamellen. Subterminalborste des Chelicerenstammes vorhanden. Galea terminal mit 6 kurzen Seitenästchen. Palpen (Fig. 248) schlank, deutlich granuliert, das Femur medial mit gröberen Körnern. Femur des Weibchens 5,2 mal, Tibia 4,1 mal, Schere 3,3 mal so lang wie breit. Hand etwa 1,8 mal so breit wie die Tibia. Finger etwas kürzer als die Hand ohne Stiel. Das Tasthaar *ist* etwas proximal von *est* gelegen, *it* deutlich näher bei *et* als bei *ist* stehend, *st* etwas näher bei *sb* als bei *t* befindlich. Krallen der Laufbeine terminal gespalten. — Körper L. ♀ 4 mm; Palpen: Femur L. 1,40 mm, B. 0,27 mm, Tibia L. 1,25 mm, B. 0,30 mm, Hand L. 1,15 mm, B. 0,55 mm, Finger L. 0,96 mm.

Nordamerika: Mexiko, Teapa.

4. **P. approximatus** (Banks) 1909 *Chelifer a.*, N. Banks in: J. N. York ent. Soc., *v.* 17 p 146.

Cephalothorax länger als breit, fein granuliert, mit zahlreichen gröberen Körnchen bestreut; beide Querfurchen deutlich. Augen vorhanden. Tergite nur schmal geteilt, mit 6—8 gekeulten Marginalborsten. Palpen schlank, dicht granuliert, das Femur medial mit gröberen Körnchen. Hand etwa 1,5 mal so breit wie die Tibia. Finger kaum so lang wie die Hand ohne Stiel. — Körper L. ♂ 2,5 mm, ♀ 4 mm.

Nordamerika: Südliches Kalifornien.

5. **P. lativittatus** (Chamb.) 1923 *Chelifer l.*, Chamberlin in: P. Calif. Ac., ser. 4 *v.* 12 p. 375 t. 2 f. 9.

Cephalothorax länger als breit, deutlich granuliert, mit zahlreichen und ziemlich großen gröberen Körnern besetzt; beide Querfurchen tief. Tergite median schwach chitinisiert und daher sehr breit geteilt erscheinend, die ersten 9 des Männchens mit stark dornförmig verlängerten Hinterecken. Flagellum mit 3 Borsten. Palpen schlank, deutlich granuliert. Femur des Männchens 5,9 mal, des Weibchens 5,3 mal, Tibia des Männchens 4,3 mal, des Weibchens 3,8 mal, Schere des Männchens 3,2 mal, des Weibchens kaum 3 mal so lang wie breit. Finger ein wenig länger als die Hand ohne Stiel. Krallen der Laufbeine gespalten. — Körper L. ♂ 3 mm, ♀ 3,3 mm.

Nordamerika: Mexiko, Nieder-Kalifornien.

6. **P. hubbardi** (Banks) 1901 *Chelifer H.*, N. Banks in: P. U. S. Mus., *v.* 23 p. 588 t. 22 f. 9 | 1923 *C. h.*, Chamberlin in: P. Calif. Ac., ser. 4 *v.* 12 p. 374 t. 2 f. 10, t. 3 f. 33.

Mit der vorigen Art nahe verwandt, von ihr jedoch durch bedeutend schlankere Palpen unterschieden. Cephalothorax länger als breit, deutlich granuliert, mit zahlreichen großen gröberen Körnchen bestreut; beide Querfurchen tief. Augen vorhanden. Tergite schmal geteilt, die beiden vorderen so wie der Cephalothorax mit gröberen Körnchen bestreut. Flagellum mit 3 Borsten. Palpen außerordentlich schlank, deutlich granuliert. Femur des Männchens 5,8 mal, des Weibchens 6,1 mal, Tibia des Männchens 4,3 mal, des Weibchens 4,9 mal, Schere des Männchens 3,7 mal, des Weibchens 4,2 mal so lang wie breit. Finger länger als die Hand ohne Stiel. Die hintere Klaue des vorderen Beinpaares mit dorsalem Nebenzahn. — Körper L. ♂ 3 mm, ♀ 3,2 mm.

Nordamerika: Arizona, Kalifornien.

7. **P. persimilis** (Banks) 1909 *Chelifer p.*, N. Banks in: Canad. Ent., *v.* 41 p. 304.

Mit der vorigen Art sehr nahe verwandt. Cephalothorax länger als breit, granuliert, mit gröberen Körnchen bestreut; beide Querfurchen tief. Augen vorhanden. Tergite geteilt. Flagellum mit 3 Borsten. Palpen sehr schlank, granuliert. Finger länger als die Hand ohne Stiel. — Körper L. 3 mm.

Nordamerika: Neu-Mexiko.

Unsichere Arten:

P. muricatus (Say) 1821 *Chelifer m.*, Say in: J. Ac. Philad., *v.* 2 p. 63 | 1895 *C. m.*, N. Banks in: J. N. York ent. Soc., *v.* 3 p. 3.

Soll sich durch auffallend dunkle Palpenhand auszeichnen.

Nordamerika.

P. texanus (Banks) 1891 *Chelifer t.*, N. Banks in: Canad. Ent., *v.* 23 p 162.

Beschreibung ungenügend — Körper L. 2,5 mm.

Nordamerika: Texas.

P. mirabilis (Banks) 1895 *Chelifer m.*, N. Banks in: J. N. York ent. Soc., *v.* 3 p. 4.

Die systematische Stellung dieser augenlosen Höhlenform ist unsicher. — Cephalothorax mit 2 deutlichen Querfurchen, fein granuliert, ohne gröbere Körnchen. Augen fehlen. Palpen schlank, Finger ungefähr so lang wie die Hand. Borsten der Palpen gekeult. — Körper L. 2,6 mm.

Nordamerika: Kentucky, Virginia, in Höhlen.

β) Trib. **Dactylocheliferini** Beier

1932 *Lissocheliferini*, Chamberlin in: Canad. Ent., *v.* 64 p. 20 | 1932 *Dactylocheliferini*, Beier in: Zool. Anz., *v.* 99 (im Druck).

Cephalothorax länger als breit, mit 2 Querfurchen. Augen vorhanden. Tergite geteilt, die des Männchens meist mit Seitenkielen. Borsten des Körpers und der Palpen meist nur gezähnt, seltener auch gekeult. Flagellum mit 3 Borsten. Coxen des 4. Beinpaares beim Männchen excaviert und meist mit Coxalsäcken, diese mit einem scharf geschiedenen Atrium. Statumen convolutum des männlichen Genitalapparates terminal gerundet und ohne chitinigen Stab (Fig. 249). Mittlere Cribriformplatten des Weibchens zu einer einzigen zentralen Platte verschmolzen.

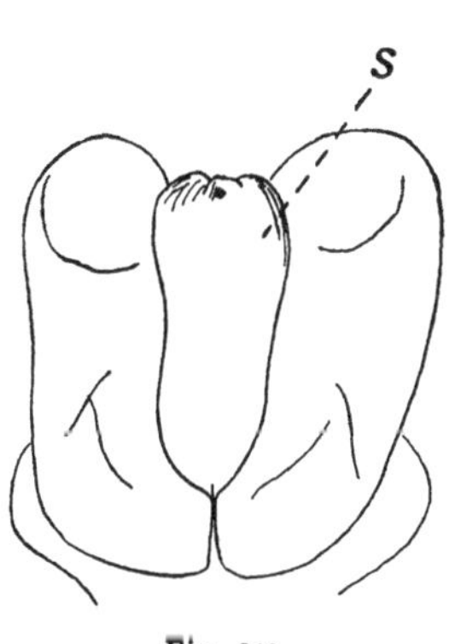

Fig. 249.
Statumen convolutum des männlichen Genitalapparates eines Vertreters der Tribus **Lissocheliferini.** *S* = das terminal gerundete und nicht eingebuchtete Statumen convolutum.

9 sichere, 1 unsichere Gattung, 49 sichere, 12 unsichere Arten.

Übersicht über die Genera:

1 { Beweglicher Chelicerenfinger mit nur einer Borste an der Basis der Galea — **2**
Beweglicher Chelicerenfinger mit 3 Borsten an der Basis der Galea . . . . 29. Gen. **Ellingsenius**

2 { Krallen gespalten; Tergite des Männchens mit deutlichen Seitenkielen — **3**
Krallen nicht gespalten, jedoch beim Männchen mitunter anders modifiziert; Tergite des Männchens ohne Seitenkiele oder diese undeutlich — **5**

3 { Tarsus des 4. Beinpaares mit einem langen Tasthaar nahe der Mitte des Gliedes oder etwas distal von dieser; Palpen nicht extrem verlängert; Borsten gezähnt, nicht gekeult — **4**
Tarsus des 4. Beinpaares nur mit einem kurzen Tasthaar nahe dem Ende des Gliedes; Palpen extrem verlängert; Borsten leicht, aber deutlich gekeult . 23. Gen. **Tyrannochelifer**

4 { Tarsus des 1. Beinpaares beim Männchen ohne Subterminaldorn . . . . 21. Gen. **Lophochernes**
Tarsus des 1. Beinpaares beim Männchen mit Subterminaldorn . . . . 22. Gen. **Mucrochelifer**

5 { Subterminalborste der Tarsen gezähnt — **6**
Subterminalborste der Tarsen einfach . . . . 24. Gen. **Dactylochelifer**

6 { Schere nicht klaffend; bezahnter Marginalrand der Scherenfinger ohne Auszeichnung — **7**
Schere klaffend; bezahnter Marginalrand des beweglichen Scherenfingers nahe der Basis mit einem gezähnten Kamm, welcher mit einer entsprechenden Vertiefung des festen Fingers korrespondiert . 28. Gen. **Lophodactylus**

7 { Palpen ziemlich gedrungen, die des Männchens nicht verlängert; Femur aus dem Stielchen plötzlich verdickt — **8**
Palpen schlank, die des Männchens extrem verlängert; Femur aus dem Stielchen nicht plötzlich verdickt . 27. Gen. **Stygiochelifer**

8 { Borsten des Körpers und der Palpen gezähnt, nicht gekeult . . . . 25. Gen. **Rhacochelifer**
Borsten des Körpers und der Palpen leicht, aber deutlich gekeult . . . . 26. Gen. **Hansenius**

21. Gen. **Lophochernes** E. Sim.

1878 *L.*, E. Simon in: Bull. Soc. zool. France, *v.* 3 p. 66 | 1932 *Lissochelifer*, Chamberlin in: Canad. Ent., *v.* 64 p. 20.

Typus: *L. bicarinatus* E. Sim. (durch Monotypie und nachträgliche Bestimmung).

Cephalothorax länger als breit, meist nahezu glatt, seltener fein granuliert, mit 2 tiefen Querfurchen. Augen vorhanden. Tergite geteilt, die des Männchens mit Seitenkielen. Borsten des Körpers und der Palpen dünn, gezähnt. Flagellum mit 3 Borsten. Beweglicher Chelicerenfinger mit nur einer Borste an der Basis der Galea. Palpen meist ziemlich schlank. Schere klaffend. Die Tasthaare *ist* und *it* nahe beisammenstehend und ziemlich nahe der Fingerbasis befindlich. Coxen des 1. Beinpaares beim Männchen mit Coxalsäcken, diese mit deutlich geschiedenem Atrium. Tarsus des 1. Beinpaares beim Männchen ohne Terminaldorn. Subterminalborste gezähnt. Krallen gespalten. Tarsus des 1. Beinpaares beim Männchen verdickt. Tarsus des 4. Beinpaares mit einem Tasthaar nahe der Mitte des Gliedes oder etwas distal von dieser.

Vorwiegend in der orientalischen und äthiopischen Region, jedoch auch in Japan, Hawai und Nordafrika.

16 sichere, 2 unsichere Arten.

Übersicht über die Arten:

1 { Finger deutlich etwas länger als die Hand ohne Stiel — **2**
Finger höchstens so lang wie die Hand ohne Stiel, meist aber bedeutend kürzer als diese — **4**

2 { Femur 4,8—5,1 mal so lang wie breit — **3**
Femur 3,2—3,6 mal so lang wie breit . . . . 1. **L. sauteri**

3 { Kleinere Form, Femur Länge 0,65 mm (Japan) . . . . 2. **L. bicarinatus**
Größere Form, Femur Länge 1 mm (Afrika) . . . . . 3. **L. strandi**

4 { Palpenfemur wenigstens 3,5 mal so lang wie breit, meist jedoch länger — **5**
Palpenfemur höchstens 3,4 mal so lang wie breit, meist jedoch kürzer — **10**

5 { Integument fein, aber deutlich erkennbar granuliert (afrikanische Arten) — **6**
Integument glatt oder nur undeutlich und verwischt granuliert (orientalische Arten) — **7**

6 { Tibia 3,1 mal so lang wie breit . . . . 4. **L. mucronatus**
  Tibia 2,9 mal so lang wie breit . . . . 5. **L. mayeti**

7 { Femur 3,5—3,8 mal so lang wie breit — **8**
  Femur 4,1—4,2 mal so lang wie breit . . . . 6. **L. laciniosus**

8 { Beide Querfurchen des Cephalothorax deutlich — **9**
  Basale Querfurche des Cephalothorax undeutlich . . . . 7. **L. hanseni**

9 { Kleinere Form, Femur 0,55—0,60 mm lang; Tarsus des 1. Beinpaares beim Männchen 2,8 mal so lang wie breit . . . . 8. **L. bifissus**
  Größere Form, Femur 0,8—0,9 mm lang; Tarsus des 1. Beinpaares beim Männchen 3,7 mal so lang wie breit . . . . 9. **L. depressus**

10 { Femur wenigstens 3 mal so lang wie breit — **11**
  Femur 2,5 mal so lang wie breit . . . . 16. **L. hians**

11 { Orientalische Arten — **12**
  Äthiopische Arten — **14**

12 { Femur 3—3,2 mal so lang wie breit — **13**
  Femur 3,4 mal so lang wie breit . . . . 10. **L. superbus**

13 { Trochanter der Palpen bedeutend länger als breit . . . 11. **L. mortenseni**
  Trochanter der Palpen nur wenig länger als breit . . . 12. **L. bisulcus**

14 { Femur 3,2—3,3 mal so lang wie breit — **15**
  Femur 3 mal so lang wie breit . . . . 13. **L. minusculoides**

15 { Integument fein, aber erkennbar granuliert . . . . . . 14. **L. minusculus**
  Integument nahezu glatt, nur an der Medialseite des Palpenfemur erkennbar granuliert . . . . 15. **L. persulcatus**

1. **L. sauteri** (Ellingsen) 1907 *Chelifer S.*, Ellingsen in: N. Mag. Naturv. *v.* 45 p. 4.

Cephalothorax länger als breit, flach und wenig deutlich granuliert, mit 2 ziemlich tiefen Querfurchen, die basale etwas schwächer und näher dem Hinterrand als der vorderen. Augen groß. Tergite mit Ausnahme des letzten geteilt, erkennbar granuliert. Borsten des Körpers und der Palpen gezähnt. Flagellum mit 3 Borsten. Palpen ungefähr so lang wie der Körper, schlank, erkennbar granuliert. Femur des Männchens 3,2 mal, des Weibchens 3,6 mal, Tibia des Männchens 2,2 mal, des Weibchens 2,4 mal, Schere des Männchens 3,1 mal, des Weibchens 3,5 mal so lang wie breit. Finger etwas länger als die Hand ohne Stiel. Tarsus des 4. Beinpaares mit einem Tasthaar nahe der Mitte des Gliedes. Krallen gespalten. — Körper L. ♂ 1,9 mm, ♀ 2,1 mm; Palpen: ♂ Femur L. 0,60 mm, B. 0,19 mm, Tibia L. 0,50 mm, B. 0,23 mm, Hand L. 0,44 mm, B. 0,30 mm, Finger L. 0,50 mm; ♀ Femur L. 0,61 mm, B. 0,17 mm, Tibia L. 0,50 mm, B. 0,21 mm, Hand L. 0,53 mm, B. 0,30 mm, Finger L. 0,51 mm.

Japan.

2. **L. bicarinatus** E. Sim. 1878 *L. b.*, E. Simon in: Bull. Soc. zool. France, *v.* 3 p. 66 | 1907 *Chelifer b*, Ellingsen in: N. Mag. Naturv., *v.* 45 p. 4.

Cephalothorax bedeutend länger als breit, flach granuliert, mit 2 tiefen Querfurchen. Augen vorhanden. Die Hinterecken des Cephalothorax sind beim Männchen deutlich gerandet und winkelig vorgezogen. Tergite geteilt, die ersten 6 des Männchens gerandet und mit winkelig vorgezogenen Hinterecken. 5 Marginalborsten auf jedem Halbtergit. Borsten des Körpers und der Palpen gezähnt. Flagellum mit 3 Borsten. Serrula mit 17 Lamellen. Galea ziemlich kurz, terminal mit 3 kurzen Seitenästchen. Palpen (Fig. 250) nur wenig länger als der Körper, flach aber deutlich granuliert. Femur des Männchens 4,8 mal, Tibia 3,9 mal, Schere 3,6 mal so lang wie breit. Finger fast so lang wie die Hand mit Stiel. Die Tasthaare *ist* und *it* nahe beisammen stehend und ziemlich nahe an die Fingerbasis gerückt, *st* näher bei *sb* als bei *t* befindlich. Finger deutlich klaffend. Coxen des 4. Beinpaares beim

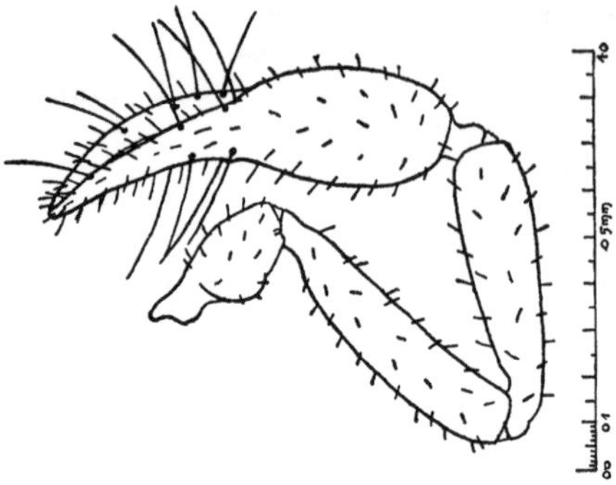

Fig. 250.
Lophochernes bicarinatus E. Sim.
Rechte Palpe ♂.

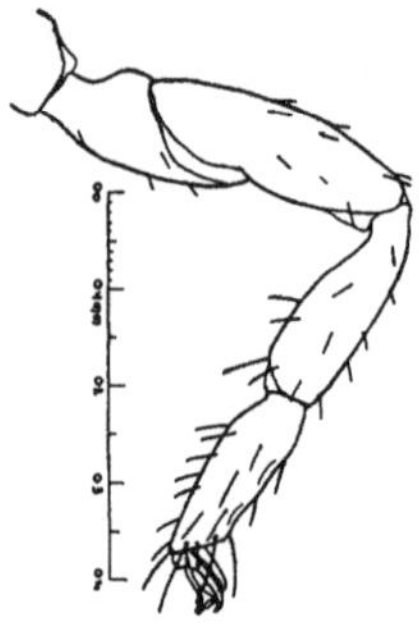

Fig. 251.
Lophochernes bicarinatus E. Sim.
Vorderbein des ♂.

Männchen excaviert, mit Lateraldorn. Vordertarsus des Männchens (Fig. 251) verbreitert, am Vorderrand mit zwei leichten Depressionen. Subterminalborste gezähnt. — Körper L. ♂ 2,2 mm; Palpen: Femur L. 0,65 mm, B. 0,14 mm, Tibia L. 0,63 mm, B. 0,16 mm, Hand L. 0,53 mm, B. 0,24 mm, Finger L. 0,50 mm.

Japan.

3. **L. strandi** (Ellingsen) 1907 *Chelifer s.*, Ellingsen in: Zool. Anz., *v.* 32 p. 28 | 1912 *C. s.*, Ellingsen in: Ann. S. Afr. Mus., *v.* 10 p 85.

Cephalothorax länger als breit, sehr fein und dicht granuliert, mit 2 tiefen Querfurchen. Augen klein. Tergite geteilt, die ersten 7 des Männchens mit Seitenkielen und verlängerten Hinterecken. Borsten des Körpers und der Palpen gezähnt, kaum gekeult. Flagellum mit 3 Borsten. Galea beim Männchen klein und einfach, beim Weibchen kräftiger und distal mit einigen Seitenästchen. Palpen länger als der Körper, schlank, erkennbar granuliert. Femur des Männchens 5,1 mal, Tibia 3,4 mal, Schere fast 5 mal so lang wie breit. Finger länger als die Hand mit Stiel. Vordertarsus des Männchens etwas verdickt. Krallen mit Nebenzähnen, die der Vorderbeine beim Männchen asymmetrisch. — Körper L. 2,7 mm; Palpen: Femur L. 1,03 mm, B. 0,20 mm, Tibia L. 0,79 mm, B. 0,23 mm, Hand L. 0,76 mm, B. 0,33 mm, Finger L. 0,86 mm.

Deutsch-Ostafrika.

4. **L. mucronatus** (Tullg.) 1907 *Chelifer m.*, Tullgren in: Mt. Mus. Hamburg, *v.* 24 p. 30 t. 1 f. 3a—g | 1907 *C. m.*, Tullgren in: Zool. Stud. tillägn. Tullberg, p. 220 | 1912 *C. m.*, Ellingsen in: Ann. S. Afr. Mus., *v.* 10 p. 84, 97 | 1929 *C. m.*, J. Hewitt & R. Godfrey in: Ann. Natal Mus., *v.* 6 p. 314 f. 1b, 3, t. 21 f. 3.

Cephalothorax länger als breit, sehr fein granuliert, mit 2 tiefen Querfurchen, die basale bedeutend näher dem Hinterrand als der vorderen. Augen vorhanden. Tergite geteilt, die ersten 8 des Männchens mit Seitenkielen und winkelig vorgezogenen Hinterecken. Borsten des Körpers und der Palpen kurz und ziemlich dick. Flagellum mit 3 Borsten. Serrula mit 15 Lamellen. Galea des Männchens einfach, die des Weibchens distal mit einigen Seitenästchen. Palpen (Fig. 252) länger als der Körper, sehr fein granuliert. Femur 3,9 mal, Tibia 3,1 mal, Schere 3,1 mal so lang wie breit. Finger kürzer als die Hand ohne Stiel, beim Männchen stärker, beim Weibchen schwächer klaffend. Vordertarsus beim Männchen verdickt. Krallen mit Nebenzähnen. Das Tasthaar am Tarsus des 4. Beinpaares etwas distal der Mitte des Gliedes gelegen. — Körper L. 3,3—3,5 mm; Palpen: Femur L. 0,70 mm, B. 0,18 mm, Tibia L. 0,67 mm, B. 0,22 mm, Hand L. 0,69 mm, B. 0,33 mm, Finger L. 0,46 mm.

Südafrika: Orange-Staat, Kapland, Zululand.

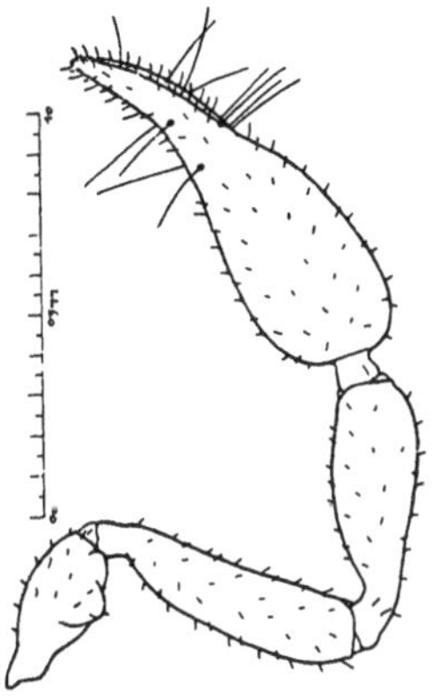

Fig. 252.
Lophochernes mucronatus (Tullg.).
Rechte Palpe ♀.

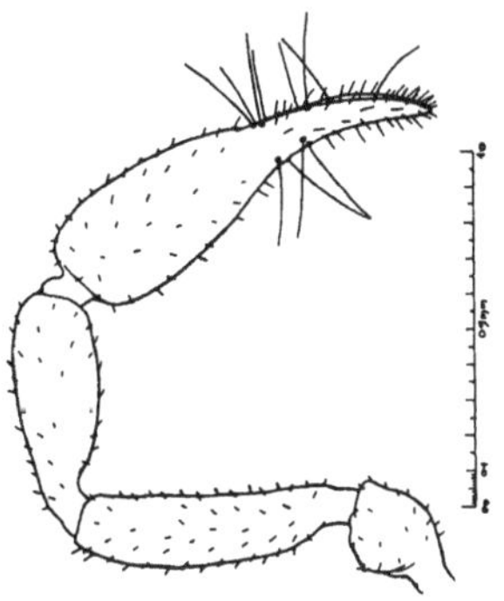

Fig. 253.
Lophochernes mayeti (E. Sim.).
Linke Palpe ♀

5. **L. mayeti** (E. Sim.) 1885 *Chelifer M.*, E. Simon in: Expl. Tunisie, Arach. p 48.

Cephalothorax länger als breit, sehr fein granuliert, mit 2 schmalen aber ziemlich tiefen Querfurchen. Augen vorhanden. Tergite geteilt. 4 Marginalborsten auf jedem Halbtergit. Borsten des Körpers und der Palpen kurz, stumpf. Flagellum mit 3 Borsten. Serrula mit 16 Lamellen. Galea distal mit Seitenästchen. Palpen (Fig. 253) ziemlich schlank. Femur des Weibchens 4 mal, Tibia 2,9 mal, Schere 3,4 mal so lang wie breit. Finger etwas kürzer als die Hand ohne Stiel, schwach klaffend. Das Tasthaar *it* sehr nahe bei *ist* stehend und wie dieses nahe der Fingerbasis befindlich. — Körper L. ♀ 3 mm; Femur L. 0,81 mm, B. 0,20 mm, Tibia L. 0,69 mm, B. 0,24 mm, Hand L. 0,72 mm, B. 0,32 mm, Finger L. 0,55 mm.

Nordafrika: Tunis.

6. **L. laciniosus** (Tullg.) 1912 *Chelifer l.*, Tullgren in: Not. Leyden Mus., *v.* 34 p 263 f. a, b.

Cephalothorax etwas länger als breit, sehr fein chagriniert, mit 2 tiefen Querfurchen. Augen vorhanden. Tergite geteilt, die 5 ersten des Männchens mit Seitenkielen. Borsten des Körpers und der Palpen gezähnt. Flagellum mit 3 Borsten. Serrula mit 17 Lamellen. Galea ziemlich lang, in der distalen Hälfte mit 5 Seitenästen. Palpen länger als der Körper, nahezu glatt. Femur 4,2 mal, Tibia 3 mal so lang wie breit. Finger etwas kürzer als die Hand ohne Stiel, leicht klaffend. Tarsus des 4. Beinpaares mit einem Tasthaar in der Mitte des Gliedes. — Körper L. 2,2 mm; Palpen: Femur L. 0,87 mm, Tibia L. 0,79 mm, Hand L. 0,74 mm, Finger L. 0,62 mm.

Sundainseln: Java.

7. **L. hanseni** (Thorell) 1889 *Chelifer H.*, Thorell in: Ann. Mus. Genova, ser. 2 *v.* 7 p. 600 | 1906 *C. H.*, With in: Danske Selsk. Skr., *v.* 7 nr. 3 p. 154 | 1914 *C. H.*, Ellingsen in: Rec. Ind. Mus., *v.* 10 p. 9.

Cephalothorax deutlich länger als breit, sehr fein und dicht granuliert, mit einer deutlichen mittleren und einer undeutlichen basalen Querfurche, Tergite geteilt, mit 12 Marginalborsten. Flagellum mit 3 Borsten. Galea nahezu einfach. Palpen etwas länger als der Körper, nahezu glatt. Femur 3,5 mal so lang wie breit. Hand mehr als $1^1/_2$ mal so breit wie die Tibia. Finger bedeutend kürzer als die Hand ohne Stiel. Der Tarsus des 4. Beinpaares mit einem Tasthaar nahe der Mitte des Gliedes. — Körper L. 3 mm.

Indien.

8. **L. bifissus** (E. Sim.) 1899 *Chelifer b.*, E. Simon in: Ann. Soc. ent. Belgique, *v.* 43 p. 121 | 1900 *C. b.*, E. Simon in: Fauna Haw., *v.* 2 p. 517 | 1905 *C. b.*, With in: Ann. nat. Hist., ser. 7 *v.* 15 p. 98 t. 6 f. 1a—f | 1906 *C. b*, With in: Danske Selsk. Skr., *v.* 7 nr. 3 p. 153.

Cephalothorax länger als breit, flach und undeutlich granuliert, nahezu glatt erscheinend, mit 2 deutlichen Querfurchen, die Hinterecken beim Männchen schwach gerandet. Tergite geteilt, die ersten 6 beim Männchen mit Seitenkielen und winkelig vorgezogenen Hinterecken. 5 Marginalborsten auf jedem Halbtergit. Borsten des Körpers und der Palpen dünn, gezähnt.

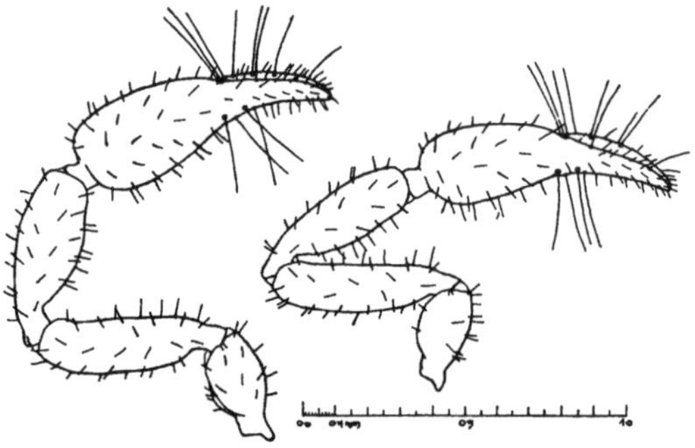

Fig. 254.
Lophochernes bifissus (E. Sim). Linke Palpe von ♀ und ♂.

Fig. 255.
Lophochernes bifissus (E Sim). Vorderbein des ♂.

Flagellum mit 3 Borsten. Serrula mit 16 Lamellen. Galea beim Weibchen mit ziemlich langen Seitenästen. Palpen (Fig. 254) nahezu glatt. Femur des Männchens 3,8 mal, des Weibchens 3,6 mal, Tibia des Männchens 3,2 mal, des Weibchens 2,7 mal, Schere des Männchens 3,2 mal, des Weibchens 3 mal so lang wie breit. Finger deutlich kürzer als die Hand ohne Stiel, klaffend. Die Tasthaare *ist* und *it* sehr nahe der Basis stehend. Coxen des 4. Beinpaares beim Männchen ohne Lateraldorn. Tarsus des 1. Beinpaares beim Männchen (Fig. 255) verdickt. Subterminalborste gezähnt. Krallen mit Nebenzahn.

Tarsus des 4. Beinpaares mit einem Tasthaar in der Mitte des Gliedes. — Körper L. 1,8 mm; Palpen: ♂ Femur L. 0,57 mm, B. 0,15 mm, Tibia L. 0,54 mm, B. 0,17 mm, Hand L. 0,50 mm, B. 0,23 mm, Finger L. 0,39 mm; ♀ Femur L. 0,59 mm, B. 0,16 mm, Tibia L. 0,54 mm, B. 0,21 mm, Hand L. 0,55 mm, B. 0,27 mm, Finger L. 0,37 mm.

Hawaiische Inseln, Sumatra?

9. L. **depressus** (C. L. Koch) 1843 *Chelifer d.*, C. L. Koch in: C. W. Hahn & C. L. Koch, Arach., *v.* 10 p. 57 f. 792 | 1884 *C. d.*, H. J. Hansen in: Naturh. Tidsskr., ser. 3 *v.* 14 p. 540 | 1885 *C. d.*, H. J. Hansen in: Schiødte & H. J. Hansen, Zool. Dan., fasc. 4 p. 113 t. 7 f. 3 | 1906 *C. d.*, With in: Danske Selsk. Skr., *v.* 7 nr. 3 p 144 t. 2 f. 10a, t. 3 f. 2a—e | 1929 *C. d.*, Kästner in: Tierw. Mitteleur., *v.* 3 p. IV 8 f. 25.

Cephalothorax etwas länger als breit, nur sehr fein granuliert, mit 2 tiefen Querfurchen. Augen vorhanden. Tergite geteilt, mit 10 Marginalborsten, die ersten 5 beim Männchen mit Seitenkielen. Borsten des Körpers und der Palpen gezähnt. Galea des Weibchens mit Seitenästen. Flagellum mit 3 Borsten. Palpen länger als der Körper, nur sehr fein granuliert. Femur des Männchens 3,7 mal, des Weibchens 3,5 mal, Tibia des Männchens 3,2 mal, des Weibchens 3 mal, Schere etwa 3 mal so lang wie breit. Finger etwas kürzer als die Hand ohne Stiel. Coxen des 4. Beinpaares beim Männchen mit Lateraldorn. Krallen mit Nebenzähnen. — Körper L. 2,5—2,6 mm; Palpen: ♂ Femur L. 0,90 mm, B. 0,24 mm, Tibia L. 0,92 mm, B. 0,29 mm, Hand L. 0,81 mm, B. 0,50 mm, Finger L. 0,76 mm; ♀ Femur L. 0,83 mm, B. 0,24 mm, Tibia L. 0,83 mm, B. 0,28 mm, Hand L. 0,76 mm, B. 0,45 mm, Finger L. 0,67 mm.

Indien. — Durch ein Reisschiff nach Dänemark eingeschleppt.

10. L. **superbus** (With) 1906 *Chelifer s.*, With in: Danske Selsk. Skr., *v.* 7 nr. 3 p 147 t. 3 f. 3a | 1913 *C. s.*, Ellingsen in: Rec. Ind. Mus., *v.* 8 p. 127 | 1914 *C. s.*, Ellingsen in: Rec. Ind. Mus., *v.* 10 p. 10.

Cephalothorax dunkel rotbraun mit schwarzen Querstreifen, etwas länger als breit, nahezu glatt, nur sehr flach granuliert, mit 2 breiten Querfurchen. Augen vorhanden, jedoch wenig deutlich. Tergite geteilt, mit 14—16 Marginalborsten, die ersten 5 des Männchens mit Seitenkielen. Borsten des Körpers und der Palpen gezähnt. Flagellum mit 3 Borsten. Galea in beiden Geschlechtern mit kurzen Seitenästchen. Palpen länger als der Körper, beim Weibchen nahezu glatt, beim Männchen erkennbar granuliert. Femur des Männchens 3,4 mal, des Weibchens 3,3 mal, Tibia des Männchens 2,7 mal, des Weibchens 2,9 mal so lang wie breit. Finger ein wenig kürzer als die Hand ohne Stiel, leicht klaffend. Tarsus des 1. Beinpaares beim Männchen etwas verdickt. Das Tasthaar am Tarsus des 4. Beinpaares etwas proximal der Mitte gelegen. Krallen mit Nebenzähnen. — Körper L. ♂ 2,3 mm, ♀ 3,2 mm; Palpen: ♂ Femur L. 0,87 mm, B. 0,25 mm, Tibia L. 0,87 mm, B. 0,31 mm, Hand L. 0,78 mm, B. 0,48 mm, Finger L. 0,76 mm; ♀ Femur L. 0,81 mm, B. 0,24 mm, Tibia L. 0,81 mm, B. 0,28 mm, Hand L. 0,77 mm, B. 0,46 mm, Finger L. 0,64 mm.

Ostasien: Celebes, Indien.

11. L. **mortenseni** (With) 1906 *Chelifer M.*, With in: Danske Selsk. Skr., *v.* 7 nr. 3 p. 140 t. 2 f. 9a—c, t. 3 f. 1a—i | 1932 *Lissochelifer m.*, Chamberlin in: Canad. Ent., *v.* 64 p. 20.

Cephalothorax etwas länger als breit, nahezu glatt, nur seitlich fein reticuliert, mit 2 breiten und tiefen Querfurchen. Augen vorhanden. Tergite geteilt, nahezu glatt, mit etwa 12 Marginalborsten, die ersten 5 des Männchens mit Seitenkielen. Borsten des Körpers und der Palpen dünn, gezähnt. Flagellum mit 3 Borsten. Serrula mit 17 Lamellen. Galea in beiden Geschlechtern distal mit kurzen Seitenästchen. Palpen nicht oder nur wenig länger als der Körper, nahezu glatt. Femur in beiden Geschlechtern 3,2 mal, Tibia des Männchens 2,8 mal, des Weibchens 2,6 mal so lang wie breit. Finger des Männchens nur wenig, die des Weibchens bedeutend kürzer als die Hand, leicht klaffend. Vordertarsus des Männchens etwas verdickt. Das Tasthaar am Tarsus des 4. Beinpaares nahe der Mitte des Gliedes gelegen. Krallen mit Nebenzähnen. — Körper L. ♂ 2,3 mm, ♀ 2,7 mm; Palpen: ♂ Femur L. 0,68 mm, B. 0,21 mm, Tibia L. 0,68 mm, B. 0,25 mm, Hand L. 0,63 mm, B. 0,36 mm, Finger L. 0,60 mm; ♀ Femur L. 0,62 mm, B. 0,20 mm, Tibia L. 0,62 mm, B. 0,24 mm, Hand L. 0,59 mm, B. 0,32 mm, Finger L. 0,42 mm.

Ostasien: Siam.

12. **L. bisulcus** (Thorell) 1889 *Chelifer b.*, Thorell in: Ann. Mus. Genova, ser. 2 *v.* 7 p. 603 t. 5 f. 9a—b | 1906 *C. b.*, With in: Danske Selsk. Skr., *v.* 7 nr. 3 p. 152.

Cephalothorax deutlich länger als breit, nahezu glatt, mit 2 tiefen Querfurchen. Tergite geteilt, mit etwa 14 Marginalborsten. Borsten des Körpers und der Palpen gezähnt. Galea mit einigen kurzen Seitenästchen distal. Palpen etwas länger als der Körper, nahezu glatt. Femur etwa 3,2 mal so lang wie breit. Tibia ungefähr so lang wie das Femur und deutlich breiter als dieses. Finger bedeutend kürzer als die Hand. Tarsus des 4. Beinpaares mit einem Tasthaar nahe der Mitte des Gliedes. Krallen gespalten. — Körper L. 2,8 mm.

Asien: Birma.

13. **L. minusculoides** (Ellingsen) 1912 *Chelifer m.*, Ellingsen in: Ann. S. Afr. Mus., *v.* 10 p. 94 | 1929 *C. m.*, J. Hewitt & R. Godfrey in: Ann. Natal Mus., *v.* 6 p. 317 t. 21 f. 4.

Cephalothorax etwas länger als breit, sehr fein granuliert, mit 2 schmalen, aber tiefen Querfurchen, die basale bedeutend näher dem Hinterrand als der vorderen. Augen vorhanden. Tergite geteilt, dicht chagriniert, die ersten 5 des Männchens mit Seitenkielen und dornförmig ausgezogenen Hinterecken. Borsten des Körpers und der Palpen gezähnt. Galea klein und einfach. Palpen ungefähr so lang wie der Körper, an der Medialseite der Glieder erkennbar granuliert. Femur 3 mal, Tibia 2,3 mal, Schere etwa 3 mal so lang wie breit. Finger etwas kürzer als die Hand. Krallen der Laufbeine gespalten. — Körper L. 1,5 mm; Palpen: Femur L. 0,43 mm, B. 0,14 mm, Tibia L. 0,40 mm, B. 0,17 mm, Hand L. 0,43 mm, B. 0,26 mm, Finger L. 0,39 mm.

Südafrika: Kapland.

14. **L. minusculus** (Ellingsen) 1912 *Chelifer m.*, Ellingsen in: Ann. S. Afr. Mus., *v.* 10 p. 95 | 1929 *C. m.*, J. Hewitt & R. Godfrey in: Ann. Natal Mus., *v.* 6 p. 318 f. 1d, t. 21 f. 5.

Cephalothorax kaum länger als breit, dicht und sehr fein granuliert, mit 2 wenig tiefen Querfurchen. Augen vorhanden. Tergite geteilt, beim Männchen die vorderen mit nur schwach entwickelten Seitenkielen und nicht dornförmig vorgezogenen Hinterecken. Borsten des Körpers und der Palpen leicht gekeult. Galea des Männchens klein und einfach, die des Weibchens kräftiger und mit einigen kurzen Seitenästchen. Palpen etwas länger als der Körper, fein und dicht granuliert. Femur 3,2 mal, Tibia 2 mal, Schere etwa 3,4 mal so lang wie breit. Finger nur wenig kürzer als die Hand. — Körper L. 1,7 mm; Palpen: Femur L. 0,52 mm, B. 0,16 mm, Tibia L. 0,36 mm, B. 0,18 mm, Hand L. 0,43 mm, B. 0,24 mm, Finger L. 0,39 mm.

Südafrika: Kapland.

15. **L. persulcatus** (E. Sim.) 1890 *Chelifer p.*, E. Simon in: Ann. Soc. ent. France, ser. 6 *v.* 10 p. 120.

Cephalothorax deutlich länger als breit, nahezu glatt, mit 2 sehr tiefen Querfurchen, die basale etwas näher dem Hinterrand als der vorderen. Augen groß, aber wenig vorragend. Tergite schmal geteilt, nahezu glatt, die vorderen des Männchens mit schwachen Seitenkielen. Etwa 5 Marginalborsten auf jedem Halbtergit. Borsten des Körpers und der Palpen dünn, gezähnt. Flagellum mit 3 Borsten. Palpen (Fig. 256) mäßig schlank, nur an der Medialseite der Glieder erkennbar granuliert. Femur des Männchens 3,3 mal, des Weibchens 3,2 mal, Tibia des Männchens 2,5 mal, des Weibchens 2,6 mal, Schere des Männchens 2,8 mal, des Weibchens 2,7 mal so lang wie breit.

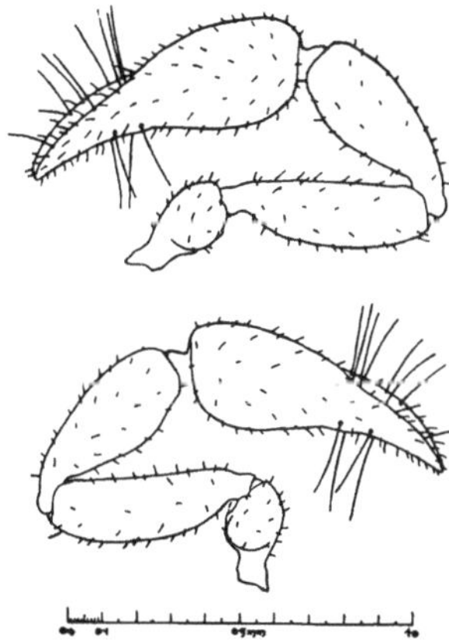

Fig. 256
Lophochernes persulcatus (E. Sim.).
Rechte Palpe des ♂ und linke des ♀.

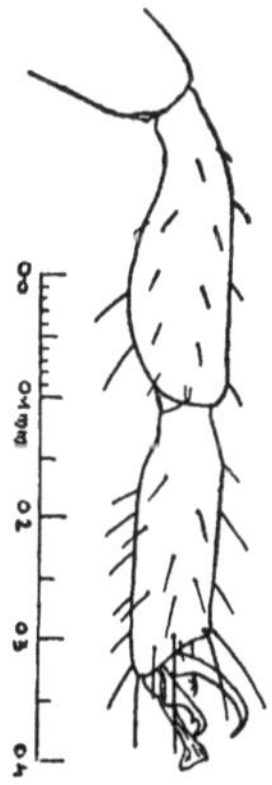

Fig. 257.
Lophochernes persulcatus (E. Sim.).
Vordertarsus des ♂.

Finger etwas kürzer als die Hand ohne Stiel, leicht klaffend. Die Tasthaare *ist* und *it* nahe beisammen stehend und weit gegen die Fingerbasis gerückt, *st* näher bei *t* als bei *sb* befindlich. Tarsus des 1. Beinpaares beim Männchen (Fig. 257) etwas verdickt, sein Vordereck schwach beuleuförmig vorgezogen. Subterminalborste gezähnt. Krallen gespalten, die der Vorderbeine beim Männchen asymmetrisch. Das Tasthaar am Tarsus des 4. Beinpaares distal der Mitte des Gliedes gelegen. — Körper L. ♂ 1,7 mm, ♀ 2,5 mm; Palpen: ♂ Femur L. 0,59 mm, B. 0,18 mm, Tibia L. 0,57 mm, B. 0,23 mm, Hand L. 0,55 mm, B. 0,29 mm, Finger L. 0,41 mm; ♀ Femur L. 0,57 mm, B. 0,18 mm, Tibia L. 0,56 mm, B. 0,22 mm, Hand L. 0,51 mm, B. 0,29 mm, Finger L. 0,41 mm.

Arabien.

16. **L. hians** (Thorell) 1890 *Chelifer h.*, Thorell in: Ann. Mus. Genova, ser. 2 *v.* 10 p. 355 | 1906 *C. h.*, With in: Danske Selsk. Skr., *v.* 7 nr. 3 p. 153.

Cephalothorax deutlich länger als breit, sehr fein granuliert, mit 2 deutlichen Querfurchen. Augen vorhanden. Tergite geteilt, mit 10—14 Marginalborsten. Borsten des Körpers und der Palpen gezähnt. Galea mit einigen kurzen Seitenästchen. Palpen etwas länger als der Körper, nahezu glatt. Femur 2,5 mal, Tibia etwa 2 mal so lang wie breit. Finger nur wenig kürzer als die Hand, deutlich klaffend. — Körper L. 2 mm.

Ostasien: Insel Pinang.

Unsichere Arten:

L. balzanii (Thorell) 1890 *Chelifer B.*, Thorell in: Ann. Mus. Genova, ser. 2 *v.* 10 p. 352 | 1906 *C. B.*, With in: Danske Selsk. Skr., *v.* 7 nr. 3 p. 155.

Cephalothorax deutlich länger als breit, nahezu glatt, mit einer deutlichen vorderen und einer schwächeren basalen Querfurche. Augen vorhanden. Tergite geteilt. Palpen etwas kürzer als der Körper, fein lederartig. Femur 3 mal so lang wie breit. Finger bedeutend kürzer als die Hand. — Körper L. 3,5 mm.

Ostasien: Pinang.

L. laysanensis (E. Sim.) 1899 *Chelifer l.*, E. Simon in: Zool. Jahrb., Syst. *v.* 12 p. 414.

Cephalothorax länger als breit, chagriniert, mit 2 Querfurchen. Tergite geteilt. Borsten des Körpers leicht gekeult. Palpen lederartig granuliert. Finger kürzer als die Hand. — Körper L. 2,5 mm.

Australien: Insel Laysan.

22. Gen. **Mucrochelifer** Beier

1932 *M.*, Beier in: Zool. Anz., *v.* 99 (im Druck).

Typus: *Chelifer borneoensis* Ellingsen (durch ursprüngliche Bestimmung und Monotypie)

Fig. 258.
Mucrochelifer borneoensis (Ellingsen). Teil des Vordertarsus des ♂.

Mit der vorigen Gattung nahe verwandt. Cephalothorax etwas länger als breit, nahezu glatt, mit 2 Querfurchen. Tergite geteilt, die vorderen beim Männchen mit Seitenkielen. Borsten des Körpers und der Palpen sehr kurz, dünn, gezähnt. Flagellum mit 3 Borsten. Palpen mäßig schlank, nahezu glatt. Das Tasthaar *it* nahe bei *ist* stehend und wie dieses ziemlich nahe der Fingerbasis befindlich. Finger ohne Nebenzähne, beide mit Giftapparat und Giftzahn. Coxen des 4. Beinpaares beim Männchen excaviert, mit Coxalsäcken. Vordertarsus des Männchens (Fig. 258) mit kräftigem Terminaldorn. Krallen gespalten. Tarsus des 4. Beinpaares mit einem Tasthaar in der Mitte des Gliedes.

Sundainseln.

1 Art.

1. **M. borneoensis** (Ellingsen) 1901 *Chelifer b.*, Ellingsen in: Bull. Soc. zool. France, *v.* 26 p. 206 | 1906 *C. b.*, With in: Danske Selsk. Skr., *v.* 7 nr. 3 p. 154 | 1910 *C. b.*, Ellingsen in: Mt. Mus. Berlin, *v.* 4 p. 383 | 1912 *C. b.*, Tullgren in: Not. Leyden Mus., *v.* 34 p. 269 | 1914 *C. b.*, Ellingsen in: Rec. Ind. Mus., *v.* 10 p. 6.

Cephalothorax etwas länger als breit, nahezu glatt oder doch kaum merklich granuliert, mit 2 tiefen Querfurchen. Augen vorhanden. Tergite geteilt, fein chagriniert, die ersten 5 des Männchens mit kräftigen Seitenkielen. Borsten des Körpers und der Palpen sehr kurz, dünn, gezähnt. Flagellum mit 3 Borsten. Serrula mit 18 Lamellen. Galea mit 5 Seitenästen. Palpen (Fig. 259) mäßig schlank, etwas länger als der Körper, nahezu glatt. Femur des Männchens 3,5 mal, Tibia 3 mal, Schere 2,7 mal so lang wie breit. Finger bedeutend kürzer als die Hand, klaffend. Das Tasthaar *it* nahe bei *ist* stehend und wie dieses ziemlich nahe der Fingerbasis befindlich. Vordertarsus des Männchens mit kräftigem Terminaldorn. Das Tasthaar am Tarsus des 4. Beinpaares nahe der Mitte des Gliedes gelegen. Krallen gespalten, die des Vorderbeines beim Männchen mit Nebenzähnen. Femur des 4. Beinpaares 3,2 mal, Tibia 5,1 mal, Tarsus 5 mal so lang wie breit. — Körper L. 2 mm; Palpen: Femur L. 0,71 mm, B. 0,20 mm, Tibia L. 0,72 mm, B. 0,25 mm, Hand L. 0,73 mm, B. 0,37 mm, Finger L. 0,45 mm.

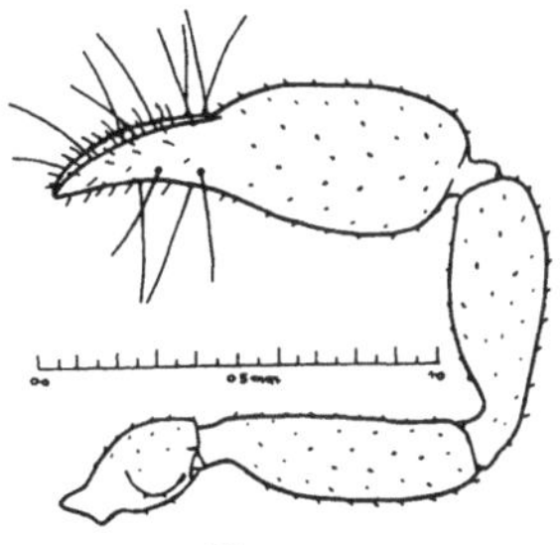

Fig. 259. **Mucrochelifer borneoensis** (Ellingsen). Rechte Palpe ♂.

Sundainseln: Borneo, Java.

23. Gen. **Tyrannochelifer** Chamb.

1932 *T.*, Chamberlin in: Canad. Ent., *v.* 64 p. 20.

Typus: *Chelifer imperator* With (durch ursprüngliche Bestimmung).

Cephalothorax deutlich länger als breit, granuliert, mit gröberen Körnchen; beide Querfurchen deutlich. Tergite mit Ausnahme der vordersten geteilt, die des Männchens mit Seitenkielen. Borsten des Körpers und der Palpen leicht, aber deutlich gekeult. Flagellum mit 3 Borsten. Palpen schlank, die des Männchens außerordentlich verlängert, granuliert. Das Tasthaar *it* näher bei *et* als bei *ist* befindlich, letzteres fast in gleicher Höhe mit *est* stehend. Coxen des 4. Beinpaares beim Männchen excaviert, mit Coxalsäcken. Tarsus des 4. Beinpaares mit einem kurzen Tasthaar nahe dem Ende des Gliedes. Vordertarsus des Männchens kaum verdickt. Krallen gespalten.

Neotropische Region.

3 Arten.

Übersicht über die Arten:

1 { Finger bedeutend kürzer als die Hand; südamerikanische und westindische Arten — **2**
Finger ungefähr so lang wie die Hand; nordamerikanische Art . . . . 3. **T. floridanus**

2 { Femur des Männchens 8,5 mal, Tibia 7,8 mal so lang wie breit . . . . 1. **T. imperator**
Femur des Männchens 9 mal, Tibia 7,2 mal so lang wie breit . . . . 2. **T. macropalpus**

1. **T. imperator** (With) 1908 *Chelifer i.*, With in: Tr. zool. Soc. London, *v.* 18 p. 221 t. 29 f. 1 a—i | 1932 *Tyrannochelifer i.*, Chamberlin in: Canad. Ent., *v.* 64 p. 20.

Cephalothorax deutlich länger als breit, deutlich granuliert, mit gröberen Körnchen bestreut; beide Querfurchen tief, die basale beim Weibchen etwas schwächer ausgebildet. Augen vorhanden. Tergite mit Ausnahme der beiden ersten geteilt, beim Männchen mit 12—14, beim Weibchen mit 14—16 Marginalborsten. Die vorderen 8 Tergite beim Männchen mit Seitenkielen. Borsten des Körpers und der Palpen leicht, aber deutlich gekeult. Flagellum mit 3 Borsten. Galea beim Männchen nahezu einfach, beim Weibchen mit

5 kurzen Seitenästchen. Palpen schlank, die des Männchens extrem verlängert, deutlich granuliert, an der Medialseite der Glieder mit gröberen Körnchen. Femur des Männchens 8,5 mal, des Weibchens 5,8 mal, Tibia des Männchens 7,8 mal, des Weibchens 4,3 mal. Schere des Männchens 7 mal, des Weibchens 4,4 mal so lang wie breit. Finger bedeutend kürzer als die Hand, beim Männchen stärker, beim Weibchen schwächer klaffend. Tarsus des 4. Beinpaares mit einem kurzen Tasthaar nahe dem Ende des Gliedes. Krallen gespalten, die vordere Klaue des 1. Beinpaares beim Männchen mit einem Nebenzahn. — Körper L. ♂ 3,3 mm, ♀ 3 mm; Palpen: ♂ Femur L. 2,16 mm, B. 0,25 mm, Tibia L. 2,07 mm, B. 0,26 mm, Hand L. 1,54 mm, B. 0,37 mm, Finger L. 1,04 mm; ♀ Femur L. 1,47 mm, B. 0,25 mm, Tibia L. 1,29 mm, B. 0,30 mm, Hand L. 1,13 mm, B. 0,44 mm, Finger L. 0,81 mm.

Südamerika: Brasilien.

2. **T. macropalpus** (Tullg.) 1907 *Chelifer m.*, Tullgren in: Mt. Mus. Hamburg, *v.* 24 p 26 t. 1 f. 1.

Cephalothorax länger als breit, fein und dicht granuliert, seitlich mit einigen gröberen Körnchen; beide Querfurchen tief, die basale bedeutend näher dem Hinterrand als der vorderen. Augen vorhanden. Tergite geteilt, die des Männchens sämtlich mit kräftigen Seitenkielen und dornförmig ausgezogenen Hinterecken. Borsten des Körpers und der Palpen leicht gekeult.

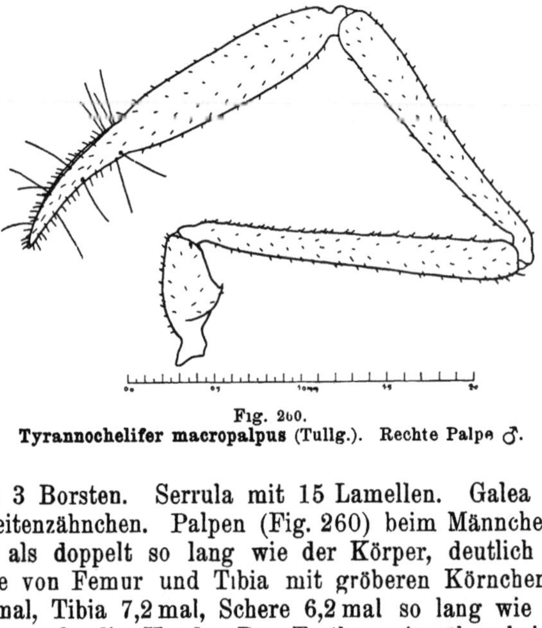

Fig. 260.
Tyrannochelifer macropalpus (Tullg.). Rechte Palpe ♂.

Flagellum mit 3 Borsten. Serrula mit 15 Lamellen. Galea kurz, terminal mit einigen Seitenzähnchen. Palpen (Fig. 260) beim Männchen extrem verlängert, mehr als doppelt so lang wie der Körper, deutlich granuliert, an der Medialseite von Femur und Tibia mit gröberen Körnchen. Femur des Männchens 9 mal, Tibia 7,2 mal, Schere 6,2 mal so lang wie breit. Finger bedeutend kürzer als die Hand. Das Tasthaar *it* näher bei *et* als bei *ist* stehend, letzteres fast in gleicher Höhe mit *est* gelegen. Vordertarsus des Männchens kaum verdickt. Tarsus des 4. Beinpaares mit einem kurzen Tasthaar nahe dem Ende des Gliedes. Krallen gespalten, hintere Kralle des vorderen Beinpaares beim Männchen mit einem dorsalen Nebenzahn. — Körper L. ♂ 2,9 mm; Palpen: Femur L. 1,91 mm, B. 0,21 mm, Tibia L. 1,75 mm, B. 0,24 mm, Hand L. 1,43 mm, B. 0,34 mm, Finger L. 0,90 mm.

Antillen: Haiti.

3. **T. floridanus** (Banks) 1891 *Chelifer f.*, N. Banks in: Canad. Ent., *v.* 23 p. 162.

Chephalothorax länger als breit, granuliert, mit gröberen Körnchen, beide Querfurchen deutlich. Augen vorhanden. Tergite geteilt. Borsten des Körpers und der Palpen gekeult. Palpen bedeutend länger als der Körper, sehr schlank. Femur des Männchens doppelt so lang wie die Breite des Cephalothorax. Tibia etwas kürzer als das Femur. Finger nicht viel länger als die Hand. — Körper L. ♂ 2,3 mm.

Nordamerika: Florida.

24. Gen. **Dactylochelifer** Beier

1930 *Ectoceras* (non A. Stecker 1875), Beier in: Ann. Wien. Mus., *v.* 44 p. 199 | 1932 *E.*, Chamberlin in: Canad. Ent., *v.* 64 p. 21 | 1932 *Dactylochelifer*, Beier in: Zool. Anz., *v.* 99 (im Druck).

Typus: *Chelifer latreillei* Leach (durch ursprüngliche Bestimmung).

Cephalothorax länger als breit, fein und gleichmäßig granuliert, mit 2 Querfurchen. Augen vorhanden. Tergite geteilt, die des Männchens ohne oder nur mit schwachen Seitenkielen. Borsten des Körpers und der Palpen kurz, gezähnt oder schwach gekeult. Flagellum mit 3 Borsten. Palpen mäßig schlank, gleichmäßig granuliert. Das Tasthaar *it* ungefähr in der Mitte zwischen *et* und *ist* oder etwas näher bei *et* stehend, letzteres nicht gegen die Fingerbasis gerückt. Beide Finger mit Giftapparat und Giftzahn, ohne Nebenzähne. Vordertarsus des Männchens stets stark modifiziert, die Krallen asymmetrisch. Subterminalborste der Tarsen einfach. Tarsus des 4. Beinpaares ohne deutliches Tasthaar. Krallen einfach, nicht gespalten.

Paläarktische Region.

6 sichere Arten, 1 unsichere Art.

Übersicht über die Arten:

1	Vordertarsen des Männchens verbreitert, mehr oder weniger gedrungen — **2**	
	Vordertarsen des Männchens nicht verbreitert, schlank .	6. **D. falsus**
2	Palpenfemur 3,2—3,6 mal so lang wie breit — **3**	
	Palpenfemur 3,8—4 mal so lang wie breit — **6**	
3	Finger so lang wie die Hand ohne Stiel oder doch kaum länger; die dünne Kralle des männlichen Vordertarsus nur wenig gebogen — **4**	
	Finger so lang wie die Hand mit Stiel; die dünne Kralle des männlichen Vordertarsus stark gebogen .	2. **D. amurensis**
4	Palpenfemur 3,4—3,6 mal so lang wie breit; Vordertarsus des Männchens 2,7—2,9 mal so lang wie breit — **5**	
	Palpenfemur 3,2 mal so lang wie breit; Vordertarsus des Männchens 2,5 mal so lang wie breit	1 c) **D. latreillei cephalonicus**
5	Vordertarsus des Männchens stärker verdickt, 2,7 mal so lang wie breit; Krallen kräftiger und kürzer .	1 a) **D. latreillei latreillei**
	Vordertarsus des Männchens weniger stark verdickt, 2,9 mal so lang wie breit; Krallen dünner und länger	1 b) **D. latreillei septentrionalis**

6	Schere 2,9—3,2 mal so lang wie breit; Vordertarsus des Männchens nur wenig verbreitert, 2,9 mal so lang wie breit — 7	
	Schere 3,5—3,8 mal so lang wie breit; Vordertarsus des Männchens extrem verbreitert, 1,7 mal so lang wie breit	5. **D. maroccanus**
7	Tibia 2,8—2,9 mal so lang wie breit ·	3. **D. redikorzevi**
	Tibia 3,2 mal so lang wie breit	4. **D. beieri**

1. **D. latreillei** (Leach) 1817 *Chelifer L.*, Leach, Zool. Misc., *v.* 3 p. 49 t. 142 f. 5 | 1835 *C. De Geeri + Fabricii*, C. L. Koch, C. M. A., fasc. 2 t. 3, 4 | 1837 *C. angustus*, C. L. Koch, C. M. A., fasc. 7 nr. 5 t. 5 | 1839 *C. Schaefferi*, C. L. Koch, Übers. Arach., fasc. 2 p. 4 | 1843 *C. De Geeri + Schaefferi*, C. L. Koch in: C. W. Hahn & C. L. Koch, Arach., *v.* 10 p. 53, 55 f. 788, 789, 790 | 1846 *C. pediculoides*, H. Lucas in: Expl. Algérie, Arach. *v.* 1 p. 275 t. 18 f. 6 | 1873 *C. Schaefferi*, L. Koch, Übers. Darst. Eur. Chernet., p. 17 | 1874 *C. S*, Stecker in: SB. Böhm. Ges., p. 238 | 1876 *C. brevipalpis + Ninnii*, G. Canestrini in: Atti Soc. Veneto-Trent., *v.* 3 II p. 226, 227 | 1879 *C. De Geeri*, E. Simon, Arach. France, *v.* 7 p. 22 t. 18 f. 4 | 1882 *C. De Geeri + ? rutilans*, Tömösvary in: Math. termész. Közlem., *v.* 18 p. 204, 202 t. 2 f. 10—11, t. 1 f. 25 bis 26 | 1884 *C. Schaefferi*, H. J. Hansen in: Naturh. Tidsskr., ser. 3 *v.* 14 p. 541 | 1885 *C. Degeeri*, G. Canestrini, Chernet. Ital., *v.* 1 fasc. 7 nr. 2 t. 2 f. 1—3 | 1888 *C. peculiaris* (part.), Daday in: Termész. Füzetek, *v.* 11 p 121, 176 | 1892 *C. Latreillei*, O. P. Cambridge in: P. Dorset Club, *v.* 13 p. 223 t. B f. 13 | 1898 *C. L.*, E. Simon in: Ann. Mus. Genova, ser. 2 *v.* 19 p. 20 | 1899 *C. Schäfferi*, Tullgren in: Ent. Tidskr., *v.* 20 p. 169 t. 6 f. 2—5 | 1907 *C. Latreillei*, Ellingsen in: J. Quekett Club, ser. 2 *v.* 10 p. 164 | 1908 *C. L.*, Ellingsen in: Ann. Mus. Genova, ser. 3 *v.* 3 p 669 | 1909 *C. L.*, Ellingsen in: Ann. Mus. Genova, ser. 3 *v.* 4 p 206, 215 | 1910 *C. L.*, Ellingsen in: Mt. Mus. Berlin, *v.* 4 p. 386 | 1912 *C. L*, Ellingsen in: SB. Ver. Rheinl.-Westfal., 1911 p. 173 | 1913 *C. l.*, Ellingsen in. Ann. nat. Hist., ser. 8 *v.* 11 p. 454 | 1917 *C. L.*, Nonidez in: Trab. Mus. Madrid, nr. 32 p. 21 | 1925 *C. L*, Navas in: Brotoria, *v.* 22 p. 107 | 1928 *C. l.*, Schenkel in: Tierw. Deutschl., *v.* 8 fasc. 3 p. 57 f. 7, 8 | 1929 *C l.*, Kästner in: Tierw. Mitteleur., *v.* 3 p. IV 8 f. 8, 27 | 1929 *C. L.*, Beier in: Ann. Wien. Mus., *v.* 43 p. 351 | 1930 *C. L.*, Beier in: Boll. Laborat. Zool. Portici, *v.* 24 p. 98 f. 4 A | 1930 *Ectoceras l.*, Beier in: Ann. Wien. Mus., *v.* 44 p. 221 f. 17 A | 1930 *E. l.*, Beier in: Zool. Anz., *v.* 91 p. 291 | 1931 *E l.* Beier in: Abh. Ver. Bremen, *v.* 28 p. 100.

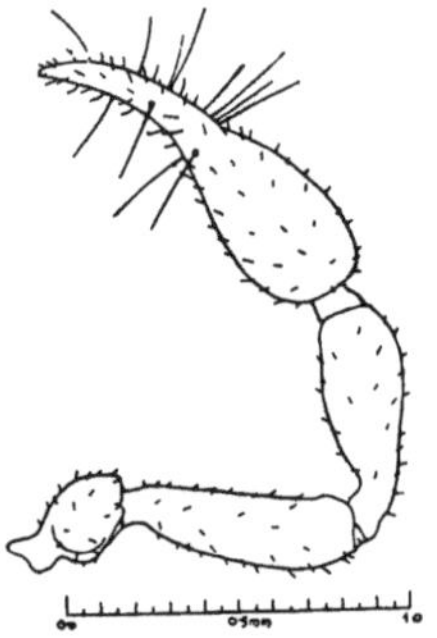

Fig. 261.
Dactylochelifer latreillei (Leach).
Rechte Palpe ♂.

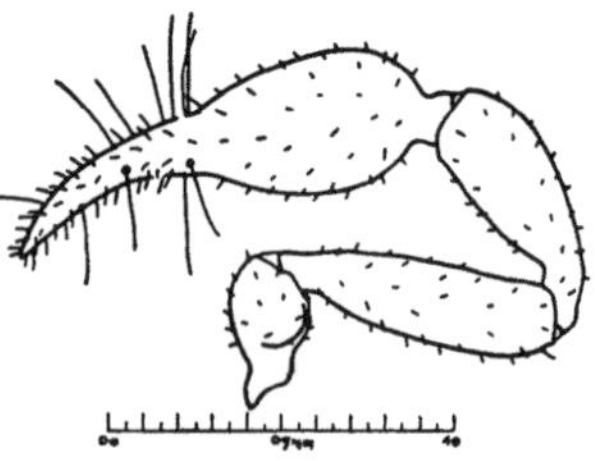

Fig. 262.
Dactylochelifer latreillei (Leach).
Rechte Palpe ♀.

Cephalothorax länger als breit, ziemlich fein und dicht granuliert, mit 2 deutlichen Querfurchen, die basale etwas schwächer als die vordere. Augen vorhanden. Tergite geteilt, die des Männchens mit schwachen Seitenkielen. Flagellum mit 3 Borsten. Serrula mit 19 Lamellen. Palpen (Fig. 261, 262) mäßig schlank, deutlich granuliert, mit gezähnten Borsten.

Femur des Männchens 3,2—3,4 mal, des Weibchens 3,6 mal, Tibia in beiden Geschlechtern 2,7—2,8 mal, Schere des Männchens 3,2 mal, des Weibchens 3 mal so lang wie breit. Finger ungefähr so lang wie die Hand ohne Stiel. Das Tasthaar *it* etwa in der Mitte zwischen *ist* und *et* stehend. Vordertarsus des Männchens verdickt, die Verdickung distal stufenförmig abfallend. Subterminalborste einfach. Krallen einfach, die der Vorderbeine beim Männchen asymmetrisch, die dünnere medial mit einem feinen Kämmchen. — Körper L. 2—3 mm.

Über ganz Europa verbreitet.

Die Art zerfällt in 3 Unterarten:

1a) **D. latreillei latreillei** (Leach) 1817 *Chelifer L.*, Leach, Zool. Misc., *v.* 3 p. 49 t. 142 f. 5.

Mit den Charakteren der Art. Palpenfemur des Männchens 3,4 mal, des Weibchens 3,6 mal so lang wie breit. Tibia des männlichen Vorderbeines (Fig. 263) 2,2 mal, Tarsus 2,7 mal so lang wie breit. Krallen ziemlich kräftig. — Körper L. 2,5—3 mm; Palpen: ♂ Femur L. 0,69 mm, B. 0,20 mm, Tibia L. 0,65 mm, B. 0,24 mm, Hand L. 0,63 mm, B. 0,32 mm, Finger L. 0,57 mm; ♀ Femur L. 0,82 mm, B. 0,22 mm, Tibia L. 0,74 mm, B. 0,25 mm, Hand L. 0,74 mm, B. 0,40 mm, Finger L. 0,65 mm.

Mitteleuropa und Südeuropa.

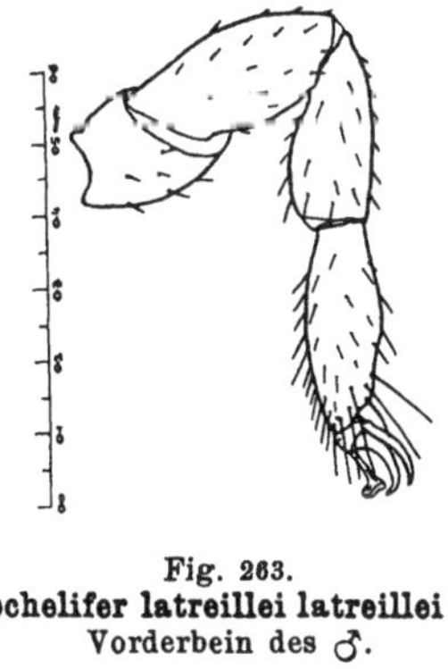

Fig. 263.
Dactylochelifer latreillei latreillei (Leach). Vorderbein des ♂.

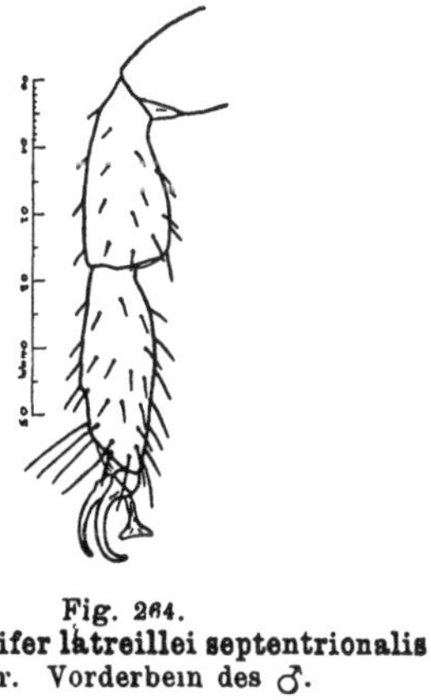

Fig. 264.
Dactylochelifer latreillei septentrionalis Beier. Vorderbein des ♂.

1b) **D. latreillei septentrionalis** Beier 1932 *D. l. s.*, Beier in: Zool. Anz., *v.* 99 (im Druck).

Mit der typischen Unterart weitgehend übereinstimmend. Palpen wie bei dieser. Der Tarsus des männlichen Vorderbeines (Fig. 264) jedoch mit weniger ausgeprägter Verbreiterung und schlanker, 2,9 mal so lang wie breit. Krallen dünner und länger. — Körper L. 2,5 mm.

Nördliches Europa: Friesische Inseln.

1c) **D. latreillei cephalonicus** (Beier) 1929 *Chelifer c.*, Beier in: SB. Ak. Wien, *v.* 138 p. 448 f. 3.

Mit den Charakteren der Art, die Palpen jedoch etwas gedrungener als bei den vorigen Subspecies. Femur des Männchens (Fig. 265) 3,2 mal, Tibia 2,7 mal, Schere 3,1 mal so lang wie breit. Vordertarsus des Männchens

(Fig. 266) stärker verbreitert und gedrungener als bei den vorigen Unterarten, 2,5 mal so lang wie breit. Krallen kräftig. — Körper L. 2 mm; Palpen: Femur L. 0,63 mm, B. 0,20 mm, Tibia L. 0,62 mm, B. 0,23 mm, Hand L. 0,56 mm, B. 0,30 mm, Finger L. 0,51 mm.

Südeuropa: Jonische Inseln (Kephalonia).

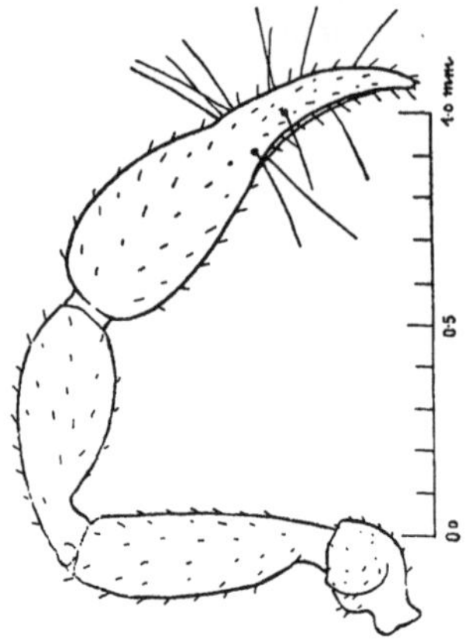

Fig. 265.
Dactylochelifer latreillei cephalonicus (Beier).
Linke Palpe ♂.

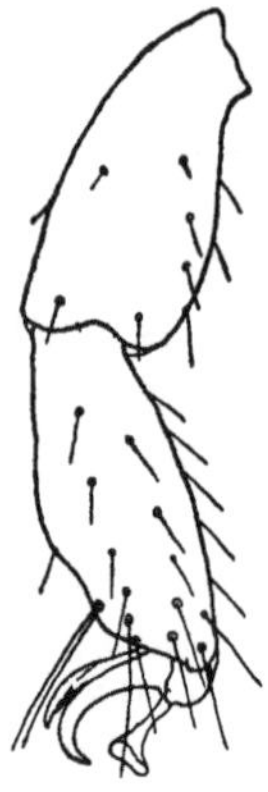

Fig. 266.
Dactylochelifer latreillei cephalonicus (Beier). Tibia und Tarsus des Vorderbeines, ♂.

2. **D. amurensis** (Tullg.) 1907 *Chelifer a.*, Tullgren in: Mt. Mus. Hamburg, v. 24 p. 38 t. 2 f. 6.

Mit *latreillei* nahe verwandt. Cephalothorax nur wenig länger als breit, fein granuliert, mit einer tiefen vorderen und einer schwächeren basalen Querfurche, welche dem Hinterrand bedeutend näher liegt als der ersteren.

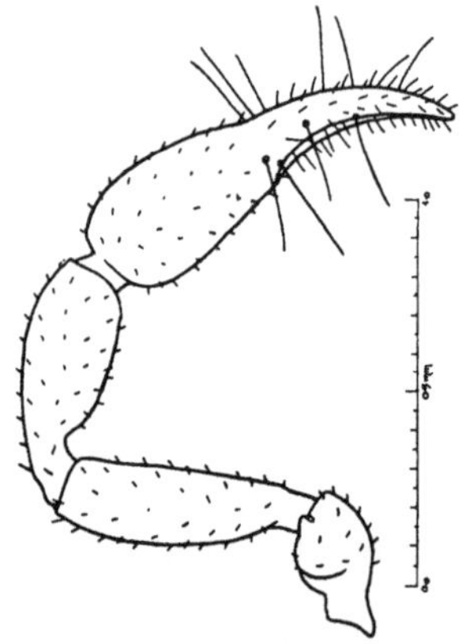

Fig. 267.
Dactylochelifer amurensis (Tullg.).
Linke Palpe ♂.

Fig. 268.
Dactylochelifer amurensis (Tullg.).
Vorderbein des ♂.

Augen vorhanden. Tergite geteilt. Borsten des Körpers und der Palpen gezähnt. Flagellum mit 3 Borsten. Serrula mit 19 Lamellen. Palpen (Fig. 267) mäßig schlank, deutlich granuliert. Femur des Männchens 3,4 mal, Tibia 2,7 mal, Schere 3,2 mal so lang wie breit. Finger so lang wie die Hand mit Stiel. Stellung der Tasthaare wie bei *latreillei*. Vordertarsus des Männchens (Fig. 268) ähnlich wie bei *latreillei*, 2,3 mal so lang wie breit.

Krallen dünner und stärker gebogen als bei *latreillei*. Subterminalborste einfach. — Körper L. 2,2 mm; Palpen: Femur L. 0,68 mm, B. 0,20 mm, Tibia L. 0,64 mm, B. 0,23 mm, Hand L. 0,57 mm, B. 0,30 mm, Finger L. 0,58 mm.

Asien: Amur.

3. **D. redikorzevi** (Beier) 1929 *Chelifer R.*, Beier in: Ann. Wien. Mus., *v.* 43 p. 351 f. 6—8.

Ebenfalls mit *latreillei* nahe verwandt. Cephalothorax bedeutend länger als breit, fein granuliert, mit 2 deutlichen Querfurchen. Augen vorhanden. Tergite geteilt, die des Männchens mit schwachen Seitenkielen. Flagellum mit 3 Borsten. Serrula mit 20 Lamellen. Palpen (Fig. 269) mäßig schlank, deutlich granuliert. Femur in beiden Geschlechtern 3,8 mal, Tibia des Männchens 2,9 mal, des Weibchens 2,8 mal, Schere des Männchens 3,1 mal, des Weibchens 2,9 mal so lang wie breit. Finger beim Männchen kaum so lang wie, beim Weibchen deutlich etwas kürzer als die Hand ohne Stiel.

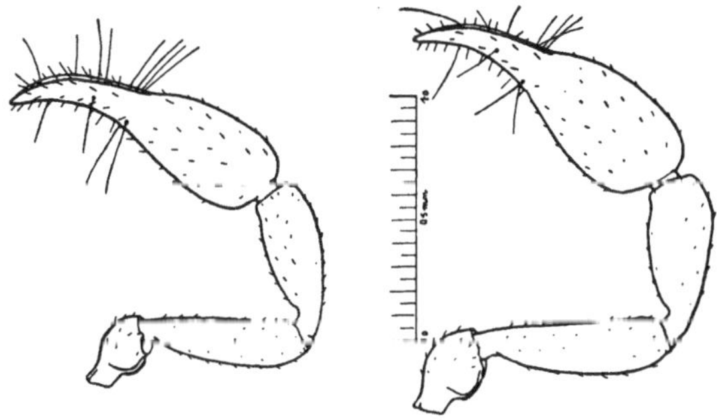

Fig. 269.
Dactylochelifer redikorzevi (Beier). Rechte Palpe von ♂ und ♀.

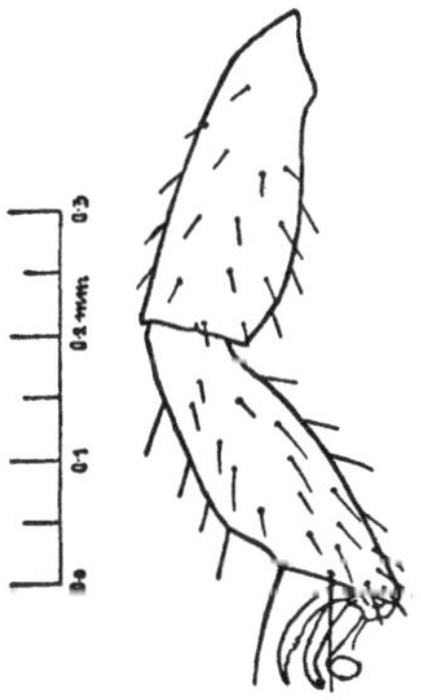

Fig. 270.
Dactylochelifer redikorzevi (Beier). Vorderbein des ♂.

Stellung der Tasthaare wie bei den vorigen Arten. Vordertarsus des Männchens (Fig. 270) mit weiter gegen das Ende reichender Verbreiterung als bei *latreillei*, 3 mal so lang wie breit. Subterminalborste einfach. — Körper L. 2 mm; Palpen: ♂ Femur L. 0,72 mm, B. 0,19 mm, Tibia L. 0,67 mm, B. 0,23 mm, Hand L. 0,68 mm, B. 0,35 mm, Finger L. 0,58 mm; ♀ Femur L. 0,80 mm, B. 0,22 mm, Tibia L. 0,71 mm, B. 0,26 mm, Hand L. 0,75 mm, B. 0,41 mm, Finger L. 0,59 mm.

Asien: Turkestan.

4. **D. beieri**, sp. nov. *Chelifer b.*, Redikorzev (in lit.).

Cephalothorax länger als breit, deutlich granuliert, mit 2 ziemlich tiefen Querfurchen, die basale näher dem Hinterrand als der vorderen. Augen groß. Tergite schmal geteilt, fein granuliert. 6 Marginalborsten auf jedem Halbtergit. Borsten des Körpers und der Palpen leicht, aber deutlich gekeult. Flagellum mit 3 Borsten. Serrula mit 19 Lamellen. Palpen (Fig. 271) mäßig schlank, deutlich granuliert. Femur des

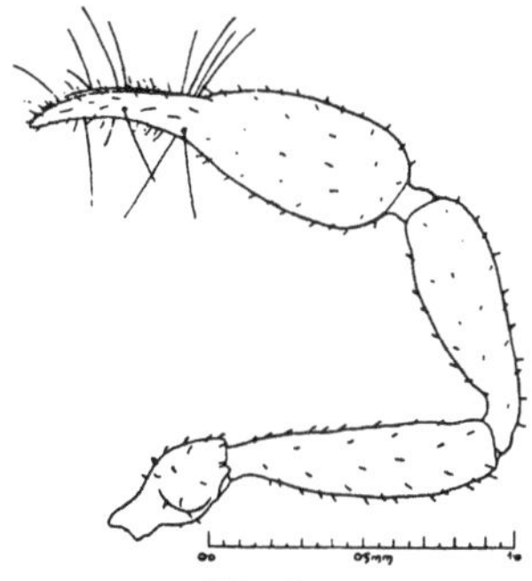

Fig. 271.
Dactylochelifer beieri sp. nov. Rechte Palpe ♀.

Weibchens 3,9 mal, Tibia 3,2 mal, Schere 3,2 mal so lang wie breit. Finger deutlich kürzer als die Hand ohne Stiel. Stellung der Tasthaare wie bei den vorigen Arten. Beine schlanker als bei den vorigen Arten. Subterminalborste einfach. — Körper L. ♀ 3 mm; Palpen: ♀ Femur L. 0,88 mm, B. 0,23 mm, Tibia L. 0,84 mm, B. 0,26 mm, Hand L. 0,80 mm, B. 0,37 mm, Finger L. 0,58 mm.

Asien: Buchara. — In *Spermophilus*-Höhlen.

5. **D. maroccanus** (Beier) 1930 *Ectoceras maroccanum*, Beier in: Bull. Soc. Maroc, *v.* 10 p. 72 f. 2—3.

Cephalothorax etwas länger als breit, fein und gleichmäßig granuliert, mit 2 tiefen Querfurchen, die basale näher dem Hinterrand als der vorderen. Tergite geteilt, beim Männchen ohne Seitenkiele, das letzte mit Tasthaar.

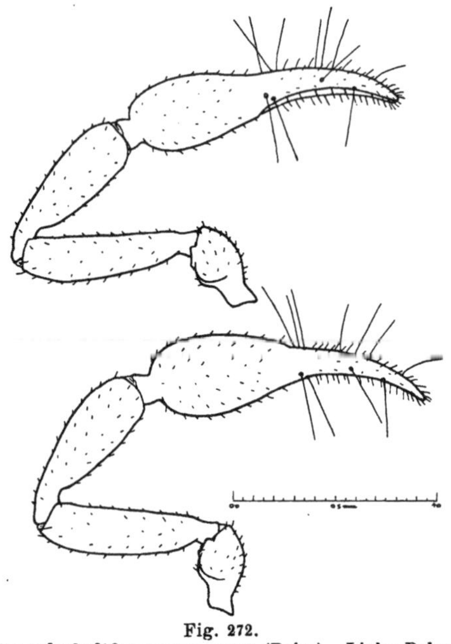

Fig. 272.
Dactylochelifer maroccanus (Beier). Linke Palpe von ♂ und ♀.

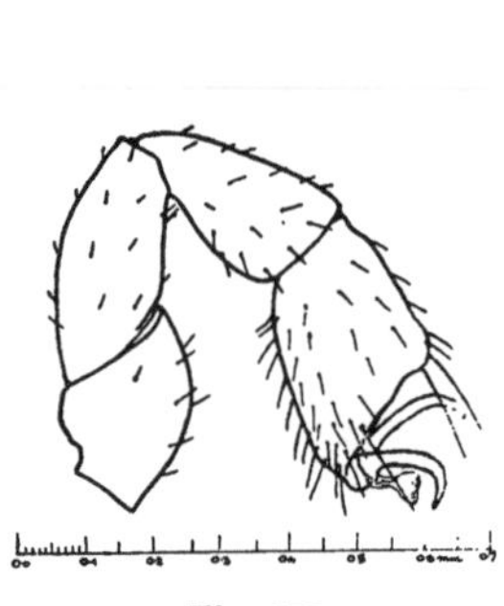

Fig. 273.
Dactylochelifer maroccanus (Beier). Vorderbein des ♂.

Flagellum mit 3 Borsten. Galea mit 5 Seitenästchen. Palpen (Fig. 272) ziemlich schlank, etwas länger als der Körper, gleichmäßig granuliert. Femur des Männchens 4 mal, des Weibchens 3,8 mal, Tibia des Männchens 3,2 mal, des Weibchens 3 mal, Schere des Männchens 3,8 mal, des Weibchens 3,5 mal so lang wie breit. Finger des Männchens so lang wie, die des Weibchens etwas kürzer als die Hand mit Stiel. Das Tasthaar *it* deutlich näher bei *et* als bei *ist* stehend. Vordertarsus des Männchens (Fig. 273) extrem verbreitert, 1,7 mal so lang wie breit. Subterminalborste einfach. — Körper L. ♂ 2,3 mm, ♀ 2,5 mm; Palpen: ♂ Femur L. 0,87 mm, B. 0,22 mm, Tibia L. 0,82 mm, B. 0,25 mm, Hand L. 0,72 mm, B. 0,34 mm, Finger L. 0,73 mm; ♀ Femur L. 0,87 mm, B. 0,22 mm, Tibia L. 0,82 mm B. 0,27 mm, Hand L. 0,80 mm, B. 0,38 mm, Finger L. 0,72 mm.

Nordafrika: Marokko.

6. **D. falsus** (Beier) 1930 *Chelifer f.*, Beier in: Boll. Laborat. Zool. Portici, *v.* 24 p. 96 f. 2—4B.

Cephalothorax bedeutend länger als breit, fein granuliert, mit 2 tiefen Querfurchen, die basale näher dem Hinterrand als der vorderen. Tergite geteilt, beim Männchen ohne Seitenkiele. Flagellum mit 3 Borsten. Serrula mit 22 Lamellen. Galea distal mit 5 Seitenästen. Palpen (Fig. 274) mäßig schlank, deutlich granuliert. Femur des Männchens 3,4 mal, des Weibchens 3,6 mal, Tibia in beiden Geschlechtern 3 mal, Schere 3,4 mal so lang wie breit. Finger ungefähr so lang wie die Hand ohne Stiel. Vordertarsus des

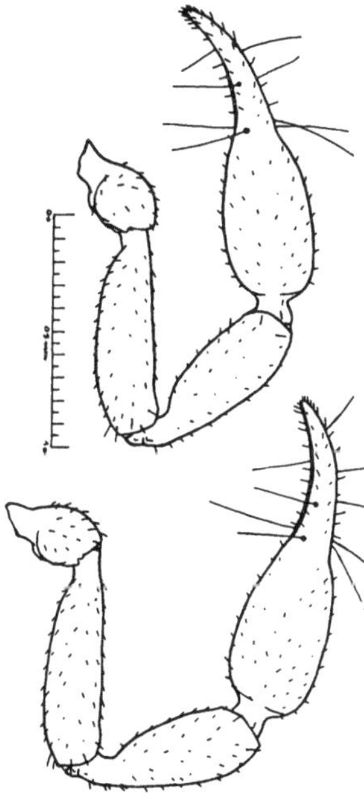

Fig. 274.
Dactylochelifer falsus (Beier). Rechte Palpe von ♂ und ♀.

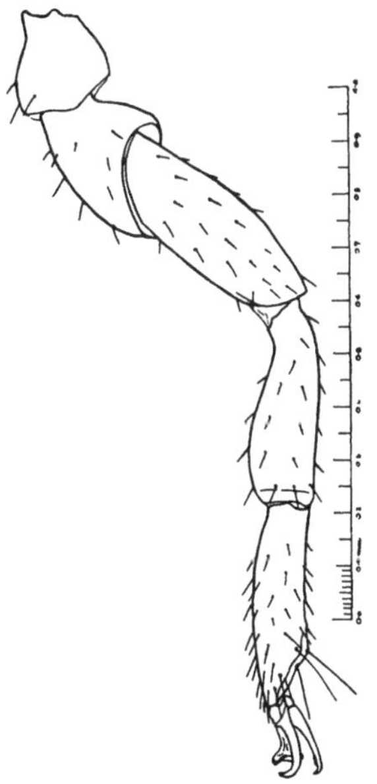

Fig. 275.
Dactylochelifer falsus (Beier). Vorderbein des ♂.

Männchens (Fig. 275) ziemlich lang, nicht verbreitert, antical schwach excaviert. Subterminalborste einfach. Krallen einfach, die dünne Kralle des männlichen Vordertarsus medial mit kurzem Kämmchen. — Körper L. 2,2—2,5 mm; Palpen: ♂ Femur L. 0,88 mm, B. 0,25 mm, Tibia L. 0,86 mm, B. 0,28 mm, Hand L. 0,82 mm, B. 0,38 mm, Finger L. 0,68 mm; ♀ Femur L. 0,91 mm, B. 0,25 mm, Tibia L. 0,85 mm, B. 0,30 mm, Hand L. 0,83 mm, B. 0,40 mm, Finger L. 0,71 mm.

Nordafrika: Tunis.

Unsichere Art:

D. kussariensis (Daday) 1889 *Chelifer K.*, Daday in: Termész. Füzetek, *v.* 12 p. 20 t. 2 f. 11.

Beschreibung ungenügend. — Körper L. 2,8—3 mm.

Kaukasus.

25. Gen. **Rhacochelifer** Beier

1932 *Hansenius* (part.), Chamberlin in: Canad. Ent., *v.* 64 p. 20 | 1932 *Rhacochelifer*, Beier in: Zool. Anz., *v.* 99 (im Druck).

Typus: *Chelifer disjunctus* L. Koch (durch ursprüngliche Bestimmung).

Cephalothorax so lang wie breit oder etwas breiter als lang, granuliert, mit wenig ausgeprägten Querfurchen. Augen vorhanden. Tergite geteilt, granuliert, die des Männchens ohne Seitenkiele. Borsten des Körpers und der Palpen gezähnt. Flagellum mit 3 Borsten. Palpen ziemlich kräftig, das Femur aus dem Stielchen plötzlich verdickt. Das Tasthaar *it* nahe bei *ist* stehend und wie dieses nahe der Fingerbasis befindlich. Finger nicht klaffend. Vordertarsus des Männchens verdickt. Krallen einfach, die des Vorderbeines beim Männchen stets modifiziert. Subterminalborste gezähnt.

In den südlichen Teilen der paläarktischen Region. — Die Arten finden sich vorwiegend unter loser Baumrinde.

12 sichere, 5 unsichere Arten.

Übersicht über die Arten 1—9:

1 { Vordertarsus des Männchens ohne lappenförmig vorgezogenes Vordereck, dieses in der Anlage stumpfwinkelig — **2**
Vordertarsus des Männchens mit mehr oder weniger lappenförmig vorgezogenem Vordereck, dieses in der Anlage recht- oder spitzwinkelig — **5**

2 { Palpen an der Medialseite von Femur und Tibia ohne gröbere Körnchen — **3**
Palpen an der Medialseite von Femur und Tibia mit gröberen Körnchen . . . . 3. **R. maculatus**

3 { Größere Arten, Femurlänge 0,85—0,90 mm; Tibia 2,3 bis 2,6 mal so lang wie breit — **4**
Kleinere Art, Femurlänge 0,63 mm; Tibia 2,1 mal so lang wie breit . . . . 4. **R. pinicola**

4 { Vordertarsus des Männchens schlanker, 2,7 mal so lang wie breit, antical leicht excaviert . . . . 1. **R. disjunctus**
Vordertarsus des Männchens gedrungener, 2,3 mal so lang wie breit, antical nicht excaviert . . . . . . 2. **R. peculiaris**

5 { Vordertarsus des Männchens mit ausgesprochen lappenförmig vorgezogenem und daher in der Anlage spitzwinkeligem Vordereck; die lange Kralle des Vordertarsus ohne Nebenzahn — **6**
Vordertarsus des Männchens ohne ausgesprochen lappenförmig vorgezogenem Vordereck, dieses in der Anlage rechtwinkelig; die lange Kralle des Vordertarsus mit Nebenzahn . . . . 5. **R. corcyrensis**

6 { Femur 2,2—2,8 mal so lang wie breit — **7**
Femur 3—3,1 mal so lang wie breit . . . . 6. **R. quadrimaculatus**

7 { Tibia 2—2,2 mal so lang wie breit — **8**
Tibia 2,5 mal so lang wie breit . . . . 7. **R. lobipes**

8 { Palpen des Weibchens weniger gedrungen, Femur 2,4 mal, Tibia 2,2 mal, Schere 2,7 mal so lang wie breit . . 8. **R. jonicus**
Palpen des Weibchens gedrungener, Femur 2,2 mal, Tibia 2 mal, Schere 2,4 mal so lang wie breit . . . 9. **R. peloponnesiacus**

1. **R. disjunctus** (L. Koch) 1873 *Chelifer d.*, L. Koch, Übers. Darst. Eur. Chernet., p. 27 | 1879 *C. d.*, E. Simon, Arach. France, *v.* 7 p. 27 t. 18 f. 5 | 1898 *C. d.*, E. Simon in: Ann. Mus. Genova, ser. 2 *v.* 19 p. 20 | 1917 *C. d.*, Nonidez in: Trab. Mus. Madrid, nr. 32 p. 22 | 1925 *C. d.*, Navas in: Broteria, *v.* 22 p. 108.

Cephalothorax etwas breiter als lang, fein und dicht granuliert, mit 2 ziemlich schwachen Querfurchen. Augen klein und flach. Tergite schmal geteilt, beim Männchen ohne Seitenkiele. Borsten des Körpers und der Palpen kurz, gezähnt. Flagellum mit 3 Borsten. Serrula mit 19 Lamellen. Palpen (Fig. 276) ziemlich kräftig, deutlich granuliert, an der Medialseite der Glieder ohne gröbere Körnchen, das Femur aus dem Stielchen stark verdickt und dann nahezu parallelseitig. Femur des Männchens 3,1 mal, des Weibchens 2,9 mal, Tibia des Männchens 2,6 mal, des Weibchens 2,3 mal, Schere des Männchens 3 mal, des Weibchens 2,9 mal so lang wie breit.

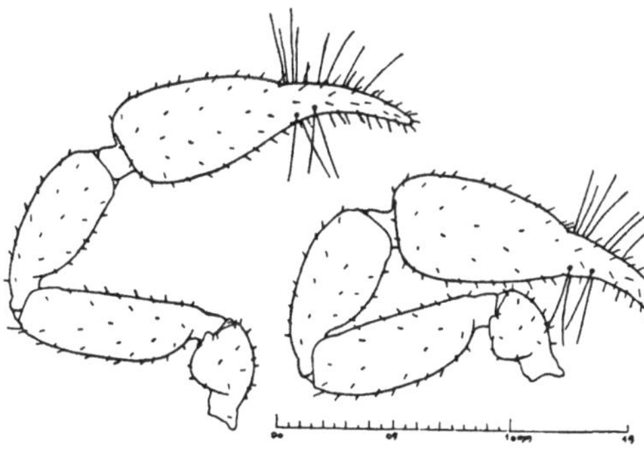

Fig. 276.
Rhacochelifer disjunctus (L. Koch). Linke Palpe von ♂ und ♀.

Fig. 277.
Rhacochelifer disjunctus (L. Koch). Vorderbein des ♂.

Finger deutlich kürzer als die Hand ohne Stiel. Das Tasthaar *it* in gleicher Höhe mit *ist* stehend und wie dieses sehr nahe der Fingerbasis befindlich. Vorderbeine des Männchens (Fig. 277) gedrungen, der Tarsus antical leicht excaviert mit stumpfwinkeligem Vordereck. Krallen einfach, beim Männchen an den Vorderbeinen asymmetrisch, die längere ohne Nebenzahn. Subterminalborste gezähnt. — Körper L. 2,5—3 mm; Palpen: ♂ Femur L. 0,86 mm, B. 0,26 mm, Tibia L. 0,75 mm, B. 0,29 mm, Hand L. 0,83 mm, B. 0,40 mm, Finger L. 0,58 mm; ♀ Femur L. 0,84 mm, B. 0,29 mm, Tibia L. 0,73 mm, B. 0,32 mm, Hand L. 0,85 mm, B. 0,43 mm, Finger L. 0,61 mm.

Südeuropa: Italien, Südfrankreich, Spanien; Marokko.

2. **R. peculiaris** (L. Koch) 1873 *Chelifer p.*, L. Koch, Übers. Darst. Eur. Chernet., p. 31 | 1879 *C. p.*, E. Simon, Arach. France, *v.* 7 p. 31 t. 18 f. 8 | 1880 *C. Entzii*, Daday in: Orv.-Termész. Értes. Erdél. Muz., *v.* 5 p. 193 | 1882 *C. tegulatus* + *disjunctus* + *Entzii* + *peculiaris*, Tömösvary in: Math. termész. Közlem., *v.* 18 p. 198 t. 2 f. 5—7, p. 199 t. 2 f. 14—15, p. 200 t. 1 f. 27—28, p. 201 t. 2 f. 8—9 | 1888 *C. peculiaris* + *? tegulatus*, Daday in: Termész. Füzetek, *v.* 11 p. 121, 176 t. 4 f. 5, 10, 12, 16, p. 122, 178 t. 4 f. 11, 13, 15 | 1898 *C. p.*, E. Simon in: Ann. Mus. Genova, ser. 2 *v.* 19 p. 20 | 1908 *C. p.*, Ellingsen in: Ann. Mus. Genova, ser. 3 *v.* 3 p. 669 | 1909 *C. p.*, Ellingsen in: Ann. Mus. Genova, ser. 3 *v.* 4 p. 206 | 1911 *C. p*, Lessert in: Cat. Invert. Suisse, *v.* 5 p. 20 f. 16 | 1929 *C. p*, Kästner in: Tierw. Mitteleur., *v.* 3 p. IV 8 f. 28 | 1929 *C. p.*, Beier in: Ann. Wien. Mus., *v.* 43 p. 354 f. 9B | 1930 *C. p.*, Beier in: Zool. Anz., *v.* 91 p. 292.

Cephalothorax breiter als lang, sehr fein granuliert, mit schwachen und wenig deutlichen Querfurchen. Augen ziemlich klein. Tergite schmal geteilt, sehr fein granuliert, beim Männchen ohne Seitenkiele. Die Borsten des Körpers und der Palpen gezähnt. Flagellum mit 3 Borsten, die dritte distal gefiedert. Serrula mit 19 Lamellen. Palpen (Fig. 278) ziemlich kräftig, deutlich granuliert, an der Medialseite der Glieder ohne gröbere Körnchen. Femur des Männchens 3,1 mal, des Weibchens 2,9 mal, Tibia des Männchens 2,4 mal, des Weibchens 2,3 mal, Schere in beiden Geschlechtern 3 mal so lang wie breit. Finger deutlich kürzer als die Hand ohne Stiel. Stellung der Tasthaare wie bei der vorigen Art. Vordertarsus des Männchens (Fig. 279)

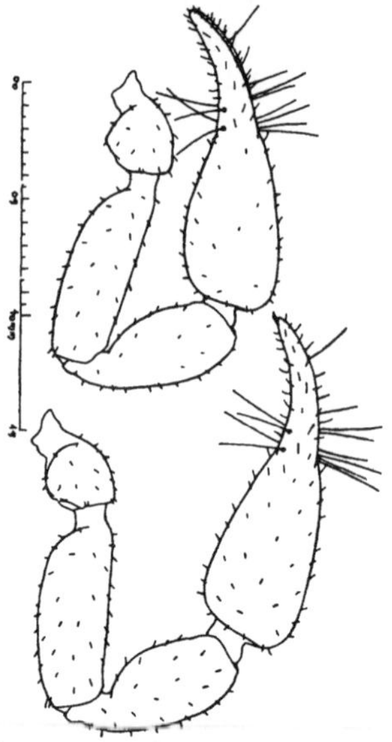

Fig 278.
Rhacochelifer peculiaris (L Koch).
Rechte Palpe von ♂ und ♀.

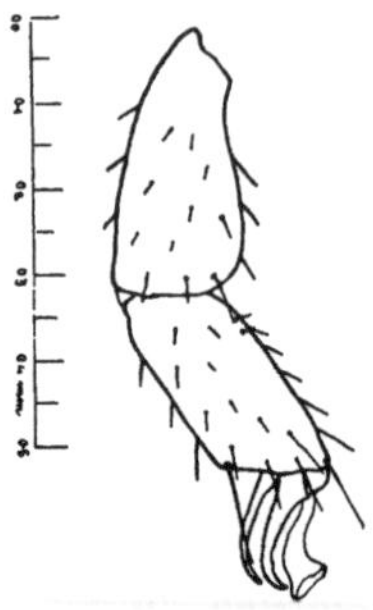

Fig. 279.
Rhacochelifer peculiaris (L. Koch).
Vorderbein des ♂.

gedrungen, 2,3 mal so lang wie breit, antical nicht excaviert, mit stumpfwinkeligem Vordereck, seine Klauen asymmetrisch. — Körper L. ♂ 2,5 mm, ♀ 3—3,5 mm; Palpen: ♂ Femur L. 0,88 mm, B. 0,28 mm, Tibia L. 0,79 mm, B. 0,32 mm, Hand L. 0,85 mm, B. 0,42 mm, Finger L. 0,63 mm; ♀ Femur L. 0,89 mm, B. 0,30 mm, Tibia L. 0,79 mm, B. 0,34 mm, Hand L. 0,95 mm, B. 0,45 mm, Finger L. 0,66 mm.

Mittel- und Südeuropa.

3. **R. maculatus** (L. Koch) 1873 *Chelifer m.*, L. Koch, Übers. Darst. Eur. Chernet., p. 30 | 1879 *C. m.*, E. Simon, Arach. France, *v.* 7 p. 32 t. 18 f. 9 | 1885 *C. romanus*, G. Canestrini, Chernet. Ital., *v.* 1 fasc. 7 nr. 3 t. 3 f. 1—2 | 1898 *C. maculatus*, E. Simon in: Ann. Mus. Genova, ser. 2 *v.* 19 p. 20 | 1908 *C. m.*, Ellingsen in: Ann. Mus. Genova, ser. 3 *v.* 3 p. 669 | 1909 *C. m.*, Ellingsen in: Ann. Mus. Genova, ser. 3 *v.* 4 p. 206, 208 | 1910 *C. disjunctus*, Ellingsen in: Mt. Mus. Berlin, *v.* 4 p. 385 | 1917 *C. maculatus*, Nonidez in: Trab. Mus. Madrid, nr. 32 p. 25 | 1925 *C. m.*, Navas in: Broteria, *v.* 22 p. 107 | 1929 *C m*, Beier in: Ann. Wien. Mus., *v.* 43 p. 354 f. 9 C | 1929 *C. m.*, Beier in: SB. Ak. Wien, *v.* 138 p. 450 | 1929 *C. m.*, Beier in: Boll. Soc. ent. Ital., *v.* 61 p. 155 | 1930 *Ectoceras m.*, Beier in: Bull. Soc. Maroc, *v.* 10 p. 72 | 1931 *E. m.*, Beier in: Abh. Ver. Bremen, *v.* 28 p. 100.

Cephalothorax ungefähr so lang wie breit, dicht und deutlich granuliert, mit 2 wenig tiefen Querfurchen, die basale bedeutend näher dem Hinterrand als der vorderen. Augen flach. Tergite geteilt, deutlich granuliert, beim Männchen ohne Seitenkiele. 5—6 Marginalborsten auf jedem Halbtergit.

Borsten des Körpers und der Palpen gezähnt. Flagellum mit 3 Borsten. Serrula mit 18 Lamellen. Galea distal mit Seitenästen. Palpen (Fig. 280) kräftig, deutlich granuliert, an der Medialseite von Femur und Tibia mit gröberen Körnchen. Femur des Männchens 3,2 mal, des Weibchens 3,2 mal, Tibia des Männchens 2,3 mal, des Weibchens 2,3 mal, Schere des Männchens 2,8mal, des Weibchens 2,8 mal so lang wie breit. Finger bedeutend kürzer als die Hand ohne Stiel. Stellung der Tasthaare wie bei den vorigen Arten.

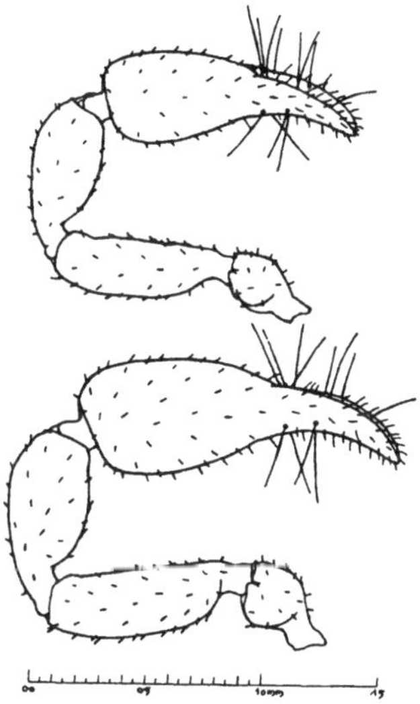

Fig. 280.
Rhacochelifer maculatus (L. Koch).
Linke Palpe von ♂ und ♀.

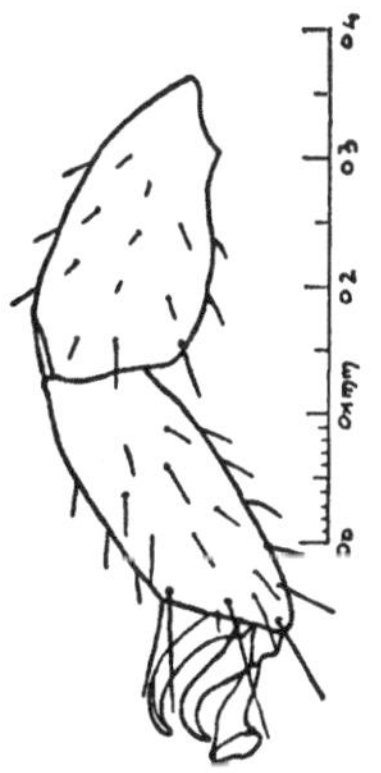

Fig. 281.
Rhacochelifer maculatus (L. Koch).
Vorderbein des ♂.

Vordertarsus des Männchens (Fig. 281) verdickt, 2,6 mal so lang wie breit, seine Klauen asymmetrisch, die dünnere stärker gekrümmt als bei den vorigen Arten und mit umgebogenem Dorsalrand. — Körper L. ♂ 2,2 mm, ♀ 3 mm; Palpen: ♂ Femur L. 0,77 mm, B. 0,24 mm, Tibia L. 0,69 mm, B. 0,29 mm, Hand L. 0,75 mm, B. 0,38 mm, Finger L. 0,52 mm; ♀ Femur L. 0,89 mm, B. 0,28 mm, Tibia L. 0,78 mm, B. 0,35 mm, Hand L. 0,95 mm, B. 0,48 mm, Finger L. 0,64 mm.

Mediterrangebiet: Südeuropa von Spanien bis Griechenland, Nordafrika.

4. **R. pinicola** (Nonidez) 1917 *Chelifer p.*, Nonidez in: Trab. Mus. Madrid, nr. 32 p. 22 f. 5 | ?1918 *C. ibericus*, Navas in: Bol. Soc. ent. España, p 89 f. 1 | 1925 *C. pinicola* + *?ibericus*, Navas in: Broteria, *v.* 22 p. 108 f. 5, 6.

Cephalothorax so lang wie breit, sehr fein granuliert, mit 2 wenig tiefen Querfurchen, die basale bedeutend näher dem Hinterrand als der vorderen. Tergite schmal geteilt, nur sehr fein chagriniert. Flagellum mit 3 Borsten. Galea terminal mit kurzen Seitenästchen. Palpen ziemlich kräftig, kürzer als der Körper, fein, medial deutlicher als lateral granuliert, die Borsten gezähnt. Femur 3 mal, Tibia 2,1 mal, Schere 3,1 mal so lang wie breit. Finger bedeutend kürzer als die Hand ohne Stiel. — Körper L. 3,2 mm; Palpen: Femur L. 0,63 mm, B. 0,21 mm, Tibia L. 0,53 mm, B. 0,25 mm, Hand L. 0,60 mm, B. 0,31 mm, Finger L. 0,43 mm.

Südeuropa: Spanien.

5. **R. corcyrensis** (Beier) 1930 *Ectoceras c.*, Beier in: Ann. Wien. Mus., *v.* 44 p. 219 f. 16, 17 B | 1930 *Chelifer latreillei* ssp. *insularis*, Hadži in: Prirod. Istraživ. Kraljev. Jugoslav., *v.* 16 p. 65 f. 1—9 | 1930 *C. l.* ssp. *i.*, Hadži in: ibid., Bull. int., p. 20.

Cephalothorax kaum länger als breit, deutlich granuliert, mit 2 wenig tiefen Querfurchen. Tergite geteilt, beim Männchen ohne Seitenkiele. Borsten des Körpers und der Palpen gezähnt. Flagellum mit 3 Borsten. Galea distal mit 5 fingerförmigen Seitenästchen. Palpen (Fig. 282) mäßig kräftig, etwas länger als der Körper, deutlich granuliert, das Femur aus dem Stielchen nicht plötzlich verdickt. Femur des Männchens 3,4 mal, des Weibchens 3,2 mal, Tibia des Männchens 2,5 mal, des Weibchens 2,3 mal, Schere des Männchens 2,9 mal, des Weibchens 2,8 mal so lang wie breit. Stellung der

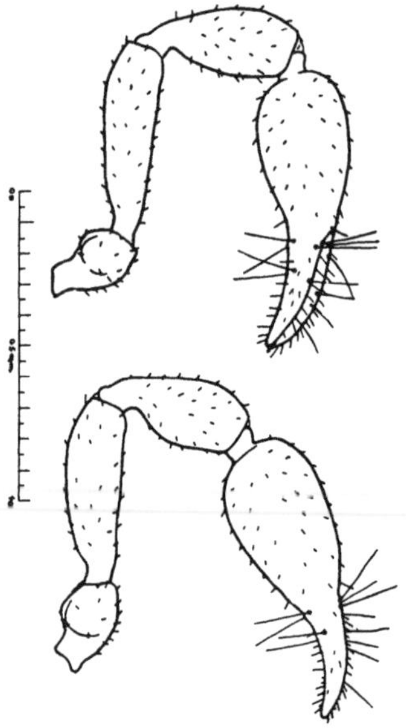

Fig. 282.
Rhacochelifer corcyrensis (Beier).
Linke Palpe von ♂ und ♀.

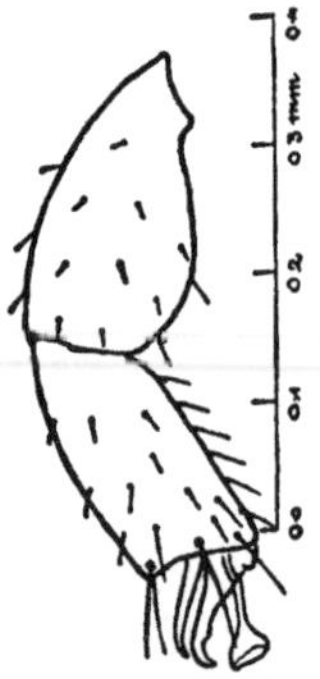

Fig. 283.
Rhacochelifer corcyrensis (Beier).
Vorderbein des ♂.

Tasthaare wie bei den vorigen Arten. Vordertarsus des Männchens (Fig. 283) verdickt, etwa 2,3 mal so lang wie breit, mit in der Anlage rechtwinkeligem Vordereck, die längere Klaue mit einem kleinen Nebenzahn. — Körper L. ♂ 1,5 mm, ♀ 1,8—2,2 mm; Palpen: ♂ Femur L. 0,63 mm, B. 0,18 mm, Tibia L. 0,55 mm, B. 0,22 mm, Hand L. 0,60 mm, B. 0,30 mm, Finger L. 0,43 mm; ♀ Femur L. 0,61 mm, B. 0,18 mm, Tibia L. 0,52 mm, B. 0,22 mm, Hand L. 0,62 mm, B. 0,33 mm, Finger L. 0,41 mm.

Südeuropa: Korfu, Dalmatinische Inseln.

6. **R. quadrimaculatus** (Töm.) 1882 *Chelifer q.*, Tömösvary in: Termész. Füzetek, *v.* 5 p. 226, 296 t. 6 f. 1—6.

Cephalothorax länger als breit, fein granuliert, mit 2 ziemlich deutlichen Querfurchen. Augen vorhanden. Tergite geteilt. Borsten des Körpers und der Palpen gezähnt. Flagellum mit 3 Borsten. Palpen so lang wie der Körper, deutlich granuliert. Femur 3—3,1 mal, Tibia etwa 2,2 mal, Schere etwa 2,8 mal so lang wie breit. Finger etwas kürzer als die Hand ohne Stiel. Vordertarsus des Männchens verdickt, mit lappenförmig vorgezogenem Vordereck, dieses daher in der Anlage spitzwinkelig. — Körper L. 3,5 mm.

Osteuropa: Ungarn.

7. **R. lobipes** (Beier) 1929 *Chelifer l.,* Beier in: Ann. Wien. Mus., *v.* 43 p. 356 f. 10C, 11A.

Cephalothorax kaum länger als breit, gleichmäßig granuliert, mit 2 deutlichen Querfurchen, die vordere etwas tiefer als die basale. Augen vorhanden. Tergite geteilt, feiner als der Cephalothorax granuliert, beim Männchen ohne Seitenkiele. Borsten des Körpers und der Palpen kurz, gezähnt. Flagellum mit 3 Borsten. Galea distal mit Seitenästen. Palpen (Fig. 284) kräftig, so lang wie der Körper, dicht granuliert. Femur 2,8 mal, Tibia 2,5 mal,

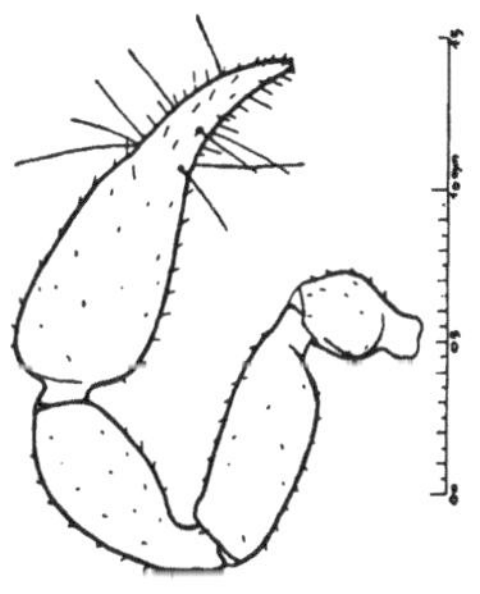

Fig. 284.
Rhacochelifer lobipes (Beier).
Linke Palpe ♂.

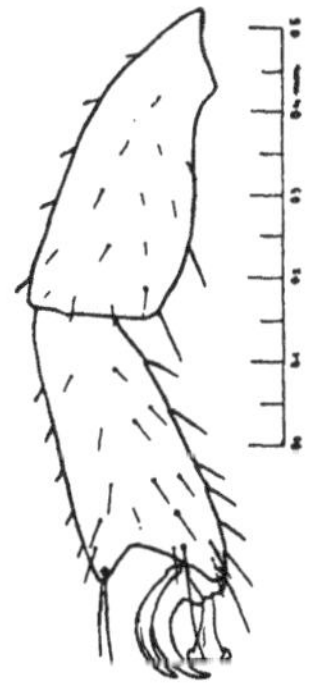

Fig. 285.
Rhacochelifer lobipes (Beier).
Vorderbein des ♂.

Schere 2,9 mal so lang wie breit. Finger deutlich kürzer als die Hand ohne Stiel. Stellung der Tasthaare wie bei den vorigen Arten. Vordertarsus des Männchens (Fig. 285) verdickt, etwa 2,4 mal so lang wie breit, mit stark lappenförmig ausgezogenem Vordereck, dahinter tief eingebuchtet. Krallen des männlichen Vordertarsus nahezu gleich lang, die hintere mit umgebogenem Dorsalrand, welcher in eine kurze Nebenspitze ausläuft. — Körper L. ♂ 3,1 mm; Palpen: ♂ Femur L. 0,82 mm, B. 0,29 mm, Tibia L. 0,81 mm, B. 0,32 mm, Hand L. 0,86 mm, B. 0,44 mm, Finger L. 0,62 mm.

Kleinasien.

8. **R. jonicus** Beier 1932 *R. j.*, Beier in: Zool. Anz., *v.* 99 (im Druck).

Cephalothorax etwas breiter als lang, dicht und ziemlich fein granuliert, mit 2 wenig tiefen Querfurchen, die basale dem Hinterrand bedeutend näher als der vorderen. Augen ziemlich klein. Tergite schmal geteilt, dicht granuliert, beim Männchen ohne Seitenkiele. Borsten des Körpers gezähnt. 6 Marginalborsten auf jedem Halbtergit. Flagellum mit 3 Borsten, die dritte distal deutlich gezähnt. Serrula mit 19 Lamellen. Palpen (Fig. 286) sehr kräftig, dicht und mäßig fein granuliert. Femur des Männchens 2,6 mal, des Weibchens 2,4 mal, Tibia in beiden Geschlechtern 2,2 mal, Schere des Männchens 2,8 mal, des Weibchens 2,7 mal so lang wie breit. Finger bedeutend kürzer als die Hand ohne Stiel. Stellung der Tasthaare wie bei den vorigen Arten. Vordertarsus des Männchens (Fig. 287) verdickt, mit stark lappenförmig ausgezogenem Vordereck, dieses daher in der Anlage spitzwinkelig, dahinter tief ausgeschnitten. Krallen am männlichen Vordertarsus nahezu gleich lang und ziemlich stark gebogen, die hintere mit umgebogenem Dorsalrand, dieser kreneliert und in eine Nebenspitze auslaufend. —

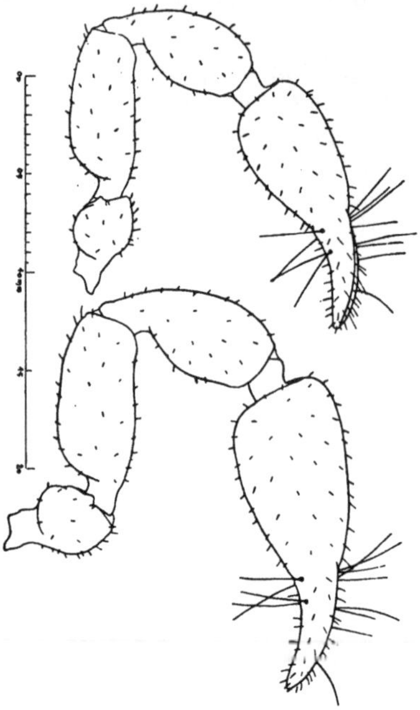

Fig. 286. **Rhacochelifer jonicus** Beier. Linke Palpe von ♂ und ♀.

Fig. 287. **Rhacochelifer jonicus** Beier. Vorderbein des ♂.

Körper L. ♂ 3,5 mm, ♀ 5 mm; Palpen: ♂ Femur L. 0,89 mm, B. 0,34 mm, Tibia L. 0,82 mm, B. 0,38 mm, Hand L. 0,88 mm, B. 0,45 mm, Finger L. 0,61 mm; ♀ Femur L. 1,00 mm, B. 0,40 mm, Tibia L. 0,95 mm, B. 0,43 mm, Hand L. 1,12 mm, B. 0,57 mm, Finger L. 0,69 mm.

Südeuropa: Jonische Inseln (Kephalonia).

9. **R. peloponnesiacus** (Beier) 1929 *Chelifer p.*, Beier in: Ann. Wien. Mus., *v.* 43 p. 354 f. 10 A, B, f. 11 B.

Cephalothorax kaum länger als breit, fein und gleichmäßig granuliert, mit 2 deutlichen Querfurchen, die basale näher dem Hinterrand als der vorderen gelegen. Augen vorhanden. Tergite geteilt, fein granuliert, beim Männchen ohne Seitenkiele. Borsten des Körpers und der Palpen stumpf, kurz, gezähnt. Flagellum mit 3 Borsten, die 3. schwächer gezähnt als bei der vorigen Art. Serrula mit 19 Lamellen. Palpen (Fig. 288) sehr kräftig, so lang wie oder kaum länger als der Körper, etwas stärker granuliert als der Cephalothorax. Femur des Männchens 2,6 mal, des Weibchens 2,2 mal, Tibia des Männchens 2,2 mal, des Weibchens 2 mal, Schere des Männchens 2,9 mal, des Weibchens 2,4 mal so lang wie breit. Finger deutlich kürzer als die Hand ohne Stiel. Vordertarsus des Männchens (Fig. 289) ähnlich wie bei *jonicus*, etwa 2,2 mal so lang wie breit. — Körper L. ♂ 3—3,5 mm,

♀ 3—4 mm; Palpen: ♂ Femur L. 0,90 mm, B. 0,35 mm, Tibia L. 0,84 mm, B. 0,39 mm, Hand L. 0,89 mm, B. 0,45 mm, Finger L. 0,69 mm; ♀ Femur L. 0,83 mm, B. 0,39 mm, Tibia L. 0,80 mm, B. 0,40 mm, Hand L. 0,91 mm, B. 0,55 mm, Finger L. 0,68 mm.

Südeuropa: Peloponnes.

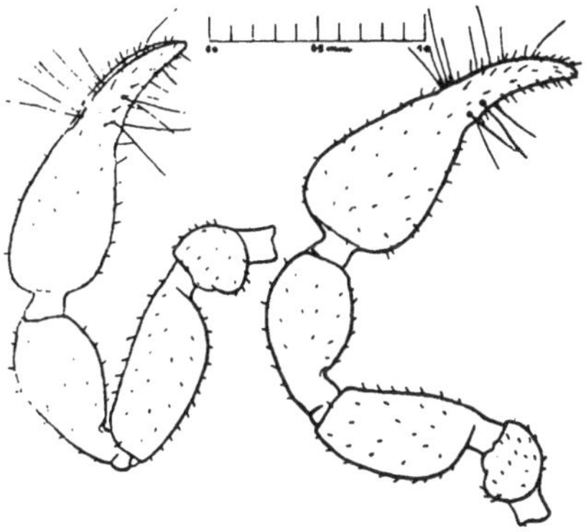

Fig. 288.
Rhacochelifer peloponnesiacus (Beier).
Linke Palpe von ♂ und ♀.

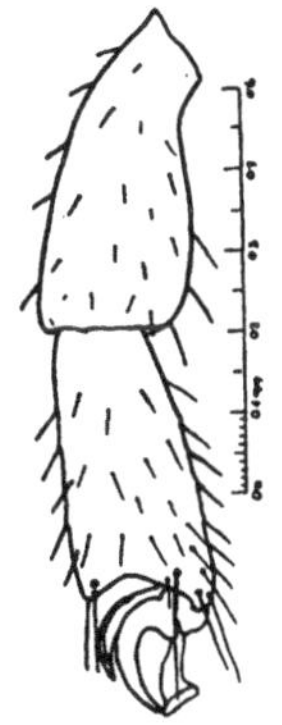

Fig. 289.
Rhacochelifer peloponnesiacus
(Beier). Vorderbein des ♂.

10. **R. chelanops** (Redikorzev) 1922 *Chelifer c.*, Redikorzev in: Annuaire Mus. St.-Pétersb., *v.* 23 p. 267 f. 9—11.

Cephalothorax so lang wie breit, fein granuliert, mit einer deutlichen vorderen und einer schwächeren basalen Querfurche, diese näher dem Hinterrand als der vorderen. Augen klein. Tergite schmal geteilt. 6—8 Marginalborsten auf jedem Halbtergit. Flagellum mit 3 Borsten. Serrula mit 16 Lamellen. Palpen (Fig. 290) kräftig, so lang wie der Körper, deutlich granuliert.

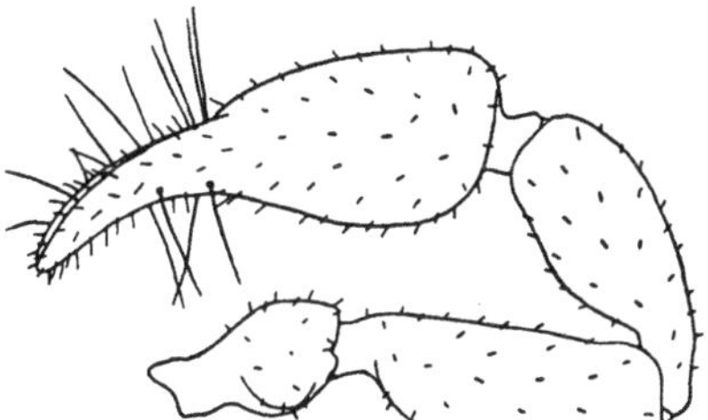

Fig. 290.
Rhacochelifer chelanops (Redikorzev). Rechte Palpe ♀.

Femur 2,9 mal, Tibia 2,7 mal, Schere 2,8 mal so lang wie breit. Finger deutlich kürzer als die Hand ohne Stiel. Stellung der Tasthaare wie bei den vorigen Arten. Tarsus des Männchens verdickt, etwa 3,3 mal so lang wie breit, mit in der Anlage stumpfwinkeligem, nicht lappenförmig ausgezogenem Vordereck, die dünne Kralle mit Nebenzahn. — Körper L. 4,6 mm; Palpen: Femur L. 1,08 mm, B. 0,36 mm, Tibia L. 1,02 mm, B. 0,39 mm, Hand L. 1,04 mm, B. 0,55 mm, Finger L. 0,75 mm.

Zentralasien: Semiretshje.

11. **R. heterometrus** (L. Koch) 1873 *Chelifer h.*, L. Koch, Übers. Darst. Eur. Chernet., p. 29.

Cephalothorax länger als breit, gleichmäßig granuliert, mit 2 deutlichen Querfurchen. Tergite geteilt. Borsten des Körpers und der Palpen gezähnt. Flagellum mit 3 Borsten. Palpen kräftig, deutlich granuliert. Finger so lang wie die Hand ohne Stiel. — Körper L. 3—6 mm.

Inseln des Ägäischen Meeres.

12. **R. balcanicus** (Redikorzev) 1928 *Chelifer b.*, Redikorzev in: Mt. Inst. Sofia, *v.* 1 p. 120 f. 1.

Cephalothorax länger als breit, deutlich granuliert, mit 2 seichten, aber ziemlich breiten Querfurchen, die basale näher dem Hinterrand als der vorderen. Augen klein. Tergite geteilt, chagriniert, mit 10 Marginalborsten. Borsten des Körpers und der Palpen kurz, gezähnt. Flagellum mit 3 Borsten. Palpen (Fig. 291) mäßig kräftig, etwas kürzer als der Körper, deutlich granuliert. Femur des Weibchens 3 mal, Tibia 2,5 mal, Schere 2,8 mal so lang wie breit. Finger bedeutend kürzer als die Hand ohne Stiel. Das Tasthaar *ist* weiter von *isb* getrennt als bei den vorigen Arten (die Stellung innerhalb der Gattung daher fraglich und erst nach Auffindung des Männchens mit Sicherheit zu entscheiden). Tarsus des 4. Beinpaares mit einem Tasthaar nahe der Mitte des Gliedes. — Körper L. ♀ 4,2 mm; Palpen: ♀ Femur L. 0,96 mm, B. 0,31 mm, Tibia L. 1,00 mm, B. 0,40 mm, Hand L. 1,15 mm, B. 0,56 mm, Finger L. 0,71 mm.

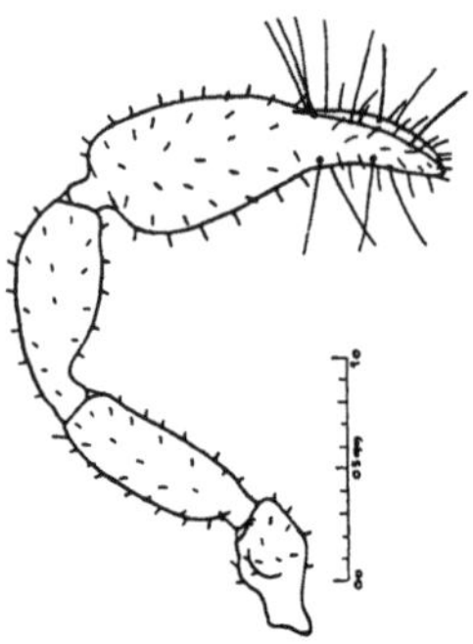

Fig. 291. **Rhacochelifer balcanicus** (Redikorzev). Linke Palpe ♀.

Balkan: Bulgarien.

Unsichere Arten:

R. tingitanus (L. Koch) 1873 *Chelifer t.*, L. Koch, Übers. Darst. Eur. Chernet., p. 25.

Cephalothorax dicht granuliert, mit 2 deutlichen Querfurchen. Augen vorhanden. Tergite geteilt, chagriniert. Borsten des Körpers und der Palpen kurz, gezähnt. Palpen dicht granuliert. Finger bedeutend kürzer als die Hand. — Körper L. 3 mm.

Nordafrika: Marokko.

R. henschii (Daday) 1889 *Chernes H.*, Daday in: Termész. Füzetek, *v.* 12 p. 81.

Cephalothorax mit wenig deutlichen Querfurchen. Augen vorhanden. Palpen fein granuliert, mit gezähnten Borsten. Finger fast so lang wie die Hand. — Körper L. 4,8—6,8 mm.

Nordbalkan: Herzegowina.

R. frivaldszkyi (Daday) 1889 *Chernes F.*, Daday in: Termész. Füzetek, *v.* 12 p. 19 t. 2 f. 4.

Cephalothorax wenig länger als breit, granuliert, mit 2 Querfurchen, die basale näher dem Hinterrand als der vorderen. Augen vorhanden. Tergite geteilt. Borsten des Körpers und der Palpen leicht gekeult. Palpen ziemlich kräftig, granuliert. Femur aus dem Stielchen plötzlich verdickt. Finger so lang wie die Hand. — Körper L. 3 mm.

Kaukasus.

R. brevimanus (Kol.) 1857 *Chelifer b.*, Kolenati in: Bull. Soc. Moscou, *v.* 30 I p. 429.

Cephalothorax dicht und fein granuliert. Palpen wenig länger als der Körper. Finger kürzer als die Hand. — Körper L. 2,8 mm.

Kaukasus.

R. caucasicus (Daday) 1889 *Chernes c.*, Daday in: Termész. Füzetek, *v.* 12 p. 18 t. 2 f. 13.

Cephalothorax fein granuliert, mit 2 undeutlichen Querfurchen. Augen vorhanden. Tergite mit Ausnahme der vordersten geteilt, granuliert. Borsten des Körpers und der Palpen gezähnt. Palpen fein granuliert. Femur aus dem Stiel plötzlich verdickt. Finger halb so lang wie die Hand. — Körper L. 4,2 mm.

Kaukasus.

26. Gen. **Hansenius** Chamb.

1932 *H.* (part.), Chamberlin in: Canad. Ent., *v.* 64 p. 20.

Typus: *Chelifer kewi* Ellingsen (durch ursprüngliche Bestimmung).

Cephalothorax ungefähr so lang wie breit oder etwas breiter als lang, granuliert, mit 2 Querfurchen. Augen vorhanden. Tergite geteilt, granuliert, beim Männchen ohne Seitenkiele. Borsten des Körpers und der Palpen leicht, aber deutlich gekeult. Flagellum mit 3 Borsten. Palpen mäßig kräftig, granuliert, das Femur aus dem Stielchen ziemlich plötzlich verdickt. Das Tasthaar *ist* weit von *isb* abstehend, *it* näher bei *et* als bei *ist* befindlich. Vordertarsus beim Männchen verdickt. Subterminalborsten gezähnt. Krallen einfach, die der Vorderbeine beim Männchen asymmetrisch.

Afrika.

5 sichere, 2 unsichere Arten.

Übersicht über die Arten:

1	Serrula mit 15—17 Lamellen — 2.	
	Serrula mit etwa 30 Lamellen	5. **H. socotrensis**
2	Tibia 2,1—2,3 mal so lang wie breit — 3	
	Tibia 2,6—2,8 mal so lang wie breit — 4	
3	Größere Art, Femurlänge 0,72 mm	1. **H. kewi**
	Kleinere Art, Femurlänge 0,55 mm	2. **H. exiguus**
4	Borsten der Palpen schwächer gekeult; Femurlänge 0,62 bis 0,65 mm	3. **H. fülleborni**
	Borsten der Palpen stärker gekeult; Femurlänge 0,72 mm .	4. **H. torulosus**

1. **H. kewi** (Ellingsen) 1907 *Chelifer K.*, Ellingsen in: J. Quekett Club, ser. 2 *v.* 10 p. 162 | 1912 *C. K.*, Ellingsen in: Ann. S. Afr. Mus., *v.* 10 p. 83, 93 | 1932 *Hansenius k.*, Chamberlin in: Canad. Ent., *v.* 64 p. 20.

Cephalothorax ungefähr so lang wie breit, dicht granuliert, seitlich mit einigen gröberen Körnern; beide Querfurchen tief, die basale etwas näher dem Hinterrand als der vorderen. Augen vorhanden. Alle Tergite geteilt, deutlich granuliert. Borsten des Körpers und der Palpen deutlich gekeult. Flagellum mit 3 Borsten. Galea des Männchens klein und einfach, die des Weibchens länger, terminal mit einigen Seitenzähnchen. Palpen ungefähr so lang wie der Körper, mäßig kräftig, deutlich granuliert, an der Medialseite von Femur und Tibia mit einigen gröberen Körnchen. Femur 3 mal, Tibia 2,1 mal, Schere etwa 3,2 mal so lang wie breit. Finger beim Männchen ungefähr so lang wie, beim Weibchen etwas kürzer als die Hand. Coxen des 4. Beinpaares beim Männchen excaviert, mit Coxalsäcken. Vordertarsus des Männchens etwas verdickt. Subterminalborste gezähnt. Krallen einfach. — Körper L. 2,2 mm; Palpen: Femur L. 0,72 mm, B. 0,24 mm, Tibia L. 0,61 mm, B. 0,29 mm, Hand L. 0,64 mm, B. 0,40 mm, Finger L. 0,64 mm.

Südafrika: Kapland.

2. **H. exiguus** (Tullg.) 1907 *Chelifer e.*, Tullgren in: Ergeb. Schwed. Exp. Kilimandjaro, *v.* 3 nr. 20 p. 12 t. 1 f. 8a—b | 1912 *C. e.*, Ellingsen in: Ann. S. Afr. Mus., *v.* 10 p. 83. 92.

Cephalothorax ein wenig länger als breit, grob granuliert, mit 2 tiefen Querfurchen. Augen vorhanden. Tergite geteilt, ziemlich grob granuliert, mit etwa 10 Marginalborsten. Borsten des Körpers und der Palpen deutlich keulenförmig. Flagellum mit 3 Borsten. Serrula mit 16 Lamellen. Palpen kaum so lang wie der Körper, ziemlich grob granuliert. Femur 3 mal, Tibia 2,3 mal, Schere 2,8 mal so lang wie breit. Finger deutlich kürzer als die Hand. Krallen der Laufbeine einfach. — Körper L. 2,5 mm; Palpen: Femur L. 0,55 mm, Tibia L. 0,49 mm, Hand L. 0,51 mm, Finger L. 0,41 mm.

Ostafrika: Kilimandjaro.

3. **H. fülleborni** (Ellingsen) 1910 *Chelifer Kewi* var. *F.*, Ellingsen in: Mt. Mus. Berlin, *v.* 4 p. 385 | 1912 *C. K.* var. *F.*, Ellingsen in: Ann. S. Afr. Mus., *v.* 10 p. 84.

Cephalothorax ungefähr so lang wie breit, deutlich granuliert, seitlich mit einigen gröberen Körnchen; beide Querfurchen tief. Augen vorhanden. Tergite geteilt, granuliert, die des Männchens ohne Seitenkiele. Flagellum mit 3 Borsten. Serrula mit 15—16 Lamellen. Palpen (Fig. 292) mäßig kräftig, an der Medialseite der Glieder, besonders beim Weibchen, mit einigen gröberen Körnchen. Femur des Männchens 3,1 mal, des Weibchens 3,5 mal,

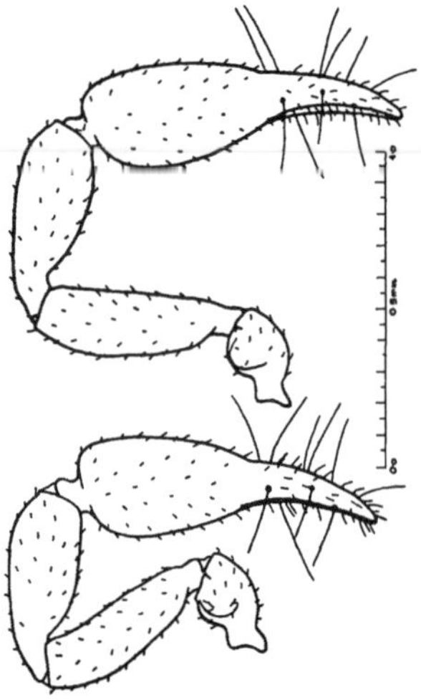

Fig. 292.
Hansenius fülleborni (Ellingsen).
Linke Palpe von ♂ und ♀.

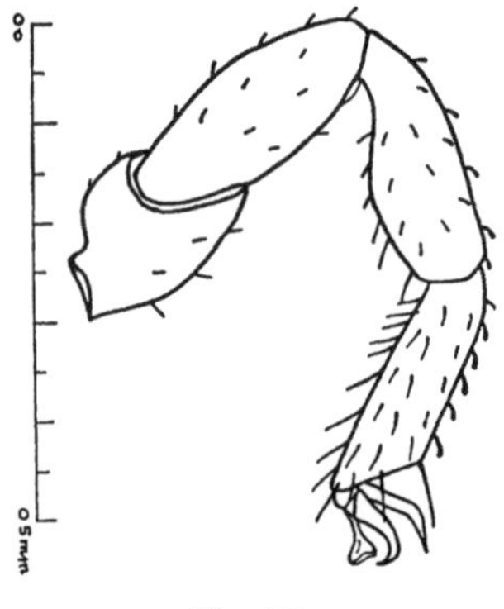

Fig. 293.
Hansenius fülleborni (Ellingsen).
Vorderbein des ♂.

Tibia des Männchens 2,7 mal, des Weibchens 2,8 mal, Schere des Männchens 3,1 mal, des Weibchens 3 mal so lang wie breit. Das Tasthaar *ist* weit von *isb* getrennt, *it* näher bei *et* als bei *ist* stehend. Vordertarsus des Männchens (Fig. 293) etwas verdickt, die Krallen asymmetrisch. Subterminalborste gezähnt. Krallen einfach. — Körper L. 2,3—3,4 mm; Palpen: ♂ Femur L. 0,65 mm, B. 0,20 mm, Tibia L. 0,63 mm, B. 0,23 mm, Hand L. 0,65 mm, B. 0,32 mm, Finger L. 0,48 mm; ♀ Femur L. 0,62 mm, B. 0,18 mm, Tibia L. 0,60 mm, B. 0,22 mm, Hand L. 0,62 mm, B. 0,31 mm, Finger L. 0,47 mm.

Ostafrika.

4. **H. torulosus** (Tullg.) 1907 *Chelifer t.*, Tullgren in: Mt. Mus. Hamburg, *v.* 24 p. 32 t. 1 f. 4a—f | 1907 *C. t.*, Tullgren in: Zool. Stud. tillägn. Tullberg, p. 220 | 1912 *C. t.*, Ellingsen in: Ann. S. Afr. Mus., *v.* 10 p 85 | 1929 *C. t.*, J. Hewitt & R. Godfrey in: Ann. Natal Mus., *v.* 6 p. 322 f. 5a, t. 22 f. 8.

Cephalothorax breiter als lang, ziemlich grob granuliert, seitlich mit zahlreichen gröberen Körnchen bestreut, mit 2 tiefen Querfurchen. Augen vorhanden. Tergite mit Ausnahme der beiden vordersten geteilt, ziemlich grob granuliert. Borsten des Körpers und der Palpen deutlich gekeult. Flagellum mit 3 Borsten. Serrula mit 17 Lamellen. Palpen (Fig. 294) länger als der Körper, grob granuliert, an der Medialseite von Femur und Tibia mit einigen größeren Körnchen. Femur 3,2 mal, Tibia 2,6 mal, Schere 3 mal so lang wie breit. Finger so lang wie die Hand ohne Stiel. Vordertarsus des Männchens (Fig. 295) etwas verdickt, mit asymmetrischen Krallen.

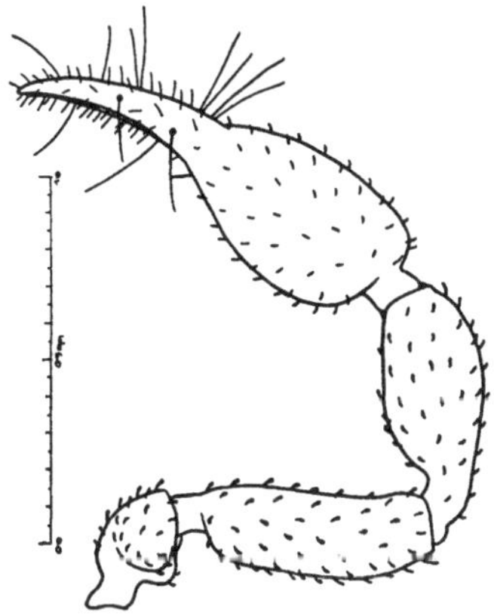

Fig. 294.
Hansenius torulosus (Tullg.). Rechte Palpe ♂.

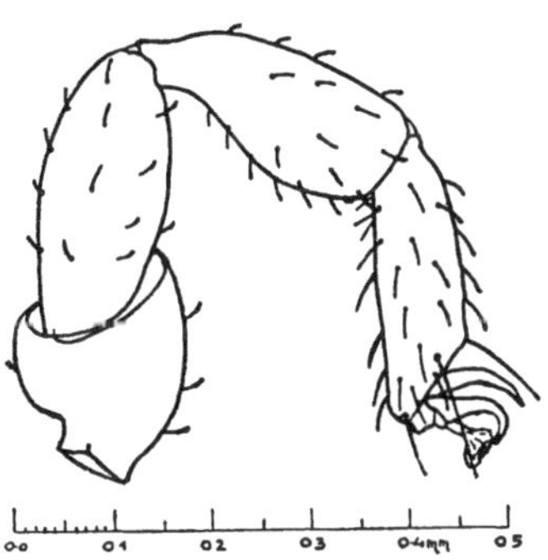

Fig. 295.
Hansenius torulosus (Tullg.). Vorderbein des ♂.

Subterminalborste gezähnt. Krallen einfach. — Körper L. ♂ 1,9 mm, ♀ 2,5 mm; Palpen: ♂ Femur L. 0,72 mm, B. 0,22 mm, Tibia L. 0,70 mm, B. 0,28 mm, Hand L. 0,69 mm, B. 0,38 mm, Finger L. 0,60 mm; ♀ Femur L. 0,67 mm, Tibia L. 0,62 mm, Hand L. 0,62 mm, Finger L. 0,51 mm.

Südafrika: Kapland, Natal, Zululand.

5. **H. socotrensis** (With) 1905 *Chelifer s.*, With in: Ann. nat. Hist., ser. 7 *v.* 15 p. 112 t. 7 f. 4a—h | 1912 *C. s.*, Ellingsen in: Ann. S. Afr. Mus., *v.* 10 p. 85.

Cephalothorax so lang wie oder ein wenig länger als breit, deutlich granuliert, mit einigen gröberen Körnchen. Beide Querfurchen tief. Augen vorhanden. Alle Tergite geteilt, etwas feiner granuliert als der Cephalothorax, mit etwa 18 Marginalborsten. Borsten des Körpers und der Palpen gekeult. Flagellum mit 3 Borsten. Serrula mit etwa 30 Lamellen. Palpen deutlich granuliert. Femur des Männchens 3,5 mal, des Weibchens 3,4 mal, Tibia des Männchens 3,3 mal, des Weibchens 2,9 mal, Schere des Männchens 3,5 mal, des Weibchens 3 mal so lang wie breit. Finger bedeutend kürzer als die Hand. Vordertarsus des Männchens etwas verdickt, seine Krallen asymmetrisch. Subterminalborste gezähnt. — Körper L. 3,4 mm; Palpen: ♂ Femur L. 1,56 mm, B. 0,45 mm, Tibia L. 1,54 mm, B. 0,48 mm, Hand L. 1,40 mm, B. 0,63 mm, Finger L. 0,79 mm; ♀ Femur L. 1,35 mm, B. 0,40 mm, Tibia L. 1,35 mm, B. 0,46 mm, Hand L. 1,33 mm, B. 0,68 mm, Finger L. 0,77 mm.

Ostafrika: Insel Sokotra.

Unsichere Arten:

H. protractus (J. Hewitt & Godfrey) 1929 *Chelifer p.*, J. Hewitt & R. Godfrey in: Ann. Natal Mus., *v.* 6 p. 319 f. 1e, 4, t. 21 f. 6.

Cephalothorax gleichmäßig granuliert, ohne gröbere Körner, mit 2 deutlichen Querfurchen, die basale bedeutend näher dem Hinterrand als der vorderen. Augen vorhanden. Tergite geteilt, granuliert, mit 10—12 Marginalborsten auf jedem Halbtergit. Borsten des Körpers gekeult. Palpen schlank, granuliert. Femur des Männchens 5 mal, des Weibchens 4,8 mal, Tibia in beiden Geschlechtern 3,3 mal, Schere des Männchens 4 mal, des Weibchens 3,8 mal so lang wie breit. Finger kürzer als die Hand. — Körper L. 2 mm; Palpen: ♂ Femur L. 0,90 mm, B. 0,18 mm, Tibia L. 0,75 mm, B. 0,23 mm, Hand L. 0,73 mm, B. 0,32 mm, Finger L. 0,56 mm; ♀ Femur L. 0,95 mm, B. 0,20 mm, Tibia L. 0,76 mm, B. 0,23 mm, Hand L. 0,77 mm, B. 0,36 mm, Finger L. 0,62 mm.

Südafrika: Kapland.

H. capensis (J. Hewitt & Godfrey) 1929 *Chelifer c.*, J. Hewitt & R. Godfrey in: Ann. Natal Mus., *v.* 6 p 321 f. 1f, t. 22 f. 7.

Cephalothorax gleichmäßig granuliert, ohne gröbere Körner, mit 2 deutlichen Querfurchen, die basale näher dem Hinterrand als der vorderen. Augen vorhanden. Tergite geteilt, mit etwa 8 Marginalborsten auf jedem Halbtergit. Borsten des Körpers gekeult. Palpen schlank. Femur des Männchens 4,6 mal, des Weibchens 4,4 mal, Tibia des Männchens 3,5 mal, des Weibchens 2,8 mal, Schere des Männchens 3,4 mal, des Weibchens 3,5 mal so lang wie breit. Finger etwas kürzer als die Hand. — Körper L. 1,8 mm; Palpen: ♂ Femur L. 0,78 mm, B. 0,17 mm, Tibia L. 0,67 mm, B. 0,19 mm, Hand L. 0,59 mm, B. 0,31 mm; ♀ Femur L. 0,67 mm, B. 0,15 mm, Tibia L. 0,56 mm, B. 0,20 mm, Hand L. 0,55 mm, B. 0,27 mm, Finger L. 0,51 mm.

Südafrika: Kapland.

27. Gen. **Stygiochelifer** Beier

1932 *S.*, Beier in: Zool. Anz., *v.* 99 (im Druck).

Typus: *Chelifer cavernae* Tullg. (durch ursprüngliche Bestimmung und Monotypie).

Cephalothorax ungefähr so lang wie breit, sehr fein granuliert, mit 2 tiefen Querfurchen, die basale näher dem Hinterrand als der vorderen. Augen schwach entwickelt, aber gut erkennbar. Tergite geteilt, die vordersten des Männchens mit schwachen Seitenkielen. Borsten des Körpers und der Palpen gezähnt und leicht gekeult. Flagellum mit 3 Borsten. Palpen des Männchens extrem verlängert, die des Weibchens mäßig schlank. Das Tasthaar *ist* in gleicher Höhe mit *est* stehend und von *isb* weit entfernt, *it* nahe bei *et* befindlich. Vordertarsus des Männchens wenig modifiziert. Subterminalborste gezähnt. Krallen einfach.

Sundainseln.

1 Art.

1. **S. cavernae** (Tullg.) 1912 *Chelifer c.*, Tullgren in: Not. Leyden Mus., *v.* 34 p. 259 f. a—e, p. 260.

Cephalothorax ungefähr so lang wie breit, sehr fein granuliert, mit 2 tiefen Querfurchen, die basale näher dem Hinterrand als der vorderen. Augen schwach entwickelt, aber gut erkennbar. Tergite geteilt, die vordersten des Männchens mit schwachen Seitenkielen. Borsten des Körpers und der Palpen gezähnt und leicht gekeult. Flagellum mit 3 Borsten, die distale fein gezähnt. Serrula beim Männchen mit 20, beim Weibchen mit 23 Lamellen. Galea des Männchens einfach, die des Weibchens distal mit Seitenästchen.

Palpen (Fig. 296) des Männchens extrem verlängert und etwa doppelt so lang wie der Körper, die des Weibchens mäßig schlank, kaum so lang wie der Körper, sehr fein granuliert. Femur des Männchens 7,5 mal, Tibia 6,9 mal, Schere 7,5 mal, Femur des Weibchens 3,7 mal, Tibia 3,4 mal, Schere 3,6 mal so lang wie breit. Finger beim Männchen halb so lang wie die Hand, beim Weibchen deutlich kürzer als die Hand ohne Stiel. Das Tasthaar *ist* in gleicher Höhe mit *est* stehend und weit von *isb* getrennt, *it* nahe bei *et* befindlich. Coxen des 4. Beinpaares beim Männchen excaviert, mit Coxalsäcken.

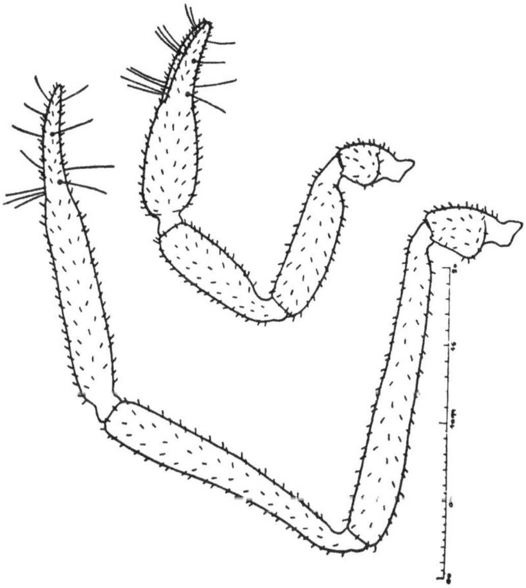

Fig. 296.
Stygiochelifer cavernae (Tullg.). Linke Palpe von ♂ und ♀.

Fig. 297.
Stygiochelifer cavernae (Tullg.). Vorderbein des ♂.

Vorderbeine des Männchens (Fig. 297) wenig modifiziert, der Tarsus mit in der Anlage rechtwinkeligem Vordereck, die Krallen asymmetrisch. Subterminalborste gezähnt. Krallen einfach. — Körper L. ♂ 3,4 mm, ♀ 3,8 mm; Palpen: ♂ Femur L. 2,06 mm, B. 0,27 mm, Tibia L. 1,91 mm, B. 0,28 mm, Hand L. 1,48 mm, B. 0,27 mm, Finger L. 0,73 mm; ♀ Femur L. 1,01 mm, B. 0,28 mm, Tibia L. 0,98 mm, B. 0,30 mm, Hand L. 0,85 mm, B. 0,35 mm, Finger L. 0,60 mm.

Sundainseln: Java, Höhle Guwa Lawa bei Babakan.

28. Gen. **Lophodactylus** Chamb.

1932 *L.*, Chamberlin in: Canad. Ent., *v.* 64 p. 21.

Typus: *Chelifer rex* With (durch ursprüngliche Bestimmung und Monotypie).

Cephalothorax so lang wie oder etwas länger als breit, deutlich granuliert, mit 2 Querfurchen. Augen vorhanden. Tergite geteilt, granuliert, die des Männchens ohne Seitenkiele. Flagellum mit 3 Borsten. Palpen ziemlich schlank, granuliert, mit gezähnten und leicht gekeulten Borsten. Finger klaffend. Der bezahnte Marginalrand des beweglichen Scherenfingers nahe der Basis mit einem gezähnten Kamm, welcher mit einer entsprechenden

Vertiefung des festen Fingers korrespondiert. Vorderbeine des Männchens wenig modifiziert, die Krallen asymmetrisch. Subterminalborste gezähnt. Krallen einfach.

Südamerika.

1 Art.

1. **L. rex** (With) 1908 *Chelifer r.*, With in: Tr. zool. Soc. London, *v.* 18 p. 225 t. 29 f. 2a—e | 1932 *Lophodactylus r.*, Chamberlin in: Canad. Ent., *v.* 64 p 21.

Cephalothorax so lang wie oder etwas länger als breit, deutlich und gleichmäßig granuliert, seitlich mit einer Anzahl gröberer Körnchen; die Querfurchen wenig tief. Tergite geteilt, deutlich granuliert, mit 14 Marginalborsten, die des Männchens ohne Seitenkiele. Flagellum mit 3 Borsten. Galea mit einigen kurzen Seitenästchen distal. Palpen ziemlich schlank, deutlich granuliert, mit einigen gröberen Körnchen. Femur des Männchens 4,7 mal, des Weibchens 4,8 mal, Tibia des Männchens 3,4 mal, des Weibchens 3,3 mal, Schere des Männchens 4,4 mal, des Weibchens 4,3 mal so lang wie breit. Finger leicht klaffend, etwas kürzer als die Hand. Der bewegliche Finger am Marginalrand nahe der Basis mit einem gezähnten Kamm, welcher mit einer entsprechenden Vertiefung am festen Finger korrespondiert. Coxen des 4. Beinpaares beim Männchen excaviert, mit Coxalsäcken. Vordertarsus des Männchens wenig modifiziert, distal verjüngt, die Krallen asymmetrisch. Subterminalborste gezähnt. Krallen einfach. — Körper L. ♂ 2,6 mm, ♀ 3,6 mm; Palpen: ♂ Femur L. 1,08 mm, B. 0,23 mm, Tibia L. 0,90 mm, B. 0,27 mm, Hand L. 0,83 mm, B. 0,37 mm, Finger L. 0,78 mm; ♀ Femur L. 1,22 mm, B. 0,25 mm, Tibia L. 0,99 mm, B. 0,30 mm, Hand L. 0,92 mm, B. 0,41 mm, Finger L. 0,90 mm.

Südamerika: Brasilien.

29. Gen. **Ellingsenius** Chamb.

1932 *E.*, Chamberlin in: Canad. Ent., *v.* 64 p. 35.

Typus: *Chelifer sculpturatus* R. T. Lewis (durch ursprüngliche Bestimmung).

Cephalothorax ungefähr so lang wie breit, deutlich granuliert, mitunter mit gröberer Skulptur; 2 wenig tiefe Querfurchen. Augen vorhanden, jedoch wenig deutlich. Tergite geteilt, granuliert. Borsten des Körpers und der Palpen kurz, ziemlich dick, gezähnt. Flagellum mit 3 Borsten. Beweglicher Chelicerenfinger mit 3 hintereinander stehenden Borsten an der Basis der Galea. Palpen kräftig, mitunter grob skulpturiert. Beide Finger mit Giftapparat und Giftzahn, ohne Nebenzähne. Coxen des 4. Beinpaares beim Männchen excaviert, meist mit Coxalsäcken. Subterminalborste der Tarsen einfach. Krallen einfach.

Äthiopische und orientalische Region.

4 Arten.

Übersicht über die Arten:

1 { Femur und Tibia der Palpen ohne große beulenartige Tuberkeln — **2**
  { Femur und Tibia der Palpen mit großen beulenartigen Tuberkeln — **3**

2 { Palpen des Weibchens gedrungener, Femur 2,8 mal, Tibia 2,3 mal so lang wie breit . . . . 1. **E. fulleri**
  { Palpen des Weibchens schlanker, Femur 3 mal, Tibia 2,6 mal so lang wie breit . . . . 2. **E. somalicus**

3 { Coxalsäcke des Männchens und widderhornartige Organe vorhanden; Tarsaldorn fehlend . . . . 3. **E. sculpturatus**
Coxalsäcke des Männchens fehlend, widderhornartige Organe reduziert; Tarsaldorn vorhanden . . . . 4. **E. indicus**

1. **E. fulleri** (J. Hewitt & Godfrey) 1929 *Chelifer f.*, J. Hewitt & R. Godfrey in: Ann. Natal Mus., *v.* 6 p. 331 f. 1a, 7, t. 22 f. 11 | 1932 *Ellingsenius f.*, Chamberlin in: Canad. Ent., *v.* 64 p. 36.

Cephalothorax etwas breiter als lang, fein granuliert und mit zahlreichen größeren Höckerchen besetzt; beide Querfurchen deutlich, die basale bedeutend näher dem Hinterrand als der vorderen. Augenflecke deutlich. Tergite mit Ausnahme der beiden vordersten geteilt, fein granuliert, ohne größere Tuberkeln, beim Männchen mit Ausnahme der 3 letzten mit Seitenkielen. 6—7 Marginalborsten auf jedem Halbtergit. Beweglicher Chelicerenfinger mit 3 hintereinander stehenden Borsten an der Basis der Galea. Palpen kräftig, fein granuliert, ohne größere Tuberkeln. Femur des Männchens 3 mal, des Weibchens 2,8 mal, Tibia des Männchens 2,8 mal, des Weibchens 2,3 mal, Schere des Männchens 2,8 mal, des Weibchens 3,1 mal so lang wie breit. Finger deutlich kürzer als die Hand ohne Stiel. Krallen der Laufbeine einfach. — Körper L. 2,3 mm; Palpen: ♂ Femur L. 1,02 mm, B. 0,34 mm, Tibia L. 0,96 mm, B. 0,34 mm, Hand L. 0,87 mm, B. 0,55 mm, Finger L. 0,66 mm; ♀ Femur L. 0,93 mm, B. 0,33 mm, Tibia L. 0,89 mm, B. 0,38 mm, Hand L. 0,81 mm, B. 0,46 mm, Finger L. 0,63 mm.

Südafrika. — In Bienenstöcken.

2. **E. somalicus** Beier 1932 *E. s.*, Beier in: Zool. Anz., *v.* 99 (im Druck).

Cephalothorax ungefähr so lang wie breit, fein granuliert und ziemlich dicht mit gröberen Körnchen besetzt; beide Querfurchen schmal, aber ziemlich tief, die basale näher dem Hinterrand als der vorderen. Alle Tergite geteilt, sehr fein granuliert. 7—8 Marginalborsten auf jedem Halbtergit. Borsten des Körpers und der Palpen sehr kurz und dick. Flagellum mit 3 Borsten. Serrula mit 19 Lamellen. Beweglicher Chelicerenfinger terminal an der Basis der Galea mit 3 Borsten. 3 Subapicalloben. Chelicerenstamm mit 5 Borsten. Palpen (Fig. 298) kräftig, fein granuliert, an der Medialseite der Glieder mit gröberen Körnchen. Femur 3 mal, Tibia 2,6 mal, Schere 2,7 mal so lang wie breit. Finger deutlich kürzer als die Hand ohne Stiel. Das Tasthaar *ist* etwa in der Mitte zwischen *esb* und *it* stehend. Tibia des 4. Beinpaares 3,2 mal, Tarsus 3,9 mal so lang wie breit. Subterminalborste und Krallen einfach. — Körper L. ♀ 3 mm; Palpen: ♀ Femur L. 0,99 mm, B. 0,33 mm, Tibia L. 0,96 mm, B. 0,38 mm, Hand L. 0,92 mm, B. 0,50 mm, Finger L. 0,67 mm.

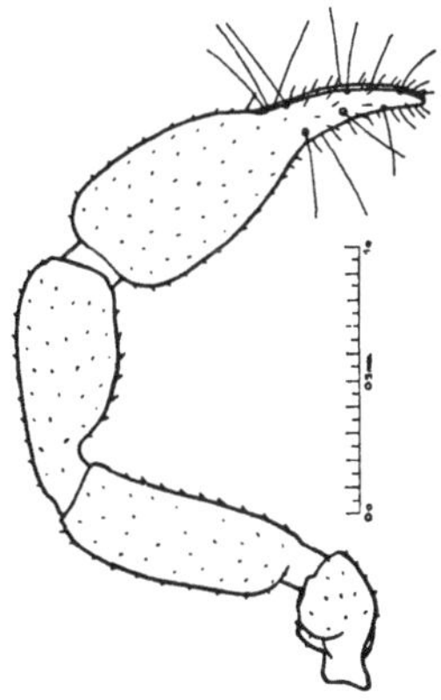

Fig. 298.
Ellingsenius somalicus Beier.
Linke Palpe ♀.

Ostafrika: Somali.

3. **E. sculpturatus** (R. T. Lewis) 1903 *Chelifer s.*, R. T. Lewis in: J. Quekett Club, ser. 2 *v.* 8 p. 497 t. 25 | 1905 *C. s.*, With in: Ann. nat. Hist., ser. 7 *v.* 15 p. 117 t. 8 f. 2a—h | 1912 *C. s.*, Ellingsen in: Ann. S. Afr. Mus., *v.* 10 p. 84, 99 | 1929 *C. s.*, Anonym. in: J. nat. Hist. Pretoria, *v.* 6 p. 293 | 1929 *C. s.*, J. Hewitt & R. Godfrey in: Ann. Natal Mus., *v.* 6 p. 327 f. 6, t. 22 f. 10 | 1932 *Ellingsenius s.*, Chamberlin in: Canad. Ent., *v.* 64 p. 36.

Cephalothorax ungefähr so lang wie breit, fein granuliert, mit zahlreichen flachen, beulenartigen Tuberkelchen bestreut; die Querfurchen wenig tief. Augen undeutlich. Tergite geteilt, fein granuliert, mit gröberen Körnern bestreut. Etwa 10 Marginalborsten auf jedem Halbtergit. Flagellum mit 3 Borsten. Serrula mit 27 Lamellen. Palpen (Fig. 299) kräftig, Trochanter, Femur und Tibia mit zahlreichen großen, höcker- oder beulenartigen Tuberkeln, welche je eine kurze und dicke Borste tragen, besetzt; das Femur am Medialrand mit 7—9 solcher Tuberkeln. Femur des Männchens 2,8 mal, des Weibchens 2,6 mal, Tibia des Männchens 2,5 mal, des Weibchens 2,7 mal, Schere des Männchens 2,7 mal, des Weibchens 2,8 mal so lang wie breit. Finger dick,

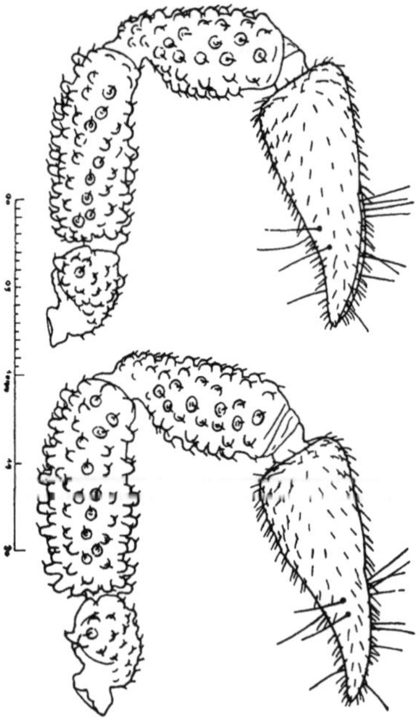

Fig. 299
Ellingsenius sculpturatus (R. T. Lewis). Linke Palpe von ♂ und ♀.

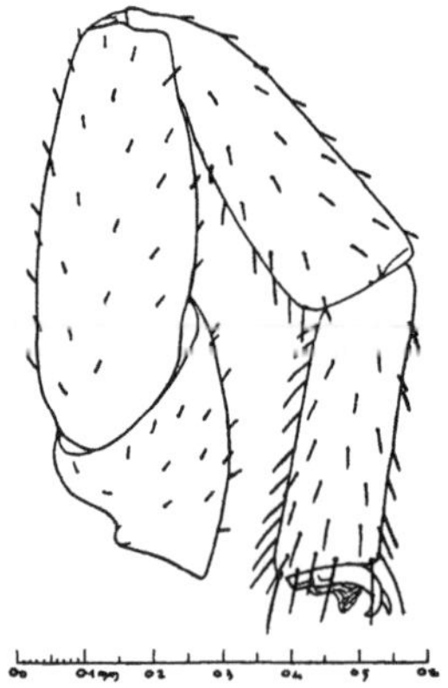

Fig. 300.
Ellingsenius sculpturatus (R. T. Lewis). Vorderbein des ♂.

ungefähr so lang wie die Hand ohne Stiel. Das Tasthaar *ist* bedeutend näher bei *isb* als bei *it* stehend, *st* näher bei *t* als bei *sb* befindlich, Beine (Fig. 300) kräftig, der Vordertarsus des Männchens 3 mal so lang wie breit, mit in der Anlage rechtwinkeligem Vordereck. Subterminalborste einfach. Tarsaldorn fehlend. Krallen einfach, ziemlich gedrungen. — Körper L. 3—3,5 mm; Palpen: ♂ Femur L. 1,15 mm, B. 0,40 mm, Tibia L. 1,10 mm, B. 0,43 mm, Hand L. 0,90 mm, B. 0,55 mm, Finger L. 0,78 mm; ♀ Femur L. 1,27 mm, B. 0,46 mm, Tibia L. 1,20 mm, B. 0,45 mm, Hand L. 0,92 mm, B. 0,54 mm, Finger L. 0,80 mm.

Südafrika: Natal, Transvaal, Kapland, Rhodesia. — In Bienenstöcken.

4. **E. indicus** Chamb. 1932 *E. i.*, Chamberlin in: Canad. Ent., *v.* 64 p. 36

Cephalothorax etwas breiter als lang, mit großen borstentragenden Tuberkeln und 2 sehr tiefen Querfurchen; Hinterrand mit 24 Marginalborsten. Tergite schmal geteilt, granuliert, mit 25—35 Marginalborsten, die ersten

9 des Männchens mit Seitenkielen. Flagellum mit 3 Borsten. Serrula mit 22 Lamellen. Galea kurz, distal mit etwa 6 kurzen Seitenästchen. Palpen denjenigen der vorigen Art ähnlich, mit zahlreichen großen borstentragenden Tuberkeln; das Femur am Medialrand mit 12—15 solcher Höcker. Femur 2,3 mal, Tibia 2,3—2,5 mal, Schere 2,8—2,9 mal so lang wie breit. Finger deutlich kürzer als die Hand, der bewegliche mit 38, der feste mit 33 Marginalzähnen. Coxen des 4. Beinpaares beim Männchen ohne Coxalsäcke. Widderhornartige Organe reduziert. Tarsen mit kräftigem Terminaldorn. Subterminalborste und Krallen einfach. — Körper L. 3,8 mm.

Indien.

Unsicheres Genus:

Gen. **Ectoceras** Steck.

1875 *E.*, Stecker in: SB. Ak. Wien, *v.* 72 p. 512.

Cephalothorax kräftig granuliert, mit 2 deutlichen Querfurchen. Augen vorhanden. Tergite geteilt, Borsten des Körpers und der Palpen keulenförmig. Palpen granuliert. Krallen der Laufbeine mit Nebenzähnen.

Indien.

2 unsichere Arten.

E. helferi Steck. 1875 *E. H.*, Stecker in: SB. Ak. Wien, *v.* 72 p. 516 t. 1 f. 1—5, 7—9.

Cephalothorax ungefähr so lang wie breit, kräftig granuliert, mit 2 tiefen Querfurchen. Augen groß. Tergite geteilt, granuliert. Borsten des Körpers und der Palpen gekeult. Palpen kräftig, deutlich granuliert. Krallen der Laufbeine mit Nebenzähnen. — Körper L. 2,5 mm.

Indien.

E. bidens Steck. 1875 *E. b.*, Stecker in: SB. Ak. Wien, *v.* 72 p. 518 t. 2 f. 1—2, 6—7.

Cephalothorax kräftig granuliert, mit 2 Querfurchen. Tergite geteilt. Palpen kräftig, das Femur medial und lateral mit je einem zapfenförmigen Fortsatz. Finger so lang wie die Hand. — Körper L. 3,5 mm.

Indien.

Arten der Pseudoscorpionidea, welche sich an keiner Stelle des Systems mit Sicherheit einreihen ließen, sind:

Obisium americanum Geer 1778, Mém. Hist. Ins., *v.* 7 t. 38.
Obisium longicolle Frauenfeld 1867, in: Verh. Ges. Wien, *v.* 17 p 461.
Obisium pusio Kolenati 1857, in: Bull. Soc. Moscou, *v.* 30 I p 431.
Obisium setosum Schrank 1803, Fauna Boica, *v.* 3 p ?.
Obisium touricum Lebedinsky 1904, in: Mém. Soc. Natural. Nouv. Russie, *v.* 25 p. 75.
Atemnus elongatus N. Banks 1895, in: J. N. York ent. Soc., *v.* 3 p. 10.
Chelifer armatus Tömösvary 1884, in: Termész. Füzetek, *v.* 8 p 17.
Chelifer bruchi Mello-Leitao (Erstbeschreibung?)
Chelifer cimex P. Gervais 1849, in: Gay, Hist. Chile, *v.* 4 p. 12.
Chelifer excentricus Holmberg 1876, in: An. Agric. Argent., *v.* 4 p ?.
Chelifer inaequalis Curtis?
Chelifer loewi Hagen 1899.
Chelifer minax Gerstäcker 1873.
Chelifer parcegranosus E. Simon (MS.)
Chelifer sardous E. Simon (MS.)
Chelifer timidus Holmberg 1876, in: An. Agric. Argent., *v.* 4 p ?.
Chelifer wrightii H. A. Hagen 1869, in: Rec. Amer. Ent., p 50.

Als fossile Formen, die allerdings noch einer näheren Untersuchung bezüglich ihrer generischen Zugehörigkeit bedürfen, wurden aus dem Bernstein beschrieben:

Chthonius kochii Menge.
Obisium sieboldtii Menge.
Cheiridium hartmanni Menge.
Chernes wigandi Menge.
Chelifer berendtii Menge.
Chelifer ehrenbergii Koch & Berendt.
Chelifer hemprichii Koch & Berendt.
Chelifer kleemanni Koch & Berendt.
Chelifer sieboldtii Menge.

Alphabetisches Register

Nomenclator generum et subgenerum

von W. F. Reinig.

Acarus Linné 1758, Syst. Nat., ed. 10 p. 615. Sp.: *A. elephantinus*, *aegyptius*, *Reduvius*, *americanus*, *sanguisugus*, *Ricinus*, *Cancroides*, *Scorpioides*, *crassipes*, *passerinus*, *motatorius*, *Aphidioides*, *coleoptratus*. *telarius*, *Siro*, *exulcerans*, *geniculatus*, *aquaticus*, *holosericeus*, *baccarum*, *Muscarum*, *Batatas*, *gymnopterorum*, *coleoptratorum*, *rupestris*, *longicornis*, *littoralis*, *Fungorum*, *scaber*, *Salicinus*, *croceus*.

Acis (G. Canestrini MS.) Ant. Berlese 1883, A. M. S., fasc. 7 nr. 9. Sp.: *A. brevimanus*

Acis subgen. R. Lesson 1831 [1830], Traité Orn., p. 388. Av. Passeres.

Afrocheiridium Beier 1932 in: Tierreich, *v.* 58 p. 5. Sp.: *A. trägardhi.*

Afrowithius Chamberlin 1931 in: Canad. Ent., *v.* 63 p. 293. Sp.: *A. paradoxus.*

Allochernes Beier 1932 in: Zool. Jahrb., Syst. *v.* 64 (im Druck). Sp.: *A. asiaticus*, *iberus*, *wideri*, *vicinus*, *creticus*, *solarii*, *phaleratus*, *powelli*, *italicus*, *panzeri*, *dubius*, *similis*.

Allochernes subgen. Beier 1932 in: Zool. Jahrb., Syst. *v.* 64 (im Druck). Sp.: *A. (A) asiaticus*, *iberus*, *wideri*, *vicinus*, *creticus*, *solarii*, *phaleratus*, *powelli*, *italicus*.

Allowithius Beier 1932 in: Zool. Anz., *v.* 99 (im Druck). Sp.: *A. simoni*, *glabratus*, *congicus*, *termitophilus*, *somalicus*, *angustatus*, *tenuimanus*, *ceylanicus*, *australasiae*.

Anatemnus Beier 1932 in: Zool. Jahrb., Syst. *v.* 62 p. 578. Sp.: *A. javanus*, *orites*, *rotundus*, *madecassus*, *subindicus*, *luzonicus*, *nilgiricus*, *o'swaldi*, *saigonensis*, *nova-guineensis*, *elongatus*, *vermiformis*, *voeltzkowi*, *longus*, *palmquisti*, *brevidigitatus*.

Ancalochernes Beier 1932 in: Zool. Jahrb., Syst. *v.* 64 (im Druck). Sp.: *A. mexicanus.*

Apocheiridium Chamberlin 1924 in: Pan-Pacif. Ent. San Francisco, *v.* 1 p. 34. Sp.: *A. ferumoides*, *mormon*, *ferum*.

Argentochernes subgen. Beier 1932 in: Zool. Jahrb., Syst. *v.* 64 (im Druck). Sp.: *Parachernes (A.) albomaculatus*, *pulchellus*, *nitidimanus*, *bicolor*, *plumosus*, *subrotundatus*, *crassimanus*, *meinertii*, *argentopunctatus*, *confraternus*, *sabulosus*, *cocophilus*, *rubidus*.

Atemnus pro: *Acis* G. Canestrini MS. 1883, Ant. Berlese 1884, A. M. S., fasc. 10 nr. 1. Sp.: *A. politus.*

Austrochernes Beier 1932 in: Zool. Jahrb., Syst. *v.* 64 (im Druck). Sp.: *A. novae-zelandiae*, *silvestrii*, *australiensis*, *ramosus*.

Beierius Chamberlin 1932 in: Canad. Ent., *v.* 64 p. 20. Sp.: *B. walliskewi.*

Cacodemonius Chamberlin 1931 in: Canad. Ent., *v.* 63 p. 292. Sp.: *C. cactorum*, *satanas*, *segmentidentatus*.

Caffrowithius Beier 1932 in: Zool. Anz., *v.* 99 (im Druck). Sp.: *C. concinnus*, *subfoliosus*, *facetus*, *tumuliferus*.

Catatemnus Beier 1932 in: Zool. Jahrb., Syst. *v.* 62 p. 593. Sp.: *C. birmanicus*, *monitor*, *nicobarensis*, *thorelli*, *comorensis, congicus, togoensis, sommerfeldi, braunsi, ? concavus.*

Cheiridium Menge 1855 in: N. Schr. Ges. Danzig, *v.* 5 fasc. 2 nr. 2 p. 36. Sp.: *C. museorum, † hartmanni.*

Chelanops P. Gervais 1849 in: Gay, Hist. Chile, *v.* 4 p. 13. Sp.: *Chelifer (Chelanops) coecus.*

Chelifer non bin. L. Geoffroy 1762, Hist. Ins., *v.* 2 p. 617.

Chelifer A. Fourcroy 1785, Ent. Paris., fasc. 2 p. 523. Sp.: *C. cancroides, longicornis.*

Chernes Menge 1855 in: N. Schr. Ges. Danzig, *v.* 5 fasc. 2 nr. 2 p. 39. Sp.: *C. oblongus, cimicoides, † Wigandi.*

Chiridium [pro *Cheiridium* Menge 1855] E. Simon 1879, Arach. France, *v.* 7 p. 43.

Chthonius C. L. Koch 1843 in: C. W. Hahn & C. L. Koch, Arach., *v.* 10 p. 76. Sp.: *C. trombidioides, orthodactylus.*

Cordylochernes Beier 1932 in: Zool. Anz., *v.* 97 p. 265. Sp.: *C. macrochelatus, peruanus, brasiliensis, costaricensis.*

Corosoma F. Karsch 1879 in: Mt. Münch. ent. Ver., *v.* 3 p. 95. Sp.: *C. Sellowi.*

Cryptocheiridium Chamberlin 1931 in: Stanford Univ. Publ., *v.* 7 p. 238. Sp.: *C. subtropicum, formosanum.*

Cyclatemnus Beier 1932 in: Zool. Jahrb., Syst. *v.* 62 p. 560. Sp.: *C. centralis, granulatus, indivisus.*

Dactylochelifer Beier 1932 in: Zool. Anz., *v.* 99 (im Druck). Sp.: *D. latreillei, amurensis, redikorzevi, beieri, maroccanus, falsus.*

Dasychernes Chamberlin 1929 in: Ent. News Philad., *v.* 40 p. 49. Sp.: *D. inquilinus.*

Dendrochernes Beier 1932 in: Zool. Jahrb., Syst. *v.* 64 (im Druck). Sp.: *D. cyrneus.*

Dinocheirus Chamberlin 1929 in: Pan-Pacif. Ent. San Francisco, *v.* 5 p. 171. Sp.: *D. tenoch.*

Dolichowithius Chamberlin 1931 in: Canad. Ent., *v.* 63 p. 293. Sp.: *D. longichelifer, canestrinii.*

Ectoceras Stecker 1875 in: SB. Ak. Wien, *v.* 72 p. 512. Sp.: *E. Helferi, bidens.*

Ellingsenius Chamberlin 1932 in: Canad. Ent., *v.* 64 p. 35. Sp.: *E. sculpturatus, fulleri, indicus.*

Epaphochernes Beier 1932 in: Zool. Jahrb., Syst. *v.* 64 (im Druck). Sp.: *E. arizonensis, carminis, partitus, aequalis, vastitatis.*

Eremochernes Beier 1932 in: Zool. Jahrb., Syst. *v.* 64 (im Druck). Sp.: *E. gracilipes.*

Eumecochernes Beier 1932 in: Zool. Jahrb., Syst. *v.* 64 (im Druck). Sp.: *E. hawaiensis, pacificus, oceanicus.*

Garyops N. Banks 1909 in: Canad. Ent., *v.* 41 p. 305. Sp.: *G. depressa.*

Gigantochernes Beier 1932 in: Zool. Jahrb., Syst. *v.* 64 (im Druck). Sp.: *G. rudis.*

Gomphochernes Beier 1932 in: Zool. Anz., *v.* 97 p. 262. Sp.: *G. depressimanus, perproximus.*

Goniochernes Beier 1932 in: Zool. Jahrb., Syst. *v.* 64 (im Druck). Sp.: *G. goniothorax.*

Hansenius Chamberlin 1932 in: Canad. Ent., *v.* 64 p. 20. Sp.: *H. kewi, socotraensis* (sic!), *disjunctus, maculatus.*

Haplochelifer Chamberlin 1932 in: Canad. Ent., *v.* 64 p. 20. Sp.: *H. philipi.*

Haplochernes Beier 1932 in: Zool. Jahrb., Syst. *v.* 64 (im Druck). Sp.: *H. megasoma, boncicus, madagascariensis, buxtoni, pygmaeus, brevispinosus, taierensis, pallipes, keyserlingi, atrimanus, warburgi, kraepelini, funafutensis, dahli.*

Hesperochernes Chamberlin 1924 in: Pan-Pacif. Ent. San Francisco, *v.* 1 p. 89. Sp.: *H. laurae.*

Hysterochelifer Chamberlin 1932 in: Canad. Ent., *v.* 64 p. 19. Sp.: *H. fuscipes, geronimoensis, meridionalis, tuberculatus.*

Idiochelifer Chamberlin 1932 in: Canad. Ent., *v.* 64 p. 19. Sp.: *I. nigripalpus.*

Lamprochernes Tömösvary 1882 in: Math. termész. Közlem., *v.* 18 p. 185. Sp.: *Chernes (Lamprochernes) nodosus, Chyzeri.*

Lasiochernes Beier 1932 in: Zool. Jahrb., Syst. *v.* 64 (im Druck). Sp.: *L. pilosus, jonicus.*

Lissochelifer Chamberlin 1932 in: Canad. Ent., *v.* 64 p. 20. Sp.: *L. mortenseni, depressus, superbus, bisulcus, bifissus.*

Lophochernes E. Simon 1878 in: Bull. Soc. zool. France, *v.* 3 p. 66. Sp.: *L. bicarinatus.*

Lophodactylus Chamberlin 1932 in: Canad. Ent., *v.* 64 p. 21. Sp.: *L. rex.*

Lustrochernes Beier 1932 in: Zool. Anz., *v.* 97 p. 259. Sp.: *L. argentinus, silvestri, surinamus, propinquus, reimoseri.*

Maorichernes Beier 1932 in: Zool. Jahrb., Syst. *v.* 64 (im Druck). Sp.: *M. vigil.*

Megachernes Beier 1932 in: Zool. Jahrb., Syst. *v.* 64 (im Druck). Sp.: *M. himalayensis, grandis, sinensis.*

Mesochernes Beier 1932 in: Zool. Anz., *v.* 97 p. 263. Sp.: *M. gracilis, costaricensis.*

Metatemnus Beier 1932 in: Zool. Jahrb., Syst. *v.* 62 p. 606. Sp.: *M. philippinus, major.*

Metawithius Chamberlin 1931 in: Canad. Ent., *v.* 63 p. 293. Sp.: *M. murrayi.*

Micratemnus Beier 1932 in: Zool. Jahrb., Syst. *v.* 62 p. 587. Sp.: *M. pusillus.*

Miratemnus Beier 1932 in: Zool. Jahrb., Syst. *v.* 62 p. 609. Sp.: *M. hispidus, piger.*

Mirochernes Beier 1930 in: Ann. Wien. Mus., *v.* 44 p. 216. Sp.: *M. dentatus, armiger.*

Mucrochelifer Beier 1932 in: Zool. Anz., *v.* 99 (im Druck). Sp.: *M. borneoensis.*

Myrmochernes Tullgren 1907 in: Mt. Mus. Hamburg, *v.* 24 p. 59. Sp.: *M. africanus.*

Nannowithius Beier 1932 in: Zool. Anz., *v.* 99 (im Druck). Sp.: *N. aethiopicus, perpusillus.*

Neocheiridium Beier 1932 in: Tierreich, *v.* 58 p. 9. Sp.: *N. corticum.*

Neochernes Beier 1932 in: Zool. Jahrb., Syst. *v.* 64 (im Druck). Sp.: *N. peninsularis. floridae, latus, calidus, morosus, brevipilosus, dorsalis, unicolor, diversus, ?affinis, ?pallidus, pallipes, sanborni.*

Neowithius Beier 1932 in: Zool. Anz., *v.* 99 (im Druck). Sp.: *N. insignis, dubius, chilensis, exilimanus*

Nesochernes Beier 1932 in: Zool. Jahrb., Syst. *v.* 64 (im Druck). Sp.: *N. gracilis.*

Obisium Illiger 1798, Verz. Käf. Preuß., p. 501. Sp.: *O. cancroides, cimicoides.*

Obisium Leach 1817, Zool. Misc., *v.* 3 p. 51. Sp.: *O. orthodactylum, muscorum, maritimum.*

Ochrochernes Beier 1932 in: Zool. Jahrb., Syst. *v.* 64 (im Druck). Sp.: *tenggerianus, modestus, galatheae, aequatorialis.*

Odontochernes Beier 1932 in: Zool. Anz., *v.* 97 p. 267. Sp.: *O. cervus.*

Oratemnus Beier 1932 in: Zool. Jahrb., Syst. *v.* 62 p. 588. Sp.: *O. articulosus, navigator, manilanus, proximus, timorensis, indicus, böttcheri, philippinensis, samoanus.*

Pachychernes Beier 1932 in: Zool. Jahrb., Syst. *v.* 64 (im Druck). Sp.: *P. subrobustus, subgracilis, robustus.*

Parachelifer Chamberlin 1932 in: Canad. Ent., *v.* 64 p. 19. Sp.: *P. scabriusculus, hubbardi, lativittatus, sini, persimilis, muricatus.*

Parachernes Chamberlin 1931 in: Ent. News Philad., *v.* 42 p. 192. Sp.: *P. ronnaii, michaelseni.*

Paragoniochernes Beier 1932 in: Zool. Jahrb., Syst. *v.* 64 (im Druck). Sp.: *P. lamellatus.*

Paratemnus Beier 1932 in: Zool. Jahrb., Syst. *v.* 62 p. 562. Sp.: *P. guineensis, aequatorialis. insubidus, congicus, persimilis, nidificator, minor, insularis, magnificus, ceylonicus, assimilis, plebejus, borneoensis, burgeoni, feae, ellingseni, robustus, philippinus, sinensis, pococki.*

Parawithius Chamberlin 1931 in: Canad. Ent., *v.* 63 p. 292. Sp.: *P. nobilis, ?rufus, ?proximus.*

Parazaona Beier 1932 in: Zool. Jahrb., Syst. *v.* 64 (im Druck). Sp.: *P. bocki, ellingseni. patagonicus, morenensis, nordenskjöldi.*

Pelor F. A. Bonelli 1809, Observ. ent., *v.* 1 tab. syn. Col. Carab.

Pelorus Montfort 1808, Conch. syst., *v.* 1 p. 22. Rhizop. Foram.

Pelorus [pro *Pelor* F. A. Bonelli 1809] G. Fischer-Waldheim 1821, Entomogr. Russ., *v.* 1 p. (83). Col. Carab.

Pelorus C. L. Koch 1843 in: C. W. Hahn & C. L. Koch, Arach., *v.* 10 p. 59. Sp.: *P. rufimanus.*

Pelorus Marseul 1855 in: Ann. Soc. ent. France, ser. 3 *v.* 3 p. 125. Col. Hister.

Pessigus Navas 1925 in: Broteria, *v.* 22 p. 109. Sp.: *P. Ariasi, cabacerolus.*

Phalangium Linné 1767, Syst. Nat., ed. XII *v.* 1 p. 1027. Sp.: *P. grossipes, Opilio, cornutum, Cancroides, Acaroides, Balaenarum, tricarinatum, caudatum, reniforme.*

Philomaoria Chamberlin 1931 in: Canad. Ent., *v.* 63 p. 291. Sp.: *P. novazealandica.*

Pilanus Beier 1930 in: Boll. Laborat. Zool. Portici, *v.* 25 p. 44. Sp.: *P. pilatus, pilifer.*

Pselaphochernes Beier 1932 in: Zool. Jahrb., Syst. *v.* 64 (im Druck). Sp.: *P. lacertosus, rostombekovi, scorpioides, balcanicus, anachoreta, setiger.*

Pseudocheiridium pro *Pseudochiridium* With 1906. Chamberlin 1923 in: P. Calif. Ac., ser. 4 *v.* 12 p. 370.

Pseudochiridium With 1906 in: Danske Selsk. Skr., *v.* 7 nr. 3 p. 199. Sp.: *P. Thorellii, clavigerum.*

Pseudozaona Beier 1932 in: Zool. Jahrb., Syst. *v.* 64 (im Druck). Sp.: *P. communis.*

Pycnochernes Beier 1932 in: Zool. Jahrb., Syst. *v.* 64 (im Druck). Sp.: *P. celerrimus, brevifemoratus.*

Rhacochelifer Beier 1932 in: Zool. Anz., *v.* 99 (im Druck). Sp.: *R. disjunctus, peculiaris, maculatus, pinicola, corcyrensis, quadrimaculatus, lobipes, jonicus, peloponnesiacus.*

Rhopalochernes Beier 1932 in: Zool. Jahrb., Syst. *v.* 64 (im Druck). Sp.: *R. ohausi, germaini, foliosus, antillarum, echinatus.*

Scapanochernes Beier 1932 in: Zool. Jahrb., Syst. *v.* 64 (im Druck). Sp.: *S. compressus.*

Scorpio Linné 1758, Syst. Nat., ed. 10 p. 624. Sp.: *S. maurus, afer, americus, europaeus, australis.*

Semeiochernes Beier 1932 in: Zool. Jahrb., Syst. *v.* 64 (im Druck). Sp.: *S. militaris, armiger.*

Stenatemnus Beier 1932 in: Zool. Jahrb., Syst. *v.* 62 p. 604. Sp.: *S. fuchsi, böttcheri, sundaicus.*

Stenowithius Beier 1932 in: Zool. Anz., *v.* 99 (im Druck). Sp.: *S. ugandanus, bayoni, persimilis, büttneri, angulatus*

Sternophorus Chamberlin 1923 in: P. Calif. Ac., ser. 4 *v.* 12 p. 371. Sp.: *S. sini.*

Strobilochelifer Beier 1932 in: Tierreich, *v.* 58 p. 234. Sp.: *S. spinipalpis.*

Stygiochelifer Beier 1932 in: Zool. Anz., *v.* 99 (im Druck). Sp.: *S. cavernae.*

Sundochernes Beier 1932 in: Zool. Jahrb., Syst. *v.* 64 (im Druck). Sp.: *S. modiglianii.*

Sundowithius Beier 1932 in: Zool. Anz., *v.* 99 (im Druck). Sp.: *S. sumatranus.*

Tamenus Beier 1932 in: Zool. Jahrb., Syst. *v.* 62 p. 600. Sp.: *T. camerunensis, aureus, insularis, femoratus, ferox, ?equestroides.*

Titanatemnus Beier 1932 in: Zool. Jahrb., Syst. *v.* 62 p. 550. Sp.: *T. gigas, serrulatus, tessmanni, congicus, similis. conradti, natalensis, sjöstedti, regneri, equester, kibwezianus, orientalis, ugandanus, thoméensis.*

Toxochernes subgen. Beier 1932 in: Zool. Jahrb., Syst. *v.* 64 (im Druck). Sp.: *Allochernes (T.) panzeri, dubius, similis.*

Trachychernes subgen. Tömösvary 1882 in: Math. termész. Közlem., *v.* 18 p. 188. Sp.: *Chernes (Trachychernes) cimicoides, rufeolus, scorpioides, Wideri, cyrneus.*

Tyrannochelifer Chamberlin 1932 in: Canad. Ent., *v.* 64 p. 20. Sp.: *T. imperator, macropalpus, floridanus.*

Withius Kew 1911 in: P. Irish Ac., *v.* 29 nr. 2 p. 49. Sp.: *Chelifer (Withius) subruber.*

Zaona Chamberlin 1925 in: Univ. Calif. Publ. Techn. Bull. Ent., *v.* 3 p. 332. Sp.: *Z. biseriatum.*

Bei Fragen zur Produktsicherheit wenden Sie sich bitte an:
If you have any questions regarding product safety,
please contact:

Walter de Gruyter GmbH
Genthiner Straße 13
10785 Berlin
productsafety@degruyterbrill.com